应用生物技术大系

益生乳酸细菌

——分子生物学及生物技术

Probiotic Lactic Acid Bacteria

Molecular Biology and Biotechnology

主　编　郭兴华
副主编　曹郁生　东秀珠

科学出版社
北　京

内 容 简 介

本书分上、下两篇。上篇有十二章，主要介绍：一、益生乳酸细菌的遗传组织结构及功能，包括基因组学中的结构基因组学、蛋白质基因组学和功能基因组学。二、益生乳酸细菌的基因工程及其调控，各类载体和受体的分子克隆体系及转化方法；细胞表面工程及应用；益生乳酸细菌作为抗原基因载体和药物分子载体的应用和前景；食用乳酸菌的代谢及基因修饰。三、益生乳酸细菌对生产和应用中遇到的各种环境的应激反应机理。四、益生乳酸细菌的主要代谢产物和次生代谢产物。五、益生乳酸细菌的发酵工程，包括直投式发酵、高密度培养、细胞的浓缩收集和噬菌体的防治。六、益生乳酸细菌在生产和应用中防御各种环境对细胞损伤的措施和定向靶位给药（菌）的方法。下篇有20个与上篇有关的实验，包括菌的生理功能、分子生物学方法的鉴定、噬菌体的分离、DNA的提取、遗传转化和DNA洗牌育种等。

本书对从事微生物学、微生态学、食品科学、免疫学、疫苗、分子克隆、乳酸、多糖、细菌素等研究人员、教师、研究生以及从事益生菌、乳品工业、食品工业、制药工业、发酵工业的工作人员和其他相关人员具有重要的参考价值。

图书在版编目(CIP)数据

益生乳酸细菌：分子生物学及生物技术/郭兴华主编. —北京：科学出版社，2008

（应用生物技术大系）

ISBN 978-7-03-020564-3

Ⅰ. 益… Ⅱ. 郭… Ⅲ. 乳酸细菌-生物技术 Ⅳ. Q939.11

中国版本图书馆CIP数据核字（2008）第016215号

责任编辑：罗　静　莫结胜/责任校对：包志虹

责任印制：赵　博/封面设计：耕者设计工作室

科学出版社出版

北京东黄城根北街16号

邮政编码：100717

http://www.sciencep.com

北京中石油彩色印刷有限责任公司印刷

科学出版社发行　各地新华书店经销

*

2008年3月第　一　版　　开本：787×1092　1/16

2019年8月第三次印刷　　印张：27 1/4

字数：615 000

定价：98.00 元

（如有印装质量问题，我社负责调换）

编委会名单

主　编　郭兴华

副主编　曹郁生　东秀珠

编委成员（按拼音排序）

曹郁生　陈乃用　东秀珠　郭红霞　郭兴华　还连栋
贾盘兴　孔　健　雷肇祖　李海星　李平兰　李　寅
刘晓华　吕燕妮　田洪涛　佟卉春　杨洁彬　杨子彪
张秀红　赵景阳　钟　瑾　朱　岩

序　一

有益微生物在人类的生存和发展中功不可没，乳酸细菌更是佼佼者，这在古埃及、古巴比伦以及中国古老的文明史中都有记载。面包、发酵乳制品以及酒精饮料的出现无不与乳酸细菌相关，尽管人们当时并不知道它们的作用理论，但这些事实与历史永存。随着科学技术的发展和对乳酸细菌的进一步了解，我们更加认识到它们在人类生活以及探索生命奥秘中的重要意义和潜力。

近20多年，我国对益生乳酸细菌的研究有了很大进展，其相关产品也随之进入市场，在人和动物的保健方面取得了较好的效果。但和国外相比，有以下几方面的差距：

一、少数产品技术含量低，质量不高，无竞争力，而许多国外产品正在步入我国市场。

二、创新工作较少，有的资料零散，推测的作用机制较多。

三、所用菌株遗传背景不太清楚，完整的生物学特性数据不多，缺乏免疫学方面的系统研究。

四、对所用菌株的分子生物学工作做得少，对生理功能的分子机制缺乏深入探讨，没有理想的分子克隆体系。

五、没有国际上知名的菌株和品牌产品。

对于这些问题，近年来国内的一些研究单位、高校和大的企业正在结合我国实际情况，深入研究，做了大量的工作，正向国际水平迈进。

由郭兴华研究员等编写的《益生乳酸细菌——分子生物学及生物技术》汇集了近年来益生乳酸细菌研究的成果，包括相关基础理论研究进展、应用实践方面的研究进展、实验技术方面的进展等。从该书的内容可以看出：乳酸细菌基因组的分析，对了解、利用和改造菌株提供了完整全新的信息；食品级的基因工程系统，已使外源的原核基因和真核基因诱导表达，其产物既可用于工农业，又可用于食品和药品；细胞表面工程为研究胞外酶、黏附素、传感器、信息分子、多糖、细菌素、固定化细胞和固定化酶提供了重要的技术；乳酸细菌作为抗原基因的载体已成为黏膜免疫疫苗的热门课题，作为药物分子的载体有可能成为局部定向给药的重要手段；乳酸细菌在生产和应用过程中所遇到的酸（低pH）、低温、高温、氧、渗透压、胆汁、饥饿的应激反应，实际上是乳酸细菌蛋白质组学的重要内容，研究预防这些不良环境因子对细胞的损伤设计出了多种多样的生产工艺和多种剂型，这对保证产品的质量有着重要的意义。L-乳酸，尤其是聚乳酸，已用于国民经济建设；乳酸细菌产生的细菌素有的已用于食品防腐，对其基因的结构分析和调控的研究之后构建的分子克隆体系已为分子生物学的研究和应用做出了巨大的贡献；利用质粒防止噬菌体感染更是乳酸细菌特有的生物学特性。因此该书的出版对目前我国有关益生乳酸细菌的研究和应用有着较好的帮助和指导作用。

参与编写的学者都是多年来从事这方面研究的专家，对相关问题既有理论方面的深度，又有实践方面的积累，使读者可从不同的层面得到教益。

该书具有以下特点：

一、内容新颖：绝大部分都是近几年报道的资料；

二、水平较高：反映国际上益生乳酸细菌领域所采用的高新技术和最新研究成果；

三、内容广泛：几乎包含了益生乳酸细菌分子生物学的各个领域，同时也有常规培养和发酵的技术；

四、有系统性：涵盖了从理论阐述到实验技术；

五、图文并茂：除了文字叙述还有大量的图表解释；

六、权威性：作者都是从事这个领域的科研教学和有一定生产经验的专家及工作人员。

我相信该书能为我国益生乳酸细菌的基础研究和应用作出一定的贡献。

中国科学院院士
中国科学院微生物研究所研究员
張树政
2007年9月3日

序　二

首先对《益生乳酸细菌——分子生物学及生物技术》一书的出版表示祝贺！相信它的出版将为中国益生细菌研究的发展起到重大作用。

人们至今使用抗生素及疫苗作为对抗各种病原微生物的主要手段。但近年来抗甲氧西林金黄色葡萄球菌（MRSA）、抗万古霉素肠球菌（VRE）等各种较强耐药性菌的出现给人类造成很大威胁，同时使人们看到了抗生素疗法的局限性和不良后果。因此对人体自身的抵抗因素——肠内菌群以及重要免疫器官，肠道的再评价自然成为新的防御手段。这也是益生乳酸细菌引人注目的原因所在。说到益生乳酸细菌，人们会追溯到俄罗斯的梅奇尼科夫（1907）的长寿论。他认为“人体的消化管下部栖息着可引发自身中毒的蛋白质分解性细菌。为防止此类细菌所造成的肠内腐败，摄取酸奶中糖分解性乳酸细菌可抑制自身中毒进而获得长寿”。这也成为利用乳酸细菌使之造福于人类健康而进行科学研究的基础和契机。

益生乳酸细菌的研究是肠内菌群研究的应用，而肠内菌群的研究是从医学儿科领域开始的。儿科医生很早就注意到与非母乳喂养相比，母乳喂养儿对各种疾病的抵抗力较高且死亡率也低。可以推测摄取母乳不仅在很大程度上影响婴儿的营养及健康，并且可由此推测：增加婴儿肠内菌群，可以提高他们的感染抵抗能力。几乎与此同时，巴斯德（Pasteur）研究所附属医院的儿科医生蒂歇尔（Tissier，1899）从母乳营养儿的大便中分离出双歧杆菌（*Bacillus bifidus communis*），并发表了论文《健康与病态时的乳儿肠内菌群的研究》，初步确立了肠内菌群的概念。在 20 世纪初这些有卓见的研究者已经筛选出今天作为益生细菌的代表菌——乳酸杆菌和双歧杆菌，并指出了今后的研究方向，可以想象出其功劳之大。值得一提的是，日本 Yakult（养乐多，益力多）的创业者代田稔博士（京都帝国大学医学部）于 1930 年就以健肠长寿思想作为益生细菌发展的动力，在亚洲就开始对这一思想进行普及、宣传与实践。

与抗生素相比，针对益生细菌的定义很多，但 Fuller 于 1989 年提出的“通过改善肠内菌丛的平衡，对宿主发挥有益作用的活性微生物”的定义被广泛接受。2002 年，FAO/WHO 的专家小组提出的“有充足的菌数能到达活动部位，对健康发挥有益效果的活性微生物”的定义也在国际上认同。

肠内菌群研究的最重要课题应该是明确作为微生物生态系的肠内菌群与宿主间的相互作用。从细菌学的始祖 Pasteur 及 Koch 开始，使用培养法作为鉴定细菌的标准方法至今已经持续了近 1 个世纪。今天的肠内菌群检查法从取样到培养的所有操作均是在与空气隔绝后的厌氧条件下进行。这些研究结果使人们了解到：1g 成人粪便中有 1000 亿个以上菌，菌种有数百种，其中 *Bacteroides*、*Bifidobacterium*、*Eubacterium*、*Fusobacterium*、*Peptostreptococcus* 等专性厌氧菌群占优势，大肠菌群及肠球菌群等兼性厌氧菌群占整个菌群的 1/100～1/1000。与海洋、河川、土壤等环境中微生物培养出不足 1%的菌数相比，人体肠内菌群可培养出约 50%，成为自然界中分析方法先进，分析数量最多的微生物生态体系。因此我们不得不为先人的努力而感叹！

自从20世纪80年代细菌学领域中分子生物学的出现，微生物生态学领域发生了巨大的变革。利用微生物的16SrRNA基因碱基序列信息已有16 000条以上的文献报道，从而确立了微生物的检出及分类鉴定技术。如荧光原位杂交（FISH，影像解析装置和特异性探针的一种技术）；PCR方法（利用细菌特异性引物扩增由样品提供的DNA或RNA模板的多聚酶链反应技术，含定量PCR）；以及16SrRNA克隆文库方法（研究利用对所有细菌的通用引物所扩增的16SrDNA序列的技术）。可根据研究所需选用不同方法。

21世纪，在分子生物学及基因组学的支持下，益生细菌学将得到进一步发展。这将为眼下正在进行中的针对各种以便秘症、腹泻症为代表的炎症性肠病（IBD，克隆病）、免疫病（过敏症，自身免疫症）、癌症、富贵病（高血压、糖尿病、高血脂症）等疾病的应用性研究提供预防医学或代替医疗的强有力手段。

日本YAKULT本社中央研究所所长

田中隆一郎

2007年8月31日

前 言

今天的基础研究，明天的应用和产品

产乳酸的菌不只是细菌，产乳酸的细菌也不都是对人体有益的。书中的内容主要是讲对人和动物有益细菌的分子生物学和生物技术，所以本书名为《益生乳酸细菌——分子生物学及生物技术》(Probiotic Lactic Acid Bacteria：Molecular Biology and Biotechnology)。

在自然界存在的人类、动物和植物，不论体表还是体内都有大量的微生物参与活动。微生物和宿主有各自的生理生化体系，但是两者存在着相互促进和相互制约的关系。宿主的正常生理生化参数和病理参数都是两者相互作用的结果。

益生乳酸细菌能促进机体微生物菌群和酶的平衡以及刺激特异性和非特异性的免疫机制，达到防治某些疾病、促进发育、增强体质、延缓衰老和延长寿命的目的。

益生乳酸细菌资源丰富、种类繁多，在理论上有重要的学术价值。益生乳酸细菌有丰富的基因库，它是生物多样性的依据，是研究分类、生理生化、遗传、分子生物学、基因工程的理想材料，也是利用其生物学特性和发酵产物为工、农、医、食品、饲料、化工等服务的极好资源。从遗传物质的组成上讲，益生乳酸细菌除了有正常的染色体DNA外，还有不同类型的转座子、插入序列以及质粒，这类质粒在每个细胞中数量大、功能多，这在其他菌中是少见的；从生长特性上讲，益生乳酸细菌有兼性厌氧和专性厌氧两个类型；从形态上讲，这类菌有杆状、球状、不规则等多种形态；从生态上讲分布极为广泛，除极端环境外，到处可见。

益生乳酸细菌与人和动物的生命活动息息相关，是人和动物体内必不可少的重要生理菌群，它有重要的生理功能、理想的保健和医疗效果。它阻止致病菌的定植、诱发肠道黏膜免疫、降低胆固醇、控制内毒素、清除基因毒素（genotoxin)、制造营养物质、刺激组织发育，所以它对机体的营养状态、生理功能、细胞感染、药物效应、毒性反应、免疫应答、肿瘤发生、衰老过程及应激反应等都有作用，因此说，不了解益生乳酸细菌的生理功能，等于不完全了解人和动物的生命活动，如果益生乳酸细菌在体内停止生长或消失，人和动物就难以健康生存。

益生乳酸细菌在国民经济建设中起着不可替代的作用，具有很好的经济效益。益生乳酸细菌产生的L-乳酸能合成聚乳酸，可用于医疗和生物可降解的各种制品；寡糖和多糖可用于食品的生产，能促进有益菌的生长，增加免疫功能，它还是生物表面活性剂。益生乳酸细菌产生的次生代谢产物——细菌素和类细菌素是国际公认的食品级防腐剂，已用于食品防腐和防治某些传染性疾病，不会引起细菌耐药性；它产生的D-氨基酸是合成某些药物的原料。益生乳酸细菌产生的特殊蛋白酶能分解牛乳蛋白并产生肽类，这种肽类有抑制血管紧张肽转换酶的作用，进而起到降低血压的功效。不同类型的原料经益生乳酸细菌发酵后能产生具有生物活性的物质，如植酸酶、糖苷酶和异黄酮，各种类型的发酵食品以及可口健身的饮料和葡萄酒中的苹果酸——乳酸。益生乳酸细菌还是青贮饲料必不可少的发酵剂。

益生乳酸细菌对微环境和大环境有扶正祛邪、去污保洁的绿色环保作用，有很好的生态效应。人和动物的呼吸道、消化道和泌尿生殖道的微环境生态系统是长期进化形成的，各类微生物是以“定性、定量、定位和定主”的方式组成和存在的，在这个系统中，益生乳酸细菌对各个菌群起着平衡、抑制和清除毒物的作用，在这“四定”中只要有一个出问题，生态的平衡就可能被打破从而导致疾病发生。在某些大环境中，益生乳酸细菌也有维持和恢复生态平衡的功能，益生乳酸细菌所产生的酶类，对脱毒脱臭起着重要作用。

人类从古代就有意或无意地利用益生乳酸细菌进行保健，但其真正从科学上进行定性、定量的分析和临床的验证，也只有30多年的历史。就在这30多年中，由于有了科学的理论依据，益生乳酸细菌在世界范围内取得了突飞猛进的发展。应该说，益生乳酸细菌作为微生态学的重要部分，对它的研究和开发，只是刚刚开始。要知道，我们对微生物和宿主之间相互作用的了解还远远不够，一大堆生物学问题摆在我们面前去探讨。对它的研究有助于了解两者之间相互作用所导致的生理生化变化、病理变化、免疫反应和衰老过程等一系列生理、病理参数。同时也能进一步改进益生乳酸细菌的生理功能，扩大应用范围。

国际上的基础研究在这方面已取得了巨大进展，诸如基因组的分析、保守序列的确认、质粒功能的鉴定、特异性功能噬菌体的发现、细胞表面的遗传修饰、应激反应机理的探讨、细菌素的开发、代谢工程的调控、乳酸的定向合成、多糖积累的生化机制、各种载体的构建、有益基因的克隆等都有很高的水平。紧随基础研究的深入，应用研究也在蓬勃发展，利用分子技术已能快速准确鉴定菌种；遗传修饰的发酵剂（起子）已能使乳酪早熟、风味改善；细菌素杀菌谱已经拓宽；应激反应的机制也已用于生产；质粒已能控制相应噬菌体的感染；具有经济价值和生理功能的代谢产物正在开发；胞外多糖可用做食品添加剂，食用这种食品可提高免疫功能；乳酸的产量已大大提高，可制备聚乳酸；益生乳酸细菌的细胞表面工程前景诱人，能应用于多个领域；克隆载体种类繁多；有益基因的克隆更增加了益生乳酸细菌的生理功能；口服疫苗更是热门，有的已在临床试用；基因工程菌正在用于替代治疗（replacement therapy）。总之，高技术正在使益生细菌成为大产业。

为了使我国的微生态学和益生乳酸细菌的研发工作健康发展，为国民经济建设做出更大的贡献，为我国的益生乳酸细菌及其制品在国际上占一席之地，有必要对益生乳酸细菌的分子生物学和生物技术做系统介绍。

本书作者中有几位曾和有关专家共同撰写过《乳酸菌生物学基础及应用》（杨洁彬、郭兴华、张篪、凌代文等，中国轻工业出版社，1996年第一版，1999年第二版），《乳酸细菌分类鉴定及实验方法》（凌代文、东秀珠，中国轻工业出版社，1999年）及《益生菌基础及应用》（郭兴华、杨洁彬、曹郁生等，北京科学技术出版社，2002年），前两者重点是讲乳酸细菌的应用和生物学特性；后者除讲述乳酸细菌之外，还包括另一些对人和动植物有益的菌。这三本书偏重于基础知识和传统发酵及应用，而本书则偏重于分子生物学知识和生物技术及应用，它是前几本书的延伸、深化和提高。

本书综合了当今这个领域的科学进展，并指出了未来应探讨的重大课题和用分子生物学技术改造益生乳酸细菌的方法，希望在不久的将来研制出具有创新性的产品，使益生乳酸细菌在原有益生的基础上增加新的内涵，如虎添翼，在医疗和保健方面有更好的效果，在经济、社会和生态方面有更大的效益。

本书分为上下两篇和附录，上篇为分子生物学及生物技术的基础理论和应用，下篇是与上篇相应的一些实验。附录记载了最新报道的乳杆菌和双歧杆菌种和亚种。

本书上篇撰写者为：第一章东秀珠（一～五节）、朱岩和李寅（六节）；第二章孔健、郭兴华；第三章曹郁生；第四章曹郁生、刘晓华；第五章陈乃用；第六章郭红霞、郭兴华；第七章曹郁生；第八章雷肇祖；第九章郭兴华（一、九节）、还连栋和钟瑾（二、四、六、八节）、李平兰和吕燕妮（三、五、七节）；第十章李平兰（一节）、李平兰和杨子彪（二、三节）、杨洁彬（四节）；第十一章贾盘兴；第十二章赵景阳、郭兴华。

实验撰写者为：李平兰和吕燕妮（一）、李平兰（三、四、六）、还连栋和钟瑾（二、十九）、曹郁生和李海星（五）、孔健和张秀红（七、八）、孔健（九）、郭红霞（十、二十）、佟卉春和东秀珠（十一～十四）、田洪涛（十五～十八）。

本书由作者的研究成果和国内外论文资料收集加工整理而成，在此对所有资料的作者表示谢意；本书在撰写、文稿修饰和编排过程中得到了很多同志的帮助，尤其是杨朝祥同志付出了更多的辛勤劳动，特表感谢；本书的出版得到了日本养乐多（中国）投资有限公司和云南大理来思尔乳业有限责任公司的出版经费的资助，对此表示衷心的感谢。

由于益生乳酸细菌的分子生物学发展迅猛异常，而且没有系统资料可借鉴，所以尽管我们努力试图系统反映进展的全貌，但鉴于水平有限，难免出现遗漏和错误，我们真诚期望和欢迎读者给予批评指正。

中国科学院微生物研究所
郭兴华
2007 年 9 月 1 日

目　　录

下篇 益生乳酸细菌的实验技术

上　篇

益生乳酸细菌的分子生物学
及生物技术基础

第一章　乳酸细菌基因组学

基因组学展现了乳酸菌的全部基因的功能，这为了解、利用和改造菌株提供了完整的信息。

第一节　乳酸细菌的基因组学研究

一、基因组学定义

基因组学是研究一个生物全部的遗传容量和表达调控过程的学科，包括结构基因组学、功能基因组学和蛋白质组学。对乳酸菌基因组的认识，将为人们提供全面认识其生命活动的基础，以及利用它们生理功能的依据。

结构基因组学的任务是进行基因组的全序列分析和绘制基因组图谱，它是功能基因组学和蛋白质组学的基础。根据基因组序列能够预测基因结构和编码的蛋白质，然后根据这些蛋白质和数据库中已知的蛋白质的相似性进行功能注释。因此结构基因组学为生物信息学、功能基因组学和比较基因组学的研究奠定了基础。

功能基因组学的目标是利用基因组的序列，通过高通量的分析手段，探讨每个基因的功能，并阐明基因间的相互作用、表达和调控网络，在全部遗传背景的基础上阐明一个生物生命过程的全貌。在进行功能基因组研究中，人们采用了大规模基因表达检测技术去定性和定量地检测基因的表达产物 mRNA，以了解在不同环境条件下，基因的时空表达状况和协调作用。但 mRNA 本身存在贮存、转运、翻译调控和翻译产物后加工等程序，不能准确反映基因的最终产物——蛋白质的质和量。蛋白质组学作为功能基因组学的重要支撑，是研究一个基因组在一定生理状态下所表达的全套蛋白的概貌。

在结构基因组学的基础上，比较基因组学通过分析不同基因组序列可以监测微生物的进化过程，并可深入了解形成微生物多样性的多种过程和因素。基因组数据的分析还可揭示菌株的特异性，是研究传染病爆发的有力工具；另外，病原菌基因组学还为新药物设计提供了靶位。

二、乳酸细菌的基因组学研究

人们对微生物基因组的关注最早开始于病原菌，而对于乳酸菌这类和人类的生活密切相关的细菌基因组的研究始于 21 世纪。

Klaenhammer 等（2002）总结了食品发酵工业中的常用乳酸菌菌株的基因组结构，包括乳酸乳球菌、嗜热链球菌、乳杆菌属、明串珠菌属、片球菌属和肉杆菌属的成员。结果表明，这些乳酸菌的基因组属于细菌中的较小基因组的范围。它们的大小在 1.8～2.6Mb 之间，呈环状结构，只有植物乳杆菌的基因组为 3.3Mb，这和它能够代谢多种糖的特性相符。有些乳酸菌类群含有质粒，如乳酸乳球菌中的质粒很普遍（多数菌株含有 4～7 个质粒），乳杆菌和片球菌的一些菌株中也有质粒。乳酸菌的基因组中普遍存在

IS 序列（插入序列）和前噬菌体，有的甚至含有几个 IS 序列。另外，在这些乳酸菌的基因组中均存在多拷贝的编码 rRNA 的基因操纵子 *rrn*，占据了<40%的基因组序列。

乳酸菌，尤其是乳球菌，多数含有数量不等、大小在 2～130kb 的质粒。许多和工业生产相关的特征由这些质粒编码，如乳糖代谢、分解蛋白质的酶系、柠檬酸摄取、噬菌体抗性、细菌素的产生、多糖的生物合成、金属的抗性和抗生素抗性等。所有已知的乳酸菌的质粒特性均在质粒基因组数据库（Plasmid Genome Database，网址 http://genomics.ceh.as.uk/plasmiddb/）中有记载。

生物信息学为比较基因组学提供了强有力的工具，如 SWISS-PROT 和 ERGO 生物信息学数据库提供标准化的格式，对基因组数据进行自动的注释。这些数据库常连接到生物信息学工具上进行基因组的比较。基因组比较证明，加氏乳杆菌（*L. gasseri*）、嗜酸乳杆菌（*L. acidophilus*）和约氏乳杆菌（*L. johnsonii*）具有高度相似的基因组组成成分、基因序列和基因组结构。因此对这些生活在温血动物胃肠道中的乳酸菌是否应分为不同的种产生了疑问。然而，约氏乳杆菌和植物乳杆菌（*L. plantarum*）的基因组成分和结构均有大的差异。基因组成分的比较表明，遗传异源性的产生似乎和细菌生境相关。

O'Riordan 和 Fitzgerald（1997）对 25 株双歧杆菌的基因组进行了脉冲场凝胶电泳（PFGE）分析，发现它们也属于小型基因组，大小在 1.5～2.1Mb 之间。2002 年，Schell 等报道了长双歧杆菌的全基因组序列，全长为 2.26Mb。表 1-1 是几个属近 20 株菌基因组的大小特性。

表 1-1　已完成测序的一些乳酸菌基因组特征

菌株	基因组			ORF	原噬菌体			IS 序列	RNA		质粒	
	大小/Mb	群集	(G+C) mol%		未触动	遗留物	全部未触动		rRNA	tRNA	大小/kb	(G+C) mol%
L. lactis IL1403	2.366	1	35.4	2310	5	1	43	6(IS981, IS982, IS983 IS904, IS905, IS1077)	6	62	无	
L. lactis IL1363	～2.5	458	37.1	～2500	0	6	62	8(IS981, IS982, IS904, IS905, IS946, IS1077, ISS1, IS1675)	6	?	无	
L. plantarum WCFS1	3.308	1	44.5	～3050	2	2	12	2(IS1165, IS1182)	5	62	1.9 2.4 36.1	39.5 34.3 40.8
L. johnsonii NCC533	2.022	1	34.6	1857	3	0	15	6(ISL13, IS30)	6	87	无	
L. acidophilus ATCC700396	1.99	1	34.7	1979	0	3	6	1(IS3)	6		无	
L. gasseri ATCC33323	1.84	67	35.1	1803	1	1	3	3(IS3, IS1397, IS1167)	>2	20	无	
L. helveticus CNRZ32	～2.4	～1000	37.1	>2300	?	≥1	?	>5(ISL3, IS101 ISLh1, IS3, IS30)	≥3	?	无	
L. delbrueckii ssp. *bulgaricus* ATCC11842	1.8	3	50	?	?	?	数个		?	?	无	
L. sakei 23K	1.772	<150	41.4	>1792	?	?	12	3(IS1520, 新 IS30 类, 新 IS150 类)	7	>58	无	

续表

菌株	基因组			ORF	原噬菌体			IS 序列	RNA		质粒	
	大小/Mb	群集	(G+C) mol%		未触动	遗留物	全部未触动		rRNA	tRNA	大小/kb	(G+C) mol%
L salivarius subsp. *salivarirs UCC118*	1.83										有	
L casei BL23	~2.6	563	46	?	?	数个	18	5(IS1, IS3, IS30)	≥5	?	无	
Pediococcus pentosaceus	1.83										无	
Leuconostoc mesenteroides	2.08										有	
Streptococcus thermophilus CNRZ1066	1.80										无	
S thermophilus LMG 18311	1.80										无	
S. thermophilus LMD-9	1.86										有	
O. oeni IOEB84.13	1.754	63	37.9	1784	4		3		2	43	3.9	
B. breve NCIMB8807RZ32	~2.43	140	~53	?	0		~35	(IS2606, IS1383, IS1088, IS10, IS21)	~4	?	无	
B. longum NCC2705	2.256	1	60.1	~1730		?	16	5 (IS3, IS21, IS30, IS256, IS200/ IS605)	4	57	3.6	64.8

（东秀珠）

第二节　乳杆菌的基因组

一、嗜酸乳杆菌的基因组学

嗜酸乳杆菌属于同型发酵的乳杆菌类群，即发酵葡萄糖的终产物全部是乳酸。嗜酸乳杆菌生活在人和动物的肠道中，是肠道正常菌群，具有抑制腐败菌的潜力。同时它还用于乳品发酵，如酸奶发酵常用的乳酸菌，因此作为益生菌被广泛用于微生态制剂。

美国加州技术大学的环境生物技术研究所对嗜酸乳杆菌菌株 ATCC700396 的基因组序列进行了全部的序列分析，其基因组全长 1900kb。

Barrangou 等（2006）对嗜酸乳杆菌利用果聚寡糖的一个操纵子的功能基因组和比较基因组学进行了分析。已知果聚寡糖是益生元之一，由 2～60 个不等的果糖构成。嗜酸乳杆菌基因组的生物信息学分析表明，它含有一个 *msm*（多种糖代谢基因）基因簇编码果聚寡糖的转运和水解的蛋白，而没有分泌型的果聚糖酶或菊粉酶基因。*msm* 基因簇由 *Lac* Ⅰ 家族的转录调控子、一个 4 组分的 ABC（ATP-结合盒）转运系统、一个果糖苷酶和一个蔗糖磷酸水解酶的基因组成。嗜酸乳杆菌利用 ABC 转运系统进行果聚糖的转运很独特，在相关细菌中，如乳球菌、链球菌和芽孢菌，果糖苷酶基因通常总和蔗糖的 PTS（磷酸转移酶运输系统）转运蛋白相关。近期发现类干酪乳杆菌也是利用 ABC 转运系统去转运果聚寡糖。然而研究认为，ABC 转运系统参与多糖代谢的能力很可能是通过基因横向转移获得的。如长双歧杆菌和植物乳杆菌具有一整套的糖摄取和利用基因，赋予细菌适应于肠道生活的能力。同时也说明糖摄取和利用的能力也是由基因横向转移获得，而不是由基因复制产生。

二、植物乳杆菌的基因组学

植物乳杆菌（*L. plantarum*）属于兼性异型发酵的类群，是乳杆菌属中底物和生境范围最广的一个种。它几乎利用所有测定的单糖、双糖和寡糖，在乳品、肉食和植物的发酵过程中均有植物乳杆菌的参与，在人的胃肠道中也发现这个种的存在。一些植物乳杆菌的菌株被用作益生菌制剂，一些菌株已被改造为遗传工具。荷兰的 Wageningen 食品科学中心、国际植物研究所绿色基因组学中心（Greenomics，Plant Research International）及 Nijmegen 大学的分子和生物分子信息学中心，对分离于人唾液中的植物乳杆菌 WCFS1 进行了全基因组序列分析，并于 2003 年发表了其全序列（Kleerebezem et al.，2003）。图 1-1 是植物乳杆菌 WCFS1 的基因组图。

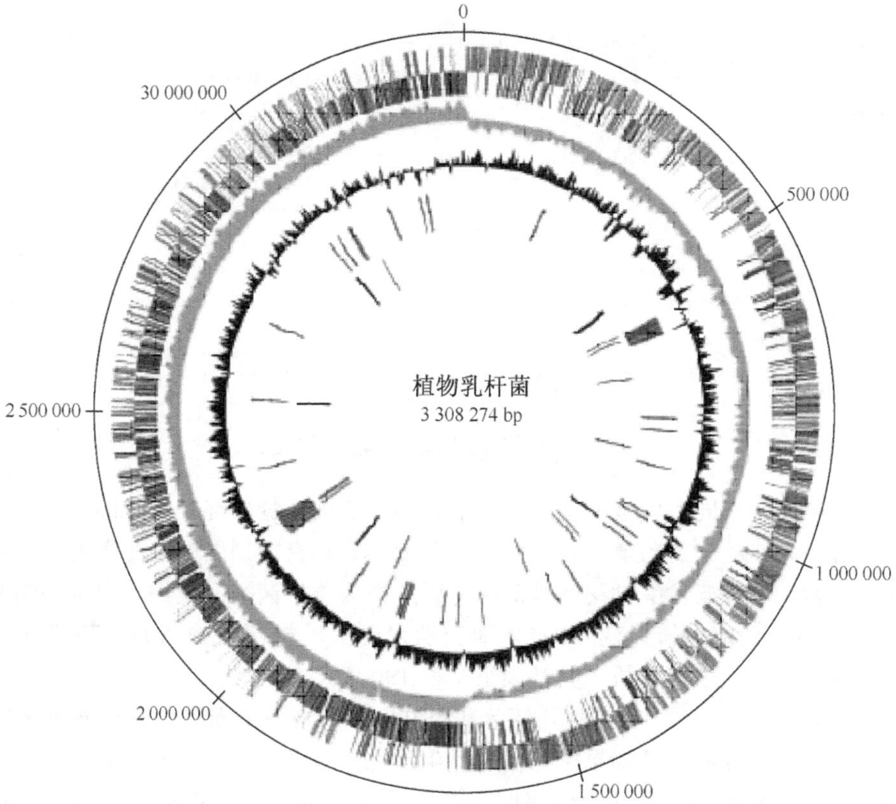

图 1-1　植物乳杆菌（*L. plantarum*）WCFS1 的染色体基因组图（另见彩版）

上端是预测的复制起始点（0）；从外圈到内圈分别表示：（Ⅰ）ORF（可读框）的正链（红色）；（Ⅱ）ORF的副链（蓝色）；（Ⅲ）GC-skew（GC-偏向性，绿色）；（Ⅳ）G+C 含量（黑色）；（Ⅴ）和前噬菌体相关的功能（绿色）及 *IS* 样片段（紫色）；（Ⅵ）rDNA 操纵子（黑色）和 tRNA 编码基因（红色）（Kleerebezem et al.，2003）

菌株 WCFS1 的染色体全长为 3308kb，包括 3052 个预测的蛋白编码基因，其中 2210 个蛋白（70%）通过生物信息学能够预测其功能。WCFS1 基因组具有编码所有用于糖酵解和磷酸酮解酶途径的蛋白基因，这与植物乳杆菌是兼性异型发酵的特征相符。根据每个基因的密码子适应性指数推测，所有这些蛋白属于该细菌高表达的基因群。植物乳杆菌广泛的生境说明了它具有很强的适应性，其基因组具有大量的调节和运输功能系统。其中包括25个完整的PTS糖运输系统，而且还编码200多个细胞结合型的胞外蛋白。基因组的基因结构分析表明，那些编码糖运输和糖利用系统的基因及胞外蛋白的基因集中位于一段600kb的DNA片段上，而且靠近染色体的复制起始位点。另外，这些基因具有和基因组中其他的基因不同的核苷酸组成（G+C含量低于整个基因组）。这些现象表明，这些对植物乳杆菌的代谢和适应性有重要作用的基因很可能是通过基因横向转移而获得，它们形成了染色体的“生活方式适应岛”。

（一）糖摄取和中央代谢相关的基因

菌株WCFS1的基因组中具有编码25个完整的PTSⅡ型酶复合体的全部基因，而且其PTS酶的编码基因数比其他细菌基因组的都多。作为兼性异型发酵的WCFS1，其基因组中既有和同型发酵相关的EMP途径，又有和异型发酵相关的磷酸酮解酶途径。它的EMP途径的编码基因形成2个操纵子。WCFS1中没有三羧酸循环中的基因，但有6个拷贝的延胡索酸还原酶的基因，说明具有残留的电子传递链。

（二）和生物合成及降解相关的基因

植物乳杆菌不能分解大片段的肽，也没有分解蛋白质的胞外酶Prt。其基因组中有19个基因编码胞内的肽水解酶，并具有合成大多数氨基酸的完整基因系统。

（三）和运输、调控及信号转导相关的基因

植物乳杆菌最大的蛋白家族中包括运输蛋白，共有411个编码基因，编码57个ABC（ATP-结合盒）运输蛋白。另一大类基因是和调控相关的基因，共262个基因(8.5%的全部蛋白)。其中包括3个σ因子的编码基因（*ropD*、*ropN*、*sigH*）和至少13个传感器-调控器对。这种高比例的调控蛋白在已测定的细菌基因组中只在铜绿假单胞菌中发现，可能反映了这些细菌对环境变化的快速反应。

（四）和胁迫反应相关的基因

植物乳杆菌除了编码热激蛋白60、10（GroES-GroEL）分子伴侣和*hrcA-grpE-dnaK-dnaJ*操纵子外，还编码HSP20家族的小热激蛋白，及3个高度同源的蛋白(CspL、CspC、CspP)；另外，还有3个复制基因编码碱性蛋白，可能在pH胁迫时发挥作用。过去已发现植物乳杆菌对高渗透压的生理反应是提高细胞内的电解质含量，积累相容性溶质。在WCFS1的基因组中确实发现了至少3个系统与摄取及合成渗透压保护剂相关，其中包括甘氨酸-甜菜碱/肉毒碱/胆碱。

（五）和分泌作用相关的基因

植物乳杆菌基因组中具有信号识别颗粒蛋白Ffh和FtsY及主要的具有易位作用的蛋白SecA、SecE、SevG、SecY、YajC。另外它编码的胞外蛋白中的217个具有N端信号序列，其中144个具有信号肽酶的切割位点。这些蛋白均具有一个单一肽和多个域，至少有一个细胞锚定域。推测它们以不同的形式锚定在细胞上，因为它们的功能域

中具有黏膜结合功能的蛋白。植物乳杆菌有一个特异的表面结合蛋白 Sdr，由 3360 个氨基酸组成，其中有一个长 1600 个氨基酸的完整 SD（丝氨酸-天冬氨酸）双氨基酸重复，并在 N 端有信号肽、C 端有跨膜锚定序列。在其他革兰氏阳性菌中也发现有此类结构的胞外蛋白。对它们的研究结果推测，由 *sdr* 基因的相邻基因编码的糖苷转移酶可能在丝氨酸上形成 *O*-连接的糖苷，因此产生类似黏蛋白（mucin）的结构，后者可与寄主细胞的黏蛋白发生反应。在植物乳杆菌的基因组中有 3 个 *tagE* 样的基因和 *sdr* 基因相邻，可能编码聚（甘油-磷酸）α-葡萄糖转移酶。

Molenaar 等利用 DNA 微阵列法对 20 株植物乳杆菌的基因型进行了分析，发现基因组中特异 DNA 片段的存在与否在菌株间具有很大的差异。除了前噬菌体和 IS 序列的差异外，和生物合成相关的基因片段在各个菌株间也存在不同，如植物乳杆菌素、非核糖体肽或胞外多糖。该基因组中有一段长 200kb 的片段编码糖代谢的主要基因，具有高度的菌株间的差异。这支持过去的一个假说，即这个区段具有基因组可塑性，代表了一个“生活类型适应岛”。

植物乳杆菌和干酪乳杆菌的全基因组分析显示，它们具有高的氨基酸生物合成能力，说明了它们能在无氨基酸的环境中生长。尽管植物乳杆菌不能利用分支的氨基酸，但它具有摄取这些氨基酸的多个系统。与之相反的是约氏乳杆菌不能合成任何氨基酸，但依赖于一个细胞膜蛋白酶——PrtP 和大量的肽转运者和细胞内的肽酶，可从胃肠道中获取蛋白类的营养物。

三、约氏乳杆菌的基因组学

约氏乳杆菌（*L. johnsonii*）是肠道乳杆菌的嗜酸群的一个种，至今只在肠道中分离到此菌。由于它具有“益生菌”的功能，如抑制病原菌黏附到上皮细胞和免疫调节作用，为了进一步了解其生理学和与寄主相互作用的基因，瑞士的 Nestle 研究中心、美国北卡罗来纳州立大学的东南乳品研究中心和美国佐治亚大学微生物系联合对菌株 NCC533 进行了全基因组序列分析（Pridmore et al.，2004）。结果表明：

菌株 NCC533 的基因组全长为 1992kb，G+C 含量为 34.6%，含有 6 个 *rrn* 操纵子，分别位于 4 个基因位点。79 个 tRNA 和 2 个完整的前噬菌体。共鉴定出 1821 个 ORF，其中 1396 个（70%）属于一个 COG（共同的定向同源基因群 consensus orthologus group）家族，其中 1321 个基因（75%）可通过注释预测其功能。

基因注释的结果表明，菌株 NCC533 的基因组中具有嘧啶核苷酸（dTMP、UMP、CMP）从头合成的所有基因，但没有从头合成氨基酸、嘌呤核苷酸和多数辅因子途径的整套基因。作为补偿，其基因组中含有异常大量的和复制的氨基酸通透酶（20 多种，比其他乳酸菌多 2 倍）、肽酶和 16 种磷酸转移酶（PTS）类的转运蛋白，但缺少分解多糖的酶系，表明菌株 NCC533 主要依赖寄主或其他肠道微生物来获得简单的单体型营养物质。

细胞表面蛋白和多糖在微生物黏附到黏液膜面的过程中起重要作用。从菌株 NCC533 的基因组中鉴定出 42 个可能的细胞表面蛋白，其中 16 个编码和 ABC 转运蛋白相关的通道结合蛋白。值得一提的是蛋白 LJ1816 和单核细胞增生利斯特氏菌（*L. monocytogenes*）的 $CD4^+$ T 细胞激发抗体 LJ0577 的相似性达 38%，和血链球菌

(*Streptococcus sanguis*)的唾液结合蛋白的相似性达25%。另外2个细胞表面蛋白LJ0391和LJ1711在它们的C端细胞壁锚定域的上游有一段富含丝氨酸的600个氨基酸重复片段，和副血链球菌的糖基化的Fap1纤毛黏附素相似。菌株NCC533富含细胞表面蛋白的特性与肠道细菌在肠道的生存能力密切相关。另外在约氏乳杆菌的基因组中还鉴定出3个胆盐水解酶和2个胆酸转移蛋白的基因，这些蛋白质对细菌在肠道中的生存也很关键。生物信息学对95%的基因组分析显示，菌株NCC533中有大量的同系基因，它们显然来源于单个基因或操纵子的插入或删除。这些插入的不同片段似乎编码一些赋予细菌在胃肠道生态系中的竞争力或与相互作用相关的代谢或结构基因。

基因组分析所预测的约氏乳杆菌的生理特性和其他胃肠道的正常菌群完全相反，如植物乳杆菌、长双歧杆菌和多形拟杆菌，它们都能自我合成氨基酸、核苷酸和多种辅因子，并且更多的是利用半纤维素或其他复杂多糖的代谢获取能量。而约氏乳杆菌因缺少多聚物的分解酶，似乎更适于生活在富含氨基酸、肽和小分子寡糖的上肠胃道。

另外，尽管约氏乳杆菌和加氏乳杆菌(*L. gasseri*)只有35%的DNA-DNA同源性，但基因组分析却显示两个种的许多持家基因具有高达94%的同源性，说明它们有密切的亲缘关系。

(东秀珠)

第三节　乳酸乳球菌的基因组学

乳酸乳球菌在发酵工业中占20%，是乳品发酵，尤其是奶酪制作中的主要“劳动力”。常用的菌株是乳酸乳球菌乳酸亚种(*Lactococcus lactis* ssp. *Lactis*) IL1403和乳酸乳球菌奶酪亚种(*Lactococcus lactis* ssp. *Cremoris*) MG1363，它们都具有发酵性能稳定、抗噬菌体并产生独特的风味物质，被分别用于“软奶酪”和“硬奶酪”的发酵。根据1989年的统计数字，人类每年消耗的奶酪为10^7t，相当于消耗10^{18}个乳球菌。

乳酸乳球菌的2个亚种都已进行基因组测序。测序结果表明它们的基因组大小约为2.3～2.5Mb，编码2310～2500个ORF(可读框)。基因组中含有大量的IS序列，因此DNA重组很易发生。它们的基因组中有22%未知功能的基因，36%的基因功能不明确。估计这两个亚种间基因组的序列差异在20%～30%。由法国国家农业研究所和国家测序中心完成的乳酸乳球菌乳酸亚种IL1403的基因组序列分析结果已发表(Bolotin et al., 2001)，本节将做较详细介绍。

一、基因组结构

乳酸乳球菌乳酸亚种IL1403的环状基因组共由2365kb的核苷酸组成，平均G+C含量为35.4%。全基因组共编码2310个ORF，平均每个ORF长879bp；基因组的86%区段编码蛋白质，1.4%编码稳定RNA，12.6%为非编码区。其中1482个ORF(64.2%)可通过基因注释而预测其生化和生物学功能，465个ORF(20.1%)和未知功能的推测的编码序列相似，其余363个ORF(15.7%)和已知的蛋白均无同源性，可以认为是乳球菌特有的基因。菌株IL1403的基因组中含有6个IS序列，甚至有些IS

序列呈多拷贝，占据了42kb长的染色体区段。这些IS在基因组中的非随机分布表明可能发生过大片段的基因组横向转移。另外它还有6个潜在的前噬菌体，其中3个较大的（35～44kb）前噬菌体编码49～60个蛋白，3个较小（11～15kb）的编码16～23个蛋白。

二、信息加工

菌株IL1403基因组中和遗传信息传递有关的编码基因有67个，转录机器的基因除σ因子外有30个，和枯草芽孢杆菌的很相似。但枯草芽孢杆菌具有18个σ因子，而菌株IL1403只有3个，可能和乳酸乳球菌没有细胞分化有关。

三、能量代谢和转运蛋白

厌氧糖酵解是乳酸乳球菌主要的能量产生过程，只有5%的糖发酵能量用于细胞的生物合成反应。在菌株IL1403的基因组中含有从葡萄糖到丙酮酸转化的全部基因。但是该基因组中没有和三羧酸循环、糖原异生酶和许多补充反应相关的基因。意外的是，IL1403的基因组中有和好氧呼吸相关的基因，如编码合成萘醌的 *men* 基因和细胞色素d生物合成的 *cytABCD* 操纵子，推测乳酸乳球菌能够进行氧化磷酸化作用。试验证明在培养基中加入血红素时能够促进其生长。因此乳酸乳球菌的发酵产物取决于作用糖酵解的关键产物——丙酮酸的酶活力；除此之外，一些辅因子的有无，如NADH和FAD也影响代谢产物的平衡。人们认为，改变乳酸乳球菌的NADH/NAD的比例可引导其碳流从产生乳酸到产生丙酮和双乙酰的改变。确实，尽管乳酸乳球菌通常进行同型乳酸发酵，但当戊糖磷酸途径活跃时，也发生异型乳酸发酵，从而产生三碳（乳酸）和二碳（乙酸）的混合物。

在了解乳酸菌不同发酵类型转变的分子基础的前提下，可对其代谢工程进行改造。在菌株IL1403的基因组中还检测到依赖于磷酸转移酶系统（PTS）和一定的糖类发酵谱的编码基因。分析认为当发酵半乳糖、木糖、麦芽糖、葡萄糖酸、核糖和乳糖时，菌株IL1403则进行异型发酵，发酵产物为混合酸，但这些糖都不是由PTS转运的。而当乳酸乳球菌携带含有乳糖特异性的PTS时，乳糖发酵则变成同型发酵。因此，当PTS存在时糖消耗的速率最高，也决定了同型发酵的能力。基因组信息分析和发酵产物分配的实验数据的相关性表明：通过碳源利用和转运系统的分析可能找到调控发酵终产物平衡的关键因子。

四、细胞壁代谢

乳酸乳球菌的许多特征和细胞壁的结构相关，如对噬菌体的敏感性、细胞自溶等。IL1403的基因组中有29个基因编码合成细胞壁的主要成分——肽聚糖，其中3个编码氨基酸消旋酶：*dal*（丙氨酸消旋酶），作用于丙氨酸；*murI*（谷氨酸消旋酶）作用于谷氨酸；*racD*（天冬氨酸消旋酶）作用于天冬氨酸。在奶酪生产中引入作用于肽聚糖的酶能够加快奶酪的后熟。IL1403有6个基因作用于肽聚糖，如编码丙氨酸-丙氨酸羧肽酶的 *dacA* 和 *dacB*，及编码4个溶菌酶的 *acmA*、*acmB*、*acmC* 和 *acmD*。它们均参与肽聚糖的分解。胞外多糖的合成对许多工业用乳酸菌是很重要的，因为这将影响到发酵产品的质量。在 IL1403 的基因组中有 20 多个基因参与胞外多糖的合成。

（东秀珠）

第四节 嗜热链球菌的基因组学

链球菌属中有几种人和动物的病原菌，但也包括了一种被公认为安全的食品级嗜热链球菌。嗜热链球菌被广泛用于奶制品的生产，每年市场价值约为 400 亿美元。估计人们每年食用约 10^{21} 个嗜热链球菌的活细胞。由于嗜热链球菌和其同属的病原菌种具有亲缘关系，因此它必然在基因组水平上发生了和病原菌方向不同的进化。为了了解这种差异，法国国家农业研究所、美国系统基因组学研究所及比利时的卢文天主教大学合作，对 2 株用于酸奶发酵的嗜热链球菌进行了全基因组分析。

一、基因组结构

嗜热链球菌（*Streptococcus thermophilus*）CNRZ 1066 和 LGM 13811 分别分离于法国和英国的酸奶中，它们均含有一个单一的环状染色体，长 1.8Mb，含有约 1900 个 ORF（可读框）。其中有 1500 个 ORF（80%）和其他的链球菌基因相似。2 株嗜热链球菌的基因组有 3000 个核甘酸的差异（0.15%），170 个单一核苷酸的漂移，42 个序列差异大于 50 个碱基的片段（插入删除片段），占基因组长度的 4%。两株菌所具有的共同编码序列超过了总数的 90%。二者的主要差别在于胞外多糖的合成基因（*eps*、*rps*）、细菌素合成和免疫有关的基因、遗留的前噬菌体等。

二、失活的嗜热链球菌基因

嗜热链球菌基因组中有 10%的基因无功能，这个比例在已测定的链球菌基因组中是最高的。这些基因或读码框架漂移、或无义突变、或删除、或截断。

三、嗜热链球菌中无毒力基因

病原链球菌有两个重要特征，一是能够广泛利用各种碳水化合物；二是具有抗生素的潜力。而嗜热链球菌基因组中和碳水化合物代谢相关的基因大多无功能，也没有任何修饰抗生素的基因。在酿脓链球菌和肺炎链球菌基因组中约有 1/4 的毒力基因，但在嗜热链球菌中没有发现。说明这些毒力基因在祖先基因组中存在，但在进化过程中从嗜热链球菌中丢失。肺炎链球菌的另一个特征是利用表面蛋白黏附到寄主的黏膜表面。而肺炎链球菌的 28 个和毒力相关的表面蛋白基因中只有 4 个在嗜热链球菌的基因组中找到了同源基因。因此可以认为在嗜热链球菌基因组中没有或很少有毒力基因。

四、嗜热链球菌中基因的横向转移

除基因退化和丢失外，基因横向转移对嗜热链球菌的基因组进化也有很大贡献。在两株菌的基因组中有 50 多个插入序列，它们的 G+C 含量异常并且和牛奶环境的适应能力相关。一个特别的基因横向转移是在两株嗜热链球菌的被截断的 *pepD* 基因中的一个长 17kb 的片段。这是个基因横向转移的热点位置，因为它含有菌株 LMG18311 中 6 个插入序列 1191 中的 3 个，而且形成了和另外 3 个牛奶发酵细菌——保加利亚乳杆菌及乳酸乳球菌的 2 个亚种的相似性达 90%的嵌合 DNA 片段。

（东秀珠）

第五节　双歧杆菌的基因组学

双歧杆菌是一种特殊的乳酸细菌，它是通过乳酸的“双歧”发酵途径，发酵葡萄糖产生 3∶2 的乙酸和乳酸。而在系统发育学上它和其他的产乳酸细菌的亲缘关系很远，属于高 GC 革兰氏阳性菌分支和放线菌关系密切。双歧杆菌是严格的厌氧细菌，多生活在人和动物的肠道中，对维持肠道菌群平衡和宿主的健康具有重要的作用。近年来，双歧杆菌受到人们的普遍关注，并被用作功能或保健食品。

2002 年瑞士的雀巢研究中心、美国佐治亚大学微生物系和德国的分子生物学实验室合作，对一株分离自婴儿肠道的长双歧杆菌（*Bifidobacterium longum*）菌株 NCC 2705进行了全基因组序列分析（Schell et al.，2002）。菌株 NCC 2705 的基因组为一环状的 DNA，全长 2256bp，具有 1730 个可能的编码基因，平均 G+C 含量为 60%。基因组含有 4 个几乎完全相同的 *rrn* 操纵子，57 个 tRNA 和 16 个未被触动的 IS 序列，这表明该基因组发生过大量的 DNA 重组。所鉴定的 1730 个 ORF 占全基因组的 86%，其中 1225 个 ORF（71%）可进行功能注释，1346 个 ORF（78%）可归于一个 COG 家族。505 个 ORF（29%）还无法注释其功能，其中 389 个（22%）与任何已发表的蛋白无相似性，可能是长双歧杆菌特有的基因。

长双歧杆菌基因组的特点如下：①含有多个和寡糖代谢相关的基因，其数量占全基因组的 8%以上，这解释了双歧杆菌在肠道中对寡糖的高竞争力和亲和力。但其基因组中无编码果胶酶、纤维素酶、α-淀粉酶或β-淀粉酶的基因。双歧杆菌的寡糖水解酶与常见的不同，主要作用于植物大分子中的半纤维素，如阿拉伯糖甘露聚糖、阿拉伯木聚糖、树胶、菊粉、半乳甘露聚糖和糊精。②具有多个高亲和力的 Mal EFG-型的寡糖运输系统（蛋白）。这种运输系统在其他肠道菌中很少见，后者是 PTS（磷酸转运系统）型的糖运输系统。③寡糖代谢基因簇中具有 LacⅠ型和 TetR 型的表达抑制蛋白，这种负调控蛋白系统可能会对营养物质的波动作出迅速的反应。④具有编码利用结肠复杂物质黏蛋白的基因，预示着它可能利用此类物质。⑤具有编码菌毛和单宁酸连接的表面多糖基因，它们可介导细菌黏附到结肠表皮细胞上。这解释了长双歧杆菌能够定植于肠上皮细胞的潜能。⑥长双歧杆菌基因组中可能含有真核生物样的蛋白酶抑制剂，后者可以改变寄主的生理特性，包括免疫反应。这种基因的存在解释了双歧杆菌提高人的非特异性免疫的可能性。⑦长双歧杆菌基因组中没有原核生物主要的 DNA 重组系统——recBCD，这可能是双歧杆菌同源重组频率低，不易进行遗传操作的主要原因。

（东秀珠）

第六节　乳酸细菌功能基因组学

随着新技术，例如，扩增核糖体 DNA 限制性分析（ARDRA），随机扩增多态性 DNA 分析（RAPD），脉冲场凝胶电泳（PFGE），PCR 偶联的温度梯度，凝胶电泳（temperature gradient gel electrophoresis，TGGE）和变性梯度凝胶电泳（denaturing gradient gel electrophoresis，DGGE）等新型指纹图谱技术的开发和应用，乳杆菌属，甚至整个乳酸菌的种类正在不断增加。时至今日，已完成测序的乳酸菌基因组的数目已达 24 个，而且这些数据都可通过 NCBI 的网页查到（http://www.ncbi.nlm.nih.gov/genomes/static/eub.html）。测序完成的工业微生物全基因组序列，也已通过公共数据库或专门的测序机构向人们公开。自 2001 年完成第一株乳酸菌——乳酸乳球菌 IL1403 的全基因组测序以来，已经公布或即将公布的乳酸菌的基因组序列包括乳酸乳球菌乳酸亚种（*L. lactis* ssp. *lactis*）、变形链球菌（*S. mutans*）、肺炎链球菌（*S. pneumoniae*）、无乳链球菌（*S. agalactiae*）、产脓链球菌（*S. pyogenes*）、嗜热链球菌（*S. thermophilus*）、植物乳杆菌（*L. plantarum*）、约氏乳杆菌（*L. johnsonii*）、嗜酸乳杆菌（*L. acidophilus*）、唾液乳杆菌（*L. salivarius*）、德氏乳杆菌保加利亚亚种（*L. delbrukeii* subsp. *bulgaricus*）、短小乳杆菌（*L. brevis*）、干酪乳杆菌（*L. casei*）、格氏乳杆菌（*L. gasseri*）、乳酸乳球菌乳脂亚种（*L. lactis* ssp. *cremoris*）、肠膜明串珠菌（*Leuconostoc mesenteroides*）、酒明串珠菌（*Oenococcus oeni*）和戊糖片球菌（*Pediococcus pentosaceus*）。

随着基因组测序的逐渐完成，人们的目光投向了对基因功能的研究上，目前功能基因组学研究正成为研究 LAB 的重要内容。近二十年来我们对 LAB 进行研究，利用基因工程引进外源基因或对目标基因进行改造，或者通过随机突变并筛选目标表型来改造菌株。这些手段在面对多基因微效性和复杂的、非线性的、在酶、调控子及代谢物之间未知的相互作用时遇到了极大的困难。在进行了若干基因操作之后，赋予菌株所需表型的靶基因是否真正被引入？改造后的表型能在多大程度上满足人们的需求？这些特征能持续多久？人们对此知之甚少，并且缺少高效和高灵敏度的方法和手段。人们仅能预测独立于整个生物系统之外的若干功能，另外进行单基因改造后的乳酸菌表型常常很不稳定且效果不显著。

在这样的背景下，整合了基因组信息、转录组分析、蛋白质组学分析和代谢组学分析的功能基因组学的研究方法和策略应运而生。以下将介绍这种系统生物学的研究思想和方法，以及 LAB 功能基因组学相关研究的一些最新结果。

一、乳酸细菌功能基因组学研究方法与遗传工具

（一）乳酸细菌功能基因组学研究方法简介

传统上，研究乳酸菌基因的功能可以通过如下途径：①通过研究基因的时空表达模式确定其细胞学或生理学功能。例如在不同时期、不同环境下以及噬菌体浸染过程中 mRNA 和（或）蛋白质表达的差异；②研究基因在亚细胞内的定位和蛋白质的翻译后

调控等；③利用基因敲除（knock-out）技术进行功能丧失（loss-of-function）分析，或通过基因的过量表达（转基因）进行功能获得（gain-of-function）分析，进而研究目的基因与表型之间的关系；④对突变体与其野生型菌株在特定环境下基因表达的差异进行比较研究，从而获取基因可能功能的信息。

随着微生物基因组测序计划的不断深入，以及高通量实验技术的引进，使得传统的单基因、单位点分析研究基因功能的方法已经不能满足需求，人们开始运用综合的思路和分析手段重新研究这些功能。而功能基因组学就是用基因组学所提供的信息和产物，发展和采用新的实验手段，在基因组或系统水平上全面分析基因的功能，使得生物学研究从对单一基因或蛋白质的研究，转向对多个基因或蛋白质同时进行系统的研究。其研究内容包括基因功能发现、基因表达分析及突变检测。

首先，在基因组的水平上，人们运用表达序列标签（expressed sequence tag，EST）法和基序（motif）结合直系同源簇（COG）的方法分析相似编码基因的功能。这一方法的原理是：利用功能相关的生物进化留下的保守分子序列标记，即家族特异基序和直系同源簇特异基序组成的功能特异基序，构建家族，并借助已有的信息形成功能基序库。每一个未知基因的功能，可以通过搜索该功能基序库而高效准确地获得。

其次，在转录组的水平上人们可以利用基因表达连续分析（serial analysis of gene expression，SAGE）、差异显示反转录 PCR 技术（differential display reverse transcription-PCR，DDRT-PCR）、DNA 微阵列分析（microarray assay）、遗传足迹法（genetic footprinting）、反向遗传学（reverse genetics）等转录组学技术和突变技术对基因功能进行研究。转录组分析即研究在某一特定时期特定细胞内转录的所有基因及其表达丰度。传统的膜杂交，微阵列（microarray）以及反转录 PCR 技术（RT-PCR）已经不能适应大规模转录组分析的要求（高密度微阵列分析价格昂贵且灵敏度较差，基于 RT-PCR 的方法虽然灵敏度较高，但污染带来的问题会很严重，且需要高质量的模板），近来出现一种新的技术——亲和捕获辅助转录物分析（transcript analysis with the aid of affinity capture，TRAC）。这种方法的原理是：首先用双荧光团和生物素标记的不同大小的探针库与靶 RNA 杂交，然后由链霉亲和素包被的磁珠亲和吸附固定，最后用毛细管电泳鉴定探针。这样就保证了方法的高效性和灵敏度。它避免了由于微芯片中杂交质量导致的低精确度，也减少了反应时间，同时还可直接用细胞裂解液进行分析。

再次，在蛋白质或功能蛋白质组的水平上，人们还可以通过双向电泳（2-DE）、氨基酸组成分析、微量蛋白质序列分析、质谱分析、基质辅助激光解析电离和电喷射离子化等软电离技术、电离蛋白质、质谱色谱联用、同位素亲和标签（isotope-coded affinity tags，ICAT）等一些以蛋白质组学为基础的技术和方法对基因组功能进行分析。由于基因和蛋白之间并不存在着绝对的线性关系，mRNA 水平并不一定与蛋白质的表达水平完全对应，翻译后修饰及同型蛋白质（isoform）等现象在基因水平无从表现，蛋白质与蛋白质的相互作用在基因水平难以预知等这些因素的存在，都需要通过蛋白质组学作为补充的有效方法。因此可利用免疫共沉淀、抗体芯片、蛋白质芯片等技术。此外，决定基因组水平转录组分析是否成功的一个重要因素就是样品处理的方法和时间。由于 mRNA 的半衰期很短，所以利用蛋白质组学的技术对乳酸菌基因组进行功能分析具有可行性。

最后，在代谢组学的水平上，人们可以利用代谢组学模型技术和生物信息学技术等与计算数学密切相关的方法研究表型与基因之间的关系，最终获得基因功能的明确阐释。怎样检验基因的功能注释是否正确？我们可以通过单位点或单条途径的基因突变产生突变株，通过建立代谢模型来研究进行微扰后微生物表型（代谢）的特征变化，进而对这些基因的功能作出精确的描述。

生物信息学使多种组学产生的大量数据得到有序的整理和注释，并以一定的方式组织起来。在基因组方面，科学家已经编写了许多使基因组数据可视化的软件，如GenomePlot、GenoMap、GenomeAtlas、GenoStar和DNASTAR等。2003年Kerkhoven编写了基因组可视化软件MGV（microbiol genomes view），可以进行交互式操作。目前有数百个分子生物学数据库：包括文献、大分子序列与结构、分子化学性质、基因组图谱与多态性、分类与系统发育以及实验材料等。另外还有很多相关的应用软件包括核酸与蛋白序列搜索、结构比较、结构预测、蛋白质域、基序、测序、发育与进化分析、双向电泳成像分析、质谱蛋白质鉴定、三维蛋白结构建模与成像、基因组图谱比较、基因预测、非编码区功能位点识别、基因组重叠群集装、后基因组功能分析、结构基因组学以及药物基因组学等。如BLAST、电子克隆（in silico cloning）、3D结构建模。

以上这几个层次的系统生物学技术只有整合在一起使用时，才能更大程度地发挥其作用，并增加结果的准确度和精确性。而这其中使用的策略可归结为两种途径：即从序列到功能和从网络到功能。从序列到功能主要包括以基因组序列比对分析和数据挖掘、蛋白质结构和功能序列比对、构造系统发育树研究基因功能；从网络到功能，包括从蛋白质相互作用网络、表达调控网络、代谢网络等各种网络的构建和结构特征分析，从而预测网络中未知单元的功能。

Marie-Christine等首先作了这方面的尝试。根据已经发表的全基因组序列数据，他们计算并绘制了乳酸乳球菌NCD0763菌株基因组编码的理论蛋白质2-DE图谱，并与实际2-DE图谱比较，发现在实际2D凝胶上只能看到酸性蛋白质组，而不能观察到碱性蛋白质组；此外通过数据计算在pH4～7范围内应存在1297种蛋白质，但在2D凝胶上只观察到450个斑点。由此可见，要检测到通过基因组测序推知的所有2310种蛋白质，必须克服2-DE的局限性，采用改进的电泳技术并与层析技术相结合。

近年来，功能基因组学等生物技术的飞速发展，大大推动了工业生物技术的基础和应用研究。系统分析结合比较研究和多种学科的交叉分析仍是功能基因组学研究的重点。生物科技产业一直致力于开发改进微生物菌株发酵过程的新方法。近来的研究都集中于功能基因组学的全新的全基因组范围内建模方法，而这种方法正是在充分利用基因组序列、转录组、蛋白质组和代谢组数据的前提下，进行的菌种改造。全局代谢模型和遗传调控模型的整合，能够对改良菌株中的代谢工程实践起到一定的推动作用。

（二）乳酸细菌功能基因组学研究的遗传工具

功能基因组学不仅需要先进的策略与方法，同时也需要先进的工具与技术。在对乳酸菌进行功能基因组学研究中人们需要基因克隆、表达、互补和失活相关操作遗传和分子工具。早在20年前，Kok等就已经在乳球菌质粒pWV01基础上，初步构建了用于乳酸菌中的克隆和穿梭载体。1990年Natori等报道了运用电穿孔技术向细菌细胞内转入外源片段，1988年这项技术就已经在各种革兰氏阳性菌上使用。于是，大量的质粒载体、表达系统和整合载体就建立起来，并用于大多数乳酸菌的遗传学研究中。在功能基因组学中较为著名的是热敏整合载体pGhost、pSA3以及双质粒pORI28系统。虽然它们在乳球菌和一些乳杆菌中很有效，但在某些嗜热益生乳杆菌中效率就很低，这是因为质粒在这些菌的最适生长温度（如37～40℃）下是不稳定的。pORI28系统以pGK12的衍生型——pTRK699为协助质粒时，可以在嗜热型乳杆菌中得到广泛应用。这个协助质粒在嗜热菌最适生长/转化温度下十分稳定，但是在嗜热乳杆菌群的种内应用时，如果温度上升至42℃，它就很容易失去稳定性。这个pORI28-pTRK699系统在各种益生乳杆菌中进行整合定位和产生基因替换时非常有效。而Kranenburg等在1997年则介绍了另外一种整合系统，避免了潜在的复制问题。以研究清楚的质粒pUC18和pUC19为基础，构建了含有抗生素抗性序列盒和染色体同源区域的衍生质粒，该质粒以*E. coli*为宿主并在其中复制。而随后向非复制性的乳球菌和乳杆菌宿主中的转化则导致了同源区域的交换。双交换发生在非选择性培养的情况下，且可以用功能性失活来定位靶基因。结果，鉴别出大量可能与编码益生特征相关的基因，并且与那些重要的功能性表型联系在一起。

二、乳酸细菌功能基因组学研究

双歧杆菌属（*Bifidobacillus*）的G+C含量则相对较高（>50%），乳酸菌的基因组G+C含量较低。乳酸菌的基因组较小，除植物乳杆菌基因组大小为3.3Mb外，多数介于1.8～3.3 Mb之间。正是由于这种相对简单的基因组，使乳酸菌成为较好的研究对象。全基因组测序、基因数据挖掘以及比较基因组学使人们对乳酸菌基因组成、差异性和相似性有了更深入的认识，由此进一步预测普遍和特殊基因功能。迄今，乳酸菌的基因组分析已经显示出大量的有趣特征，而且大都是与乳酸菌的生物加工和促进人类健康作用相关的特征。虽然乳酸菌中基因功能确认的数目正以指数增长，但还存在着大量编码未知功能蛋白的基因（大约25%～40%的ORF），而且其中还有很多是普遍表达或特异表达的，可能具有重要的功能。所以利用功能基因组分析识别或确定这些基因的功能对于理解细胞生理、代谢途径、信号转导以及解释益生功能等问题都具有重要意义。

（一）糖代谢相关基因功能研究

通过全基因组水平的技术方法研究基因组的特点，发现乳酸菌基因组中关于碳水化合物的代谢有如下特点。

1. 糖酵解途径相关基因占优

人们发现在乳酸菌基因组中有很多编码与酵解作用相关的酶的基因，这可以使乳酸菌依赖糖酵解而获取能量。最近报道了用cDNA微阵列方法对嗜酸乳杆菌基因组进行的全局分析（Barrangou et al.，2006）。在以8种碳水化合物为底物生长时，转录组结果显示糖酵解途径相应基因是基因组中表达效率最高的类群。这表明由糖酵解获得初级能量可能是乳酸菌的共同特征。

2. 糖酵解途径的多样性，尤其是转运系统的多样性

基因组分析显示出乳杆菌、双歧杆菌、链球菌及乳球菌都具有广泛的糖酵解潜力，这反映出它们利用不同生境中营养物的多样性。其中对植物乳杆菌基因组的分析则揭示了多种转运蛋白的存在，尤其是磷酸转移酶系统（phosphotransferase system，PTS）的转运蛋白。PTS 可能是这些乳酸菌中占优的碳水化合物转运蛋白系统。另外人们还在植物乳杆菌基因组中定义了一个大于 213kb 的叫做“生活方式适应岛”（lifestyle adaptation region）的区域，它包含了多种糖类转运和代谢的相关基因。与之类似，变形链球菌和肺炎链球菌的转运蛋白也存在着此类多样性，这可能与它们能利用不同生长环境，即所谓的口腔和呼吸道中的营养物质的较强能力有关（Tettelin et al.，2001）。对约氏乳杆菌、嗜酸乳杆菌和格氏乳杆菌基因组的分析也进一步证实了这一观察结果，并且发现只有 2～3 个 ABC 蛋白转运像果糖低聚物和棉籽糖这样的复杂碳水化合物。这种能力可能是使乳酸菌在宿主胃肠道内生存竞争的一部分原因。

3. PTS 家族占优

近来对嗜酸乳杆菌糖转运系统的研究显示 PTS 系统是其转运碳水化合物的主要工具。而 ABC 转运蛋白和 LacS 转运蛋白较少。LacS 乳糖苷转运蛋白曾在乳酸明串珠菌、嗜热链球菌、保加利亚乳杆菌等多种乳酸菌中被描述过。在嗜酸乳杆菌中，单糖和双糖由 PTS 家族成员转运，多糖由 ABC 家族成员转运，而半乳糖苷则由 GPH 转运蛋白转运。

通过对嗜酸乳杆菌的转录组分析，人们发现尽管底物特异性转运载体和胞外水解酶的合成在转录水平上受到调控，但是基因组编码的调控蛋白 CcpA、Hpr、HprKP 和 EI 却是组成型表达的。这可能说明碳水化合物的转运和代谢是在转录水平上高度可调的，这就赋予其灵活多变的碳源利用方式和强大的代谢能力。但是通过基因差异表达的转录组分析，人们同样发现碳水化合物分解代谢阻遏调控网络的存在，其中代谢网络中的关键酶是组成型表达的，说明是在蛋白水平上受到调控而不是在 mRNA 水平上。这一现象在酸应激时也会看到。

（二）氨基酸代谢相关基因功能研究

尽管大多数乳酸菌不具备完全的氨基酸合成途径，但乳酸乳球菌却具有完全的氨基酸合成途径。植物乳杆菌仅缺少几个合成途径，其中包括一些支链氨基酸的合成途径，而嗜酸乳杆菌及亲缘关系较近的种，则极度缺乏氨基酸生物合成的能力。为了弥补这种缺陷，这些乳杆菌编码了大量的多肽通透酶、氨基酸通透酶和寡肽转运载体，这样就能够从营养丰富的外界环境中转运获取自身不能合成的氨基酸。然而，人们只在嗜酸乳杆菌和约氏乳杆菌基因组中发现能编码胞壁通透酶 PrtP 的基因，但是编码成熟蛋白 PrtM 的基因则存在于所有这些乳杆菌的基因组中。

（三）应激条件下乳酸菌耐受和相关基因功能分析

利用乳酸菌进行工业生产或用于胃肠道疾病预防时，影响生产或预防效果的一个重要因素是乳酸菌对环境条件的适应，这也是将实验室研究成果在实际工业生产过程中应用要解决的一大难题。由于乳酸菌在这些应用过程中经常遇到的应激环境大部分是严酷的，包括温度变化、高盐（NaCl）、氧激、恶劣环境及营养限制等。这要求能运用于生产的菌株必须具有耐酸性，耐大幅温度变化、噬菌体抗性等诸多耐受机制。而对于某一种耐受机制来说，往往是由多种基因共同作用的结果。除此之外，还有转录调节和蛋白修饰等影响因素，因此传统上通过改造单个或数个基因的做法不仅周期长，效果亦不明显。所以人们就将目光逐渐转向应用功能基因组学技术与方法理解和控制这种耐受机制上来。

1. 热应激

LAB 中有一些种类是中温菌，如乳酸乳球菌、植物乳杆菌等；一些是嗜热菌，如德氏乳杆菌、干酪乳杆菌等。高温热激会破坏蛋白质内部非共价键，使之变性。热激反应的主要特征是诱导一系列伴侣蛋白和蛋白酶，它们作用于损伤蛋白质，增加生物对热应激的耐受能力。一些乳酸菌生长要求严格的温热条件，但是在工业中经常遭遇不适的温热条件。有一些乳酸菌的热诱导应激应答已经被证实，人们可以利用双向电泳分析热激诱导产生的热激蛋白（Hsp），也可由免疫测定得出一些保守性的分子伴侣。已经发现乳酸菌伴侣蛋白包括 HrcA、GroEs、GroEl、DnaK、Hsp84、Hsp85 和 Hsp100。更多的研究主要利用乳酸菌 *dnaK*、*ClpB*、*ClpC*、*ClpE*、*ClpL*、*ClpP* 和 *ctsR* 等一系列突变株来进行。Varmanen 等将遗传分析、mRNA 和 2-DE 分析技术相结合，证实了乳酸乳球菌中两种热激蛋白的限制作用。对其 *dnaK* 突变株的研究显示，在 30℃（最适生长温度）时，突变株中的一些热激蛋白（HrcA、GroEs、GroEl、DnaK、Hsp84、Hsp85 和 Hsp100）合成量比野生型菌株高。这一发现说明 Dnak 在 30℃时阻遏热激蛋白基因表达。乳酸乳球菌 *ctsR* 突变通过运用该方法确认了 *ctsR* 阻遏子的作用。双向电泳分析技术比较 30℃时乳酸乳球菌 *ctsR* 突变和野生型菌株，结果显示在 *ctsR* 突变株中只有两种热激蛋白（ClpP 和 ClpE）积累到较高的水平，而 mRNA 分析显示了其突变株中的所有 *clp* 基因（*ClpP*、*ClpE*、*ClpB*、*ClpC*）的表达量都有增加，尽管 *ClpC* 表达的蛋白太少无法在 2-DE 上观察到。对于 *ClpB* 基因情况刚好相反，mRNA 分析比 2-DE 分析提供的信息更多，且能够反映 CtsR 调节的所有 4 个 *clp* 基因。另外，2-DE 分析揭示的 ClpB 的消失可以更好地反映 CtsR 失活的生物学效应。以前蛋白质组学研究显示 ClpB 蛋白有两个异构体，如果没有 2-DE 分析是不可能检测到它们的。

2. 冷应激

在应用乳酸菌进行工业生产中，我们需要对发酵剂采取低温冷冻保藏或冷冻干燥处理，在低温发酵和消费前的发酵产品储藏过程中，乳酸菌也一直处于冷激状态。在这些过程中乳酸菌对冷冻环境的适应性都起着重要的作用。冷激将改变细胞质膜的晶体性质，使它们由可流动的液晶转变为凝胶状态。据报道，在细菌中，细胞质膜、核酸和核糖体也有温度应激的感应器。而且像德氏乳杆菌保加利亚亚种可以利用相容化合物保护细胞不被冻伤。有意义的是，通过冷却预处理可以提高乳酸乳球菌、嗜热链球菌和粪肠球菌在冷冻或冻结融化循环中的存活率。用蛋白质组学方法，发现被冷激的细菌能够快速诱导产生一系列特殊的蛋白质。利用 2-DE 方法人们在乳酸乳球菌和嗜热链球菌中分别发现 22 个和 24 个冷诱蛋白（CIP），在乳酸乳球菌的冷诱蛋白中，Wouters 与其合作者鉴定了与转录过程、糖代谢、染色体形成和信号转导作用有关的蛋白质。人们还分离出推断为冷激蛋白（Csp）家族成员的低分子质量（约 7kDa）冷诱蛋白（CIP）。冷诱蛋白的数量因乳酸菌菌株而异，如在嗜热链球菌 CNRZ302 菌株中发现 6 种应激蛋白，而在 PB18 菌株只发现 1 种应激蛋白。乳酸乳球菌的一些种也存在相似的情况，全部基因组序列显示乳酸乳球菌乳酸亚种 IL1403 中，只有两个 *csp* 基因，而 2-DE 和遗传研究显示乳酸乳球菌乳脂亚种 MG1363 菌株中有 7 种冷诱蛋白。值得注意的是，以乳酸乳球菌亚种乳脂亚种 MG1363 基因组为模板，用简并引物设计 PCR，结果只分离到 5 种冷诱蛋白基因，另外 2 种蛋白质 CspF 和 CspG 只有通过 2-DE 分析才能看到。这说明 MG1363 存在有 2 个不同的冷诱蛋白族编码基因。

3. 酸应激和盐应激

乳酸菌的主要特点是发酵糖产生乳酸。这种能力是它们应用于食品发酵工业的基础。乳酸菌的这种忍耐酸性环境的能力也帮助益生菌在从胃到消化道这一过程中存活下来。同时这也是乳酸菌中的一些种导致龋齿病的原因。因此一些嗜中性的乳酸菌的酸应激反应被广泛研究，以改进它在工业中的应用并分析它导致龋齿的原因。外界环境的酸化对嗜中性乳酸菌来说具有多重效应，首先它使 F_0F_1 ATP 酶在低 pH 环境下通过消耗能量使细胞中的质子（H^+）排放出来，从而维持胞内 pH，但会增大细胞内外的 ΔpH。酸化还会导致膜损伤、蛋白质变性、核酸损伤。酸化也改变了酶活性，Even 等观察到在 pH 下降到 4.7～5.2 时，乳球菌的代谢途径发生变化：不再产生乙酸、甲酸、乙醇等，而是通过发酵葡萄糖为乳酸的同型发酵途径作为能量的主要来源。不再完全依赖葡萄糖酵解产能，同时也利用氨基酸产能，后者的代谢水平比在 pH6.6 时上升了 6 倍多。这可能是因为氨基酸脱氨作用和脱羧产生的电子可以消耗胞质中的 H^+，从而使胞质去酸化。这种代谢转变的关键酶可能是丙酮酸甲酸裂合酶（PFL），这使得该菌对酸的耐受能力大幅度提高（乳酸抑制常数 Ki＝470mmol/L，而甲酸的抑制常数 Ki＝76mmol/L）。通过流量分析解释发生这一现象的原因不是转录水平上酶表达量的提高，而是代谢调节水平上代谢物对酶活性的激活（例如核糖体蛋白活性的增高可使蛋白合成速率增加等），避免了 pH 降低引起的影响，使得流量发生了改变。另外，乳酸引起的酸化作用还导致乳酸盐在胞内积累，这对细胞的生理有负面影响。若在乳酸菌生长对数期或稳定期进行酸诱导，利用蛋白组学方法，人们发现在乳酸乳球菌中会有 33 种蛋白质被诱导产生，变型链球菌中有 64 种，口腔链球菌（*S. oralis*）中有 29 种，嗜热链球菌中有 9 或 10 种，粪肠球菌积累 32 种蛋白质，*Lactobacillus sanfrancicensis* 积累 15 种蛋白质，保加利亚乳杆菌（*Lactobacillus bulgaricus*）中积累 30 多种，嗜酸乳杆菌表达 9 种。在酸适应过程中一些热激蛋白（大多数是伴侣蛋白）被诱导产生，但诱导伴侣蛋白的种类在不同种间也不同。在乳酸乳球菌中 GroES 和 GroEL 蛋白被诱导，在粪肠球菌中 GroEL 和 DnaK 蛋白被积累，在保加利亚乳杆菌中，3 种蛋白 GroES、GroEL 和 DnaK 被大量合成。相反，在 *L. sanfranciscensis* 中，GroES、DnaK 和 DnaJ 蛋白的数量不因酸应激而改变，但 GrpE 浓度是增加的。酸适应性对糖酵解途径有很重要的影响，能改变碳代谢流量的方向，且在低 pH 条件下，有大量功能性蛋白质的合成被调节。

微生物一般对盐应激的反应是积累抗渗透压物质如脯氨酸、甜菜碱或谷氨酸。随着高渗的刺激，细菌首先在细胞内积累钾离子，然后与抗渗物质交换。一旦有盐应激，钾的运输系统和与抗渗物质积累系统有关的蛋白质被联合诱导。用 2-DE 分析乳酸菌中的盐应激反应为认识 NaCl 的应激调节机制提供新的角度。在乳酸乳球菌中，盐应激反应已显示出与热应激有部分的一致性，通过2-DE凝胶分析，一般应激蛋白DnaK、GroEL、GroES已被鉴定出来。但是，在乳酸乳球菌中没有特异性的NaCl诱导蛋白被检测出来。实际上，对其他细菌研究显示，被NaCl诱导的转运子是难溶的或在2-DE凝胶上不易检测的膜整合蛋白。

4. 胆汁盐和SDS应激

这些应激作用的研究是在粪肠球菌中展开的。胆汁盐作用导致了45种蛋白质的合成，SDS作用导致了34种蛋白质合成，而其中有12种是相同的。然而，正是由于其他特异合成的蛋白，才使得这两种应激反应大不相同，DnaK和GroEL就是一个很好的例子，因为这些蛋白质只在胆汁盐响应中被合成，而在SDS响应中不被合成。随后在乳酸菌其他属内也找到了类似的蛋白，比如在长双歧杆菌中筛选植物乳杆菌*alr*互补文库以寻找胆汁诱导的启动子元件时，找到了两个相关基因。

5. 饥饿应答

在乳酸菌生长的自然环境中，营养条件往往是匮乏的。LAB对这种胁迫的相应机制是合成一系列的σ因子从而调节某些基因的表达。然而，这在一般的基因组测序中无法分析得出。事实上，当LAB细胞处于静止状态时，有一系列的因子，如碳源饥饿、pH氧化休克等影响着细胞的状态，所以很难区分某一种因素的作用。但通过蛋白质组技术人们就能成功地得到饥饿响应的信息。2-DE方法被用来分析乳酸乳球菌葡萄糖饥饿响应合成的蛋白，粪肠球菌葡萄糖饥饿响应合成的蛋白等。后者诱导的某些蛋白在氯化钙诱导时也曾出现过，而且这些葡萄糖饥饿响应的蛋白也会使粪肠球菌对过氧化氢、酸或醇有一定的抗性，但对UV还是敏感的。

这些蛋白质之一已被确认为氨甲酸激酶，由精氨酸脱亚氨酶——精氨酸降解途径相关的*arc*操纵子编码。已知这条产ATP的途径受碳水化合物抑制，可以假定这条途径是在葡萄糖饥饿时为细胞提供能量的一条途径。另一个葡糖饥饿诱导的蛋白Gls24可被多种胁迫诱导，它由一个含有6个可读框的操纵子编码。而*gls24*与上游的*orf4*极其相似，可能是由*gls24*复制造成的。然而这两个同源基因却编码不同的蛋白。

（四）乳酸细菌细胞黏附作用相关的功能基因分析

在格氏乳杆菌、嗜酸乳杆菌、约氏乳杆菌和植物乳杆菌中都发现*mub*基因有多个同源拷贝。Tuomola等首先在罗伊氏乳杆菌中发现了一种能结合黏液层的表面蛋白，其大小为358kDa。这种Mub蛋白的编码序列已经在许多肠道乳杆菌的基因组中得到证实，通常其大小在1000～4300个氨基酸范围内，并且经常作为最大的可读框（ORF）存在于基因组中。这些不同微生物中的Mub蛋白有着相似的大小，都含有一个大约20个氨基酸的多倍重复序列，它们的氨基酸序列相似性相当低，仅为24%～38%，尽管推测它们在乳酸菌的黏附结合中起着重要而相似的作用，但不同表面蛋白之间的序列相似性并不高。就这一点，Altermann等在嗜酸乳杆菌基因组中发现了6.6%的未聚类的COG分别代表着五个独特的区域。所有在这些区域中的基因都被预测为与寄主识别或者上皮黏附有关：包括黏液结合、纤维连接蛋白的结合以及其他的细胞表面相关蛋白。在约氏乳杆菌中，一个区域被确认含有一个*mub*基因，*mub*基因存在于一个预测由九个基因组成的操纵子中，而这个操纵子编码一个与链球菌黏附素同源的，有着较大分子质量的富含丝氨酸的蛋白。约氏乳杆菌基因组中的这个独特区域位于一个普通的位点上。其中有与胆汁盐水解活性相关的基因位点，也有各种与使细菌黏附在体内腔上皮细胞（Caco-2）上的黏附作用（黏液-结合蛋白、纤连蛋白-结合蛋白）相关的基因位点，还有麦芽糖特异受体相关的基因位点，而这些受体曾被展示在酵母细胞的表面。而麦芽糖特异性黏附蛋白（Msa）则展示了大量的特征性的黏附结构域，包括一个 spacer 区域，一个 Mub 蛋白结构域，以及一个 LPXTG 细胞壁结合基序。种种研究表明，益生乳杆菌在肠组织上的黏附和黏液的分泌主要都是 S-层蛋白和黏液结合蛋白的作用。然而，却是通过近来比较亲本和同源突变株的比较基因组研究，研究者们才在细菌细胞内容物内，首次找到了这类细胞表面蛋白对于黏附机制的特异性贡献的明确例证。人体肠道内有着大量的乳酸菌，而小肠上皮细胞表面的保护性黏液层是这些乳酸菌的黏附位点。Boekhorst 等利用生物信息学方法在九种 LAB 中确认了 48 个含有一种黏液结合结构域（MUB）的蛋白质。这些 MUB 结构域大小不同，从 100 多个氨基酸到多于 200 个氨基酸不等。

Altermann 通过定点失活编码介导黏附到黏液层或小肠上皮的表面蛋白，构建了乳杆菌的突变株。而体外分析这些突变株对小肠 Caco-2 上皮细胞的黏附作用后，发现了两个链球菌 R28 同源突变体：LBA1633 和 LBA1634，二者中都没有表现出黏附力的明显下降。SlpA 是一个表层突变株，其黏附力大幅下降，而正是由于纤连蛋白结合蛋白（FbpA）和黏液层结合蛋白（Mub）突变才能显出黏附的大幅减少。有趣的是，若使细菌细胞在特定环境条件下生长，人们观察到了细菌黏附能力增强的情况，同时包括了亲本和五个单基因敲除的突变株。因此，若在亲本和黏附缺陷株的其他有关因子若在一定的环境中诱导的话，就能够显著提升乳杆菌在模型中的黏附能力。目前人们正利用 DNA 微阵列分析和功能基因组分析识别研究这些遗传区域以及潜在的黏附和信号因子编码区域。

（五）乳酸细菌的细菌素和群感效应

产生细菌素是 LAB 所有属的一个普遍特征，几乎每个属的每个种都可以产生细菌素，有的菌甚至可以产生几种细菌素。这些细菌素无毒副作用，主要对革兰阳性菌有抑制作用。对于乳酸菌进行全基因组测序可以帮助我们识别新的和有效的细菌素。这些多肽除了可被用于食品保质和食品基因工程，还可以和多种生物大分子相互作用，如群感效应相关的 NisK 信号转导蛋白。

（六）乳酸细菌的基因可变性

人们通过对乳杆菌中一些种类的基因组实际可能的生物合成途径（氨基酸、核酸、脂肪酸和维生素）进行总体观察发现格氏乳杆菌和约氏乳杆菌是拥有生物合成途径最少的乳杆菌，而嗜酸乳杆菌则拥有多达 14 条的途径。与其相对，植物乳杆菌则编码了生物合成途径的更完全的组分，这对于其更多样的代谢能力是一个有力的支持。考虑到这一点，Boekhorst 等通过 KEGG 对植物乳杆菌和约氏乳杆菌的代谢途径进行了直接比较，发现了约氏乳杆菌确实存在生物合成缺陷，而植物乳杆菌则具有扩展的合成能力。但也许这正说明了营养丰富的环境，比如牛奶，哺乳动物胃肠道内可以促进基因组退化。近来在对两种嗜热链球菌基因组的分析中，Bolotin 等（2004）发现有 10%的基因由于各种突变变成了假基因和无功能基因，这种现象在有关碳水化合物合成、转运和发酵过程相关的基因中尤为显著。比如，在其中一个嗜热链球菌中发现的乳糖特异性同向转移载体在其他病原性链球菌中并不存在，这也许暗示着在牛奶中的嗜热链球菌的进化导致了使许多基因（包括任何致病基因）的退化，说明当微生物在某一特定环境中进化时，这些基因并不是微生物必需的。有趣的是，在嗜热链球菌和与其他同样存于乳制品中的微生物中，人们还发现了基因的横向转移现象，这可以作为新的证据。比如在嗜热链球菌 CNRZ 368 的基因组中，有一个大小为 32.5 kb 的基因位点，称为 EPS 位点，包括了 25 个 ORF 和 7 个插入片段，其中 17 个 ORF 编码的蛋白与多糖的合成有关，在这个位点靠近左端的有一个大小为 13.6kb 包含 7 个插入序列和 2 个 *eps*ORF 的片段与乳酸乳球菌 NIZOB40 的 *epsL* 和 *orfY* 基因几乎完全一致，提示这个 13.6kb 的片段有可能是通过水平转移的方式从乳酸乳球菌中获得。研究者确证在一个 17Kb 的区域内包含了 IS1191 的多份拷贝和一个与保加利亚乳杆菌以及乳酸乳球菌有超过 90%同源性的片段嵌合体。其中有一份甲硫氨酸合成相关的 *metC* 基因的单拷贝，而甲硫氨酸在牛奶中几乎不存在。相当多的证据表明，乳酸乳球菌的许多菌株都获得了编码牛奶中生长和竞争的关键功能的质粒 DNA，比如乳糖代谢、水解蛋白活性、生产细菌素、胞外多糖合成以及对噬菌体的抗性。另外，也明显发生了基因横向转移，这些转移的基因能提高乳酸菌在这些生境中的竞争力。编码糖类转运载体和碳水化合物水解酶的基因，就可以作为很大一部分由基因横向转移获得的菌株特异性基因的代表。这就是说以前植物乳杆菌通过基因横向转移获得前述的有关糖类转运、代谢属性和胞外多糖合成的基因是使微生物在大量各种环境下生存的一种策略（比如植物、谷类、胃肠道）。而支持基因横向转移的证据包括这些基因在复制起点的成簇的位点，降低了的 G+C 含量（41.5%～44.5%），以及植物乳杆菌中由于这些基因造成的菌株间的高变异性。在这些基因组测序的乳酸菌中，存在着形成重要功能表型的基因倍增和多份拷贝，这样的例子不胜枚举。比如磷酸转移酶系统、β-半乳糖苷酶、乳糖脱氢酶、肽酶和寡聚蛋白质以及氨基酸转运载体的编码基因。在有些例子中，近缘种中的直向同源蛋白质包含了不同数目的乳酸菌中特有的 MUB 结构域，这说明了编码这些结构域的基因经历了不同程度的复制和删除。越来越多的证据表明乳酸菌在营养状况复杂的环境中的进化是被两个重要的过程驱动的：第一，基因的退化和亲代功能基因的丢失；第二，通过基因横向转移和重要基因的复制得到新的基因。

（朱　岩　李　寅）

缩　写　词

2-DE	双向电泳
COG	共有定向同源基因群
contig	群集
DDRT-PCR	差异显示反转录 PCR 技术

EMP	糖酵解途径
EST	表达序列标签
genetic footprinting	遗传足迹法
ICAT	同位素亲和标签
IS	插入序列
kb	千核苷酸碱基
Mb	百万核苷酸碱基
microarray assay	DNA 微阵列分析
Motif	基序
Msm	多种糖代谢基因
ORF	可读框
PFGE	脉冲场凝胶电泳
PTS	磷酸转移酶运输系统
reverse genetics	反向遗传学
rrn	编码核糖体 RNA 的操纵子
RT-PCR	反转录 PCR 技术
SAGE	基因表达连续分析
TRAC	亲和捕获辅助转录物分析

主要参考文献

Altermann E, Russell W M, Azcarate-Peril M A, et al. 2005. Complete genome sequence of the probiotic lactic acid bacterium *Lactobacillus acidophilus* NCFM. Proc Natl Acad Sci USA, 102: 3906～3912

Barrangou R, Azcarate-Peril M A, Duong T, et al. 2006. Global analysis of carbohydrate utilization by Lactobacillus acidophilus using cDNA microarrays. Proc Natl Acad Sci U S A, 103: 3816～3821

Bolotin A, Quinquis B, Renault P, et al. 2004. Complete sequence and comparative genome analysis of the dairy bacterium *Streptococcus thermophilus*. Nat Biotechnol, 22: 1554～1558

Bolotin A, Wincker P, Mauger S, et al. 2001. The complete genome sequence of the lactic acid bacterium *Lactococcus lactis* ssp. *lactis* IL1403. Genome Res, 11: 731～753

Claesson M J, Li Y, Leahy S, et al. 2006. Multireplicon genome architecture of *Lactobacillus salivarius*. Proc Natl Acad Sci USA, 103: 6718～6723

Coenye C, Vandamme P. 2003. Extracting phylogenetic information from whole-genome sequencing projects: the lactic acid bacteria as a test case. Microbiology, 149: 3507～3517

Klaenhammer T, Altermann E, Arigoni F, et al. 2002. Discovering lactic acid bacteria by genomics. Antonie Van Leeuwenhoek, 82 (1～4): 29～58

Kleerebezem M, Boekhorst J, van Kranenburg R, et al. 2003. Complete genome sequence of *Lactobacillus plantarum* WCFS1. Proc Natl Acad Sci USA, 100: 1990～1995

Makarova K, Slesarev A, Wolf Y, et al. 2006. Comparative genomics of the lactic acid bacteria. Proc Natl Acad Sci USA, 103: 15611～15616

O'Riordan K, Fitzgerald G F. 1997. Determination of genetic diversity within the genus *Bifidobacterium* and estimation of chromosomal size. FEMS Microbiol Lett, 156 (2): 259～264

Paulsen I T, Banerjei L, Myers G S, et al. 2003. Role of mobile DNA in the evolution of vancomycin-resistant *Enterococcus faecalis*. Science, 299: 2071～2074

Pridmore R D, Berger B, Desiere F, et al. 2004. The genome sequence of the probiotic intestinal bacterium *Lactobacillus johnsonii* NCC 533. Proc Natl Acad Sci USA, 101: 2512~2517

Schell M A, Karmirantzou M, Snel B, et al. 2002. The genome sequence of *Bifidobacterium longum* reflects its adaptation to the human gastrointestinal tract. Proc Natl Acad Sci USA, 99 (22): 14422~14427

Tettelin H, Nelson K E, Paulsen I T, et al. 2001. Complete genome sequence of a virulent isolate of Streptococcus pneumoniae. Science, 293: 498~506

van de Guchte M, Penaud S, Grimaldi C, et al. 2006. The complete genome sequence of *Lactobacillus bulgaricus* reveals extensive and ongoing reductive evolution. Proc Natl Acad Sci USA, 103: 9274~9279

第二章　乳酸细菌的基因工程

构建和利用基因工程体系，将会使乳酸菌产量更高、质量更优、风味更美、功能更全。

乳酸菌的分子生物学研究起步较晚，始于 20 世纪 70 年代，主要在乳酸乳球菌（*Lactococcus lactis*）中开展，这种菌自身分泌的蛋白质少，除了一个功能未知分泌蛋白 Usp45（an unknown secreted protein of 45kDa，Usp45）外，几乎不分泌其他蛋白质，因此是很好的克隆和表达外源基因的受体，乳球菌已成为乳酸菌研究的模式菌株。除乳酸乳球菌外，其他乳酸菌如植物乳杆菌（*Lactobacillus plantarum*）、嗜酸乳杆菌（*Lactobacillus acidophilus*）、德氏乳杆菌（*Lactobacillus delbrueckii*）、嗜热链球菌（*Streptococcus thermophillum*）等的分子生物学研究也发展迅速。

第一节　乳酸细菌分子克隆载体

乳酸乳球菌是组成乳制品发酵剂的主要菌株，细胞内通常含有多个质粒，有些为隐蔽型质粒，有些编码特定的生理功能，如乳糖利用、蛋白质水解等。细胞内的质粒可以被消除，但不影响菌株的生长，而消除质粒后的菌株可以作为受体菌用于外源基因的克隆和表达。乳球菌内源性质粒的存在，为乳酸菌的分子生物学研究提供了遗传操作工具，内源性质粒经过改造可成为分子克隆的载体。理想的质粒载体应满足四个基本条件，即可供选择的遗传标记、不依赖于染色体而自主复制的起点、含有多个限制性内切核酸酶的单一酶切位点和高拷贝数。基于乳酸菌的安全食用性，要求它所构建的载体系统的结构元件也必须为食品级，即食品级系统。

一、乳酸细菌质粒型克隆载体

乳酸菌的克隆载体分别存在于染色体外的质粒型克隆系统和整合到染色体上的整合型克隆系统。质粒型克隆系统不依赖染色体而独立复制，插入载体中的外源基因的拷贝数随着质粒的复制而增加；整合型质粒载体，在质粒载体上携带有染色体的同源片段或特殊整合位点，当质粒进入受体后，通过同源重组或专一位点的整合，将外源基因重组到染色体上，随染色体的复制而扩增。

（一）质粒型克隆载体

乳酸菌的质粒型克隆载体种类很多，根据质粒来源及其复制子类型可分为两类：一类是分离自半乳糖链球菌（*Streptococcus galactiae*）和粪肠球菌（*Enterococcus faecalis*）的接合转移型质粒 pIP501 和 pAMβ1 的衍生质粒；另一类是乳酸菌隐蔽型质粒改造后的衍生质粒。质粒 pIP501 自身携带有红霉素、氯霉素抗性基因，大小为 30kb，可以在多个乳酸菌间接合转移。通过缺失突变和DNA重组技术，对其进行改造，得到一系列衍生质粒。它们有的丧失了质粒的接合能力，保留了复制区和抗生素抗性标记（pVA797、pVA798），有的只保留了复制起点（pGB301）。这些质粒由于缺失了部分DNA片段或发生了重组，表现出与原始质粒不同的遗传性状，如质粒pIP501在37℃下稳定，在42℃时质粒拷贝数降低，此时质粒的拷贝数为22；质粒pVA797在37℃和42℃条件下都稳定，细胞内的拷贝数为10；质粒pVA798在37℃和42℃条件下都不稳定，但质粒的拷贝数较高，为95。分离自粪肠球菌的内源性抗性质粒pAMβ1，具有红霉素抗性，该质粒除了能在乳球菌菌株间转移，还能在其他革兰氏阳性菌如金黄色葡萄球菌（*Staphylococcus aureus*）、枯草芽孢杆菌（*Bacillus subtilus*）及一些乳杆菌（*Lactobacillus* sp.）内复制，对其进行改造，得到一系列乳球菌克隆载体，如低拷贝数的质粒pIL252和高拷贝数的质粒pIL253。来源于pIP501和pAMβ1的衍生载体具有很多优点，如宿主范围广，在*Streptococcus*、*Enterococci*、*Bacillus subtilus*、*Lactococcus lactis*及一些*Lactobacillus*中均可复制；遗传稳定性好，经过多次传代，仍保持稳定的基因剂量等。这类载体也有缺点，如分子质量相对较大，限制性内切核酸酶酶切位点少，拷贝数低等。

另一类克隆载体来源于乳球菌的隐蔽型质粒pWV01（大小约2.2kb）的改造。将pWV01的复制子与*Staphylococcus aureus*的氯霉素和红霉素抗性基因*cat-194*和*ery-194*连接，得到重组质粒pGK12；将其转化受体菌*L. lactis* MG1363，在含有氯霉素和红霉素平板上得到了转化子，说明抗生素抗性基因在乳球菌细胞内能够表达，两个抗性基因可以作为选择标记用于载体的构建。质粒pWV01也能在*E. coli*中复制，并且质粒的拷贝数很高，但在*B. subtilis*和*L. lactis*细胞内质粒拷贝数相对较低。鉴于此，对pGK12进一步改造，获得其衍生质粒pGKV2、pGKV210以及pWV01的衍生质粒pMG36和pMG36e，见图2-1，它们已用来克隆和表达*B. subtilis*和*L. lactis*的蛋白酶、细菌素和溶菌酶基因等。

pSH71是另一类乳球菌的隐蔽型质粒，具有广泛的宿主范围，对其改造后得到携带氯霉素和红霉素抗性标记（Cm^R Em^R）的克隆载体pNZ12和pNZ121。它们在菌株*L. lactis* NCDO712内表达β-半乳糖苷酶基因时，显示出基因拷贝数与酶活性的线性关系。同样，利用质粒pSH71的衍生物pCK1，在*L. lactic* MG1363菌株内能够高活性表达菌株*L. lactis* NCDO712的蛋白酶基因。

由质粒pWV01和pSH71改造后的载体，在革兰氏阳性菌和*E. coli*中均能复制，但在阳性菌中的质粒拷贝数低（de Vos，1987）。质粒pIL253是由质粒pAMβ1改造后的高拷贝质粒，但在*E. coli*中不能复制。为了便于乳酸菌的遗传操作，常采用乳酸菌与*E. coli*的穿梭载体。O'Sullivan等（1993）利用*E. coli* p15A质粒的复制子，分别与质粒pAMβ1的衍生质粒pIL252和pIL253连接，获得了pTRK系列载体，包括高拷贝数pTRKH载体和低拷贝pTRKL载体。这些载体在乳球菌内以θ型复制，在*E. coli*表现稳定。它们在两种宿主细胞内均能表达红霉素抗性，而质粒pTRKH1和pTRKL1具有氯霉素插入失活特性，质粒pTRKH1、pTRKH3和pTRKH5具有四环素插入失活特性，这些抗生素抗性标记的使用提高了重组子的筛选效率。为便于重组质粒的筛选，在pTRK载体上，还引入了*lacZ*基因的N端，并在这个基因内部插入了多克隆位点，

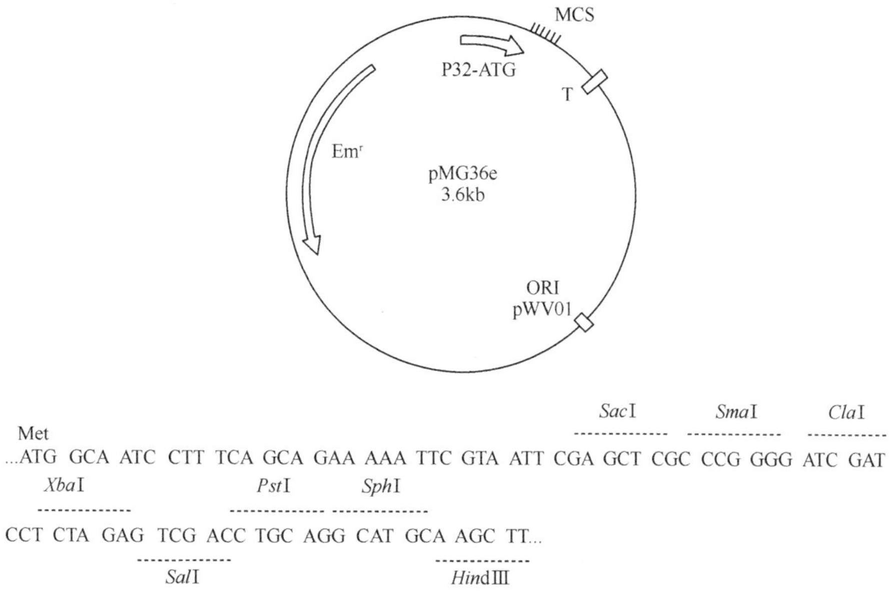

图 2-1　表达载体 pMG36e

MCS 是唯一限制性内切核酸酶的多克隆位点；T 为 prtp 的转录终止子（van de Guchte et al., 1989）

这样它可与 *E. coli* 宿主菌形成完整的β-半乳糖苷酶活性，即 α-互补。当有外源基因插入时，可以通过 *E. coli* 在 X-gal 生色平板上形成的蓝/白菌落，快速筛选重组子。

在乳球菌遗传操作系统日益成熟的条件下，乳杆菌的基因重组技术发展也很快，通过对乳杆菌中分离的隐蔽型质粒改造，也获得一些乳杆菌的克隆载体。Lin 和 Chung (1999) 将路氏乳杆菌（*Lactobacillus reuteri*）内源性质粒 pTE80 和 pET15 与 pUC18/19载体重组，得到在 *E. coli* 和 *Lb. rueteri* 均能复制的穿梭载体 pUE80。Yamamoto 等 (1996) 从瑞士乳杆菌（*Lactobacillus helveticus*）CP53 细胞内分离到质粒 pCP53，将其与 *Enterococcus faecalis* 的四环素抗性基因（TC^R）连接后，转化干酪乳杆菌（*Lactobacillus casei*）CP680 受体菌，在含有四环素平板上获得转化子。Klein 等 (1993) 对弯曲乳杆菌（*Lactobacillus curvatus*）LTH683 的隐蔽型质粒 pLC2 改造后，获得了具有氯霉素抗性并能在不同乳杆菌中复制的克隆载体。韩国 Park 等 (2004) 从类植物乳杆菌（*Lactobacillus paraplantarum*）C7 分离到隐蔽型质粒 pC7（约 2134bp），在质粒内插入红霉素抗性基因（Em^R）、多克隆位点及来自于 *E. coli* 的复制子 ColE，得到穿梭载体 pCW4，并能够在 *Leu mesenteroides*、*Lb. Bulgaricus*、*Lb. plantarum* 和 *E. coli* 中复制，是很有应用潜力的克隆载体。Perez-Arellano 等 (2001) 收集了质粒 p15A、pWV01、ColE1、pAMβ1 的复制子，分别与来自于质粒 pJDC9 的 *lacZ*-T1T2 DNA 片段连接，得到了一系列兼容性好、在 X-gal 平板上能够筛选的 pIA 穿梭载体系列，它们在乳杆菌和乳球菌中都能复制。表 2-1 给出了乳球菌中常见的克隆载体及其特性。

表 2-1　乳球菌常见的克隆载体及其特性

载体	复制子	选择标记/kb	拷贝数	参考文献
pGB301	pIP501	9.8 Cm^R Em^R	low	Behnke et al., 1981
pSA3	pIP501, pACYC184	10.2 Cm^R Em^R	low	Dao 和 Ferreti, 1986
pHV1301	pAMβ1	13.0 Em^R	low	Chopin et al., 1986
pIL252	pAMβ1	4.7 Em^R	low	Simon 和 Chopin, 1988
pIL253	pAMβ1	5.0 Em^R	high	Simon 和 Chopin, 1988
pVA838	pVA838-1, pACYC184	9.2 Cm^R Em^R	low	Macrina et al., 1982
pDL278	pVA838-1, pUC19	6.9 Sp^R	high	Leblanc 和 lee, 1991
pGK12	pWV01	4.4 Cm^R Em^R	low	Kok et al., 1984
pGL3	pWV01	5.0 Cm^R Em^R	low	van der Lelie et al., 1989
pGKV2	pWV01	5.0 Cm^R Em^R	low	van der Vossen et al., 1985
pNZ12	pSH71	4.3 Cm^R Em^R	high	de Vos, 1986
pNZ121	pSH71	4.3 Cm^R Em^R	low	de Vos, 1986
pNZ123	pSH71	2.8 Cm^R Em^R	high	de Vos et al., 1992
pCK1	pSH71	5.5 Cm^R Km^R	high	Anderson 和 Gasson, 1985
pFX1	pDI25	5.5 Cm^R	high	Xu et al., 1990
pFX3	pDI25	4.5 Cm^R	high	Xu et al., 1991
pCI374	pCI305	4.9 Cm^R	low	Hayes et al., 1990
$pTRKH_2$	pAMβ1	6.9 Em^R	high	O'Sullivan et al., 1993
$pTRKL_2$	pAMβ1	6.4 Em^R	low	O'Sullivan et al., 1993
pMG36	pWV01	3.6 Kan^R	low	van de Guchte M et al., 1989
pMG36e	pWV01	3.6 Em^R	low	van de Guchte M et al., 1989

注：每个 *L. lactis* 细胞的拷贝数：Low 为 5～10 个；High 为高于 50 个；Cm^R为氯霉素抗性；Em^R为红霉素抗性；Km^R为卡那霉素抗性

（二）质粒的复制及其稳定性

质粒型克隆载体应用比较广泛，但主要问题在于有些质粒稳定性较差。而质粒的稳定性又与选用复制子的复制类型密切相关。和其他菌株的质粒一样，乳酸菌质粒复制也分为 θ 复制（theta-replication）和滚环复制（rolling circle replication，RCR）两种模式。θ 复制模型中，先导肽和延迟肽的合成在复制起点内，单向或双向，合成的子链始终与模板紧密共价结合，没有单链 DNA 的出现。滚环复制模型中，先导肽和延迟肽合成的启动在时间和空间上分开。复制开始时，复制蛋白在 DNA 合成的正起点（plus）处形成缺口，在置换合成期间，形成多个单链中间体，延迟链在负起点（minus）合成，最终形成双链 DNA 分子。两种复制模型的根本区别是 RCR 模型能够检测到单链中间体，其数量与延迟链的起始效率有关。

研究发现，在 *B. subtilis* 质粒的 RCR 复制过程中，由于形成单链中间体和线形高分子质粒多聚体（linear high molecular weight plasmid multimer，HMW），导致质粒结构和分离的高度不稳定。因此，认为 θ 复制型质粒结构稳定性要比 RCR 复制型质粒的稳定性好。

质粒 pAMβ1 属于 θ 型复制，该质粒及其衍生质粒都比较稳定，且能够容纳大的

DNA片段，能在一些革兰氏阳性菌如乳球菌、乳杆菌、肠球菌、片球菌、枯草芽孢杆菌和梭菌中稳定地复制，是构建克隆载体的良好材料。质粒pWV01和pSH71的复制子同属RCR复制，并且两复制子的DNA序列同源性很高，而在乳球菌中质粒的拷贝数却不同，质粒pWV01为低拷贝，pSH71为高拷贝。尽管利用它们构建的克隆载体稳定性差，但鉴于质粒拷贝数较高，且在革兰氏阳性菌和革兰氏阴性菌中均能复制等，所构建的衍生质粒pGK和pNZ系列，在克隆乳酸菌基因的遗传操作中得到普遍应用。

容纳外源DNA片段的能力是克隆载体的一个重要特征。插入的基因越小，获得的重组子越稳定，但有时也与基因本身的特性有关。当革兰氏阳性菌高A＋T含量的基因在大肠杆菌中复制时，由于外源基因的过度表达，容易引起克隆载体的不稳定。其解决办法是在克隆位点前加入一段翻译的终止子序列，以削弱翻译的进行，进而提高质粒的稳定性。

质粒间的兼容性也影响质粒载体的稳定性。不兼容的质粒由于竞争性利用寄主细胞内的复制蛋白，而导致质粒的丢失或分离。当需要质粒共转化时，应选用不同复制类型的质粒载体，即θ复制和RCR复制质粒可以兼容。

二、乳酸细菌质粒型表达载体

随着乳酸菌分子生物学技术的发展，乳酸菌除了作为一般发酵剂赋予产品特定的风味、质地和保鲜时间外，又开发了乳酸菌新的生理功能，如利用乳酸菌生产乳糖酶、氨肽酶和裂合酶，以加速乳酪的成熟和风味物质的释放。基于乳酸菌菌株本身的安全食用性，乳酸菌作为抗原物质的传递体，生产活菌疫苗、医药分子等成为目前研究和应用乳酸菌的新领域，由此推动了乳酸菌尤其是乳球菌的可诱导基因表达系统和蛋白靶向表达系统的研制和发展。

作为表达载体，需要具备几个结构元件，如启动子、信号肽及与其配套的受体菌等。

（一）表达载体的结构元件

1. 启动子

启动子对基因的表达起关键作用。近几年来，已经分离和测定了上百个乳酸菌的启动子序列，通过序列比对发现，它们具有高度保守性，存在类似于*B. subtilis*和*E. coli*的－35区（TTGACA）和－10区（TATAAT）的六聚体结构，在距六聚体17个核苷酸处，即通常在－15位点上是高度保守的两个核苷酸TG，在－35区的上游是富含AT的区域：

5′-CATNNNNN AGTTTATTC TTGACANNNNNNNNNNNNNNNTGRTATAAT ANNWNAGTACTGTT-3′

－44　　　－35　　　　　　　　－15　－10　　　　　＋1

Nilsson和Johansen（1994）比较了乳球菌的rRNA和tRNA启动子和操纵子序列，发现tRNA启动子上游特殊的保守区域是AGTTATTC，并且在＋1位点翻译起始位点的序列是GTACTGG。

启动子来源主要有两个方面，一是从乳酸菌自身基因中克隆，表达强度因来源基因的不同有差异；另一个来源是人工合成。丹麦学者 Jansen 等在 1993 年根据乳酸菌启动子的保守性，在保守区域内随机增加不同的空间，构建了 38 个启动子，它们具有不同的表达强度，大小相差为 3～4 个数量级，它们不仅能在乳球菌中表达，在大肠杆菌中也有活性，这些启动子能够按照预期的目的进行改造，因此在乳酸菌代谢工程研究中发挥了重要作用。

利用合成或克隆的乳球菌启动子结构，实现了不同外源基因在乳球菌中的高效表达。但是外源蛋白的大量合成，往往导致在细胞内外源蛋白的积累、聚集甚至降解，对细胞本身也带来一定的毒害作用。为了避免过量表达的蛋白对细胞造成负面的影响，表达载体中常采用可诱导的启动子，通过诱导物、阻抑物及环境因素，如 pH、温度、离子浓度等因素控制基因的表达水平。

以下介绍几种具有工业应用潜力的可诱导启动子：

(1) 糖诱导系统

糖是乳酸菌重要的营养物质，乳酸菌对糖的吸收和利用一般涉及到多个基因，这些基因常以操纵子的形式存在，在转录起始水平上调节。大多数乳酸菌对糖利用的基因受分解代谢物的抑制，但有些需要特殊的调节因子。糖诱导的表达系统就其表达效率、基因定位及诱导物的种类分为不同类型，见表 2-2。乳酸菌对糖利用的控制属于阻遏型调节，而菌株 *S. thermophillus* 对糖的利用比较特殊，它的 *lac* 启动子受转录激活因子控制，并且该系统不像其他糖的启动子那样位于高拷贝质粒上，而是通过基因取代单拷贝插入到染色体的 *lac* 位点。

在乳酸菌利用糖的操纵子中，乳球菌的乳糖操纵子研究得最清楚，已从分子水平上阐明了乳糖的利用机制。*lacA* 启动子实际上不直接受分解代谢产物的抑制和阻遏，而是受自我调节产生的阻抑物 LacR 控制。乳糖对 *lacA* 启动子的诱导受其分解的中间产物塔格糖-6-磷酸的影响，塔格糖-6-磷酸与阻抑物 LacR 结合后，使阻抑物失活，由此解除阻遏作用。编码阻抑物的调节基因序列发生任何突变，均能提高启动子活性。van Rooijen 等（1992）研究发现，当 LacR 阻抑物发生结构变化后，菌株对报告基因氯霉素乙酰基转移酶（*cat-86*）的表达强度在乳糖培养基上比在葡萄糖基质上提高 5～10 倍。Eaton 等（1993）对 *lacA* 和 *lacR* 启动子研究发现，在含有乳糖基质上，报告基因 *luxAB* 的表达效率分别提高了 5 倍和 7 倍。乳糖诱导表达系统比较适用于乳制品发酵剂菌株的改良，但因其诱导效率低（一般低于 10 倍），并且受中间代谢物塔格糖-6-磷酸的调节，在大规模工业发酵中不易控制，因此应用受到限制。鉴于此，Wells 等（1993）在乳球菌启动子 *lacA* 下游又连接了大肠杆菌噬菌体 T7 的启动子 T7 及其聚合酶基因，在有乳糖诱导下，提高了表达效率，该系统曾用来表达破伤风杆菌毒素基因片段 TTFC（tetanus toxin fragment C，TTFC），获得的重组菌株表达的抗原蛋白能够保护小鼠免受破伤风杆菌的感染。

菌株 *Lb. pentosus* 利用木糖作为碳源生长，利用木糖的酶受木糖诱导，但会被葡萄糖、核糖和阿拉伯糖阻遏。将 *xylA* 基因与无启动子的 *cat-86* 基因连接后导入 *Lb. pentosus*，所得重组菌株在木糖基质上产生的乙酰基转移酶活性比在葡糖糖基质上提高了 60～80 倍，但木糖不是乳酸菌发酵常用的碳源，作为碳源和能源应用于工业发酵，成本高，由此限制了该系统在工业发酵中的应用。

表 2-2　乳酸菌的食品级诱导表达系统

菌株	诱导剂	启动子	表达基因	诱导效率(倍数)	参考文献
L. lactis	乳糖	*lacA*	*cat-86* *luxAB*	～10	van Rooijien, 1992; Payne, 1996
L. lactis	乳糖	*lacR*	*luxAB*	～10	van Rooijien, 1992; Eaton, 1993
L. lactis	乳糖	*lacA/T7*	TTFC *IL2*	～20	Well, 1993; Steidler, 1995
Lb. pentosus	木糖	*xylA*	*cat-86*	～60	Lokman, 1994; 1997
S. thermophillus	乳糖	*lacS*	*cat-86*	～10	Mollet, 1993
L. lactis	高温	*dnaJ*	*amyS*	<4	van Asseldonk, 1993
L. lactis	氧气	*sodA*	*lacZ*	2	Anders, 1995
L. lactis	低 pH，低温	*pal70*	*lacZ*	50～100	Israelsen, 1995
L. lactis	升温	*tec*	*lacZ*	>500	Nauta, 1996; 1997
L. lactis	噬菌体感染	*Φ31*	*lacZ*	>1000	O'Sullivan, 1996
L. lactis	乳链菌素	*nisA*	*pepN*	>1000	de Ruyter, 1996; Kleerebezem, 1997

Lb.: *Lactobacillus*

(2) 噬菌体 Φ31 诱导表达系统

以噬菌体作诱导物而建立的表达系统最早来源于噬菌体 Φ31 的启动子。将 *lacZ* 报告基因与*Φ31* 启动子连接后得到的质粒载体导入菌株 *L. lactis*，当重组菌株受到噬菌体 Φ31 感染时，可产生大量的 β-半乳糖苷酶。为进一步提高表达量，将噬菌体的复制起点与一个低拷贝质粒连接，目的是允许噬菌体诱导时质粒继续复制。该噬菌体感染乳球菌 60min 后细胞破裂，释放出大量代谢产物，β-半乳糖苷酶活性提高 1000 倍。该系统表达迅速、蛋白释放量大，因此又称为爆炸式表达系统，在乳制品发酵中尤其在乳酪制作中，使用该系统能够加速乳酪的成熟，并释放大量风味物质，显示出很好的应用潜力，但噬菌体具有宿主专一性，使得它在发酵工业中的应用受到限制。

噬菌体 Φr1t 是乳球菌的温和噬菌体，通过对 Φr1t 基因组序列分析，发现在核苷酸序列上存在有类似于 *E. coli*λ 噬菌体控制溶原性转换的调控区域。该区域含有两个启动子 *P1* 和 *P2*，分别控制着 *rro* 基因（编码阻抑物 Rro）和 *tec* 基因（编码 Cro 的拓扑异构体）的表达，*P2* 表达受 Rro 调节物的阻遏，由此控制着噬菌体 Φr1t 由溶原到烈性的转变。将 *P2* 启动子和 *rro* 基因片段与 *lacZ* 基因融合连接后，转化菌株 *L. lactis*，在丝裂霉素 C 诱导下，Rro 因子失活，β-半乳糖苷酶活性提高 70 倍。

(3) 温度诱导系统

研究发现，乳球菌细胞内 *dnaJ* 基因的表达受热击控制。将 *dnaJ* 启动子与乳球菌未知蛋白 Usp45 的信号肽序列融合后，再与 *Bacillus stearothermophilus* 的 α-淀粉酶基因连接，获得的重组质粒转化乳球菌，当培养温度由 30℃提高到 42℃时，胞外淀粉酶活力提高 3～4 倍。该系统诱导表达水平低，在非诱导状态下仍有其他蛋白的表达（background expression），并且诱导温度在工业发酵中不常用，所以应用潜力受到影响。

噬菌体 Φr1t 中控制启动子 *P2* 转录的 *rro* 基因突变，得到一个温度敏感突变株

Rro12。当生长温度从 24℃提高到 42℃时，启动子 *P2* 控制的基因 β-半乳糖苷酶表达量提高 500 倍。尽管热诱导系统在工业发酵中还有一定的局限性，但它类似于 *E. coli* 的 P_L启动子，在其他方面显示出良好的发展潜力。

（4）pH-依赖型表达系统

由于乳酸菌在生长过程中产生有机酸，使发酵液 pH 降低，因此人们很少研究依赖于 pH 变化的启动子。Sanders 等（1995）研究发现，当乳球菌培养在低 pH 的基质上时，能够诱导菌株产生一种环境压力蛋白，经分析鉴定该蛋白是超氧化物歧化酶（superoxide dismutase，SOD）。将编码超氧化物歧化酶的基因 *sodA* 与无启动子的 *lacZ* 基因融合连接，在有氧条件下重组乳球菌的 β-半乳糖苷酶活性较高，是无氧条件下的 2 倍，并且 *lac*Z 基因的表达还需要低 pH 的诱导。

转座子插入到染色体上常常引起不同的生物学效应。Israelsen 等（1995）利用 Tn917-LTV1 转座因子在 *L. lactis* 染色体 *lac*Z 位点插入的随机性，筛选到 2500 个突变株，其中，有 222 个突变株在 30℃的平板上表现出 β-半乳糖苷酶活性。并有一个突变株 PA170，在生长稳定期，pH5 的条件下 β-半乳糖苷酶活性比 pH7 时高，在 15℃条件下酶活性比 30℃高，推测控制 β-半乳糖苷酶基因表达的启动子受 pH 和温度控制。

（5）nisin 调节的表达系统

有些乳酸乳球菌在生长过程中合成具有抑菌活性的物质。研究得比较清楚的是由 34 个氨基酸残基组成的乳链菌素，即 nisin。在乳球菌 nisin 的生物合成、调节及免疫共有 11 个基因 *nisA*/ZBTCIPRKFEG 组成，包含 3 个启动子。其中，*nisA* 为结构基因，自身携带有启动子，控制着 nisin 短肽合成。同时 nisin 合成还受 *nisK* 和 *nisR* 基因产物的调节。*nisK* 编码组氨酸感受蛋白激酶，*nisR* 基因的产物为反应调节物。Kuiper 等（1996）提出了 nisin 生物合成自我调控模型，认为 nisin 合成属于广泛存在于革兰氏阳性菌中的依赖信息素的二组分信号传导系统。首先，感受蛋白激酶 NisK 接受胞外 nisin 刺激而激活，促使阻抑物 NisR 磷酸化，磷酸化的阻抑物再激活启动子 *nisA*。当携带有外源基因的 *nisA* 启动子控制的重组载体导入到含有 *nisR*/*K* 基因的受体菌时，在外源 nisin 诱导下，外源基因即可表达，如图 2-2。利用 *nisA* 启动子可以形成转录融合载体和翻译融合载体。nisin 调节的表达系统（nisin-controlled expression，NICE）是乳酸菌中应用最广、可控性最强的表达系统。de Ruyter 等（1995）利用启动子 *nisA* 构建的翻译融合表达载体，使 β-葡萄糖醛酸酶的表达量占细胞内总蛋白的 47%。在亚致死剂量下，随 nisin 浓度的增加，表达产物呈线性提高，最高时达 1000 倍。作为诱导物 nisin 所需浓度较低，通常为 0.1～5ng/mL，可利用产 nisin 菌株的发酵液的稀释液。除乳球菌外，NICE 系统还成功地应用于其他常用的工业菌株，如 *Bacillus*、*Enterococcus*、*Lactobacillus* 和 *Streptococcus* 等。

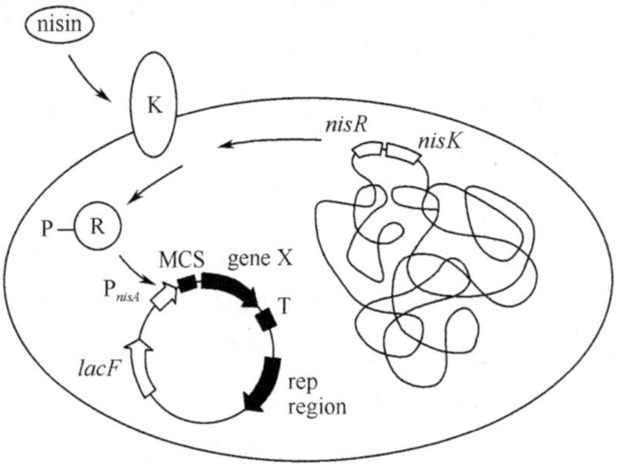

图 2-2　在二组分调节系统基础上构建的乳链菌肽基因信号传导途径的模型

借鉴 NICE 系统的思路，在枯草杆菌中也构建了 SURE（subtilin regulated gene expression）系统。

2. 信号肽

利用重组乳酸菌生产疫苗、医药分子和食品用酶制剂已成为乳酸菌应用的新领域。为避免过量异源蛋白在细胞内的积累、降解甚至对细胞的毒害，需要将表达蛋白及时分泌到细胞外，以利于蛋白质分离纯化下游工作的开展。对于高效表达载体而言，宿主菌的分泌能力是一个瓶颈，所以要提高细胞对蛋白的分泌能力，信号肽发挥着重要作用。

乳球菌是外源蛋白表达和分泌的良好受体，主要表现在两个方面：一是该菌株除了分泌 Usp45 外，几乎不分泌其他蛋白；二是乳酸菌细胞外蛋白酶活性很低。到目前为止，在乳球菌中只发现有两种蛋白酶系统，一种是锚定在细胞表面的蛋白酶 PrtP（Kunji et al.，1996），另一种是持家基因编码的膜结合蛋白酶 HtrA（Poquet et al.，2000）。前者由质粒编码，在无质粒的受体菌中，不存在 PrtP 蛋白酶活性；后者可以通过基因突变等手段消除，如菌株 *L. lactis* NZ9000*htr*A，提高分泌蛋白的稳定性。像其他革兰氏阳性菌的蛋白质分泌机制一样，乳酸菌细胞内蛋白质合成首先是以前导肽的形式出现，前导肽包含结构蛋白和信号肽（signal peptide，SP）两部分，信号肽位于结构蛋白的 N 端，在信号肽 C 端含有结构蛋白的断裂位点。当蛋白穿过细胞膜时，信号肽被识别，在信号肽酶的作用下，剪切掉信号肽，释放出结构蛋白。革兰氏阳性菌中的信号肽通常由 25～35 个氨基酸残基组成，虽然信号肽一级结构各不相同，但基本结构由三部分构成：正电荷的 N 端、疏水核心和含有剪切位点的中性或负电 C 端。

目前表达载体中应用最广泛的是乳球菌分泌的 Usp45 蛋白的信号肽序列 SP_{45}，它能被乳酸菌的分泌机制高效识别。利用 *nisA* 启动子和 Usp45 信号肽的表达系统，已经将外源蛋白分泌量提高到 70%。但不是所有乳球菌中的蛋白都能分泌表达，即使用相同的信号肽，蛋白质分泌能力也有差异，甚至有些蛋白不能分泌到细胞外，其原因在于蛋白 N 端的电荷对蛋白的剪切及穿膜的影响。Le Loir 等（2001）通过在 Usp45 信号肽后加上一段带有负电的 9 个氨基酸残基的人工肽，能将目的蛋白的分泌效率提高 80%，并且提高了蛋白的表达量。

另一种分泌系统是利用表层蛋白（S-layer）的信号肽，表层蛋白广泛存在于原核细胞的表面，已经在很多革兰氏阳性和阴性菌中报道。Savijoki 等（1997）利用 *Lb. brevis* S-层蛋白的表达信号肽，在乳酸乳球菌和植物乳杆菌中获得了高水平的分泌性表达，国内王红梅等利用 S-层蛋白信号肽在干酪乳杆菌中分泌表达了 hCG 激素的 β 亚单位。

3. 细胞壁锚定结构

乳酸菌是单层细胞膜，很容易将蛋白质分泌到细胞外，也可以在细胞壁锚定序列（cell wall anchor，CWA）的协助下，将外源蛋白定位在细胞壁表面。将抗原蛋白定位在细胞表面，利用乳酸菌作载体生产抗原蛋白，可以很好地保持抗原的免疫活性，作为口服活疫苗已经在动物试验中获得成功。

锚定序列由三部分组成：一个保守的 LPXTG 基序、30 个疏水氨基酸残基组成的跨膜片段和一个带正电荷的 C 端。当把 CWA 序列融合到外源蛋白的羧基端，外源蛋白通过 LPXTG 基序与细胞壁肽聚糖通过肽键共价结合到细胞壁上。细胞壁锚定序列广泛存在于革兰氏阳性菌中，锚定序列报道较多和应用较好的是自来于 *Streptococcus pyo-*

genes M6蛋白锚定序列、*Staphylococcus aureus* A蛋白锚定序列（Medaglini et al.，1995；Dieye et al.，2001；Ribeiro et al.，2002），也有利用乳球菌PrtP蛋白酶的C端和乳球菌裂解素基因*AcmA*羧基端作为蛋白锚定序列的报道（Meijer et al.，1996）。

（二）表达载体

近几年，已有很多真核生物、原核生物及病毒的异源蛋白在*L. lactis*中过量生产和分泌的报道。但应用效果好、控制性强、宿主范围广的还是nisin控制的NICE表达系统，这一系统还能实现目的基因在细胞内、外及细胞表面的靶向表达，下面详细介绍NICE系统。

NICE系统是目前在革兰氏阳性细菌中应用最广泛、最成功的可控制的表达系统。该系统在加入诱导物nisin后，其诱导效率可以提高1000倍，成为过量表达外源蛋白的理想表达系统。该系统由Kuipers等（1995）根据nisin生物合成及其自身调节模型而建立。NICE系统需要3个组分共同存在时才有活性：①携带有*nisR*和*nisK*基因的革兰氏阳性受体菌；②诱导物nisin或其突变体；③含有*nisA*启动子片段的载体系统。目前用于NICE系统的受体菌有2种：一种是具有nisin合成能力的乳球菌，当携带*nisA*启动子的载体进入受体菌后，受体菌自身合成的nisin作为诱导物，调节外源基因的表达，而不必另外添加诱导物。如菌株*L. lactis* NZ9700，它是NICE系统应用最早的受体菌，具有合成nisin的能力；另一种受体菌是本身不能产生nisin，而是将*nisR*和*nisK*基因插入到染色体上人工改造的菌株，如*L. lactis* NZ9000和*L. lactis* NZ3900。诱导物nisin可以是纯品，也可以利用含有nisin的发酵液。当利用菌株*L. lactis* NZ9700的发酵液时，一般将发酵液稀释100～1000倍（Kunji et al.，2003）。利用*nisA*启动子构建的质粒载体可以是转录融合载体，也可以是翻译融合载体。转录融合载体是在启动子*nisA*后面不带有起始密码子（ATG），而由外源基因自身携带，随外源基因一起连接到启动子后的多克隆位点上。由于外源基因可以插入到多克隆位点的不同部位，造成起始密码子与核糖体结合位点的距离有差异，由此导致外源基因的转录效率不同，例如，pNZ8021。而对于翻译融合表达载体，在*nisA*启动子后面连接一个含有ATG密码子的专一酶切位点，如质粒pNZ8048和pNZ8148启动子后的*Nco*Ⅰ酶切位点、pSEC启动子后的*Nsi*Ⅰ酶位点，只有目的基因插入这类酶的酶切位点内，才能保证起始密码和核糖体结合位点的距离处于高效转录状态，保证目的基因的正确翻译。在*nisA*启动子序列连接的外源基因C端再连接上特定的锚定序列，则可将外源蛋白靶向表达在细胞内、细胞壁或细胞外。Bermudez-Humaran等（2003）以*L. lactis* NZ9000为受体菌，在携带*nisA*启动子的胞内表达载体pCYT基础上，与来自乳球菌Usp45蛋白的信号肽连接，构建了分泌型表达载体pSEC。在nisin诱导下，利用载体pCYT，Nuc在细胞内合成葡萄球菌核酸酶的能力为3mg/L，利用载体pSEC：Nuc分泌的核酸酶达到20mg/L，其分泌效率为总细胞蛋白的70%。该系统经nisin诱导1h，可连续10h合成核酸酶。他们利用该系统还表达了医药分子ω-干扰素，分泌量达1mg/L，分泌效率为70%，相当于细胞内合成量的2倍，预示该表达系统在生产医药制剂方面有很好的潜力。

NICE系统具有很多优点：①nisin是食品级的安全诱导物，可以直接应用到食品中；②少量的 nisin 即可诱导外源基因的表达，使得重组菌与其他乳酸菌混合培养时，不会因 nisin 的加入而抑制其他菌株的生长。现在已经得到了几个诱导剂量更小的产生 nisin 突变菌株；③外源基因的表达受到严格控制，在没有诱导物时，几乎没有外源蛋白的产生，因此可用于毒性蛋白的生产；④能够依靠添加诱导物的量来控制外源蛋白表达水平，最高外源蛋白表达量占细胞总蛋白的 70%，并且可以将蛋白分泌到胞外，有利于蛋白质分离纯化下游工程的开展；⑤使用染色体上含有 *nisR/K* 基因而缺失 *lacF* 基因的乳球菌菌株作受体，如 *L. lactis* NZ3000，与携带 *lacF* 基因的 NICE 系统配套使用，即利用 *lacF* 食品级选择标记替代抗生素抗性基因，以建立食品级安全表达系统；⑥通过构建双质粒 NICE 系统，即一个质粒携有 *nisR/K* 调节基因，另一个质粒携有 *nisA* 启动子控制的外源基因，可以在除 *L. lactis* 菌株以外的其他低 G+C 含量的革兰氏阳性菌中应用。

自从 1996 年提出 NICE 系统以来，近十年的时间该系统得到了广泛应用，到目前为止，利用该系统已经成功表达了大量的同源或异源蛋白，例如，大肠杆菌的β-葡萄糖酸酶（gusA）、乳球菌氨肽酶（pepN）以及在乳制品发酵中起重要作用的裂解素、酯酶和肽酶等。基于乳球菌简单的碳代谢和 NICE 系统严格的可控性，在乳酸菌的代谢工程研究中也发挥了重要作用，已有报道应用该系统改变乳球菌的糖代谢途径，将糖代谢的中间产物丙酮酸转化成双乙酰和 L-丙氨酸（Ramos et al.，2004；Mierau et al.，2005）。NICE 靶向表达系统的建立将抗原物质展示在细胞表面，研制成口服活疫苗，兼有免疫和益生菌剂的双重功效。还有人利用 NICE 系统生产重要的治疗佐剂，如白细胞介素、干扰素等，重组乳酸菌的工业发酵已经进入中试试验阶段。

尽管该系统应用范围广泛，但还有待进一步的改进和完善，如修饰双质粒 NICE 系统以便外源蛋白生产更加可靠；研究敲除宿主菌持家基因后菌株的代谢变化；提高外源蛋白在除 *L. lactis* 以外其他细菌中表达的稳定性；研究不同载体和宿主配套使用时的最佳诱导条件；提高 NICE 系统表达水平，使载体在常规工业菌株中得到高效表达等。

（三）食品级表达载体系统

近年来，乳酸菌代谢工程和蛋白质工程的深入研究，扩大了乳酸菌在食品加工、医药领域的应用，但是进行遗传改造的载体系统，多携带抗生素抗性基因作为外源基因稳定表达的选择压力，常用的抗生素标记有氯霉素、红霉素、四环素和链霉素抗性等，因存在着耐药性基因在菌株间水平转移和扩散的可能性，当这类系统应用于食品生产时受到限制。应用于食品生产的遗传操作系统，既不能含有抗生素抗性基因，也不能产生有毒的代谢产物，要求所谓的食品级系统。

1. 食品级系统的概念

1987 年 de Vos 首次在乳酸菌中提出了食品级系统的概念。食品级系统应满足以下条件：①宿主菌应选用遗传背景清楚、安全稳定、应用范围大的食品级微生物；②载体不得含有非食品级功能性 DNA 片段；③诱导物必须是食品成分，如盐、乳糖、蔗糖、嘌呤、嘧啶、乳链菌肽等可被人食用的物质；④确保生产过程安全和减少对环境的污染，包括重金属污染；⑤适合于工业化生产，即符合高效、省时和成本低的原则。在这些指标中，宿主的安全性最为重要，另外，遗传修饰的乳酸菌在非选择条件，如工业发酵、食品加工以及穿过肠道等环节时必须安全稳定。

根据食品级系统的要求，构建乳酸菌载体的结构元件应来自于乳酸菌的自身克隆(self-cloning)，即导入到宿主细胞的外源 DNA 应来自于宿主细胞或安全使用的乳酸菌，用这类菌株生产的含细胞食品，可以认为是安全的。

2. 食品级选择标记

选择标记是载体的重要组成部分，基于乳酸菌的食用性，乳酸菌使用的选择标记，均来自于乳酸菌或在食品工业长期应用的安全菌株。将这些标记整合到乳酸菌的多拷贝质粒载体上，即构建起食品级载体。根据筛选方式的不同，乳酸菌食品级选择标记基因分为两类：显性基因（dominant gene）和互补基因（complementary gene）。糖利用基因如蔗糖、木糖和菊糖基因，有些乳酸菌受体自身不能表达，被认为显性标记；乳糖利用基因和嘌呤合成基因被认为是互补性标记。对于互补性选择标记基因，一般要求宿主细胞缺失突变，即获得相应的营养缺陷型，见表 2-3。

表 2-3　乳酸菌食品级选择标记系统的特性

筛选标记	供　体	受　体	筛选标记	参考文献
糖利用标记				
木糖发酵	*Lb. pentosus*	*Lb. casei*	*xyl*RAB	Posno et al.,1991
菊粉发酵	*B. subtilis*	*Lb. plantarum*	*lev*A	Holes et al.,1994
蔗糖发酵	*P. pentosaceus*	*L. lactis*	*scr*A/*scr*B	Leenhouts et al.,1998
乳糖发酵	*Lb. helveticus*	*Lb. helveticus*	*lac*LM	Hashiba et al.,1992
乳糖发酵	*L. lactis*	*L. lactis*	*lac*F	Platteeuw et al.,1996
营养缺陷型标记				
嘌呤合成酶	*L. lactis*	*L. lactis*	tRNA (*gln*)	Dickely et al.,1995
alanine racemase	*L. lactis*	*L. lactis*	*alr*	Bron,2002
thymidylate synthase	*S. thermophilus*	*S. thermophilus*	*thy*A	Sasaki,2004
threonine biosynthesis	*L. lactis*	*L. lactis*	*thr*	Madsen,1996
抗性/免疫性				
nisin 抗性	*L. lactis*	*L. lactis*	Nis^R	Froseth et al.,1988
nisin 免疫性	*L. lactis*	*L. lactis*	*Nis*I	Takala et al.,2002
Cd 抗性	*L. lactis*	*L. lactis*	Cd^R	Liu et al.,1996
lactacin F 免疫性	*Lb. acidophilus*	*Lb. acidophilus*	*laf*I	Allison et al.,1996

L.：*Lactococcus*; *Lb.*：*Lactobacillus*; *S.*：*Streptococcns*

（1）糖筛选标记

糖是重要的工业发酵原料，不同乳酸菌利用糖的种类和效率不同，大部分乳酸菌不利用木糖、菊粉和蔗糖，因此，把利用这些糖的基因克隆到非发酵菌株中可以使其获得发酵这类糖的能力。戊糖乳杆菌（*Lb. pentosus*）利用木糖的机制已经研究得比较清楚，将 *Lb. pentosus* 中编码木糖异构酶（*xyl*A）、木酮糖激酶（*xyl*B）和木糖调节蛋白（*xyl*R）的基因克隆到 *Lb. casei* 中，所得菌株能够发酵木糖，但发酵能力很弱，并需要添加纯木糖，由此导致生产成本高，且基因簇 *xylABR* 片段大，因此，木糖作为食品级筛选标记具有一定局限性。菊粉作为碳源，其利用严格依赖于蔗糖 6-果糖基转移酶活性，从 *B. subtilis* 中克隆蔗糖 6-果糖转移酶，可以在多种乳酸菌中表达，缺点是产生的酶活性低，使得发酵菊糖速度较慢，并且菊糖在食品发酵中不是常用糖源。另一个适用于乳球菌并在其他乳酸菌中具有应用潜力的是戊糖片球菌（*Pediococcus pentosaceus*）的蔗糖利用基因 *ScrA*/*ScrB*，其产物与运输蔗糖的磷酸烯醇式丙酮酸转移酶系统（PTS）和6-磷酸蔗糖的水解有关。蔗糖是许多食品的甜味剂，并且价格低廉，因此，该基因是一种理想的选择标记。其缺点是需要高拷贝的基因剂量才能满足乳酸菌快速生长的需要，如果选用整合型载体，将质粒整合到乳球菌的染色体上，通过染色体大量扩增则能满足菌体生长的需要。

乳糖是一种廉价碳源，广泛存在于以乳清为基质的工业原料中，所以乳糖发酵表型是很好的选择标记，已经分离到编码利用乳糖的质粒，作为标记可以在乳球菌和乳杆菌中进行转化和筛选。由于利用乳糖的质粒通常很大，除编码利用乳糖的基因外，还携带其他代谢有关的基因，并且这类质粒的拷贝数偏低。研究最为详细的是编码乳糖 PTS 系统中可溶性酶Ⅲ的β-半乳糖苷酶基因 *lacF*。乳糖缺陷突变如错义突变或染色体 *lacF* 基因缺失突变可以通过外源野生型的 *lacF* 基因产物互补而恢复（Platteeuw et al.，1996），并且在乳糖基质上互补质粒可以像内源性质粒一样稳定存在，能够满足菌株的快速生长，因此，*lacF* 基因是很好的选择标记，用其构建的载体系统已被用来克隆和表达多种基因。

（2）营养缺陷型标记

营养缺陷型作为选择压力是食品级标记系统构建的常用手段。多以细菌的持家基因缺陷突变株为受体，在质粒上克隆同源或异源完整的受体菌野生型基因，作为外源性基因稳定表达的选择压力。目前比较成熟的系统包括：*Asd* 系统、*Thy*A 系统、*Ssb* 系统和β-半乳糖苷酶系统等。Dickely 等构建了一个乳酸菌食品级载体 pFG1，由乳球菌质粒复制区、乳球菌的赭石突变（ochre）抑制基因 *supB* 及一段多克隆位点组成，大小为2kb。当与嘌呤生物合成途径中的基因发生赭石突变的受体配套使用时，*sup*B 便可作为选择性标记。胸苷酸合成酶基因 *thyA* 在体内 DNA 合成中起关键作用，如果缺陷株生存的环境不能够提供足够浓度的胸腺嘧啶核苷酸，缺陷株就会死亡。傅晓丽等建立了嗜酸乳杆菌胸苷酸合成酶 *thyA* 基因突变菌株的筛选方法，为乳酸菌非抗生素抗性标记系统的建立提供了稳定的受体菌株。王春风等于 2001 年将来自于 *Lb. casei* 34103 的 *thyA* 基因，取代大肠杆菌—乳酸菌穿梭质粒 pW425e 中的红霉素抗性基因，获得的重组质粒可以对 *thyA* 缺陷的大肠杆菌 *E. coli* X15 和嗜酸乳杆菌 DOMLAS107 进行功能互补，进而构建了以 *thyA* 基因为选择压力的食品级穿梭载体 pW425t。日本学者 Sasaki 等（2004）利用 *thyA* 基因作为选择标记，构建了 *Streptococcus thermophillus* 的宿主—载体整合系统。

D-丙氨酸是细菌细胞壁肽聚糖的主要成分之一，在丙氨酸消旋酶的作用下，将 L-丙氨酸转化成 D-丙氨酸。当丙氨酸消旋酶发生突变，即不能合成 D-丙氨酸，使细胞壁合成受阻而导致细菌死亡。菌株 *Lb. plantarum* 和 *L. lactis* 细胞中的丙氨酸消旋酶由单拷贝 *alr* 基因编码，Bron 等（2002）利用缺失突变获得了两个菌株的营养缺陷型，它们在营养丰富的培养基和含有 L-Ala 的培养基上均不能生长，说明 *alr* 基因可以作为食品级的互补标记。将 *alr* 基因克隆到整合型载体，获得了可诱导表达的整合型载体。

（3）细菌素抗性基因或其他标记

乳链菌肽（nisin）是乳球菌产生的一种短肽物质，能够抑制亲缘关系相近的乳酸菌菌株生长，含有 nisin 抗性基因 Nis^R或免疫性基因 *NisI* 的菌株，能在一定浓度的 nisin 基质上生长，因此，是一种理想的食品级标记，已被广泛用于乳酸菌克隆和表达载体的构建（Takala et al.，2002）。

另一种标记是菌株 *Lb. acidophilus* 产生细菌素 lactacin F 的免疫基因 *lacf* Ⅰ，该基因片段小，通用性好，适合于对 lactacin F 敏感的多种乳杆菌。此外，嗜酸乳杆菌的 *Acidocin* A 和 *Acidocin* B 的结构基因和免疫基因已分别在乳酪乳杆菌、植物乳杆菌和发酵乳杆菌中表达，这为利用细菌素免疫基因作为食品级标记提供了物质基础。

大多数乳球菌对镉敏感，在一定 Cd^{2+} 离子浓度下，能抑制细胞生长。Liu 等（1996）从菌株 *L. lactis* M71 的内源性质粒 pND302 上分离到 Cd 抗性基因 Cd^R，将质粒 pND302 分别与 *E. coli* 质粒 pBR322 和 pGEM-7ZF(＋）进行酶切和连接，然后进行转化，获得了具有 Cd^R和 Nis^R标记的穿梭质粒 pND304 和 pND625，经电转化 *L. lactis* LM0230，质粒的转化效率达 10^3 个/μg DNA，且稳定性好，在食品级克隆载体具有很好的应用潜力。

（二）二组分选择标记

还有一种方法是结合显性和互补系统的优点，依靠两个组分而建立的选择标记。第一个组分是一个携带乳酸菌基因构成的功能性复制子但没有选择标记的克隆载体；第二个组分是伴生型质粒，它是一个以红霉素抗性基因为显性选择标记的复制缺失性质粒，构建的伴生质粒只能在乳酸菌中复制。由于只含有克隆载体和伴生质粒的转化子才能在含有红霉素的平板上存活，伴生型质粒可用于筛选克隆载体。由于复制缺失性，伴生型质粒在筛选中很容易从无抗生素培养基中清除。这种载体系统在食品微生物的应用中有很大潜力。Emond 等于 2001 年使用的系统由两个质粒构成，载体 pVEC1 完全由乳酸乳球菌 DNA 构建并带有伴生质粒的表型特征，转化筛选之后，用无抗生素培养基培养清除伴生质粒，只有 pVEC1 保持在转化的细胞中，由此得到一个食品级微生物。

3. 多功能食品级表达载体

徐波等（2007）以 α-*aga* 基因为食品级选择标记构建了乳酸乳球菌食品级高效诱导细胞内和细胞壁锚定表达系统，并表达了铜绿假单胞菌融合外膜蛋白基因 *OprF/ H*。他们先以 pRAF800 和 pNZ8048 构建了含有 α-*aga*、P_{nisA}-MCS-T_{pepN} 和 θ 复制子的食品级细胞内诱导表达载体 pRNA48，再以 pRNA48 和 pVE5524 为出发载体构建了含有 α-*aga*、P_{nisA}-SP_{Usp}45-*nucA*-CWA$_{M6}$-*t1t2* 和 θ 复制子的食品级细胞壁锚定诱导表达载体 pRNV48。然后以 pRNA48 和 pRNV48 为基础，构建了不含抗生素抗性选择标记的铜绿假单胞菌融合外膜蛋白基因的表达质粒 pRNA48-*OprF/ H* 和 pRNV48-*OprF/ H*。利用 nisin 进行诱导表达，通过 SDS-PAGE 和 Western-blot 分析，检测到表达蛋白分别占细胞内可溶蛋白的 9.6%和细胞壁锚定蛋白的 9.8%，表达产物具有免疫原性，可与含 *OprF/ H* 的乳球菌以及铜绿假单胞菌发生特异性的凝集反应，见图 2-3、图 2-4。

棉籽糖乳球菌（*L. raffinolactis*）带有 α-半乳糖苷酶基因（α-*aga*），是降解蜜二糖的关键酶，借此可开发新的食品级选择标记。当 α-*aga* 基因克隆到其他不能发酵蜜二糖

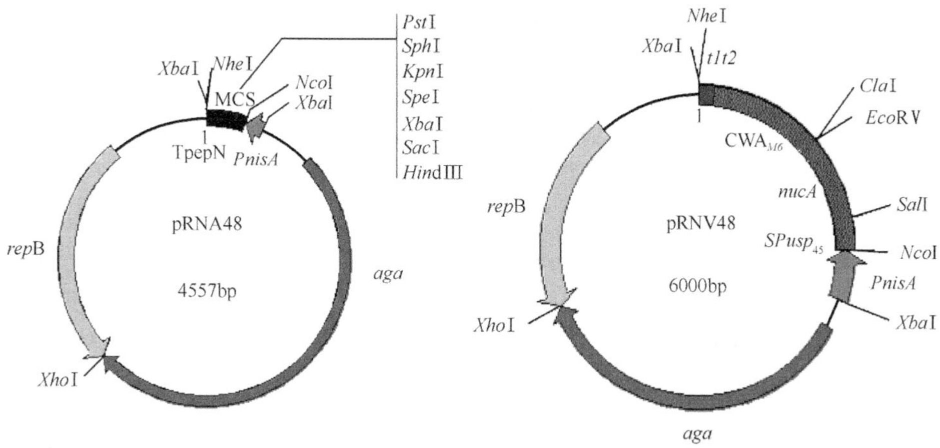

图 2-3 载体 pRNA48 和 pRNV48 的结构图谱

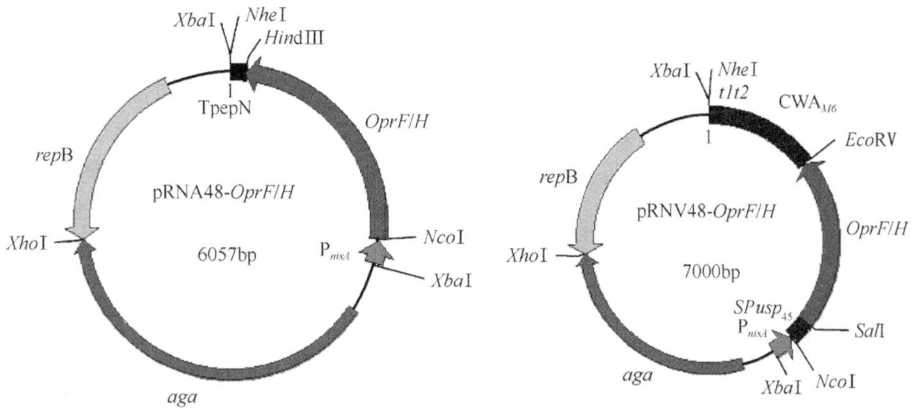

图 2-4 载体 pRNA48-*OprF*/*H* 和 pRNV48-*OprF*/*H* 的结构图谱

的乳球菌中，重组乳球菌就可发酵蜜二糖产酸，使溴甲酚紫由紫色（pH7.2）变为黄色（pH5.2），根据这一特征可以进行阳性克隆子的筛选。因此蜜二糖代谢表型特征（Mel^{+}）可作为食品级显性选择标记。这种载体用同源的乳球菌 $SPusp_{45}$ 代替葡萄球菌 SPNuc、将异源蛋白与信号肽融合，能提高分泌表达效率、增加产量。以载体 pRAF800、pNZ8048 和 pVE5524 为出发载体，构建的乳球菌食品级细胞内诱导表达载体 pRNA48 和细胞壁锚定诱导表达载体 pRNV48，它们均为 θ 型复制的翻译融合型载体，分别含有 α-*aga*、P_{nisA}-MCS-T_{pepN} 和 α-*aga*、P_{nisA}-$SPusp_{45}$-*nucA*-CWA_{M6}-*t1t2*。铜绿假单胞菌 *OprF*/*H* 融合基因克隆到 pRNA48 和 pRNV48 中，当 *L. lactis* NZ9000/pRNA48-*OprF*/*H* 和 *L. lactis* NZ9000/pRNV48-*OprF*/*H* 培养至对数期时分别加入 10ng/mL 和 1ng/mL 诱导剂 nisin，使细菌的生长与外源基因的表达分开成为两个阶段，减轻宿主细胞的代谢负荷，位于 *nisA* 启动子下游的 *OprF*/*H* 基因被激活转录，表达出所需的 *OprF*/*H* 融合蛋白。构建的系统可用于食品级基因胞内胞外的表达，也可用于疫苗，有着潜在的应用前景。

三、乳酸细菌整合型载体

质粒型载体在基因的克隆和表达中发挥了重要作用，但是质粒型载体不稳定，易于导致外源基因的丢失，尤其在无选择压力的大规模发酵或连续发酵过程中。而利用整合型基因载体，将质粒编码的重要功能基因整合到染色体上，可以提高基因的稳定性。

最早构建的整合型基因载体来自于 *E. coli* 质粒如 pBR322、pSC101 的复制子，或分离自 *B. subtilus* 和 *Staphylcoccus aureus* 质粒 pTB19、pE194 和 pUB110 的复制子，也有个别使用 *L. lactis* Wg2 质粒 pWV01 的复制子。选择标记多采用质粒 pC194 的氯霉素基因 *cat-194* 和 pE194 的红霉素基因 *ery-194*，当这些结构元件与染色体或噬菌体的 DNA 片段（大小约为 1.5kb）连接后，就构成了整合型载体。这类载体不能在乳酸菌中复制，而是依靠与宿主的同源性整合到受体菌染色体上，这类整合载体的重组效率很低，每微克 DNA 中只能得到几个转化子，而同样条件下质粒型载体的转化效率较高，一般为 10^5～10^6 个/μg 质粒 DNA。

（一）位点特异性整合载体

通过位点特异性重组能够产生食品级乳酸菌菌株。原理是利用整合酶（int）和解离-转化酶（resolvo-invertase，β-重组酶 β-recombinase）及各自的靶位点（*attp-attB* 和 *six*）构建呈递系统（含异源复制起始点）和清除系统，获得食品级重组乳酸菌。Martin 等（2000）利用整合酶和解离—反向重组酶分别构建含大肠杆菌复制子载体 pEM76，用作整合载体，和含大肠杆菌及乳酸菌复制子的载体 pEM68，用作清除非食品成分（抗性基因）的清除载体。

pEM76 载体上有两个 β-重组结合位点（*six*），中间有整合酶基因 *int* 特异性结合位点和多克隆位点 MCS 以及靶位点 *attp*。pEM68 的载体中含有解离反向重组酶基因（β-基因）。他们已把这套系统用于防治噬菌体的感染，见图 2-5。具体操作过程是：第一步把噬菌体阻抑基因 *C*Ⅰ插入 pEM76，变成 pEM76∷*c*Ⅰ；第二步将 pEM76∷*c*Ⅰ转化于不含质粒的干酪乳杆菌 ATCC393，通过整合酶（int），在 *att*p 和受体 *att*B 之间整合，整合到染色体上的靶位点（*attB*），利用对抗生素的抗性选择整合体；第三步是把 pEM68 转到整合体中，在两个 *six* 位点之间发生重组，把染色体上的非食品抗性标记 AP 和 EM 清除掉，利用质粒上含的 CM 选择 *Lb. casei* EM76∷*c*Ⅰ（pEM68)；第四步利用质粒清除剂去掉 pEM68，最后得到无质粒、无抗性、含阻抑噬菌体感染的食品级乳酸菌，并用作乳品发酵剂。用此法还可把有益的基因转入生产用菌，使之产生所需的产物，本方法的缺点是单拷贝基因产量低，优点是插入基因稳定，适宜不需要大量外来基因产物的生产。

有些乳酸菌尤其是乳球菌多为溶原型菌株，Christiansen 等（1996）从一株乳脂乳球菌中分离得到它的温和噬菌体 TP901-1，并发现噬菌体利用自身的整合酶通过专一性位点（*attp* 和 *attB*）整合到染色体基因组上。Brondsted 等（1999）将温和噬菌体 TP901-1 整合酶基因分别与 β-葡萄糖醛酸酶（*gusA*）和 β-半乳糖苷酶（*lacLM*）两个报告基因连接，组成了两个非复制型载体，当它们导入携带有温和噬菌体的溶原菌株 *L. lactis* MG1363 时，两个质粒可以高频率整合到染色体的专一性位点上。

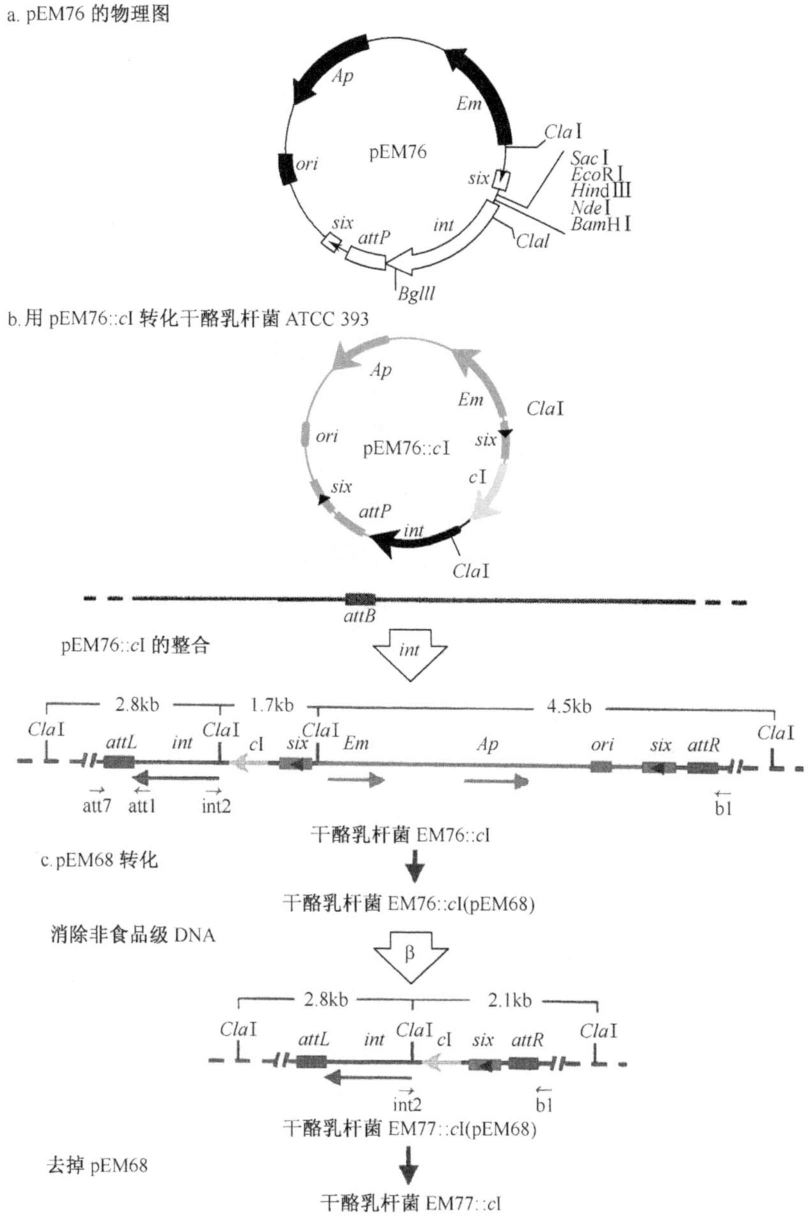

图 2-5 pEM76∷cI插入干酪乳杆菌 ATCC393 使之成为干酪乳杆菌 EM77∷cI的机制（另见彩版）

a. pEM76 的物理图；b. 用 pEM76∷*c*Ⅰ 转化干酪乳杆菌 ATCC 393，pEM76∷*c*Ⅰ 通过转化进入干酪乳杆菌 ATCC393，*int* 催化特异性位点，在 *attp* 和 *attB* 之间插入外来基因，产生干酪乳杆菌 EM76∷*c*Ⅰ；c. 用 pEM68 转化干酪乳杆菌 EM76∷*c*Ⅰ，携带 β-基因产物的 pEM68 对 *six* 基因直接催化解离 DNA，产生干酪乳杆菌 EM77∷*c*Ⅰ pEM68。通过除掉 pEM68 形成无质粒的干酪乳杆菌 EM77∷*c*Ⅰ。图中非食品级的 DNA 用红色表示，插入的基因（在本图中为 *c*Ⅰ），用黄色表示，食品级 DNA 用绿色表示

（二）同源性整合载体

pG^{+} host 是革兰氏阳性菌中高效单交换和双交换的同源整合载体，它含有 pBR322 的热敏感、广宿主的滚环复制子。ISS*1* 是由 IS 加 S 加 *1* 组成的，其中 IS 为插入序列

的元件，S 为序列，*1* 之后为来源。Maguin 和她的同事于 1996 年把 pG^{+} host 和 ISS*1* 组合构建了 pGh4∶ISS*1*、pGh5∶ISS*1*、pGh8∶ISS*1* 和 pGh9∶ISS*1*，并证明在乳球菌和其他革兰氏阳性菌中具有随机、高效插入染色体的能力，是获得突变体极其重要的工具，尤其是 PGh9∶ISS*1*，见图 2-6 和表 2-4。它们在革兰氏阳性菌中是非复制型质粒，能通过坎贝尔模型（campball model），也可称为挂钩模型（hook model），或插入模型（insertion model）整合到乳酸菌染色体，即通过复制转座的机制插入染色体，或通过类似于坎贝尔模型的方式，进行同源置换重组。插入转座的结果是质粒侧翼的 ISS*1* 序列随整个质粒被整合到其他革兰氏阳性菌中，使被整合的菌发生突变，在非允许的温度下（如 37℃）它们是自杀性质粒，能有效地删除突变体转座结构中的质粒 pGh∶1S，留下单拷贝的 ISS*1*，这样得到的菌是无外源标记的稳定的突变体菌株，不存在任何染色体重排，是可用于发酵的食品级工程菌。

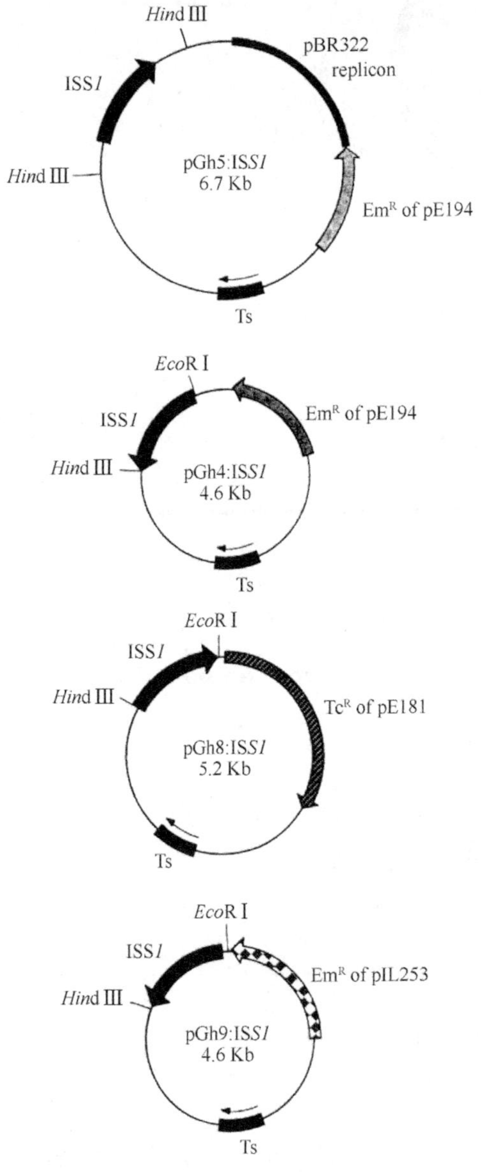

图 2-6 pGhost∶ISS*1* 系列
（Maguin et al.，1996）

表 2-4 pGhost∶ISS*1* 转座频率

质粒	菌的转座频率	
	IL1403	MG1363
pGh5	10^{-7}	10^{-6}
pGh5∶ISS*1*	1.2×10^{-2}	5×10^{-3}
pGh4	1.3×10^{-6}	未做
pGh4∶ISS*1*	6.4×10^{-3}	4.4×10^{-2}
pGh8	1.1×10^{-8}	5.7×10^{-4}
pGh8∶ISS*1*	2.4×10^{-2}	3.9×10^{-2}
pGh9	10^{-6}	6×10^{-5}
pGh9∶ISS*1*	4.9×10^{-3}	5.5×10^{-2}

大量的证据表明，这个系统可插入乳球菌、乳杆菌、肠球菌和链球菌的染色体，因为是随机、高效的插入，所以通过不同的手段和选择剂很容易能筛选到所需的各类突变体，如抗氧应激的突变体，抗酸应激的突变体、抗热应激的突变体、还能筛选到同时抗多种应激的突变体，并能调节代谢和膜蛋白的功能等。

Leenhouts 等（1998）构建了一个多拷贝扩增目的基因的整合型载体。他们利用质粒 pWV01 的复制点（Ori+）、以戊糖片球菌（*Pediococcus pentosaceus*）PPE 1.0 的蔗糖酶基因做标记，与一个多克隆位点和乳脂乳球菌的一段 DNA 片段连接，构建了一个食品级整合载体 pINT125。当质粒 pINT125 进入乳球菌 MG1363 后，通过单交换蔗糖酶基因便可整合到染色体基因组上。在含有蔗糖的培养基中，整合质粒的拷贝数为染色体的 20 倍，在选择压力下，基因稳定性好。在无蔗糖培养基上连续传代 120 次，细胞内质粒的拷贝数为 11。

Henrich 等（2002）建立了可诱导的质粒表达系统。在热敏感质粒 pGhost（＋）的基础上，分别连接于乳球菌染色体上的亮氨酸操纵子（Leu operon）和乳球菌性因子

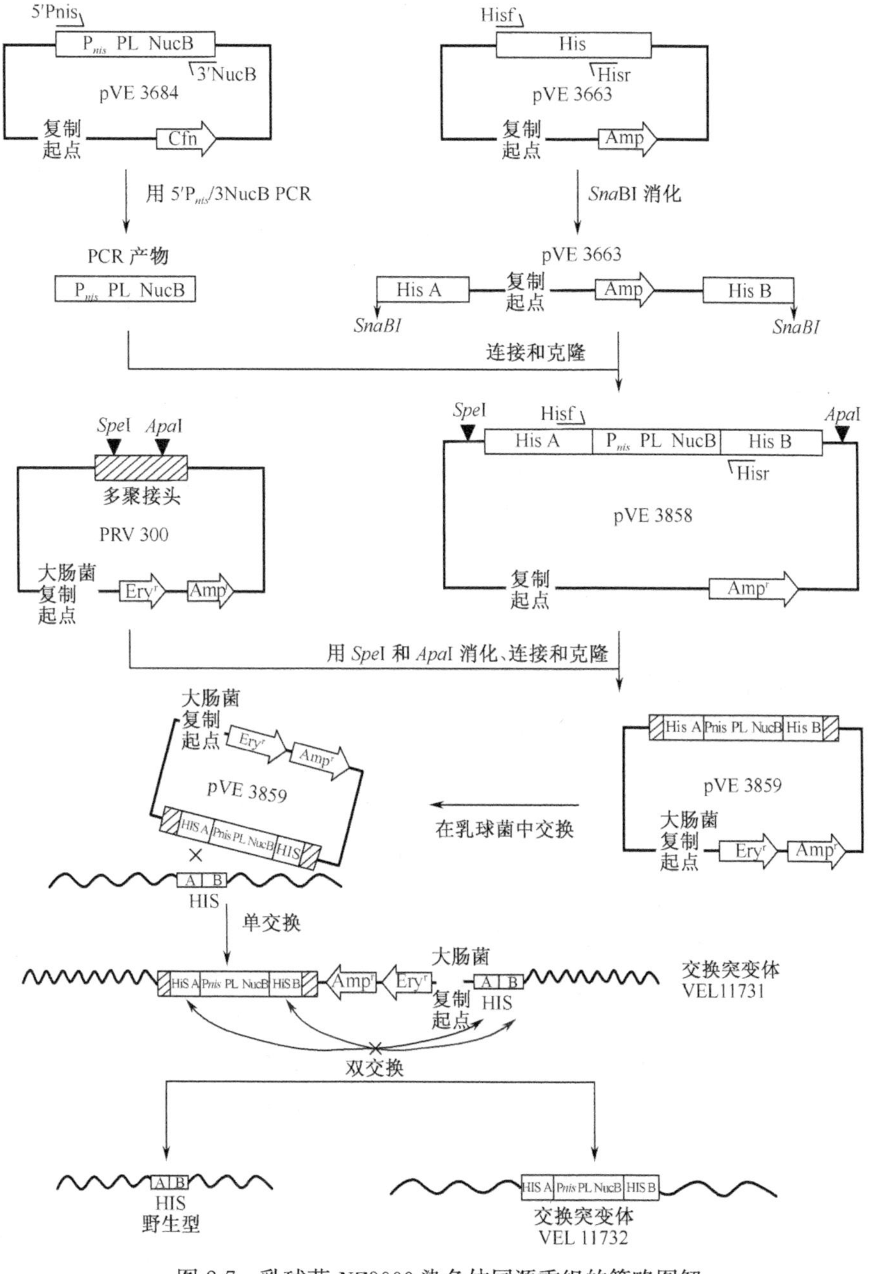

图 2-7 乳球菌 NZ9000 染色体同源重组的策略图解

Ampʳ：氨苄青霉素标记；C *fnʳ*：氯霉素标记；*Eryʳ*：红霉素标记；*ori*：复制起始点；*his*A 和 *his*B 及 5′与 3′两侧为同源重组区，用于 PCR 的核苷酸以 5′P_{nis}，3′*nuc*B，*hisf* 和 *hisr* 表示

tel 操纵子的 DNA 片段，当两个质粒进入含有同源片段的宿主菌后，发生两次单交换，将目的基因整合到染色体上，同时剪切掉载体的其他部分。而整合到染色体上的基因可以通过 nisin 诱导的表达系统（NICE）有效地表达德氏乳杆菌的氨肽酶基因。

（三）自杀性同源整合载体

尽管利用热敏感的载体（如 pGhost：ISS*1*）可把基因导入乳球菌染色体上，但是通过自杀性质粒也能成功获得同源重组交换突变体。Simõ es-Barbosa 等用金黄色葡萄球菌基因作为报告基因，P_{nisA} 作为诱导启动子，乳球菌组氨酸合成有关的非必需基因作为异源基因重组位点，pRV300（只含大肠菌复制子）作自杀性载体，在乳酸球菌 NZ9000 进行染色体整合，通过基因型和表现型鉴定了单交换和双交换突变体，结果证明单拷贝的异源基因整合到染色体上的表达与用附加体（质粒）表达的基因基本相似，见图 2-7。

整合型载体系统在其他乳酸菌中也有大量报道。日本学者 Sasaki 等（2004）利用胸腺嘧啶合成酶基因（*thyA*）为标志，在含有三甲氧苄二氨嘧啶（trimethoprim）培养基上连续培养嗜热链球菌，获得了该菌株的突变株（*thyA*），由此为构建食品级的载体—受体整合系统奠定了基础。

第二节　乳酸细菌分子克隆的受体和转化

一、受体的选择

乳酸菌是发酵可溶性碳水化合物产生乳酸的一类菌群，与人类关系密切、应用比较普遍的乳酸菌包括嗜酸乳杆菌（*Lb. acidophilus*）、干酪乳杆菌（*Lb. casei*）、植物乳杆菌（*Lb. plantarum*）、短小乳杆菌（*Lb. brevis*）、发酵乳杆菌（*Lb. fermentum*）、德氏乳杆菌（*Lb. delbrueckii*），嗜热链球菌（*Streptococcus thermophillus*）、乳酸乳球菌（*Lactococcus lactis*）、肠球菌（*Enterococcus*）、明串珠菌（*Leuconostoc*）、双歧杆菌（*Bifidobacterium*）等。根据其生长温度（29℃和 42℃），可分为中温菌（mesophilic）和嗜温菌（thermophilic）两类。*Lb. acidophilus*、*Lb. casei*、*Lb. plantarum*、*Lb. brevis* 常用于青贮发酵，抑制腐败菌生长，保持青贮饲料鲜嫩的品质；*Lb. delbrueckii*、*Streptococcus thermophillus* 用来生产酸奶和高盐乳酪；*Lactococcus lactis* 是乳酪发酵的重要发酵剂，在乳清原料的基质上生长时，除了产生乳酸，还能够产生抗菌肽、风味物质和胞外多糖等活性物质，以延长产品的保存期、改善产品的风味和质地。鉴于该菌株在乳品发酵中的重要作用，国内外研究人员已对乳球菌的生长代谢、生理生化及遗传特性等方面都进行了详细研究，在碳源代谢、细胞内外的蛋白水解系统、抗菌化合物（如 nisin）的生物合成以及对噬菌体的抗性机制等方面都有详细的报道，研制出一系列的克隆载体和表达载体，成为乳酸菌分子研究中的模式菌株。在已公开的基因文库中，有几个乳球菌的全部基因组已经完成测序，目前正着手该菌株基因的注释、蛋白质新功能的开发及代谢工程的研究。

近几年，对乳球菌的研究不再满足于传统生理功能的开发，而是对其进行遗传修饰并赋予新的生物活性，目前的研究热点主要集中在利用乳球菌作载体生产抗原物质，作为口服疫苗促进黏膜免疫，还利用乳球菌作为细胞工厂，生产具有治疗作用的细胞因子和药物制剂。乳球菌具有以下优点：①生长快，培养过程中不需要通气搅拌即可获得高的生物量；②乳球菌表现为多个氨基酸缺陷型，适合于营养标记；③已经建立了有效的基因转化系统和稳定的载体系统；④具有严谨的诱导表达系统，允许细胞表达毒性分子；⑤基因组小，几乎不存在基因重复序列，利于基因的克隆和敲除；⑥外源蛋白容易分泌到细胞外，在细胞内不形成包含体；⑦菌株的蛋白酶活性弱。

（一）乳球菌的生物学特性

1. 乳球菌的生长特性

乳球菌生长要求比较苛刻，通常生长在营养丰富的培养基上，常用的培养基为M17合成培养基，根据需要添加适当的碳源。生长温度为29～30℃，平均代时为35～60min，在对数生长期，细胞呈球状或链球状。

在限制性化学合成培养基（chemically-defined medium，CDM）上，需要添加复合的氨基酸才能满足菌体生长需要，如 *L. lactis* MG1363的生长需要Glu、Ile、Val、His和Met，除此之外，在化学合成培养基中，添加Trp、Tyr、Phe、Arg、Lys和Pro，菌株也能旺盛生长。

乳球菌进行同型乳酸发酵，代谢不同的碳源产生乳酸，导致培养基pH降低，在不控制pH的小规模培养下，向培养基中加入D-galactose和L-Arg，可产生相同量的酸和碱，维持pH的稳定。

2. 乳球菌的质粒

乳球菌中通常含有1～10个质粒，大小为1～100kb，有些编码重要的生理功能，有些则为隐蔽型质粒。质粒可以被消除，消除质粒后的菌株仍能生长，但某些生理特性消失。根据质粒的生理功能，可分为乳糖代谢质粒、蛋白质水解质粒、柠檬酸利用质粒、噬菌体抗性质粒、细菌素产生和抗性质粒以及胞外多糖产生质粒等，乳球菌中还含有很多隐蔽型质粒，通过改造可成为基因操作的工具。

3. 乳球菌的噬菌体抗性

乳酸菌作为发酵剂应用于乳制品工业的历史悠久，但发酵过程一直受到噬菌体的威胁，成为影响乳制品质量的顽固问题。噬菌体感染具有宿主专一性，而乳酸乳球菌是噬菌体的易感菌群，当受到噬菌体感染时，菌株产酸能力降低，甚至导致发酵失败。噬菌体感染主要包括吸附、DNA侵入、体内增殖及成熟噬菌体颗粒释放等过程。在长期的生物进化过程中，乳球菌自身编码了一些抗噬菌体感染机制，如噬菌体吸附障碍、DNA侵入抑制、限制修饰系统和流产感染等。利用分子生物学技术，构建乳球菌抗噬菌体工业菌株为解决乳制品发酵过程的噬菌体感染提供了一条有效途径，请见本书最后一章。

4. 乳球菌的耐药性

自1940年抗生素使用以来，很多病原微生物产生了抗药性，目前已经鉴定的抗药机制包括改变药物靶位点、对药物修饰以降低药物进入细胞靶点的通路等。在很多微生物中都发现有一些药物不能进入细胞或活性药物排出系统（active drug-efflux system），即所谓的多药物抗性系统（multidrug resistance system，MDR），其结果是使微生物获得对多种药物的抗性。

乳酸菌通常认为是安全的菌株，是非致病的，但是随着对乳酸菌生物学特性研究的深入，发现很多乳酸菌自身具有抵抗一些抗生素的能力，如抗四环素、红霉素、万古霉素、卡那霉素、头孢霉素、氨苄青霉素等。van Veen 等（1998）在对菌株 *L. lactis* MG1363 研究中鉴别出类似于其他抗药性细菌携带的 2 个多药物抗性转运蛋白（multi-drug resistance transporter）LmrP 和 LamrA，它们赋予菌株 *L. lactis* MG1363 对脂类阳离子毒性化合物产生抗性。LmrP 依赖于细胞膜内外的质子动势促进脂类阳离子化合物排出细胞外，赋予菌株对不同抗生素尤其对大环内酯类和四环素类抗生素产生抗性。而另一个多药物抗性蛋白 LmrA 是一个磷酸甘油蛋白（p-glycoprotein），其作用类似于人类 MDR1 的磷酸甘油蛋白，依赖于 ATP 结合系统（ATP-binding cassette，ABC），对治疗癌症的化学治疗剂具有抗性。Poelarends 等（2000）对赋予乳球菌抗药性蛋白 LmrA 的作用做了进一步确认，将 *lmrA* 基因克隆到 *E. coli* 中，获得的重组大肠杆菌对临床上常用的 21 种抗生素中的 17 种有抗性，这 17 种抗生素分别属于氨基糖类、头孢菌素类、大环内酯类、青霉素、喹啉类、链霉素和四环素类。

乳酸菌中还广泛存在一些药物抗性质粒和抗性转座因子，如具有接合转移能力的 pAMβ1 和 pIP501 质粒，携带有红霉素、氯霉素抗性基因，该质粒具有广泛的宿主范围，可以在乳酸菌、革兰氏阳性菌甚至在革兰氏阴性的肠球菌中接合转移。乳酸菌中还普遍存在携带抗生素的转座因子，它们能在不同的菌株间转移，Fons 等（1997）在猪粪便中分离到一株发酵乳杆菌，该菌株含有一个 5.7kb 的质粒，其上编码有红霉素抗性，通过基因克隆和序列分析，该基因与肠球菌接合转移因子 Tn1545 有 98.2%的序列同源性。类似的研究还有很多，说明乳酸菌质粒或转座因子携带的抗性基因在肠道菌群中水平转移是普遍存在的现象。由此，人们担心日常食用的含有乳酸菌的食物或益生菌制剂的抗药基因是否会通过食物转移给肠道菌群，进而传递给人体？各国政府都很重视这个问题，尤其是欧洲国家，动物营养科技委员会（Scientific Committee on Animal Nutrition）提出，对于食用性菌株的选用，必须经过认证，满足特殊的安全条件，尽可能减少抗药基因的转移和扩散。

（二）受体和载体配套

在乳酸菌中，乳酸乳球菌的生理生化特性简单、遗传背景清楚、分子操作工具齐全，是分子操作的首选受体。作为分子受体的乳球菌大多来自于乳酪的工业生产菌株 *Lactococcus lactis* subsp. *cremoris* NCDO712（1954），该菌株为溶原性菌株，染色体上携带有温和噬菌体 ΦT712 的基因组，在细胞内含有 5 个大小不同的质粒，控制着菌株对乳糖的利用和蛋白质的水解。菌株 NCDO712 对紫外线敏感，经紫外线处理后，温和噬菌体脱离染色体，获得自愈菌株 *L. lactis* SH4109（1980）；进一步对菌株 *L. lactis* SH4109 的原生质体进行吖啶黄、高温处理，得到菌株 *L. lactis* MG1363，其细胞内不再含有任何质粒（Gasson，1983）。

分子生物学中的受体菌多为 *L. lactis* MG1363 的衍生菌，根据载体的需要，构建出适用于不同载体的受体菌和 NICE 系统配套受体。

1. 乳球菌常用的受体菌株

（1）菌株 *L. lactis* MG1363：无质粒，发酵剂 NCDO712 的后代。

（2）菌株 *L. lactis* MG1614：菌株 *L. lactis* MG1363 的衍生菌。无质粒，具有链霉素和利福平抗性（Rif^R $Strp^R$）。菌株 *L. lactis* MG1363 和 *L. lactis* MG1614 常作为克隆载体和非 NICE 系统的表达载体的受体。

（3）菌株 *L. lactis* NZ9700：nisin 产生菌株 NIZO B8 与 MG1614 通过结合转移后获得的后代，携带有 nisin-sucrose Tn5276，能产生 nisin，其发酵液可作为 NICE 系统的诱导剂。

（4）菌株 *L. lactis* NZ9800：在菌株 NZ9700 的 *nisA* 启动子中删除掉 4 个核苷酸，得到菌株 NZ9800。因 *nisA* 启动子被破坏，使菌株 NZ9800 不再具有合成 nisin 的能力，但在低浓度的 nisin 存在下（亚致死剂量），菌株 NZ9800 nisin 操纵子转录被激活，调节基因（*nisK* 和 *nisR*）和免疫基因 *nisI* 被转录，为 NICE 系统的最早受体菌。

（5）菌株 *L. lactis* NZ9000：NICE 表达载体的受体菌。将 *nisK* 和 *nisR* 基因整合到菌株 *L. lactis* MG1363 染色体氨肽酶基因 *pepN* 位点而获得，两调节基因在各自启动子下进行转录。

（6）菌株 *L. lactis* NZ9000 *htr*A：菌株 *L. lactis* NZ9000 的膜蛋白酶基因 *htrA* 被删除，使分泌异源蛋白能力更强。

（7）菌株 *L. lactis* NZ3000：菌株 MG5267 的衍生菌。将乳糖操纵子 *lac* 通过转导作用插入菌株 MG1363 染色体上，得到菌株 MG5267。再将 *lac* 操纵子中的 *lacF* 基因部分缺失，得到菌株 NZ3000，该菌株在乳糖培养基上不能生长，但当含有 *lacF* 的质粒进入细胞后，即可恢复菌株 NZ3000 在乳糖上的生长能力。

（8）菌株 *L. lactis* NZ3900：菌株 *L. lactis* NZ3000 的衍生菌。将 *nisKR* 基因整合到菌株 *L. lactis* NZ3000 染色体的 *pepN* 位点而获得，是 NICE 系统的食品级受体菌。

2. NICE 系统中四个通用的基础载体

（1）翻译融合载体 pNZ8148：*PnisA*-mcs-t

MCS 为：*Nco*Ⅰ *Pst*Ⅰ *Sph*Ⅰ *Kpn*Ⅰ *Spe*Ⅰ *Xba*Ⅰ *Sac*Ⅰ *Hind*Ⅲ

在 *Nco*Ⅰ点融合：CC↓ATGG

（2）翻译融合载体 pNZ8150：*PnisA*-*Sca*Ⅰ-mcs-t

MCS 为：*Nsp*Ⅰ *Sph*Ⅰ *Kpn*Ⅰ *Spe*Ⅰ *Xba*Ⅰ *Sac*Ⅰ *Hind*Ⅲ

在 *Sca*Ⅰ点融合：AGT↓（ACT）通过平末端与 PCR 产物连接。

（3）转录融合载体 pNZ8021：P_{nisA}-*nisA*-MCS-t

*nisA'*为：截短的 *nisA* 基因

MCS 为：*Sma*Ⅰ *Pst*Ⅰ *Sph*Ⅰ *Kpn*Ⅰ *Spe*Ⅰ *Xba*Ⅰ *Sac*Ⅰ *Hind*Ⅲ

转录融合点在 *nisA* 33 个密码子之后大约 10 个密码子之中，决定于所使用的限制酶的识别位点。

（4）分泌载体 pNZ8110：P_{nisA}-ssusp-MCS-t

ssusp 为乳球菌 *usp45* 基因的信号序列

MCS 为：*Pst*Ⅰ *Sph*Ⅰ *Kpn*Ⅰ *Spe*Ⅰ *Xba*Ⅰ *Sac*Ⅰ *Hind*Ⅲ

通过平末端 *Nae*Ⅰ位点克隆，见图 2-8。

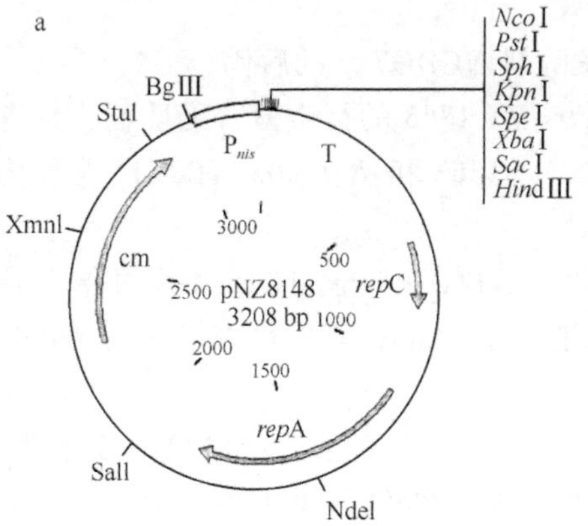

a. 在 *Nco*I:...CC ATG G 位点翻译融合；

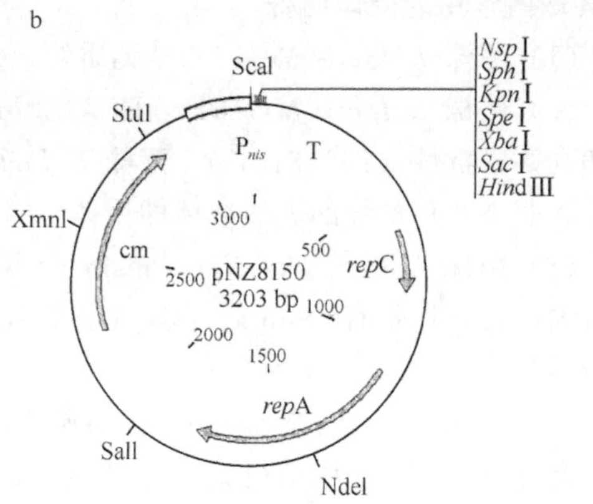

b. 在 *Sca*I:...AGT(ACT) 位点通过平末端和 PCR 片段连接实现翻译融合；

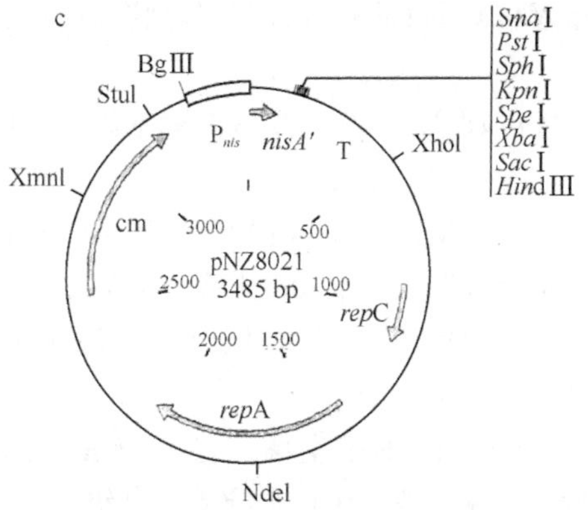

c. 在 *nisA* 基因 33 个密码子之后大约 10 个密码子中（根据不同限制酶而定）进行转录融合；

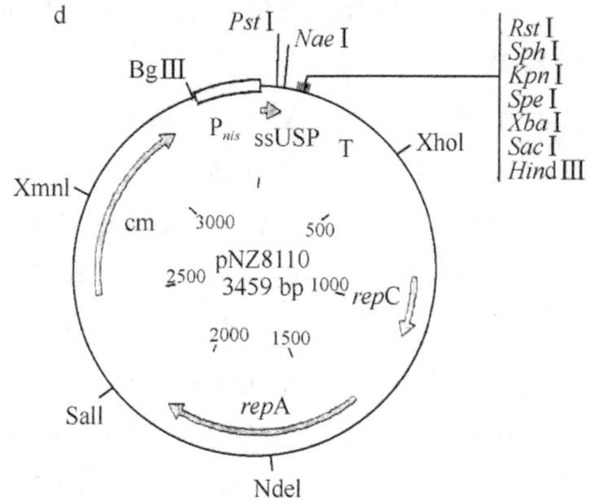

d. 在平末端 *Nae* I 位点克隆产生靶蛋白的分泌；

图 2-8　NICE 系统中四个通用的克隆载体

P_{nisA}指 *nisA* 启动子，*nisA'*指 *nisA* 平末端基因，T 指转录终止子，*rep*A 和 *rep*C 指复制蛋白，cm 指氯霉素抗性，ssusp 指乳球菌 usp_{45}基因的信号序列（van Asseldonk et al. 1993；Mierau，2005）

3. NICE 系统中载体和受体的配套

已利用 P*nisA*、*nisRK*、*nisI* 和 *PnisF* 组建了几套分子克隆体系。

（1）质粒携带 P*nisA*，宿主染色体插入 *nisRK*。这个系统也可用在在乳杆菌中，并且已经在 *L. plantarum*、*L. casei* 和 *L. gasseri* 获得成功。除了诱导量比在 *L. lactis* 中小 2～5 倍（前者最大为 200～500 倍，后者为 1000 倍）。蛋白表达量为细胞内总蛋白的 10%之外，其他优点如同在 *L. lactis* 中一样，有三个类型：

1）质粒带抗性标记，如 pNZ8048（Cm^R），受体为 NZ9000。

2）质粒带食品级标记，如 pNZ8045（*lac*F^+），NZ3900（*lac*F^-）。

3）质粒带信号肽序列（SP）如 pNZ28110，宿主为蛋白酶缺陷型，受体为 NZ9000Δ*htrA*，这是为蛋白稳定分泌而设计的。

（2）在同一质粒上携带 P*nisA*、*nisRK* 和抗性标记，宿主为与质粒复制相关的菌株。质粒的复制子来自宿主菌“种”内的有关质粒，或宿主范围广的其他质粒。如pNISE和*Lb. reuteri*（Wu et al.，2006）优点是：①在非诱导的情况下不表达被克隆的基因；②一定的范围内，表达量直接依赖于所加nisin的浓度；③在诱导的情况下，蛋白的表达量可达细胞总蛋白的60%。但转到*L. helueticus*时有些不同，需要10倍量的nisin，然而转到*L. plantarum*时，菌生长缓慢，质粒不稳定，表达量很少。

（3）二重相容质粒。一个质粒是宿主范围广，低拷贝（如pAMβ1）携带*nisRK*和Em^R，如pNZ9520、pNZ9521、pNZ9530和pNZ9531；另一个质粒是能在宿主复制，携带P*nisA*-无启动子的结构基因和Cm^R，两者共同转化至同一个宿主。这套体系是为扩大宿主范围而构建的。

（4）质粒携带P*nisA*-基因X，宿主含nisin操纵子。如NZ9700，不需加nisin就可诱导基因表达。

（5）质粒为pNZ8037，含pSH71复制子和来自NZ9800的P*nisA*，宿主是NZ9800，染色体上有*nisPK*，Δ*nisA*。

（6）质粒pLEB590，含P45-*nisI*和pSH71θri（*repA*），宿主是不产nisin的乳球菌MG1614，也可是Nis^s的植物乳杆菌。

（7）质粒是pLE599携带P45-*nisR*-*nisK*-P*nisF*-*gfp*，宿主为与载体复制子相关的菌株。

（8）质粒为pVE3859（对乳球菌为自杀性质粒），携带*hisA*-P*nisA*-*nucB*-*hisB*，宿主为含*nisRK*的菌，如NZ9000，这套系统是为整合诱导而构建的。

附：乳酸菌分子操作中常见抗生素的使用浓度

乳球菌作受体，常用抗生素的浓度为：

氯霉素（Cm）：5μg/mL

红霉素（Em）：2μg/mL

大肠杆菌作受体，常用抗生素的浓度为：

氯霉素（Cm）：25μg/mL

红霉素（Em）：200μg/mL

四环素（Tet）：12.5μg/mL

卡那霉素（Kan）：25μg/mL

氨苄青霉素（Ap）：100μg/mL

二、转　　化

受体细胞直接吸收外源DNA片段，通过交换整合到受体的基因组上，经过复制，外源基因得到表达，这种受体细胞接受外源DNA片段而获得新遗传性状的现象称为转化或转化作用。

转化普遍存在于原核生物中，菌株能否发生转化，与菌株的生理状况和亲缘关系密切相关。研究发现，能进行转化的受体细胞必须处于感受态（competence），即受体细胞最易接受外源DNA片段并实现其转化的一种生理状态。感受态形成取决于受体菌的遗传特性，同时也受菌龄、外界环境等因素的影响。

转化作用分为自然转化和人工转化。自然转化需要感受态细胞，它是细胞一定生长阶段的生理特性，转化的发生受细菌自身基因控制。枯草芽孢杆菌的自然转化模型研究表明，自然转化的发生涉及细菌染色体上几十个基因的功能及彼此间的相互协调。模型将自然转化分为以下几个阶段：首先外源 DNA 吸附到细胞表面，并与感受态细胞膜的受体蛋白结合；随后双链 DNA 的一条链被降解，保留另一条单链；这条单链则通过交换、取代或整合与受体细胞染色体形成一个杂合 DNA 区段，随染色体的复制，将新的遗传性状传给后代。发生自然转化的外源 DNA 片段多与受体菌同源，也有些感受态细胞能吸收非同源的 DNA 片段。

（一）乳酸细菌转化方法的改进

利用乳酸菌的自然转化机制，实现了重组质粒 DNA 在 *Streptococcus sanguis*、*Streptococcus pneumoniae* 及 *Streptococcus mutans* 的转化，并获得了一定量的转化子，但是在这些转化子中往往导致外源基因的丢失，获得重组菌的效率极低。Behnke (1981) 在研究 *Streptococcus sanguis* 质粒的自然转化时发现，感受态细胞吸收重组质粒 DNA 的过程与枯草芽孢杆菌自然转化机制相似，首先将环状质粒 DNA 线性化，然后吸收单链 DNA，在转化细胞内，以单链 DNA 为模板合成双链，整合到染色体上，或以重组质粒的形式存在。在这个吸收和转化过程中，容易导致外源基因的丢失。基于这种情况，有些实验室开展了乳酸菌的人工转化研究。

人工转化是在自然转化基础上发展和建立的一种人为促使细胞高效率摄取外源 DNA 而发生遗传变化的一种育种手段。常用的方法有热击和电穿孔。热击法通常用于革兰氏阴性菌如大肠杆菌的转化。电穿孔技术即利用高压脉冲电场的瞬间作用，导致细胞膜通透性改变，使游离 DNA 进入或排出细胞。该过程不需要 DNA 的线性化，并且质粒 DNA 可以直接进入细胞，转化效率较线性 DNA 更高，因此，对电转化在乳酸菌中的应用进行了大量研究。

乳酸菌为革兰氏阳性菌，细胞壁由肽聚糖和磷壁酸组成，细胞壁厚并具有刚性，对 DNA 分子进入细胞有明显的阻碍作用。因此，最早的电转化开始于乳酸菌的原生质体。经过大量研究，Simon 等 (1986) 建立了完善的 *Streptococcus lactis* 原生质体的高效转化操作系统，使质粒 DNA 的转化效率达到 5×10^6 个/μg。利用原生质体进行电转化尽管技术比较成熟，但原生质体的制备和再生等操作过程复杂，需要几天时间才能完成，并且实验结果的重复性差，由此限制了该技术的进一步应用。随后有人对乳酸菌整体细胞直接电转化进行了研究。经过不同实验条件的探索，Sanders 等 (1987) 找到了一种非原生质体菌株 *Streptococcus lactis* 遗传转化的方法。利用该方法，质粒 pSA3 直接电转化菌株 *Streptococcus lactis* LM0230 的效率为 5×10^5 个/μg。在此基础上，Holo 等 (1989) 又对该方法进一步完善，他们在培养乳球菌的培养基中加入高浓度的削弱细胞壁合成的甘氨酸，同时添加维持细胞渗透压的蔗糖，这样制备的感受态乳球菌的电转化效率提高到 5.7×10^7 个/μg，并且在上述制备感受态的蔗糖溶液中加入 10%甘油，制备的感受态细胞可以在－85℃下长期存放，其电转化效率不变。经过验证，该电转化方法同样适合于其他乳酸菌。因此，该技术在乳酸菌的分子生物学中发挥了重要作用，并一直沿用至今。

（二）影响乳酸细菌电转化效率的因素

1. 菌体生理状况

在一定转化条件下，不同菌株的转化效率不同，Luchansky 等于 1988 年将电转化技术应用于菌株 *Lactobacillus*、*Leuconostoc*、*Listeria*、*Pediococcus*、*Bacillus*、*Staphylococcus*、*Enterococcus* 和 *Propionibacteriium*，得到了不同的转化效率。同一种细菌，通常在指数生长的中期，细胞浊度（OD_{600}）处于 0.5～0.8 时，细胞的转化效率最高。

2. 培养基组成

乳酸菌在营养丰富的培养基上，生长迅速，短时间内达到生长稳定期。如在培养基内加入削弱细胞壁合成的物质，因细胞壁合成不完整，不能满足细胞质的快速增长的需要而导致细胞破裂死亡。如果在培养基中同时加入维护细胞膜渗透压的稳定剂，即可提高电转化效率。Holo 等（1989）发现在无蔗糖溶液中，2%的甘氨酸即可抑制 *Streptococcus lactis* 生长，在有 0.5mol/L 蔗糖存在时，加入 3%甘氨酸，菌株仍能生长，并且制备的感受态细胞的转化效率较高。贾士芳等于 2003 年在研究乳杆菌电转化条件时发现，向培养基中加入适当浓度的氨苄青霉素，可以提高感受态细胞的转化效率。利用弱化细胞壁合成的物质制备的感受态细胞，比用溶菌酶处理的细胞转化效率高，并且细胞的存活率也高，因为残存的细胞壁成分，更有利于转化后细胞的复苏和存活。溶菌酶处理的细胞电转后易破裂，导致细胞死亡。

转化后，将细胞培养在高渗培养液（如 SGM17）中更有利于细胞膜孔洞的闭合和复原，以提高细胞的存活率，从而提高转化效率。复苏时间对转化效率也有影响，一般乳酸菌电击后至少需要复苏培养 2h 以上，细胞在复苏过程中，产生足够多的抗性蛋白，以对抗选择平板上抗生素对细胞生长的抑制作用。

3. 质粒的性质

一般来说，质粒越小越易进入细胞。在一定浓度内（ng～μg），随着质粒浓度的增加，转化子数量越多。质粒浓度过大，在电穿孔时，电阻就大，易于击穿转化杯。质粒的纯度对转化效率影响不大，对于 *L. lactis* 和 *E. coli* 的穿梭载体，可以将大肠杆菌煮沸 10min，离心收集含有质粒的上清液，然后与乳酸菌细胞混合后，直接进行电转化，不需要再进行质粒的提取和纯化。

4. 电转化参数

在电击过程中，转化效率与所用电压成正比，电压过低，细胞膜难以极化产生孔洞，DNA 不能进入；如电压过高，不但会击穿电转杯，细胞会因细胞膜损伤过大而影响存活率，从而导致转化效率的降低。Holo 等在使用 10kV/cm 的电压时，100%细胞存活；在 12.5kV/cm 时，细胞的存活率为 2.5%，因此一般选用的电压为10kV/cm，电阻 200Ω，电击时间 4.5～5ms。

（三）乳酸细菌电转化的过程

乳酸细菌电转化主要步骤如下：将乳酸菌接种于同时含有削弱细胞壁合成成分和维持细胞渗透压稳定剂的培养基中，培养至指数生长期，收集细胞，洗涤后悬浮于蔗糖缓冲溶液中，即得到感受态细胞。将冰浴的感受态细胞与质粒DNA混合，转移到已冷却的转化杯中，在高压脉冲电场下电击转化；向转化后的细胞中加入新鲜高渗培养基，培养复苏细胞，涂布选择培养基平板。

（孔　健　郭兴华）

主要参考文献

徐波，曹郁生，陈燕，等. 2007. 乳酸乳球菌食品级诱导表达系统的构建及异源蛋白的表达. 微生物学报，4

Aray T, Ishinashi N, Shimamura S, et al. 1993. Genetic and molecular analysis of the *rpo*D gene from *Lactococcus lactis*. Bios Biotech Biochem, 57: 88～92

Baccigalupi L, Naclerio G, de Felice, et al. 2002. Efficient insertional mutagenesis in *Streptococcus thermophilus*. Gene, 285: 9～14

Behnke D. 1981. Plasmid transformation of Streptococcus sanguis (Challis) occurs by circular and linear molecules. Mol Gen Genet, 182 (3): 490～497

Bermudez-Humaran L G, Commissaire J, et al. 2003. Controlled intra-or extracellular production of staphylococcal nuclease and ovine omega interferon in *Lactococcus lactis*. FEMS Microbiol Lett, 224 (2): 307～313

Biswas L, Gruses A, Ehrlich S D, et al. 1993. High-efficient gene inactivation and replacement system for gram-positive bactereria. J. Bacteriol, 175: 3628～3635

Bolotin A, Mauger S, Malarme K, et al. 1999. Low-redundancy sequencing of the entire *Lactococcus lactis* IL 1403 genome//Konings W N, Kuipers O P, Huis J H J. Lactic acid bacteria: Genetics, Metabolism and Applications. Netherlands: Kluwer Academic Publishers: 27～76

Bongers R S, Hoefnagel M H, Kleerebezem M. 2005. High-level acetaldehyde production in *Lactococcus lactis* by metabolic engineering. Appli Environ Microbiol, 71 (2): 1109～1113

Brondsted L, Hammer K. 1999. Use of the integration elements encoded by the temperate lactococcal bacteriophage TP901-1 to obtain chromosomal single-copy transcriptional fusions in *Lactococcus lactis*. Appl Environ Microbiol, 65 (2): 752～758

Bron P A, Benchimol M G, Lambert J, et al. 2002. Use of the alr gene as a food-grade selection marker in Lactic acid bacteria. Appl Environ Microbiol, 68: 5663～5670

Bryan E M, Bae T, Kleerebezem M. 2000. Improved vectors for Nisin-controlled expression in gram-positive bacteria. Plasmid, 44 (2): 183～190

Christiansen B, Brondsted L, Vogensen F K, et al. 1996. A resolvase-like protein is required for the site-specific integration of the temperate lactococcal bacteriophage TP901-1. J Bacteriol, 178 (17): 5164～5173

de Ruyter P G, Kuipers O P, Beerthuyzen M M, et al. 1996. Functional analysis of promoters in the Nisin gene cluster of *Lactococcus lactis*. J Bacteriol, 178 (12): 3434～3439

de Ruyter P G, Kuipers O P, de Vos W M. Controlled gene expression systems for *Lactococcus lactis* with the food-grade inducer Nisin. Appl Environ Microbiol, 1996, 62 (10): 3662～3667

de Ruyter P G, Kuipers O P, Meijer W C, et al. 1997. Food-grade controlled lysis of *Lactococcus lactis* for accelerated cheese ripening. Nat Biotechnol, 15 (10): 976～979

de Vos W M. 1999. Gene expression systems for lactic acid bacteria. Cur Opin in Microbiol, 2: 289～295

de Vos W M. 1999. Safe and sustainable systems for food-grade fermentations by genetically modified lactic acid bacteria. International Dairy Journal, 9: 1～10

de Vos W M, Bron P A, Kleerebeze M. 2004. Post-genomics of lactic acid bacteria and other food-grade bacteria to discover gut functionality, 15: 86～93

de Vos W M, Simons G F M. 1994. Gene cloning and expression systems in Lactococci//Gasson M J, de Vos W M. Genetics and biotechnology of lactic acid bacteria. London: Blackie Academic and Professional: 52～105 de Vos W M, Vaughan E E. 1994. Genetics of lactose utilization in lactic acid bacteria. FEMS Microbiol Rev, 15: 217～237

Dieye Y, Usai S, Clier F, et al. 2001. Design of a protein-targeting system for lactic acid bacteria. J Bacteriol, 183 (14): 4157～4166

Djordjevic G M, Klaenhammer T R. 1998. Inducible gene expression system in *Lactococcus lactis*. Mol Biotechnol, 9: 127～139

Eaton T J, Shearman C A, Gasson M J. 1993. The use of bacterial luciferase genes as reporter genes in Lactococcus: regulation of the *Lactococcus lactis* subsp. *lactis* lactose genes. J Gen Microbiol, 139 (7): 1495～1501

Fons M, Hege T, Ladire M, et al. 1997. Isolation and characterization of a plasmid from Lactobacillus fermentum conferring erythromycin resistance. Plasmid, 37 (3): 199～203

Gasson J M. 1983. Plasmid complements of *Streptococcus lactis* NCDO 712 and other lactis streptococci after protoplast-induced curing. J Bact, 154 (1): 1～9

Gasson M J, Fitzgerald G F. 1994. Gene transfer systems and transposition. //Gasson M J, de Vos W M. Genetics and biotechnology of lactic acid bacteria. Blackie Academic and Professional, London: 1～51

Henrich B, Klein J B, Weber B, et al. 2002. Food-grade delivery system for controlled gene expression in *Lactococcus lactis*. Appl Environ Microbiol, 68 (11): 5429～5436

Holo H, Nes I F. 1989. High-Frequency Transformation, by Electroporation, of *Lactococcus lactis* subsp. *cremoris* Grown with Glycine in Osmotically Stabilized Media. Appl Environ Microbiol, 55 (12): 3119～3123

Israelsen H, Madsen S M, Vrang A, et al. 1995. Cloning and partial characterization of regulated promoters from *Lactococcus lactis* Tn917-lacZ integrants with the new promoter probe vector, pAK80. Appli Environ Microbiol, 61 (7): 2540～2547

Kleerebezem M, Beerthuyzen M M, Vaughan E E, et al. 1997. Controlled gene expression systems for lactic acid bacteria: transferable Nisin-inducible expression cassettes for *Lactococcus*, *Leuconostoc*, and *Lactobacillus* spp. Appl Environ Microbiol, 63 (11): 4581～4584

Klein J R, Ulrich C, Plapp R. 1993. Characterization and sequence analysis of a small cryptic plasmid from *Lactobacillus curvatus* LTH683 and its use for construction of new Lactobacillus cloning vectors. Plasmid, 30 (1): 14～29

Kok J. 1996. Inducible gene expression and environmentally regulated genes in lactic acid bacteria. Ant van Leeuwenh, 70: 129～145

Konings W N, Kok J, Kuipers O P, et al. 2000. Lactic acid bacteria: the bug of the new millennium. Current Opinion in Microbiology, 3: 276～282

Kuipers O P, Beerthuyzen M M, de Ruyter P G, et al. 1995. Autoregulation of Nisin biosynthesis in *Lactococcus lactis* by signal transduction. J Bio Chem, 270: 27299～27304

Kuipers O P, de Ruyter P G , Keerebezem M, et al. 1997. Controlled overproduction of proteins by lactic acid bacteria. Trends in Biotechnol, 15: 135～140

Kunji E R D, Slotboom D J, Poolman B. 2003. *Lactococcus lactis* as host for overproduction of functional menbrance proteins. Biochimica et Biophysica Acta, 1610: 97～108

Kunji E R, Mierau I, Poolman B. 1996. Fate of peptides in peptidase mutants of *Lactococcus lactis*. Mol Microbiol, 21 (1): 123～131

Leenhouts K, Bolhuis A, Venema G, et al. 1998. Construction of a food-grade multiple-copy integration system for *Lactococcus lactis*. Appl Microbiol Biotechnol, 49 (4): 417～423

Le Loir Y, NouailLe S, Commissaire J, et al. 2001. Signal peptide and propeptide optimization for heterologous protein secretion in *Lactococcus lactis*. Appl Environ Microbiol, 67 (9): 4119～4127

Lin C F, Chung T C. 1999. Cloning of erythromycin-resistance determinants and replication origins from indigenous plasmids of *Lactobacillus reuteri* for potential use in construction of cloning vectors. Plasmid, 42 (1): 31～41

Liu C Q, Leelawatcharamas V, Harvey M L, et al. 1996. Cloning vectors for lactococci based on a plasmid encoding resistance to cadmium. Curr Microbiol, 33 (1): 35～39

Madsen S M, Albrechtsen B, Hansen E B, et al. 1996. Cloning and transcriptional analysis of two threonine biosynthetic genes from *Lactococcus lactis* MG1614. J Bacteriol, 178 (13): 3689～3694

Maguin M, Prevost H, Ehrlich S D, et al. 1996. Efficient insertional mutagenesis in Lactococci and other gram-positive bacteria. J. Bacteriol. 178 (3): 931～935

Martin M C, Alonso J C, Suarez J E, et al. Generation of food-grade recombinant Lactic acid bacterium strains by site-specific recombination. Applied Environmental Microbiology. 2000, 66 (6): 2599～2604

Medaglini D, Pozzi G, King T P, et al. 1995. Mucosal and systemic immune responses to a recombinant protein expressed on the surface of the oral commensal bacterium *Streptococcus gordonii* after oral colonization. Proc Natl Acad Sci U S A, 92 (15): 6868～6872

Meijer W, Marugg J D, Hugenholtz J. 1996. Regulation of Proteolytic Enzyme Activity in *Lactococcus lactis*. Appl Environ Microbiol, 62 (1): 156～161

Mierau I, Kleerebezem M. 2005. 10 years of the Nisin-controlled gene expression system (NICE) in *Lactococcus lactis*. Appli Microbiol Biotechnol, 68: 705～717

Mierau I, Leij P, van Swam, et al. 2005. Industrial-scale production and purification of a heterologous protein in *Lactococcus lactis* using the Nisin-controlled gene expression system NICE: the case of lysostaphin. Microb Cell Fact, 4: 15

Mierau I, Olieman K, Mond J, et al. 2005. Optimization of the *Lactococcus lactis* Nisin-controlled gene expression system NICE for industrial applications. Microb Cell Fact, 4 (1): 16

Mollet B, Knol J, Poolman B, et al. 1993. Directed genomic integration, gene replacement, and integrative gene expression in *Streptococcus thermophillus*. J Bacterial, 175: 4315～4324

Nilsson D, Johansen E. 1994. A conserved sequence in tRNA and rRNA promoters of *Lactococcus lactis*. Biochim Biophys Acta, 1219 (1): 141～144

Nonaille S, Ribeiro L A, Miyoshi A, et al. 2003. Heterologous protein production and delivery systems for *Lactococcus lactis*. Genet Mol Res, 2 (1): 102～111

O'Sullivan D J, Klaenhammer T R. 1993. High-and low-copy-number *Lactococcus* shuttle cloning vectors with features for clone screening. Gene, 137 (2): 227～231

Park W J, Lee K H, Lee J M, et al. 2004. Characterization of pC7 from Lactobacillus paraplantarum C7 derived from Kimchi and development of lactic acid bacteria— *Escherichia coli* shuttle vector. Plasmid, 52 (2): 84～88

Perez-Arellano I, Zuniga M, Perez-Martinez G. 2001. Construction of compatible wide-host-range shuttle vectors for lactic acid bacteria and *Escherichia coli*. Plasmid, 46 (2): 106～116

Platteeuw C, van Alen-Boerrigter I, van Schalkwijk S. 1996. Food-grade cloning and expression system for *Lactococcus lactis*. Appl Environ Microbiol, 62 (3): 1008～1013

Poelarends G J, Mazurkiewicz P, Putman M, et al. 2000. An ABC-type multidrug transporter of *Lactococcus lactis* possesses an exceptionally broad substrate specificity. Drug Resist Updat, 3(6): 330～334

Poquet I, Saint V, Seznec E, et al. 2000. HtrA is the unique surface housekeeping protease in *Lactococcus lactis* and is required for natural protein processing. Mol Microbiol, 35 (5): 1042～1051

Pouwels P H, Leer R J. 1993. Genetics of Lactobacilli. Plasmid and gene expression. Antonie van Leeuwenh, 64: 85～107

Ramos A, Neves A R, Ventura R, et al. 2004. Effect of pyruvate kinase overproduction on glucose metabolism of *Lactococcus lactis*. Microbiology, 150 (Pt 4): 1103～1111

Ribeiro L A, Azevedo V, Le Loir Y, et al. 2002. Production and targeting of the Brucella abortus antigen L7/L12 in *Lactococcus lactis*: a first step towards food-grade live vaccines against brucellosis. Appl Environ Microbiol, 68 (2): 910～916

Sanders J W, Leenhouts K J, Haandrikman A J. 1995. Stress response in *Lactococcus lactis*: Cloning, expression analysis, and mutation of the lactococcal superoxide dismutase gene. J Bacteriol, 177 (18): 5254～5260

Sanders M E, Nicholson M A. 1987. A method for genetic transformation of nonprotoplasted *Streptococcus lactis*.

Appl Environ Microbiol, 53 (8): 1730～1736

Sasaki Y, Ito Y, Sasaki T. 2004. ThyA as a selection marker in construction of food-grade host-vector and integration susyems for *Streptococcus thermophilus*. Appl Environ Microbiol, 70 (3): 1858～1868

Savijoki K, Kahala M, Palva A. 1997. High level heterologous protein production in *Lactococcus* and *Lactobacillus* using a new secretion system based on the *Lactobacillus brevis* S-layer signals. Gene, 186 (2): 255～262

Simoes-Barbosa A. 2004. A food-grade delivery system for *Lactococcus lactcs* and evaluation of inducible gene expression. Appl Microbiol Biotechnol. 65: 61～67

Simon D, Chopin A. 1988. Construction of a vector plasmid family and its use for molecular cloning in *Streptococcus lactis*. Biochimie, 70 (4): 559～566

Simon D, Rouault A, Chopin M C. 1986. High-efficiency transformation of *Streptococcus lactis* protoplasts by plasmid DNA. Appl Environ Microbiol, 52 (2): 394～395

Steidler L, Viaene J, Fiers W, et al. 1998. Functional display of a heterologous protein on the surface of *Lactococcus lactis* by means of the cell wall anchor of *Staphylococcus aureus* protein A. Appl Environ Microbiol, 64 (1): 342～345

Takala T M, Saris P E. 2002. food-grade cloning vector for lactic acid bacteria based on the Nisin immunity gene nisI. Appl Microbiol Biotechnol, 59 (4-5): 467～471

van Asseldonk M, Simons A, Visser H, et al. 1993. Cloning, nucleotide sequence, and regulatory analysis of the *Lactococcus lactis* dnaJ gene. J Bacteriol, 175 (6): 1637～1644

van de Guchte M, van der Vossen J M, Kok J. 1989. Construction of a lactococcal expression vector: expression of hen egg white lysozyme in *Lactococcus lactis* subsp. *Lactis*. Appl Environ Microbiol, 55 (1): 224～228

van Rooijen R J, Gasson M J, de Vos W M. 1992. Characterization of the *Lactococcus lactis* lactose operon promoter: contribution of flanking sequences and LacR repressor to promoter activity. J Bacteriol, 174 (7): 2273～2280

van Veen H W, Konings W N. 1998. The ABC family of multidrug transporters in microorganisms. Biochim Biophys Acta, 1365 (1-2): 31～36

von Wright A, Sibakov M. 1993. Genetic modification of lactic acid bacteria//von Wright A, Salminen S. Lactic acid bacteria. London: Marcel Dekker, INC: 161～198

Wells J M, Robinson K, Chamberlain L M, et al. 1996. Lactis acid bacteria as vaccine delivery vehicles. Ant v Leeuwenh, 70: 317～330

Wells J M, Wilson P W, Norton P M, et al. 1993. A model system for the investigation of heterologous protein secretion pathways in *Lactococcus lactis*. Appl Environ Microbiol, 59 (11): 3954～3959

Wu C M, Lin C F, Chang Y C, et al. 2006. Construction and characterization of *nisin*-controlled expression vector for use in *Lactobacillus recteri*. Biosci Biotechaol Biochem, 70 (4): 757～767

Yamamoto N, Takano T. 1996. Isolation and characterization of a plasmid from *Lactobacillus helveticus* CP53. Biosci Biotechnol Biochem, 60 (12): 2069～2070

第三章　乳酸细菌细胞表面工程及应用

细胞表面工程将为研制疫苗、胞外酶、粘附素、传感器、信息分子、多糖、细菌素、固定化细胞和固定化酶提供重要的理论和技术。

第一节　细菌细胞表面的S-层

细胞壁是原核生物细胞的重要组成部分，绝大多数真细菌和古细菌具有清晰的细胞壁，这是长期进化过程中生态环境选择的结果。20世纪70年代以来，大量研究证实古细菌和真细菌的细胞壁或细胞膜外表有一层特殊的结构，这是由蛋白或糖蛋白亚单位构成的单分子晶格状结构，称之为表层（surface layer），或者S-层（S-layer）。带S-层的细菌极为常见，在真细菌的主要类群中都有发现，古细菌中分布更广。如此广泛存在的结构长期未被发现，主要是由于培养时间过长会导致S-层丢失，此外S-层只有借助电镜，并且通过冰冻蚀刻技术才能清楚地观察。随着近年来新技术的发展，人们借助原子显微技术看到了S-层高分辨率的图像。

一、S-层的结构

S-层在原核生物中分为三种情况。在革兰氏阴性古细菌中，细胞包膜结构简单，S-层与质膜相接，是唯一的细胞壁成分（图3-1a）。革兰氏阳性古细菌和真细菌的S-层都位于细胞壁外，不同的是革兰氏阳性真细菌的细胞壁为肽聚糖，古细菌为其他多聚物（图3-1b）。革兰氏阴性真细菌的质膜外有一薄层肽聚糖，肽聚糖外是外膜，S-层位于外膜之外（图3-1c）。

S-层的晶格有斜角形、正方形或六边对称等多种形状，通常在内部组装过程中形成。六边对称是古细菌S-层的主要形态。根据晶格的类型，一个形态单位分别由一个、两个、三个、四个或六个相同的蛋白亚单位组成，其中心间距为2.5～35nm。大多数S-层厚度为5～25nm，外面光滑，内面皱突不平。由于S-层是相同的亚单位单分子组装而成，结果形成大小、形状相同的小孔，占据晶格表面的70%以上。

二、S-层的化学和分子生物学特征

（一）生物化学特性

大多数S-层由蛋白质或糖蛋白组成，其分子质量为40～200kDa。S-层的蛋白主要是弱酸性蛋白，等电点为3～5，但也有例外，如乳杆菌S-层蛋白为碱性，等电点在9.5以上。不同细菌S-层蛋白的组成相似，一般疏水性氨基酸占40%～60%，含有大量谷氨酸和天冬氨酸（15%），赖氨酸含量也相当高（10%），而含硫氨基酸含量很低。20%的氨基酸为α螺旋，40%为β折叠、无规折叠，以及5%～45%的β转角。

古细菌和革兰氏阳性菌能使S-层蛋白糖基化，共价结合的聚糖链一般由含中性己

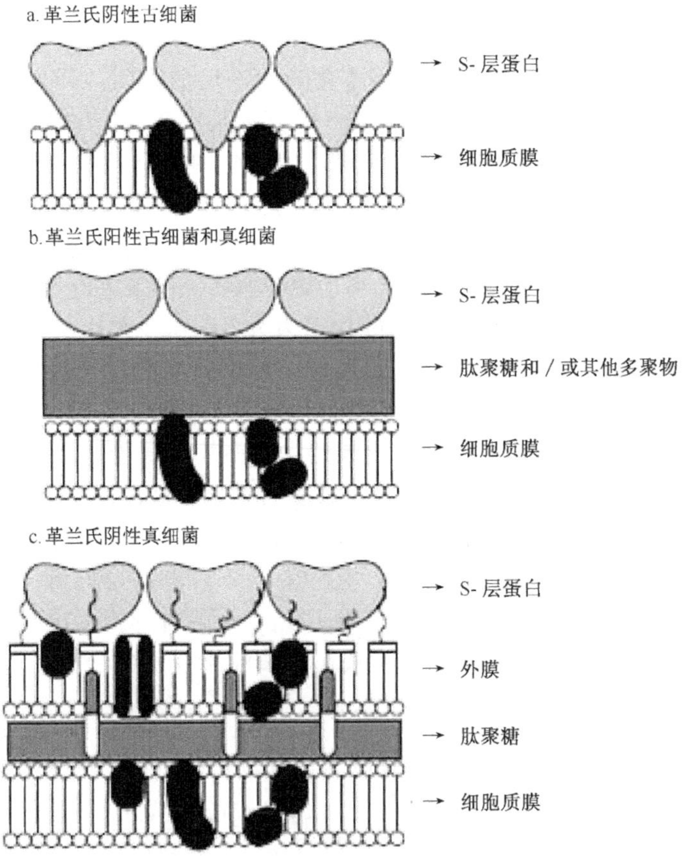

图 3-1　原核生物三种主要类型细菌 S-层的超分子结构

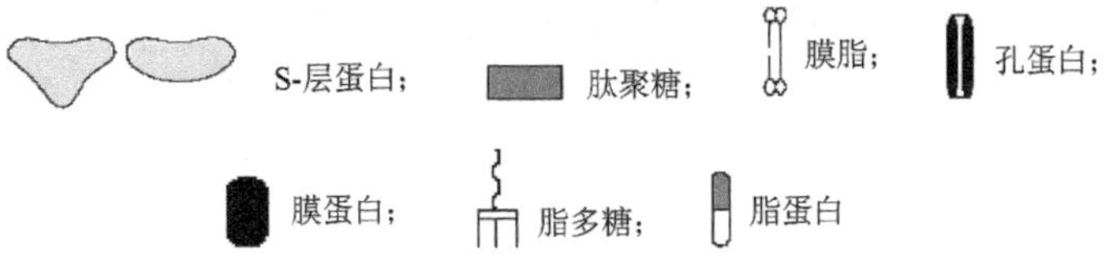

糖、戊糖、庚糖、6-脱氧己糖和氨基糖的 20～50 个重复单位组成。在结构上芽孢杆菌的 S-层聚糖与革兰氏阴性菌的脂多糖 O 抗原相似。

杆菌细胞完整的 S-层大约由 5×10^5 个单体组成。对于代时为 20～30min 的细菌，为维持细胞表面的 S-层，每秒钟至少要合成 500 个 S-层蛋白多肽并且运送到细胞表面组装成 S-层，因此 S-层具有功能强大的启动子，如嗜酸乳杆菌（*Lactobacillus acidophilus*）S-层的启动子效力是目前细菌中最强的乳酸脱氢酶基因启动子的两倍。

S-层亚单位之间以及与支撑的细胞壁之间，以非共价连接，因而可利用变性剂，如尿素、盐酸胍、金属螯合剂或阳离子替代物将其分离为单聚体，分离到的 S-层亚单位可在固体支撑物、液面、脂膜和脂质体上重新结晶为原来的晶格；当分离用的变性剂除去后，这些单聚体可悬浮在液体中。

（二）S-层的基因及组成

尽管 S-层发现较早，但直到 1986 年才克隆到 S-层的基因。许多 S-层基因克隆到 *E. coli*中时宿主细胞易于裂解，因此通常将 *S*-层基因直接克隆在芽孢杆菌上，或将克隆的片段再组装成完整的基因。近年来，*S*-层基因克隆的研究发展较快。到 2001 年底，在 GenBank 上新增的 S-层基因有 44 个，其来源扩大到 6 个属 11 个种，包括芽孢杆菌、弯曲杆菌、乳杆菌等。其中 10 个基因是通过测定 5 种细菌的基因组序列得到的。

S-层的组装是通过疏水作用、氢键和离子键等非共价键来完成的，S-层单位组合在一起的作用力比将 S-层固定在细胞表面的作用力大，只有少数古细菌是通过共价键来完成组装。分离纯化的 S-层蛋白可自动组装成与原来完整细胞表面相似的排列整齐的晶格结构，这种重结晶过程可发生在水溶液、汽液界面、固相面以及脂膜等介质中。合成的 S-层蛋白必须分泌到细胞外才能形成 S-层，大多数 S-层蛋白在 N 端含有决定分泌的信号肽序列，组装成 S-层之前会被切除。多数信号肽由 12～34 个氨基酸组成。有些细菌的 S-层蛋白中存在Ⅰ型分泌机制或不依赖于信号肽的分泌机制。

许多革兰氏阳性细菌 S-层蛋白的 N 端存在一个称为 S-层同源（S-layer homologous，SLH）的保守结构域，SLH 由三个区段组成，各含 50～60 个氨基酸。SLH 能够通过共价键锚定在细胞表面。有些革兰氏阳性细菌的 S-层蛋白没有 SLH 结构，但它们可通过 N 端带正电区域来锚定。

三、S-层的功能及应用

（一）S-层的功能

S-层对生物细胞的完整和生存具有重要的作用。S-层具有保护功能，能增加细菌对噬菌体、蛭弧菌的抗性，使细菌能在高浓度钙、硫的湖水中生长。S-层可作为胞外酶的吸附位点，如淀粉酶可在 S-层上紧密排列，而不干扰营养物质或代谢产物的转运。S-层孔洞的形状大小均匀一致，可起到超滤分子筛的作用，对只利用小分子物质的细菌，S-层只允许需要的分子通过。以 S-层作为细胞壁的古细菌，S-层与细胞膜之间可形成一个周质空间，贮存与营养物降解、转运以及蛋白质合成有关的大分子物质。S-层蛋白是病原菌的毒力因子，能特异性地结合在宿主细胞分子上，对血清中补体的杀菌活性具有抗性，在病原菌的侵袭和存活中起重要作用。而且有结合免疫球蛋白的能力（Sleytr，1997；孙明等，2002）。

（二）S-层的应用

S-层不但具有重要的生理功能，而且有着广阔的应用前景。

1. 作为分子筛

S-层是蛋白质或糖蛋白亚基形成的单分子晶体点阵，形成的有孔网状结构覆盖在细胞表面。S-层的微孔大小、形状相同，功能基团以整齐的晶格排列，在载体面上可以自己组装为二维晶列。这些特点使 S-层成为一种独特的生物多聚体，可以准确地截留一定分子质量的物质，也可以作为基质共价固定外源大分子物质，避免了其他非晶形聚合物的缺点。芽孢杆菌 S-层形成的微孔约为 4～5nm，可以截留分子质量为15 000～

40 000Da 的物质，因而可利用 S-层制作孔径相同的分子筛（Weigert，1996）。

2. 作为展示载体

S-层可以将不同活性的外源蛋白锚定在细胞表面。S-层展示系统有很多优点，如表达量高，目的蛋白一般可达到细胞蛋白的 10%～15%；具有高效的信号肽和表面定位结构，能准确地定位在细胞表面。已有大量的研究利用 S-层开发基因工程疫苗、全细胞固定化酶、生物传感器、诊断试剂，以及组织再生生物吸附系统等（Mesnage et al.，1999；吴怀光等，2004）。现在已成功地在细胞表面表达了某些生物活性蛋白或多肽，如利用芽孢杆菌 S-层展示了果聚糖蔗糖酶、α-淀粉酶、金属硫蛋白等。铜绿假单胞菌的病原性抗原决定簇，破伤风毒素的 C 片段也在 S-层得到良好表达。

3. 作为功能分子共价吸附固定的基质

已经报道多种活性分子可以固定在 S-层上，如酶、抗体、生物素及蛋白 A 等，可用于亲和膜、生物传感以及固相免疫分析。

S-层在生物技术和仿生学方面的应用潜力很大，在疫苗中可与特异性抗原或半抗原结合作为佐剂，或者锚定相应的抗原。S-层蛋白在脂膜上重结晶可提高脂膜的稳定性，便于研究膜蛋白的生物学功能。S-层在纳米材料方面也有巨大的应用潜力，可作为形成有序排列的纳米金属或半导体材料的模板，在纳米电子学和非线性光学的研究中具有很大的意义。

第二节　乳杆菌细胞表面的 S-层

一、乳杆菌 S-层的特点

乳杆菌属的大多数种具有 S-层，其大小为 25～71kDa，属于已知 S-层中最小的一类，其主要特性见表 3-1。

表 3-1　乳杆菌 S-层特点

菌种	菌株	分子质量/kDa	氨基酸数量(含信号肽)	信号肽长度	等电点
嗜酸乳杆菌	ATCC 4356	SlpA:43.6	SlpA:444	SlpA:30	SlpA:10.4
		SlpB:44.9	SlpB:456	SlpB:30	SlpB:10.3
短乳杆菌	ATCC 8287	46	465	30	9.88
短乳杆菌	ATCC 14869	SlpB:48	SlpB:30	SlpB:30	SlpB: 9.99
		SlpC:46	SlpC:30	SlpC:30	SlpC:10.12
		SlpD:42	SlpD:30	SlpD:30	SlpD:10.08
瑞士乳杆菌	CNRZ 892	43.1	439	30	10.19
加氏乳杆菌	VPI 11759	Apf1:29.8	Apf1:302	25	Apf1:9.98
		Apf2:29.8	Apf2:297	25	Apf2:9.98
加氏乳杆菌	ATCC 19992	Apf1:26.3	Apf1:289	25	Apf1:9.35
		Apf2:26.3	Apf2:289	25	Apf2:9.35
约氏乳杆菌	5 个菌株	Apf1:25.4～28.7	Apf1:258～265	Apf1:25～28	Apf1:9.35～9.72
		Apf2:29.8～32.4	Apf2:315～326	Apf2:25	Apf2:9.60～9.80
发酵乳杆菌	NCTC 7230	51.5	—	—	—
干酪乳杆菌	ATCC 7469	—	—	—	—

由表可见，乳杆菌的S-层蛋白均为碱性蛋白，等电点为9.35～10.4，这是乳杆菌独有的特性，除个别例外，其他细菌的S-层蛋白均为弱酸性。另外与其他革兰氏阳性菌不同之处是大多数乳杆菌S-层未发现聚糖结构。

几乎所有原核生物的S-层中都发现N端分泌信号，即信号肽（signal peptide）。同样，所有被鉴别的乳杆菌S-层都有25～30个氨基酸组成的信号肽，信号肽的长度可根据von Heijne的方法预测（von Heijne，1985）。

乳杆菌S-层含有大量的疏水氨基酸残基，约为31.9%～38.7%，这也是所有细菌S-层的典型特点，但乳杆菌S-层也有自己的组成特点。乳杆菌S-层的组成见表3-2。

表3-2 乳杆菌S-层的组成

菌株＼氨基酸	含羟基氨基酸/%	含疏水氨基酸/%	含硫氨基酸/%	含半胱氨酸残基/%	含赖氨酸残基/%	含精氨酸残基/%
嗜酸乳杆菌	SlpA:25.9	SlpA:36.4	SlpA:0.2	—	SlpA: 8.7	SlpA:1.7
ATCC 4356	SlpB:25.1	SlpB:35.9	SlpB:0.5	—	SlpB: 7.0	SlpB:2.6
短乳杆菌	SlpA:33.8	SlpA:32.4	SlpA:0.9	—	SlpA: 8.3	SlpA:1.8
ATCC 8287						
短乳杆菌	SlpB:25.2	SlpB:34.6	SlpB:0.2	—	SlpB: 8.4	SlpB:2
ATCC 14869	SlpC:32.3	SlpC:33.8	SlpC:1.6	—	SlpC:10.7	SlpC:1.8
	SlpD:24.8	SlpD:36.8	SlpD:1.8	—	SlpD:10.7	SlpD:1.6
	Apf1:25.7	Apf1:32.9	Apf1:1.1	1	Apf1: 5.8	Apf1:2.9
加氏乳杆菌	Apf2:22.7	Apf2:32.6	Apf2:0.7	—	Apf2: 5.5	Apf2:2.6
VPI 11759	25.6	35.9	0.7	—	10.0	1.2
瑞士乳杆菌						
CNRZ 892	Apf1:24.6	Apf1:35.4	Apf1:0.9	—	Apf1: 4.7	Apf1:2.2
约氏乳杆菌	Apf2:22.8	Apf2:37.4	Apf2:0.7	—	Apf2: 4.8	Apf2:2.4
ATCC 332						
约氏乳杆菌	Apf1:27.8	Apf1:33.6	Apf1:0.9	—	Apf1: 5.2	Apf1:2.6
ATCC 33200	Apf2:24.0	Apf2:34.9	Apf2:0.7	—	Apf2: 4.7	Apf2:2.6
	Apf1:28.3	Apf1:32.5	Apf1:0.8	—	Apf1: 5.1	Apf1:2.5
约氏乳杆菌	Apf2:23.2	Apf2:36.7	Apf2:0.7	—	Apf2: 4.7	Apf2:2.3
ATCC 11506						

从表可见，乳杆菌S-层蛋白中含硫氨基酸较低，最大为2%，主要是蛋氨酸。至今只发现加氏乳杆菌（*L. gasseri* VPI 11759）Apf1蛋白有一个半胱氨酸残基。此外它们含羟基氨基酸的比率很高，为23%～33%，碱性氨基酸，如赖氨酸的含量也较高，最高达到10%。带正电氨基酸数量高于带负电氨基酸的数量，最高达到12.5%，这也是导致其等电点较高的原因。

二、乳杆菌S-层的基因

几种乳杆菌，如短乳杆菌（*Lactobacillus brevis*）、嗜酸乳杆菌（*L. acidophilus*）、瑞士乳杆菌（*L. helveticus*）菌株的S-层编码基因已经克隆测序（Vidgrén，1992；Boot，1993；Callegari，1998；Jakava-Viljanen，2002）。具有多个S-层基因似乎是乳杆菌的共同特点，由表3-2中可以看到短乳杆菌有3个S-层，SlpB、SlpC和SlpD，分

别由 3 个相应的基因编码；而嗜酸乳杆菌有 2 个 S-层，SlpA 和 SlpB。Southern 杂交分析发现其他一些乳杆菌也含有 2 个 S-层基因。在一个菌株中出现几个 S-层基因，并非乳杆菌独具的特点，其他一些细菌也有类似现象。

乳杆菌中多个 S-层基因的遗传排列与菌株紧密相关，没有共同一致的结构。短乳杆菌 ATCC 14869 有 3 个 S-层基因 *slpB*，*slpC*，*slpD*，其中 *slpB* 和 *slpC* 位于平行方向相邻之处，而 *slpD* 则距离较远，不在此区域（Jakava-Viljanen，2002）。嗜酸乳杆菌 ATCC 4356 有 2 个 S-层基因 *slpA* 和 *slpB*，中间有 3kb DNA 片段的间隔相对排列。分类上相近的乳杆菌的 S-层的基因序列相似。

在每一个细胞代中必须合成 5×10^5 个亚单位才能满足细菌 S-层合成的需要，因而乳杆菌应当具有强大有效的转录系统。已经发现在乳杆菌 S-层基因中有多个启动子结构。

三、S-层与细胞的吸附

除了肽聚糖，乳杆菌的细胞壁还有次级细胞壁聚合物（secondary cell wall polymer，SCWP），如磷壁酸、脂磷壁酸。几种革兰氏阳性细菌在它们 S-层蛋白 N 端部分具有所谓的 S-层同源（S-layer homologous，SLH）基序，与 S-层蛋白锚定在 SCWP 上紧密相关（Chauvaux，1999；Ilk，1999；Mader，2004）。但对于乳杆菌而言，至今尚未发现 SLH 基序。

根据目前的研究，S-层在细胞壁上附着的配体主要包括磷壁酸、脂磷壁酸，及中性脂多糖。短乳杆菌和布氏乳杆菌的 S-层蛋白结合在细胞壁上的中性脂多糖组分，其蛋白的细胞壁结合域的位置至今还不清楚。已经确定嗜酸乳杆菌 ATCC 4356 SlpA，以及卷曲乳杆菌 JCM 5810 CbsA 的细胞壁结合域的位置在其蛋白的 C 端的 1/3 处。嗜酸乳杆菌、卷曲乳杆菌和瑞士乳杆菌的 S-层具有高度保守的 C 端序列，通过进一步分析，发现此区域有一个碳水化合物结合的共有的重复序列，与细胞壁结合有关，由 C 端最后的大约 130 个氨基酸构成。Smit 和 Pouwe（2002）的研究证明，在嗜酸乳杆菌 SplA 的 C 端细胞壁结合域，一个 N 端重复序列很可能与 SlpA 亚单位锚定在细胞壁磷壁酸上有关。

乳杆菌的 S-层蛋白具有粘附素的功能，可以介导细菌吸附到不同宿主表面，如短乳杆菌的 S-层 SlpA 可以像粘附素一样使细菌附着在人肠上皮细胞和纤连蛋白上，或者猪肠上皮细胞。有些乳杆菌的 S-层蛋白可以介导吸附在禽类的肠上皮细胞，但其机制尚不清楚。

第三节　微生物表面展示技术

20 多年前，Smith 建立了在丝状噬菌体表面展示多肽的方法，之后这种技术得到长足的发展，被用于从浩繁的分子文库中筛选特定功能的蛋白和多肽，成为生命科学研究中的又一重要技术。目前微生物展示主要包括噬菌体展示技术、酵母细胞表面展示技术、异源分子在细菌表面锚定技术。

一、噬菌体展示技术

（一）简　　介

自从 Smith 在 1985 年开创的先驱性工作之后，噬菌体展示技术得到了广泛的发展和应用。1988 年 Parmley 和 Smith 成功地将 β-Gal 表达于噬菌体的表面，并证实该异源蛋白具有生物活性，可以被相应的抗体识别。随后许多功能蛋白质也被表达，包括抗体、细胞因子、激素、病毒外壳蛋白等。理论上，任何分泌蛋白都可在噬菌体表面表达，噬菌体展示技术把外源蛋白的基因型和表型联系在一起，通过亲和筛选可以将展示特异性外源蛋白的噬菌体从含有各种外源蛋白的噬菌体库中挑选出来。经扩增富集，对挑选到的克隆进行测序，确定其氨基酸序列。在此基础上可以建立噬菌体展示随机肽库，用化学合成的随机寡核苷酸序列与噬菌体外壳蛋白 P3 和 P8 的基因相连，从而在噬菌体表面表达出各种氨基酸组合的短肽，然后用已知的抗体、受体、核酸等从随机肽库淘选与之结合的片段，因而这一技术在抗原表位分析，分子间相互识别，新药和疫苗的开发方面具有广泛的应用前景。

根据载体系统，噬菌体展示系统可以分为两类：真噬菌体载体（true phage vector）和噬粒载体（phagemid vector）系统。

真噬菌体载体从丝状噬菌体（M13、f1 或 fd）基因组得到，带有编码噬菌体复制装配必需的所有蛋白。在这类展示系统里，有和噬菌体基因组原有的外被蛋白融合的融合蛋白文库，也有与另外的外被蛋白拷贝融合的基因盒。

噬粒作为质粒，除了有自己的复制起点，还带有从噬菌体得到的复制起点，称作基因间隔区。除 DNA 复制的功能，基因间隔区含有一个 78 个核苷酸的发夹结构（包装信号），可以启动单链 DNA 在噬菌体外被中的包装。噬粒载体系统产生融合的外被蛋白。为了克服由于大片段插入影响噬菌体 P3 和 P8 蛋白的功能，常采取在基因组中保留野生型的基因或者使用辅助噬菌体的方法。

（二）应　　用

噬菌体展示技术原本是用于亲和筛选 cDNA 文库中的蛋白片段，随着展示文库的发展，其用途得到进一步扩展，成为目前应用最广、商品化最成功的技术。毋庸置疑，它将会促进许多新的理论和技术的发展。

1. 抗原表位分析

利用噬菌体展示技术得到模拟表位（mimotope），据此来研究抗原表位的结构和特点，这一方法已经用于疾病的诊断、病原的性质研究等方面，有许多成功的报道。利用噬菌体展示肽库技术发现的表位，可作为抗原模拟物，用于疾病诊断，就像病毒蛋白用于 HBV、HIV 等传染病的检测，但制备简便，特异性好，安全性高。也可利用这些表位进行疫苗的研制。因而噬菌体展示随机肽库技术是抗原表位分析的有效手段，为新的诊断试剂以及疫苗的设计研究提供了新的思路和途径。

2. 制备人源抗体

原来单抗的制备主要是通过淋巴细胞杂交瘤技术。由于人杂交瘤技术融合率低，稳定性差，分泌量少，而且人体不能随便免疫，这给人单抗的制备带来了很大的困难。噬菌体抗体库技术为人源抗体的制备提供了有效的途径，主要包括3方面：从免疫个体获取淋巴细胞建库筛选；从大容量抗体库不经免疫筛选；鼠单抗人源化。迄今国外已有相当多的报道，涉及多种疾病的抗原。

3. 蛋白分子结合特性的研究

目前利用噬菌体展示肽库技术可以研究蛋白的结合特性和规律，已经发现了许多不同蛋白分子的结合位点的氨基酸序列，如刀豆蛋白A、P53、HLA以及RNAase等。此外还用于受体和配体的研究，蛋白质与核酸结合特性的研究。

4. 发现先导化合物

随机肽库的亲和筛选类似传统方法，也可用于化合物或天然产物的筛选，得到与靶分子结合的物质，它们可能是新的活性物质，这为寻找新的药物开辟了一条途径。

5. 确定信号传导中相互作用的蛋白，信号传导途径的定位

二、酵母细胞表面展示技术

（一）简　　介

酵母是一类单细胞真核生物，既有遗传背景清楚、易于操作、生产成本低等特点，又有折叠、分泌机制，可以表现真核生物的蛋白酶解、折叠、糖基化等翻译后修饰过程。酿酒酵母（*Saccharomyces cerevisiae*）是首先用于细胞表面展示系统的真核生物。酿酒酵母具有很多优点，还有通常认为安全的（generally regarded as safe，GRAS）身份，因而较广泛地应用于食品和医药工业。酿酒酵母也非常适合作为细胞表面表达系统，用以表达多种功能不同的异源蛋白（表3-3）。

表3-3　酵母细胞表面展示的异源蛋白

蛋白和多肽	启动子	分泌信号序列	分子质量/kDa
α-凝集系统			
米根霉葡萄糖淀粉酶	*GAPDH*	葡萄糖淀粉酶	62
嗜热脂肪芽孢杆菌淀粉酶	*GAPDH*	MFα1	59
曲霉β-糖苷酶	*GAPDH*	葡萄糖淀粉酶	136
里氏木霉内聚葡萄糖酶	*GAPDH*	葡萄糖淀粉酶	42
米根霉酯酶	*GAPDH*	MFα1	30
GFP	*GAPDH*	葡萄糖淀粉酶	27
BFP	*UPR-ICL*	葡萄糖淀粉酶	27
抗体的Fab片段	*GAPDH*	葡萄糖淀粉酶	50
a-凝集系统			
单链抗体	*Gall*	Aga2	27～30
单链T-细胞受体	*Gall*	Aga2	26～28
Flo1p的C端区			
米根霉葡萄糖淀粉酶	*GAPDH*	MFα1	62
EGFP	*UPR-ICL*	MFα1	27
Flo1p的絮凝功能域			
米根霉酯酶	*UPR-ICL*	MFα1	30
EGFP	*UPR-ICL*	MFα1	27

通常，每个酵母细胞上可以展示 10^4 ～10^5 个分子。大多数酵母细胞表面展示蛋白具有糖基磷脂酰肌醇（glycosylphosphatidylinositol，GPI）锚，GPI 锚在酵母表面蛋白的表达中是必需的并起重要的作用。从原生动物到哺乳动物的质膜蛋白中都可发现 GPI 锚，这一结构非常保守，酵母 GPI 锚的核心结构与其他真核生物相同，但其脂组分随酵母不同而有变化。GPI 锚的糖基磷酸酯酰部分共价结合在蛋白质的 C 端，从而使蛋白与膜之间形成稳定的联系。GPI 锚定的蛋白可以通过常规的分泌途径传输到质膜外面，然后在磷脂酰肌醇特异性的磷酸酯酶作用下脱离质膜，转送到细胞壁最外面，在此通过在 GPI 锚残迹（remnant）上加入 β-1,6-葡聚糖完成锚定。

在蛋白锚定中，凝集素系统和絮凝素系统起着重要的作用。

（二）应　　用

由于酵母能够表达多种后转录所需的功能蛋白，表达蛋白的大小范围广，因而酵母的细胞表面分子展示系统具有自己独特的用途。

1. 酶的展示表达

解淀粉酶表达。酿酒酵母没有解淀粉酶，因而在酒精发酵前必须对淀粉进行加热糊化、液化、糖化等多步处理，从而大大增加了生产成本。利用酵母展示技术表达淀粉酶可以简化糖化工艺，如将米根霉的糖化酶展示构建可糖化淀粉的酵母（Kondo et al.，2002）。纤维素酶的表达。纤维素是自然界最广泛的再生资源，可以由此生产多种有用的产品。在纤维素的利用方面，首先要解决的问题是利用纤维素酶将纤维素降解为葡萄糖，以满足进一步发酵的需要。已有报道利用酵母展示技术成功地表达了葡萄糖苷酶，内聚葡萄糖酶，纤维二糖水解酶等（Fujita et al.，2002）。此外利用酵母展示表达酯酶也得到成功（Matsumoto et al.，2002）。

2. 功能蛋白的展示表达

许多功能性蛋白成功地得到展示并表现了特定的功能，如表达组氨酸寡肽（histidine oligopeptide）的酵母，可用于重金属污染的生物修复；展示内分泌干扰剂结合蛋白（endocrine disruptor binding protein）的酵母系统不仅可用于筛选类激素化合物，还可从环境中去除这类化合物；荧光蛋白也可靶定在酿酒酵母表面，用于细胞基因转录，膜蛋白定位，配体结合等分子和生物学分析。此外如纤维素结合蛋白、蛋白 A 衍生物等都已经成功得到展示表达。

3. 抗体的展示表达

酵母细胞表面展示系统可有效地展示抗体。如单链抗体和单链 T-细胞受体、抗体 Fab 片段等，在医药、疾病诊断等方面有着重要的作用。

4. 构建组合蛋白文库

利用体外分子文库进行筛选，已经成为蛋白质工程的有效工具。在缺乏详细的相关信息时，组合蛋白质文库的构建是研究开发蛋白质的一个很好的策略。随机组合蛋白质文库可以利用随机引物重组方法从随机 DNA 片段得到。将这种方法与细胞表面展示技术结合，可得到独特的与众不同的片段或蛋白质。为了表达此文库，必须构建酵母多拷贝载体。这里酵母既可作为筛选新表型的模型，又可作为从组合文库中筛选新功能蛋白的模型。

三、细菌表面异源分子的锚定

（一）简　　介

Freudl 等（1986）和 Charbit 等（1986）首次报道了应用细菌表面展示异源蛋白或多肽。之后，利用细菌表面展示和锚定异源蛋白有了很大的进展。对革兰氏阴性细菌研究较早，其中研究较多的是大肠杆菌。革兰氏阴性菌因其细胞壁的特点，具有几种高效的蛋白展示系统。主要包括：基于外膜蛋白的系统、脂蛋白、自转运蛋白（autotransporter）、分泌蛋白、其他表面亚单位、S-层。

革兰氏阳性细菌缺乏外膜，细胞壁结构不同于革兰氏阴性菌，细胞壁有肽聚糖层，因而必须采用不同的策略和方法连接外源蛋白。革兰氏阳性菌也有几种展示系统：如细胞壁结合蛋白、细胞膜锚定蛋白、S-层蛋白（Samuelson et al.，2002）。

非病原性的革兰氏阳性菌，如肉葡萄球菌（*Staphylococcus carnosus*）、木糖葡萄球菌（*Staphylococcus xylosus*）、格氏链球菌（*Streptococcus gordonii*）在 20 世纪 90 年代已经用于异源细胞表面蛋白的锚定（Hansson et al.，1992；Pozzi et al.，1992）。随后，对其他乳酸菌，如乳酸乳球菌、乳杆菌也进行了研究（Poquet et al.，1998；Pouwels et al.，1998）。由于乳酸菌较好的安全性，它们在异源功能蛋白的表达及应用方面有着重要的意义。

（二）应　　用

1. 疫苗活菌传递

和传统方法相比，利用活菌传递亚单位疫苗更令人感兴趣。这是因为后者生产简便，避免了许多繁杂的下游工作，有时仅仅一次免疫接种便可得到长期的免疫效果。用细菌表面展示异源抗原诱导特异性抗体的产生是一个很好的方法，借此可以利用食品级或安全性好的细菌表达传送抗原。表 3-4 列举了部分已报道的例子。

表 3-4　用于展示传送抗原的细菌

展示系统	细菌	展示抗原	动物模型	结果
革兰氏阴性菌				
外膜蛋白 A	鼠伤寒沙门氏菌	疟疾（SERP，HRPII）	小鼠（口服）	特异性 IgG 和 IgM
Lam B	大肠杆菌	HbsAg（preS2）	兔、小鼠（i. v.）	特异性 IgG
鞭毛蛋白	都柏林沙门氏菌	流感血红素-凝集素表位	兔（i. m.）小鼠（口服）	特异性 IgG 和 IgA，部分保护
鞭毛蛋白	都柏林沙门氏菌	HIV1-gp41 表位	小鼠（i. p.）	特异性 IgG
Inp	伤寒沙门氏菌	HBsAg，HCV	小鼠（i. n. and i. p.）	特异性 IgG 和部分保护
革兰氏阳性菌				
SPA	肉葡萄球菌	CTB/RSV	小鼠（i. n.）	保护
SPA	肉葡萄球菌	SPG/CTB	小鼠（i. n.）	特异性 IgG 和 IgA
M6	戈氏链球菌	HPV 表位（E7）	小鼠（i. n.）	特异性 IgG
M6	戈氏链球菌	HIV1 表位-V3 或 HPV 表位-E7	猕猴	特异性 IgG 和 IgA，T-细胞增殖
SpaP1	戈氏链球菌	百日咳毒素亚单位 S1	小鼠（i. p.）	保护
自溶素 Cwba	枯草芽孢杆菌	侵袭素片段	小鼠（口服）	特异性 IgG
SLH	炭疽芽孢杆菌	TTFC	小鼠（传代）	保护

注：CTB，霍乱毒素 B 亚单位；HbsAg，乙型肝炎表面抗原；HIV，人 HIV 病毒；HPV，人乳头瘤病毒；RSV，呼吸道合胞病毒；TTFC，破伤风毒素 C 片段；i. n.，鼻内；i. p.，腹腔内；i. v.，静脉内；i. m.，肌内

2. 表位定位

噬菌体展示的随机肽库可用于表位定位，细菌也可利用这一方法进行表位分析。这方面的研究正在进行，相信会有着很好的应用前景。

3. 表面展示抗体片段和各种结合蛋白

有着广泛的用途，如研究蛋白相互之间的作用；用于免疫纯化，将细胞锚定在特定的免疫反应位点；用于全细胞诊断工具以及全细胞亲和吸附材料等。

4. 酶的展示和应用

生物催化是生物技术的重要内容之一。为了进行酶反应，人们首先必须纯化酶，然后使用游离的或固定化的酶进行生产。但酶的纯化会增加生产成本，而酶的固定化会影响酶的活性、稳定性以及反应物质的传送。利用细菌表面锚定酶蛋白可以克服这些问题。目前已经报道了将β-内酰胺酶、有机磷水解酶、酯酶成功地锚定在细菌表面，表现了较高的活性。

吴怀光等（2004）选用苏云金芽孢杆菌 CTC 菌株细胞表面 S-层作为表面展示载体，利用其 N 端信号肽以及锚定序列分别将不同生物特性的外源蛋白锚定在细胞的表面。研究选用分子质量较大的分泌性蛋白 α-淀粉酶和富含半胱氨酸的非分泌性蛋白金属硫蛋白作为目的蛋白。将 α-淀粉酶的结构基因（*amy*）和金属硫蛋白的结构基因（*smtA*）与 S-层的锚定区 *slh* 结合，构建融合蛋白基因 *slh*/*amy* 和 *slh*/*smtA*，克隆到穿梭载体 pHT304 上，得到重组质粒后转入重组菌株 BMB171/pBMB-CSA 中，得到新的重组菌株。SDS-PAGE 显示融合蛋白 SLH/AMY 和 SLH/SMTA 在重组菌的表面得到了表达。α-淀粉酶被固定在细胞表面，与受体菌菌悬液相比，重组菌菌悬液的酶活提高了 42.4%。Ni-NTA-琼脂糖微球吸附试验证实 SMTA 在重组菌表面具有活性，吸附试验显示重组菌对镉离子的吸附能力是对照受体菌的 4 倍。

5. 同噬菌体展示技术一样可用于展示多肽文库

第四节　乳杆菌细胞表面 S-层的应用

S-层有许多独特的优点，如自我组装性能和高度规律性的结构等。随着研究的不断深入，S-层蛋白的相关结构，组装以及生理生化特性得到确定。这些特点使 S-层在生物技术、纳米技术、生物仿生学中有着巨大的应用前景。S-层可作为基质固定外源分子如抗体、抗原、寡糖半抗原，或者应用于生化、医药方面。还可用做免疫测定分析，以及金属纳米粒子规则排列的模板，此外还可作为相同孔径的超滤膜。

随着乳杆菌 S-层相关基础研究的深入，对其应用方面的研究也在不断增加。但比起研究起步较早、研究较多的革兰氏阳性菌如球型芽孢杆菌等，这方面的工作仍然很少。前面对乳杆菌 S-层的特点进行了简单的介绍，以下对其近年来在应用方面的进展和发展前景作一简单介绍。

一、异源蛋白生产

在生物技术日益广泛的应用中，功能蛋白的生产是一项重要的内容。利用细胞表面展示有特定功能的蛋白质或多肽有很多优点：① 细胞表面展示的分子很容易接近，无须复杂的处理，无须跨越细胞膜屏障，有利于进行结合或活性方面的研究；② 与细胞外膜基质结合的蛋白质更加稳定；③ 展示目的蛋白质活性的全细胞可以直接用于反应和分析测试，避免了复杂的纯化制备过程；④ 可用于构建和筛选肽库和蛋白质库，进行定向的分子进化方面的研究等（Avall-Jaaskelainen et al.，2005）。

最先有关乳杆菌 S-层的应用是利用其启动子或信号序列产生胞内或胞外异源蛋白。比较不同乳酸菌胞内蛋白的产生，短乳杆菌 ATCC 8287 的启动子及嗜酸乳杆菌 ATCC 4356 的 *slpA* 基因表现了很好的功能，但启动子的功能与所用的宿主和报告蛋白有关。*slpA* 基因的分泌信号已经成功地应用于许多异源蛋白的分泌和输出。

Savijoki 等（1997）根据短乳杆菌 S-层（SlpA）的分泌表达信号构建了分泌组件。乳酸乳球菌、植物乳杆菌、短乳杆菌、格氏乳杆菌以及干酪乳杆菌使用从 pGK12 得到的低拷贝数质粒进行异源蛋白分泌表达，大肠杆菌的 β-内酰胺酶（β-Lactamase，Bla）作为报告蛋白以确定 S-层蛋白信号的功能。在检测的细菌中，*bla* 基因都在 *slp* 信号下表达，所有 Bla 活性都分泌到培养基中。短乳杆菌的 S-层的启动子可在乳酸乳球菌、植物乳杆菌、短乳杆菌中高效识别，而在干酪乳杆菌中的转录水平低于检测限。Bla 主要在对数生长期产生，乳酸乳球菌和短乳杆菌的产量最高。在不控制 pH 时，Bla 在乳酸菌延长培养进入静止期时迅速降解；而在控制 pH 生长时，乳酸乳球菌和短乳杆菌产生的 Bla 可以在静止期稳定保持活性。乳酸乳球菌 Bla 的产量可达 80mg/L。分泌速率达到 5×10^5 Bla 分子/(细胞 · h)。植物乳杆菌具有同样的速率。

二、活菌疫苗

用乳杆菌作为载体传送抗原进行免疫有着诱人的前景。这些菌株经过分子遗传修饰，带有目的病原的抗原成分，口服或注射后，可以产生特异的局部或全身免疫反应。而乳酸菌自身的一些特点，如对胃酸、胆汁的耐受性；产生抗菌物质的特性；以及在肠道吸附定植的能力等，更使其成为口服活菌疫苗的最佳选择。

Reveneau 等用植物乳杆菌 NCIMB8826 作为载体制备了活菌黏膜疫苗。据报道该菌株摄入后，可以定植在肠黏膜上并展示药物动力学特征。以破伤风毒素的无毒 C 片段（TTFC）作为目的抗原，对重组菌在胞内、胞外分泌或细胞表面展示等不同途径产生 TTFC 的情况进行了比较。构建的菌株可对 TTFC 产生强烈的特异性免疫反应，用细胞质内产生大量 TTFC 的菌株进行免疫可得到最高的 IgG 血清抗体滴度。

Mota 等（2006）从鸡胃肠道不同部位分离到多株乳杆菌，并据其对胃酸和胆盐的抗性，产生过氧化氢的能力以及细胞表面的疏水性等特点，对这些菌株的益生菌性状进行了评价，从中筛选出 38 株乳杆菌进行分子修饰。通过克隆启动子、前导肽、细胞壁锚定蛋白以及终止子序列将表达组件组装在 pCR2.1-Topo 载体上，编码绿色荧光蛋白（GFP）的序列作为报告基因。进一步分析证明所有构建的乳杆菌都能表达 GFP。因而认为可以利用这一方法表达病原菌的抗原，并作为活菌口服疫苗预防家禽的传染病。

Scheppler 等（2002）以约氏乳杆菌为口服疫苗转送载体，在细胞表面表达了从保加利亚乳杆菌分离的细胞壁锚定蛋白酶 PrtB，以及从整合在蛋白酶 PrtB 序列中的破伤风毒素的模拟表位。用重组约氏乳杆菌 Lj 口服免疫小鼠，可诱导全身免疫产生抗 Lj 和蛋白酶 PrtB 的 IgG，但不产生抗模拟表位的抗体。在粪便中也检查到蛋白酶 PrtB 特异性 IgA，这表明 Lj 细胞表面表达的蛋白酶 PrtB 融合蛋白可同时诱导全身和局部黏膜免疫反应。Corthesy 等（2005）利用可产生幽门螺杆菌尿素酶亚单位 B 的重组植物乳杆菌制备疫苗，在动物实验中取得了很好的效果，证明了乳杆菌可作为有效的抗原传递工具。

三、展示异源抗原表位

Silja 等（2002）利用短乳杆菌 S-层蛋白的亚单位 SlpA 展示了脊髓灰质炎病毒抗原表位 VP1。他们利用一个可诱导表达系统，根据短乳杆菌的 slpA 蛋白上疏水特性确定了 4 个 VP1 插入位点，并将编码由 10 个氨基酸组成的病毒 VP1 衣壳蛋白免疫功能域的核苷酸序列插入这 4 个位点。选择其中表达最好的位点，构建带有编码 c-Myc 表位（从人原癌基因 c-*myc* 得到，由 11 个氨基酸组成）基因的整合载体，用构建的 slpA-c-Myc 代替短乳杆菌的野生型 *slp* 基因，得到了相同的能够表达目的抗原的 S-层蛋白，并可在每个亚单位上展示。利用 PCR 技术、Southern blotting、全细胞 ELISA，以及免疫荧光显微镜观察证实了这一结果。进而对重组 S-层蛋白的完整性做了电镜观察，发现其晶格结构并没有受到 c-Myc 的影响。以往由于不能建立活的乳杆菌 S-层蛋白的无效突变体（null mutant），大大延缓了乳杆菌 S 蛋白应用，该研究给解决这一问题提供了方法和思路。

至今，对乳杆菌 S-层蛋白的功能研究比较清楚的是其可以介导与不同的胞外基质蛋白和动物上皮细胞的吸附作用，其他许多功能仍需进一步的探索。但可以确定的是乳杆菌的 S-层蛋白将会在分子纳米技术，活菌疫苗等方面发挥巨大的潜力，展现令人注目的前景。

（曹郁生）

主要参考文献

孙明，张蕾．2002．细菌表面 S-层的结构及其功能和应用前景．微生物学报，42（4）：506～509

王莉，孙明，喻子牛．2003．利用 S-层蛋白在苏云金芽孢杆菌表面展示多聚组氨酸肽．实验生物学报，36（6）：466～481

吴怀光，刘欣，孙明，喻子牛，等．2004．利用 S-层蛋白在细胞表面展示 α-淀粉酶和金属硫蛋白．微生物学报，44（5）：658～662

Avall-Jaaskelainen S，Palva A，2005．Lactobacillus surface layers and their applications．FEMS Microbiol Reviews，29：511～529

Boot H J，Kolen C P A M，van Noort J M，et al. 1993．S-layer protein of *Lactobacillus acidophilus* ATCC 4356：Purification，expression in *Escherichia coli* and nucleotide sequence of the corresponding gene．J Bacteriol，175：6089～6096

Callegari M L，Riboli B，Sanders J W，et al. 1998．The S-layer gene of *Lactobacillus helveticus* CNRZ 892：Cloning，sequence and heterologous expression．Microbiology，144：719～726

Charbit A，Boulain J C，Ryter A，et al. 1986．Probing the topology of a bacterial membrane protein by genetic insertion of a foreign epitope；expression at the cell surface．EMBO J，5：3029～3037

Chauvaux S，Matuschek M，Beguin P，et al. 1999．Distinct affinity of binding sites for S-layer homologous domains in

Clostridium thermocellum and *Bacillus anthracis* cell envelopes. J. Bacteriol, 181: 2455～2458

Corthesy B, Boris S, Isler P, et al. 2005. Oral immunization of mice with lactic acid bacteria producing *Helicobacter pylori* urease B subunit partially protects against challenge with *Helicobacter felis*. J Infect Dis, 192 (8): 1441～1449

Freudl R, MacIntyre S, Degen M, et al. 1986. Cell surface exposure of the outer membrane protein OmpA of *Escherichia coli* K-12. J Mol Biol, 188: 491～494

Fujita Y, Takahashi S, Ueda M. 2002. Direct and efficient production of ethanol from cellulosic material with a yeast strain displaying cellulolytic enzymes. Appl Environ Microbiol, 68: 5136～5141

Hansson M, Ståhl S, Ngnyen T N, et al. 1992. Expression of recombinant proteins on the surface of the coagulase-negative bacterium *Staphylococcus xylocus*. J Bacteriol, 174: 4239～4245

Ilk N, Kosma P, Puchberger M, et al. 1999. Structural and functional analyses of the secondary cell wall polymer of *Bacillus sphaericus* CCM 2177 that serves as an S-layer specific anchor. J. Bacteriol, 181, 7643～7646

Jakava-Viljanen M, Å vall-Jääskeläinen S, Messner S, et al. 2002. Isolation of three new surface (S-) layer protein genes (slp) from *Lactobacillus brevis* ATCC 14869 and characterization of the change in their expression under aerated and anaerobic conditions. J. Bacteriol, 184: 6786～6795

Kondo A, Shigechi H, Abe M, et al. 2002. High level production from starch by a flocculent *Saccharomyces cerevisiae* strain displaying cell surface glucoamylase. Appl Microbiol Biotechnol, 58: 291～296

Mader C, Huber C, Moll D, et al. 2004. Interaction of the crystalline bacterial cell surface layer protein SbsB and the secondary cell wall polymer of *Geobacillus stearothermophilus* PV72 assessed by real-time surface plasmon resonance biosensor technology. J Bacteriol, 186: 1758～1768

Matsumoto T, Fukuda H, Ueda M. 2002. Construction of yeast strains with high cell surface lipase activity by using novel display systems based on the Flo1p flocculation functional domain. Appl Environ Microbiol, 68: 4517～4522

Mesnage S, Tosi-couture E, Fouet A, et al. 1999. Production and cell surface anchoring of functional fusion proteins between the SLH motifs of the *Bacillus anthracis* S-layer protein and *Bacillus subtilis* levensucrase. Mol Microbiol, 31: 927～936

Mota R M, Moreira J L S, Souza M R, et al. 2006. Genetic transformation of novel isolates of chicken *Lactobacillus* bearing probiotic features for expression of heterologous proteins: a tool to develop live oral vaccines. BMC Biotechnol, 6: 2

Poquet I. Ehrlich S D, Gruss A, et al. 1998. An export-specific reporter designed for gram positive bacteria: Application to *Lactococcus lactis*. J Bacteriol, 180: 1904～1912

Pouwels P H. Leer R J, Shaw M, et al. 1998. Lactic acid bacteria as antigen delivery vehicles for oral immunization purposes. Int J Food Microbiol, 41: 155～167

Pozzi G, Contorni M, Oggioni M R, et al. 1992. Delivery and expression of a heterologous antigen on the surface of Streptococci. Infect Immun, 60: 1902～1907

Reveneau N, Marie-Claude Geoffroy, Locht C, et al. 2002. Comparison of the immune responses induced by local immunizations with recombinant *Lactobacillus plantarum* producing tetanus toxin fragment C in different cellular locations. Vaccine, 20: 1769～1777

Samuelson P, Gunneriusson E, Nygren P A, et al. 2002. Display of proteins on bacteria. J. Biotechnol, 96: 129～154

Sára M, Sleytr U B. 2000. S-layer proteins. J Bacteriol, 182: 859～868

Sára M, Sleytr U B. 2001. Trends Microbiol, 9 (2): 47～49

Savijoki K, Kahala M , Palva A. 1997. High level heterologous protein production in Lactococcus and Lactobacillus using a new secretion system based on the Lactobacillus brevis S—layer signals. Gene, 186: 255～262

Scheppler L, Vogel M, Zuercher A W, et al. 2002. Recombinant *Lactobacillus johnsonii* as a mucosal vaccine delivery vehicle. Vaccine, 20: 2913～2920

SiljaÅvall-Jaaskelainen, Kari Kyla-Nikkila, Minna Kahala, et al. 2002. Surface Display of Foreign Epitopes on the *Lactobacillus brevis* S-Layer. Appl. Environ. Microbiol, 68 (12): 5943~5951

Sleytr U B. 1997. Basic and applied S-layer research: an overview. FEMS Microbiol reviews. 20: 151~175

Sleytr U B, Beveridge T J. 1999. Bacterial S-layers. Trends in Microbiology, 7 (6): 253~260

Smit E, Pouwels P H. 2002. One repeat of the cell wall binding domain is sufficient for anchoring the *Lactobacillus acidophilus* surface layer protein. J Bacteriol, 184: 4617~4619

Smith G P. 1985. Filamentous fusion phage: novel expression vectors that display cloned antigens on the virion surface. Science, 228: 1315~1317

Vidgrén G, Palva I, Pakkanen R, et al. 1992. S-layer protein gene of *Lactobacillus brevis*: Cloning by polymerase chain reaction and determination of the nucleotide sequence. J Bacteriol, 174: 7419~7427

von Heijne, 1985. G. Signal sequences. The limits of variation. J Mol Biol, 184: 99~105

Weigert S, Sára M. 1996. Ultrafiltration membranes prepared from crystalline bacterial cell surface layers as model system for studying the influence of surface properties on protein adsorption. J Membrane Sci, 121: 185~196

第四章　食品用乳酸细菌的代谢和遗传修饰

食用乳酸菌的遗传修饰将使发酵食品风味更好、功能更多、营养更丰富。

第一节　乳酸细菌产生的香味物质

乳酸菌在食品发酵中的应用可以追溯到数千年以前，这是人类智慧的结晶，也是人类文明的一个重要组成部分。乳酸菌在食品发酵中一个重要功能就是它们能产生多种香味物质，赋予食品良好的风味和品质。这些香味物质主要包括双乙酰（丁二酮）、乙偶姻、乙醛、酯及氨基酸代谢产物等，分别介绍如下。

一、双乙酰（丁二酮）

（一）双乙酰的性质

双乙酰是一种重要的食品风味物质，具有浓郁的奶油气味，是多种发酵乳制品如酸奶、奶油、酪乳、干酪的主要风味物质，同时也是酿造业和酿酒业中重要的异味来源。

双乙酰是许多微生物发酵的副产品。乳酸乳球菌（*Lactococcus lactis*）和明串珠菌（*Leuconostoc* spp.）等乳酸菌可通过柠檬酸代谢生成α-乙酰乳酸，α-乙酰乳酸自发氧化脱羧生成双乙酰。乳制品中的α-乙酰乳酸主要由乳酸菌代谢柠檬酸生成（图 4-1）。能

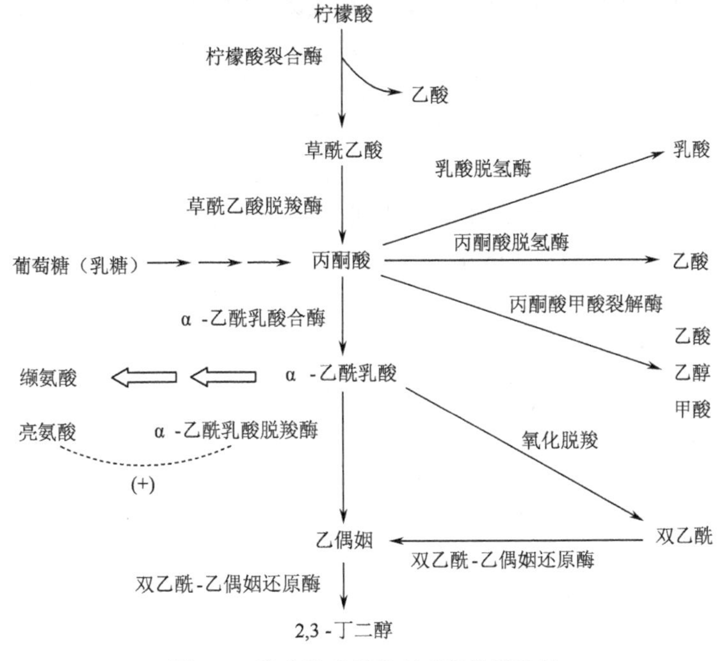

图 4-1　乳酸乳球菌的双乙酰代谢途径

……（+）：别构激活；⇨：生物合成反应

利用柠檬酸的乳酸菌主要有乳酸球菌和明串珠菌等。由于乳中柠檬酸含量低以及α-乙酰乳酸脱羧酶的存在，导致α-乙酰乳酸脱羧形成乙偶姻，因此乳酸菌只能产生很少的双乙酰，通常小于0.05mmol/L。双乙酰的产量受pH、柠檬酸浓度、氧等条件的影响。有氧条件下，双乙酰产量增高，这可能与α-乙酰乳酸合酶、NADH氧化酶活性增加，或者丙酮酸甲酸裂合酶活性降低有关。双乙酰的产量在更大程度上与所用菌株性质有关，因此可以通过选育、基因重组或代谢工程得到双乙酰高产菌株。对乳酸乳球菌和明串珠菌中丙酮酸和柠檬酸代谢的研究表明，双乙酰是α-乙酰乳酸非酶氧化脱羧形成的，而乳酸乳球菌中α-乙酰乳酸在α-乙酰乳酸脱羧酶的作用下形成乙偶姻，因此能形成双乙酰的α-乙酰乳酸相对减少。因而改变或调控与α-乙酰乳酸形成有关的代谢是提高双乙酰产量的可行方法。

根据双乙酰的合成途径，人们可以通过以下几种方法来提高乳酸菌的双乙酰产量：选择能将乳糖转化为双乙酰的乳酸菌；利用基因工程超量表达α-乙酰乳酸合酶与NADH氧化酶；使乳酸脱氢酶、丙酮酸甲酸裂合酶或α-乙酰乳酸脱羧酶失活等。其中，使α-乙酰乳酸脱羧酶缺失是一个很好的途径。

（二）利用遗传修饰增加双乙酰的产量

1. *aldB*（编码α-乙酰乳酸脱羧酶）缺陷型菌株的构建

α-乙酰乳酸合酶在柠檬酸发酵时，能将丙酮酸转化成α-乙酰乳酸。近来对另一种乳球菌乙酰羟酸合酶（IlvBN）的研究发现，IlvBN由两个亚基组成并与丙酮酸有很高的亲和力，与IlvBN同源的酶在生物合成支链氨基酸时将丙酮酸转化成α-乙酰乳酸。但当培养基中含有支链氨基酸，如在牛乳中生长时，*ilvBN*操纵子不能转录。

通常天然产生双乙酰的乳酸菌很少，只有代谢柠檬酸的乳酸菌可产生双乙酰。在双乙酰代谢相关的酶中，*aldB*编码α-乙酰乳酸脱羧酶，*ilvBN*编码α-乙酰乳酸合酶。人们可以通过基因操作使不产生双乙酰的菌株产生双乙酰。如乳酸乳球菌MG1363不能利用柠檬酸也不产双乙酰，通过双交换同源重组使其染色体上*aldB*基因缺失，从乳酸乳球菌中克隆*ilvBN*基因，并将其亚克隆到质粒pFI749上，用乳球菌P32启动子来调控*ilv*BN基因的转录，然后将pFI749转化到乳酸乳球菌FI8076中。结果含有该质粒的α-乙酰乳酸脱羧酶缺陷型菌株FI8076产生的乙偶姻、双乙酰和α-乙酰乳酸的量显著增加（Swindell，1996）。在有氧条件下，与不含pFI749质粒的FI8076相比，含质粒的FI8076的双乙酰产量明显增加（表4-1）。

表4-1 不同菌株的α-乙酰乳酸脱羧酶活性和丙酮酸代谢物

菌株	α-乙酰乳酸 /mmol·L^{-1}		乙偶姻 /mmol·L^{-1}		双乙酰 /mmol·L^{-1}		α-乙酰乳酸脱羧酶活性 /nmol·(min·mg)$^{-1}$	
	静止	通气	静止	通气	静止	通气	无亮氨酸	有亮氨酸
MG1363	0	0	0	0.85	0	0	2	20
MG1363(pFI749)	0	0	0	3.08	0	0.02	2	28
FI8076	0	0.57	0	0.30	0	0.32	0	0
FI8076(pFI749)	0.15	1.48	0	0.73	0	0.53	0	0

乙偶姻的增加可能是因为双乙酰还原酶将双乙酰转化为乙偶姻。该菌株的双乙酰产量达 0.53mmol/L，而乳酸乳球菌乳酸亚种双乙酰生物型（*Lactococcus lactis* subsp. *Lactis* biovar *diacethlactis*）通过柠檬酸发酵的产量为 0.087～0.17mmol/L，自发突变 α-乙酰乳酸脱羧酶失活型菌株，在柠檬酸发酵时双乙酰产量可增加到 0.84mmol/L。利用这种方法可以使不利用柠檬酸的菌株产生双乙酰，从而增加了能产生双乙酰并用于乳品发酵的菌株。

2. *ald* 缺陷型菌株的筛选

由 α-乙酰乳酸脱羧酶催化的反应可减少 α-乙酰乳酸的量。α-乙酰乳酸脱羧酶被亮氨酸别构酶激活，促使 α-乙酰乳酸形成乙偶姻，当细胞中有 *ilv* 基因存在，培养基中有亮氨酸但不含缬氨酸时，被激活的 α-乙酰乳酸脱羧酶将 α-乙酰乳酸转化为乙偶姻。由于 α-乙酰乳酸又是生物合成支链氨基酸、亮氨酸、缬氨酸的前体，α-乙酰乳酸缺乏时菌体不能合成生长所需的缬氨酸，因而缺陷型菌株不能在无缬氨酸的培养基上生长。因此，可将携带 *ilv* 基因的质粒转移到乳酸菌中，使该菌株具有合成异亮氨酸和缬氨酸的能力，这样就可以方便的筛选出缺陷型菌株，提高双乙酰的产量。也可将质粒剔除以得到不含有外源 DNA 的菌株。将这类经过改造的菌株用于乳酪生产中，可望大大提高双乙酰产量，使产品贮存期间双乙酰含量更稳定。筛选 α-乙酰乳酸脱羧酶缺陷型菌株简便可靠，便于应用。尽管目前欧盟还不允许在食品中使用这类菌株，但美国已经开始应用。可以设想，随着安全性和稳定性的提高，这类菌株在乳制品中的应用只是一个时间问题，有着很好的前景。

乳酸乳球菌乳酸亚种双乙酰生物型是从 CNRZ483 菌株自发突变得到的 *Ald* 缺陷型菌株。在乳中生长和产酸的特性与亲代一样，厌氧条件下，*Ald* 缺陷型突变株产生 1.5mmol/L 乙偶姻和 0.26mmol/L 双乙酰，而亲本中两者的含量分别是 2.1mmol/L 和 0.05mmol/L 以下，在有氧条件或添加柠檬酸时，突变株和亲代的双乙酰产量都有所增长（Aymes，1999）。

此外还可将上述两种方法结合使用，如将 NADH 氧化酶重组到 *Ald* 失活的乳酸菌中，为了便于 NADH 氧化酶超量表达，选择了 nisin（乳链菌肽）调控表达系统，将 nisin 调控必需的 *nisRK* 基因整合到 FI8076 菌株的 *pepN* 基因座上，将含有 NADH 氧化酶基因的 pNZ2600 质粒转化到宿主菌中（Hugenholtz，2000）。NADH 氧化酶在有氧条件下超量表达导致细胞内的 NADH 大量减少，因此丙酮酸向 NADH 非依赖（α-乙酰乳酸合酶、α-乙酰乳酸脱羧酶、磷酸转乙酰酶、乙酸激酶）和 NAD^+ 依赖（丙酮酸脱氢酶复合物）的途径转化。Ald 失活，以及 NADH 依赖的双乙酰还原酶的大量失活，阻止了乙偶姻的形成，使得 α-乙酰乳酸和双乙酰大量生成。有氧条件下该工程菌可利用 10mmol/L 葡萄糖，产生 1.6mmol/L 的双乙酰和 0.5mmol/L 的乙偶姻。

二、乙　醛

（一）乙醛的性质

酸奶发酵中，乳酸菌发酵剂主要有三个作用：将乳糖转化成乳酸的酸化作用；产生胞外多糖赋予制品黏稠、滑爽的质地；产生香味物质赋予酸奶特有风味。酸奶特有的风味由乳酸和多种羰基化合物产生。羰基化合物是酸奶的主要风味成分，包括丙酮、双乙酰和乙醛。普通酸奶生产中常用的嗜热链球菌和保加利亚乳杆菌均可产生乙醛，通常当乳制品中乙醛浓度为10～15μg/L时风味最好。乳酸菌产生乙醛的量因菌种而异，在所发现的含乙醛浓度相对较高（5～21mg/L）的酸奶中，通常存在着由于乳酸菌缺少将乙醛转化成乙醇的醇脱氢酶。乳酸菌生成乙醛有多种代谢途径（图4-2）。酸奶发酵中，乙醛经乳糖代谢主要从两个途径形成：一是通过丙酮酸脱羧酶或丙酮酸氧化酶直接形成；二是通过丙酮酸脱氢酶或丙酮酸甲酸裂合酶形成中间产物乙酰辅酶A间接形成。此外也可通过其他代谢方式形成，如脱氧核糖醛缩酶可分解胸苷生成甘油醛-3-磷酸和乙醛；几种氨基酸也可经丙酮酸转化成乙醛，如苏氨酸醛缩酶（TA）可将苏氨酸直接转变成甘氨酸和乙醛。嗜热链球菌是常用的酸奶发酵剂，丝氨酸羟甲基转移酶（SHMT）是唯一具有苏氨酸醛缩酶活性的酶，该酶由 *glyA* 基因编码，这种酶不仅能形成甘氨酸和丝氨酸，而且和叶酸转化有关。但在酸奶混合培养物中乙醛的形成机制尚不清楚。

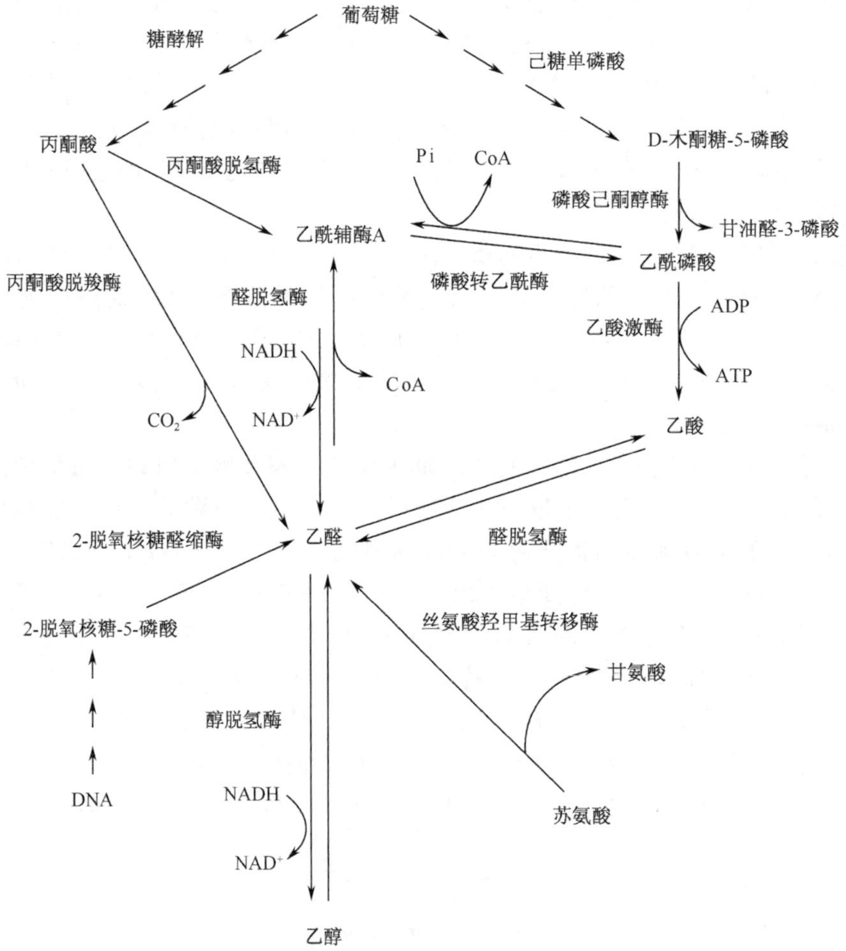

图4-2　乳酸菌形成乙醛的代谢途径（Chaves，2002）

（二）丝氨酸羟甲基转移酶与乙醛形成的关系

可以通过使嗜热链球菌编码丝氨酸羟甲基转移酶（SHMT）的 *glyA* 基因失活，研究 SHMT 在形成乙醛时的作用。根据来源于不同微生物 GlyA 蛋白的序列设计了简并寡核苷酸序列，通过 PCR 从嗜热链球菌 NIZOB130 的基因组 DNA 中扩增到 *glyA* 基因片段，其编码产物与其他微生物的 GlyA 具有很高的同源性。将 PCR 产物克隆到质粒载体 pGEM-T 上构建质粒 pNZ2300，酶切得到 *glyA* 基因片段再克隆到含有热敏复制子的 pG^{+}host9 载体上，得到质粒 pNZ2310。

将位点专一、热敏整合载体 pNZ2310 转化到嗜热链球菌 NIZOB130 和 AO54，然后在含有红霉素（2.5μg/mL）的 SM17 琼脂平板上筛选转化子，表现为红霉素抗性菌落，再以 *glyA* 片段为探针检查其是否正确的整合在 *glyA* 基因座上。得到的嗜热链球菌 NIZOB130 和 AO54 用于乙醛代谢研究。使突变株的 *glyA* 基因失活，苏氨酸醛缩酶的活性也几乎消失，发酵时无乙醛产生，这证明了嗜热链球菌形成乙醛与 SHMT 有关（Chaves，2002）。超量表达 *glyA* 基因增加了苏氨酸醛缩酶的活性和乙醛、叶酸的产量，表明嗜热链球菌的 SHMT 是乙醛形成的主要途径，是嗜热链球菌形成乙醛的主要酶。

（三）超量表达 SHMT 提高乙醛的产量

从嗜热链球菌 NIZOB130 基因组中扩增得到 *glyA* 基因，将其插入到质粒载体 pNZ276 的 *lacA* 启动子的下游，得到 *lacA* 启动子调控的含有 *glyA* 基因的质粒 pNZ2305，该质粒在 *E. coli* 中稳定。将纯化的质粒 pNZ2305 转化到嗜热链球菌 NIZOB130 和 AO54 中。菌株发酵试验发现超量表达 *glyA* 基因的嗜热链球菌的苏氨酸醛缩酶（TA）的活性显著提高，乙醛和叶酸的产量也有较大提高（表 4-2）。因此，可以通过超量表达 *glyA* 基因编码的 SHMT 来提高嗜热链球菌中乙醛的产量，从而增加酸奶的风味。

表 4-2 几株嗜热链球菌 TA 活性、乙醛和叶酸产量的比较

菌株	TA 活性/$mU \cdot mg^{-1}$	乙醛/$\mu mol \cdot L^{-1}$	叶酸/$mg \cdot L^{-1}$
NIZOB130	35±4	4.8±0.5	158±10
NZ2310	2±2	0±0.5	238±20
NIZOB130+pNZ2305	58±4	8.5±0.5	186±10
AO54	35±6	3.9±0.5	78±5
NZ2311	2±2	0±0.5	135±10
AO54+pNZ2305	62±6	7.4±0.5	183±15

三、酯

（一）酯的性质

由短链脂肪酸和醇形成的酯是食品特别是乳制品的风味物质。甲酯、乙酯具有水果味，硫醇衍生得到的硫酯具有甘蓝味和硫味。酯在酶的作用下形成，近来发现乙酰辅酶

A 能和甲硫醇自发酯化。催化酯合成的酶有酯酶、脂肪酶和醇乙酰基转移酶。酯酶和脂肪酶存在于多种微生物中，而醇乙酰基转移酶主要存在于酵母中。酯酶和脂肪酶都是丝氨酸水解酶，根据反应条件不同呈现合成酯或水解酯的能力，而醇乙酰基转移酶只参与酯的合成。这些酶的作用底物是醇、硫醇、脂肪酸，或者是经酰基辅酶 A 活化了的脂肪酸，主要来自于脂肪、糖和氨基酸代谢产物。

研究者很早就发现乳酸菌能够合成乙酯和硫酯，但至今尚不清楚参与酯合成的相关酶。乳酸乳球菌可能只有酯酶，没有脂肪酶以及与酵母醇乙酰基转移酶同源的酶。构建的酯酶负突变乳酸乳球菌失去了水解乙酯特别是丁酸乙酯的能力，但其对酯合成的影响并不清楚（Fernandez，2000）。用乳酸乳球菌 TIL 46 的 *est*A 片段作为探针对 13 株乳酸菌基因组 DNA 进行检查，发现这 13 株乳酸菌只含有 1 个与乳酸乳球菌 TIL46 菌株酯酶同源的基因，而 TIL46 酯酶的氨基酸序列与乳酸乳球菌 MG1363、CNRZ253、IL1403 的氨基酸序列的同源性分别为 99.6%、99%、93%（Nardi，2002）。

（二）酯酶负突变株的构建

为了解酯酶与乳酸乳球菌体外合成酯的关系，对人工构建酯酶负突变株与野生型菌株合成短链脂肪酸酯的能力进行比较。构建乳酸乳球菌酯酶负突变株是通过基因置换法来修饰野生菌株酶的活性部位（图 4-3）。首先根据乳酸乳球菌乳酸亚种 IL1403 的序列设计寡核苷酸引物，PCR 扩增得到乳酸乳球菌乳酸亚种 TIL 46 的酯酶基因和其旁侧序列，长度为 2085bp。根据从菌株 TIL 46 扩增到的片段设计引物，PCR 扩增发现乳酸乳球菌乳脂亚种 CNRZ253 含有酯酶基因的片段，长度为 1288bp。测序后，将扩增到的两个片段分别克隆到 Topo® XL 载体上，得到质粒 pTIL637 和 pTIL842，并将其分别转化到 *E. coli* TOP10 中（Nardi，2002）。

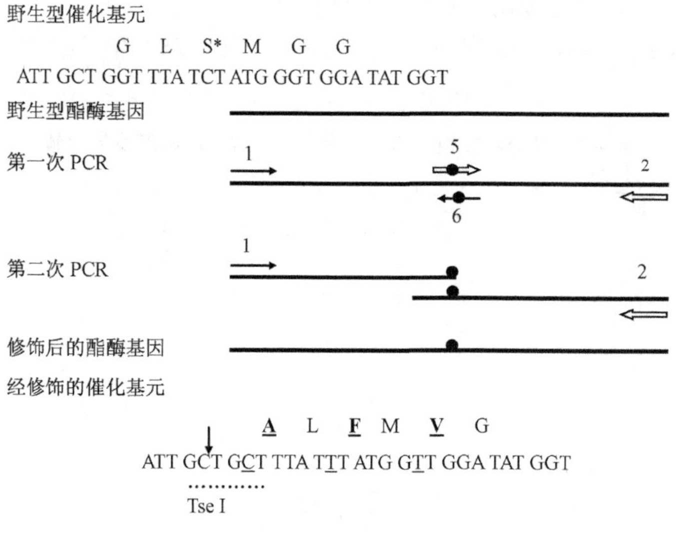

图 4-3　修饰酯酶催化基元示意图

*，催化丝氨酸；黑体字母，被修饰的基元；垂直箭头，*Tse*I 限制酶酶切位点

酯酶典型的 GXSXG 基元上的 3 个氨基酸被替换，然后通过两步 PCR 将 GLSMG

基元变成 ALFMV，实现对酯酶活性部位进行修饰并引进 *Tse* Ⅰ 酶切位点。以质粒 pTIL637 为模板，克隆 PCR 扩增得到的片段得到质粒 pTIL647，再将该质粒转化到 *E. coli* TOP10 中得到 *E. coli* TIL647，回收目的片段，酶切、克隆、转化到乳酸乳球菌乳酸亚种 MG1363 和 TIL46 中，得到酯酶负突变株乳酸乳球菌乳酸亚种 TIL652 和 TIL653。酯酶负突变株在培养基 M17、脱脂乳、全脂乳培养基中的生长性状和野生株一样，不受基因修饰的影响，这说明酯酶并不是菌体生长必需的酶。

（三）酯酶与酯代谢的关系

对硝基苯丁酸水解生成的对硝基苯在 405nm 有吸收峰，可根据 405nm 处的吸光值确定水解的量。以对硝基苯丁酸为底物与乳酸乳球菌细胞提取物反应，菌株 TIL46 和 MG1363 均具有酯水解活性，而其酯酶负突变株 TIL653 和 TIL652 没有酯水解活性，这证明了酯酶是乳球菌中唯一能水解短链脂肪酸酯的酶。

分别以乙醇和乙酸、乙醇和乙酰辅酶 A、乙醇和丁酸、甲硫醇和乙酰辅酶 A 为底物与乳酸乳球菌细胞反应，用气相色谱法分析合成的酯。酯酶具有双重活性，不同反应条件下，如底物浓度、水活性、温度、pH 的改变，可分别呈现水解酯或合成酯的活性。水溶液中酯酶催化的反应转向水解反应，但在－20℃时反应体系被冻结，水活性降低，反应转向酯合成反应。乳酸乳球菌 TIL46 菌体在 pH7 时形成丁酸乙酯的量分别是 pH5 和 pH8 时的 10 倍和 4 倍。经 88h 反应，TIL46 菌株能形成 2.34mg/L 丁酸乙酯，酯酶负突变株只形成 0.08mg/L，不含菌体的空白对照组由于自发反应也能形成 0.02mg/L（图 4-4），可见酯酶参与了大多数酯的合成。负突变菌株也能合成少量的酯，表明在乳酸乳球菌中可能存在其他的酯合成途径。

相同反应条件下，乳酸乳球菌 TIL46 和其酯酶负突变株形成乙酸乙酯的量分别是 1.3mg/L 和 0.023mg/L。在 30℃时虽然仍能合成酯，但由于水活性增高不利于酯的合成，酯生成的量减少，此时反应 24h 产生的乙酸乙酯比－20℃时反应 88h 的量低 100 倍（图 4-5）。当脱水或加入饱和盐溶液等使水活性降低时，反应有利于酯的合成。在干酪成熟过程中，低水活性的环境适合酯的合成，这也许正是干酪中酯含量较高的原因。

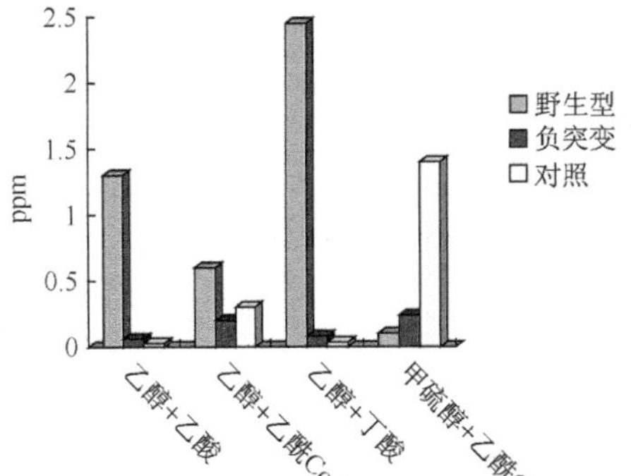

图 4-4　－20℃、88h、pH7 时酯合成的量

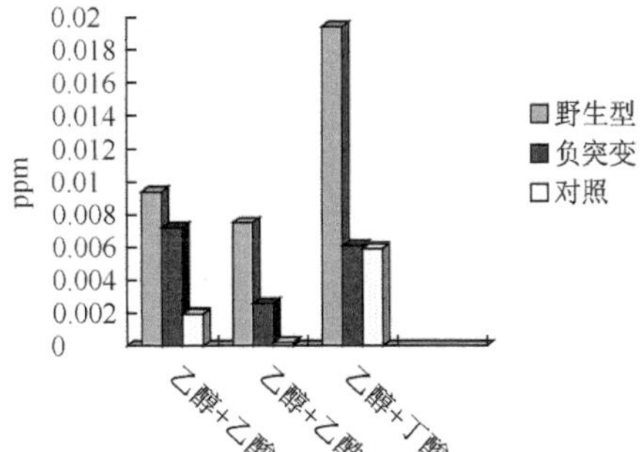

图 4-5　30℃、24h、pH7 时酯合成的量

四、氨基酸代谢产物

（一）氨基酸代谢与芳香物质的形成

氨基酸代谢是干酪风味形成的另一个重要因素。干酪风味的形成主要来源于成熟过程中产生的醛、醇以及芳香氨基酸、支链氨基酸及蛋氨酸的代谢产物。芳香氨基酸代谢产物具有花卉或水果香味；支链氨基酸的产物具有麦芽香味；而蛋氨酸代谢产物具有甘蓝、花椰菜味，或大蒜样的硫化物气味。

由于乳酸菌产生的α-酮戊二酸很少，制约了氨基酸转化成芳香物质，通过添加α-酮戊二酸或基因修饰，能明显促进乳酸乳球菌将干酪中的氨基酸转化成芳香物质。有些乳酸菌能将谷氨酸转化成α-酮戊二酸的谷氨酸脱氢酶（GDH），在辅因子NAD、NADP存在下，催化可逆的氧化脱氨反应（Tanous，2002）。乳酸菌转化氨基酸形成芳香物质的能力与GDH密切相关，因而GDH的活性是筛选产生风味物质乳酸菌的一个重要标记。

氨基酸在酶的作用下转氨生成α-酮酸，这是乳酸菌代谢氨基酸形成芳香化合物的关键步骤。芳香氨基酸、支链氨基酸和蛋氨酸的代谢也从转氨反应开始。大多数乳酸菌都有与芳香氨基酸、支链氨基酸和蛋氨酸相关的转氨酶，从乳酸乳球菌中分离得到AraT和BcaT二种转氨酶（Yvon，2000）。乳酸乳球菌TIL46的AraT和BcaT失活时，可完全阻断芳香氨基酸、支链氨基酸和蛋氨酸的降解，说明转氨反应在氨基酸转化中的关键作用。乳酸菌的转氨酶主要以α-酮戊二酸作为受体。经氨基酸转氨作用形成的α-酮酸进一步降解形成醛、醇、羧酸和硫化物。乳酸菌对氨基酸的代谢见图4-6（Tanous，2002）。

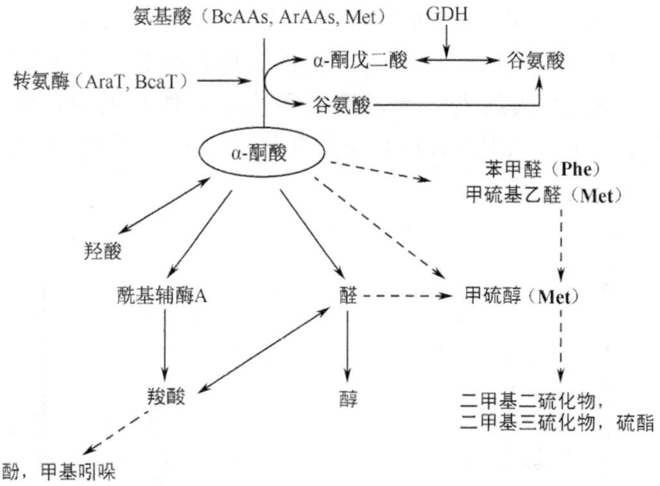

图4-6　乳酸菌中主要氨基酸代谢途径

虚线箭头，表示干酪中的化学反应；黑体字，芳香物质

氨基酸代谢在形成干酪风味中起重要作用。支链氨基酸是形成干酪芳香物质的前体，如亮氨酸代谢产生异戊酸，缬氨酸产生异丁酸，芳香氨基酸可产生花香味物质或酚

类物质，苯丙氨酸代谢产生苯乙酸和苯乙醛，而色氨酸是吲哚的前体，酪氨酸是酚的前体。乳球菌对支链氨基酸和芳香氨基酸的转氨作用需要 α-酮酸作为氨基受体，因此向干酪凝块中添加 α-酮戊二酸能显著增加芳香物质产量。

（二）含有异源 *gdh* 基因乳酸菌的构建

GDH 可在辅因子 NAD、NADP 的参与下催化可逆的氧化脱氨反应，将谷氨酸转化成 α-酮戊二酸和氨。NADP-GDH 和 NAD-GDH 分别在谷氨酸合成代谢和分解代谢中起作用。已发现几种微生物含有 NAD-GDH，如酿酒酵母（*Saccharomyces cerevisiae*）、不解糖消化链球菌（*Peptostreptococcus asaccharolyticus*）、嗜热栖热菌（*Thermus thermophilus*）和产朊假丝酵母（*Candida utilis*）等，但对酶的相关基因和生化性质了解很少。已知的 *gdh* 基因中，不解糖消化链球菌的 *gdh* 基因更适合在乳酸乳球菌中表达，因为这两种细菌都是革兰氏阳性球菌，系统发育比较接近，不解糖消化链球菌的 G+C 含量（36%）与乳酸乳球菌的相似（36%～38%），其启动子区域高度同源。*gdh* 基因已经成功克隆到 *E. coli*，并得到高效表达（Rijnen，2000）。

（三）含有异源 *gdh* 基因的乳酸菌

虽然干酪中含有大量谷氨酸，但许多乳酸菌没有 GDH，也没有检测到与乳酸乳球菌 IL1403 的 *gdh* 同源的基因。为证明产生 GDH 的菌株是否在干酪成熟过程中产生 α-酮戊二酸，使氨基酸转化成芳香物质，将不解糖消化链球菌 *gdh* 基因转化到乳酸乳球菌，以氚标记的苯丙氨酸和亮氨酸为底物，研究体外和干酪模型中该基因在形成芳香物质中的作用。

从不解糖消化链球菌 DNA 中扩增含有 *gdh* 基因的片段并克隆到载体，得到的质粒 pTIL221 转化到 *E. coli* TG1 中，获得 *E. coli* TIL321；将质粒 pTIL321 转化到乳酸乳球菌 pILN13 上，得到乳酸乳球菌 TIL323，同时构建一个不含 *gdh* 基因的对照组。对细胞提取物中谷氨酸脱氢酶的活性进行测定，发现 *E. coli* TG1 没有 GDH 活性，*E. coli* TIL321 中 GDH 的比活是 6.8μmol/(mg・min)，证实了不解糖消化链球菌的 *gdh* 基因能在 *E. coli* 中高效表达。*gdh* 基因也能在乳酸乳球菌 TIL323 中表达，其比活是 0.9 μmol/(mg・min)，比在 *E. coli* TIL321 中低 8 倍，而对照菌株 TIL324 中未检测到酶活。不同培养基中 GDH 活性对菌体生长影响很小，将乳酸乳球菌 TIL323 在不含红霉素的牛乳上培养后，分别用含有红霉素和不含红霉素的培养基进行活菌计数，无显著差别，表明构建的菌株稳定。

在不同反应条件下，比较了乳酸乳球菌 TIL323、野生型 TIL46 和对照菌株 TIL324 对标记的苯丙氨酸和亮氨酸的降解能力（图 4-7，图 4-8），野生型和对照菌株的降解水平相近，不添加 α-酮戊二酸时氨基酸降解水平都很低。野生型菌株在 pH8 含有 α-酮戊二酸的培养基中可大量降解苯丙氨酸和亮氨酸；而 TIL323 菌株在 pH8 不含 α-酮戊二酸的培养基中能大量降解苯丙氨酸和亮氨酸。TIL323 菌株可积累 α-酮戊二酸，而野生型菌株无此特性。由于菌体中含有大量谷氨酸，添加谷氨酸对降解水平没有影响，因而添加谷氨酸不是产生 α-酮戊二酸的必要条件。在 pH5.5 时，野生型菌株降解氨基酸的能力不受影响，表明转氨酶的活性不受此极端 pH 影响；而 TIL323 的氨基酸降解能力大大下降，表明 GDH 活性在低 pH 时受到抑制，α-酮戊二酸的产量减少。

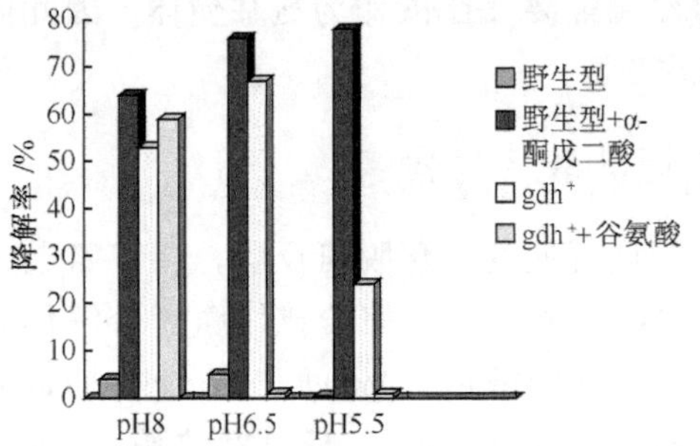

图 4-7　苯丙氨酸的降解率图

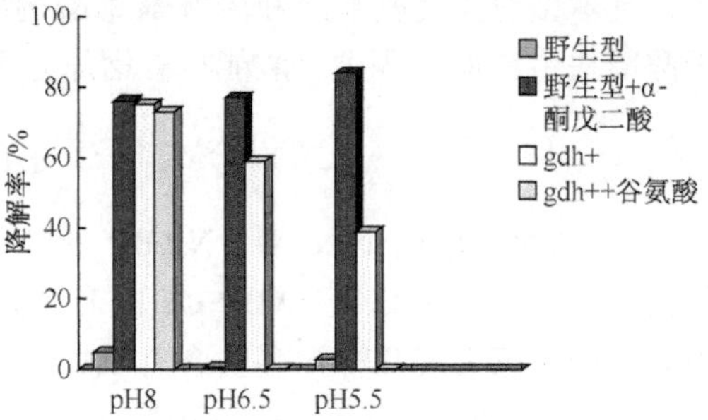

图 4-8　亮氨酸的降解率图

菌株 TIL324 和 TIL323 在干酪模型上培养时菌体生长量无显著差异，TIL323 产生的氨是 TIL324 的 2 倍，浓度为 0.2mg/g。与野生型菌株相比，TIL323 产生更多的羧酸，羧酸和低浓度氨的产生有利于干酪风味的形成。含有 *gdh* 基因的乳酸乳球菌能提高干酪中氨基酸降解的水平，有利于芳香物质的形成，而且无需添加 α-酮戊二酸，因此在干酪制作中有较大的应用潜力（Rijnen，2000）。

第二节　乳酸细菌与干酪生产

一、乳酸细菌的肽酶

（一）乳酸细菌在干酪后熟中的作用

乳酸菌在乳品发酵中起着十分重要的作用，并对产品的质量和保藏有很大的影响。乳酸菌最主要的作用是将乳糖转化成乳酸，降低 pH，并通过水解蛋白质，释放短肽和游离氨基酸，影响乳制品的风味和品质。

乳球菌是干酪生产中广泛使用的发酵剂，与凝结剂、乳内源酶一起参与酪蛋白的转化。酪蛋白水解是干酪成熟过程中品质和风味形成的关键。为产生良好的风味，干酪需要较长的成熟期。在干酪生产中除了作为发酵剂的乳酸菌外，还有一些非发酵剂乳酸菌（NSLAB），NSLAB 能减少苦味，增加游离氨基酸含量，促进干酪成熟，NSLAB 产生的氨肽酶具有降解苦味肽的能力，可降低干酪的苦味。目前添加高活性蛋白水解能力的乳杆菌已被用来增强风味，缩短干酪成熟期。

一般而言，乳制品中游离氨基酸和小肽浓度较低，乳酸菌生长时难以达到较高菌体密度，但乳酸菌能依靠自身蛋白水解系统将乳蛋白降解为游离氨基酸以满足生长需要。乳酸菌的蛋白水解系统包括蛋白酶、膜结合运输系统以及细胞质肽酶，对形成干酪风味和质构非常重要。乳球菌和乳杆菌是干酪生产中广泛使用的发酵剂，在乳酸菌中发现有 10 多种不同类型的肽酶，并从乳球菌和乳杆菌中克隆到多个肽酶基因。瑞士乳杆菌（*Lactobacillus helveticus*）中的大多数肽酶，在乳酸乳球菌中均有相同类型的对应物。但瑞士乳杆菌的总蛋白水解活性要比乳酸乳球菌高。因此在用其他发酵剂加工干酪时，常常加入瑞士乳杆菌制剂作为风味添加剂。游离氨基酸不仅与形成干酪基本风味有关，而且还是形成芳香物质的前体。瑞士乳杆菌的蛋白水解酶不仅可缩短干酪成熟时间，还可用于生产新风味的干酪，改善低脂干酪的品质。

对肽酶在分子水平上的研究，使其在不同乳酸菌中异源表达成为可能。如将瑞士乳杆菌编码氨肽酶 N（PepN）、氨肽酶 C（PepC）、X-脯氨酰二肽氨基肽酶（PepX）、脯氨酸亚氨基肽酶（PepI）、脯氨酰氨基二肽酶（PepR）、二肽酶（PepD）的基因分别克隆到乳酸乳球菌 MG1363 中，研究这些基因在乳酸乳球菌中的表达能力。Luoma（2001）将瑞士乳杆菌的肽酶基因克隆到乳酸乳球菌中，研究蛋白水解活性的变化。将工业用瑞士乳杆菌 53/7 中的肽酶基因 *pepN*、*pepX*、*pepC*、*pepI*、*pepD* 和 *pepR* 分别克隆到乳酸乳球菌及其肽酶突变株中，构建具有新性能的生产菌株。

（二）肽酶的作用

瑞士乳杆菌肽酶 PepN 和 PepC 的底物是 L-赖氨酸对硝基苯胺，PepI 的底物是 L-脯氨酸对硝基苯胺，PepX 的底物是 L-甘氨酸-脯氨酸对硝基苯胺，PepD 的底物是亮氨酸-亮氨酸，PepR 的底物是脯氨酸-亮氨酸。通过酶和底物的作用，对肽酶进行分析研究。

乳酸菌能水解酪蛋白，给菌体提供生长必需的氨基酸，通过构建单个和多个肽酶缺失突变体，可以了解肽酶对乳酸乳球菌生长的影响，由于突变体不能分解酪蛋白，会导致菌体在乳中生长缓慢，这也说明了肽酶的重要性。

在含葡萄糖的 M17（GM17）培养基上，各个菌株的生长曲线无显著差异。在牛乳中生长时，乳酸乳球菌肽酶突变株的数量减少。瑞士乳杆菌 *pep*N（pKTH2172）能使肽酶突变株恢复或接近野生型菌株的生长水平，这表明生长缺陷乳酸乳球菌肽酶突变株可用相应的瑞士乳杆菌基因补充。瑞士乳杆菌 *pep*N 能补充乳酸乳球菌的 5 种肽酶缺陷型，这与 *pep*N 广谱的水解能力相一致。但瑞士乳杆菌的 *pep*X 或 *pep*C 不能使 MG1363 [XTOCN]$^-$ 突变株在牛乳中正常生长。在含 *pep*N、*pep*X、*pep*C、*pep*I 的重组子的酶活增高，而含有 *pep*D 和 *pep*R 的重组子的酶活没有变化。在 GM17 和牛乳中的两种重组子总 PepN 的最高水平分别为 27U/mg 蛋白和 5U/mg 蛋白，而 MG1363 在上述两种培养基中 PepN 的活性均约为 1U/mg 蛋白。在低拷贝数载体中，瑞士乳杆菌的肽酶基因（*pepN*）的表达水平最高，与野生型乳酸乳球菌相比，PepN 的活性增加了 25 倍。

在 GM17 培养基中，重组体 PepX 的活性是宿主乳球菌 PepX 的 5 倍，而在牛乳中重组体活性显著下降。在 GM17 和牛乳中重组体的 PepC 活性均是宿主菌株的 2 倍，而 PepI 在 GM17 和牛乳中的活性几乎相同。

无论是在野生型还是在肽酶负突变株乳酸乳球菌中，瑞士乳杆菌 *pep*N、*pep*X、*pep*C 转录水平无显著差异。*pepN* 在乳酸乳球菌中的转录产物是在瑞士乳杆菌中的 10 倍，而 *pep*X、*pep*C 在乳酸乳球菌中的转录水平比瑞士乳杆菌中低。不是所有来自瑞士乳杆菌肽酶的启动子都能在乳酸乳球菌中起作用，有些启动子在乳酸乳球菌中不能识别，这与两者的启动子共有序列不同有关。对 *pep*D 和 *pep*R 在 P*nisA* 控制下的表达进行研究，当 nisin 浓度为 5ng/mL 时，重组体中肽酶活性最高，但 nisin 浓度继续增加会导致生长受阻和肽酶活性下降。Wegmann（1999）在 P*nisA* 控制下，成功地将德氏乳杆菌乳亚种的 4 个肽酶基因 *pepI*、*pepL*、*pepW* 和 *pepG* 在乳酸乳球菌中表达，这些基因在乳酸乳球菌中均无对应物。这表明乳酸乳球菌的蛋白水解系统能用乳杆菌中肽酶基因调节。

二、食品级重组体的肽酶活性

Joutsjoki等（2002）模拟干酪成熟过程的环境，对肽酶活性进行了研究。以L-赖氨酸硝基苯胺为底物测定PepN、PepC的活性，以L-甘氨酸-脯氨酸硝基苯胺为底物测定PepX的活性，以L-脯氨酸硝基苯胺为底物测定PepI的活性。PepN的反应条件是50mmol/L Tris-HCl，pH7.5，45℃；PepC的反应条件是50mmol/L Tris-HCl，pH7.0，40℃；PepX的反应条件是50mmol/L MES，pH6.5，45℃；PepI的反应条件是50mmol/L Tris-HCl，pH7.5，37℃。在测定PepC时，用5mmol/L EDTA抑制PepN的活性。同时在模拟干酪成熟条件下（4%NaCl、125mmol/L $CaCl_2$、pH5.2）测定肽酶的活性。

含有*pepN*、*pepC*、*pepX*和*pepI*基因的转化子乳酸乳球菌DN209在不含嘌呤的合成培养基上培养17h后，菌体内的肽酶活性显著增加（表4-3）。含肽酶基因的乳酸乳球菌NM1在牛乳培养基上尽管比乳酸乳球菌DN209的稍低，但其肽酶活性明显增加。

表4-3 乳酸乳球菌DN209转化前后的肽酶活性

菌株	底物	肽酶活性/U/(mg蛋白)
DN209	L-赖氨酸硝基苯胺	0.46
DN209/*pep*N	L-赖氨酸硝基苯胺	7.16
DN209	L-赖氨酸硝基苯胺+5mmol/L EDTA	3.16×10^{-2}
DN209/*pep*C	L-赖氨酸硝基苯胺+5mmol/L EDTA	5.82×10^{-2}
DN209	L-甘氨酸-脯氨酸硝基苯胺	0.76
DN209/*pep*X	L-甘氨酸-脯氨酸硝基苯胺	5.53
DN209	L-脯氨酸硝基苯胺	未检测到
DN209/*pep*I	L-脯氨酸硝基苯胺	1.77

在模拟切达干酪成熟的条件下（pH5.2，4%NaCl，125mmol/L $CaCl_2$），分别测定PepN、PepX、PepI在重组体中的活性。在最适pH（6.5～7.5），不含NaCl或含4% NaCl时，重组体中PepN的活性相近，但在模拟干酪成熟条件下其活性迅速下降至检限水平。PepX在最适pH、4%NaCl时的活性是不加NaCl时的一半，而在干酪成熟条件下，活性为最适pH时的5%。与PepN、PepX不同的是PepI在有NaCl时活性增加，在干酪成熟条件下，其活性也比PepN、PepX高很多。由于PepC在重组体中活性很低，没有进行分析。

比较食品级重组体与非食品级重组体的肽酶活性，两者的PepN活性相近，食品级重组体的PepC活性只有非食品级重组体的一半，而PepX和PepI活性显著高于非食品级重组体，这可能是食品级重组体中增量调节PepX和PepI活性所致。

调控乳球菌蛋白水解系统是获得优良生产菌种的有效途径，如瑞士乳杆菌的肽酶基因克隆到乳酸乳球菌中，能显著促进干酪成熟过程中蛋白的水解。蛋白水解产生的氨基酸是芳香物质的主要来源，所以改变不同类型氨基酸的释放代谢水平，对改善产品的风味有着很大的影响。

第三节　活性物质的合成与调控

一、叶　　酸

（一）叶酸的性质

叶酸是含有蝶酰谷氨酸结构的一类化合物的统称，天然食物中的叶酸多以蝶酰多谷氨酸的形式存在。叶酸是一种人体必需营养素，在体内的活性形式是四氢叶酸，它是体内重要生化过程中碳单位的运载体，与氨基酸、嘌呤和嘧啶的合成有关。叶酸缺乏会导致生理失调，此外，叶酸还有抗心血管疾病和抗癌作用。叶酸缺乏是一个比较普遍的现象，成人每日叶酸推荐摄入量为 400μg，孕妇推荐摄入量为 600μg。许多植物、真菌和细菌都能合成叶酸，一些乳酸菌也能产生叶酸，因此发酵乳制品中叶酸的含量要高于非发酵乳制品。

代谢工程可通过使某些基因失活，或者所需基因的超量表达，以达到调控代谢的目的。NICE 系统在调控乳酸乳球菌的异源或同源基因的表达十分有用。要设计合理的代谢工程途径，首先需要了解相关的代谢途径和基因。近年来报道了应用代谢工程来生产代谢途径复杂的胞外多糖和叶酸等产物。叶酸的合成包括糖酵解途径、戊糖磷酸途径、生成对氨基苯甲酸的莽草酸途径和生成鸟苷三磷酸（GTP）的嘌呤代谢，在最终组装叶酸和其衍生物还需要许多特异的酶反应步骤。四氢叶酸生物合成途径见图 4-9（Sybesma，2003）。

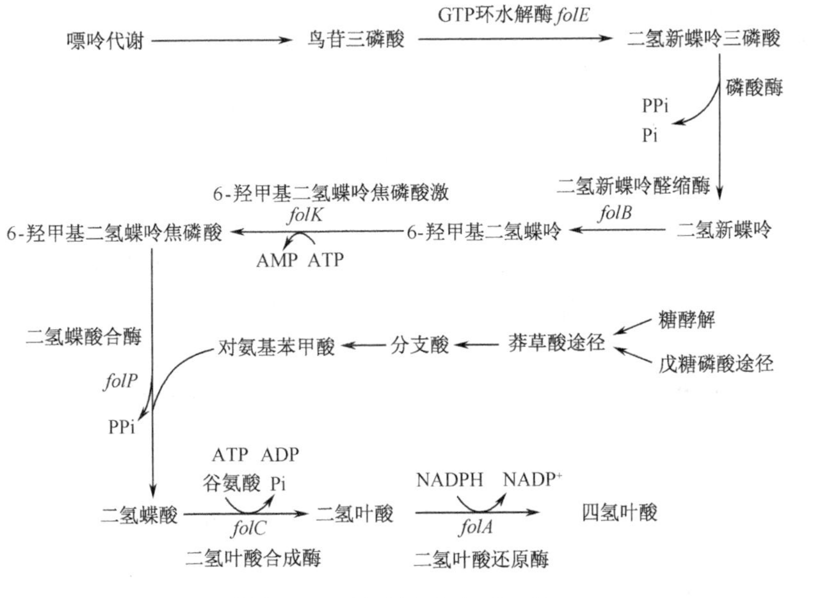

图 4-9　四氢叶酸生物合成途径

乳酸乳球菌能够合成叶酸，主要以聚谷氨酰叶酸的形式积累在细胞内，仅仅有少量叶酸释放到胞外。乳酸乳球菌乳酸亚种 IL1403 基因组中有编码叶酸生物合成途径基因的叶酸基因簇（图 4-10）。乳酸乳球菌乳脂亚种 MG1363 和乳酸乳球菌乳酸亚种 IL1403

在基因组水平上有很高的同源性，但并不完全相同。Sybesma（2003）研究了 MG1363 中的叶酸基因簇，并通过代谢工程来提高叶酸产量。

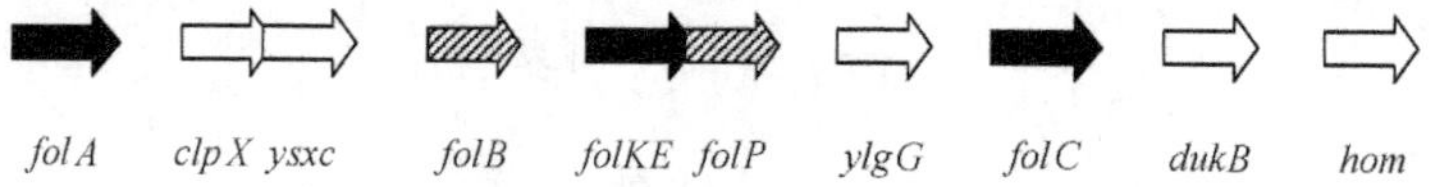

图 4-10 乳酸乳球菌的叶酸基因簇

（二）叶酸基因簇及有关基因的克隆

乳球菌质粒 pNZ8048 是一个转录融合载体，可应用于 nisin 调控的表达系统中。该载体含有一个 *nisA* 启动子和一个 *Nco*Ⅰ克隆位点。用引物 *FolKE*-F 和 *FolKE*-R 从染色体 DNA 上扩增到 *folKE* 基因，酶切并克隆到 pNZ8048 上，得到 pNZ7010。从染色体 DNA 上扩增到 *folC* 基因，扩增产物酶切后克隆到 pNZ7010 *folKE* 的下游，得到 pNZ7011。从染色体 DNA 上扩增到 *folP* 基因，扩增产物酶切后克隆到 pNZ7010 *folKE* 的下游，得到 pNZ7012。从染色体 DNA 上扩增到 *folA* 基因，扩增产物酶切后克隆到 pNZ8048 上，得到 pNZ7013，再克隆 *folA* 的反义 RNA 基因，得到质粒 pNZ7014，该质粒含有一个组成型启动子和 nisin 诱导启动子，两者被一个终止子分开（pNZ8161）。具体方法是从染色体 DNA 上扩增得到 *pep*V 的终止子，扩增产物酶切后克隆到 pNZ8048 上，得到 pNZ8160，然后扩增得到 *pep*N 的组成启动子，扩增产物酶切后克隆到 pNZ8160 上，得到 pNZ8161。从染色体 DNA 上扩增得到 *folKE* 基因，扩增产物用 *Sph*Ⅰ酶切后克隆到 pNZ8161 上，得到 pNZ7017，*folKE* 基因在 *pep*N 的组成启动子调控之下。所有质粒都分别转化到 NZ9000 中（Sybesma，2003）。

（三）叶酸基因与叶酸合成的关系

在叶酸基因簇中只有 5～6 个基因与叶酸生物合成有关，*folA* 编码二氢叶酸还原酶（EC 1.5.1.3），*folB* 可能编码新蝶呤醛缩酶（EC 4.1.2.25），*folK* 可能编码 2-氨基-4-羟基-6-羟甲基二氢嘌啶焦磷酸激酶（EC 2.7.6.3），*folE* 可能编码 GTP 环水解酶（EC 3.5.4.16），*folP* 可能编码二氢蝶酸合成酶（EC 2.5.1.15），*folC* 可能编码叶酸合成酶或叶酰聚谷氨酸合成酶（EC 6.3.2.12/6.3.2.17），*clpX* 可能编码 ATP 结合蛋白，*dukB* 可能编码脱氧核苷激酶（EC 2.7.1.113），*hom* 编码高丝氨酸脱氢酶，*ysxC* 和 *ylgG* 均编码未知的蛋白。*clpX*、*dukB*、*hom*、*ysxC* 和 *ylgG* 与叶酸生物合成无关。

GTP 环水解酶Ⅰ是叶酸生物合成途径的第一个酶。与未诱导菌株相比，含 pNZ7010 的 NZ9000 菌株超量表达 *fol*KE 引起细胞外叶酸浓度增加 10～80ng/mL，产量增加近 10 倍，而含 pNZ8048 的 NZ9000 对照株在 nisin 诱导时胞外叶酸浓度没有变化，细胞内也没产生聚谷氨酰叶酸。同样的诱导条件下，与对照菌株以及未诱导菌株相比，超量表达 *folKE* 基因只引起细胞内叶酸少量增加，而超量表达 *folKE* 的乳酸乳球菌叶酸总量增加 2 倍。增加的叶酸主要以单谷氨酰叶酸、二谷氨酰叶酸和三谷氨酰叶酸的形式存在于细胞外，这是因为超量表达 *folKE*，叶酸合成酶或聚谷氨酰叶酸合成酶不能将多余的叶酸转变成聚谷氨酰的形式。使用诱导启动子系统可以研究叶酸生物合成酶的表达水平的作用，发酵菌株最好使用组成型启动子，*pep*N 组成型启动子表达 *folKE* 与 NICE 系统的结果相同，表明组成型启动子不仅可以表达叶酸合成的有关基因，而且可以提高叶酸产量。

细胞内外的叶酸分布受单谷氨酰叶酸和聚谷氨酰叶酸比例的调控，由 *folC* 编码的聚谷氨酰叶酸合成酶负责合成聚谷氨酰叶酸。含 pNZ7011 的 NZ9000 菌株同时超量表达 *folKE* 和 *folC*，叶酸总量增加与单独超量表达 *folKE* 相同，但两者产生的叶酸分布不同。*folKE* 和 *folC* 同时超量表达时增加的叶酸主要存在于胞内，这是因为同时超量表达 *folKE* 和 *folC* 时，叶酸合成酶促进了聚谷氨酰叶酸的形成并存在于胞内，对胞内叶酸进行脱聚合处理，未见叶酸浓度增加，说明同时超量表达 *folKE* 和 *folC* 对 3 个以上谷氨酸残基的聚谷氨酰叶酸的量没有明显影响。

诱导含有 pNZ7013 的 NZ9000 菌株，超量表达 *folA*，与对照菌株或未诱导的菌株相比，叶酸产量降低 2 倍，表明叶酸在生物合成时有反馈抑制作用。胞内叶酸的分布和聚谷氨酰叶酸的量均没有变化。为了解 *fol*A 反义 RNA 超量表达对叶酸产量的影响，将 *folA* 编码链的互补序列克隆到 pNZ8048 上，5' 端开始于 *folA* 终止密码子的互补序列，3' 端终止于 *folA* 起始密码子的互补序列，得到 pNZ7014，并转化到 NZ9000 中。在诱导条件下，与对照菌株相比，叶酸总量增加 20%。含 pNZ7014 的 NZ9000 菌株细胞提取物中二氢叶酸还原酶活性降低了 2 倍，而超量表达 *folA* 的乳酸乳球菌的二氢叶酸还原酶活性比对照菌株增加 1000 倍。因此，通过选择性调控叶酸合成有关酶的表达，可以获得产叶酸水平较高的乳酸菌，不仅可以用于生产富含叶酸的乳制品，还可用于叶酸的发酵生产。

二、共轭亚油酸

（一）共轭亚油酸的结构和性质

共轭亚油酸（CLA）是指一组位置和几何异构体的十八碳共轭二烯酸的统称。自然界中，CLA 主要存在于瘤胃动物的肉和乳中，其中主要是 9c，11t 异构体，以及 t10，c12 异构体。CLA 可利用微生物生物合成，也可用化学方法合成，但得到的都是几种异构体的混合物。化学合成的 CLA 异构体的组成更为复杂。

1987 年 Pariza 等发现牛肉提取物具有抑制诱变剂作用的活性，进一步证实这种活性物质就是 CLA。此后的研究表明 CLA 具有多种生物活性：抗癌抗突变；免疫调节；改变身体组成，如减少脂肪，增加肌肉；抗动脉粥样硬化和Ⅱ型糖尿病，以及减肥、促进骨组织代谢等。

CLA 可抑制苯并芘诱导的小鼠前胃癌，其可能的抗癌机制是通过原位防御作用来防止膜受到自由基的攻击。对 1,2-二甲基肼（DMH）处理过的大鼠饲喂 CLA，可显著降低结肠癌发病率，CLA 抑制 DMH 诱导的结肠癌的机制可能和促进细胞凋亡有关。

动物实验表明 CLA 有减肥作用，分别研究 9c，11t-CLA 和 10t，12 c-CLA 对小鼠身体成分的影响，发现 CLA 的减肥作用与 10t，12c-CLA 有关（Park，1999）。用 PPARα 失活的雄性小鼠与野生型小鼠进行研究，发现 CLA 能提高编码脂质代谢和线粒体解偶联蛋白 mRNA 的水平，这可能是 CLA 调控脂质体内平衡的主要机制（Peters，2001）。

（二）乳酸细菌与共轭亚油酸的生产

已从乳酸菌中筛选到一些能形成共轭亚油酸的菌株。Pariza 等（2000）从饲喂亚油酸的老鼠肠道菌群中筛选到一株路氏乳杆菌（*Lactobacillus reuteri*）能将亚油酸异构化成 9c，11t-CLA，但不生成 10 t，12 c 或 10c，12t-CLA。Ham 等（2002）从健康婴儿粪便中分离到一株产生较高 CLA 的发酵乳杆菌。Kishino（2002）发现一株能将亚油酸转化成 CLA 的植物乳杆菌 AKU1009a，在含 12%（*m*/*V*）亚油酸的反应液中反应 108h，CLA 的产率为 33%，其异构体由 2 种组成，9c，11t-CLA（或 9t，11c-CLA）占 38%，9t，11t-CLA 占 62%；在含 2.6%（*m*/*V*）亚油酸的反应液中反应 96h，CLA 的产率为 80%，9c，11t-CLA（或 9t，11c-CLA）占 2%，9t，11t-CLA 占 98%。

研究了 14 株乳酸菌的发酵条件，发现乳酸乳球菌在添加葵花子油的全脂乳培养基上形成 CLA 的能力最强，最适葵花子油添加量为 0.1g/L，CLA 的形成受菌体量、培养时间、底物浓度、pH 等因素的影响（Kim，2002）。

（三）乳酸细菌中亚油酸异构酶的性质和基因克隆

对嗜酸乳杆菌和费氏丙酸杆菌中的亚油酸异构酶进行纯化，发现异构酶的分子质量大于 100kDa（Lin，2002），在 pH5 时形成较多的 CLA。路氏乳杆菌中亚油酸异构酶与底物的最适反应条件为：温度 4～8℃，pH8.5，3h，酶活性和产率不受氧的影响（Pariza，2000）。嗜酸乳杆菌 AKU1137 合成 CLA 的酶系受亚油酸的诱导，在产 CLA 之前，有 10-OH-12c-18∶1 和 10-OH-12t-18∶1 的积累，研究表明这些羟基脂肪酸是从亚油酸生成 CLA 过程中的一种中间体（Ogawa，2001）。

有研究认为亚油酸异构酶是一种膜蛋白，将路氏乳杆菌菌体破碎后，超速离心收集细胞膜，用去污剂（0.3%OTGP）在 4℃，4～18h 后超速离心，将上清过 DEAE-5PW 柱，收集活性部分，再过 Superdex-200 凝胶层析柱，收集活性部分，最后过羟磷灰石柱，收集活性部分，SDS-PAGE 表明活性物质有四条带，分子质量为 45～70kDa，但未说明酶的性质及其与异构体形成的关系（Rosson，2001）。

利用都有一个 *Sal* Ⅰ位点的两条引物，从 *L. reuteri* 基因组 DNA 中扩增到长度为 2.3kb 的亚油酸异构酶基因片段，并将其平端连接到 pPCR-Script SK，选择将异构酶基因置于 *lac* 启动子之后（#1）和将两个基因反向放置（#2）的两种插入方式(图 4-11)，将质粒转化到 *E. coli* 中，在 IPTG 诱导或不诱导的情况下分别测定异构酶酶活，均未发现 *E. coli* 中有异构酶活性，但 IPTG 诱导的转化体（#1）能产生 67kDa 的蛋白质，其大小与路氏乳杆菌 PYR8 的亚油酸异构酶一致，该蛋白没有酶活性可能是异构酶在异源体系中折叠或在膜上插入错误所致（Rosson，2001）。

由于对乳酸菌中亚油酸异构酶的种类和性质了解仍很少，特别是乳酸菌形成不同异构体与异构酶之间的关系，因此，随着对亚油酸异构酶性质的深入研究，可以通过基因工程实现特异性异构酶的超量表达，获得具有特定生理活性的单一 CLA 异构体。

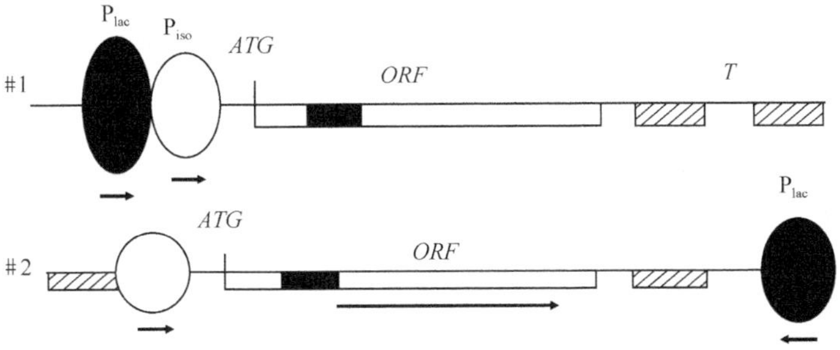

图 4-11　亚油酸异构酶基因插入质粒的方式

（曹郁生　刘晓华）

主要参考文献

Allison G E, Klaenhammer T R. 1996. Functional analysis of the gene encoding immunity to lactacin F. lafI and its use as a lactobacillus-specific food-grade genetic marker. Appl Environ Microbiol, 62: 4450～4460

Aymes F, Monnet C, Corrieu G, et al. 1999. Effect of α-acetolactate decarboxylase inactivation on α-acetolactate and diacetyl production by *Lactococcus lactis* subsp. *lactis* biovar *diacetylactis*. J Biosci Bioeng, 87 (1): 87～92

Barbosa A S, Abreu H, Neto A S, et al. 2004. A food-grade delivery for *lactococcus lactis* and evaluation of inducible gene expression. Appl. Microbiol. Biotechol, 61

Boucher I, Parrot M, Gaudreau H, et al. 2002. Novel food-grade plasmid vector based on melibiose fermentation for the genetic engineering *lactococcus lactis*. Appl Environ Microbiol, 68: 6152～6161

Bron P A, Benchimol M G, Lambert J, et al. 2002. Use of the *alr* gene as a food-grade selection marker in lactic acid bacteria. Appl Environ Microbiol, 68: 5663～5670

Chaves A C S D, Fernandez M, Lerayer A L S, et al. 2002. Metabolic engineering of acetaldehyde production by *Streptococcus thermophlus*. Appl Environ Microbiol. 68 (11): 5656～5662

Cotter P, Hill C, Ross R P. 2003. A food-grade approach for funcational and modification of native plasmids in *lactococcus lactis*. Appl Environ Microbiol, 69: 702～706

de Ruyter P G, Kuipers O P, de Vos W M. 1996. Controlled gene exoression system for *lactococcus lactis* with the food-grade inducer Nisin. Appl Environ Microbiol, 62: 3662～3667

Djoirdjevic G M, Klaenhammer T R. 1998. Inducible gene expression systems in *lactococcus lactis*. Molecular Biotechnology, 9: 127～139

Emond E, Lavall Ee R, Drolet G, et al. 2001. Molecular characteriazation of a theta replication plasmid and its use for development of a two-component food-grade system for *lactococcus lactis*. Appl Environ Microbiol, 67: 1700～1709

Fernandez L, Beerthuyen M M, Brown J, et al. 2000. Cloning, characterization, controlled overexpression and inactivation of the major tributyrin esterase gene of *Lactococcus lactis*. Appl Environ Microbiol, 66: 1360～1368

Ham J S, In Y M, Jeong S G, et al. 2002. Screening of Conjugated Linoleic Acid Producing Lactic Acid Bacteria from Fecal Samples of Healthy Babies. Asian-Aust J Anim. Sci, 15 (7): 1031～1035

Henrich B, Klein J R, Weber B, et al. 2002. Food-grade delivery for controlled gene expression in *lactococcus lactis*. Appl Environ Microbiol, 68: 5429～5436

Hugenholtz J, Kleerebezen M, et al. 2000. *Lactococcus lactis* as a cell factory for high-level diacetyl production. Appl Environ Microbiol, 66 (9): 4112～4114

Joutsjoki V, Luoma S, et al. 2002. Recombinant *Lactococcus* starters as a potential source of additional peptidolytic activity in cheese ripening. J Appl Microbiol, 92: 1159～1166

Kim Y J, Liu R H. 2002. Increase of Conjugated Linoleic Acid Content in Milk by Fermentation with Lactic Acid

Bacteria. J Food Science, 67 (5): 1731～1736

Kishino S, Ogawa J. 2002. Conjugated Linoleic Acid Production from Linoleic Acid by Lactic Acid Bacteria. J AOCS, 79 (2): 159～163

Kleerebezem M, Beerthuyzen M M, Vaughan E E, et al. 1997. Controlled gene expression systems for lactic acid bacteria: transferable Nisin-inducible expression cassettes for lactococcus, leuconostoc, and lactobacillus spp. Appl Environ Microbiol, 63: 4581～4584

Kuipers O P, de Ruyter P G A, Kleerebezem M, et al. 1998. Quorum sensing-controlled gene expression in lactic acid bacteria. J Biotechnology, 64: 15～21

Kunji E R S, Slotboom D J, Poolman B. 2003. *Lactococcus lactis* as host for overproduction of functional membrane proteions. Biochimica. Biophysica. Acta, 1610: 97～108

Lin T Y, Lin C W, Wang Y J. 2002. Linoleic Acid Isomerase Activity in Enzyme Extracts from *Lactobacillus acidophilus* and *Propionibacterium freudenreichii* ssp. *Shermanii*. J Food Sci, 67 (4): 1502～1505

Luoma S, Peltoniemi K, Joutsjoki V, et al. 2001. Expression of six peptidases from *Lactobacillus helveticus* in *Lactococcus lactis*. Appl Environ Microbiology, 67: 1232～1238

Nardi M, Fiez-Vandal C, Tailliez P, et al. 2002. The EstA esterase is responsible for the main capacity of *Lactococcus lactis* to synthesize short chain fatty acid esters *in vitro*. J Appl Microbiol, 93: 994～1002

Ogawa J K, Matsumura S, Kishino Y, et al. 2001. Conjugated linoleic acid accumulation via 10-hydroxy-12-octadecaenoic acid during microaerobic transformation of linoleic acid by *Lactobacillus acidophilus*. Appl Environ Microbiol, 67 (3): 1246～1252

Park Y, Storkson J M, Albright K J, et al. 1999. Evidence That the trans-10, cis-12 Isomer of Conjugated Linoleic Acid Induced Body Composition Changes in Mice. Lipids, 34 (3): 235～241

Pariza M W, Yang X Y. United States Patent: 6 060 304

Peters J M, Park Y, Gonzalez F J, et al. 2001. Influence of Conjugated Linoleic Acid on Body Composition and Target Gene Expression in Peroxisome Proliferator-activated Receptor α-null Mice. Biochimica Biophysica Acta, 1533 (3): 233～242

Rijnen L, Courtin P, Gripon J C, et al. 2000. Expression of a heterologous glutamate dehydrogenase gene in *Lactococcus lactis* highly improves the conversion of amino acids to aroma compounds. Appl Environ Microbiol, 66: 1354～1359

Rosson R A, Deng M D, Grund A D, et al. 2001. Linoleate Isomerase, World Patent, WO01/00846 A2

Sørensen K I, Larsen R, Kibenich A, et al. 2000. A food-grade cloning system for industrial strains of *lactococcus lactis*. Appl Environ Microbiol, 66: 1253～1285

Sørvig E, Gronqvist S, Naterstad K, et al. 2003. Construction of vecters for inducible gene expression in *lactobacillus sakei* and *L. plantarum*. FEMS Microbiol Lett, 229: 119～126

Swindell S R, Benson K H, Griffin H G, et al. 1996. Genetic manipulation of the pathway for diacetyl metabolism in *Lactococcus lactis*. Appl Environ Microbiol, 62 (7): 2641～2643

Sybesma W, Starrenburg M, Kleerebezem M, et al. 2003. Increased production of folate by metabolic engineering of *Lactococcus lactis*. Appl Environ Microbiol, 69: 3069～3076

Takala T M, Saris P E J, Tynkkynen S S H. 2003. Food-grade host/vector expression system for *Lactobacillus casei* based on complementation of plasmid-associated phospho-β-galactosidase gene lacG. Appl Microbiol Biotechnol, 60: 567～570

Tanous C, Kieronczyk A, Helinck S, et al. 2002. Glutamate dehydrogenase activity: a major criterion for the selection of flavour-producing lactic acid bacteria strains. Antonie van Leeuwenhoek, 82: 271～278

Wegmann U, Klein J R, Drumm I, et al. 1999. Introduction of Peptidase Genes from *Lactobacillus delbrueckii* subsp lactis into *Lactococcus lactis* and Controlled Expression, Appl environ microbiol, 65 (11): 4729～4734

Yvon M, Chambellon E, Bolotin A, et al. 2000. Characterization and role of the branched-chain aminotransferase (BcaT) isolated from *Lactococcus lactis* subsp. *cremoris* NCDO 763. Appl Environ Microbiol, 66: 571～577

第五章 乳酸细菌对环境的应激反应

应用现代分子生物学方法探讨乳酸菌应激反应的机制，既有理论意义，又有应用价值。

乳酸菌是由包括人和动植物等不同来源的不同类型细菌组成。长期以来，这些细菌一直用于生产动物（奶、肉、鱼等）和植物（蔬菜、酒等）发酵食品。食品生物转化的产业化更增加了乳酸菌的经济重要性。在工业生产过程中，乳酸菌要耐受各种环境压力，诸如极端的温度、pH、渗透压、氧和饥饿等。这些环境压力诱导的基因调节作用，都可能直接影响到细胞的生理状况和发酵过程。新发展的益生菌食品中的乳酸菌，可能还要经受在消化道中生存的考验。

在自然界，应激能力也是乳酸菌生存所必需的。乳酸菌和其他细菌一样，都有应激感应系统和应激防御系统，可以经受住各种严酷的条件和环境的突然变化。有关细菌对环境应激反应调节机制的知识，在大肠杆菌和枯草芽孢杆菌等模型菌的研究中，有很多资料可供借鉴。目前对乳酸菌应激反应的研究也是以这些模型菌的比较为基础。从比较中可以揭示出各种乳酸菌在应激反应中所包括的特异性。充分了解应激反应的机制，可以更合理地开发乳酸菌在工业上的应用（van de Guchte et al.，2002；de Angelis 和 Gobbetti，2004；Sanders et al.，1999）。

第一节 乳酸细菌对酸的应激反应

乳酸菌在糖发酵时产生乳酸，这说明乳酸菌在生长中经常面对的是酸性环境。细菌产生的有机酸在胞外积累，不利于许多其他微生物的生存。这是众多用发酵法保存食品的理论基础，也是干酪和酸奶生产中乳品凝结或腊肠发酵中可溶性肉蛋白凝结的先决条件。乳酸菌在摄入后还会遭遇胃里的酸性环境，益生菌在消化道中的生存也是令人感兴趣的研究课题。

乳酸是一种弱有机酸，在低 pH 没有电荷，很容易以质子化形式透过细胞膜。酸可以通过细胞膜被动地扩散，进入细胞质后迅速地离解成质子（H^+）和带电的衍生物。细胞内积累的质子可以使胞内 pH（pH_i）降低，从而影响到胞内 pH_i 和细胞外 pH（pH_e）的差（ΔpH），横跨膜 ΔpH 提供的质子动力（pmf），在许多横跨膜运输中用作能源。细胞内部酸化会降低一些酸敏感酶的活性，并伤害到蛋白质和 DNA。解离有机酸的阴离子部分在细胞质中积累，可能与重要元素螯合，也对细胞生理有害。

在乳酸菌中，至少在两种不同的生理状态下可以提高其耐酸性。①在对数生长期，在非致死的酸性 pH 条件下培养，可以诱导一种适应性耐酸反应，使细胞耐酸性提高；②进入稳定期后，产生一种全面的应激反应，更能抵抗各种环境胁迫。通常稳定期耐酸反应和培养基的 pH 无关，不过，嗜酸乳杆菌（*Lactobacillus acidophilus*）CRL639 需要外部低的 pH 引发稳定期的耐酸反应（Lorca et al., 2001）。益生菌鼠李糖乳杆菌（*Lb. rhamnosus*）E800、短乳杆菌（*Lb. brevis*）E1877 等的稳定期细胞，用亚致死酸性或热预处理，也产生适应性耐酸和耐热反应（Saarela et al., 2004）。

诱导产生适应性耐酸反应的各种乳酸菌，对致死酸胁迫的存活都比未诱导的有所改善，诱导的适应性耐酸反应不仅可以保护乳酸菌应对酸的挑战，通常还可以应对其他的条件，如热、渗透压或氧化休克等。这说明对酸胁迫的适应性和其他应激反应是相互重叠并形成交互保护作用（Lorca et al., 2001; van de Guchte et al., 2002）。生物化学、蛋白质组学和遗传学的研究证明，乳酸菌对酸的应激反应过程是复杂的，其中包括一些保持 pH 体内稳态的机制以及多种蛋白质的合成和阻抑。

一、保持 pH 体内稳态的机制

当外部培养基 pH_e 降低，乳酸菌可以在一定的低 pH_e 范围内，依靠 pH 体内稳态机制保持 pH_i 相对稳定。乳酸菌中一些调节 pH_i 体内稳态的机制包括如下几个方面。

（一）传递质子的 F_0F_1-ATP 酶

细菌的抗酸机制中，传递质子的 F_0F_1-ATP 酶是控制胞内 pH_i 的主要机制。这个多体酶可以用质子合成 ATP，或在低 pH 时利用 ATP 水解产生的能量，将细胞中质子逐出。在低 pH，乳酸菌中 F_0F_1-ATP 酶的表达水平和活性都增加，以保持 pH 体内稳态。一些编码 F_0F_1-ATP 酶的操纵子（*atp* 操纵子）已被鉴定（Kullen et al., 1999），其中包括嗜酸乳杆菌、乳酸乳球菌（*Lactococcus lactis*）、粪肠球菌（*Enterococcus faecalis*）、肺炎链球菌（*Strep. pneumoniae*）、口腔链球菌（*Strep. oralis*）、变异链球菌（*Streptococcus mutans*）、海氏肠球菌（*En. hirae*）等。这些细菌的 F_0F_1-ATP 酶结构很相似，在 *atp* 基因座中，含有胞质 F_1 复合体编码的五个亚单位（α、β、δ、γ、ε），和形成 F_0 胞质膜质子通道的三个亚单位（a、b、c）的所有基因。根据双向凝胶电泳（2-DE）分析，所有乳酸菌的耐乳酸反应中，总能看到增量调节的胞质 F_1 复合体的全部或部分亚单位（Champomier-Vergès et al., 2002）。

（二）精氨酸脱亚氨基酶

另一个保持 pH 体内稳态的机制是精氨酸脱亚氨基酶（ADI）途径。ADI 途径包含三个胞质酶：精氨酸脱亚氨基酶、鸟氨酸氨基甲酰转移酶和氨甲酸激酶。在催化反应中，将精氨酸转化成鸟氨酸、氨（每个精氨酸产生两个氨）和二氧化碳，每摩尔精氨酸生成 1mol ATP。产生的 NH_3 与 H^+ 反应，帮助碱化环境，生成的 ATP 可以由 F_0F_1-ATP酶从细胞中排出质子。精氨酸和鸟氨酸依靠膜上的对向运输子在膜两边相互交换而不消耗能量。乳酸乳球菌 ATCC19435 在含 45mmol/L 精氨酸条件下，胞外 pH_e 很快从 4 变为 6。ADI 活性可以帮助碱化环境，但它在乳酸菌耐酸性中的重要性在不同菌种间是不同的。在一些乳酸菌中能检查到 ADI 途径，发现它并不总是直接和耐酸性有关。乳酸乳球菌 IL1403 中 ADI 途径的基因在酸胁迫时没有被明显诱导，在热和渗透胁迫时 ADI 基因（*arcA*）被阻抑（Xie et al., 2004）。

（三）脱羧反应和生电运输

乳酸菌中一些基于脱羧作用和生电转运蛋白系统也和保持胞内 pH 稳态有关。在这些反应中，一种羧酸型酸性化合物（例如某种氨基酸）被运送到细胞中进行脱羧作用，形成一种碱性的脱羧基产物，反应中消耗一个质子，产物由转运蛋白从细胞中输出，使细胞质的碱度提高。脱羧作用配合生电运输（对向运输或单向转运）可以通过质子动力（pmf）产生 ATP。

乳酸菌中与耐酸性有关的氨基酸脱羧反应和对向运输系统有：①谷氨酸-γ-氨基丁酸对向运输系统。乳酸乳球菌在有氯化物存在时，表达依赖谷氨酸的抗酸机制（Sanders et al.，1998）；②天冬氨酸-丙氨酸对向运输系统。乳杆菌 M3 亚种中的这种氨基酸对向运输和脱羧基作用，通过 pmf 产生 ATP；③布氏乳杆菌（*Lb. buchneri*）通过组氨酸脱羧作用和组氨酸-组胺生电的对向运输，调节 pH；④嗜酸乳杆菌在应对酸挑战中存在多种和相互配合的抗酸机制，包括鸟氨酸脱羧酶系统（Azcarate-Peril et al.，2004）。

苹果酸乳酸发酵（MLF）的脱羧反应中，将二羧基的苹果酸转化成单羧基的乳酸，降低果酒总酸度，是酒球菌、乳杆菌和片球菌等酒细菌的主要作用。MLF 也在清酒乳杆菌（*Lb. sakei*）、植物乳杆菌（*Lb. plantarum*）和乳酸乳球菌中确定过。乳酸菌通过苹果酸-乳酸对向运输子或生电单向转运，分泌 L-乳酸，并在低 pH 合成 ATP 调节 pH（van de Guchte et al.，2002）。

乳酸乳球菌乳酸亚种双乙酰生物变种（*L. lactis* subsp. *lactis* biovar. *diacetylactis*）的柠檬酸运输是由柠檬酸-乳酸对向运输蛋白 CitP（柠檬酸透性酶 P）催化的。CitP 由质粒的 *citP* 基因编码。低 pH 诱导 *citP* 转录。柠檬酸代谢可以碱化外部培养基，有利于葡萄糖利用和细菌生长（van de Guchte et al.，2002）。

（四）脲　　酶

发酵乳品的嗜热链球菌和口腔细菌的唾液链球菌（*Strep. salivarius*）中都检查到脲酶活性。脲酶催化尿素的水解产生 CO_2 和氨（每个尿素分子产生两个氨），氨可以碱化 pH（van de Guchte et al.，2002）。

二、乳酸细菌在酸适应中诱导和阻抑的基因和蛋白质

2-DE 显示，乳酸菌在酸适应中诱导合成不同数量蛋白质，如乳酸乳球菌乳酸亚种、丘状菌落乳杆菌（*Lb. collinoides*）、旧金山乳杆菌（*Lb. sanfranciscensis*）和德氏乳杆菌保加利亚亚种（*Lb. delbrueckii* subsp. *bulgaricus*），分别诱导 33、21、15 和 30 种蛋白质。酸适应诱导的蛋白质中，经常可以发现一些热激蛋白，如 DnaK 和 GroEL（Champomier-Vergès et al.，2002）。乳酸乳球菌乳脂亚种 MG1363 的酸适应反应对氯霉素敏感，说明它的耐酸性需要新蛋白质合成。不过，乳酸乳球菌乳酸亚种 IL1403 的耐酸反应与氯霉素无关，可能 IL1403 本来是抗酸的，无需依赖新合成的蛋白质（Sanders et al.，1999）。

Xie 等（2004）用 DNA 宏阵列法（DNA macroarry）在转录水平研究乳酸乳球菌

乳酸亚种 IL1403 中 375 个代谢基因在热、酸、盐等环境胁迫下的基因表达情况。在各种胁迫处理下表达发生变化的基因（图 5-1）分别占研究基因的 13%～18%。在乳酸胁迫（pH 5.5）处理 30min 后，有 24 个基因被诱导，26 个基因被阻抑。酸胁迫阻抑的主要是蛋白质分解系统。磷酸转移酶系统（*yedE-yedF*）的表达被阻抑 100 倍以上。酸胁迫诱导的基因中，胆碱运输基因（*choQ-choS*）和色氨酸生物合成基因诱导约 20 倍。此外，低 pH 诱导柠檬酸和苹果酸发酵基因（*citE*、*citF*、*mleS* 和 *ldh*）表达 2～15 倍。用多羧基的柠檬酸或苹果酸作为底物，和单羧基的发酵产物乳酸交换，可以产生一种膜电位和保持横跨膜 pH 梯度（ΔpH）。由于乳酸乳球菌 IL1403 中，没有质粒基因 *citP* 编码的柠檬酸/乳酸对向运输子。说明在 IL1403 中存在一个另外的转运蛋白系统可以补偿 CitP 蛋白的运输功能。

谷氨酸生物合成（*glnA*）和运输系统基因（*glnP-glnQ* 操纵子）的表达在酸和热激时被阻抑。Rallu 等（2000）也证明谷氨酸转运蛋白基因（*glnP-glnQ*）被破坏的乳酸乳球菌，能抵抗强乳酸。

在酸胁迫时，甲硫氨酸合酶（*metE*）被阻抑，而利用甲硫氨酸的基因，如 *metK* 被诱导，导致内部甲硫氨酸库减少。胞内甲硫氨酸浓度是干酪香味产生的重要参数。

表 5-1、图 5-1 说明，大多数基因由单项胁迫调节。有些基因同时由两种或三种胁迫条件控制，如一些转运蛋白基因（*yedE*、*optB*、*optF*、*arc D2*）的阻抑和两个核苷酸激酶基因（*dukA*、*yfiG*）的诱导是都由三种胁迫条件调节。此外，热和渗透胁迫都

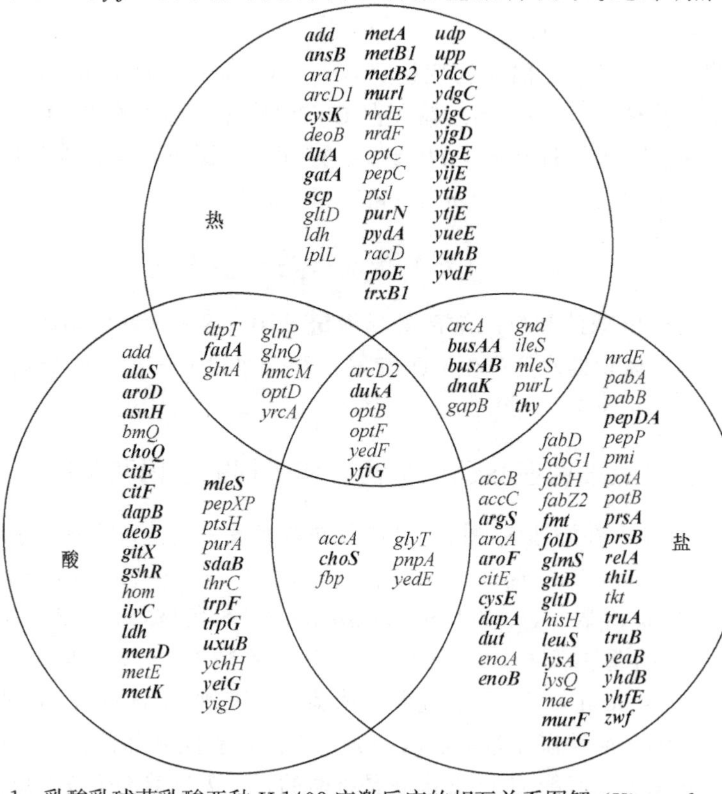

图 5-1　乳酸乳球菌乳酸亚种 IL1403 应激反应的相互关系图解（Xie et al.，2004）

每个圆圈中，按照应激反应的类别，列出应激反应基因的名称。各圆圈交会的区域，代表同时由两种或三种胁迫条件控制的基因。黑体字代表被诱导的基因，普通字体代表被阻抑的基因

表 5-1 乳酸乳球菌乳酸亚种 IL1403 在不同应激处理时的反应（Xie et al.，2004）

		基因表达的增减倍数*			
功能	基因	热	酸	盐	基因产物
磷酸转移酶系统(PTS)	*ptsH*		−2.9		磷酸载体蛋白 Hpr
	ptsI	−2.2			磷酸转移酶系统，酶 I
	yedE		−340.1	−14.2	β-葡糖苷特异的 II A 组分
	yedF	−2.4	−83.5	−6.8	β-葡糖苷特异的 II BC 组分
糖代谢	*pmi*			−5.6	甘露糖-6-磷酸异构酶
	uxuB		+14.9		果糖酮酸还原酶
	yrcA	−4.6	−2.2		磷酸-β-葡糖苷酶
糖酵解/葡糖异生作用	*enoA*			−2.2	烯醇酶
	enoB			+3.3	2-磷酸甘油脱水酶
	fbp		−14.1	−21.5	果糖-1,6-双磷酸酯酶
	gapB	−3.3		−3.8	甘油醛-3-磷酸脱氢酶
戊糖磷酸途径	*gnd*	−5.2		−3.6	6-磷酸葡糖酸脱氢酶；脱羧基作用
	tkt			−2.6	转酮醇酶
	zwf			+4.0	葡萄糖-6-磷酸-1-脱氢酶
丙酮酸代谢	*citE*		+2.8	−14.7	柠檬酸裂合酶 β 链
	citF		+14.3		柠檬酸裂合酶 α 链
	ldh	−2.0	+2.3		L-乳酸脱氢酶
	mae			−9.7	苹果酸氧化还原酶
	mleS	−30.6	+2.9	−2.8	苹果酸乳酸酶
脂肪酸生物合成	*accA*		−3.2	−30.8	乙酰辅酶 A 羧化酶羧基转移酶 α 亚单位
	accB			−4.7	乙酰辅酶 A 羧化酶生物素羧基载体蛋白
	accC			−51.2	生物素羧化酶
	fabD			−2.3	丙二酸单酰 CoA-ACP 转酰基酶
	fabGl			−3.7	3-氧代乙酰-ACP 还原酶
	fabH			−6.0	3-氧代乙酰-ACP-合酶 III
	fabZ2			−5.8	(3R)-羟基十四酰-ACP 脱水酶
脂肪酸分解代谢	*fadA*	+4.2	+24.7		乙酰辅酶 A 乙酰转移酶
	lplL	−18.5			硫辛酸蛋白连接酶
	thiL			+3.8	乙酰辅酶 A 乙酰转移酶
RNA 聚合酶	*rpoE*	+2.9			DNA 引导的 RNA 聚合酶 δ 链
RNA 反应	*truA*			+19.1	tRNA 假尿苷合酶 A
	truB			+2.7	tRNA 假尿苷合酶 B
	yljE	+4.5			推定的 RNA 甲基转移酶
氨酰-tRNA 生物合成	*alaS*		+5.7		丙氨酰-tRNA 合成酶
	argS			+3.0	精氨酰-tRNA 合成酶
	fmt			+5.3	甲硫氨酰 tRNA 转甲酰基酶
	gatA	+2.9			Glu-tRNA-酰氨基转移酶 A 亚单位
	gltX		+3.5		谷氨酰胺 tRNA 合成酶
	glyT		−2.8	−8.7	甘氨酰 tRNA 合成酶 β 链
	ileS	−3.4		−10.2	异亮氨酰-tRNA 合成酶
	leuS			+6.5	亮氨酰 tRNA 合成酶
脱氧核苷酸和核糖核苷酸互变	*nrdE*	−9.0		+4.1	核糖核苷二磷酸还原酶 α 链
	nrdF	−7.8			核糖核苷二磷酸还原酶 β 链
脱氧核苷酸生物合成	*dukA*	+21.9	+4.3	+6.2	脱氧嘌呤激酶
	dut			+10.3	脱氧乌苷-5′-三磷酸核苷酸水解酶
	thyA	+2.8		+5.7	胸苷酸合酶
	yeaB			+14.7	dTMP 激酶

续表

功能	基因	基因表达的增减倍数* 热	酸	盐	基因产物
核糖核苷酸生物合成	*purA*		−28.0		腺苷酸基琥珀酸合酶
	purL	−6.6		−24.9	甲酰甘氨酰胺核苷酸合酶Ⅱ
	purN	+8.8			甘氨酰胺核苷酸甲酰转移酶
	pydA	+4.5			二氢乳清酸脱氢酶
核苷和核苷酸补救作用	*add*	+3.3	−12.5		腺苷脱氨酶
	deoB	−2.3	+3.5		磷酸戊糖变位酶
	prsA			+2.4	磷酸-核糖焦磷酸激酶
	prsB			+8.2	磷酸-核糖焦磷酸激酶
	udp	+22.7			尿苷磷酸酶
	upp	+4.9			尿苷磷酸核糖基转移酶
	yfiG	+9.4	+6.4	+6.2	胸苷激酶
其他核糖核苷酸代谢	*pnpA*		−7.8	−4.0	多核糖核苷酸核苷酸基转移酶
	relA			+2.1	GTP焦磷酸激酶(pppGpp合成酶)
	ytfB	+9.9			ADP-核糖焦磷酸酶
蛋白酶	*yueE*	+3.5			蛋白酶
	yuhB	+4.7			蛋白酶
肽酶	*gcp*	+4.4			*O*-唾液糖蛋白肽链内切酶
	pepC	−35.6			氨基肽酶C
	pepDA			+3.8	二肽酶
	pepP			−7.8	氨基肽酶P
	pepXP		−4.6		X-脯氨酰二肽酰氨基肽酶
肽转运蛋白	*dtpT*	−22.6	−11.7		二/三肽转运蛋白
	optB	−19.4	−3.3	−3.5	寡肽ABC转运蛋白透性酶蛋白
	optC	−17.5			寡肽ABC转运蛋白透性酶蛋白
	optD	−23.3	−5.6		寡肽ABC转运蛋白ATP结合蛋白
	optF	−13.7	−4.1	−5.8	寡肽ABC转运蛋白ATP结合蛋白
芳族氨基酸生物合成	*aroA*			−6.4	3-磷酸莽草酸-1-羧基乙烯基转移酶
	aroD		+3.2		3-脱氢奎尼酸脱水酶
	aroF			+3.3	磷酸-2-脱氢-3-脱氧庚糖酸醛缩酶
	trpF		+19.5		磷酸核糖基-氨茴酸异构酶
	trpG		+6.1		氨茴酸合酶组分Ⅱ
天冬氨酸族氨基酸生物合成	*ansB*	+16.6			L-天冬酰胺酶
	asnH		+9.4		天冬酰胺合酶
	dapA			+4.1	二氢吡啶二羧酸合酶
	dapB		+2.6		二氢吡啶二羧酸还原酶
	hom		−3.6		高丝氨酸脱氢酶
	lysA			+2.4	二氨基庚二酸脱羧酶
	metA	+25.4			高丝氨酸*O*-琥珀酰转移酶
	metB1	+24.0			胱硫醚-γ-合酶
	metB2	+5.7			胱硫醚-β-裂合酶
	metE		−3.9		5-甲硫氨酸合酶
	thrC		−3.1		苏氨酸合酶
	ychH		−8.4		2,3,4,5-四氢吡啶-2-羧基*N*-琥珀酰转移酶
分支氨基酸生物合成	*ilvC*		+6.6		酮酸还原异构酶
谷氨酸族氨基酸生物合成	*glnA*	−18.3	−3.7		谷氨酰胺合成酶
	gltB			+4.0	谷氨酰胺合酶(NADPH)大链
	gltD	−2.8		+2.7	谷氨酰胺合酶(NADPH)小链

		基因表达的增减倍数*			
功能	基因	热	酸	盐	基因产物
组氨酸生物合成	*hisH*			−6.3	转酰氨基酶
丝氨酸族氨基酸生物合成	*cysE*			+5.5	丝氨酸乙酰转移酶
	cysK	+5.1			半胱氨酸合酶
氨基酸分解代谢	*araT*	−2.6			芳香氨基酸转氨酶
	arcA	−6.5		−61.1	精氨酸脱亚氨基酶
	glmS			+10.3	葡糖胺-果糖-6-磷酸转氨酶(异构化)
	metK		+2.3		S-腺苷甲硫氨酸合成酶
	sdaB		+6.0		L-丝氨酸脱水酶β亚单位
	yeiG		+3.7		推定的转氨酶
	ytjE	+33.4			转氨酶
氨基酸转运蛋白	*arcD1*	−23.8			精氨酸/鸟氨酸对输子
	arcD2	−3.1	−2.4	−2.9	精氨酸/鸟氨酸对输子
	brnQ		−27.4		分支氨基酸转运蛋白
	glnP	−14.6	−24.1		谷氨酰胺 ABC 转运蛋白透性酶和底物结合蛋白
	glnQ	−6.5	−16.3		谷氨酰胺 ABC 转运蛋白 ATP 结合蛋白
	lysQ			−81.3	赖氨酸透性酶
	ydcC	+7.0			氨基酸 ABC 转运蛋白透性酶蛋白
	ydgC	+3.1			氨基酸透性酶
	yjgC	+25.2			氨基酸 ABC 转运蛋白底物结合蛋白
	yjgD	+4.5	−6.1		氨基酸 ABC 转运蛋白透性酶蛋白
	yjgE	+86.8			氨基酸 ABC 转运蛋白 ATP 结合蛋白
	yvdF	+2.5			氨基酸 ABC 转运蛋白底物结合蛋白
ABC 转运蛋白(原核)	*busAA*	+26.9		+60.0	甜菜碱 ABC 转运蛋白 ATP 结合蛋白
	busAB	+13.8		+49.9	甜菜碱 ABC 转运蛋白透性酶和底物结合蛋白
	choQ		+7.8		胆碱 ABC 转运蛋白 ATP 结合蛋白
	choS		+24.7	+2.5	胆碱 ABC 转运蛋白透性酶和底物结合蛋白
	potA			−2.6	亚精胺/腐胺 ABC 转运蛋白 ATP 结合蛋白
	potB			−8.4	精胺/腐胺 ABC 转运蛋白透性酶蛋白
肽聚糖和多糖生物合成	*dltA*	+2.5			D-丙氨酸活化酶
	murF			+3.3	尿苷二磷酸-N-乙酰胞壁酰丙氨酰-D-谷氨酰-2,6-二氨基庚二酸-D-丙氨酰-D-丙氨酰连接酶
	murG			+7.5	尿苷二磷酸-N-乙酰葡糖胺-N-乙酰胞壁酰-(五肽)-焦磷酰-十一碳二烯醇-N-乙酰葡糖胺转移酶
	murI	+3.7			谷氨酸消旋酶
	racD	−2.3			天冬氨酸消旋酶
甲基萘醌类(VK_2)和泛醌生物合成	*hmcM*	−10.7	−3.3		甲羟戊二酸单酰 CoA 合酶
	menD		+4.7		2-氧代戊二酸脱羧酶/2-琥珀酰-6-羟基-2,4-环己二烯-1-羧化物合酶
	yhdB			+17.2	O-琥珀酰苯甲酸-CoA 合酶
	yhfE			+44.2	假设的甲基转移酶
谷胱甘肽和硫氧还蛋白	*gshR*		+4.8		谷胱甘肽还原蛋白
	trxB1	+3.7			硫氧还蛋白还原酶
叶酸的一碳元素库	*folD*			+2.7	亚甲四氢叶酸脱氢酶(NADP+)/次甲基四氢叶酸环水解酶
叶酸生物合成	*pabA*			−13.8	对氨基苯甲酸合成酶组分Ⅱ
	pabB			−8.0	对氨基苯甲酸合酶组分Ⅰ
热激蛋白	*dnaK*	+8.3		+10.3	DnaK 热激蛋白

* 在不同胁迫条件下；+代表基因表达被诱导；−表达被阻抑；空白格表示处理和对照无明显改变

调节的基因有10个。热和酸胁迫都调节的有8个，渗透和酸胁迫都调节的有6个。由于DNA宏阵列法的灵敏度和噪声问题，有些双胁迫控制基因，如 *arcA*、*dnaK*、*thyA*、*pnpA*、*yedE*，可看作是多种胁迫都调节的。例如，热激蛋白DnaK就有被所有胁迫诱导的报道。

三、酸应激反应中的全局应激调节系统

（一）细胞内磷酸盐库和鸟嘌呤库与全局应激抗性

在乳酸乳球菌的应激抗性中，嘌呤代谢的转录调节和上游戊糖-磷酸途径基因可能有重要作用。Rallu等（2000）通过转座子诱变从乳酸乳球菌乳脂亚种MG1363中分离了21株抗酸的插入突变株。其中11株（68%）能抵抗多种胁迫。这些抗酸突变株分别在18个基因座受到影响，其中和运输系统或碱基代谢有关的基因有：高亲和性磷酸转运蛋白基因 *pstS* 和 *pstB*，以及嘌呤代谢基因 *deoB*（磷酸戊糖变位酶），*guaA*（GMP合成酶），*hpt*（次黄嘌呤鸟嘌呤转磷酸核糖基酶）和 *relA*（pppGpp合成酶）。他们认为，胞内磷酸盐库和鸟嘌呤库，尤其是胞内(p)ppGpp库的变化，和诱导的严紧型反应，导致产生对多种胁迫的抗性。

在抗酸机制上，乳酸乳球菌乳酸亚种IL1403和乳脂亚种MG1363是有区别的（见p91）。*deoB* 编码的磷酸戊糖变位酶是嘌呤补救途径的关键酶，破坏 *deoB* 可以使ppGpp水平增加和诱导严紧型反应。Rallu等（2000）用插入诱变法破坏乳酸乳球菌乳脂亚种MG1363的 *deoB* 基因，在酸和热等多种胁迫时，细胞生存率提高。这意味着在抗酸和热等多种胁迫时，MG1363依赖诱导一种严紧型反应。同样，Xie等（2004）证明，乳酸乳球菌乳酸亚种IL1403在热胁迫时 *deoB* 被阻抑，在渗透胁迫时 *tkt*（转酮醇酶）被阻抑。但在抗酸机制上则不同，酸胁迫时，乳酸乳球菌IL1403的 *deoB* 被诱导3.5倍。说明乳酸乳球菌IL1403可能是用一种非严紧型反应机制来对抗酸害。

（二）二组分信号传感系统

二组分信号传感系统（2CS）是细菌在对环境的应激反应中，监测外部环境并作出反应的一个主要传感和应答调节机制。2CS在细菌界和真核生物中很普遍，许多细胞活动过程，包括胞内管理功能，孢子形成，趋化性，毒力和对许多环境变化的反应中，都涉及这个系统。乳酸菌的耐酸应激反应中可能也包含2CS。O'Connell-Motherway等（2000）在乳酸乳球菌中鉴定了6个2CS。其中四个2CS牵连到对极端pH、渗透压、或氧化环境的耐受性。Morel-Delville等（1998）在清酒乳杆菌鉴定的5个2CS与万古霉素、极端pH、温度和氧化条件的耐受性有关。Le Breton等（2003）在粪肠球菌V583中鉴定了9个2CS，其中8个分别与胆汁盐、高渗、高温、低温、低pH等应激反应有关。

第二节　乳酸细菌对高温的应激反应

细胞在高温下遇到的主要问题是蛋白质的变性和凝聚，以及大分子如核糖体和

RNA 的不稳定，和细胞膜流体性改变等。热胁迫也打乱横跨膜的质子梯度，使胞内 pH 降低。

乳酸乳球菌培养从最佳的培养温度 30℃提高到 42℃，细胞停止生长。温度再次降低到 30℃，细胞又恢复生长。在 42℃热激 30 min 后，活细胞减少不多，但在 50℃保温，活细胞减少 1000 倍。然而，预先在 42℃处理 10 min，再在 50℃热激，存活细胞在 10%以上。德氏乳杆菌保加利亚亚种的指数生长期细胞对在 65℃处理 10min 后细胞存活率仅为 0.0001%～0.015%。当指数期细胞先在 50℃处理 30min，再接受致死温度挑战时，各菌株的生存增加 10～1000 倍。嗜酸乳杆菌、干酪乳杆菌、瑞士乳杆菌、丘状菌落乳杆菌、类干酪乳杆菌和植物乳杆菌等也都有中等热激诱导适应性耐热的报道。

一、乳酸细菌在热适应中诱导和阻抑的基因和蛋白质

2-DE 显示，乳酸菌在高于正常生长温度 10℃左右的热适应中，通常诱导不同数目的蛋白质：嗜酸乳杆菌中 24 个，瑞士乳杆菌中 18 个，乳酸乳球菌中 17 个，干酪乳杆菌中 15 个，丘状菌落乳杆菌 36 个，粪肠球菌中 34 个，变异链球菌中 40 个。在变异链球菌的 40 个中，有 21 个也可由渗透胁迫诱导，只有 6 个是特定由热激增量调节的。乳酸乳球菌中由 NaCl 诱导的 12 个蛋白，都属于热激诱导蛋白（Kilstrup et al.，1997)。说明在乳酸菌中，热激和渗透胁迫诱导的蛋白是重叠的。

植物乳杆菌 DPC2739 的指数中期和稳定期细胞在 42℃ 1h 的热适应细胞，表达水平增加的蛋白质分别有 31 和 18 种，两种热适应细胞都诱导的有 12 种；表达水平降低的蛋白质分别为 9 种和 8 种，两种条件表达水平都降低的只有 1 种。被诱导的蛋白质中已鉴定的有：DnaK、GroEL、触发因子、核糖体蛋白 L1，L11，L31 和 S6、DNA 结合蛋白Ⅱ HIbA 和 CspC。其中 DnaK 和 GroEL 只在指数中期的热适应细胞中被诱导。植物乳杆菌的抗热性也和冷休克以及全面应激反应有关。热诱导合成的蛋白质在细胞生理中的作用，包括伴侣蛋白活性、核糖体稳定性、严紧型反应调控、温度感应和核糖体功能控制等（de Angelis et al.，2004)。

DNA 宏阵列剖析（Xie et al.，2004）表明，乳酸乳球菌乳酸亚种 IL1403 在 42℃热处理 30min，测试的 375 个代谢基因中，表达水平改变的基因有 64 个。34 个是正调节，30 个是负调节（图 5-1)。其中氨基酸 ABC 转运蛋白（*yjgC-yjgD-yigE*）和其他氨基酸转运蛋白（*ydcC*，*ydgC*，*yvdF*）的表达明显增加，而乳球菌蛋白质分解系统的一些肽转运基因（*dtpT*，*optB*，*optC*，*optD*，*optF*）被阻抑约 20 倍。由于环境压力减少了肽的转运，在干酪成熟过程中是有重要意义的。此外，热激还改变核苷酸补救途径，甲硫氨酸生物合成，谷氨酸吸收和生物合成，精氨酸分解代谢和甜菜碱吸收有关基因的表达。乳球菌的氨基酸代谢是干酪中产生香味化合物的关键过程之一。参与甲硫氨酸和半胱氨酸生物合成的蛋白质编码基因 *metA-metB1* 和 *metB2-cysK* 操纵子经热激后，其表达量分别上调了 25 倍和 5 倍。这个情况导致了热激时胞内甲硫氨酸积累。热和渗透胁迫处理都调节的基因共有 10 个（图 5-1)，如甘氨酸甜菜碱转运蛋白基因（*busAA-busAB*）被热和渗透胁迫诱导后，其表达量分别上调了 13～27 倍和 50～60 倍。高温对甜菜碱转运蛋白的诱导，可能和甜菜碱的热保护功能有关。同样，热激基因 *dnaK* 经热和渗透胁迫诱导后表达量分别上调 8 倍和 10 倍（表 5-1)。

二、乳酸细菌热激蛋白的调节作用

应激反应诱导的蛋白质一般可归纳成三类：①参与 DNA 或蛋白质修复的应激蛋白（伴侣蛋白或蛋白酶）；②参与各种代谢途径的蛋白质，如糖酵解途径的蛋白；③某种胁迫诱导的特定蛋白质。热激蛋白（HSP）是细胞在热激等应激反应中增加合成的一组进化上保守的应激蛋白，能促进新生多肽正确折叠，蛋白质复合体组装，以及蛋白质降解和转运。

热激反应在枯草芽孢杆菌中有详细研究。它的热激诱导基因根据其调节基因分为四组：第Ⅰ组基因受热激阻抑物 HrcA 调节，HrcA 结合在控制伴侣蛋白表达的逆向重复（controlling inverted repeat of chaperone expression，CIRCE）回文操纵基因序列。第Ⅱ组基因由通用的 σ^B 因子调节，σ^B 因子管理一大批与应激耐性有关基因的表达。第Ⅲ组基因受第三组应激基因阻抑物（class three stress gene repressor，CtsR）负调节，它结合在所谓 CtsR-框的同向重复序列上。第Ⅳ组的热激基因调节作用不清楚。

乳酸菌的 HSPs 基因中，有的也有类似上述第Ⅰ组和第Ⅲ组的调节基因。但是，没有找到类似第Ⅱ组的通用 σ^B 因子。乳酸乳球菌 IL1403 全基因组序列中（Bolotin et al.，2001）没有看到任何 σ^B 因子的对应物，酿脓链球菌、肺炎链球菌、粪肠球菌中也有类似的现象（Riné et al.，2002）。说明乳球菌、链球菌和其他乳酸菌的应激反应调节机制与枯草芽孢杆菌是不同的。乳酸菌中经常可以检查到的热激蛋白，有保守的伴侣蛋白（DnaK、DnaJ、GrpE、GroES、GroEL）和蛋白酶（Clp、HtrA、FtsH）。

（一）热诱导伴侣蛋白和 HrcA/CIRCE 的调节作用

在新生蛋白的折叠和变性蛋白的再折叠中都包含有伴侣蛋白。乳酸菌和其他细菌一样，具有由 DnaK-GrpE-DnaJ 和 GroES-GroEL 组成的伴侣蛋白复合体。一些乳酸菌包括乳酸乳球菌、变异链球菌、清酒乳杆菌、酿脓链球菌中，在 *dnaJ* 基因和 *hrcA-grpE-dnaK* 的上游，发现有高度保守的 CIRCE 序列（TTAGCAGTC-N9-GAGTGCTAA）。这是枯草芽孢杆菌 HrcA（第Ⅰ组）能识别的操纵基因。HrcA 是 *dnaK* 和 *groE* 的负调节蛋白。乳酸乳球菌 MG1363 中一些 CIRCE 调节的基因（*dnaJ*、*groESL* 和 *hrcA-grpE-dnaK*）的 mRNA 水平，在热激后 10～15min 被诱导提高 10～100 倍（van de Guchte et al.，2002）。

（二）热诱导蛋白酶和 CtsR/CtsR 框的调节作用

HtrA/DegP 蛋白酶：HtrA 属于丝氨酸蛋白酶家族，具有伴侣蛋白和蛋白酶两种功能。大肠杆菌的 HtrA 在低温时有伴侣蛋白作用，而在常温和高温时 HtrA 的蛋白酶活性主要针对折叠错误的蛋白质。在瑞士乳杆菌、乳酸乳球菌和变异链球菌都有 HtrA 的直向同源蛋白。瑞士乳杆菌用热、乙醇、嘌呤霉素和 NaCl 处理，*htrA* 的转录水平可诱导提高 2～8 倍（van de Guchte et al.，2002）。

FtsH/HflB 蛋白酶：HflB 蛋白酶是大肠杆菌中重要的膜结合的依赖 ATP 的金属蛋白酶。HflB 是热诱导的并与 σ^{32} 的调节作用有关，σ^{32} 是大肠杆菌中控制 HS 应激反应的 σ 因子。乳酸乳球菌中也鉴定了 HflB 的类似物，称作 FtsH（Nilsson et al.，1994），高温可诱导 FtsH 表达。C 端 163 残基处截断的 FtsH 突变菌株对热、盐和冷都敏感（Nilsson et al.，1994）。说明乳酸乳球菌的 FtsH 与好几种应激条件的耐性有关。这种蛋白酶可能和大肠杆菌中的一样也是热激反应的负调节因子（Duwat et al.，1995）。

Clp 蛋白酶（caseinolytic protease）：ClpP 复聚体是一种降解短肽的丝氨酸蛋白酶。细菌中含有许多种 Clp-ATP 酶（乳酸乳球菌中有 4 个）具有伴侣蛋白活性。ClpP 是 Clp 蛋白酶的催化部分，在降解较大的底物时 ClpP 必须和一种 Clp-ATP 酶联合作用。热激以后，Clp 蛋白酶降解由于热激受损的蛋白质。乳酸乳球菌中有一个 *clp*P 和四个 *clp*-ATP 酶基因（*clpB*，*clpC*，*clpE* 和 *clpX*）。除了 *clpX*，所有的 *clp* 基因的启动子区域都和 CtsR 框（$^{A}/_{G}$GTCAAANAN$^{A}/_{G}$GTCAAA）的序列有同源性，*ctsR* 编码第Ⅲ组热激基因的负调节蛋白。乳酸乳球菌的 *ctsR* 的直向同源基因在 *clpC* 的上游（Varmanen et al.，2000）。清酒乳杆菌和唾液链球菌 *clp* 基因的上游和肺炎链球菌的 *clp*P，*clp*E，*clp*L，*cst*R-*clp*C 操纵子，以及其他 HSP 编码基因，如酒酒球菌的 *Lo18*，嗜热链球菌的 *hsp16*，肺炎链球菌的 *groESL* 等基因的上游，也都有 *ctsR* 操纵基因。

三、乳酸细菌热激反应的全局调节作用

在乳酸菌中还没有鉴定到热激反应的全局调节基因。除了 HrcA 和 CtsR 外，RecA 也参与热激调节作用。乳酸乳球菌 *recA* 突变株是重组缺陷型，对 DNA 破坏剂包括 H_2O_2 敏感，但也对热敏感。蛋白质印迹法证明，*recA* 突变株中的 DnaK，GroEL 和 GrpE 伴侣蛋白水平减少，另一种热激蛋白 FtsH 量增加。说明在乳酸乳球菌中，RecA 可能是通过控制 FtsH 调节热激反应（Duwat et al.，1995）。

Duwat 等（1999）用插入诱变法从乳酸乳球菌乳脂亚种 MG1363 的 *recA* 菌株中分离了 18 株抗热突变体 trm。突变涉及的基因有参与：①嘌呤代谢的（*deoB*、*guaA*、*tktA*）；②高亲和磷酸盐吸收的（*pstB*、*pstS*）；③mRNA 稳定性的 *pnpA*（多核苷酸磷酸化酶）；④性质不明的 *trmA*。除了 *trmA*，这些突变体都能抵抗多种胁迫。其中 *pstS*、*pstB*、*guaA* 和 *deoB* 等突变，也是抗酸插入突变株所涉及的基因座。再次说明了嘌呤核苷酸和磷酸盐库在乳酸乳球菌多种胁迫抗性表达中的重要性。

第三节　乳酸细菌对低温的应激反应

根据最适生长温度，乳酸菌大多属于中温菌或嗜热菌。在工业过程中，如菌种的冷冻保藏，干酪成熟期的低温发酵和发酵产品的冷藏等的温度，都比乳酸菌的最适生长温度低得多。乳酸菌在冷冻或低温下的最佳生存是菌株必备的工业性状。了解乳酸菌在低温和冷冻条件下的反应，对调整最佳发酵过程，产品的贮存和保藏条件都是重要的。

细菌在遇到骤然低温时会发生严重的生理失调，如膜流体性下降、DNA 超螺旋水平改变和形成稳定的 DNA 和 RNA 二级结构，使翻译、转录和 DNA 复制效率下降。细菌在克服这些作用中发展的瞬时适应性反应，称作冷激反应，这时合成了许多冷诱导蛋白（CIP）。其中低分子质量 CIP（约 7 kDa）通常和其他 CIP 区分开，称为冷激蛋白（CSP）家族。这些 CSP 的序列在许多革兰氏阳性和阴性菌中有很高的同源性（45%）（Wouters et al.，2000）。CSP 可以在不同生长条件表达，大肠杆菌的 9 个 CSP

（CspA～CspI），有 4 个（CspA、CspB、CspG、CspI）可以冷诱导。枯草芽孢杆菌的 3 个（CspB、CspC、CspD）都是冷诱导的。缺失单个 *csp* 基因的枯草芽孢杆菌和大肠杆菌，在正常或低温下都不会有明显的表型改变，不过，其余的 CSP 水平会增加，这说明 CSP 是可以相互补偿的。多缺失分析表明，至少有一个 CSP 是枯草芽孢杆菌生存所必需的，说明 CSP 不仅在冷激适应时，而且在活动生长期也有重要作用。CSP 蛋白是 β-折叠桶蛋白，带有两个 RNA-结合基序，可以和单链 DNA 和 RNA 结合，破坏 RNA 二级结构的稳定性。在低温时，CSP 作为 mRNA 伴侣蛋白，防止 mRNA 形成二级结构，有助于转录和翻译。CSP 还可能在冷诱导基因转录中起抗终止子和替代的翻译起始因子的作用。

一、乳酸细菌对低温的适应性反应和冷诱导蛋白

乳酸菌可能天然就能适应温度下降。当温度下降到 20℃左右，低于最佳生长温度后，指数生长期的乳酸菌细胞继续生长但速率减慢。乳酸乳球菌在低温的存活率增加。细菌在 30℃生长到稳定期后，再于 4℃放置 28 天，细菌存活率为 30%，如果一直放在 30℃，存活率仅为 0.03%。同样，在冷冻-融化循环中，先在 8℃预保温 48 h 的细胞存活率（95%），比没有适应性处理的（75%）高。乳酸乳球菌乳酸亚种在 10℃预适应，可以获得冷冻抗性，但乳脂亚种无论有没有预适应对冷冻都一样敏感。

细菌在冷激反应中能快速诱导一组蛋白质的合成，称作冷诱导蛋白（CIP），然而，大多数蛋白质的合成被阻断。在大肠杆菌和枯草芽孢杆菌中，大约分别有 20 和 35 个 CIP 参与一系列细胞生长过程，如染色体浓缩、趋化性、一般代谢、转录和翻译等。乳酸乳球菌、嗜热链球菌、清酒乳杆菌和粪肠球菌等在低温下也都诱导一些 CIP，最多分别为 22、24、14 和 11 个。乳酸乳球菌 MG1363 受冷激阻抑的蛋白大约有 30 个（Wouters et al.，2000c）。乳酸乳球菌中许多不同的细胞过程都有 CIP 参与，如糖代谢的含组氨酸蛋白 HPr、分解代谢控制蛋白 A（CcpA）和 β-磷酸葡糖变位酶（β-PGM）；染色体构造的组蛋白状 HU-蛋白 HslA；双组分系统的反应调节蛋白 LlrC 和渗压应激调节蛋白 OsmC（Wouters et al.，2000a，b；2001）。此外，乳酸乳球菌中还有一个未鉴定的 45kDa 冷诱导蛋白和 ClpX-ATP 酶相当，它可能参与冷激后（受损）错误折叠蛋白质的水解作用（van de Guchte et al.，2002）。清酒乳杆菌在 4℃生长的细胞中，正调节的蛋白基因有 14 个，其中 5 个是低温和 4% NaCl 都诱导的；负调节的 3 个中有 2 个是低温和 NaCl 都阻抑的。其中 *pfk* 编码的 6-磷酸-果糖激酶（PFK）在 4℃或含 NaCl 时都表达不足。说明低温或高渗条件能降低 PFK 活性和糖酵解途径的流量。低温诱导 *glpD* 编码的甘油-3-磷酸脱氢酶，参与甘油分解代谢，诱导的 *msrA* 编码肽甲硫氨酸亚砜还原酶存在于各种生物中，参与蛋白质氧化伤害的修复。低温和 NaCl 都诱导的 *usp* 和 *ohr* 编码通用应激蛋白（Marceau et al.，2004）。

二、乳酸细菌的冷激蛋白

冷激蛋白（CSP）作为冷适应性反应的一部分，在乳酸乳球菌乳脂亚种、乳酸亚种、瑞士乳杆菌、嗜酸乳杆菌、干酪乳杆菌（*Lb. casei*）、植物乳杆菌、粪肠球菌、酿脓链球菌（*Strep. pyogenes*）、嗜热链球菌、停乳链球菌（*Strep. dysgalactiae*）、戊糖

片球菌（*Pedioco. pentosaceus*）、动物双歧杆菌等乳酸菌中都有报道。CSP 作为 RNA 伴侣蛋白或替代的翻译起始因子，可能通过非特异性结合保护核酸或参与合成耐冷性所需的因子。在乳酸菌不同亚种和菌株间，*csp* 基因的数目各不相同（Champomier-Vergès et al.，2002）。乳酸乳球菌乳酸亚种 IL1403 的全基因组序列中（Bolotin et al.，2001）只有两个 *csp* 基因，而遗传和生化分析表明乳酸乳球菌乳脂亚种 MG1363 中有 7 个 CSP（CspA-CspG）（Wouters et al.，2000b）。同样，植物乳杆菌菌株 C3.8 和 NC8 分别有 2 个和 3 个 *csp* 基因（Derzelle et al.，2000）。

转录和 2-DE 分析表明，乳酸乳球菌乳脂亚种 MG1363 的 7 个 CSP 蛋白中至少有 5 个（CspA、CspB、CspC、CspD、CspF）可以冷诱导。10℃对 CSP 的诱导效率最高，20℃和 4℃的诱导效率较低。CspE 是 30℃的主要 CSP，10℃冷激诱导表达的 CspE 很少，而 CspB、CspD 和 CspF 的表达至少诱导 50 倍。在冷诱导 *cspA*、*cspB*、*cspC* 和 *cspD* mRNA 的前导序列中，大约有 87 个核苷酸的 5′-端不翻译的前导序列（5′-UTR）。这个高度保守前导序列和大肠杆菌 *cspA* 的 5′-UTR 一样，可能具有转录调节功能（Sanders et al.，1999）。乳酸乳球菌中 5 种 CSP 的生理学研究表明，*cspA*，*cspB* 双缺失和 *cspA*，*cspB*，*cspE* 三缺失，都不会影响细菌生长。在一个 *cspA*，*cspB*，*cspE* 缺失菌株中无法使 *cspC*，*cspD* 基因失活，说明在 CSP 家族成员中有一个依赖 CSP 的调节作用，同时细胞中需要有一个最低的 CSP 水平。此外，CSP 超高产或缺失，能改变 OsmC、HslA、LlrC 和另外三个未鉴定的 CIP 的水平。在没有 *csp* 的菌株中，一些 CIP，包括 HslA 和 LlrC 不能被冷诱导。说明乳酸乳球菌的某些 CSP 可能也是冷适应作用的调节蛋白（Wouters et al.，2000b，2001）。

植物乳杆菌 NC8 菌株的 3 个 *csp* 基因（*cspL*，*cspP*，*cspC*）中，有一个（*cspL*）能在 8℃被冷激诱导。植物乳杆菌（*cspP* 和 *cspC*）和乳酸乳球菌（*csp*E）中，非冷诱导 *csp* 基因的一个共同特点是，5′-UTR 比对应的冷诱导 *csp* 基因长一些。这个差别可能就是转录物不稳定的原因。植物乳杆菌 CspL 过量产生，能瞬间缓解由于冷激（8℃）对指数期细胞生长速率的减慢作用。CspC 有恢复营养缺乏细胞和适应性作用。CspP 过量产生提高冷冻细胞的生存率（Derzelle et al.，2003）。此外，嗜热链球菌中检查到 6 个 CSP（CspA～CspF），其中 5 个是冷诱导的，另一个在 42℃和 20℃的表达都是低水平的。保加利亚乳杆菌 ATCC11842 中只鉴定了一个冷诱导的 *csp* 基因（*cspA*）。在正常生长温度（42℃）可以检查到保加利亚乳杆菌 *cspA* 的转录，在 25℃冷诱导最多。植物乳杆菌、保加利亚乳杆菌和嗜热链球菌中的冷诱导 *csp* 基因或蛋白质也都有其最佳的诱导温度（van de Guchte et al.，2002）。

三、乳酸细菌的耐冷性和交互保护作用

细胞在冷冻时不仅由于形成冰晶，也会因为内部溶质浓度高造成的高渗透性而受到伤害。膜的完整性和大分子变性是决定细胞冷冻后存活的因素。有些因素，如菌株和菌种的变异性、生长条件、培养时间和悬浮培养基的性质等都影响乳杆菌冷冻后的存活。在 30℃培养的植物乳杆菌 DB200、短乳杆菌 H12、植物乳杆菌 20B 和旧金山乳杆菌 CB1，冷冻后的细胞存活率分别只有 1.0%、0.25%、0.12%和 0.04%。细胞在冷冻前先在 15℃适应 2 h，细胞恢复增加：旧金山乳杆菌增加 10 倍，植物乳杆菌 DB200 和短

乳杆菌 H12 增加约 25 倍，植物乳杆菌 20B 增加约 100 倍（de Angelis et al.，2004)。其他乳酸菌如乳酸乳球菌、嗜酸乳杆菌、保加利亚乳杆菌、嗜热链球菌，粪肠球菌，嗜酸乳杆菌和德氏乳杆菌保加利亚亚种等，都有在较低温适应性生长获得耐冷性的报道。乳酸乳球菌乳脂亚种指数生长期的冷适应细胞（10℃，4h)，冷冻存活率提高（约为100 倍）和 CSP 表达增加相符。不过，冷激诱导的冷冻保护水平和 *csp* 基因表达水平并无直接关系。*cspA cspB* 和 *cspA cspB cspE* 缺失，不影响正常温度培养菌在冷冻后的生存。但是 *cspA cspB cspE* 缺失株的冷适应性比野生型差。CspB，CspD 和 CspE 高产细胞的冷冻生存比野生型细胞高 2～10 倍。虽然稳定期细胞的 CSP 水平并不比冷诱导细胞高，但在冷冻后的存活率比指数生长细胞高 20 倍。稳定期诱导的 19 种蛋白中有三种（26kDa、43kDa 和 45kDa）也可以用冷激诱导，它们可能是 CSP 以外的重要耐冷性因子（Wouters et al.，2000b，2001)。

通常生长温度降低，膜脂质中较短和/或不饱和脂肪酸的比例增加，使胞质膜有最佳的流体性。在有适当冷冻保护剂时进行冷冻可以减少活细胞的损失，因为它可以抵消细胞在冷冻干燥时失去的水分。可混溶溶质如甘氨酸甜菜碱，脯氨酸等在渗透保护和冷适应中起重要作用。用各种溶质预处理可诱导德氏乳杆菌保加利亚亚种对－20℃冷冻和37℃融化的耐性。二甲亚砜的防护冷冻的作用比甘油强，而乳糖，蔗糖和海藻糖的冷冻适应作用比冷冻防护作用大（de Angelis 和 Gobbetti，2004)。

约氏乳杆菌和嗜酸乳杆菌细胞分别在 55℃，30～45min 或 1.25% NaCl 中培养，冷冻后的存活率增加。耐酸和耐胆汁的嗜酸乳杆菌变种比亲本菌株对冷冻更稳定。冷激也可以提高乳酸乳球菌乳酸亚种 IL1403 的耐热性，说明冷激和热激的调节子可能是重叠的。冷激可以增加肠膜明串珠菌 Dnak 和 GroEL 同系物的水平；在约氏乳杆菌和乳酸乳球菌乳酸亚种，热激的诱导作用对冷冻有些交互保护作用。但热激不能改善乳酸乳球菌乳脂亚种 MG1363 的耐冷性，说明菌株间对冷激和热激反应的交互保护作用是有特异性的。此外，Wouters 等（2001）鉴定的冷诱导反应调节蛋白（LlrC）是二组分系统的一部分，可能与温度感应和低温下的信号传感系统有关。

第四节　乳酸细菌的抗氧化应激反应

与食品有关的乳酸菌都属于兼性厌氧菌。乳酸菌的生长一般不需要氧，事实上经常可以看到氧对这些细菌的生长有不利作用。然而，乳酸菌有能力消耗氧。在乳酸乳球菌 IL1403 的基因组序列中，存在所有有氧呼吸必需的基因以及血红素合成后期包含的基因（Bolotin et al.，2001)。乳酸菌具有利用 O_2 的氧化酶，可以氧化各种底物如丙酮酸或 NADH（还原型辅酶Ⅰ）。在糖酵解时，将形成的 NADH 再生为 NAD^+（辅酶Ⅰ），同时将产生的丙酮酸还原成乳酸或乙醇。丙酮酸还可以转化成乙酸产生 1mol ATP。这些氧化酶活性可以产生有毒的活性氧品种（ROS），在细胞中引起氧化胁迫。

氧的毒性一般归因于各种活性氧品种（ROS），如超氧化物基阴离子（O_2^-）、过氧化氢（H_2O_2）和氢氧自由基（HO·）对蛋白质、脂类和核酸造成的伤害，这是造成细胞老化和死亡的主要原因之一。细胞通过防止这些 ROS 的形成和通过酶降解或清除剂清除它们，发展了一些应付氧毒性的办法，使它们不容易受到攻击，或修复氧化胁迫造成的损害。下面列举食品乳酸菌在抗氧化胁迫中的各种抗氧化机制。

一、细胞内还原环境

在大肠杆菌中，细胞内的还原环境对细胞主要功能的重要性有详细论述。细胞在有氧条件正常生长时需要有二硫化物还原途径，即通过硫氧还蛋白途径或谷胱甘肽/谷氧还蛋白途径，还原蛋白质中的二硫键，保持细胞内还原环境。

乳酸乳球菌乳酸亚种 IL-1403 中没有编码 γ-谷氨酰半胱氨酸合成酶和谷胱甘肽合成酶的基因。所有测试的乳酸乳球菌都不能在化学合成培养基中合成谷胱甘肽（Li et al.，2003）。当培养基中加了谷胱甘肽（GSH），乳酸乳球菌乳脂亚种 SK11 中积累的 GSH 高约 60mmol/L。积累 GSH 的稳定期细胞对 H_2O_2的抗性比没有胞内 GSH 的高 5 倍。说明一些乳酸乳球菌菌株可以吸收但不能合成 GSH。乳酸乳球菌吸收的 GSH 可以活化稳定期细胞中的 GSH-GSH 过氧化物酶-GSH 还原酶系统，催化 H_2O_2的还原作用。GSH 还原酶（GR）在乳酸乳球菌中是很普遍的。GR 的作用是还原氧化的 GSH。嗜热链球菌和粪肠球菌在氧浓度高时 GR 活性也增加。此外，在乳酸乳球菌乳脂亚种 SK11 的有氧生长细胞中检查到的 GSH 过氧化物酶水平比厌氧生长的高 5 倍（Li et al.，2003）。

乳酸乳球菌 IL1403 的基因组序列中有编码硫氧还蛋白途径的硫氧还蛋白基因 *trxA* 和 *trxH* 和硫氧还蛋白还原酶基因 *trxB1* 和 *trxB2*。保加利亚乳杆菌中鉴定了硫氧还蛋白还原酶基因 *trxB*。酒酒球菌的硫氧还蛋白的编码基因 *trxA* 在有 H_2O_2或在热激后被诱导（van de Guchte et al.，2002）。

乳酸乳球菌的 FNR 状蛋白（FlpA 和 FlpB）也是和防御氧化伤害有关的蛋白（Gostick et al.，1999）。FlpA 和 FlpB 可能和调节Zn(Ⅱ)的吸收作用有关。*flpA* 和 *flpB* 失活可以导致细胞内Zn(Ⅱ)库损耗，*flpAflpB* 双突变株对 H_2O_2高度敏感。乳酸乳球菌用Zn(Ⅱ)抵抗氧化胁迫的防御机制，可能是保护蛋白质中的硫羟基不被氧化成二硫键。

二、防止活性氧品种的形成

活性氧品种（ROS）是造成细胞老化和死亡的主要原因之一，限制 ROS 形成的一个方法是尽量消除游离态氧。Guerzoni 等（2001）报道，瑞士乳杆菌在氧化胁迫反应中，细胞膜的脂肪酸成分发生改变。因为细胞在氧化胁迫反应中，消耗氧的脂肪酸去饱和酶系统活性增加，减少了自由基对细胞的伤害，从而保护这种厌氧微生物的细胞免受有毒氧品种和高温的伤害。德氏乳杆菌保加利亚亚种在乳糖培养基中的生长，由于搅拌通气而出现提早进入稳定期的现象，这和培养基中 H_2O_2积累有关。通气培养的 H_2O_2浓度比不通气的高 2～3 倍。这些 H_2O_2大概是 NADH 氧化酶在消除溶解氧的反应中产生的，因为德氏乳杆菌中没有触酶，不能消除 H_2O_2的毒害作用，结果使培养菌的生长停止（Marty-Teysset et al.，2000）。

三、清除活性氧组分

（一）触酶和拟触酶

有些乳酸菌在含血红素的培养基中能够产生触酶活性。另有一些乳杆菌、片球菌、明串珠菌和肠球菌还能产生非血红素触酶或拟触酶。触酶和拟触酶可以解除 H_2O_2 的毒性。Engesser 等（1994）研究的 71 株乳酸菌中，含有非血红素触酶活性的有植物乳杆菌、马里乳杆菌（*Lb. mali*）和戊糖片球菌等三株，而产生血红素触酶的有 21 个种，分别属于乳酸菌的各个属。例如，清酒乳杆菌 LTH677 产生的触酶是一个依赖血红素的触酶（Knauf et al.，1992），这种乳杆菌在肉制品的发酵中最常用，肉制品中含有丰富的血红素。通气或 H_2O_2 可以诱导触酶基因的转录。Abriouel 等（2004）用埃及干酪中分离的植物乳杆菌 CNRZ1228 的触酶基因（*katL*）为参比物，证明许多食品乳杆菌中都存在类似的触酶基因，但肠球菌和另一些乳杆菌中则有不同的触酶基因。植物乳杆菌 ATCC14431 中的含 Mn 拟触酶已经提纯，这种非血红素触酶是同型五聚体的金属锰酶（Igarashi et al.，1996）。

（二）超氧物歧化酶和 Mn(Ⅱ)

许多乳酸菌可以依靠超氧物歧化酶（SOD）或高浓度的胞内 Mn^{2+} 清除超氧化物基阴离子(O_2^-)。超氧化物歧化酶在除去 O_2^- 的反应中产生 H_2O_2（Sanders et al.，1995）：$2O_2^- + 2H^+ \rightarrow H_2O_2 + O_2$。

大多数链球菌和乳球菌的抗氧化防御系统中都有锰超氧物歧化酶。嗜热链球菌 AO54 中 MnSOD 的编码基因（*sodA*）在厌氧和有氧条件都能够表达，是在有氧条件生长必需的（Bruno-Bárcena et al.，2004）。

大多数乳杆菌没有超氧物歧化酶。有些耐氧的植物乳杆菌、干酪乳杆菌、发酵乳杆菌和肠膜明串珠菌中含有高浓度 Mn，Mn(Ⅱ)是 O_2^- 的有效清除剂，可以代替 SOD。保加利亚乳杆菌和嗜酸乳杆菌中没有高含量 Mn，也不含超氧化物歧化酶，是乳杆菌中最不耐氧的（Archibald et al.，1981）。

四、氧化伤害的修复

损伤修复是抵抗氧化和其他胁迫的基本机制。Duwat 等（1995）研究表明，乳酸乳球菌的 *recA* 基因除了同源重组和 DNA 修复，还在氧化胁迫和热激中起作用。通气培养能诱导 *recA* 的表达，一株 *recA* 突变体对通气十分敏感，生长速率减慢，稳定期的生存率下降。热胁迫也阻止 *recA* 菌株生长。他们推测 *recA* 基因产物可以通过它的 DNA 修复机制，或间接地通过调节作用，调节氧化伤害修复中需要的其他基因，减轻氧化的胁迫作用。在 *recA* 菌株中，伴侣蛋白的数量显著减少。

五、参与防御氧化胁迫的基因和诱导的蛋白质

粪肠球菌不产生触酶，在 H_2O_2 适应性反应中诱导产生 23 种应激蛋白。抗生素抑制蛋白质合成并破坏对 H_2O_2 的耐性，说明获得 H_2O_2 耐性需要全程的蛋白质合成（Flahaut et al., 1998)。在 H_2O_2诱导的 23 种蛋白中，有 16 种至少还可以由另外一种胁迫条件诱导，其中 3 种（G*sp*63、G*sp*64、G*sp*65）可以被 6 种以上胁迫条件诱导，属于通用应激蛋白（Riné et al., 2000）。但在 H_2O_2诱导的应激蛋白中没有 NADH 过氧化物酶，也没有热激蛋白 DnaK 和 GroEL(Gsp67)。通用应激蛋白 Gsp65(14.4 kDa) 的氨基酸序列和抗有机过氧化物蛋白(Ohr) 同源（Riné et al., 2001）。转录分析表明，*gsp65* 可以在 H_2O_2、热、酸、去污剂、乙醇、氯化钠、叔丁基过氧化氢（tBOOH）等条件下被诱导。在粪肠球菌中 NaCl、热、乙醇、酸和碱等胁迫都能诱导弱或强的 H_2O_2 交互保护作用，其中酸诱导的 H_2O_2交互保护作用最有效（Riné et al., 2000）。变异链球菌的指数期细胞，在氧化胁迫中增量调节的蛋白有 69 种，其中 15 种是氧化特异性的，6 种通用应激蛋白。

Thibessard 等（2004）从 10 株对甲萘醌（一种产生超氧化物的化合物）敏感的嗜热链球菌 CNRZ368 突变体中，鉴定了 10 个和防御超氧化物胁迫有关基因，分为 5 个类别：①参与细胞壁代谢的；②参与外多糖转移的；③参与 RNA 修饰的；④参与铁体内稳态；⑤功能不明的，但其中没有编码主要抗氧化酶的基因。Fernandez 等（2004）在嗜热链球菌 CNRZ368 的抗氧化突变体中，鉴定到 8 个基因座，包括 *deoB*（磷酸戊糖变位酶基因），*gst*（质子/钠二羧酸同向转移基因），*rggC*（转录调节基因）和 5 个功能不明的可读框。其中 *deoB* 在乳酸乳球菌中与防御多种胁迫条件有关。Rallu 等（2000）在乳酸乳球菌分离的抗酸突变株中，*relA*、*hpt* 和 *guaA* 突变株在 H_2O_2的存活率提高 2～10 倍，而 *pstS* 突变株的存活增加 2000 倍。这株特别能抵抗氧化胁迫的突变株，是由于编码磷酸盐 ABC 运输蛋白的 *pstS* 基因受到影响。他们认为细胞内磷酸盐浓度降低是细胞内部的应激信号，它引发的应激反应可对多种胁迫条件起保护作用。此外，在乳酸乳球菌、清酒乳杆菌和粪肠球菌等乳酸菌的抗氧化应激反应的调节回路中，都可能存在一种二组分信号传感系统。

第五节　乳酸细菌对渗透胁迫的抗性

在工业生产过程中，乳酸菌经常会遇到溶质浓度的改变，例如在食品中加入大量盐或糖等降低水活性，预防食品变质。在食品和饲料工业中用冷冻干燥或干燥等保存起子培养物等。这些措施都严重影响乳酸菌的生存能力。了解乳酸菌对渗透胁迫的适应性对改进生产过程十分必要。

一、渗透胁迫和可混溶溶质

在自然生境中，细菌经常会遭遇溶质浓度变化。细菌的细胞质膜是透水的，但对大多数溶质来说是一道有效的屏障。当外界环境的渗透性提高（高渗胁迫），会使细胞质中的水分迅速流出并失去膨压，危及细胞的主要功能。通常在高渗条件下，细菌可（通过吸收或合成）积累可混溶溶质，和在低渗条件，释放（或降解）它们。这类可混溶溶质包括 K^+，氨基酸（如谷氨酸、脯氨酸），氨基酸衍生物（肽、N-乙酰氨基酸），季铵化合物（如甘氨酸甜菜碱、肉毒碱）和糖（如蔗糖、海藻糖），以及许多嗜盐菌合成的四氢嘧啶等。这些可混溶溶质可保持细胞水分，维持细胞膨胀压力，又不干扰细胞生理过程。许多可混溶溶质还是酶的有效稳定剂，不仅能在高盐环境为细胞提供保护，也在高温，冷冻-融化和干燥等条件下提供保护。不过，乳酸菌与肠道细菌和枯草芽孢杆菌不同，它们很少或不能合成可混溶溶质，而主要靠从培养基中吸收这类化合物，其中用得最多的一种是甘氨酸甜菜碱。

当嗜酸乳杆菌的指数中期细胞遭受高渗胁迫（18% NaCl，2 h），存活率下降到46%。细胞预先在亚致死浓度NaCl（2%）培养1 h，存活水平稍有增加，适应NaCl的细胞对胆汁盐的抗性也增加。高浓度盐可抑制乳酸乳球菌的生长。KCl和NaCl对植物乳杆菌和乳酸乳球菌的生长抑制，比等渗透浓度的蔗糖或乳糖的作用更大。因为蔗糖和乳糖施予的渗透胁迫只是短暂的，糖吸收后，内部和外部的糖浓度很快达到平衡（Glaasker et al.，1998）。

Glaasker等（1996）测定了在含或不含0.8mol/L KCl培养基中生长的植物乳杆菌中，各种可混溶溶质库的大小。在高渗培养基中，生长细胞中积累了氨基酸，特别是谷氨酸，脯氨酸。当培养基中含有季铵化合物甘氨酸甜菜碱，植物乳杆菌与其他许多细菌一样，优先积累甘氨酸甜菜碱，而谷氨酸和脯氨酸的水平比不含甘氨酸甜菜碱时低许多。提高缓冲液的渗透压可以刺激细胞对脯氨酸和甘氨酸甜菜碱的吸收，但对谷氨酸和其他氨基酸的吸收没有激活作用。渗透压降低，使少数可混溶溶质快速流出，其中包括脯氨酸、甘氨酸甜菜碱、丙氨酸和谷氨酸，流出速率比吸收率要快得多。

Piuri等（2003）研究了肽和蛋白水解酶在干酪乳杆菌渗透适应中的影响。在乳品和高渗培养基中，由干酪乳杆菌蛋白质水解系统提供的肽，也能和甘氨酸甜菜碱一样，在渗透适应中起渗透保护作用。

二、甘氨酸甜菜碱吸收系统

植物乳杆菌培养在含甘氨酸甜菜碱的合成培养基中，细胞质中主要可混溶溶质是甘氨酸甜菜碱。由于植物乳杆菌不能合成或代谢甘氨酸甜菜碱，因此甘氨酸甜菜碱积累的最终水平完全由相对的吸收和流出率决定。植物乳杆菌中有一个属于ABC（ATP结合组件）运输系统的半组成型依赖ATP的季铵化合物转运蛋白QacT（quaternary ammonium compound transporter）。这个系统由细胞的膨压调节，对各种可混溶溶质有广泛特异性，对甘氨酸甜菜碱和肉毒碱的吸收是高亲和性的，对脯氨酸和其他类似物是低亲和性的。高渗激活的主要是在酶的水平，很少在基因的表达水平。渗透压降低时，甘氨酸甜菜碱的流出是由另外的系统介导的，甘氨酸甜菜碱流出率比最高吸收率高得多，净流出很可能是通过一种类似机械敏感的离子通道系统快速排出（Glaasker et al.，1998）。

甘氨酸甜菜碱也能提高乳酸乳球菌和嗜酸乳杆菌对渗透压的耐性。但是在乳酸乳球菌中，甘氨酸甜菜碱的吸收与植物乳杆菌的情况不同，是在基因表达和转运活性两个水平上受渗透压调节的。编码这个转运系统的ABC转运蛋白基因已经鉴定。Obis等（1999）和Bouvier等（2000）分别在乳酸乳球菌不同菌株中报道了甜菜碱吸收系统的转运蛋白BusA（betaine uptake system）和OpuA（osmopro tectant uptake），它们的编码基因和操纵子与枯草芽孢杆菌编码ABC型转运系统的*opuA*操纵子有很高的同源性。乳酸乳球菌OpuA或BusA转运蛋白不仅担当渗透调节蛋白，还具有渗透传感器功能。外界渗透压提高对 OpuA 的激活作用是瞬间的和可逆的。细胞内离子强度改变是对渗透胁迫的主要信号，并通过对胞膜脂质和蛋白相互间作用转送到 OpuA。根据基因组序列数据库搜索，粪肠球菌和酿脓链球菌中也鉴定到和乳酸乳球菌 OpuA 高度同源的 OpuAA 和 OpuABC 蛋白（Bouvier et al.，2000）。

三、乳酸细菌在渗透胁迫中诱导和阻抑的基因和蛋白质

Kilstrup 等（1997）用 2-DE 法鉴定乳酸乳球菌中由高渗诱导产生的蛋白质，证明由盐胁迫诱导的蛋白，有些也可以用热激诱导。用 2.5% NaCl 诱导 10min，热激蛋白 DnaK，GroEL 和 GroES 增加 5～9 倍。另外，乳酸乳球菌的两个膜结合蛋白，胞内蛋白酶 FtsH 和胞外管家蛋白酶 HtrA 也在对抗渗透胁迫中有作用。说明乳酸乳球菌在热激和渗透胁迫中诱导的许多蛋白质是重叠的。对变异链球菌，盐诱导的 52 种蛋白质中，有 21 个属热诱导蛋白，只有 10 种是专门由盐诱导的（Svensäter et al.，2000）。加了 NaCl，嗜酸乳杆菌和约氏乳杆菌中 *dnaK* 的 mRNA 浓度增加。高渗条件分别诱导清酒乳杆菌 LTH681 和瑞士乳杆菌 CNRZ32 中 *dnaK* 和 *htrA* 操纵子的转录。在有甘氨酸甜菜碱时加了 NaCl，可以显著提高嗜酸乳杆菌，约氏乳杆菌和其他乳杆菌在冷冻干燥时的存活率。

Prasad 等（2003）将鼠李糖乳杆菌 HN001 预先用热（50℃）或盐（0.6mol/L NaCl）胁迫后，再将干燥的菌种放在 30℃保藏，生存力比未用胁迫处理的显著改善。渗透胁迫后细胞中增量调节的蛋白质，包括经典的热激蛋白 GroEL 和 DnaK、糖酵解酶中的乳糖脱氢酶（LDH）、塔格糖途径的塔格糖 1,6-二磷酸醛缩酶（TBPA）；ABC 转运蛋白的合成也增加 2 倍。细胞质含量的碳水化合物分析表明，渗透胁迫细胞中的糖含量比未处理的较高。除了正常单糖、二糖、三糖和四糖，还有甘油。

2-DE 显示（Marceau et al.，2004），在含 4% NaCl 条件生长的清酒乳杆菌细胞中，正调节的蛋白基因有 9 个，包括 *usp* 和 *ohr*；负调节的 2 个，包括 *pfk* 和 *asp2*。*pfk* 编码的 6-磷酸-果糖激酶，在低温或含 NaCl 时都表达不足。*asp2* 基因编码的 Asp 和粪肠球菌的 Gls24 有 37%是等同的。Ohr 参与对有机过氧化物的保护作用。在清酒乳杆菌，Ohr 的同源蛋白由低温和盐诱导。在粪肠球菌，*ohr* 基因编码通用应激蛋白 Gsp65。*usp* 编码通用应激蛋白。

DNA 宏阵列剖析（Xie et al.，2004）表明，乳酸乳球菌乳酸亚种 IL1403 用 4% NaCl 渗透胁迫处理 30min，在测试的 375 个代谢基因中，有 68 个基因的表达发生改变（表 5-1、图 5-1）。其中 34 个基因是正调节，34 个是负调节。其中甘氨酸甜菜碱转运蛋白基因（*busAA*-*busAB*）提高了 50～60 倍。渗透胁迫诱导的其他基因与核苷酸补救、谷氨酸生物合成、赖氨酸生物合成和肽聚糖生物合成有关。渗透胁迫处理后，热激基因 *dnaK* 也被诱导 10 倍。有关脂肪酸生物合成（*accA*、*accB*、*accC*、*fabD*、*fabG1*、*fabH*、*fabZ2*），柠檬酸和苹果酸发酵（*citE*、*mae*、*mleS*），以及精氨酸脱亚氨基酶（*arcA*）途径的基因则被阻抑。脂肪酸生物合成基因表达的阻抑可以造成渗透胁迫时生长速率低，因为细菌的生长速率通常和脂肪酸合成有关。还有，蛋白质分解酶和β-葡糖苷磷酸转移酶系统基因（*yedE*、*yedF*）的表达在渗透胁迫时也被阻抑。此外，磷酸-核糖焦磷酸激酶（*prsA*-*prsB*）操纵子在渗透胁迫时分别被诱导 2.4 和 8.2 倍，因为 *pr*-

sA-prsB 和 *deoB* 都以 5-磷酸核糖为底物，*prsA-prsB* 的诱导作用可以和 *deoB* 的阻抑作用得到相似的表型。在渗透胁迫下 GTP 焦磷酸激酶（*relA*）的表达增加 2.1 倍，也是严紧型反应的直接证据。

第六节　乳酸细菌对胆汁的耐性

胆汁是一种复杂的消化道分泌物，主要作用在于脂肪的分散与吸收。胆汁酸是胆汁中具有类固醇结构的有机酸，是胆汁的主要成分。人胆汁含有三种不同的胆汁酸，即胆酸（CA）、脱氧胆酸和鹅脱氧胆酸。胆酸的羟基可分别与肝脏中的甘氨酸或牛磺氨酸共轭结合，形成甘氨胆酸（GCA）和牛磺胆酸（TCA），称为结合胆汁酸，在胆汁中以钠盐或钾盐形式存在称为胆汁盐。胆汁酸对细菌的毒性作用还了解不完全，胆汁酸是两性分子，有很强的抗微生物活性，具有去污剂和分解生物膜的作用。人肠道中每天约有130～650mg 胆汁酸不通过肠上皮被吸收。因此，革兰氏阴性和阳性细菌能够在这样的多胆汁的消化道环境中生存，应该具有抵抗胆汁毒性作用的特异性机制。抵抗胆汁胁迫的研究主要在以下两类细菌中进行：消化道中的肠道致病菌和食品用乳酸菌、双歧杆菌。

一、乳酸细菌和胆汁盐水解酶

肠道菌群中的有些微生物包括一些乳酸菌可以代谢胆汁酸，这种能力在防御胆汁时可能起到保护作用。在乳杆菌中研究较多的是胆汁盐水解酶（BSH）。BSH能解开胆汁酸的共轭，从类固醇的核心水解氨基酸，甘氨酸或牛磺酸。水解作用改变了胆汁的性质，显著降低它在低 pH 时的溶解性和去污剂活性。约氏乳杆菌 100-100 菌株的BSH基因核苷酸序列分析表明，BSH操纵子由BSH基因和编码胆汁酸转运蛋白的基因组成（Elkins et al.，1998）。Moser 和 Savage（2001）测定了 49 株从人胃肠道和乳品中分离的乳杆菌所表达的BSH活性和抵抗结合胆汁酸毒性的能力。结果发现，乳杆菌的BSH活性和对胆汁的抗性并没有必然的关系。不过，从人肠道中分离的菌株，绝大部分能同时表达牛磺脱氧胆酸（TDCA）水解酶和牛磺胆酸（TCA）水解酶活性。BSH 活性对细菌在肠道中生存和定殖可能还是很重要的。Pereira 等（2003）在活体外研究了 14 株乳酸菌的 BSH 活性，只有 5 株菌有 BSH 活性。其中发酵乳杆菌 KC5b 能够耐胆汁盐和耐酸性，是一株益生菌候选菌株，它可以影响胆固醇代谢，可能有益于降低血清胆固醇。

二、乳酸细菌对胆汁胁迫的适应性反应

乳酸菌对胆汁，非结合胆汁酸（如胆酸）和结合胆汁酸（GCA 或 TCA）的适应性反应，在粪肠球菌、嗜酸乳杆菌、保加利亚乳杆菌和乳酸乳球菌乳酸亚种中均有报道，但是在乳酸乳球菌乳脂亚种测试的三个菌株中都没有看到。粪肠球菌和保加利亚乳杆菌对胆汁的适应，不仅提高了对胆汁盐的耐性也提高对热激的耐性。反过来，热适应性也保护该菌株对致命胆汁的挑战。相反，嗜酸乳杆菌的胆汁适应性可以保护热的胁迫，但是热适应性并不能改进它对胆汁的耐性。这些数据说明各种乳酸菌间，耐胆汁的机制是

各不相同的，虽然，胆汁适应性机制有可能和热激反应相似或相同。

以双向凝胶电泳（2-DE）为基础的蛋白质组学研究表明，胆汁适应性可提高保加利亚乳杆菌中 23 种胞质蛋白，和粪肠球菌中 45 种蛋白质的表达。后者中有 12 种也在去污剂（SDS）胁迫时诱导产生。在粪肠球菌中检查到的 Gsp66 和 Gsp67 分别是 DnaK 和 GroEL 伴侣蛋白。Gsp62 是一种通用应激蛋白。胆汁、SDS、热和其他几种胁迫处理可以刺激 Gsp62 编码基因表达，但是破坏这个基因与细菌对这些胁迫的耐性没有明显影响（Riné et al.，2002）。Gsp 65 与抗有机过氧化物蛋白（Ohr）同源。*gsp65* 基因失活对胆汁盐和其他胁迫的耐性没有影响（Riné et al.，2001）。Gls 24 与胆汁盐抗性有关。Gls 24 可以由葡萄糖饥饿和营养不足以及一些化学品（NaCl、胆汁盐、氯化镉）诱导。*gls24* 突变株的生长和细胞形态都受到严重影响，饥饿 24h 后的细胞对胆汁更加敏感。

三、抗多种药物的排出系统

游离胆汁酸对活细胞有明显毒性，因为它们可以解开生物膜的有序结构。消化道中存在大量流动的胆汁盐和游离胆汁酸。革兰氏阴性菌，特别是大肠杆菌，抵抗胆汁酸的特征性机制就是从细胞中逐出胆汁酸。这种逐出机制是由抗多种药物（MDR）转运蛋白的排出系统主导的。MDR 系统负责抵抗许多种有毒化合物，包括抗生素、染料、有机溶剂、去污剂、胆汁酸和其他许多疏水剂。

大多数细菌 MDR 转运蛋白的活性可以分为两类：一类是依赖质子动力（pmf），用质子（H^+）或钠离子的横跨膜电化学梯度推动，将药物从细胞中逐出。第二类是 ABC（ATP 结合组件）型多药物转运蛋白，用 ATP 水解的自由能将药物从细胞中逐出。这些系统在革兰氏阴性和阳性细菌中广泛分布。MDR 排出系统在一些革兰氏阳性菌中有详细研究，包括枯草芽孢杆菌、肺炎链球菌和乳酸乳球菌。在乳酸乳球菌中，详细研究了两个 MDR 转运蛋白 LmrP（依赖 pmf）和 LmrA（依赖 ATP）(Bolhuis et al.，1994)，但是它们在胆汁抗性中的胆汁排出作用尚未确定。

乳酸乳球菌的 LmrA 是细菌中发现的第一个真正的 ABC 型多药物转运蛋白。LmrA在结构上及功能上和人的抗多种药物的 P-糖蛋白有同源性，能运输许多两性化合物，包括抗生素和抗癌药物。LmrA 对磷脂的首基（headgroup）有特异性，在乳酸乳球菌中可能参与类脂或类脂前体的转移作用。

短乳杆菌的抗啤酒花 HorA 蛋白是 ABC 型多药物转运蛋白家族中的一个新的成员，HorA 推导的氨基酸序列和 LmrA 有 53%是等同的。抗啤酒花 *horA* 基因是从抗啤酒花的短乳杆菌的质粒 pRH45 上分离的。啤酒花中的异-α-酸给啤酒带来苦味，由于它有消散 pmf 的能力，对多数革兰氏阳性细菌有杀菌作用。HorA 表达可以提高乳酸乳球菌对啤酒花化合物和细胞毒素的抗性（Sakamoto et al.，2001）。

Yokota 等（2000）报道了乳酸乳球菌中一个依赖 ATP 的胆汁酸转运蛋白和胆酸盐抗性有关。在含胆酸盐的培养基中，从乳酸乳球菌 MG1363 选择出抗胆酸盐的 C41-2 菌株。C41-2 菌株对胆酸盐的抗性是由于排出量提高，降低了胆酸盐的积累。

第七节　乳酸细菌的饥饿反应和全面应激状态

一、稳定期和营养饥饿反应

细菌的大部分时间处于稳定期。一般认为，稳定期是自然界细菌细胞最常见的状态。许多应激条件如冷、热、酸、渗透或氧化胁迫，或饥饿都可以导致细菌生长停止和进入稳定期。其中营养不足是最常见的，而细菌生长本身就会促使营养耗尽并导致一种或几种营养成分不足。

Redon 等（2005）用全转录组分析法，研究了乳酸乳球菌在 CDM 培养基中对碳饥饿的适应性。乳酸乳球菌 IL-1403 经过营养过剩的指数生长期（0～5h）和由于葡萄糖浓度下降引起的短的减速期后，在发酵 6h 后进入葡萄糖耗尽的稳定期。在稳定期的前 1.5h 是简单的碳饥饿，因为葡萄糖已经耗尽，而其他营养，特别是氨基酸还有。精氨酸能有效地被无生长细胞消耗，并在饥饿 1.5h 后从培养基中耗尽。在发酵过程中，参与碳饥饿反应的基因只占全基因组的 30%，在 704 个表达有明显变化的基因中，表达不足的基因（411 个）比超量表达的（226 个）多一倍。其余 67 个基因在减速期或碳饥饿开始时被瞬时诱导。在减速和饥饿期间，细胞中转录物数量和 RNA 总浓度下降，大多数参与细胞生长过程（包括转录、翻译、核苷酸生物合成、细胞外被代谢和细胞分裂）的有关基因表达全面下降。反之，碳饥饿对复制的影响似乎不太大，有 10 个基因表达不足，7 个基因过量表达或暂时过量表达。

在减速期和葡萄糖耗尽以后，优先利用的是替代的碳源。在整个发酵过程中，参与利用半乳糖、乳糖、麦芽糖、核糖和其他糖的特定基因（*galM*、*lacZ*、*malQ*、*rbsK*、*uxaC*、*xylX*、*ygjD*、*yidC*）或多糖降解基因（*apu*、*yucG*）都超量表达，而编码核糖，木糖苷，或未鉴定糖的转运蛋白基因（*msmK*、*rbsA*、*rbsC*、*xynT*、*yngF*、*ypbD*、*ypdA*）则瞬时诱导。参与糖操纵子调节阻抑物（*fruR*、*gntR*、*kdgR*）的表达下降，有利于糖利用的诱导作用。三个编码柠檬酸裂合酶基因（*citC*、*citE*、*citF*）的诱导，大概和减速期 *cit*R 阻抑物的表达下降有关，说明在碳饥饿期间，柠檬酸利用途径被激活。最后，甘油代谢看来在碳饥饿反应中有重要作用，参与这个途径的 5 个基因，包括编码二羟基丙酮激酶的 *dhaL* 和 *dhaM*，编码甘油 3-P 脱氢酶和甘油激酶的 *glpD* 和 *glpK*，和编码甘油吸收酶的 *glp F1*，在减速期被大量诱导（Redon et al.，2005）。

乳酸乳球菌的生长和其他乳酸菌一样需要许多氨基酸。氨基酸的消耗率在减速期下降，并在生长停止时中止。在稳定期，精氨酸与其他氨基酸不同，它通过精氨酸脱亚氨基酶（ADI）途径被消耗，产生等摩尔的鸟氨酸。每个精氨酸产生一个 ATP，在碳饥饿期间维持细胞能量供应。ADI 途径的调节在转录水平，参与这个途径的酶（精氨酸脱亚氨基酶、鸟氨酸氨基甲酰转移酶和氨甲酸激酶）编码基因 *arcA*，*arcB* 和 *arcC 1* 和 *argF*，从减速期被大大诱导，并在饥饿期间保持超量表达（Redon et al.，2005）。

乳酸乳球菌广泛用于干酪工业，干酪中的乳糖少于 0.1%，作为菌母面对的是碳水化合物饥饿的条件。乳糖为对数期生长提供能量，在碳水化合物耗尽后，由氨基酸如精氨酸提供能量。乳糖和精氨酸提供的代谢产物和能量，足以让细胞在碳水化合物饥饿条件下长时间存活（Stuart et al.，1999）。

二、全面应激反应和通用应激蛋白

碳饥饿能够增加乳酸菌对各种胁迫，如热、渗透、酸、乙醇，以及氧化胁迫的抵抗，并诱导全面的应激反应（Redon et al.，2005）。乳酸乳球菌在开始进入稳定期后，对高温（52℃）或 pH4.0，或含有 20%乙醇，3.5mol/L NaCl 或 15mmol/L H_2O_2的培养条件高度抵抗（Hartke et al.，1994）。粪肠球菌在饥饿 3h 提供对乙醇的抗性最大，而对热、H_2O_2、酸的抗性是随饥饿的时间而增加。保加利亚乳杆菌在乳糖饥饿后，也可以增加对热，酸和胆汁胁迫的抗性（van de Guchte et al.，2002）。但是在乳酸乳球菌碳饥饿实验中（Redon et al.，2005），各种与热、酸或盐胁迫有关的伴侣蛋白基因没有被诱导。由 *ctsR* 调节的 Clp 蛋白酶 *clpP* 和 *clpE* 的表达不足，抵抗胁迫的表面蛋白酶编码基因 *htrA* 在饥饿时表达大大减低。此外，冷激蛋白基因（*cspD* 和 *cspE*）和应激蛋白基因（*grpE*、*dinF*、*yjbE* 和 *ytgH*）的表达没有明显增加。由 *llrC* 和 *kinC* 编码的二组分信号传感系统 C 也没有被诱导。说明在乳酸乳球菌饥饿诱导的全面应激反应中，可能还有一些尚未了解的机制。

2-DE 分析表明，乳酸乳球菌（Kunji et al.，1993）、粪肠球菌（Giard et al.，1997）、变异链球菌（Svensäter et al.，2000）等由糖饥饿诱导产生的蛋白质分别有 14、42 和 58 种。在粪肠球菌中，葡萄糖饥饿诱导的蛋白质大部分参与碳代谢，包括磷酸丙糖异构酶、二羟基丙酮激酶和可能参与丙酮酸代谢调节的 Gls24 蛋白。其他是参与氨基酸分解代谢的蛋白，如甘氨酸裂解系统的氨基甲酸激酶和 L-丝氨酸脱水酶。在葡萄糖饥饿诱导的蛋白中，只有一种锰超氧化物歧化酶在氧化胁迫中起保护作用（Giard et al.，2001）。

为了检测不同应激条件对通用应激蛋白（GSP）的诱导情况，用 2-DE 法分析了粪肠球菌（Giard et al.，2001）和变异链球菌（Svensäter et al.，2000）在各种胁迫条件下产生的应激蛋白，说明许多蛋白质可以由多种胁迫条件诱导。但由饥饿和各种胁迫条件共同诱导的 GSP 只有少数。变异链球菌指数期细胞在氧化、酸、饥饿、盐和热等胁迫条件下，分别诱导提高的蛋白质有 69、64、58、52 和 40 种，其中由上述 5 种胁迫条件共同诱导的只有 6 种。粪肠球菌在各种亚致死胁迫条件下可检查到 167 种过量表达的蛋白质。其中由 6 种胁迫条件以上共同诱导的 GSP 只有 7 种，包括 Gsp62-Gsp67 和 Gls24（Rincé et al.，2002）。说明环境和代谢胁迫虽然可以在乳酸菌中诱导少数 GSP，但是和枯草芽孢杆菌由 σ^B 因子调节的一大批应激耐性基因显然是不同的。在乳酸菌中还没有找到 σ^B 的同系物，饥饿诱导蛋白的调节作用也不清楚。

三、严紧型反应和全局调节子

以大肠杆菌为代表的大量研究表明，细菌在应对营养耗尽的反应时，细胞在生理状态和代谢水平上都作出迅速和复杂的调整，包括限制稳定 RNA 的合成，刺激某些氨基酸的生物合成途径和诱导稳定期特定基因等多效性反应。在氨基酸饥饿反应中发现的第一个调节反应，是失去稳定的 RNA 积累。这个表型在遗传上定位在 *relA* 基因座。研究中还发现，在饥饿反应中积累了由 RelA（GTP 焦磷酸激酶）合成的鸟嘌呤核苷酸

(ppGpp)。在有利的生长条件，细胞溶质中的ppGpp和pppGpp水平，由RelA和SpoT酶的作用保持在稳定状态。RelA是ppGpp合成酶；SpoT主要是一种水解酶，在某些条件下也有合酶活性。在应激条件下，ppGpp的积累使细胞代谢发生全局的改变，称作“严紧型反应”现象。现在认为ppGpp是与节约细胞能量有关的一个主要信号。

在乳酸乳球菌IL-1403碳饥饿反应中，细胞中的转录物数量和RNA总浓度下降，以及参与生长细胞的典型过程（转录、翻译、核苷酸生物合成、细胞外被代谢和细胞分裂）基因的表达全面降低等现象，可以和大肠杆菌或枯草芽孢杆菌在氨基酸饥饿期间的严紧型反应相比较（Redon et al.，2005）。在乳酸乳球菌乳脂亚种MG1363的应激抗性中，嘌呤代谢的转录调节和上游戊糖—磷酸途径基因有重要作用。在乳酸乳球菌MG1363中用转座子诱变法破坏的*hpt*、*relA*、*guaA*、*deoB*或*tkt*基因与细菌对热和/或酸胁迫的抗性表型有关的。它的解释是胞内(p)ppGpp库的变化和诱导的严紧型反应，导致产生对多种胁迫抗性的表型（Rallu et al.，2000；Duwat et al.，1999）。Steiner等（2000）报道，在营养胁迫条件下，酿脓链球菌中的“严紧型”反应强力支持细胞的存活。所有这些观察都说明ppGpp能够在多种应激反应中起作用，可以代表饥饿条件下的全局调节子。

乳酸乳球菌和酿脓链球菌中还报道了CodY参与的氨基酸饥饿反应。CodY是革兰氏阳性菌的多效转录阻抑蛋白，它控制稳定期早期的许多基因，使细胞能适应多种营养限制。乳酸乳球菌CodY蛋白和枯草芽孢杆菌CodY有很高同源性，但它们调节CodY阻抑活性的效应物是不同的。乳酸乳球菌CodY是蛋白质水解系统的多效转录阻抑蛋白，胞内分支氨基酸（Ile、Leu和Val）是调节CodY活性的主要效应物，胞内GTP变化与之无关。而枯草芽孢杆菌CodY的中心效应物是胞内GTP（三磷酸鸟苷），分支氨基酸也和CodY阻抑活性有关，反映出这两种细菌生理上的差别（Petranovic et al.，2004）。

第八节　乳酸细菌应激反应在生产中的应用

乳酸菌广泛用于食品发酵。在工业生产过程中，乳酸菌所经受的各种环境胁迫都可能影响到细胞的生理状况和性质，这些胁迫诱导的基因调节作用，直接影响发酵过程和香味成分的产生。为了得到最佳和廉价的维持、贮存和运输条件，乳酸菌的一些应激反应性质可以用于工艺设计的基础。虽然目前乳酸菌在食品工业中的应用大多限于已知菌株的特性上，基因工程引入的新性质将扩大乳酸菌的应用领域。

一、适应性反应和乳酸细菌的应激抗性

（一）适应性反应和交互保护作用

纵观乳酸菌的应激反应，适应性反应是乳酸菌应激保护最常见的方式。当细胞处于多种环境压力时，由一种适应性反应表达所诱导的交互保护作用，对细胞的生存很有利。这些应激反应可以用于提高益生菌在胁迫条件的存活和改进它们的工艺性质。

乳酸菌对环境压力的适应性反应在不同生长期是不同的，在对数生长期，亚致死的

酸性 pH 或温度等胁迫条件下培养，可以诱导一种适应性反应。诱导产生适应性的乳酸菌，对致死胁迫处理的存活都比未诱导的有改善。细菌进入稳定期后，发展了一种全面应激反应，稳定期细胞比对数期的更能抵抗各种胁迫。

在大规模食品级工业生产中，要求益生菌细胞培养达到一定高的密度，主要到对数末期或稳定期才能收获。在稳定期用亚致死（酸或热）预处理，提高细胞在致死环境下的生存性，对改进益生菌产品的质量有重要意义。Saarela 等（2004）证明，在普通可食用培养基（GEM）中培养的三种乳杆菌和两种双歧杆菌的稳定期细胞，用亚致死酸性 pH 或热预处理，也能产生适应性耐酸和耐热反应。在实验室规模的实验中，各菌株的生存能力均有改善。而在发酵罐规模测试的三个菌株中，两株乳杆菌（鼠李糖乳杆菌 E800 和短乳杆菌 E1877）的生存能力有明显改进，而双歧杆菌的改进则不明显。说明这些处理用在食品级发酵罐规模的益生菌生产中是可行的。但有必要测出各菌株的最佳处理条件。

Prasad 等（2003）报道，益生菌株鼠李糖乳杆菌 HN001 的培养菌，预先在热（50℃，30min）或盐（0.6mol/L NaCl）休克处理后，干菌粉放在 30℃保藏 14 周后的生存力，比未预处理的显著改善。最有效的处理是在稳定期的热处理，其次是盐处理和对数期的热处理。干燥菌株从热和渗透休克获得的保护可能来自应激蛋白以及与糖酵解有关机制和其他与稳定期有关的蛋白和调节因子。在对数期和稳定期后处理的细胞中，热激蛋白（GroEL 和 DnaK）都增量调节。

适应性反应中的交互保护作用，有利于提高益生菌在应激条件下的存活率和改进其工艺性质。这种交互保护作用在不同菌种间并不完全相同，它们所保护的也不一定都是同样一组胁迫。例如，类干酪乳杆菌 NFBC338（来源于人的肠道，耐胆汁和耐酸的益生菌），用 52℃，0.003mol/L H_2O_2，0.1%牛胆汁或 0.3mol/L NaCl 进行亚致死处理。其中用热和盐预处理对类干酪乳杆菌在致死温度（60℃，10min）提供的保护最大，这两种处理也对喷雾干燥的细胞提供保护，并能适应干酪生产和喷雾干燥的技术条件。嗜酸乳杆菌的指数中期细胞受到高渗胁迫（18% NaCl，2h）时，存活率下降到 46%。细胞先在亚致死盐浓度（2%）培养 1h，存活水平稍有增加，适应 NaCl 的细胞对胆汁盐的抗性增加。

在食品和饲料工业中，通常用冷冻和/或干燥法保存乳酸菌起子培养物。干燥起子比冷冻起子的好处是运输和贮藏的费用较低。但是在干燥过程中有相当多的细胞失活。在盐胁迫后，植物乳杆菌等乳酸菌从培养基中积累的主要溶质是甜菜碱。在添加渗压剂甜菜碱的培养基中预培养可以提高菌株在高渗条件的生存能力。积累甜菜碱的培养菌干燥后的存活率显著提高。

酒酒球菌起子培养物在保藏前，先进行热适应处理，可以提高培养菌对 pH 和乙醇的耐性，并改进果酒中直接接种的酒酒球菌的效率。许多乳酸菌经过一些预处理（高温、低温、渗透胁迫）也能改善对喷雾干燥，干燥型细胞贮存，冷冻-融化或冷冻干燥的存活率（van de Guchte et al.，2002）。

在菌母培养中，乳酸乳球菌培养菌在冷冻前，先在 10℃预冷，冷冻菌母的存活率较高。冷激也可以提高乳酸乳球菌乳酸亚种 IL1403 的耐热性。乳酸乳球菌在冷冻-融化循环中，先在 8℃预冷 48h 的细胞存活率（95%）比没有适应性处理的（75%）高。在食品加工期间，有效诱导热激蛋白和冷诱导蛋白产生，可以增加乳酸菌的耐热性或冷冻干燥起子的存活。例如，约氏乳杆菌 VPI11088 在温度转换到 55℃，10～30min 后，*groESL* 的转录活性最高。热激对 *groESL* 的诱导也能对冷冻提供保护（de Angelis 和 Gobbetti et al.，2004）。乳酸乳球菌乳脂亚种指数生长期的冷适应细胞（10℃，4 h），冷冻的存活率提高（约 100 倍），冷休克蛋白（CSP）的表达增加。工业应用中，测定 CSP 诱导的最佳温度，可以确定最佳适应性反应（van de Guchte et al.，2002）。

（二）固定化细胞长时间连续培养

固定化细胞（IC）连续发酵技术产生的细胞，在细胞生长，形态和生理特性上和传统游离细胞（FC）分批培养的比较，都有一些改变。固定化细胞和游离细胞培养的氧化还原状态、酶库与胞内 pH 是不同的。在乳杆菌的固定化细胞连续培养期间，还看到代谢途径由同型发酵到异型发酵的转变。固定化细胞对醇类，酚类，或季铵消毒剂等产物抑制作用的耐性增加。

Doleyres 等（2004）将固定化细胞在二级系统中连续培养 17 天。第一反应器中，长双歧杆菌和乳酸乳球菌乳酸亚种双乙酰生物种 MD 分别固定化在凝胶珠粒上，第二反应器是从第一反应器释放的游离细胞。随着培养时间增加，两个反应器排出的游离细胞，对 H_2O_2、模拟胃肠液、抗生素和乳链菌肽，以及冷冻干燥的耐性都显著提高，而且在 6 天后，一般比传统 FC 分批发酵生产的稳定期细胞都高。凝胶珠粒中的细胞生长受到底物和抑制性产物（乳酸和乙酸）扩散限度的限制。这使得凝胶珠粒中的抑制性产物、pH 和菌量都发生很大的梯度变化，它可以诱导固定化细胞产生非特异性应激适应性。实验表明，细胞在固定化时，对各种环境胁迫的耐性增加与细胞或菌株的特异性机制无关。

固定化细胞技术结合长时间连续培养的优点是，在一道程序中就能有效地提高细胞对环境胁迫的耐性，无需预处理。另外，连续 IC 培养产生的细胞，处于指数期或稳定生长早期和传统分批培养产生的饥饿细胞比较，具有活力强、代谢活性旺盛的特点。这些结果以及 IC 技术生产的细胞和代谢产物的产量高，说明用 IC 技术生产的培养菌，在质量和应激抗性上都比传统分批 FC 培养的优越，特别是应用在益生菌培养领域。为了更好地理解固定化细胞局部小环境的作用，以及长时间培养使两个菌株应激抗性递增的机理，还必须开展诸如 DNA 微阵列和蛋白质组分析的研究。

二、基因工程技术和抗应激菌株的选育

（一）质 粒 转 化

利用基因工程技术将带有热激蛋白（HSP）的质粒引入乳酸菌很有意义。它可以方便地将各种 HSP 基因引入不同宿主，增加工业受体菌株对抗一种或多种胁迫的耐性。

嗜热链球菌的质粒 pSt04 含有一个编码小热激蛋白的基因 *shsp*（约 480bp）。消除 *shsp* 质粒的菌株不耐热和酸，最高生长温度下降。将 *shsp* 基因克隆到不含质粒的嗜热链球菌 St11 菌株，可提高菌株对 60℃或 pH3.5 的抗性，并能在 52℃生长。天然的和重组的 *shsp* 质粒，可转化不同的嗜热链球菌和乳酸乳球菌。这个食品级克隆系统是以

质粒编码的 *shsp* 基因为选择标记（El Demerdash et al.，2003）。

益生的类干酪乳杆菌 NFBC 338 在热适应条件（52℃，15 min）下，GroEL 表达增加。Desmond 等（2004）用 PCR 技术扩增类干酪乳杆菌 NFBC338 的 *groESL* 操纵子，利用乳链菌肽诱导表达系统分别构建两个质粒，pGRO1 和 pGRO2。将质粒分别转化到乳酸乳球菌（pGRO1）和类干酪乳杆菌（pGRO2），用乳链菌肽诱导后，过量表达的 GroEL 分别占菌株细胞总蛋白的 15%和 20%。过量产生 GroESL 的乳球菌和乳杆菌的耐热和耐渗压性有中度改善。重组乳杆菌在喷雾干燥（存活提高 10 倍）和冷冻干燥（存活提高 14%）的表现也有所改善。特别是两株过量产生 GroESL 的菌株的耐溶剂性（0.5%丁醇）都增加，说明 GroESL 表达和耐溶剂性有关。这些性质可以用于改进乳酸菌的工业性能和益生乳酸菌产品的性质。不过，所有重组菌株的耐热性，在热激处理中都不如经过热适应处理的亲本菌株的高。因为热适应反应涉及的是一整套应激基因，而单独过量产生 GroESL 的作用显然是有限的。

防备活性氧品种的伤害，可以改进乳酸菌在复杂微生物群体中的竞争性。谷胱甘肽（GSH）在乳酸乳球菌稳定期细胞抵抗 H_2O_2 中起保护作用，使细胞更能抵抗氧化胁迫，也对这种微生物生产的发酵产品有好处。例如，添加 GSH 可以提高乳酪成熟中的香味形成。在干酪生产中，筛选可以积累 GSH 的乳酸乳球菌用作起子培养物，可以提高菌母在贮存条件的稳定性或在接种后的快速生长。Li 等（2005）用乳链菌肽控制表达的系统（NICE），在乳酸乳球菌中同时表达大肠杆菌的 *gshA*（编码 γ-谷氨酰半胱氨酸合成酶）和 *gshB*（谷胱甘肽合成酶）基因，胞内 GSH 含量达到 358 nmol/mg 蛋白质。

清酒乳杆菌 LTH677 产生的触酶是一种依赖血红素的真触酶。这种乳杆菌常用于肉制品发酵。清酒乳杆菌的这个性质在腊肠发酵中可以防止 H_2O_2 引起的油脂变质和酸败。将触酶基因转化到其他食品发酵乳杆菌中表达，可直接提高它们的发酵性能，改进产品的感官性质。清酒乳杆菌 LTH677 触酶的编码基因 *katA* 已在干酪乳杆菌 LK1 和弯曲乳杆菌 LTH1432 中克隆和表达。在缺少触酶的乳酸菌中，触酶基因还可以在克隆系统中用作食品级的标记基因（Knauf et al.，1992）。

Miyoshi 等研究了乳酸乳球菌中异源触酶在抵抗氧化胁迫时的产生情况。两种分别来源于枯草芽孢杆菌（KatE）和鼠伤寒沙门氏菌（KatN）的触酶，在产生时能提高重组乳酸乳球菌对 H_2O_2 的抗性 100～1000 倍（van de Guchte et al.，2002）。

益生菌领域的研究表明，有些乳酸菌可以帮助减缓胃肠道不适。富含超氧化歧化酶（SOD）的细胞在胃肠道中可能提供大量抗氧化酶，对清除自由基，如白细胞产生的超氧化物基和过氧化氢有效，可用于胃溃疡或溃疡性结肠炎的体内生物治疗。产生异源超氧化歧化酶的益生乳杆菌可以在胃肠道中充当传输 MnSOD 的载体。嗜热链球菌 AO54 中 MnSOD 的编码基因（*sodA*）能够在厌氧和有氧条件下表达。通常乳杆菌中没有这些酶，对氧化胁迫高度敏感。Bruno-Bárcena 等（2004）将这种含锰 SOD 基因的质粒 pSodA 克隆到 4 株肠道乳杆菌中，表达出有活性的基因产物 MnSOD。4 株乳杆菌中 MnSOD 的比活性分别为 6.7U/mg、3.8U/mg、5.8U/mg 和 60.7U/mg 蛋白质。异源 SOD 可以提高嗜酸乳杆菌和加氏乳杆菌对氧化胁迫的抗性。口服益生菌制剂对提高肠道益生菌的数目和活性有明显作用。

（二）筛选自发突变株

自然选择法也是选育抗应激菌株的一种有效方法。许多工业细菌产生 H_2O_2，在混合生态体系中可抑制其他细菌的生长。Rochat 等（2005）在含有 H_2O_2 的乳品培养基中，用自然选择法从乳酸乳球菌 MG1363 适应牛奶的菌株 J60011（含有 pLP712 质粒，携带半乳糖苷酶和蛋白酶基因）中，分离到抗氧化胁迫的自发突变体（SpOx），3 株 SpOx 突变体对 H_2O_2 的抗性提高。其中一株 SpOx3，在不同的氧化胁迫情况下表现良好，在通气的 LM17 培养基和牛奶中的长期存活率提高，能与产 H_2O_2 的德氏乳杆菌德氏亚种菌株共培养。

（三）筛选插入突变株

pGh9∶IS*S1*（Em^R）质粒是 Maguin 等（1996）构建的一个非常有效的插入突变载体，它是由插入序列 IS*S1* 和温度敏感复制子 pG^+ host9 组成。质粒侧翼的 IS*S1* 序列，可以随机插入乳球菌、乳杆菌、肠球菌或链球菌的基因组。转座的结果是整个质粒被整合。测试前，先将突变体转座结构中的 pGh9∶IS 质粒切除，在突变基因座只留下单个 IS*S1* 序列。不存在任何其他染色体的重排包括 IS*S1*。

通过不同选择手段，从大量随机插入的突变体中筛选所需的抗胁迫突变体，并通过插入突变基因座的鉴定，阐明乳酸菌对抗环境胁迫的机制。Rallu 等（2000）和 Duwat 等（1999）在乳酸乳球菌乳脂亚种 MG1363 和 *recA* 菌株中筛选抗酸和抗热突变体，其中许多是抵抗多种胁迫的，而且有些突变的基因座也是相同的。Fernandez 等（2004）从嗜热链球菌 CNRZ368 的 2112 个插入突变体中筛选抗氧化突变体，并鉴定相关的基因座。

（四）益生乳酸细菌菌株的筛选

人和动物的研究表明，摄入乳酸菌可以降低血清胆固醇水平。这种作用可以用酶催化解开结合胆汁盐的作用来解释。解开结合的胆汁盐比结合胆汁盐的溶解性差，肠道再吸收的效率较差，结果大量游离胆汁酸从粪便排出。还有，游离胆汁盐在肠道中的溶解性和对脂质的吸收效率较差。因此，乳酸菌解开胆汁酸的结合，可以通过增加胆固醇的需求重新合成胆汁酸，代替粪便中失去的胆汁酸，或降低胆固醇的溶解性，降低血清胆固醇，从而在整个肠道中吸收胆固醇。乳杆菌的胆汁盐水解酶（BSH）在肠肝循环中解开结合胆汁盐。在选择可降低胆固醇的益生菌时，BSH 活性应该是一个要求，没有 BSH 的乳酸菌不能从培养基中除去胆固醇。耐胆汁盐性质是益生菌能够在小肠中生存的重要特征。发酵乳杆菌是人肠道中的正常微生物，能耐胆汁盐和抗酸性，可以通过口服定植在肠道中。Pereira 等（2003）在活体外研究了 15 株乳酸菌的 BSH 活性，只有 5 株菌有 BSH 活性。其中发酵乳杆菌 KC5b 是一株益生菌候选菌株，可以影响胆固醇代谢。

（陈乃用）

主要参考文献

Abriouel H, Herrmann A, Stärke J, et al. 2004. Cloning and heterologous expression of hematin-dependent catalase produced by *Lactobacillus plantarum* CNRZ1228. Appl Environ Microbiol, 70: 603~606

Archibald F S, Fridovich I. 1981. Manganese, superoxide dismutase, and oxygen tolerance in some lactic acid bacteria. J Bacteriol, 146: 928~936

Azcarate-Peril M A, Altermann E, Hoover-Fitzula H, et al. 2004. Identification and inactivtion of genetic loci involved with *Lactobacillus acidophilus* acid tolerance. Appl Environ Microbiol, 70 (9): 5315~5322

Bolhuis H, Molenaar D, Poelarends G, et al. 1994. Proton motive force driven and ATP-dependent drug extrusion systems in multidrug resistant *Lactococcus lactis*. J Bacteriol, 176: 6957~6964

Bolotin A, Wincker P, Mauger S, et al. 2001. The complete genome sequence of the lactic acid bacterium *Lactococcus lactic* ssp. *lactis* IL1403. Genome Res, 11: 1~23

Bouvier J, Bordes P, Romeo Y, et al. 2000. Characterization of OpuA, a glycine-betaine uptake system of *Lactococcus lactis*. J Mol Microbiol Biotechnol, 2: 199~205

Bruno-Bárcena J M, Andrus J M, Libby S L, et al. 2004. Expression of a heterologous manganese superoxide dismutase gene in intestinal lactobacilli provides protection against hydrogen peroxide toxicity. Appl Environ Microbiol, 70 (8): 4702~4710

Champomier-Vergès M C, Maguin E, Mistou M Y, et al. 2002. Lactic acid bacteria and proteomics: current knowledge and perspectives. J Chromatography B, 771 (1~2): 329~342

de Angelis M, Di Cagno R, Huet C, et al. 2004. Heat shock response in *Lactobacillus plantarum*. Appl Environ Microbiol, 70 (3): 1336~1346

de Angelis M, Gobbetti M. 2004. Environmental stress responses in *Lactobacillus*: A review. Proteomics, 4: 106~122

Derzelle S, Hallet B, Ferain T, et al. 2003. Improved adaptation to cold-shock, stationary-phase, and freezing stresses in *Lactobacillus plantarum* overproducing cold-shock proteins. Appl Environ Microbiol, 69: 4285~4290

Derzelle S, Hallet B, Francis K P, et al. 2000. Changes in *cspL*, *cspP*, and *cspC* mRNA abundance as a function of cold shock and growth phase in *Lactobacillus plantarum*. J Bacteriol, 182: 5105~5113

Desmond C, Fitzgerald G F, Stanton C, et al. 2004. Improved stress tolerance of GroESL-overproducing *Lactococcus lactis* and probiotic *Lactobacillus paracasei* NFBC 338. Appl Environ Microbiol, 70: 5929~5936

Doleyres, Y, Fliss I, Lacroix C. 2004. Increased stress tolerance of *Bifidibacterium longum* and *Lactococcus lactis* produced during continuous mixed-strain immobilized-cell fermentation. J Appl Microbiol, 97: 527~539

Duwat P, Ehrlich S D, Gruss A. 1995. The *recA* gene of *Lactococcus lactis*: characterization and involvement in oxidative and thermal stress. Mol Microbiol, 17: 1121~1131

Duwat P, Ehrlich S D, Gruss A. 1999. Effects of metabolic flux on stress response pathways in *lactococcus lactis*. Mol Microbiol, 31: 845~858

El Demerdash H A M, Heller K J, Geis A. 2003. Application of the *shsp* gene, encoding a small heat shock protein, as a food-grade selection marker for lactic acid bacteria. Appl Environ Microbiol, 69: 4408~4412

Elkins C A, Savage D C. 1998. Identication of genes encoding conjugated bile salt hydrolase and transport in *Lactobacillus johnsonii* 100-100. J Bacteriol, 180: 4344~4349

Engesser D M, Hammes W P. 1994. Non-heme catalase activity of lactic acid bacteria. Syst Appl Microbiol, 17: 11~19

Fernandez A, Thibessard A, Borges F, et al. 2004. Characterisation of oxidative stress resistant mutants of *Streptococcus thermophilus* CNRZ368. Arch Microbiol, 182: 364~372

Flahaut S Laplace M, Frère J, et al. 1998. The oxidative stress response in *Enterococcus faecalis*: relationship between tolerance and stress proteins. Lett Appl Microbiol, 26: 259~264

Frees D, Varmanen P, Ingmer H. 2001. Inactivation of a gene that is highly conserved in Gram-positive bacteria stimulates degradation of non-native proteins and concomitantly increases stress tolerance in *Lactococcus lactis*. Mol Microbiol, 41: 93~103

Giard J C, Hartke A, Flahaut S, et al. 1997. Glucose starvation response in *Enterococcus faecalis* JH-2-2: survival and protein analysis. Res Microbiol, 148: 27~35

Giard J C, Laplace J M, Rince A, et al. 2001. The stress proteome of *Enterococcus faecalis*. Electrophoresis, 2001, 22: 2947~2954

Glaasker E, Heuberger E H, Konings W N, et al. 1998. Mechanism of osmotic activation of the quaternary ammonium compound transporter (QacT) of *Lactobacillus plantarum*. J Bacteriol, 180: 5540~5546

Glaasker E, Konings W N, Poolman B. 1996. Osmotic regulation of intracellular solute pools in *Lactobacillus plantarum*. J Bacteriol, 178: 575~582

Gostick D O, Griffin H G, Shearman C A, et al. 1999. Two operons that encode FNR-like proteins in *Lactococcus lactis*. Mol Microbiol, 31: 1523~1535

Guerzoni M E, Lanciotti R, Cocconcelli P S. 2001. Alteration in cellular fatty acid composition as a response to salt, acid, oxidative and thermal stresses in *Lactobacillus helveticus*. Microbiology, 147: 2255~2264

Hartke A, Bouché S, Gansel X, et al. 1994. Starvation-induced stress resistance in *Lactococcus lactis* subsp. *lactis* IL1403. Appl Environ Microbiol, 60: 3474~3478

Igarashi T, Kono Y, Tanaka K. 1996. Molecular cloning of manganese catalase from *Lactobacillus plantarum*. J Biol Chem, 271: 29521~29524

Kilstrup M, Jacobsen S, Hammer K, et al. 1997. Induction of heat shock proteins DnaK, GroEL, and GroES by salt stress in *Lactococcus lactis*. Appl Environ Microbiol, 63: 1826~1837

Knauf H J, Vogel R F, Hammes W P. 1992. Cloning sequence, and phenotypic expression of katA, which encodes the catalase of *Lactobacillus sake* LTH677. Appl Environ Microbiol, 58: 832~839

Kullen M J, Klaenhammer T R. 1999. Identification of the pH-inducible, proton-translocating F_0F_1-ATPase (atpBEFHAGDC) operon of *Lactobacillus acidophilus* by differential display: gene structure, cloning and characterization. Mol Microbiol, 33: 1152~1161

Kunji E R S, Ubbink T, Matin A, et al. 1993. Physiological responses of *Lactococcus lactis* ML3 to alternating conditions of growth and starvation. Arch Microbiol, 159: 372~379

Le Breton Y, Boël G, Benachour A, et al. 2003. Molecular characterization of *Enterococcus faecalis* two-component signal transduction pathways related to environmental stresses. Environ Microbiol, 5: 329~337

Li Y, Hugenholtz J, Abee T, et al. 2003. Glutathione protects *Lactococcus lactic* against oxidative stress. Appl Environ Microbiol, 69 (10): 5739~5745

Li Y, Hugenholtz J, Sybesma W, et al. 2005. Using *Lactococcus lactis* for glutathione overproduction. Appl Microbiol Biotechnol, 67: 83~90

Lorca G L, Font de Valdez G F. 2001. A low-pH-inducible, stationary-phase acid tolerance response in *Lactobacillus acidophilus* CRL639. Curr Microbiol, 42: 21~25

Maguin E, Prévost S D, Ehrlich S D, et al. 1996. Efficient insertional mutagenesis in lactococci and other gram positive bacteria. J Bacteriol, 178: 931~935

Marceau A, Zagoree M, Chailous S, et al. 2004. Evidence for involement of at least six proteins in adapation of *Lactobacillus sakei* to cold temperature and addition of NaCl. Appl Environ Microbiol, 70 (12): 7260~7266

Marty-Teysset C, de la Torre F, Garel J. 2000. Increased production of hydrogen peroxide by *Lactobacillus delbrueckii* subsp. *bulgaricus* upon aeration: involvement of an NADH oxidase in oxidative stress. Appl Environ Microbiol, 66: 262~267

Morel-Delville F, Fauvel F, Morel P. 1998. Two-component signal-transducing systems involved in stress response and vancomycin susceptibility in *Lactobacillus sakei*. Microbiology, 144: 2873~2883

Moser S A, Savage D C. 2001. Bile salt hydrolase activity and resistance to toxicity of conjugated bile salts are unrelated properties on Lactobacilli. App Environ Microbiol, 67: 3476~3480

Nilsson D, Lauridsen A A, Tomoyasu T. 1994. A *Lactococcus lactis* gene encodes a membrane protein with putative ATPase activity that is homologous to the essential *E. coli ftsH* gene product. Microbiology, 140: 2601~2610

Obis D, Guillot J C, Renault P, et al. 1999. Genetic and biochemical characterization of a high-affinity betaine uptake system (BusA) in *Lactococcus lactis* reveals a new functional organization within bacterial ABC transporter. J Bacteriol, 181: 6238~6246

O′Connell-Motherway M, van Sinderen D, Morel-Deville F, et al. 2000. Six putative two-component regulatory systems isolated from *Lactococcus lactis* subsp. *cremoris* MG1363. Microbiology, 146: 935~947

Pereira D I A, McCartney A L, Gibson G R. 2003. An in vitro study of the probiotic potential of a bile-salt-hydrolyzing *Lactobacillus fermentum* strain, and determination of its cholesterol-lowering properties. Appl Environ Microbiol, 69 (8): 4743~4752

Petranovic D, Guédon E, Sperandio B, et al. 2004. Intracellular effectors regulating the activity of the *Lactococcus lactis* CodY pleiotropic transcription regulator. Mol Microbiol, 53: 613~621

Piuri M, Sanchez-Rivas C, Ruzal SM. 2003. Adaptation to high salt in *Lactobacillus*: role of peptides and proteolytic enzymes. J Appl Microbiol, 95: 372~379

Prasad J, McJarrow P, Gopal P. 2003. Heat and osmotic stress response of probiotic *Lactobacillus rhamnosus* HN001 (DR20) in relation to viability after drying. Appl Environ Microbiol, 69: 917~925

Rallu F, Gruss A, Ehrich S D, et al. 2000. Acid and multistress-resistant mutants of *Lactococcus lactis*: Identification of intracellular stress signals. Mol Microbiol, 35: 517~528

Redon E, Loubiere P, Cocaign-Bousquet M. 2005. Transcriptome analysis of the progressive adaptation of *Lactococcus lactis* to carbon starvation. J Bacteriol, 187 (10): 3589~3592

Rincé A, Flahaut S, Auffray Y. 2000. Identification of general stress genes in *Entercoccus faecalis*. Int J Food Microbiol, 55: 87~91

Rincé A, Giard J C, Pichereau V, et al. 2001. Identification and characterization of *gsp65*, an organic hydroperoxide resistance (*ohr*) gene encoding a general stress protein in *Enterococcus faecalis*. J Bacteriol, 183: 1482~1488

Rincé A, Uguen M, Le Breton Y, et al. 2002. The *Enterococcus faecalis* gene encoding the novel general stress protein Gsp62. Microbiology, 148: 703~711

Rochat, T. Gratadoux J J, Corthier G, et al. 2005. *Lactococcus lactis* SpOx spontaneous mutants: a family of oxidative-stress-resestant dairy strains. Appl Environ Microbiol, 71 (5): 2782~2788

Saarela M, Rantala M, Hallamaa K, et al. 2004. Stationary-phase acid and heat treatment for improvement of the viability of probiotic lactobacilli and bifidobacteria. J Appl Microbiol, 96: 1205~1214

Sakamoto K, Margollers A, van Veen HW, et al. 2001. Hop resistance in the beer spoilage bacterium *Lactobacillus brevis* is mediated by the ATP-binding cassette multidrug transporter HorA. J Bacteriol, 183: 5371~5375

Sanders J W, Leemhouts K, Haandrikman AL, et al. 1995. Stress response in *Lactococcus lactis*: cloning, expression analysis, and mutation of the lactococcal superoxide dismutase gene. J Bacteriol, 177: 5254~5260

Sanders J W, Leenhouts K, Burghoorn J, et al. 1998. A chloride-inducible acid resistance mechanism in *Lactococcus lactis* and its regulation. Mol Microbiol, 27: 299~310

Sanders J W, Venema G, Kok J. 1999. Environmental stress responses in *Lactococcus lactis*. FEMS Microbiol Rev, 23: 463~501

Steiner K, Malke H. 2000. Life in protein-rich environments: The *relA*-independent response of *Streptococcus pyogenes* to amino acid starvation. Mol Microbiol, 38: 1004~1016

Stuart M R, Chou L S, Weimer B C. 1999. Influence of carbohydrate starvation and arginine on culturability and amino acid utilization of *Lactococcus lactis* subsp. *lactis*. Appl Environ Microbiol, 65: 665~673

Svensäter G, Sjogreen B, Hamilton I R. 2000. Multiple stress in *Streptococcus mutans* and the induction of general and stress-specific proteins. Microbiology, 146: 107~117

Thibessard A, Borges F, Fernandez A, et al. 2004. Identification of *Streptococcus thermophilus* CNRZ368 genes involved in defense against superoxide stress. Appl Environ Microbiol, 70: 2220~2229 van de Guchte M, Serror P, Chervux C, et al. 2002. Stress responses in lactic acid bacteria. Antonie van Leeuwenhoek, 82: 87～216

Varmanen P, Ingmer H, Vogensen F K. 2000. *ctsR* of *Lactococcus lictis* encodes a negative regulator of *clp* gene expression. Microbiology, 146: 1447～1455

Wouters J A, Frenkiel H, de Vos W M, et al. 2001. Cold shock proteins of *Lactococcus lactis* MG1363 are involved in cryoprotection and in the production of cold-induced proteins. Appl Environ Microbiol, 67: 5171～5178

Wouters J A, Kamphuis H H, Hugenholtz J, et al. 2000a. Changes in glycolytic activity of *Lactococcus lactis* induced by low temperature. Appl Environ Microbiol, 66: 3686～3691

Wouters J A, Mailhes M, Rombouts F M, et al. 2000b. Physiological and regulatory effects of controlled overproduction of five cold shock proteins of *Lactococcus lactis* MG1363. Appl Environ Microbiol, 66: 3756～3763

Wouters J A, Rombouts F M, Kuipers O P, et al. 2000c. The role of cold-shock proteins in low temperature adaptation of food related bacteria. System Appl Microbiol, 23: 165～173

Xie Y, Chou L, Cutler A, et al. 2004. DNA macroarray profiling of *Lactococcus lactis* subsp. *lactis* IL1403 gene expression during environmental stressess. Appl Environ Microbiol, 70 (11): 6738～6774

Yokota A, Veenstra M, Kurdi P, et al. 2000. Cholate resistance in *Lactococcus lactis* is mediate by an ATP-dependent multispecific organic anion transporter. J Bacteriol, 182: 5196～5201

第六章　益生乳酸细菌作为抗原和药物分子的载体

益生乳酸细菌作为抗原分子的载体可以成为安全高效方便价廉的疫苗；益生乳酸细菌作为药物分子的载体可以成为病灶部位的一个制药厂。

第一节　黏膜免疫系统与益生乳酸细菌

一、黏膜免疫的重要性

人体的消化道、呼吸道和泌尿生殖道的表层都由黏膜组成，黏膜是人体免疫系统的第一道屏障，它的表面积高度密集折叠，是人体外表的200倍，总面积约为480m^2。黏膜是致病菌的滋生地，大约有95%左右的感染性疾病和非感染因子所致的疾病都与黏膜有关。黏膜内特殊的免疫组织结构与体内广泛分布的淋巴组织紧密相连，T细胞和B细胞的数量远远大于系统免疫体系，肠道免疫细胞占全身免疫细胞的80%。黏膜免疫系统能对表面众多、数量巨大的抗原进行准确的识别，对无害的抗原下调免疫应答；对有害的抗原产生免疫应答。黏膜免疫系统能产生独特的分泌型免疫分子sIgA和sIgM，这些特有的抗体在黏膜免疫中起着重要的作用。

实验证明，传统的胃肠外接种疫苗虽然可以很好的预防病原体侵袭导致的疾病，却对黏膜感染无效，这是因为胃肠外接种疫苗不能在黏膜部位诱导免疫反应。只有对上皮淋巴滤泡构成的黏膜诱导部位进行疫苗接种，才能有效的刺激共同黏膜系统的免疫反应，这是由黏膜免疫系统的特点所决定的：黏膜部位激活的淋巴细胞选择性的归巢至黏膜淋巴组织。黏膜免疫接种已经引起高度重视，这是因为：①黏膜是体内最大的淋巴器官，经黏膜途径接种疫苗可更加有效的诱导保护性免疫；②在一个黏膜部位，如肠或鼻腔激活的部分淋巴细胞可以通过淋巴液进入血液循环迁移到远处，将免疫应答扩散到其他黏膜部位，这种黏膜免疫共享机制叫共同黏膜免疫系统，因此在一个黏膜部位接种疫苗即可预防其他黏膜感染；③虽然黏膜接种优先刺激黏膜部位的局部免疫应答，但也可有效的诱导全身性高滴度抗体应答和细胞毒T细胞应答；④口服免疫可诱导T细胞介导的全身性免疫耐受，从而可望开发出口服抗炎疫苗，预防和治疗过敏性疾病及自身免疫性疾病。

由于黏膜免疫具有经其他途径所不具备的特殊优越性，既能通过机体各黏膜系统的局部免疫产生保护反应，又能产生全身性的免疫反应来预防疾病发生，因此黏膜免疫有很多优点：成本低、给药方便、安全性好、免疫应答产生于感染部位、降低全身副反应、适合于广大人群免疫、疫苗对冷储存要求不高。

二、胃肠道黏膜免疫系统

肠道是机体最大的免疫器官，其免疫组织包括黏膜固有层中的淋巴组织、浆细胞、巨噬细胞、肥大细胞、嗜酸粒细胞以及小肠上的特殊相关淋巴组织。

按照免疫过程或者说免疫功能组织与分布，可将黏膜免疫系统分为黏膜免疫的诱导部位（活化部位）和黏膜免疫的效应部位，前者主要是指各种黏膜相关淋巴组织，后者主要是指弥散免疫细胞，包括上皮淋巴细胞和固有层淋巴细胞。黏膜免疫的诱导是指细胞对抗原的加工和呈递。参与这个过程的细胞有M细胞、树状细胞、吸收性上皮细胞和上皮内专门负责抗原呈递的细胞（APC）。黏膜免疫的效应部位是指发挥功能的部位，包括上皮内淋巴细胞和固有层淋巴细胞（图6-1）。

在诱导部位，抗原刺激后，具有抗原特异性的B细胞和T细胞离开淋巴集结，由肠系膜淋巴结经过胸导管进入血流，参与循环系统，分散到效应部分，随后返居于呼吸道、胃肠道、生殖泌尿道和妊娠及哺乳期妇女的乳腺等黏膜固有层以及分泌腺（泪腺、唾液腺、乳腺），在抗原、T细胞和细胞因子的影响下，B细胞克隆繁殖并发育为成熟的IgA浆细胞。从IgA诱导部位（肠道、鼻咽、支气管等相关淋巴样组织）到IgA效应部位（如胃肠道、呼吸道、生殖泌尿道等黏膜固有层）的细胞分布途径称为共同黏膜免疫系统。也就是说，肠道黏膜免疫作用也可引起宿主其他部位的黏膜包括呼吸道和女性生殖道黏膜的保护作用，如肠道受到抗原刺激时，母体乳汁就可产生保护性抗体（郭兴华等，2002）。

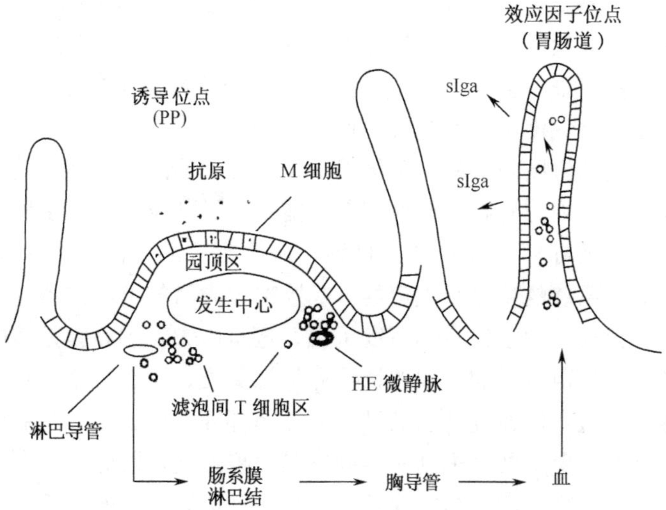

图6-1 胃肠道淋巴集结上M细胞摄取抗原和黏膜淋巴细胞的迁移途径示意图

三、Toll样受体在免疫调节中的作用

Toll样受体（toll-like receptor，TLR）是在果蝇中发现的一种跨膜受体蛋白，现已发现人类有10种这样的受体，它是比较保守的一个受体蛋白家族，是一种模式识别受体（pattern recognition receptor，PRR），主要分布于免疫细胞，如树状细胞、淋巴细胞、单核巨噬细胞等表面，它可识别多种病原微生物表面保守的相关分子模式（pathogen-associated molecular pattern，PAMP），如脂多糖（LPS）、酵母多糖。

免疫防御有天然免疫和获得性免疫两种机制，Toll样受体是天然免疫机制系统的模式识别受体家族成员之一。在天然免疫中占重要位置，在获得性免疫中也起重要作用，是连接天然免疫和获得性免疫的桥梁，对有效控制病原微生物的感染有重要作用。

（一）Toll 样受体的配体

Toll 样受体的配体按其来源分为外源性和内源性两种。外源性主要来自病原微生物，如 LPS、胞壁酸、肽聚糖及某些核酸；内源性来自宿主细胞，如休克蛋白、细胞外基质降解成分等，内源性配体在机体应激或组织损伤时释放。

在人类 10 种 TLRs 中，它们所识别的配体并不完全一样，如 TLR4 主要识别革兰氏阴性菌的 LPS、宿主休克蛋白 60 和 70；TLR1、TLR2 和 TLR6 主要识别革兰氏阳性菌的肽聚糖、磷壁酸和脂蛋白等；TLR3 主要识别双链 RNA 等；TLR5 识别细菌鞭毛蛋白；TLR9 则特异性识别细菌或病毒的 CpG-DNA。

（二）Toll 样受体在免疫调节中的作用

1. Toll 样受体激活天然免疫细胞

天然免疫细胞，如单核细胞、中性粒细胞、嗜碱性粒细胞、嗜酸性粒细胞、NK 细胞等都存在 Toll 样受体，而且能表达。病原入侵时，Toll 样受体被病原相关分子模式激活，除了刺激天然免疫分泌大量细胞因子、趋化因子诱导炎症反应外，还能直接增强天然免疫系统对病原微生物的清除能力，如增强吞噬细胞的吞噬能力和激活天然免疫细胞的杀伤能力。

2. Toll 样受体激活上皮细胞

肠道、呼吸道和泌尿生殖道上皮细胞是天然免疫屏障的第一道防线，也存在 Toll 样受体并进行表达，如通过 Toll 样受体识别病原体、诱导上皮细胞产生细胞因子、趋化因子及抗微生物的多肽，后者直接参与清除病原体。

3. Toll 样受体能调节免疫细胞到感染部位

当病原入侵时，机体的天然免疫系统可通过 Toll 样受体识别其来自病原体保守的配体，并促进免疫细胞迁移到感染的部位。

4. Toll 样受体调节获得性免疫

Toll 样受体通过树状细胞及其分泌的细胞因子来调节获得性免疫。树状细胞可以激活 T 淋巴细胞分化成 Th1、Th2 等各种不同效应的细胞。

5. Toll 样受体对 T 细胞和 B 细胞的激活

树状细胞吞噬病原微生物捕获的抗原需靠 Toll 样受体的有效配体才能递呈给 T 细胞和 B 细胞，也就是说，在获得性免疫中 Toll 样受体对 T 细胞和 B 细胞有激活作用。

6. Toll 样受体诱导Ⅰ型干扰素（IFN）表达

Ⅰ型干扰素是连接天然免疫和获得性免疫关键的枢纽分子，在获得性免疫中起重要作用。Toll 样受体可诱导树状细胞产生Ⅰ型干扰素，从而调节天然免疫或获得性免疫。

7. Toll 样受体调节 Th1/Th2 免疫反应的平衡

Th0 细胞被激活后向 Th1 还是向 Th2 分化受很多因素控制。其中树状细胞的 Toll 样受体信号起主要作用，决定着 Th1 和 Th2 在免疫反应中能否平衡。

大多数 TLR 的配体可诱导机体产生 Th1 型免疫应答，少数情况下，也可导致 Th2

型免疫应答的发生。在获得性免疫应答中，$CD4^+$ T 细胞（Th0）可分别在 IL-12、IL-23 和 IL-4、IL-13 作用下分化为两个亚群：Th1 和 Th2。Th1 和 Th2 的平衡与否直接影响宿主的免疫功能（蔡怡华，2006）。

四、益生乳酸细菌的免疫调节作用

乳酸菌有很多重要的生理功能，这里只介绍调节免疫的功能（陆扬等，2005）。

（一）肠道菌群能有效促进免疫系统的发育

人和动物机体内派依尔结（PP）和分泌 IgA 的 B 细胞对免疫起重要的作用。然而在无菌动物的肠道中，PP 的数量比有菌动物少。IgA 型的 B 细胞也只是正常动物的 1/10。把无菌动物变为有菌动物后，上述的组织和细胞则恢复到正常的状态。另外也发现新生儿外周血中的 IgA 与体内脆弱拟杆菌及双歧杆菌出现的早晚及数量成正相关。

（二）益生乳酸细菌通过改变 Th1/Th2 比例调节机体免疫力

未成熟的辅助性 T 细胞（Tho 细胞）分化产生 Th1 和 Th2 两个亚型，Th1 细胞主要分泌 IL-2、IFN-γ、TNF，功能是增强吞噬细胞介导的抗感染机制，促进细胞免疫，也在器官特异性自身免疫疾病中起作用：Th2 细胞主要分泌 IL-4、IL-5、IL-10、IL-13，功能是促进 B 细胞增殖、分化和产生抗体，增强 B 细胞介导的体液免疫应答，在变态反应和机体抗寄生虫免疫中发挥作用（程万民，2007）。Th1 细胞可使 B 细胞分化成为 IgA 分泌型浆细胞；Th2 细胞则使 B 细胞分化成 IgE 分泌型浆细胞。IgA 可以与抗原结合排出体外而不引起炎症；IgE 则是介导过敏反应。乳酸菌细胞的不同成分，如肽聚糖、磷壁酸酯、CpG-DNA 序列都能加强免疫应答，它们通过增加 IFN-r、IL-2 和 IL-12 促进 Tho 向 Th1 分化，和（或）降低 IL-4 减少 Tho 向 Th2 分化，调节 Th1/Th2 的比例，增加 IgA、减少 IgE 的分泌，见图 6-2。

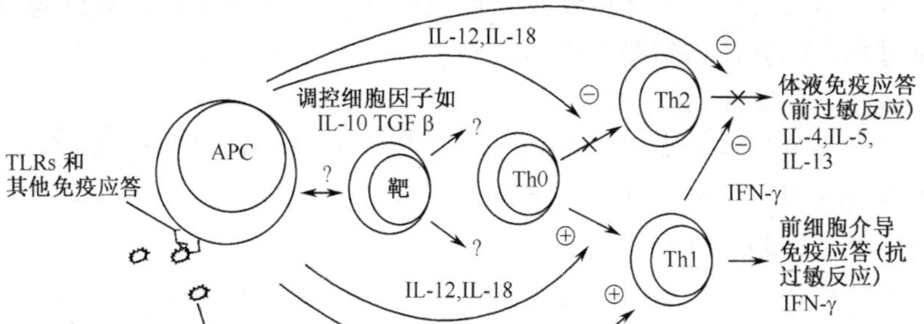

图 6-2　表达抗原的重组乳酸细菌提高 Th1 对免疫应答效果的模式图

（Hannifft，2004）

（三）益生乳酸细菌能增强免疫耐受

口服耐受是维持生命活动不可缺少的免疫功能。低剂量抗原诱导产生 IL-4、IL-10 和转移生长因子-β(TGF-β)、抑制 Th1 细胞分化，使机体产生口服耐受。高剂量的抗原诱导致克隆无能，T细胞处于免疫不应答状态、不能分泌IL-2和增殖。

免疫耐受的建立与PP内T细胞的数量有关。无菌动物PP中的T细胞比SPF动物的T细胞少。接种双歧杆菌或大肠杆菌的悉生动物T细胞数量恢复，但接种产气荚膜梭菌或金黄色葡萄球菌的悉生动物T细胞并不增加。经诱导后前者产生口服耐受，后者则未获得耐受的能力。可见乳酸菌可以帮助机体建立免疫耐受。

（四）益生乳酸细菌与Toll受体在免疫调节中的作用

乳杆菌和双歧杆菌细胞的表面分子脂磷壁酸（lipoteichoic acid，LTA）是这两种菌抗肿瘤细胞的主要有效成分，对多种体外培养的肿瘤细胞具有直接的生长抑制作用，并能诱导肿瘤细胞凋亡和分化，但诱导肿瘤细胞凋亡的信号传导途径尚不清楚。

Toll样受体是一组与细胞信号传导途径密切相关的受体。试验证明，Toll样受体在链球菌脂磷壁酸抗肿瘤作用的信号传导途径中起关键作用。

王跃等（2006）利用RT-PCR检测结肠瘤细胞HCT-116经双歧杆菌脂磷壁酸处理前后Toll样受体的表达变化，探讨Toll样受体在启动双歧杆菌脂磷壁酸抗肿瘤信号传导通路中的作用。结果显示结肠癌细胞HCH-116有Toll样受体表达，且经脂磷壁酸处理表达量增强，呈剂量依赖性。提示双歧杆菌脂磷壁酸可上调Toll样受体表达，启动肿瘤细胞凋亡的信号传导途径。

另外，有不少学者报道了乳酸细菌表达和呈递抗原的途径（图6-3）。

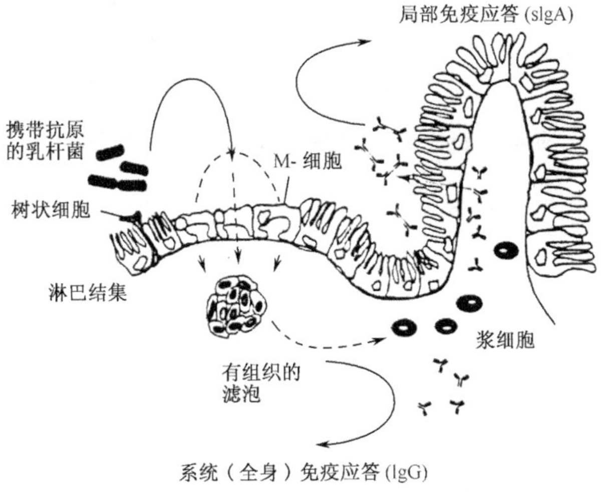

图6-3　胃肠道管腔内乳杆菌表达和呈递抗原的模式图
(Jos et al.,2002)

呈递抗原有两个途径：其一是树状细胞穿过表皮细胞之间紧密连接点直接呈递；其二是通过淋巴结集中的M细胞传递给呈递抗原的细胞（APC），依据信号指令，APC活化CD_4^+ T细胞，刺激浆细胞产生抗原特异性的免疫球蛋白。

表达抗原的乳杆菌和胃肠道中的其他抗原能被黏膜免疫细胞发现。这些细胞包括能穿入紧密相连的上皮细胞的树状细胞和存在于淋巴结集上的M细胞，它们能把细胞运送给位于细胞基底外侧的抗原呈递细胞。按照信号指令，APC将活化$CD4^+$ T细胞，最终刺激浆细胞产生特异性的抗原免疫球蛋白。

（五）肠道菌群改变肠黏膜表面的糖基化

多型拟杆菌可促进肠表面的糖基化，建立有利于细菌自身的微生态环境，从而更好地与肠道表皮细胞作用，其他细菌的一些可溶性物质和酶类都能使肠道糖基化。

（六）益生乳酸细菌作为免疫调节剂的应用

1. 益生乳酸细菌与肠道炎症

炎症性肠疾病（IBD）与免疫功能有关。在西方，每 10 万人中就有 35～55 人患 IBD。IBD 的产生可能是由于宿主对肠道内的菌群不耐受引起的。患此病的人体内乳酸菌数量下降。口服复合乳酸菌制剂的人患 IBD 发病率为 15%，而对照的发病率为 100%，其机理是关闭了肠上皮细胞的 NF-kβ 途径，下调了促炎症细胞因子。

2. 益生乳酸细菌与婴儿异位遗传性过敏症

婴儿消化道免疫功能发育不健全，以 Th2 免疫应答为主，IgE 较高，引发异位遗传性过敏，婴儿还伴有湿疹和皮炎。口服动物双歧杆菌能缓解症状，鼠李糖乳杆菌 LGG 可增加母乳中 TGF-β 的含量，抑制 Th1 细胞分化，促进口服耐受。

3. 益生乳酸细菌与结肠癌

患结肠癌的人体内普通拟杆菌的数量增加，致癌物质积累也特别多，而双歧杆菌的数量减少。乳酸菌能在肠道抑制产生致癌和致诱变物质的菌的生长、产生抗诱变和抗癌物质、结合并排除蛋白性致突变和致癌物质、创造和维持微生态环境，增强宿主的免疫系统。表 6-1 是益生菌（乳酸菌和其他有益的菌）在体内外的免疫效果的总结。

表 6-1　已报道的益生菌在体内和体外的免疫效果

益生菌	作用对象	方式	效果
双歧杆菌、乳杆菌属、乳酸乳球菌乳酸亚种	外周血单核细胞	体外	TNF-α、IL-1β、IL-12、IL-18、IFN-γ 升高，活菌数＞死菌数，菌株特异性，mRNA 和蛋白质的关系（除了 IL-18）
乳杆菌属、乳酸乳球菌乳酸亚种	外周血单核细胞	体外	TNF-α、IL-10（植物乳杆菌）、IL-12 和 IFN-γ（干酪乳杆菌、乳酸乳球菌乳酸亚种）升高
乳杆菌属（抽提物）	外周血单核细胞	体外	细胞质抽提物的抗增生效果（主要是 LGG 菌株）
乳杆菌属、大肠杆菌	外周血单核细胞、淋巴细胞	体外	TNF-α、IL-12 和 IFN-γ（乳杆菌属）；IL-10（大肠杆菌）升高，淋巴细胞增殖和刺激自然杀伤细胞（约氏乳杆菌），增强 mRNA 和蛋白质的关系
革兰氏阳性菌（包括乳杆菌和双歧杆菌）	外周血单核细胞、单核细胞	体外	革兰氏阳性菌 IL-12 升高；革兰氏阴性菌 IL-10 和脂多糖升高

续表

益生菌	作用对象	方式	效果
革兰氏阴性菌嗜酸乳杆菌	鼠巨噬细胞	体外	IFN-α（mRNA 和蛋白质）升高
干酪乳杆菌养乐多菌	鼠脾细胞	体外	IL-12 和 IFN-γ 升高
乳杆菌属、双歧杆菌属、嗜热链球菌	巨噬细胞 RAW 264.7，脾和腹膜细胞，集合淋巴结（老鼠）	体外	IL-6、TNF-α、NO（巨噬细胞）升高；IL-6（腹膜细胞）升高
分离自粪便的 20 株乳酸菌	细胞毒素、骨髓瘤细胞	体外	抑制骨髓瘤细胞增生
乳杆菌属、大肠杆菌	Caco-2/外周血单核细胞共培养物	体外	mRNA IL-8、MCP-1、IL-1β、Caco-2 中的 TNF-α 升高（在白细胞存在下）
乳杆菌属	树枝状细胞	体外	IL-12、IL-6、TNF-α 和 MHC1I（干酪乳杆菌＞其他乳酸菌＞罗伊氏乳杆菌）。菌株之间差别大
干酪乳杆菌、嗜酸乳杆菌	老鼠（胃内）	体内（活体直接转移、在体内转移）	噬菌作用和淋巴细胞活力增强
保加利亚乳杆菌	老鼠（腹膜内）	体内（活体直接转移）	血清 IFN-α/β（全细胞）升高
干酪乳杆菌	老鼠（静脉）	体内（活体直接转移）	TNF-α（肝脏、肺、内脏、血清）升高
乳杆菌属	老鼠（胃内）	体内（活体直接转移）	肠内 TNF-α、IL-2（罗伊氏乳杆菌、短乳杆菌）升高；IL-10（干酪乳杆菌）升高；TGF-β（植物乳杆菌）升高
乳杆菌属、双歧杆菌属、嗜热链球菌	老鼠（胃内）	体内（活体直接转移、在体内转移）	TNF-α、IL-6、IL-12、IFN-γ、NO、IgA、IgG 体内试验变化很小；来自腹膜细胞的细胞因子体内试验升高
乳杆菌属、双歧杆菌属	老鼠（口服）	体内（活体直接转移）	固有膜细胞的 IgA^+、IgM^+、$CD4^+$ 升高，菌株间有差异
干酪乳杆菌、丁酸梭菌	老鼠（胃内）	体内（活体直接转移）	小囊细胞增值（干酪乳杆菌＞丁酸梭菌）
丙酸杆菌、乳杆菌属	老鼠	体内（在体内转移）	体外刺激 T 细胞和 B 细胞的增殖，菌株间有差异
乳杆菌属	老鼠（口服）	体内（活体直接转移）	IEL、IgA^+细胞（所有菌株）增加；$CD4^+$（干酪乳杆菌）和 $CD8^+$（植物乳杆菌）升高
鼠李糖乳杆菌	老鼠（口服）	体内（在体内转移）	血液噬菌作用增强，腹膜细胞增多
干酪乳杆菌	老鼠（胃内）	体内（活体直接转移）	抵御鼠伤寒沙门氏菌，特异性肠内 IgA 升高

续表

益生菌	作用对象	方式	效果
鼠李糖乳杆菌 LGG	哺乳期老鼠	体内（活体直接转移）	调节肠道通透性
干酪乳杆菌养乐多菌	老鼠（胃内）＋卵清蛋白	体内（在体内转移）	在体内 IgE 抗卵清蛋白下降，T 辅助细胞，细胞因子增加，T 辅助细胞 2 细胞因子下降
乳双歧杆菌	老鼠（胃内）＋鼠伤寒沙门氏菌	体内（活体直接转移、在体内转移）	抵御鼠伤寒沙门氏菌，淋巴细胞增殖，增强噬菌作用，抗鼠伤寒沙门氏菌 Ab
乳酸杆菌	老鼠（胃内）＋滤过性毒菌免疫	体内（活体直接转移）	在发炎之前辅助乳杆菌增殖或在免疫后升高 T 辅助细胞 1 细胞因子（罗伊氏乳杆菌、短乳杆菌）
双歧杆菌、大肠杆菌	无菌老鼠	体内（在体内转移）	在鼠巨噬细胞定植后升高 IL-1、IL-6（只限于大肠杆菌）
嗜酸乳杆菌	无菌老鼠	体内（活体直接转移、在体内转移）	定植后增强噬菌作用
植物乳杆菌、大肠杆菌	无菌老鼠	体内（活体直接转移）	定植后：血清 IgA（植物乳杆菌）和 $CD25^+$ 细胞升高；调节大肠杆菌的数量
分叉双歧杆菌、约氏乳杆菌 La1	人（口服）	体内（活体直接转移、在体内转移）	粒细胞和单核细胞噬菌作用增强
约氏乳杆菌 La1	人（口服）	体内（活体直接转移、在体约氏乳杆菌转移）	噬菌作用增强
乳双歧杆菌	老年人（口服）	体内（活体直接转移、在体转移）	IFN-γ（外周血单核细胞）升高，噬菌作用（多态单核细胞）增强
乳双歧杆菌	人（口服）	体内（活体直接转移、在体内转移）	噬菌作用（多态单核细胞）和自然杀伤细胞活力增强
大肠 Nissle1917	早产儿（口服）	体内（活体直接转移、在体内转移）	定植后：特异性 IgA 升高，非特异性 IgM 升高，血细胞增殖
鼠李糖乳杆菌 LGG	婴儿（口服）	轮状病毒性肠炎体内（活体直接转移）	IgA、IgM、IgG 升高，抗轮状病毒 IgA 升高
双歧杆菌、约氏乳杆菌 La1	人（口服）＋伤寒沙门氏菌	体内（活体直接转移）	IgA 总量和抗伤寒沙门氏菌 IgA 升高
鼠李糖乳杆菌 LGG	人（口服）健康或过敏人群	体内（活体直接转移）	受益对象：对牛奶过敏者噬菌作用受体（嗜中性粒细胞和单核细胞）增加；调节作用

第二节 益生乳酸细菌的黏膜免疫疫苗

疫苗接种是人类对抗细菌、病毒、寄生虫等感染性疾病的有效手段，一直是人们关注和研究的热点之一。传染病的免疫途径多为注射给药，其缺点是病人顺应性差，还可能会引起二次感染，而且不能有效诱导黏膜免疫应答。而黏膜免疫方便安全，疫苗传递系统和佐剂的应用使其能够成功诱导较高水平的系统和黏膜免疫应答，通过共同黏膜免疫系统在远端黏膜部位诱导免疫应答，保护机体不受细菌和病毒的侵袭，是一种很有发展前景的黏膜免疫途径。

疫苗分预防性疫苗和治疗性疫苗。预防性疫苗一般是通过靶抗原，诱导机体产生特异性的中和抗体及有效的局部免疫反应，从而阻止病原与宿主细胞受体的结合，以体液免疫为主。治疗性疫苗是利用细胞因子等或（和）主要靶位抗原蛋白，通过细胞免疫和体液免疫以去除病原或减少已被感染的细胞和肿瘤细胞，其靶位抗原蛋白为对细胞转化所需的蛋白，并能持续表达和诱导特异性细胞毒性 T 细胞（CTL）反应，以诱导细胞免疫为主。治疗性疫苗与预防性疫苗相比，其设计思路较广，策略更多。

一、黏膜免疫疫苗的设计

微生物感染黏膜的过程包括黏附、定居、侵入和释放毒素。黏膜免疫的目的是诱导黏膜产生免疫应答，阻止感染过程的发生。所以设计黏膜免疫疫苗极为重要，以下几点供设计时参考：

（1）确保安全，对减毒苗要防止恢复毒性；对亚单位疫苗最好用食品级细菌作为载体。还要防止重组 DNA 在环境中扩散；

（2）运载系统应能携带多种抗原，并能使抗原直接到达免疫的激发部位。实验证明，具有与黏膜亲和力的小颗粒载体既能携带多种抗原，又能直接到达免疫激发部位。有复制能力的活细胞比死细胞的诱导免疫应答的能力强；

（3）要使抗原保持完整的免疫原活性不被酶分解消化；

（4）易于呼吸道、胃肠道、泌尿生殖道中的 M 细胞和树突状细胞（DC 细胞）摄取抗原和转运；

（5）为避免吸收性上皮细胞被提取，应尽量将抗原制成颗粒，也可用基因工程菌株作载体表达抗原；

（6）能刺激天然免疫系统激发适应性免疫应答，并诱导免疫记忆；

（7）还要利用黏膜免疫调节因子提高免疫功能，增强免疫记忆；

（8）要有最佳的免疫程序，使能诱导保护性反应及系统免疫反应。

基于上述的基本原则，我们将在以下各节详细的讨论。

二、黏膜疫苗的运载释放系统

虽然黏膜接种疫苗有很多优点，但是单纯将疫苗接种到黏膜表面效果并不理想。如上所述，主要原因是疫苗在黏膜易被酶降解或化学破坏，而且可溶性蛋白抗原难于被吸收进入上皮下淋巴组织，易诱导免疫耐受，因此用于黏膜接种的疫苗通常用颗粒性载体或可复制的活疫苗株作为载体表达异种抗原。这些载体不仅保护疫苗不被降解，而且能促进M细胞摄取疫苗抗原，增强疫苗的免疫原性，由于颗粒性抗原较难诱导产生免疫耐受，故目前研究的重点是开发颗粒性黏膜疫苗载体。

在历史上，致病菌的减毒苗曾引起疫苗工作者的极大兴趣，然而用非致病苗研制的疫苗比减毒菌更安全。

益生乳酸细菌被世人公认为安全（generally recognized as safe，GRAS）菌，不仅安全，还有对机体多方面的生理功能。其中之一是调节免疫功能和免疫佐剂的作用。已证明它们能有效表达抗原蛋白，其表达水平不仅取决于它的来源，而且受蛋白的性质和形态的影响。

（一）乳　杆　菌

（1）乳杆菌能在体内长期定植，是黏膜中的重要菌群，是维持微生态平衡的不可缺少的有益细菌。活的乳杆菌能从两方面发挥其免疫功能：一是活化免疫应答；二是抑制免疫应答。关于活化免疫应答可以举几个日常生活中经常遇到的例子：经常服用乳杆菌的人在用流感疫苗进行正常肠外免疫之后，它所诱导的病毒中和抗体可提高3～5倍，因此在每年接受流感病毒疫苗之前，每天摄取一定量的乳杆菌将能提高免疫力，并有较好的免疫记忆和对病毒的防御能力。特别是对无免疫应答的群体，如年长者，通过提高酸奶的食用量可以提高免疫功能。婴儿早期肠道定植有益的双歧杆菌和乳杆菌对体液免疫的成熟，即分泌IgA、IgM和IgG的成熟细胞有重要意义。用乳杆菌LGG喂养的婴儿，由于提高了非特异性IgG、IgA和IgM的水平，所以能缩短轮状病毒引发的腹泻时间、减少腹泻次数。

关于抑制免疫应答，已有大量数据证明乳酸菌对治疗自身免疫和变态（过敏）反应有良好的作用。

（2）乳杆菌能调节细胞因子的产生，不同乳杆菌株能诱导细胞分裂素和不同的细胞因子，既有促炎作用，又有好的抗炎效果。

（3）乳杆菌在治疗消化道疾病和泌尿生殖道疾病中已取得肯定的结果。在防治肿瘤和过敏反应也有显著的效果。

（4）乳杆菌用于研制亚单位疫苗的分子克隆体系已构建成功，可以使抗原储存在细胞内，也可以分泌到胞外，也能锚定于细胞表面。

（5）不同病原的保护性抗原已能在乳杆菌中表达，并在动物模型中获得了良好的保护。

（二）乳　球　菌

（1）乳球菌不能在胃肠定植，所以不会因为长期定植而成为免疫耐受，也不会引起强烈的免疫应答。

（2）乳球菌分泌蛋白少，尤其是蛋白酶更少，所以表达抗原不易被它降解。

（3）乳球菌个体小，易和黏膜上的M细胞接触，易把抗原转递给抗原呈递细胞。

（4）由乳球菌构建的食品级、可诱导、可分泌的分子克隆体系技术相当成熟，为亚单位抗原的研制提供了重要手段。

(5) 用乳球菌作为病毒、细菌、衣原体、病毒、寄生虫等保护性抗原的载体的可行性已有大量的报道。

(6) 用乳球菌同时表达抗原基因和细胞因子或干扰素的基因，试图研制预防性疫苗和（或）治疗性疫苗也已（或）正在进行之中。

（三）革氏链球菌和葡萄球菌

革氏链球菌表达的抗原大多为 *M6* 基因融合蛋白，即将链球菌 A 的 M 蛋白（M6）的大部分表面片段缺失，用外源性抗原或表位取代。如用 M6 蛋白和疱疹病毒 E7 抗原融合表达融合蛋白 E7-M6，以同样的方法在革氏链球菌表面表达 HIV-1gp120V3 和大肠杆菌热不稳定性毒素 B 亚单位（LTB）。小鼠从口腔和鼻腔接种表达 16 型人疱疹病毒 E7-M6 融合蛋白的革氏链球菌，重组菌在小鼠体内定植可达 11 周，接种的小鼠中，有 61%产生了特异性的抗 E7-M6 的血清抗体，抗体水平明显高于对照组的平均值；50%的免疫鼠的 E7 血清抗体也为阳性。与此类似，接种表达 M6-Ag5.2 融合蛋白的革氏链球菌，接种 4～7 周后能检测到血清抗体，并且水平持续增加达 11 周。

意大利学者 Giomarelli 和 Gianni Pozzi（2004）用革氏链球菌研制了工程菌苗，宿主细胞表面表达了杀灭白念珠菌的单链抗体，其抗真菌的效果同最有效的抗真菌药物 fuconazole 一样好，能清除引起大鼠阴道感染的白念珠菌。这一结果提示，活菌制剂可能会提供比传统药物疗效更好、药效更长的产品。相对而言乳球菌和革氏链球菌对某些抗原的诱导应答非常有效，而乳杆菌的诱导效果则有一定的局限，其原因尚不清楚，可能与它对某些抗原的表达水平较低有关。

利用金黄色葡萄球菌蛋白 *A* 基因构建的大肠杆菌-葡萄球菌穿梭载体，能在木糖葡萄球菌表达外源性抗原。利用金黄色葡萄球菌蛋白 A 的分泌信号和细胞壁锚定区，能将外源性抗原和多肽定位于细胞表面。用细菌表面表达外源性多肽和蛋白质的重组葡萄球菌，经皮下和口服免疫小鼠，均能刺激机体产生对应于表达抗原的血清抗体反应。

三、黏膜免疫佐剂

近年来，减毒疫苗、亚单位免疫、核酸疫苗等以黏膜为免疫途径的报道很多。但多数疫苗在不加其他免疫刺激因子，或采用合适的药物传递系统而直接鼻腔接种，往往不能诱导有效的免疫应答，甚至可能导致免疫耐受。所以合理设计免疫佐剂很重要，佐剂是指能够增强或调节抗原体液和（或）细胞免疫应答的物质。佐剂按其作用机制不同可分为免疫调节分子和疫苗传递系统。使用佐剂的目的是：防止抗原被酶消化、促进黏膜的 M 细胞或树状细胞摄取抗原、刺激天然免疫细胞以激发适应性免疫应答、诱导免疫记忆等。

目前已在使用或正在研究的佐剂有：

（一）细菌内毒素

如大肠杆菌不耐热毒素、霍乱毒素、紧密连接毒素、细胞毒性坏靶因子和皮肤坏死毒素等，其佐剂活性强，但毒性太大，其衍生物特别是减毒突变体是一个很好的佐剂。

（二）CpG 寡聚核苷酸

其结构特征为 5'-嘌呤-嘌呤-CpG-嘧啶-嘧啶-3'，其中含有非甲基化的 CpG 二核苷酸核心。已证明是好的佐剂，对防治过敏反应也有好的效果。这种寡核苷酸在双歧杆菌和乳杆菌中含量较高。

（三）细胞因子

如 IL-12、IL-18、IFN-γ 等，主要增强 Th1 型免疫反应，IL-1α、IL-1β、IL-6 等主要增强 Th2 免疫反应。其耐受性好，效果也好，是很有前景的佐剂。

（四）生物相容性好且可被生物降解的材料

如脂质体、壳聚糖、寡糖、聚酯微球、单磷酰酯质 A、病毒体、病毒样颗粒、细菌细胞外壳等，可将其制成微粒，有良好的传递性、耐受性和稳定性，是一种很好的抗原传递载体，具有很好的应用前景（高小玲，2004）。

四、黏膜免疫的接种途径

（一）口服接种

口服疫苗的优点是使用方便，能有效刺激肠黏膜产生细胞免疫和体液免疫，能同时预防肠道及非肠道如呼吸道，泌尿生殖道感染。另外疫苗佐剂在黏膜免疫中也发挥着重要的作用，不过要避免口服无反应的缺点。

（二）鼻腔接种

将疫苗滴到鼻腔或喷雾到鼻黏膜表面为鼻腔接种。这种方式比口服更有效，因为①鼻腔上皮对大分子物质排斥较少，蛋白酶活性低于肠道；②鼻相关淋巴组织（NALT）上皮含有类似肠的 M 细胞，可选择性摄取颗粒性抗原，可发挥监视抗原、诱导黏膜及全身性免疫应答作用；③鼻腔接种抗原产生的黏膜免疫应答更早更强，原因是 IgA 分泌细胞分泌的 IgA 类别转换及分化成熟在它们迁出 NALT 之前即完成；④NALT可以长期保持免疫记忆；⑤鼻腔接种还可诱导激活扁桃体处的 B 淋巴细胞，在鼻或扁桃体激活的部分 B 细胞可进入血液循环迁移到远处黏膜组织。因此，鼻腔接种疫苗不仅能预防呼吸道感染，也能预防其他部位的感染。

目前，鼻腔给药生物利用度的研究主要集中在吸收促进剂、药物性质、剂型和载体等因素的影响。但由于鼻腔特殊的解剖生理结构，药物吸收迅速，且与其他给药途径相比，尤其对于多肽和蛋白类药物而言，鼻腔给药这种非侵入性给药方法更简单、安全并且节省费用，特别是对于口服难以吸收的肽类和蛋白类药物，鼻腔给药有可能成为未来全身给药的重要途径之一（程巧鸳，2004）。

（三）气溶胶吸入接种

气溶胶（aerosol）是固态或液态微粒悬浮于气体中形成的体系，可通过类似喷雾器的气溶胶发生器人工产生这种微粒。通过吸入小分子气溶胶药物已成功地用于治疗各种呼吸道疾病，将大分子疫苗（包括蛋白质、DNA 及各种疫苗株）气溶胶化吸入接种的实验也有不少报道。

（四）阴道接种

阴道是许多致病微生物的入侵部位，阴道感染是妇科一大疾病，将疫苗通过阴道接种能产生局部免疫，可阻止或限制微生物入侵和治疗感染性疾病。将重组亚单位疫苗经口服、腹腔注射、阴道接种及鼻腔接种后，检测阴道内抗体水平，发现阴道及鼻腔接种能诱导最强的阴道抗体应答。

与注射疫苗相比，黏膜接种疫苗具有使用方便，免疫效果好，不仅诱导局部免疫应答，也诱导全身性应答等优点，故日益引起重视，近年已相继开发了多种黏膜疫苗及用于黏膜免疫接种的佐剂和载体。

五、乳酸细菌作为 TTFC 的疫苗载体

随着乳酸细菌分子生物学的发展，在乳球菌和乳杆菌中都建立了各种表达系统，从而能对用破伤风毒素 C 片段（tetanus toxin fragment C，TTFC）抗原做系统全面的研究。TTFC 和鼠细胞因子共表达，更加强了抗原特异性免疫应答。这些实验证明生物活性分子，如抗原、细胞因子、酶和另外一些具有医疗效果的分子，能被重组乳酸菌成功地递呈到黏膜细胞表面。

（一）乳酸乳球菌表达 TTFC

第一次尝试乳酸菌作为抗原运载的可能性是利用重组链球菌在细胞表面表达人乳头瘤病毒 16 型 E7 蛋白，作为疫苗注入小白鼠皮下，尽管有免疫应答，但其阳性反应需有费氏佐剂参与，之后，改用乳酸乳球菌表达破伤风 C 片段，在无任何佐剂的情况下，皮下注射表达 TTFC 的乳酸乳球菌显示阳性反应，获得了好的免疫应答。

TTFC 是强免疫原，将表达 TTFC 或 TTFC 融合蛋白的乳球菌，给小鼠皮下接种，所有 TTFC 表达株均能刺激机体产生抗体。重组乳球菌刺激机体产生保护性抗原的剂量，有赖于表达菌株、抗原的性质及抗原表达的部位。如膜锚定的 TTFC 比细胞内的蛋白更具免疫原性，大约为后者的 13～20 倍。

（二）乳杆菌表达 TTFC

乳杆菌促进健康的本性和调节免疫应答的功能，激发了人们的兴趣，目的是要确定这些菌作为安全口服疫苗的可行性，试验说明乳杆菌表达 TTFC 有良好的效果。

用 TTFC 乳杆菌获得阳性结果之后，对各种变量参数（如菌株的依赖性、表达水平、细胞表达部位和免疫设计等）都做了详尽的研究，见表 6-2。

在干酪乳杆菌细胞表面表达 TTFC 之后，用无细胞提取液和费氏完全佐剂皮下注射得到了第一个用乳杆菌表达的阳性免疫应答，稍后的试验证明用完整的细菌表达 TTFC，不管表达的位置（细胞内、锚定于细胞壁或分泌）如何，虽应答水平不同，但同样都能被诱导免疫应答。用完整乳杆菌细胞皮下试验证明表达水平影响效价。

表 6-2　用乳杆菌表达 TTFC 所获得的结果(Seegers，2002)

菌及其表达部位	免疫法	结果
L. casei 393，表面暴露	皮下，细胞提取物＋佐剂，已接触抗原＋1 次强化，单一剂量，间隔 28d	抗原，IgG＋＋
L. plantarum 256，细胞质	口服，$2\times10^9\sim5\times10^9$ cfu/250μL N_aHCO_3，连续 3d（3 份剂量），已接触抗原＋强化 28～30d	9/16 鼠应答，脾 β-细胞无颈淋巴结，IgG＋＋
L. casei 393，细胞质		无 IgG 测定
L. plantarum 256，细胞质或表面暴露	鼻饲，$2\times10^9\sim5\times10^9$ cfu/20μL PBS，连续 3d（3 份剂量），已接触抗原＋强化 28～30d	IgG＋＋，单 1 剂量和 3 份剂量没有不同，表面表达需 3 份剂量，有 sIgA，脾 β 细胞和颈淋巴结，T 细胞增殖
L. casei 393，细胞质或表面暴露		IgG＋＋，表面表达没有应答
L. plantarum NCIMB8826，胞内，低水平（0～20％）	皮下，完整细胞，10^9cfu 已接触抗原＋2 次强化，0d、15d 和 37d 单剂量	血清 IgG＋＋
L. plantarum NCIMB8826，胞内，高水平（60％～100％）		血清 IgG＋＋＋
L. plantarum NCIMB8826，胞内，低水平表达	鼻饲，活菌，10^9cfu 已接触抗原＋2 次强化，单剂量或双剂量，连续 2d，间隔 3 周，麻醉小鼠	接触过抗原的单剂量或双剂量没有不同，用别的方法双剂量好于单剂量，IgG＋＋＋＋（双），血清 IgA＋（双），低中和活性，无（低）保护
L. plantarum NCIMB8826，胞内，高水平表达		IgG＋＋＋＋，T 细胞增殖，获得保护，活菌的中和抗体比丝裂霉素处理的菌高 10 倍
L. plantarum NCIMB8826，胞内，高/低水平，丝裂霉素-C 处理	鼻饲，单剂量，已接触抗原＋2 次强化，间隔 3 周，麻醉小鼠	第二次强化后 IgG＋＋＋＋，活菌的免疫原性比丝裂霉素处理的菌高 10 倍，保护，但处理的菌比活菌低
L. plantarum NCIMB8826，胞内，细胞壁锚定或分泌	皮下，10^9cfu/100μL PBS，1d、5d、30d 鼻饲，10^9cfu/10μL PBS，3 份剂量连续 2d，间隔 3 周口服（肠内）10^9cfu/100μL N_aHCO_3，0.5％酪蛋白，1％葡萄糖，3 份剂量连续 3d，间隔 3 周	IgG＋＋＋ 接触抗原 IgG＋ 接触抗原 强化后达＋＋＋，终点效价洗肺 IgA44（分泌），85（胞壁锚定），160（胞内）IgG＋ 接触抗原 强化后＋＋＋（胞壁锚定，分泌），或强化后＋＋＋＋（胞内），终点效价洗肠 IgA 未发现（锚定），40（胞内），70（分泌）

实验数据显示，BALB/C 鼠与 C_{57}BL/6 鼠不同，应答也不完全一样，前者优先产生 $T_H{}^2$ 效应细胞，所以用携带 TTFC 的乳杆菌对小鼠免疫试验的应答水平不仅决定于乳杆菌种类，而且也决定于小鼠的品系。因此人们能预料到小鼠 BALB/C 抗体效价比 C_{57}BL/6 小鼠高，对同一品系的不同个体的小鼠来说，平均效价不会有显著的不同。在

比较植物乳杆菌和干酪乳杆菌时发现，植物乳杆菌用作呈递抗体的应答水平总是比干酪乳杆菌高，与挑选的小鼠的品系或免疫途径（口服或滴鼻孔）无关。这些结果说明乳杆菌的种属不同，对免疫应答的影响不同。用植物乳杆菌胞内表达的 TTFC 对鼻饲和口服免疫试验之后发现，鼻饲比口服终点效价高。为了确定活菌和死菌的免疫效果，把用活菌和丝裂霉素 C 处理过的菌进行鼻饲免疫，处理过后的活菌由 10^9 cfu 降到 0.5×10^5 cfu，但血清 TTFC 特异性 IgG 没有不同，然而用中和破伤风抗体水平测定时，丝裂霉素-C 处理过的菌的保护水平比活菌低 8 倍。

乳杆菌的不同种属有不同的佐剂特性，所以要把呈递和佐剂合并到一个系统内。乳杆菌有很多种，目前用的大多数是植物乳杆菌和干酪乳杆菌，需要扩大范围，事实上用罗氏乳杆菌（*L. reuteri*）和约氏乳杆菌（*L. Johnsonii*）也已得到好的结果。

目前仍不清楚，不同的重组乳酸菌外源抗原表达到什么程度和给予多大剂量才能经黏膜途径刺激产生有效的范围和时间长度的免疫反应。比较现有的疫苗载体产生于胞内的、分泌于胞外的或表达于不同乳酸菌表面的模型抗原的免疫反应，有助于用不同类型的载体研发不同类型的疫苗。

总之，用 TTFC 做免疫试验显示，利用乳杆菌进行黏膜免疫是可行的。对于构建新的、安全的、以乳酸菌为抗原基因的呈递载体的一切条件已经完全成熟，但仍需用大量抗原诱导出各种应答（耐受性的或保护性的）。诱导高效表达是今后研究的重点，为此需要深入探讨乳酸菌自身佐剂活性的特性和增强其活性的措施。

第三节　益生乳酸细菌作为抗原的载体

目前，尽管有些疫苗可以预防某些疾病，但是感染性疾病仍是威胁人类健康的大敌。据世界卫生组织（WHO）报道，每年有1 400 000以上人死于感染疾病，占全球死亡人数的 26%以上，而且还在提高。原因之一是耐药性菌增加，如肺链球菌、肠球菌、革兰氏阴性肠道致病菌；之二是新出现的致病菌和被认为已消灭的致病菌重新出现，对于这些菌尽管肠外免疫对诱导保护性免疫应答具有好的效果，然而对大部分疾病，尤其与黏膜有关的疾病来说，并不十分满意。致病菌进入机体后是诱导黏膜应答还是全身应答，决定于进入的途径，每种途径都有体液和细胞成分参与。在黏膜上体液应答主要是由分泌性免疫球蛋白 A 抗体（sIgA）介导的，而全身体液应答则发生在次级淋巴器官上，主要是由 IgG 抗体介导的。对于通过非肠道路径进入机体的致病菌来说，主要出现在有伤的感染处，所以肠外疫苗有好的效果，然而对大多数致病菌来说，在变成全身性感染之前，开始感染主要发生在呼吸道，肺部和肠道的黏膜上，这样肠外接种疫苗的效果就弱，不能起到应有的作用，而且较难预防感染因子传播给其他非免疫个体。若通过黏膜免疫则能对开始感染和致病菌的复制起到预防作用，从而获得好的免疫效果。

黏膜免疫有很多优点，它能通过口腔、鼻孔、直肠直接诱导黏膜和系统免疫应答，但是用减毒（或弱毒）苗有回复毒力的潜在危险，所以使用非侵染、非致病的乳酸细菌作为黏膜免疫疫苗抗原和治疗药物分子的载体是极具吸引力的。

有些乳酸细菌具有作为天然免疫佐剂的物质基础，所以当它和抗原一起使用时，能增强特异性抗原的免疫应答。然而不同种不同株的菌的免疫佐剂作用也不一样，所以把它用作抗原载体时，应认真选择。此外，不是所有的乳酸菌都在人体内是共生菌群，菌对不同生物黏膜和环境的生态位是特异（或专一）的，所以也要严格筛选。还有，挑选能在不同黏膜表面生存的菌也是非常重要的，这样能扩大防治疾病的范围。

重组乳酸细菌所表达的疫苗抗原和治疗性分子大部分不需要分离提取和纯化活性成分，减少了生产和递呈的成本，不需打针，易在广大人群中实施疫苗免疫，有好的免疫保护作用。

近十多年，益生乳酸细菌作为抗原载体的研究，不论理论探讨，还是应用试验，既广泛，又深入，相关的论文已有几千篇。所试的菌株有乳杆菌、乳球菌、葡萄球菌和链球菌等；所试抗原来自病毒、细菌、真菌、衣原体、原虫及哺乳动物的细胞等抗原，包括蛋白抗原、多糖抗原和糖蛋白抗原等，也有做 DNA 疫苗的基因片段；所试的疾病包括感染病、过敏性疾病和癌症，还有控制生育的，针对动物疾病和人畜共患的特别多；表达产物的分布有的在细胞内，有的分泌在培养基中，更多的是锚定在细胞表面；从免疫途径来看，有的是肠外免疫，但更多的是肠内免疫，如口腔、鼻腔、阴道给药。本节只举几个简单例子（表 6-3 和下文）加以说明。

表 6-3　益生乳酸细菌作为抗原载体的几个类型

抗原类型	抗原来源	载体	表达部位	防治疾病
动物	牛奶中的 B-乳球蛋白（BLG） 人绒毛膜促性腺素-β（hCG-β）	乳球菌，乳杆菌，动物上皮细胞，乳杆菌		过敏反应 计划生育
细菌				
破伤风梭菌 (*Clostridium tetani*)	破伤风毒素片段 C（TTFC）	乳球菌、乳杆菌	分泌、锚定	破伤风
肺炎链球菌 (*Streptococcus pneumoniai*)	肺炎链球菌 3 型多糖（CPS）	乳球菌、乳杆菌	分泌、锚定	肺炎
幽门螺杆菌 (*Heicobacter pylori*)	幽门螺旋菌尿素酶亚单位 B (UreB)	乳杆菌	分泌、胞内	胃病
流产布氏杆菌 (*Brucella abortus*)	流产布氏杆菌 L7/L12 抗原	乳杆菌、乳球菌	分泌、胞内锚定	动物流产
猪红斑丹毒丝菌 (*Erysipelothrix rhusiopathiae*)	猪红斑丹毒丝菌 SpaA 抗原	乳球菌	分泌	动物和人丹毒
炭疽芽孢杆菌 (*Bacillus anthracis*)	保护性抗原	干酪乳杆菌	分泌	炭疽病
变异链球菌 (*Streptococcus mutans*)	保护性抗原	格式链球菌、乳球菌	分泌	龋齿
结核分枝杆菌 (*Mycobacterium tuberculosis*)	TB27.4（RV3878）	乳球菌	分泌	结核病

续表

抗原类型	抗原来源	载体	表达部位	防治疾病
病毒				
牛冠状病毒 (*Bovine coranavirus*)	牛冠状病毒抗原表位（BCV epitope）	乳球菌	分泌	
牛轮状病毒 (*Bovine rotavirus*)	牛轮状病毒非结构蛋白 (Nsp4)	乳球菌	分泌	腹泻
人乳头瘤病毒 (*Human papillomavirus*)	16 型人乳头瘤病毒 E7 蛋白和 L1 蛋白	乳杆菌、乳球菌	分泌、锚定	子宫颈癌
肠病毒 (*Enterovirus*)	肠病毒 EV71 VP1 蛋白 A1 和 A3 区域	乳球菌	分泌	肠炎
人轮状病毒 (*Human rotavirus*)	VP7 和 8	乳球菌	分泌	腹泻
艾滋病毒 (HIV-1)	gp120	乳球菌	分泌	艾滋病
鸡传染性法囊氏病毒 (*Infectious bursal disease virus*)	外壳抗原	乳球菌	分泌	鸡法囊氏病
衣原体	保护性抗原	植物乳杆菌	分泌	衣原体病
寄生虫病				
疟疾原虫 (*plasmodium falciparum*)	疟原虫-MSP2 和 MSP3	乳球菌	锚定	疟疾

一、防感染疫苗

肺炎链球菌（*Streptococcus pneumonial*）感染肺部往往会引发肺炎，老年人由于免疫功能低下，一旦患此病就十分严重，甚至有生命危险。近年用乳球菌、干酪乳杆菌、植物乳杆菌和瑞士乳杆菌表达肺炎链球菌抗原（PsaA）后，通过鼻腔给小鼠 C57B1/6 接种，在体液（血清中 IgG）和黏膜（唾液、鼻腔和支气管中的 IgA）中产生了抗 PsaA 抗体的能力。但是乳球菌 MG1363 产生的 IgG 和 IgA 的量都很低，而其他三株乳杆菌在鼻腔存在三天后产生了相似数量的 PsaA 蛋白（150～250ng/10^9 cfu），其中植物乳杆菌 MCDO1193 和瑞氏乳杆菌 ATCC15009 诱导了最大量的抗体（IgG 和 IgA）表达。由此可见乳球菌由于不能在鼻腔定植，可能是 PsaA 表达量低的原因之一。实验结果说明，乳杆菌尤其是植物乳杆菌可用作黏膜免疫疫苗的载体（Oliveira et al., 2006）。

二、防敏疫苗

变态反应又称超敏反应，是人体受抗原物质刺激后引起组织损伤或生理功能紊乱的一种异常的免疫反应，其特点是免疫反应异常增高。由变态反应引起的疾病，又称为过敏性疾病。为防治这种疾病，Sheppler 等（2005）试图通过重组乳杆菌研制防敏疫苗，他们早期研究证明通过采用短 IgE 模拟表位或抗特异抗体模拟 IgE 抗原决定部位，经肠外免疫诱导猕猴特异抗 IgE 的应答，这种 IgE 特异性应答在临床有应用价值。接着他们又考察了活的约氏乳杆菌（*Lactobacillus johnsonii*）作为疫苗呈递载体更为方便的治病方案，采用来自德氏乳杆菌保加利亚亚种的细胞壁锚定的蛋白酶 prtB 和抗原融合使约氏乳杆菌的细胞表面表达融合蛋白：抗特应抗体 SCFv 或 IgE 模拟表位。免疫学试验证明，重组约氏乳杆菌表达的融合蛋白专一性的被相应的抗人体 IgE 的单克隆抗体识别。用含融合蛋白的重组菌进行皮下和鼻腔免疫诱导了抗人体 IgE 的系统性 IgE 应答。数据表明，表达抗原决定部位（表位）的重组乳杆菌可提供一种诱导有益的抗 IgE 应答的一种疫苗的新方法。

三、计 生 疫 苗

人绒毛膜促性腺（激）素-β(human chorionic gonadotrop beta，hCGβ）避孕疫苗具有抗生育作用，不影响月经周期和排卵，无明显毒副作用，避孕作用可逆，是一种很有前景的避孕工具。姚晓英等（2006）构建了含 hCGβ 的重组乳杆菌，用此工程菌活疫苗，经阴道黏膜途径免疫不同品系小鼠，当接种量为 10^9 个和 10^{10} 个乳杆菌（hCGβ）时诱导的抗血清 hCG 抗原的能力＞100ng/mL。免疫后 T 细胞和 B 细胞克隆增殖；脾脏、子宫及阴道内均存在抗 hCGβ、IgG 及 IgA 抗体分泌细胞，说明这种活疫苗能在阴道黏膜有效诱导免疫应答，产生的应答与免疫剂量正相关，黏膜局部及全身 T 细胞和 B 细胞增殖。

四、防宫颈癌疫苗

人乳状瘤病毒（human papillomavirus，HPV）是宫颈癌的主要致病因子，宫颈癌已成为继乳腺癌之后引起女性死亡的第二大癌症，不仅如此，HPV 还与很多其他癌症及皮肤、黏膜疣等常见疾病有关。

根据基因片段序列的多态性分型，目前已确定 110 多种型别。其中约 35 种型别涉及生殖道感染，有 20 种与肿瘤相关。依据 HPV 型别与宫颈癌发生危险性的高低分为低危险型 HPV 和高危险型 HPV。高危险型如 HPV16、18、31、33、35、39、45、51、52、56、58、59、68 等。对宫颈癌组织标本的研究发现，HPV16 和 18 型感染率最高。在超过 99 例宫颈癌中包含了其中的 1 个或多个基因型，50％～60％包含 HPV16，另外 HPV18 占 10％～20％。这 2 个基因型是大多数疫苗工作者所关注的。

默克公司和葛兰素史克公司对 HPV VLP 疫苗的研究开发做了大量工作。默克公司使用酵母系统生产 VLP，采用铝佐剂；葛兰素史克公司则利用重组杆状病毒系统生产 VLP，使用新型佐剂 AS04。两者都采用肌肉注射的免疫方式。两家公司对这些类型的疫苗进行了一系列临床试验，并且取得了好的效果 。目前研究结果表明，HPV16 L1 VLP单价疫苗的保护时间长达 3.5 年，HPV16/18 L1 VLP 两价疫苗保护时间长达 4.5 年。美国 FDA 已于 2006 年批准默克公司的 HPV6/11/16/18 L1 VLP 四价疫苗和葛兰素史克公司的 HPV6/11/16/18 L1 VLP 四价疫苗上市。用亚单位疫苗达到接近 100％的效能是疫苗领域的重大成就，用此苗预防子宫颈癌有重大的理论意义和应用价值。

尽管这些疫苗有好的疗效，但从安全性、生产工艺和免疫途径来看还不尽如人意，所以近年有多个实验室都在利用益生乳酸细菌研制新的疫苗。Bermudez-Humaran 等（2002）用乳球菌研制生产人乳头病毒 16 型 E7 蛋白，他们把 E7 蛋白融合到金色葡萄球菌核酸酶上，获得了稳定高产的抗原蛋白，为黏膜口服预防宫颈癌奠定了基础。近年，韩国科学家利用枯草杆菌聚 γ-谷氨酸合成酶基因作为在干酪乳杆菌细胞表面锚的基序，成功的获得了 HPV16E7 抗原基因的表面展示，经小鼠口服黏膜免疫，获得了细胞免疫和抗肿瘤的效果。巴西科学家利用干酪乳杆菌乳糖操纵子的乳糖诱导系统表达了 HPV16L1 的抗原蛋白，经过多方面检测，也获得了好的结果。

五、防艾滋病疫苗

艾滋病（AIDS）又名获得性免疫缺陷综合征，是一种由人类免疫缺陷病毒（human immunodeficeney virus，HIV）感染而得的严重病毒病，绝大部分通过性传染而得。HIV 破坏免疫系统的 T 淋巴细胞，并感染中枢神经系统内的细胞，一旦被感染较难治愈。

墨西哥科学家 Alcocer 等将艾滋病（HIV）抗原 gp120 锚定于乳球菌细胞表面。试验证明抗原能在表面展示，用单克隆抗-gp120 的荧光免疫法显示外源蛋白表达正确，能刺激免疫应答。小鼠口服 10^9 个重组细菌诱导黏膜免疫，胃部和肠道有 IgG 和 IgA，血浆中也有 IgG 和 IgA。用脾细胞增生分析对细胞免疫的效果，显示与 HIV 抗原呈剂量关系，由此可见，用携带抗原重组乳球菌进行口服免疫既刺激局部免疫又刺激系统免疫；既能诱导体液免疫产生特异性抗体，又能诱导细胞免疫，促进淋巴细胞增生。

六、防寄生虫疫苗

疟疾是非洲大陆人常见的疾病，发病和死亡率都很高，虽然青蒿素等有较好的疗效，但无法预防且易产生耐药性。Ramasamy 等（2006）通过乳酸球菌两种细胞表面展示技术对疟疾原虫保护性抗原蛋白的免疫应答作了比较和评价。第一种展示形式是用乳球菌细胞表面蛋白酶 PrtP 的 LPXTG 型锚钩基序，把抗原蛋白 MSA2 共价锚定在遗传修饰的生产菌细胞表面；第二种展示形式是用乳球菌细胞表面水解酶 AcmA 的肽聚糖-结合域（蛋白锚钩）与抗原蛋白 MSA2 融合后，以非共价的方式重新结合到非遗传修饰、无生存能力的高结合力的乳球菌细胞壳上（称之为 GEM 颗粒，详见第五节）。携带 MSA2 的重组乳球菌用于鼻腔和口腔免疫兔，结果两者的血清抗体滴定值基本一样，但后者安全，因为避免了重组 DNA 在环境中散布，有更好的实用价值。

七、防动物感染疫苗

猪丹毒杆菌（*Erysipelothrix rhusiopathiae*）是一种细胞内兼性寄生的革兰氏阳性细菌病原物，能引起动物丹毒病和人类丹毒（erysipeloid）。这种病造成很大的经济损失，而且在世界产猪地区一直是一个棘手的问题。目前，通常在防治猪这种疾病方面用的是弱毒疫苗，但它们的有效性依赖于动物对疫苗的敏感性。丹毒病仍不能根除，每年均有发生。

Cheum 等(2004) 把这种致病菌的基因 *spaA* 插入能在大肠菌-乳酸菌穿梭的质粒 pSECE1 中，构建 pSECE1.3，在乳球菌中产生 *spaA*，在培养过程中抗原保持好的稳定性，通过鼻腔和口腔给小鼠接种这种重组的菌，经过分析，检测到了对 *spaA* 特异的 IgG 和 IgA，而且在肌肉注射猪丹毒菌攻击时，所有的鼠都安全存活，可见这是一种安全有效的亚单位疫苗，不必纯化、不必打针、使用方便、成本较低。

八、DNA 疫苗

牛奶乳清蛋白中的 β-乳球蛋白（β-Lactoglobulin，BLG）是婴幼儿主要的过敏原。Valeria（2006）等已证明 BLG 或 BLG 表位能诱导黏膜免疫应答，也证明天然乳酸乳球菌和重组的乳酸乳球菌能黏附于人大肠肿瘤细胞 Caco-2，还证明乳酸乳球菌能把单核细胞增生利斯特氏菌的基因 *inLA* 呈递给哺乳动物细胞。基于此，他们将含 BLG cDNA 表达盒和人巨细胞病毒真核启动子构建载体 PLIG∶BLG1，并转到乳酸乳球菌 1363 中，但未见表达出 BLG，然而当转化子与 Caco-2 细胞共培养时在 Caco-2 细胞中发现了高表达的 BLG cDNA 和 BLG，不过用提取纯化的质粒和细胞共培养时也未发现表达 BLG。推测在 Caco-2 细胞中表达的机理可能是：共培养时有些乳酸菌细胞被 Caco-2 内化（internalized），在吞噬溶酶体（phagolysosome）中裂解，再由吞噬体（phagosome）渗出，把 BLG cDNA 释放到细胞溶胶（cytosal）中。共培养 12h 后 Caco-2 细胞质中 BLG 的特异性 DNA 浓度大大降低，意味着胞内的核酸酶降解外来核酸或（和）进入到细胞核中稳定存在。

口蹄疫是双蹄动物致命性的疾病，一旦患此病，将给社会带来巨大的经济损失。为了利用乳杆菌作为口蹄病 DNA 疫苗的载体，Li 等构建了一个表达真核基因的载体 PRC/CMV2-VP1-Rep.8041，它由质粒 pRC/CMV2 和口蹄疫病毒基因 *VP*1 及植物乳杆菌 ATCC8014 菌的复制起始点组成。为监测 VP1 蛋白，使 PRC/CMV2-VP1-Rep.8041 在 PK15 细胞中表达，并转染嗜酸乳杆 SW1 菌株（嗜酸乳杆菌 SFMD-1），为评价嗜酸乳杆菌 SFMD-1、抗 FMDV VP1 抗体、T 细胞增殖等免疫效果，通过肌肉、腹腔、鼻饲和口服等给药方式，检测抗体的水平，结果显示，嗜酸乳杆菌 SFMD-1 在第 21d 诱发出了可监测到的抗体水平，采用肌肉给药的途径产生了最大的 FMDV VP1 抗体应答。综合其他各项指标，说明乳杆菌作为载体是一种很有前景的 DNA 免疫方法，而且是很有潜力的抗口蹄疫病毒的疫苗。

益生乳酸细菌作为 DNA 载体的优点在于：

（1）安全性好，用减毒的致病菌如沙门氏菌、志贺氏菌、利斯特氏菌作为载体呈递 DNA，绝对没有用食品级乳酸菌安全。

（2）与裸露的质粒 DNA 相比，不需要进一步放大和纯化，降低了成本和劳动力。

用乳酸菌作为载体给哺乳动物细胞呈递 DNA 有一定使用价值，进一步的工作应是评价口服之后的免疫应答和保护性免疫。

第四节　益生乳酸细菌作为药物分子的载体

一、细胞因子与免疫反应和抗炎反应的关系

细胞因子（cytokine，CK）是指免疫细胞或非免疫细胞合成和分泌的、有多种生物学效应的小分子多肽。细胞因子的研究是免疫学和分子生物学研究的活跃领域之一。

细胞因子的生物学作用极为广泛：抗感染、抗肿瘤、调节免疫功能、刺激造血细胞增生分化、参与和调节炎症反应等。

无论在免疫反应和抗炎反应中，都有细胞因子参与，按照其作用可把它分为两类（马兵等，2005）：促炎细胞因子（proinflammatory cytokine）和抗炎性细胞因子（anti-inflammatory cytokine）。前者通过释放“攻击性”炎症介质、启动或促进机体的炎症和损伤；后者通过释放抗炎症因子，参与机体的自身防御，促进炎症消失和组织修复。

促炎性因子主要有肿瘤坏死因子（tumor necrosis factor，TNF）、白细胞介素-1（interleukin-1，IL-1）、IL-6、IL-8等。感染、菌血症（bacteremia）、脓毒症（sepsis）、脓毒综合征、脓毒性休克、全身炎症反应综合征（systemic inflammatory response syndrome，SIRS）都有促炎性细胞因子参与，其中肿瘤坏死因子在创伤、烧伤、休克、大手术后等引发的各种炎症都起着重要的作用。它通过诱导次级炎性介质的释放，引起炎症级联效应，介导复杂的病理生理作用，使各系统脏器由细胞损伤破坏进而发展为脏器功能衰竭。IL-1在炎症反应过程中是通过多种途径来起作用的，包括致热作用、促炎性细胞活化、趋化和释放炎性介质、诱导微循环功能紊乱。IL-6能促进T细胞、B细胞分化成熟，合成和分泌免疫球蛋白；与IL-2，IL-12协同作用，促进活性T细胞增生分化和使TC细胞分化成熟为致敏TC细胞；刺激造血干细胞和巨核干细胞增生分化。IL-2和IL-6在免疫反应中，起着强有力的刺激作用。IL-8能引起中性粒细胞的趋化和活化，加剧局部炎性细胞的炎性反应。IL-17和IL-23也有一定的促炎作用。

抗炎细胞因子主要有IL-4、IL-10、IL-13等。IL-4是在炎症性反应过程中调节T辅助细胞1（Th1）和T辅助细胞2（Th2）功能的关键因子，它具有辅助Th2细胞，同时抑制Th1细胞产生促炎细胞因子的作用，通过增强Th2合成分泌IL-4和IL-10抗炎细胞因子。IL-10是机体炎性反应中核心抗炎性细胞因子，是体内免疫细胞产生的下调细胞免疫功能的细胞因子，是整体抗炎细胞因子体系的调节枢纽，它可能通过多种途径选择性抑制促炎细胞因子mRNA的转录。可能IL-19、IL-20、IL-22、IL-24和IL-26均属IL-10家族。IL-13可通过抑制组织中趋化因子和促炎细胞因子的产生来调节机体炎性反应，从而起到一定的保护作用。

任何免疫反应都不是单一细胞因子作用的结果，通常是一种或几种细胞因子共同影响其他细胞因子的合成和分泌，通过诱导出第二或第三种细胞因子来增强或抑制第一种细胞因子的生物学作用，从而达到调节机体免疫状态和稳定内环境的作用。因此要用细胞因子的网络效应探讨单个细胞因子的作用对整体的影响，这样才能全面正确做出判断。

利用基因工程技术已对很多细胞因子进行了克隆，其中一些已作为新药用于治疗肿瘤、造血障碍、感染、创伤、炎症等疾病。由于重组细胞因子的基因来自人体，所以有很多优点，它可调节机体的生理过程和提高免疫功能，很低剂量即可发挥作用，因而疗效显著，副作用小等，已成为某些疑难病症不可缺少的治疗手段。

细胞因子在体内能与一些生长因子和趋化因子以及另外一些组织彼此间进行免疫系统的通讯，能在多方面随时调控免疫应答，因此细胞因子可作为许多新的抗炎剂。

二、局部定位给药治疗的新途径

炎症是机体对外来刺激产生的一种复杂的病理反应过程，主要表现为局部的红肿热病，病理检查可发现感染局部有大量炎性细胞浸润和组织坏死。

在肠道黏膜疾病中，炎症性的肠道疾病是常见、多发、慢性、难治的病，有的需终生治疗，包括溃疡性结肠炎、大肠炎症和克罗恩氏（Crohn's）病。在西方国家每1000人中就有1～2人患此病，成为公共健康一个隐患，临床症状是腹泻、酸痛、直肠出血、高烧、恶心呕吐、体重下降、无力、倦怠、厌食，如不及时治疗则造成脱水、贫血，在极端情况下则导致脊椎关节炎并发症和死亡。对这类疾病的治疗虽有抗炎药物如皮质类固醇可使用，但有时很难治愈，往往复发，因此寻找新的治疗途径是研究人员的一个课题。

近几年，通常使用的灌肠方法进行化学定位给药已获得好的疗效，它是通过直肠导管对大肠进行慢慢灌注，由于采用的是挤压的方法，所以能使药物到达肠道的任何部位(局部定位给药)，然而这种方法使患者难以忍受，特别是当大肠炎症严重时，不适于天天给药。

Lothar（2000，2003）曾研究了非致病、无毒害、非定植、安全食用、用于乳制品发酵的乳球菌作为定位投放细胞因子载体的可能性。结果证明这种菌是药物分子载体的理想候选者，它能分泌完整的具有生物活性的细胞因子，如鼠白细胞介素mIL-2、mIL-6、mIL-10，以及人的hIL-2、hIL-6、hIL-10，还可分泌鼠的可溶性的Ⅰ型和Ⅱ型肿瘤坏死因子的受体，对菌的生长毫无影响。基于此理，他对携带细胞因子的基因工程乳球菌展开了研究，证明它是局部定位给药的理想载体。

为了研究细胞因子IL-2和IL-6能否在黏膜免疫应答和系统免疫应答中对TTFC起调节作用，Lother构建了一系列在胞内产生和分泌TTFC、mIL-2或mIL-6的乳酸球菌，用重组菌和非重组菌对小鼠进行鼻孔免疫，结果抗TTFC的抗体反应是对照的15倍，说明细胞因子对B细胞生长和抗体分泌有大的生物学效应。

用分泌IL-2的重组乳酸乳球菌与细胞表面表达16型人乳头状瘤病毒E7抗原的重组乳酸乳球菌共同免疫小鼠后，检测到Th1细胞因子、IL-2 、IEN-γ的分泌水平均增加，细胞免疫水平明显增高。

肠道是免疫活动的中心，它长期面对无害抗原（食物或肠道正常菌群）和致病菌的挑战，严格保持非炎症状态。任何差错都有可能导致肠道致病菌的入侵或对正常内容物的不正常反应。

大量数据表明，IL-10是公认的内源性抗炎调节剂，是治疗炎症性肠道疾病的最好的候选者，临床上已经证明是非常有效的，然而注射后在体内全身分布会引起一系列的副作用，再加它对酸特别敏感，所以IL-10不如合成的免疫抑制剂的疗效好。

（一）转基因益生乳酸球菌防治炎症性肠道疾病

Lothar（2000）报道了用*P1*启动子和usp45分泌信号及mIL-10的基因构建的pTREX1载体，导入乳球菌显示了正确的加工，合成活性的IL-10，在适宜的培养基中可积累mIL-10 1mg/mL，具有完整的生物活性。工程乳球菌表达的白细胞介素IL-10和另一些生物活性蛋白能防治消化道炎症（IBD）。

用葡聚糖硫酸盐诱导小鼠产生结肠炎，大肠的组织学发生了巨大的变化，上皮细胞层上的杯状细胞的数目减少，隐窝结构紊乱，固有层和亚黏膜上的淋巴细胞浸润，黏膜变厚，隐窝出现脓肿，淋巴滤膜肿大出现溃疡。口服重组乳球菌后大部分患结肠炎的鼠得到了治愈，未患炎症者口服后能完全抑制肠炎因子的攻击。2003 年 Steidler 等经过巧妙的设计将人 *IL-10* 基因取代了乳酸菌染色体上的 *thyA* 基因。构建了既能生物防范遗传修饰的菌向环境释放，又保证 IL-10 药物直接供给病变部位，经过几年的试验，证明对肠道慢性炎症，尤其是克罗恩氏病疗效不错，无副作用。Steidler 还报道了更为令人兴奋的消息，IL-10 可治疗食品过敏反应，服用 IL-10 后发现减少了由于奶中 β-乳球蛋白导致的小鼠过敏反应，随着世界范围内食品过敏的现象日益增多，这为将来治疗人类这种疾病提供了新的思路。

（二）转基因益生乳酸杆菌抑制艾滋病

试验证明，蓝细菌属（*Cyanobacterium*）椭孢念株蓝细菌中分离的 Cyanovirin-N（CV-N）对 HIV 有一定的抑制作用。美国加州斯坦福大学 Peter（2006）将 *CV-N* 基因插入由阴道中分离来的詹氏乳杆菌（*Lactobacillus jensenii*）的染色体内，发现不影响菌正常生长，因此用重组菌对小鼠做试验，在阴道中产生了活性的 CV-N，用大动物猕猴试验，也发现有 CV-N 释放抑制 HIV。由此不难推断，用其他共生菌群如法炮制，也可能会得到好的结果。

（三）其他转基因益生乳酸细菌的潜在应用

乳酸细菌还能用于原位递呈其他抗感染或抗微生物药物。例子之一是利用重组乳酸杆菌苗株表达抗变链球菌黏附素（SA）的独特单链 Fv 抗体，以预防大鼠模型龋齿（Carina，2002）。类似的还有重组革氏链球菌表达的 H_6 分子，它是一个抗独特单链抗体，模仿酵母杀菌毒素（killer toxin）在鼠模型中杀念珠菌活性。此外，还有含三叶肽生长因子的菌防治急性肠炎，含脂肪酶的菌防治脂泻。

从上看出，转基因益生乳酸细菌作为药物分子的载体能在原位合成和分泌目的基因的产物，打开了黏膜给药的新途径，这种给药方式用量小、无毒副作用、高效、方便。

第五节　研制安全高效方便价廉的疫苗

安全高效方便价廉的疫苗是我们为之奋斗的目标，本节作较详细的讨论。

一、生物防范外源基因和遗传修饰菌在环境中释放

生物防范（containment）很重要，从生物安全性考虑，口服疫苗有三点必须关注：其一是要使用食品级载体，即载体不含任何抗菌性基因作遗传标记，这方面的内容已在第二章作了详细的叙述；其二是防范遗传修饰菌的存活和繁殖；其三是不含非食品级的重组 DNA，不把外源基因和遗传修饰的菌释放于环境（含大环境和微环境）或横向传递给其他菌。就目前所知，有以下几种防范措施。

在乳酸菌疫苗载体系统中，大多数的质粒均以抗生素抗性作为外源性基因稳定的压力和选择标记，在体外研究阶段尚能允许，若进一步在人及动物体内应用，就要考虑到抗生素抗性标记的危害性。因此，以非抗性为稳定外源基因的压力和选择标记的食品级克隆载体的研究，将使乳酸菌分子克隆的载体更具有实用价值。

（一）主动防范

主动防范是通过环境条件控制毒物（对菌细胞而言）的产生，也就是说，毒物的表达严格受环境的效应成分控制或受免疫因子抑制，如利用环境条件控制噬菌体溶菌酶的表达和细菌素的表达等，尽管这种主动的生物防范系统真的能杀死宿主，然而也有明显的缺点：首先，这个系统会导致大量的 DNA 释放从而影响在人体的应用；其次，它们中很多含质粒，其残存物仍有功能，会对人体带来某些副作用。

（二）被动防范

在被动生物防范系统中，菌的生长依赖营养缺陷所需的物质，例如缺乏丙氨酸消旋酶的菌，需要携带丙氨酸消旋酶基因的质粒来维持缺陷这种基因的菌的生长。被动生物防范系统的缺点是抑制菌的生长，而不是杀死菌。

（三）在染色体上用外源基因替换 *thyA* 基因

thyA 基因是细菌的管家基因，*thyA* 突变的菌株在胸苷酸和胸嘧啶缺乏的环境中不能生存。乳酸球菌和乳杆菌胸腺核苷酸合成酶基因（thymidylate synthase gene，*thyA*）作为遗传标记已有报道。构建了乳酸菌染色体-质粒致死平衡系统。

Lothar 等报道了使用外源基因替换 *thyA* 基因以防御外源基因和遗传修饰菌的扩散的方法。众所周知，*thyA* 缺陷菌的生长与繁殖严格依赖于环境中胸腺嘧啶或胸腺核苷酸的存在，这种菌属自身限制型，即“无胸腺嘧啶致死”，它不同于其他的营养缺陷型，前者是杀菌（Bactericidal），后者是抑菌（Bacteriostatic）。用 *thyA* 作为靶基因综合了主动防范和被动防范的优点，其原理是：利用外源基因取代染色体上的 *thyA* 基因，菌失去合成 thy 的能力，在耗尽环境中的胸腺嘧啶核苷酸或胸腺嘧啶后，很难存活，会死亡，因为 *thyA* 基因从染色体上消除后要想再获得几乎是不可能的。Lothar Steidler（2002）利用抗炎症的人白细胞介素-10（h1L-10）取代乳酸乳球菌 MG1316 染色体上的 *thyA* 基因，构成 $thyA^-$ h1L-10^+ 的菌株（Thy12），这种菌产生 h1L-10，而且是一个简单、方便、有效的生物防御系统，已被荷兰权威人士认可，并用于临床治疗炎症疾病的试验。这是第一个活的遗传修饰的菌用于临床治疗的尝试。

Thy12 菌的优点是：

（1）遗传修饰的菌只有少量的外来 DNA，不含抗性标记，所转基因能稳定遗传。

（2）不能在环境中积累遗传修饰的菌，也分离不到它的突变体，因为无支持它生长的胸腺核苷酸和胸腺嘧啶。同时也未发现它能从其他微生物中获得 *thyA* 基因。

（3）由于外源基因人白介素 h1L-10 已被整合到染色体上，所以通过横向传递扩散这种基因的可能性极低。用横向传递的几种机制证明这种菌都无此功能，因为 MG1316 对 Tn916 和 Tn919 的转座是缺陷的，另外噬菌体在 *thyA* 缺陷菌中严重受损，所以它无能介导遗传物质的转导。总之，Lothar 构建的 Thy12 菌株设计合理，适用于人和动物体，既能把药物投递于黏膜，又不会对环境释放外源基因造成危害，是一个很有发展前途的体系。

（四）可自毁的抗原载体

DNA 疫苗有很多优点，但是其操作很复杂。外源 DNA 必须先用载体质粒导入细菌，然后进行细菌培养，最终再从细菌中把这些质粒 DNA 提纯出来注入被免疫的人和动物体内。最后这一步用注射器把质粒和等渗溶液的混合物注入人和动物血管或用基因枪把质粒 DNA 直接打入人和动物细胞内，这些过程既复杂又昂贵。如果用一种特殊的细菌将外源 DNA 导入人或动物细胞中，之后该细菌会自动死亡，这种称之为可自毁的抗原载体将是非常有用的。

要使细菌既可以在体内完成外源 DNA 的复制又能把外源 DNA 导入人或动物细胞中，首先要利用基因工程的方法得到一种特殊的菌如志贺杆菌（*Shigella*)，一种可浸染动物细胞但又不能生存的细菌。二氨基庚二酸（DAP）是这种细菌细胞壁的组分，缺了它细菌的细胞壁会变得很脆弱易死亡。因为动物细胞内没有 DAP，而该细菌又不能合成该种物质，因此细菌在细胞内生长时会由于其原生质体的体积增大而胀破细胞壁，造成细菌解体死亡从而释放外源 DNA。用遗传学方法得到的 DAP 缺陷的志贺氏菌既达到了免疫效果又不会对细胞造成伤害。在用实验检验这种设想时，研究人员用志贺杆菌把外源基因转入培养基上培养的细胞中，发现有外源蛋白的表达。也证明了用该种细菌感染小鼠鼻腔会引起对抗该种外源蛋白质的免疫反应。志贺杆菌通常会浸染胃肠、鼻腔和生殖道黏膜细胞。而这些位置恰恰是人们希望产生免疫物质的部位。理论上讲，该种方法的潜力是无穷的。这种由细菌携带的疫苗生产成本低而且使用方便。人们只要口服或吸入一定剂量即可奏效，但在实际应用还有很多问题。

（五）死菌体外壳作为抗原载体

详见本节三中的 GEM 技术。

二、把抗原基因锚定在细胞表面

利用分子克隆技术得到的基因产物方式有：贮存在细胞内或进入细胞壁膜间隙 (periplasmic space)；分泌到培养基中和锚定在细胞表面。对于通过肠外给药的疫苗来说，最为理想的是能使基因表达的抗原分泌到培养基中，经过分离纯化用作注射苗；对于通过肠内给药的黏膜免疫菌来说，最好是把抗原锚定在细胞表面，这样利用乳酸菌本身所具有的佐剂作用和抗原一起制成黏膜免疫苗是人们所希望的。

事实证明，把外源基因表达的蛋白锚定在细胞表面，可以改变细胞表面的结构、组分、形态、生理功能及其特性；能控制细胞与环境之间的相互作用；能扩大许多应用领域，诸如胞外酶、粘附素、传感器、信息分子、多糖、细菌素、医学诊断试剂、或固定化酶等。

要在细胞表面使外源蛋白占据一定的位置，并至少要部分地暴露在外面，则要研究外源蛋白与细胞表面的连接方式，不仅要对细胞表面组分特性有所了解，而且也要对外源蛋白的拓扑学特性有所掌握。为此先让我们观察一下革兰氏阳性菌的细胞壁的模式图，见图 6-4。

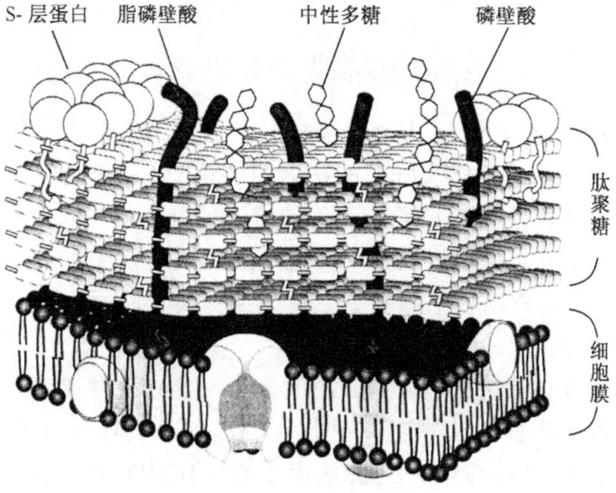

图 6-4 革兰氏阳性细菌细胞模式图

细胞膜的双脂层被多层肽聚糖所覆盖，在肽聚糖中含脂磷壁酸、中性多糖和磷壁酸，最外层被孔格结构的 S-层蛋白的包被

目前已有 5 个不同类型的锚钩区正在研究和应用，如图 6-5 所示。

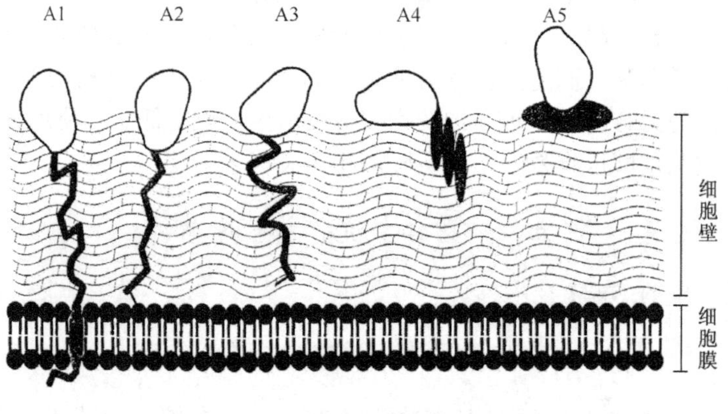

图 6-5 嵌合蛋白锚定于乳酸菌细胞表面的方式

圈内无色部分代表外源（多）肽

A1：穿膜锚钩区；A2：脂蛋白锚钩区；A3：LPXTG-锚钩区；A4：AcmA 重复锚钩区；A5：细胞表层蛋白锚钩区；A2 和 A3 延长的黑色线分别代表锚钩和脂双层之间以及锚钩和连接肽聚糖的肽桥之间的共价键；细胞表面成分如脂磷壁酸和寡糖未表示出来

A1 型，也叫穿膜锚钩区。外源杂蛋白的 N 端很容易插入这个穿膜区，实现穿膜转位。

A2 型，也叫脂蛋白锚钩区。它是通过 N-乙酰甘油二酯修饰的半胱氨酸共价键附着于脂双层上的。

上述 A1 型和 A2 型均锚定在细胞膜上。

A3 型，也叫 LPXTG-锚钩区。在这个锚钩区内含有高度保守的五肽序列 LPXTG

（LPXTG 是氨基酸的简写符号）。A3 型是以通用的共价键连接方式把外源杂蛋白连接在细胞壁上的。

A4 型，也叫 AcmA-重复锚钩区。几乎所有细菌细胞壁上都有一个降解肽聚糖的活性位点，在乳酸菌细胞壁上的水解酶 AcmA 的 C 端有 45 个氨基酸的重复序列。

A5 型，也叫细胞表层蛋白锚钩区。这层蛋白形成孔格结构覆盖于细胞表面，占细胞总蛋白的 20%，它是非常诱人的锚钩蛋白的靶标。

上述 A3 型、A4 型和 A5 型均锚定在细胞壁上。

对革兰氏阳性菌来说，目前用于锚定外源蛋白锚钩主要是 A3、A4 和 A5 区域，有关 A5 区域的展示系统，如乳杆菌中的 SIPA、AIPB、SIPC、SIPD 和 Apafi 等，实质是 S-层的展示，这在第三章已作了详尽叙述。

有关 A3 区域的展示系统，已报道的有肉葡萄球菌蛋白（SPA）以及葡萄球菌和革氏链球菌的 M6 和 Spapl 等，它是把外源蛋白通过翻译融合到葡萄球菌蛋白 A 的 LPXTG 细胞壁锚定基序，这个基序由三部分组成，保守的 LPXTG 基序、30 个疏水氨基酸残基组成的跨膜片段和带正电荷的 C 端，当它与外源蛋白的羧基融合后，需要分选酶参与才能使蛋白和细菌细胞壁肽聚糖共价连接，利用这种机制也做了大量的表面展示，如徐波等（2006）通过 PCR 由 pVE5524 质粒中扩增出 $SPusp_{45}$-*nucA*-CWA_{M6}-*t1t2* 基因，与 pRNA48 质粒连接，获得了含 *α-aga*、P_{nisA}-$SPusp_{45}$-*nucA*-CWA_{M6}-*t1t2* 和 θ 复制子的 pRNA48 载体，与宿主菌 *Lactococcus lactis* NZ9000 共同构成了乳酸球菌 NICE 系统食品级细胞锚定表达系统。将铜绿色假单细胞菌融合外膜蛋白基因 *OprF/H* 克隆到 pRNV48 中，在乳酸球菌中表达了抗原蛋白，动物试验有好的免疫系统，请看第二章。

A4 区域的展示系统，乳酸乳球菌细胞壁上的自溶酶 AcmA 的蛋白锚钩（protein anchor，PA）有三个 LysM 基序。每个由大约 45 个氨基酸组成，彼此由间隔序列分开。LysM 基序是一个常见的模块，很多细菌的细胞壁都有存在。LysM 型细胞壁结合区能与各种革兰氏阳性细菌的肽聚糖非共价结合。Raha 等（2005）将 AcmA 蛋白中一段 255bp 的具有膜结合特性的区域与肠病毒 EC71 的 VP1 蛋白 A1 和 A3 区域在乳酸乳球菌中进行融合表达，随后的稳定性实验结果表明外源蛋白在宿主细胞表面上的结合能力大大增强，该融合蛋白可以稳定结合乳酸乳球菌表面达 5 天以上。该研究为实现外源蛋白在宿主细胞表面上的准确稳定表达提供了基础。随着 AcmA 的分泌，PA 把蛋白带到细胞壁上，杂种的 PA 融合体如 α-淀粉糖、β-酰化酶、病毒外壳蛋白等一部分分泌到乳球菌生产细胞上，一部分留在培养液中。上面所述的抗原基因在细胞表面的表达，大都是锚定在产生这种蛋白的菌株细胞上，即基因修饰的菌株（GMO）上，然而在应用过程中 GMO 菌株（如用于食品和疫苗的菌）都被无控制的释放到环境中，使得 GMO 菌株的应用令人担心或至少在争论之中。实验证明，在生长介质中的 PA 能把融合的蛋白结合到非生产的乳球菌中。实验还证明，用三氯乙酸煮沸乳球菌，经过洗涤中和，能使外源基因抗体-PA（如 MSA2-PA）结合到这种细胞上。这个发现为研制安全性疫苗奠定了基础。

三、乳酸乳球菌外壳—蛋白锚定系统

目前疫苗黏膜免疫尚缺少一种简便、有效、安全的疫苗载运系统。荷兰科学家 Tjibbe Bosma 等（2006）基于革兰氏阳性细菌乳酸球菌（*Lactococcus lactis*）所形成的非活性的食品级的外壳颗粒研制成了一种黏膜给药的载体系统。即乳酸乳球菌外壳—蛋白锚定系统（ghost-protein anchor system），也叫革兰氏阳性增强基质（gram-positive enhancer matrix，GEM）系统，这个系统设计独特，技术先进。这种外壳颗粒是一种非遗传修饰的、非活体的细菌外壳颗粒，是一种圆形的肽聚糖基质，其上通过一种肽聚糖偶联蛋白锚钩连接并装载抗原蛋白。细胞外壳-蛋白锚钩系统由食品级遗传元件组成，十分安全。这种技术可用于多种（细菌、寄生虫、病毒）非蛋白源的和蛋白源的抗原，是一种优异的黏膜给药方式。通过几个不同的动物疾病模型证明了这种载运系统能够有效地激发机体的免疫保护。

蛋白锚钩和抗原的融合物从生产菌中大量分泌到培养基中。通过分离去除生产菌，向其中加入细菌外壳颗粒（受体），蛋白锚钩和抗原的融合体则自发偶联到这种强佐剂的外壳颗粒上，形成产物。需要强调的是，虽然蛋白锚钩融合体是由基因工程修饰的微生物体产生的，但最终的产物仅包含分离的融合蛋白和空的非活体的源于天然非遗传修饰的乳酸细菌细胞壁，外壳颗粒，也叫 GEM 颗粒。

（一）GEM 疫苗的生产流程

GEM 疫苗的生产流程见图 6-6。

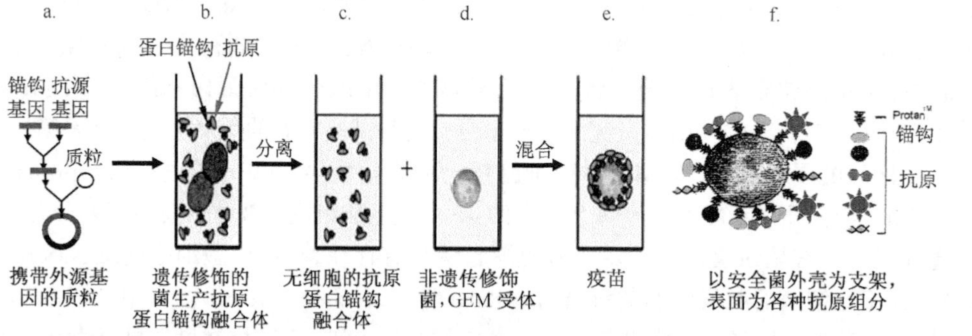

图 6-6　安全高效疫苗的生产流程

a. PCR 扩增的蛋白锚钩 PA 基因和 PCR 扩增的抗原基因连接到诱导型分泌载体如 pPA90 上，然后转到受体菌如 *acmA* 和 *htrA* 缺陷的 PA1001 菌株；b. 抗原-锚钩融合体的表达和分泌；c. 离心分离去除遗传修饰的菌，只留抗原-锚钩融合体；d. 用酸处理食品级非遗传修饰的菌制备 GEM 受体（菌细胞外壳）；e. 抗原-锚钩融合体和菌细胞外壳混合，融合体以非共价连接方式牢固地结合到外壳表面，制成疫苗；f. 疫苗的构型模式：抗原通过高亲和力的肽链锚钩（Protan™），黏附在 GEM 粒子上。Protan™也是食品级的，它的 C 端与抗原结合，N 端与 GEM 粒子结合，可将任何抗原黏附于 GEM 粒子上。GEM 颗粒的装载量大（每个外壳颗粒可装载 10^5～10^6 个分子），并且可以控制在外壳上的不同抗原的比例，制成多价苗，此工艺不需要预先对抗原进行纯化。抗原可以是多肽、糖类、脂类、DNA、RNA 或复合分子。用此技术研制的疫苗已在多个动物攻击模型中做过试验，都显示了高的免疫保护水平

（二）GEM 疫苗的免疫机理

GEM 颗粒保持原有大小和结构，约 1μm，正好是黏膜表面 M 细胞携带的大小。抗原蛋白与锚钩蛋白形成融合蛋白，在溶液中以非共价键结合于 GEM 颗粒的肽聚糖上，这样含有抗原蛋白的肽聚糖暴露于胃肠相关淋巴组织（GALT）、鼻相关淋巴组织

(NALT)、呼吸道相关淋巴组织（BALT)、泌尿生殖道相关淋巴组织（GULAT）黏膜表面，M 细胞将抗原提呈给抗原提呈细胞（antigen presenting cell，APC)，可以有效的诱导抗原特异性 T 细胞、细胞毒性 T 淋巴细胞以及 IgA B 细胞反应，从而刺激局部、末梢黏膜以及系统免疫反应。

（三）GEM 疫苗的优点

GEM 技术黏膜免疫疫苗给药（鼻腔/口腔/阴道/直肠）系统的主要优点：

(1) 通用性好，此技术可用于制备细菌、寄生虫、病毒等多种疫苗；

(2) 细菌细胞外壳-蛋白锚钩技术可使抗原有效保存；

(3) 抗原装载容量大；

(4) 不需要额外的佐剂；

(5) 提高了酶对蛋白抗原降解的保护性；

(6) 没有重组的 DNA；

(7) 除抗原基因外，所有的遗传元件都是食品级的；

(8) 没有内源毒素，如脂多糖（LPS)；

(9) 不存在回复到病原菌的危险；

(10) 非活体，因而可控制、好管理；

(11) 易于生产制造；

(12) 产品是干粉，可在室温稳定保存；

(13) 不需要打针，可采用鼻滴、口服等途径；

(14) 适用各类人群，尤其是婴幼儿、老年等人群；

(15) 价格低廉，可用于社区、边远地区和欠发达国家。

本章对开发安全、高效、方便、价廉的疫苗的新思路、方法和进展作了介绍，但还需要在理论、工艺等方面进行深入地研究，发现和解决各种问题。

关于安全问题，首先要用食品级益生乳酸细菌，其次是预防遗传修饰的菌株和重组的外源 DNA 在环境（体内和体外，微环境和大环境）中的释放。可运用 GEM 技术和可自毁的抗原载体等生物防范措施。

关于高效问题，涉及因素较多：①筛选不同定植能力的菌株，如在体内一过性的菌，能定植于黏膜表面的菌（定植的部位、定植的时间)，为开发不同类型的疫苗提供载体；②构建严谨的外源蛋白表达系统，能准确控制表达量和表达部位（贮存在胞内、外泌在培养基中、锚定在细胞表面)，这都是为研制肠外免疫疫苗和肠内（含其他黏膜）疫苗要考虑的问题；③创造抗原和黏膜免疫系统容易接触的条件，如抗原载体的大小、装载抗原量的能力、与免疫组织和免疫细胞的亲和力等；④选择合适的佐剂，首先要充分利用益生乳酸细菌本身的佐剂成分，还要补充外源的佐剂，如 CpG 寡聚核苷酸，壳聚糖等；⑤组合抗原与细胞因子等生物活性基因共表达，如抗原与 IL-2，IL-6，干扰素-α等，这不仅能提高免疫活性，还能成为治疗性疫苗；⑥比较最佳免疫途径，不同的病症要采取不同的途径。

（郭红霞　郭兴华）

主要参考文献

蔡怡华. 2006. Toll样受体与Th1和Th2型免疫应答. 国外免疫学杂志, 29 (5): 295

程巧鸳, 朱文静, 李范珠, 等. 2004. 鼻腔给药的生物利用度研究进展. 国外医学药学分册, 31 (3): 168~171

程万民. 2007. Th细胞及其分化调节. 国际免疫学杂志, 30 (3): 167~170

窦洁, 王世霞, 沈思源, 等. 2006. 人乳头瘤病毒疫苗: 人类疫苗发展的一个重要里程碑. 微生物与感染, 1 (2): 109~113

范骏. 2006. 肠道黏膜免疫. 国际免疫学杂志, 39 (2): 111~115

高小玲, 蒋新国. 2004. 鼻腔免疫研究进展. 中国药学杂志, 39 (7): 486~490

郭兴华, 杨洁彬. 2002. 益生菌基础与应用. 北京: 北京科学技术出版社

陆扬, 姚文, 朱伟云. 2005. 益生菌——新型免疫调节剂. 微生物学通报, 32 (4): 144~148

马兵, 夏照帆. 2005. 促抗炎性细胞因子对外科脓肿症效应机制的研究进展. 中华医学杂志, 85 (41): 2943

史达, 宋岩, 李一经. 2006. 乳酸乳球菌作为黏膜免疫活载体疫苗传递抗原的研究进展. 微生物学报, 46 (4): 680~683

宋敬东, 王健伟, 韩金祥, 等. 2007. 人乳头瘤病毒疫苗的研究进展. 中国生物工程杂志, 74 (4): 104~109

王海坤, 韩代书. 2006. Toll样受体 (TLRs) 的信号转导与免疫调节. 生物化学与生物物理进展, 33 (9): 820

王跃, 罗强, 陈淑惠, 等. 2006. 双歧杆菌脂磷壁酸对结肠癌细胞Toll样受体表达的影响. 中华微生物和免疫学杂志, 25 (10): 803

谢成彬. 2004. 细菌CpG DNA的免疫激活作用研究进展. 国外医学免疫生物化学与检验分册, 25 (4): 330~332

徐波, 曹郁生, 陈燕, 等. 2006. 乳酸乳球菌NICE系统食品级载体分泌表达载体PRNV48的构建及铜绿假单胞菌融合外膜蛋白的表达. 江西农业大学学报, 28 (5): 745~751

杨巍. 2005. Toll样受体与适应性免疫. 国外医学免疫分册, 28 (6): 331

张艳, 李宁丽. 2006. 人类乳头瘤病毒免疫致病机制. 现代免疫学, 26 (6): 523

周红莉, 郭丽, 王健伟, 等. 2006. 黏膜免疫佐剂研究进展. 中国生物工程杂志, 26 (3): 83~88

Bermudez-Humaran L G, Langella P, Miyoshi A, et al. 2002. Production of human papillomavirus type 16 E7 protein in *Lactococcus lactis*. Applied and Environmental Microbiology, 68 (2): 917~922

Bosma T, Kanninga R, Neef J, et al. 2006. Novel surface display system for proteins on non-genetically modified gram-positive bacteria. Applied and Environmental Microbiology, 72 (1): 880~889

Braat H, Rottier P, Hommes D W, et al. 2006. A phase I trial with transgenic bacteria expressing interleukin-10 in Crohn' s disease. Clin. Gastroenterol, 4: 754~759

Buccato S, Maione D, Rinaudo C D, et al. 2006. Use of *Lactococcus lactis* expressing pili from group B *Streptococcus* as a broad coverage Vaccine against *Streptococcus* disease, J. Infect. Dis, 194: 331~340

Cheunm H l, Kawamoto K, Hiramatsu M, et al. 2004. protective immunity of *spaA*-antigen producing *Lactococcus Lactis* against *Erysipelothrix* thusiopathiae infection. Journal of Applied Microbiology, 96: 1347~1353

Giomarelli B, Maggi T, Younson J, et al. 2004. Expression of a functional single-chain FV antibody on the surface of *Streptococcus gordonii*. Molecular Biotechnology, 28: 105~111

Grangette C, Müller-Alouf H, Hols P, et al. 2004. Enhanced mucosal delivery of antigen with cell wall mutants of Lactic acid bacteria. Infect Immun, 72 (5): 2731~2737

Hanniffy S, Wiedermann U, Repa A, et al. 2004. Potential and opportunities for use of recombinant Lactic acid bacteria in human health. Advances in Applied Microbiology, Volume 56, 4~7

Kees Leenhouts, Jan Kok. 1999. Anchoring of protein to Lactic acid bacteria. International conference on Lactic acid bacteria, the netherland

Krüger C, Hu Y, Pan Q, et al. In situ delivery of passive immunity by lactobacilli producing single-chain antibodies. Nature Biotechnology, 2002, 20: 702~705

Li Y G, Tian F L, Gao F S, et al. 2007. Immune responses generated by *Lactobacillus* as a carrier in DNA immunization against foot-and-mouth disease virus. Vaccine, 25 (5): 902~911

Maarten L, van Roosmalen, Kanniga R, et al. 2006. Mucosal vaccine delivery of antigens tightly bound to an adjuvant particle made from food-grade bacteria. Methods, 38: 144～149

Oliveira M L, Areas A P, Campos I B, et al. 2006. Induction of systemic and mucosal Immune response and decrease in *Streptococcus pneumoniae* colonization by nasal inoculation of mice with recombinant Lactic acid bateria expressing pneumococcal surface antigcn. Microbies infect. 8 (4): 1016～1024

Peter P. 2006. Lactobacillus Engineered To Make Deliver Microbiocides in Situ. Antimicrobial Agents and Chematheragy, 50: 3250～3259

Poo H, Pyo H M, Lee T Y, et al. 2006. Oral administration of an human papillomavirus type 16 E7 displayed on *Lactobacillus casei* induces E7-specific antitumor effects in C57/BL6 mice. Int J cancer, 119 (7): 1702～1709

Pouwels P H, Leer R J, Shaw M, et al. 1998. Lactic acid bacteria as antigen delivery vehicles for oral immunization purposes. International Journal of Food Microbiology, 41: 155～167

Ramasamy R, Yasawardena S, Zomer A, et al. 2006. Immumogenicity of a malaria parasite antigen displayed by *Lactococcus* lactis in oral immunisations. Vaccine, 24 (18): 3900～3908

Sandrine A L, Maarten A, Rdosmalen L, et al. 2006. *Lactococcus lactis* GEM particles displaying *pneumococcal* antigens induce local and systemic immune responses following intranasal immunization. Vaccine, 24: 5434～5441

Schotte L, Steidler L, Vandekerckhove J, et al. 2000. Secretion of biologically active murine interleukin-10 by *Lactococcus lactis*. Enzyme and Microbial technology, 27: 761～765

Seegers J F. 2002. *Lactobacillus* as live vaccine delivery vectors: progress and prospects. Trends in biotechnology, 20 (12): 508～515

Sheppler L, Vogel M, Marti P, et al. 2005. Intranasal immunization using recomninant *Lactobacillus johnsonii* as a new strategy to prevent allergic disease. Vaccine, 23 (9): 1126～1134

Steidler L, Hans W, Schotte L, et al. 2000. Treatment of Murine colitis by *Lactococcus lactis* secreting interleukin-10. Science, 289: 1352～1355

Steidler L. 2000. In situ delivery of cytokines by genetically engineered *Lactococcus lactis*. Antonie van leeuvenheok, 82: 323～331

Steidler L, Neirynck S, Huyghebaert N, et al. 2003. Biological containment of genetically modified *Lactococcus lactis* for intestinal delivery of human interleukin 10. Nature Biotechnology, 2 (7): 785～789

Takahashi N, Kitazawa H. 2006. Oral administration of an immunostimulatory DNA sequence from *Bifidolacterium longum* improves Thl/Th2 balance in a murine model. Biosci. Biotechnal. Biochem. 70 (8): 2013～2017

Valeria D G, Silvia I, Francois L, et al. 2006. Use of native Lactococci as Vehicles for delivery of DNA into mammalian epithelial cells. Applied and Environmental Microbiology, 72 (11): 7091～7097

Yao X Y, Yuan M M, Li D J. 2006. Mucosal inculation of *Lactobacillus* expressing hCGbeta induces an anti-hCGbeta antibody response in mice of different strains. Methods, 38 (2): 124～132

第七章　乳酸细菌的胞外多糖

了解、改造和利用乳酸菌产生的多糖，将为提升食品的质量、增加食品的功能提供思路和方法。

第一节　乳酸细菌的胞外多糖

乳酸菌和其他多种微生物都可产生细胞外多糖（exopolysaccharide，EPS），细胞外多糖有两种：紧密结合在细胞表面的荚膜多糖以及释放到生长基质中的多糖。虽然胞外多糖一词可以涵盖上述两种多糖，但一般来说胞外多糖主要是指微生物在生长过程中分泌到周围环境中的多糖。这些多糖不是永久地附着在微生物细胞的表面，而结构上相似的荚膜多糖则永久性地附着在细胞表面。细菌的 EPS 既可能是同多糖（homopolysaccharide)，也可能是杂多糖（heteropolysaccharide)。人们熟知的纤维素是同多糖，肠膜明串珠菌产生的右旋糖酐，变异链球菌产生的葡聚糖都是乳酸菌同多糖。但大多数乳酸菌，包括乳杆菌，嗜热链球菌等都产生杂多糖（de Vuyst et al.，2001）。

乳酸菌是食品工业中应用最广的微生物，具有促进口感，增加营养，延长产品保鲜期的功能。一个好的食品用乳酸菌应当能快速产酸，防腐保鲜，可产生特殊的香味，形成良好的食品组织特性，以及产生必需的营养物质。这些作用除了归因于细菌产生的有机酸、氨基酸、肽、香味物质等外，乳酸菌产生的 EPS 也具有重要的作用。

一、乳酸细菌 EPS 的结构与特性

EPS 是长链、高分子质量的多糖，由分支的重复单位组成，这些重复单位主要是糖和糖衍生物，主要糖单位是不同比例的葡萄糖、半乳糖和鼠李糖。EPS 的相对分子质量在4.0×10^4～6.0×10^6之间。EPS 在水溶液里有增稠和胶凝的特性，这对于食品加工，发酵乳制品的品质和风味具有重要的意义（Laws et al.，2001）。由于产 EPS 的细菌能增加口感，减少产品收缩脱水，改善产品的组织结构和黏性，因而可作为商品稳定剂的替代品用于食品工业。近年来的研究还证明产 EPS 的嗜热链球菌能促进低脂 Mozzarella 奶酪的功能特性（Petersen et al.，2000）。乳酸乳球菌乳脂亚种（*Lactococcus lactis* subsp. *Cremoris*）产生的 EPS 可以保护细菌不被噬菌体、金属离子、乳链菌肽以及溶菌酶破坏。大量的研究证实 EPS 具有免疫调节和抗肿瘤的生理活性，对人类的健康有着重要的意义，在医药、食品以及工业中具有很大的应用潜力。所有这些，引起了人们对 EPS 极大的兴趣和重视。

乳酸菌产生的同多糖只含有一种类型的单糖，如 D-葡萄糖或 D-果糖；而杂多糖则由两种以上不同单糖的重复单位组成，其中还连接有非糖的分子。

同多糖可以划分为四类：α-D-葡聚糖（α-D-glucan)、β-D-葡聚糖（β-D-glucan)、果聚糖（fructan）及其他，如聚半乳聚糖，见表 7-1。

同多糖是高分子质量的物质，肠膜明串珠菌 NRRL B-215F 产生的 α-葡聚糖的平均分子质量为 $6.2\times10^{6}\sim7.1\times10^{6}$ Da。几种变异链球菌产生的果聚糖分子质量可达 $2.7\times10^{6}\sim21.6\times10^{6}$ Da。同多糖的产生需要特定物质的存在，如蔗糖，其单糖单位的组装是在菌体外完成的（Cerning，1990），这种多糖的产量较高但不稳定，如路氏乳杆菌 LB121 菌株可产生 10g/L 的同多糖。同多糖的不同的侧链和分支程度形成了菌株及其产物的差异。

表 7-1　乳酸菌产生的同多糖

EPS	产生菌	连接键
α-D-葡聚糖		
右旋糖酐	肠膜明串珠菌肠膜亚种 肠膜明串珠菌葡聚糖亚种	α-D-Glc*p*（1→6）
变链聚糖（mutan）	变异链球菌 表兄链球菌	α-D-Glc*p*（1→3）
变位聚糖（alternan）	肠膜明串珠菌	α-D-Glc*p*(1→3)(1→6)
β-D-葡聚糖	片球菌 链球菌	β-D-Glc*p*(1→3)
果聚糖		
果聚糖	唾液链球菌	β-D-Fru*p*（2→6）
类菊糖	变异链球菌	β-D-Fru*p*（2→1）
聚半乳聚糖	德氏乳杆菌乳亚种	α-D-Gal*p* β-D-Gal*p*

注：Glc，葡萄糖；Gal，半乳糖；Fru，果糖

许多中温和嗜热的乳酸菌都可产生杂多糖。杂多糖由许多重复单位形成，通常包括 D-葡萄糖、D-半乳糖和 L-鼠李糖，少数情况时还有 N-乙酰葡糖胺、N-乙酰半乳糖胺，或葡糖醛酸。有时还有非碳水化合物出现，如磷酸、乙酰、甘油等。杂多糖由多个寡糖构成，每个重复单位中有 2 个以上连接方式不同的单糖，见表 7-2。

表 7-2　乳酸菌杂多糖的结构

菌株	结构重复单位
乳杆菌	
保加利亚乳杆菌 291	A—B | —B—C—A—
瑞士乳杆菌 Lb161	B　　B |　　| C—A—D—C—B—
鼠李糖乳杆菌 C83	—B—C—D—B—C
链球菌	
嗜热链球菌 Sfi 20	—C—A—A NAc | —D—C—A—

续表

菌株	结构重复单位
嗜热链球菌 MR-1C	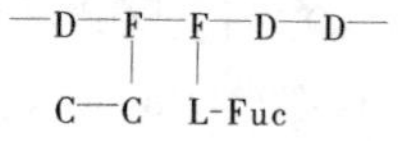
嗜热链球菌 RS	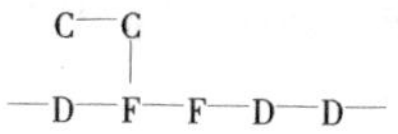
嗜热链球菌 EU20	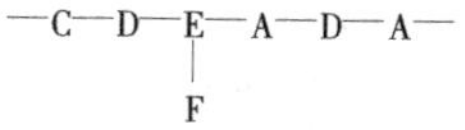
乳球菌	
乳酸乳球菌乳脂亚种 NIZO B39	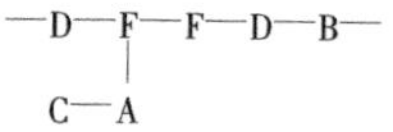
乳酸乳球菌乳脂亚种 NIZO B891	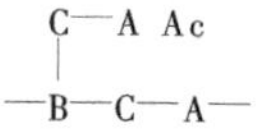

注：A，β-D-葡萄糖；B，α-D-葡萄糖；C，β-D-半乳糖；D，α-D-半乳糖；E，β-L-鼠李糖；F，α-L-鼠李糖；Fuc，岩藻糖；Nac，N-乙酰基；Ac，乙酰基

二、乳酸细菌EPS结构与功能的关系

不同乳酸菌产生的EPS在单糖的组成、连接，所带电荷，空间排列，硬固程度，以及与蛋白质的作用能力都不相同。侧链的长度和组成对产品质地特性有强烈的影响，也影响EPS的致密性。EPS具有很好的增稠能力，低浓度就可影响发酵食品的流变特性和质地结构，因而受到人们重视。EPS的浓度和黏度间的相关性尚不明确，而这对于生产功能性多糖及其在食品中的添加都是非常重要的。为了得到高黏度，分子质量应当高，结构中需要长链亚单位或硬固的链支撑。对两株EPS分泌菌在乳中发酵的研究发现，当两者产生的EPS重复单位相同，产量相同，但分子质量不同的情况下，高分子量的EPS产生较大的黏性。有研究指出，与α(1，4)和β(1，3)键相比，β(1，4)键连接的骨架可产生较硬固的链。α连接形成的键的柔性比β连接要大。侧链也可影响链的硬固性，因此影响增稠特性（Tuinier et al.，2001)。中性的EPS与黏性有关，但与弹性无关；相反，带负电荷的多糖与弹性相关，而与黏性无关。

对结构和功能的了解需要进一步的深入研究，而且不能局限于液体溶液中，应当在完整、复杂的食品基质上了解EPS的原子结构和理化特性的相关性，以及不同条件如pH，蛋白质，不同EPS之间，以及热处理等的影响。可以预见，分子模型将在以后的研究中起重要的作用。

第二节　乳酸细菌胞外多糖的生物合成和遗传调控

一、概　　述

乳酸菌的基因组较小，约为2～3Mb，有些已经完成测序。长期以来乳酸菌作为工业生产菌株的模型，对其生物合成及代谢途径进行了较为细致的研究。乳酸菌在食品、

医药方面正得到广泛的应用，除了在传统食品工业方面的应用外，人们感兴趣的是可以用构建的食品级载体，使乳酸菌作为细胞工厂生产更多的东西，如酶、蛋白质、肽等高附加值的精细产品（表 7-3）。但大部分有用的代谢产物产量很低，为了解决这一问题，近年来代谢工程的研究成为人们重视的一个领域而备受关注。以乳球菌为例，正常情况下是严格的同型发酵，可将糖完全转化为 L-乳酸，绝大部分糖进入磷酸转移酶系统，支持细菌本身的快速生长。利用代谢工程的方法，乳球菌在乳糖内生长时，可从半乳糖代谢途径中完全解偶联生成葡萄糖，并进入 EPS 合成的途径。

表 7-3　利用乳酸菌细胞作为生化工厂

主要乳酸菌	用途	产品
乳酸乳球菌	发酵起子	硬干酪
明串珠菌		
嗜热链球菌		意大利干酪
乳杆菌		
嗜热链球菌		酸奶
德氏乳杆菌		
植物乳杆菌		意大利香肠、酸菜
酒酒球菌		酒
约氏乳杆菌	益生菌	乳饮料
鼠李糖乳杆菌		酸奶
植物乳杆菌		水果饮料
乳酸乳球菌	蛋白成分	尼辛、肽酶
	治疗用蛋白	IL-10、破伤风毒素 C、过氧化物歧化酶
	香味物质	双乙酰、丙氨酸

对小量的同多糖而言，如葡聚糖，变聚糖及果聚糖等，生物合成是在细胞外进行。高特异性的糖基转移酶参与聚合反应，并需要特定的基质蔗糖，所需能量来自蔗糖的水解反应。这一过程既可在细菌培养液中进行，也可在无细胞的酶液中进行。其反应如图 7-1。

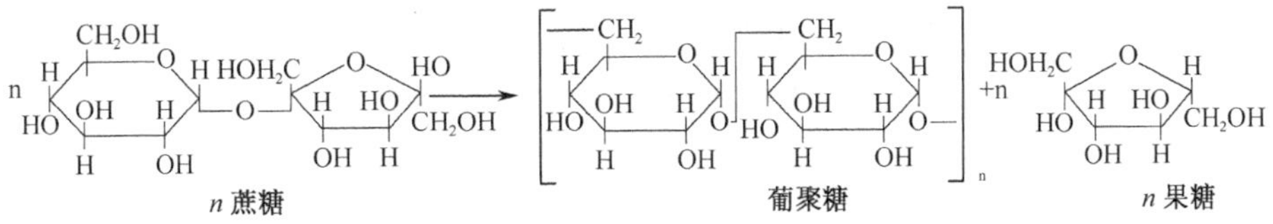

图 7-1　同多糖葡聚糖（dextran）的生物合成

杂多糖是由细胞质中形成的重复单位聚合而成，数种酶或者蛋白质参与异源胞外多糖的生物合成和分泌。由糖-1-磷酸形成的糖核苷酸在杂多糖生物合成中起重要作用，糖核苷酸可使糖激活，这对于单糖的聚合与糖的转化，如差向异构化、脱羧、脱氢等是必需的。糖的激活与酶的修饰在最终 EPS 的成分及其形成中起着关键的作用。从乳糖水解产生的葡萄糖是乳酸菌杂多糖生物合成所需糖的来源。果糖-6-磷酸是糖降解中的一个重要的中间产物，由其产生的葡萄糖-1-磷酸很可能是多糖合成的前体（Sjioberg et al.，2001）。磷酸葡糖变位酶可能是与乳糖降解途径（产能过程）相关的关键酶。

葡萄糖-6-磷酸是连接产生 EPS 的合成途径与糖降解分解途径的关键中间产物，在此，碳流可分成两路：一方面形成果糖-6-磷酸进入糖酵解途径形成相关产物，生物质以及 ATP；另一方面进入 EPS 前体糖核苷酸的生物合成（图 7-2）。磷酸葡糖变位酶（PGM）参与葡萄糖-6-磷酸转化为葡萄糖-1-磷酸，在合成代谢与分解代谢的分流中具有重要的作用（Hugenholtz，1999；Degeest，2000）。葡萄糖-1-磷酸是形成糖核苷酸 UDP-葡萄糖和 dTDP-葡萄糖的分支点，UDP-葡萄糖和 dTDP-葡萄糖分别通过 UDP-葡萄糖焦磷酸化酶，dTDP-葡萄糖焦磷酸化酶的作用形成，这些糖核苷酸可被用来形成细胞内各种多糖。从图 7-2 可见半乳糖能通过半乳糖-1-磷酸转化为葡萄糖-1-磷酸（Leloir 途径）。随之是 EPS 的合成，即单糖以及重复单位的组装，是通过几种 EPS 特异性的酶完成的，这些酶已经在嗜热链球菌 S6 与乳酸乳球菌 NIZO B40 中得到鉴定。

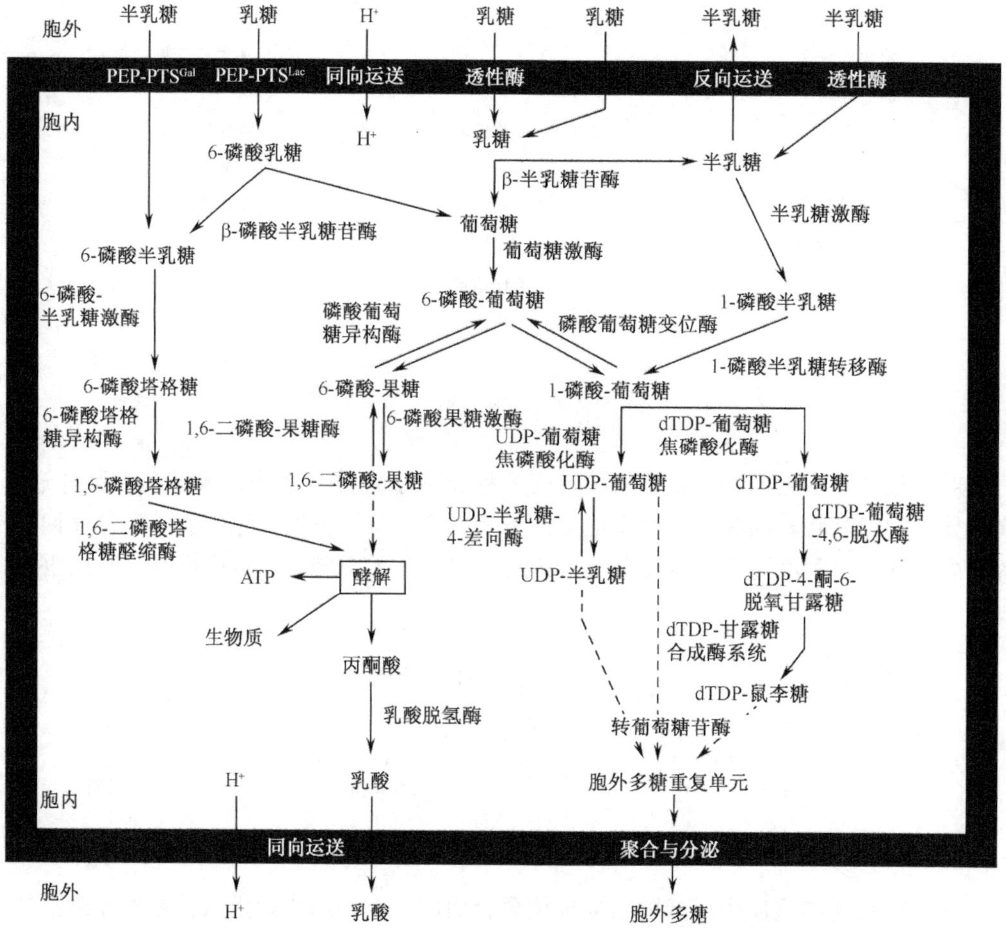

图 7-2 乳酸菌中乳糖和半乳糖转化为 EPS 以及进入糖酵解的途径

1. 未显示葡萄糖的摄入；2. 对能利用乳糖不利用半乳糖的菌株，半乳糖不能代谢，经过反向转运从细胞中排出

重复单位是通过基因簇上几种基因产物作用形成的，但乳酸菌中重复单位的聚合以及随后从细胞中输出的机制仍不清楚。革兰氏阳性菌和革兰氏阴性菌在重复单位合成上具有高度同源性，这意味着他们在 EPS 的聚合与输出中可能有着同样的机制。

EPS 的单体成分不仅依赖细胞内糖核苷酸的水平，而且依赖组装 EPS 的重复单位。通过特异的糖基转移酶，从糖核苷酸有序地将糖残基转移添加到脂载体上，形成数百数千个重复单位，重复单位在 C55-类异戊二烯糖脂载体分子上组装，这些脂载体附着在细胞质膜上（图 7-3）。

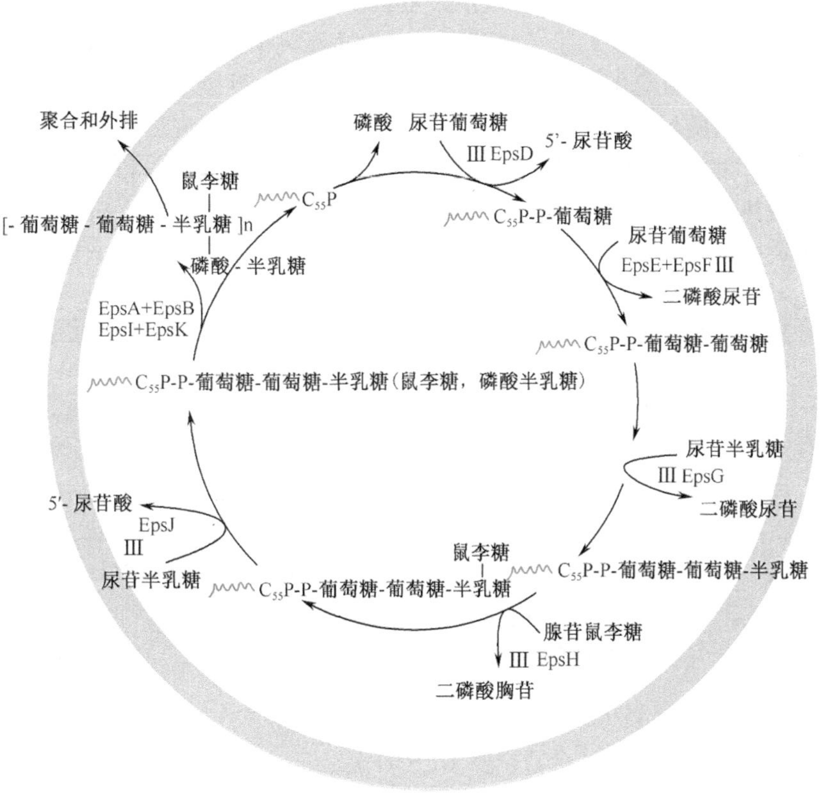

图 7-3　乳酸乳球菌的 EPS 生物合成模型

C_{55}：C_{55}-类异戊二烯糖脂载体；Ⅲ：EPS 基因

类异戊二烯糖脂载体位于细胞膜上，可作为第一个糖残基的受体分子。和革兰氏阴性菌相比，乳酸菌脂载体的情况尚不完全清楚，目前仅有初步的研究结果。根据乳酸菌产生的 EPS 的结构多样性分析，这些微生物应当具有多种特殊的糖基转移酶共同参与重复单位的组装，但需要进一步的研究证实。这意味着不同来源的糖基转移酶基因的重组和表达，将会为多糖的代谢工程开辟一个新的途径。

EPS 合成的最后一步是多糖通过细胞膜转移到细胞外并分泌到环境中（黏性多糖），或者附着在细胞上（荚膜多糖）。聚合与转移作用均会影响 EPS 中糖的成分和数量。培养基的成分，生物合成途径，以及微生物的生长期和生长速率都会影响 EPS 的特性和组成。

多糖的生物合成是一个需能过程。首先，每个己糖分子需要一个 ATP 转化为磷酸己糖。接着需要高能磷酸键用于糖核苷酸的合成，类异戊二烯糖脂载体的磷酸化需要一个 ATP。聚合与转移可能也需要能量。与有些需氧菌相比，乳酸菌产生的能量很有限，这在很大程度上限制了 EPS 的产量。此外，类异戊二烯糖脂载体还参与细胞壁多聚物，如肽聚糖、磷壁酸、脂多糖等的生物合成，影响了它在不同生长阶段的作用程度。

二、乳酸细菌 EPS 的生物合成及基因调控

开始对细菌杂多糖生物合成的研究主要是因为许多致病菌的多糖与其毒力的相关性。细菌 EPS 的生物合成非常复杂，是大量基因产物共同协作的结果。编码相关酶及调节蛋白的基因大部分在质粒上，这些质粒来自嗜温乳酸菌，如乳球菌，以及嗜热乳酸菌，如嗜热链球菌和乳杆菌等。乳酸菌产生 EPS 的能力不稳定，对于嗜温乳酸菌，这种不稳定的特性与质粒上同合成 EPS 相关的基因有关。对于嗜热乳酸菌，有人认为细菌失去产生 EPS 的特性是由于遗传学上的不稳定导致的基因缺失和重排。对许多食品级微生物如嗜热链球菌、乳球菌的 EPS 基因蔟的鉴定及其基因产物功能作用等，已有很多研究报道（Germond et al.，2001；van Kranenburg et al.，1997)(图 7-4)。

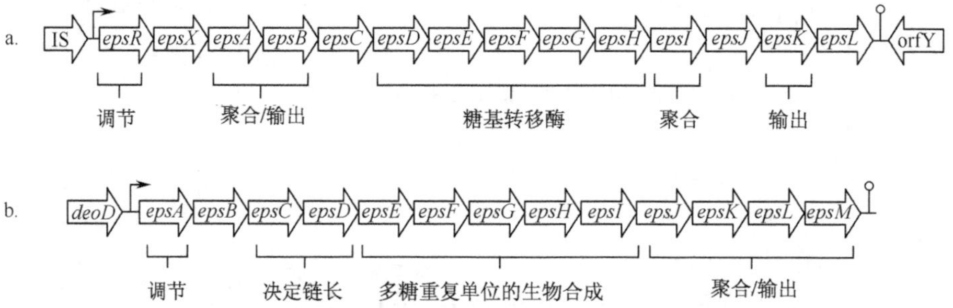

图 7-4 EPS 基因簇的结构以及不同基因产物的功能

a. 乳脂乳酸乳球菌 NIZO B40；b. 嗜热链球菌 Sfi6

乳酸菌 EPS 合成途径可以划分为 4 个不同的反应系列：糖转输入胞质、糖-1-磷酸的合成、重复单位的生成与聚合，以及 EPS 的输出。

（一）糖转输入胞质

细菌生长的培养基中的单糖和双糖进入菌体胞质是一个精细调控的过程，多种不同的蛋白控制糖的内化（internalization)。最常见的糖转移机制是细菌烯醇丙酮酸磷酸(PEP)-糖磷酸转移酶系统（PTS)，PEP-PTS 系统包含一个组蛋白，负责不同糖基质的结合，转膜运输，以及磷酸化（Postma et al.，1993)。此外，还存在其他蛋白以调节每一过程的活性。

第一类蛋白包括含组氨酸磷酸运载蛋白 HPr（Ⅰ型酶）和碳水化合物特异通透酶复合物（Ⅱ型酶）(Viana et al.，2000)。这些酶按顺序先后作用以提供磷酸化糖，当磷酸基团从 PEP 转移到Ⅰ型酶时这一作用顺序被启动，随之Ⅰ型酶磷酸化一个组氨酸残基以产生 HPr，同时Ⅱ型酶复合物的一个蛋白质结合在碳水化合物上。碳水化合物特异性酶运载糖通过细胞膜，并催化 HPr 的磷酸基团转移到糖上。在乳球菌的 PEP-PTS 转运系统中，三种Ⅱ型酶参与了乳糖的转运，即Ⅱ型酶 A、Ⅱ型酶 B、及Ⅱ型酶 C。Ⅱ

型酶 A 和Ⅱ型酶 B 位于胞质，而Ⅱ型酶 C 起膜通道的作用。从 PEP 转运一个磷酸基团到糖上需要这么多的酶正说明了过程的复杂性并需要严格地调节。

第二类蛋白与调节营养需求有关。这些调节蛋白不仅激活和抑制 PEP-PTS 系统，而且可以调节非 PTS 系统（Gunnewijk et al.，2000a）。

（二）合成糖-1-磷酸

糖转运进入胞质后，其命运决定于糖的磷酸化状态。果糖-6-磷酸在分解代谢中被消耗，而糖-1-磷酸参与多糖合成。由于大多数糖被产生糖-6-磷酸的 PEP-PTS 系统转运到胞质中，因而许多研究者指出磷酸葡糖转移酶可能在两个代谢途径代谢流的转向中起关键作用（Degeest et al.，2000）。近年来的研究证明，葡萄糖中生长的乳酸乳球菌合成 EPS 时，部分糖必须转化为葡萄糖-6-磷酸用于 EPS 的合成。

有多种不同的代谢途径引导葡萄糖-1-磷酸的合成，葡萄糖-1-磷酸的合成模式很大程度上取决于培养物生长的碳源以及糖输入的转运系统。保加利亚乳杆菌在果糖中生长时，果糖通过 PEP-果糖 PTS 转运输入，这一系统可特异地产生果糖-1-磷酸，再经过果糖-1，6-二磷酸途径转化为果糖-6-磷酸，葡萄糖-6-磷酸，最终形成葡萄糖-1-磷酸。保加利亚乳杆菌也可通过更简短的途径形成葡萄糖-1-磷酸，那就是在葡萄糖基质中生长。在这种情况下葡萄糖经 PEP-葡萄糖 PTS 系统产生葡萄糖-6-磷酸，直接转化为葡萄糖-1-磷酸。乳糖则可被乳糖特异性磷酸转移酶转运系统转入，成为乳糖-6-磷酸，接着被磷酸-β-半乳糖苷酶水解生成半乳糖-6-磷酸和葡萄糖。

假如有多种多样的途径可产生葡萄糖-1-磷酸，就可能有一个代谢途径可合成并进一步利用半乳糖-1-磷酸。Leloir 代谢途径的酶能逐步将半乳糖转化为 α-半乳糖-1-磷酸，尿苷半乳糖，再生成尿苷葡萄糖，用于 EPS 的合成（图 7-5）。对一些缺乏半乳糖激酶的细菌如嗜热链球菌，其突变体在合适的条件下也可发酵半乳糖，这意味着这些细菌具有半乳糖激酶的基因但没有转录。

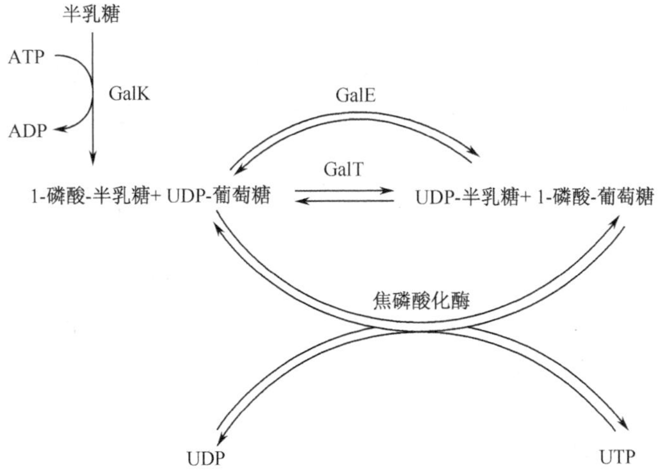

图 7-5　半乳糖在 Leloir 代谢途径中的转化

GalK，半乳糖磷酸激酶；GalE，半乳糖差向酶；GalT，半乳糖基转移酶

（三）糖核苷酸合成及 EPS 重复单位的聚合

编码 EPS 合成所需蛋白的基因可根据反应顺序分为两类：合成糖核苷酸所需的基因与 EPS 特异性基因。实际上这两类基因在基因组中也是可以区分的。第一类基因包括编码糖核苷酸合成所需酶和蛋白的基因。糖核苷酸构成多糖的重复单位，除 EPS 合成外，多种多糖的合成都需要糖核苷酸。

EPS 合成所需的主要糖核苷酸有尿苷葡萄糖、尿苷半乳糖、脱氧腺苷鼠李糖，这些都是多糖重复单位的前体。编码从葡萄糖-1-磷酸合成糖核苷酸所需酶的基因，如 *galU*，*galE*，*galA*，*galB*，*galC*，*galD* 已经在乳酸乳杆菌 MG1363 中鉴定并克隆（Kleerebezem et al.，1999）。

第二类酶是 EPS 特异性的酶，主要用于 EPS 的合成。这一基因簇编码分泌性的 EPS，已经在嗜热链球菌 Sfi 6 和乳酸乳杆菌 NIZO B40 中鉴定。嗜热链球菌 Sfi 6 的基因簇位于染色体上，大小为 14.5kb，包含 13 个基因。而乳酸乳杆菌的基因簇位于一个 40kb 的质粒上，大小为 12kb，包含 14 个基因。两者基因簇的结构相同，都由四个分离的结构域组成。单糖重复单位是在吸附于质膜的脂载体上组装的。这一过程需要两个基因产物，EpsE 和 EpsF。最终的骨架残基来自 UDP-半乳糖，单一基因产物 EpsG 催化了偶联反应。

脂载体上重复单位的组装是合成分泌性多糖，合成细胞肽聚糖，以及合成细胞表面寡糖和多糖的过程，可能不同的寡糖和多糖合成利用同样的糖核苷酸和脂载体。

（四）EPS 的合成及输出

对革兰氏阳性菌重复单位的聚合及其通过肽聚糖传输到质膜外的细节尚不清楚。在革兰氏阴性菌 O 抗原合成中，需要 3 个基因产物进行聚合和传输，第一种蛋白催化脂结合物质从膜的胞质面运动到膜的周质面；第二种蛋白催化这些单位的聚合；第三种蛋白负责控制聚合链的长度。照此类推，EPS 合成和输出的简单模型应当是这样，需要转位酶将脂结合重复单位转移；需要聚合酶催化重复单位的偶联；最后一种酶催化脂结合多聚物脱开，从而控制链的长度。虽然目前发现乳酸菌的某些基因产物与上述推论中的有些过程相关，但要证实这一推论，还需大量细致的研究工作。

第三节　乳酸细菌胞外多糖的功能及应用

早在 1878 年，人们就发现了肠膜明串珠菌可产生 EPS，并将其用于糖浆的增稠。实际上一些传统发酵食品中肯定有来自微生物的 EPS，只是没有被人们注意。近年来，乳酸菌产生的 EPS 应用较多的有葡聚糖（dextran），主要用于医药、食品、工业等。左旋聚糖（leven）作为食品增稠剂等。还有一些胞外多糖，如变位聚糖（alternan）因其独特的高溶性和低黏性，在食品、化妆品中有着极大的潜在用途。

一、乳酸细菌 EPS 的功能

乳酸菌 EPS 的功能包括物理性功能和生理性功能。

（一）物理功能

乳酸菌EPS具有增稠、稳定、乳化、保湿和胶凝作用，可以改变食品的流变特性。与植物多糖相比EPS具有独特的优点，在低浓度下可增大黏性而不形成凝胶，微小的剪切力即可增加其流变性，剪切力消除后黏度又迅速恢复。研究证明产EPS的乳酸菌可增加Mozzarella干酪与发酵乳的持水性，从而提高产品的质量和得率。EPS还可增强改善产品的质地和口感。因而是一种良好的天然食品添加剂。

（二）生理活性功能

根据目前的研究，乳酸菌的EPS有以下几方面的功能。

1. 促进乳酸菌对肠道黏膜的吸附

EPS可提高乳酸菌对肠道表面的非特异性黏附，这一点对宿主是有益的，因为乳酸菌是人和动物肠道中的有益菌。此外EPS还有保护菌体细胞的作用，如维持水分，吸收有害的离子，防止某些酶的降解和噬菌体的浸染。

2. 抗肿瘤作用

Kitazawa等发现给荷瘤鼠腹腔内注射乳酸乳球菌乳脂亚种KVS 20细胞，可以抑制Sarcoma-180肿瘤的生长，但体外实验证明细菌细胞对Sarcoma-180肿瘤没有细胞毒性。他们的进一步研究（Kitazawa et al.，1992）证实该菌株产生的黏性物质可有效地诱导增加B细胞依赖的促有丝分裂活性。随后的研究也发现别的产生EPS菌株，如保加利亚乳杆菌OLL 1073R-1也有宿主介导的抗肿瘤活性。提取的EPS被分离为两个部分：中性多糖和酸性多糖。酸性多糖部分是一种可有效促进B细胞有丝分裂活性的磷酸多糖，其磷酸基团是EPS诱导有丝分裂的引发物（Kitazawa et al.，1998）。口服从kefir颗粒得到的水溶性EPS具有延滞肿瘤生长的作用。

3. 促进免疫作用

乳酸菌产生的EPS还可促进其他免疫功能，如T淋巴细胞的增殖、巨噬细胞活性，以及诱导细胞因子（干扰素γ和白细胞介素1α）的产生。顾笑梅等（2003）研究了一株乳酸菌EPS对免疫细胞功能的影响，发现EPS能在体外促进小鼠淋巴细胞增殖，并有剂量依赖关系；可提高小鼠腹腔巨噬细胞的吞噬能力；增加体外NK细胞的活性；显著提高细胞因子IL-2的产量。

二、乳酸细菌EPS的应用

目前，一些微生物多糖已被广泛地应用于工业、农业，以及食品，如黄原胶等，但有关乳酸菌EPS的应用还比较少。应用较多的EPS有右旋糖酐（葡聚糖）。高分子质量的右旋糖酐有较高的黏度，在一定条件下比较稳定，可作为增稠剂、稳定剂、保湿剂等用于饮料、糕点、糖果、冰淇淋等食品的加工。也是美国FDA批准的第一种可用于食品的胞外多糖。右旋糖酐在医药中还可用做代血浆，其硫酸酯衍生物有抑制脂类代谢异常引起的高血脂动脉硬化的作用，其他衍生物也有着多方面的作用，如凝血、补铁、补钙等。右旋糖酐及其衍生物还可用于采油、选矿、火药制造、纺织印染、造纸等工业以及农业生产。虽则EPS目前尚未在工业上大量使用，但其潜在的价值和市场是不容忽视的。

（一）乳酸细菌EPS在食品中的应用

乳酸菌一般认为是安全（generally regarded as safe，GRAS）的细菌，产生的EPS应当是食品级的，可作为新一代的生物添加剂。但在大多数情况下，产品的稳定性和质地是一系列复杂的因素诸如食物成分的相互作用、EPS的结构、构象，以及特性所决定的。

1. 作为食品添加剂

由于EPS的增稠、稳定、乳化、保湿和胶凝作用，可作为天然的食品添加剂使用，如酸奶和其他发酵乳，甜点，糖浆，调味料，沙拉酱等的增稠剂稳定剂等。要作为食品的增稠剂，水合多聚物应当有良好的摇溶性（thixotropic）和假塑性（pseudoplastic，或剪切稀释性），即在摇动、搅拌，或倾倒时其流变性应当最大地减少。多聚物必须与食物成分以及食品加工条件有良好的相容性，在大的pH范围，不同的离子强度，温度下功能稳定，目前广泛使用的黄原胶就具有这些特性。从图7-6（van der Berg et al.，1995）可以看出，与黄原胶相比，清酒乳杆菌0-1的剪切率要高，但两者剪切稀释性相同。好的剪切稀释性就是随着剪切率增加而黏度下降，这一点对食品加工非常重要，如减少加工费用，增加口感和质地稳定性。从上面的比较研究中也知道虽然黄原胶和清酒乳杆菌0-1EPS的分子质量相近，但黏度却不同，这是它们分子内部的特性所决定，并不仅仅取决于它们的分子质量。

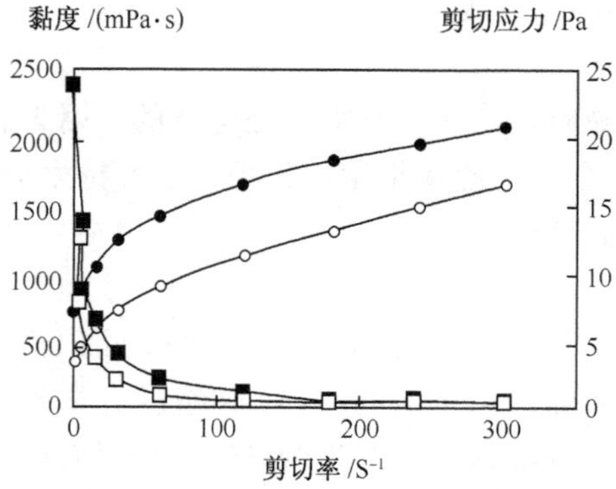

图7-6 纯化的清酒乳杆菌0-1的EPS与黄原胶1%水溶液的流变曲线

□ 黄原胶的黏度；■ 0-1菌EPS的黏度；○ 黄原胶的剪切应力；● 0-1菌EPS的剪切应力

2. 增加食品的质地与流变特性

酸奶的最主要的质地特性是稳固性和持水性，这一特性与胶体结构有关，而且受到培养物种类的影响。酸奶由酪蛋白微胶粒联合形成的胶样网状结构组成，这种网络结构具有可以持水的空间。一些产生EPS的乳酸菌有黏丝状发酵特性，称为“黏丝培养物”（ropy culture），黏丝菌生产的酸奶结构具有较大的保水空间，因而具有最好的持水性，使产品不易由于凝胶缩水而脱水。这种培养物还可增加搅拌型酸奶的稳定性，在大规模生产时，产生的EPS可保护产品，减少在泵送、搅拌、过滤时的机械损伤，使凝固物更能抵抗热和物理因素引起的冲击，因此会减少或不用添加其他的稳定剂。这受到了向往天然产品的消费者的欢迎。

3. 增加产品的口感和风味

EPS能使产品质地细腻均匀，具有爽滑的口感（Duboc et al.，2001）。多年来，欧洲的商家利用黏丝性EPS产生菌的不同特性，生产出了各种各样具有独特风味的发酵乳。他们还使用EPS产生菌作为起子培养物来控制酸奶的乳清析出，在一些禁止在发酵乳中使用其他稳定剂的国家中，这种方法得到广泛应用，肯定也会受到当今崇尚自然的消费者的欢迎。

（二）乳酸细菌 EPS 在其他方面的应用

除了上面提到的右旋糖酐在医药和工业上的大量应用外，其他 EPS 的应用正处于研究开发之中，其可能的应用范围概括于表 7-4。

表 7-4 乳酸菌 EPS 的用途

特性	应用范围	特性	应用范围
生物活性	抗肿瘤，血浆代用品，血流改善剂，创伤敷料	增黏作用	食品，印刷，石油工业
乳化稳定	食品、化妆品	悬浮乳化	食品、饮料，造纸，农药制造
胶凝作用	食品加工，发酵乳	高分子质量	分子筛，生化试剂
持水作用	化妆品，药物，食品		

第四节 乳酸细菌胞外多糖的生产

右旋糖酐是最早商品化的乳酸菌胞外多糖，美国以肠膜明串珠菌为生产菌株，国内也早在 20 世纪 60 年代就将肠膜明串珠菌用于发酵生产右旋糖酐。右旋糖酐的生产有发酵法和酶法两种方法。在发酵生产中，以蔗糖为碳源，少量酵母膏、蛋白胨为氮源，加上适量的无机盐如 NaCl、K_2HPO_4、$MnSO_4$、$MgSO_4$ 等，发酵条件为：温度 25℃，pH7.0，时间 20～24h。发酵液用乙醇沉淀，多糖水解并按分子质量大小分级，脱盐后喷雾干燥得到成品。酶法则是在无细胞的葡聚糖蔗糖酶液中，以蔗糖为底物，加入寡糖和低分子质量的右旋糖酐作为起始物合成右旋糖酐，然后水解分离得到低分子质量的产品。

其他乳酸菌胞外多糖正处于研究开发之中，其生产条件因菌种不同而有差异。以下就目前的研究情况作一简介。

一、影响乳酸细菌 EPS 合成的因素

在不同生长阶段，乳酸菌 EPS 的生物合成和分泌，EPS 的产量和类型，都受到生长条件的影响，这些条件包括营养基质、温度、pH 等，而乳酸菌的不同种类和菌株更是有着很大关系。

（一）营养基质

对不同乳酸菌，同样营养物质的效果可能不同，但合适的碳源和氮源比例对于得到较高产量的 EPS 是绝对需要的。

一般认为酪蛋白水解物可以提高有些乳酸菌的 EPS 产量，如保加利亚乳杆菌。有些研究者指出酪蛋白只能刺激 EPS 的产生，但不能促进细菌的生长。将葡萄糖或蔗糖与牛乳和牛乳超滤物一起添加可增加干酪乳杆菌 EPS 的产量，葡萄糖还可以修饰 EPS 单糖的组成。同样细胞浓度下，与在果糖中生长相比，保加利亚乳杆菌可在葡萄糖或乳

糖中产生较多的 EPS，而且具有不同的单糖成分。对于鼠李糖乳杆菌 C83，甘露糖，或者葡萄糖与果糖结合使用是合成 EPS 的最有效的碳源（Gamar et al.，1997)。碳水化合物的性质，不同的组合，以及浓度都对 EPS 的生物合成具有促进作用（Ceming et al.，1994)。例如，鼠李糖乳杆菌 C83 在添加 4%甘露糖，或者 2%葡萄糖和果糖（比率为1∶1）的化学限定培养基中生长时，EPS 的产量可增加 3～4 倍。氮源和碳源对 EPS 的大小和组分也有着一定的影响，但这一观点至今仍有争议。

其他营养成分如无机盐、氨基酸、维生素也对 EPS 的合成有着重要的作用。

（二）培养条件

合适的培养条件如温度、pH、培养时间以及培养基成分，能够促进 EPS 的产量。有些研究报告了低温培养可明显地增加多糖的产量，原因是低温时细胞生长缓慢，细胞壁多聚物的生物合成也相应变慢，因而有更多的类异戊二烯酯载体参与 EPS 的生物合成。但另一些研究报告了有些乳酸菌在培养温度较高时 EPS 产量较高。在厌氧或低氧张力条件下，EPS 产量高，因而不需要通气培养。最适 pH 一般为 6.0。

（三）乳酸细菌种类

不同菌种，甚至不同的菌株，合成 EPS 的能力相差很大，表 7-5 中列举了一些乳酸菌的 EPS 的产量。

表 7-5　不同乳酸菌的 EPS 生物合成量

乳酸菌	EPS 产量 $/mg \cdot L^{-1}$	发酵条件	参考文献
干酪乳杆菌	488	30℃，pH6.0	Mossi et al.，1996
德氏乳杆菌保加利亚亚种 RR	354	38℃，pH5.0、SDM	Kimmel et al.，1998
唾液链球菌嗜热亚种	114	30℃，pH6.0	Gancel et al.，1994
乳酸乳球菌乳脂亚种	500	18℃，pH6.8	Nakajima et al.，1990
鼠李糖乳杆菌 RW-9595M	2767	42℃，pH6.2	Macedo et al.，2002
戊糖片球菌 AP-1	6000	MRS 培养基，30℃，48h	Smitinont et al.，1999
戊糖片球菌 AP-3	2000	MRS 培养基，30℃，48h	Smitinont et al.，1999
乳杆菌 LM-17（开菲尔粒）	2000	MRSL，28℃，5～6 天	Micheli et al.，1999

二、提高乳酸细菌 EPS 产量的方法

乳酸菌用于代谢工程的优点之一就是乳酸菌细胞生物合成途径与其分解代谢的解偶联作用。虽然在乳酸菌代谢工程方面进行了大量的研究，但目前尚无合适的方法来过量生产不同种类的 EPS。由于细菌细胞能量的限制，迄今报告的 EPS 的最高产量为 6g/L（Smitinont et al.，1999)。乳酸菌的 EPS 有着不同的结构组分，不同的功能效用，这意味着很难建立一个通用的生产方法和检测标准。如何增加 EPS 的产量，近年来的工作主要集中在遗传工程与代谢工程的研究。

乳酸菌代谢的关键问题是大部分碳原子进入乳酸合成途径。因而减少乳酸的形成，

可能会使更多的碳原子脱离糖酵解反应进入 EPS 的合成，从而增加 EPS 的产量。这一方法曾被用于过量生产其他一些代谢产物，如利用球状芽孢杆菌丙氨酸脱氢酶基因 *alaD*在乳酸乳球菌乳酸脱氢酶 LDH-缺陷型菌株中的超级表达生产丙氨酸（Hols et al.，1999)。这一方法也对过量生产乙醇、乙偶姻、甘露醇、2,3-丁二醇、琥珀酸以及丙酮酸有效。如果将这一方法用于得到高产量的 EPS，就必须增加另外的调控途径，以保证剩余的碳原子不会通过丙酮酸环节转入不理想的代谢途径。但这一方法并非没有风险，必须考虑其对细胞内氧化还原平衡的影响。在厌氧条件下，乳酸菌将所有的还原当量转移到终产物，并由 NADH 产生 NAD^+。如变异链球菌在失去 LDH 活性后可产生致死的作用，因为细胞不能通过另外的途径进行 NADH 循环。理论上，可利用 NADH 氧化酶（NOX）恢复平衡，使 NADH∶NAD^+ 的比例满足 EPS 过量生产时代谢的需要。

乳酸合成的减少意味着糖酵解的减少，同时也会影响 ATP 的形成。但在 EPS 的合成过程中，糖核苷酸生物合成，类异戊二烯酯载体分子的合成，糖的聚合反应以及糖的输出等都需要 ATP，因而培养过程增加过量水平的 ATP 可大大增加 EPS 的产量（Looijesteijn et al.，2000)。

葡萄糖-6-磷酸在葡萄糖磷酸变位酶作用下转化为葡萄糖-1-磷酸，然后经 UDP-葡糖焦磷酸化酶作用生成 UDP-葡萄糖，这一过程被认为是 EPS 合成的控制点。在乳酸乳球菌中超表达产生葡萄糖磷酸变位酶的 *pgm* 基因，或者产生 UDP-葡萄糖焦磷酸化酶的 *galU* 基因，可分别导致 UDP-葡萄糖以及 UDP-半乳糖的积累。Levander 等报道了在嗜热链球菌 LY03 中超量表达 *galU* 基因和 *pgm* 基因，使 EPS 的产量由原来的 0.17g/mol 增加到 0.31g/mol(Levander et al.，2001)。更有趣的是在本研究中还发现嗜热链球菌 LY03 的一个 Gal^+ 突变株得到了比亲代更高的 EPS 产量，0.24g/mol。而当把 *pgmA* 基因敲除后，EPS 的产量进而达到 0.36g/mol。这使得糖酵解过程 Leloir 途径解偶联有了可能：乳糖的葡萄糖部分可用于糖酵解反应，而半乳糖部分则用于 EPS 合成。UDP-半乳糖-4-差向异构酶可能是某些乳酸菌超表达的特定目标，UDP-半乳糖在某些乳酸菌如乳酸乳球菌 EPS 的形成中起关键作用。

在 EPS 多聚物生物合成水平上，提高糖基转移酶的活性是增加 EPS 产量的一个可行的方法。如乳酸乳球菌中糖基转移酶 *epsD* 基因的超表达可增加 EPS 的产量，在嗜热链球菌、瑞士乳杆菌、保加利亚乳杆菌的研究中也得到了同样的结果。

另外一个方法是在单个质粒上高拷贝克隆整个 *eps* 基因簇，但改良菌株在生产环境中的稳定性是一个必须注意的问题。还可将含 eps 操纵子的质粒转入其他不同的微生物中，以提升向 EPS 合成的代谢流的水平。嗜热链球菌 Sfi6 完整的 *eps* 基因簇在乳酸乳球菌中的异源表达已经成功（Stingele et al.，1999)。近年的专利中也有较多相关的研究和潜在商业应用的报道。

（曹郁生）

主要参考文献

顾笑梅，王富生，孔健，等．2003．乳酸菌 Z_{222}产胞外多糖（EPS）对免疫细胞功能的影响．中华微生物学和免疫

学杂志，23 (6)：443～445

Ceming J, Renard C M G C, Thibault J F, et al. 1994. Carbon source requirements for exopolysaccharide production by *Lactobacillus casei* CG11 and partial structure analysis of the polymer. Appl. Environ. Microbiol, 60：3914～3919

Cerning J. 1990. Exocellular polysaccharides produced by lactic acid bacteria. FEMS Microbiol Rev, 87：113～130

Degeest B, de Vuyst L. 2000. Correlation of activities of the enzymes a-phosphoglucomutase, UDP-galactose 4-epimerase, and UDP-glucose pyrophosphorylase with exopolysaccharide biosynthesis by *Streptococcus thermophilus* LY03. Appl. Environ. Microbiol, 66：3519～3527

de Vuyst L, de Vin F, Vaningelgem F, et al. 2001. Recent developments in the biosynthesis and applications of heteropolysaccharides from lactic acid bacteria. Int Dairy J, 1：687～707

Duboc P, Mollet B. 2001. Applications of exopolysaccharides in the dairy industry. Neth. Milk Dairy J, 11：759～768

Gamar L, Blondeau K, Simonet J M. 1997. Physiological approach to extracellular polysaccharide production by *Lactobacillus rhamnosus* strain C83. J. Appl. Microbiol, 83：281～287

Gancel F, Novel G. 1994. Exopolysaccharide production by *Streptococcus salivarlus* ssp. Thermophilus cultures. 2. distinct mode of polymer production and degradation among clonal variants. J. Dairy Sci, 77：685～688

Germond J E, Delley M, D'Amico N, et al. 2001. Heterologous expression and characterization of the exopolysaccharide from *Streptococcus thermophilus* Sfi39. Eur J Biochem, 268 (19)：5149～5156

Gunnewijk M G W, Poolman B J. 2000a. HPr(His～P)-mediated phosphorylation differently affects counterflow and proton motive force-driven uptake via the lactose transport protein of *Streptococcus thermophilus*. *Biol Chem*, 275：34080～34085

Gunnewijk M G W, Poolman B J. 2000b. Phosphorylation state of HPr determines the level of expxession and the extent of phosphorylation of the lactose transport protein of *Streptococcus thermophilus*. Biol Chem, 275：34073～34079

Hols P, Kleerebezem M, Schanck A N, et al. 1999. Conversion of L. lactis from homolactic to homoalanine fermentation throuth metabolic engineering. Nat. Biotechnol, 17：588～592

Hugenholtz J, Kleerebezem M. 1999. Metabolic engineering of lactic acid bacteria：overview of the approaches and results of pathway rerouting involved in food fermentations. Curr. Opin. Biotechnol, 10：492～497

Kimmel S A, Roberts R F, Ziegler G R. 1998. Optimization of EPS production by *Lactobacillus delbruekii* subsp. *bulgaricus* RR growth in semidefined medium. Appl Environ Microbiol, 64 (2)：659～664

Kitazawa H, Harata T, Uemura J, et al. 1998. phosphate group requirement for mitogenic activation of lymphocytes by an extracellular phosphopolysaccharide from *lactobacillus delbrueckii* spp. *bulgarlicus*. Int J Food Microbiol, 40：169～175

Kitazawa H, Yamaguchi T, Itoh T. 1992. B-cell mitogenic activity of slime products produced from slime-forming encapsulated *Lactococcus lactis* subsp. *cremoris*. J Dairy Sci. 75：2946～2951

Kleerebezem M, van Kranenburg R, Tuinier R, et al. 1999. Antonia van Leeuwenhoek, 76：357～365

Laws A P, Marchall V M. 2001. The relevance of exopolysaccharides to the rheological properties in milk fermented with ropy strains of lactic acid bacteria. Int dairy J, 11：709～721

Levander F, Rådström P. 2001. Requirement for phosphoglucomutase in exopolysaccharide biosynthesis in glucose-and lactose-utilizing *Streptococcus thermophilus*. Appl Environm Microbiol. 67：2734～2738

Looijesteijn P J, van Casteren W H M, Tuinier R, et al. 2000. Influence of different substrate limitation on the yield, composition, and molecular mass of exopolysaccharides produced by *Lactococcus lactis* subsp. *cremoris* in continuous culture. J Appl Microbiol, 89：116～122

Macedo M G, Lacroix C, Gardner N J, et al. 2002. Effect of medium supplementation on exopolysaccharide production by *Lactobacillus rhamnosus* RW-9595M in whey permeate. Int Dairy J, 12：419～426

Micheli L, Uccelletti D, Palleschi C, et al. 1999. Isolation and characterization of a ropy Lactobacillus strain producing the exopolysaccharide kefiran. Appl Microbiol Biotechnol, 53: 69～74

Mozzi F, de Giori G S, Oliver G, et al. 1996. Exopolysaccharide production by *L. casei* under controlled pH. Biotech. Lett, 18: 435～439

Nakajima H, Toyoda S, Toba T, et al. 1995. Enhancement of antigen-specific antibody production by extracellular slime products from slime-forming *Lactococcus lactis* subspecies cremoris SBT 0495 in mice. International J Food Microbiol. 25: 153～158

Petersen B L, Dave R I, McMahon D J, et al. 2000. Influence of capsular and ropy exopolysaccharide - producing *Streptococcus thermophilus* on Mozzarella cheese and cheese whey. J Dairy Sci, 83: 1952～1956

Postma P W, Lengeler J W, Jacobson G R. 1993. Microbiol Review, 57: 543～594

Sjioberg A, Hahn-Hagerdal B. 2001. β-glucose-1-phosphate. A possible mediator for polysaccharide formation in maltose-assimilating *Lactococcus lactis*. Appl. Environ. Microbiol, 55: 1549～1554

Smitiont T, Tansakul C, Tanasupawat S. 1999. Exopolysaccharide-producing lactic acid bacteria strains from traditional Thai fermented foods: isolation, identification and exopolysaccharide characterization. International J Food Microbiol. 51: 105～111

Stingele F. 1999. Lactic acid bacterial gene involved in exopolysaccharide biosynthesis and encoded glycosyltransferases. PCT International Application WO 9954475

Tuinier R, van Casteren W H, Looijesteijn P J, et al. 2001. effect of structural modification on some physical characteristics of exopolysaccharides from *Lactococcus lactis*. Biopolymers, 59: 160～166

van der Berg D J C, Robijn G W, Janssen A C, et al. 1995. Production of a novel extracellular polysaccharide by *Lactobacillus sake* 0-1 and characterization of the polysaccharide. Appl. Environ. Microbiol, 61: 2840～2844

van kranenburg R, Marugg J D, et al. 1997. Mol Microbol, 24: 387～397

Willem M, de Vos Hugenoltz J. 2004. Engineering metabolic highways in *Lactococci* and other lactic acid bacteria. Trend Biotechnol, 72～79

第八章 乳酸细菌的乳酸发酵

乳酸及其衍生物已进入人类生活的方方面面，除了大规模产业化的迅速发展，未来乳酸菌利用农副产品生产乳酸也是可持续发展的一个重要方面。

第一节 概　　述

乳酸（lactic acid，LA）是一种重要的多用途有机酸，可广泛应用于食品、医药、制药、化工、纺织、环保和农业等诸多领域。这种精细化学品被用作酸味剂、调味剂、防腐剂、手性药物中间体、鞣革制剂、植物生长调节剂、生物可降解材料、化妆品及个人护理品组分*等。

乳酸是瑞典化学家 Scheele 在 1780 年首先从酸乳中分离发现的，把它称为"乳之酸"（acid of milk），当初得到的是一种纯度不高的棕色浆状物。1789 年，Lavoisier 把这种牛乳成分称为"acide lactique"，这可能是目前沿用的乳酸（lactic acid）这一正规术语的来源。其后，经 Pasteur、Lister 和 Delbruck 等科学家研究，查明牛乳中乳酸是由乳酸菌作用而生成的。1847 年 Blondeau 判断乳酸是发酵过程的最终产物。1857 年 Pasteur 阐明了工业乳酸发酵的原理。

乳酸是生物的代谢产物或代谢中间体，广泛存在于动植物和微生物中，许多植物如热带水果、浆果、甘蔗、橄榄、麦角、毛地黄、鸦片以及若干高等植物萌发的种子；糖蜜；番茄汁；蜂蜜；各种发酵食品如腌菜、酸菜、泡菜、酱菜；啤酒、葡萄酒、酸乳、酸味面包；发酵醪等都含有数量不一的乳酸。人与动物的血液和肌肉中有一定量乳酸存在，乳酸在人体和动物中最重要的功能是把能量提供给肌肉组织；人在剧烈运动后肌肉和血液中的乳酸量骤增；乳酸也存在于肝、肾、胸腺、胚胎羊水、哺乳动物乳汁以及其他器官和体液中。成年男子乳酸的代谢周转量估计每天在 120～150g 之间。

乳酸被发现 100 年后才开始有了规模化生产。首先出现用化学合成法小规模生产乳酸的尝试。1863 年 Wilcenus 用乙醛和氰化氢（氢氰酸）反应，先得到乳腈，再由乳腈水解生成乳酸。基于此理，美国的 Monsanto 公司开发出了工业规模合成乳酸的生产工艺。

约 20 年后，发酵法生产乳酸的技术问世。乳酸是由近代生物技术大规模工业生产的第一种有机酸。法国 Fremy 用发酵法生产乳酸催生了乳酸的工业生产。1881 年美国马萨诸塞州 Littleton 的 Charles E. Avery 乳酸厂首次采用微生物发酵法工业规模化生产乳酸钙，不过效率低下，未能形成气候。真正成功的是 1895 年德国 Ingelheim 的 Boehringer。1894 年，乳酸首次被应用于制革和纺织加工业，以后陆续扩大到食品及其他

---

* 典籍中有著名埃及艳后克娄巴特立（Cleopatra，公元前 69～30）在驴奶中沐浴以保养肌肤之说。法国路易十四（"太阳王"，Sun King）时代，在宫廷贵妇中盛行以陈年葡萄酒洗脸之风。以今天的观点来看，这些天然的美容材料即是在驴奶中含有乳酸、在葡萄酒中含有酒石酸之故。这些化学成分的作用是使皮肤老皮脱落（exfoliating nature），这是早期的护肤"化妆品"。

行业。第二次世界大战期间，乳酸钾和乳酸钠等乳酸盐还被用作装甲军车的冷却剂，并作为甘油的代用品。20 世纪 60 年代初，合成法则被用于生产焙烤工业用的硬脂酰-2-乳酸盐。

一般来说，产品的产量大小取决于市场的需求，乳酸生产的发展就是一个再好不过的典型例子。近年来，乳酸及其衍生物（乳酸盐、乳酸酯和乳酸聚合物）的应用范围不断扩大，市场需求也日益增长。由乳酸分子聚合起来的生物可降解材料——聚乳酸（polylactic acid，PLA）在生物相容性、生物吸收性、生物降解性等方面所显示的优异性能令世人刮目相看，可以说，乳酸的最大用途是生产聚乳酸。这已引起社会各方面的浓厚兴趣，世界各大企业竞相研发、生产和扩产。如执世界乳酸生产牛耳的荷兰 PURAC 公司——荷兰跨国公司 CSM 的子公司，除了在荷兰和西班牙设厂外，还先后在巴西、美国分别建立了乳酸生产厂。近年来，PURAC 公司与美国 Cargill 公司合资在美国建立了年产 3.4 万吨 L-乳酸的生产厂，1997 年，出于对生产聚乳酸的紧迫需要，Cargill 公司与 Dow 化学公司结盟，成立了聚乳酸生产风险合资企业——Cargill Dow LLC。该企业宣称已探索出一条相当经济的工艺路线，使生产聚乳酸的成本以及性能，可以同目前常用的热塑塑料一争高低。建立在美国内布拉斯加州 Blair 市年产140 000t 聚乳酸能力的 Cargill Dow LLC 工厂已在 2001 年底建成运行。该公司计划在今后 10 年内再投资 10 亿美元，增建 3 套装置，使聚乳酸总生产能力达到 45 万吨/年的水平。据最近消息，2005 年 2 月 Dow 退出，由 Cargill 组成全资公司 Nature Works 公司，生产聚乳酸。目前，PURAC 公司正在泰国兴建亚洲最大的乳酸厂，计划在 2008 年达到年产 10 万吨的生产能力。

随着乳酸、聚乳酸应用面的日益拓展，乳酸的产量正迅速膨胀。据估计，在今后 10 年内，世界市场对 L-乳酸的需求量将猛增至 100 万吨/年。这样的需求量将带动农业、工业、环保等多个产业部门的共同发展。乳酸、聚乳酸工业的发展可以缓解人类社会过分依赖日益紧缺的矿物资源的尴尬局面。乳酸及其聚合物所具有的经济、社会和环保等方面的潜力是目前其他微生物发酵有机酸产品如柠檬酸、醋酸（食醋）、衣康酸、葡糖酸等难以企及的。乳酸的众多方面的应用将会大大改善人类社会的生活环境，并能迅速提升人们的生活质量。

国际上乳酸、聚乳酸的开发热强烈刺激着我国乳酸工业的发展。20 世纪七八十年代，国内各研究机构和大专院校纷纷立题，开展微生物发酵法生产乳酸的研究。启动较早的有上海市工业微生物研究所、天津市工业微生物研究所和江苏省微生物研究所等多家应用微生物研究单位。他们主要采用米根霉（*Rhizopus oryzae*）分批式发酵或固定化菌体连续发酵等工艺，从实验室小试到几吨的中试规模，积累了不少的经验，并由此开始转向产业化进程。例如，上海市工业微生物研究所曾将根霉发酵成果转移至郊县崇明岛，建成年产千吨级的 L-乳酸生产厂。目前全国有数十家单位涉足乳酸的研制和开发，发酵菌种则由米根霉发展到乳酸细菌（主要是乳杆菌属的细菌）。国内乳酸生产企业数量不断增加，生产规模越来越大。但从总体来说，我国乳酸发酵技术水平仍低，产量多年徘徊在 2 万～2.5 万吨左右。产品主要为消旋的 DL-乳酸，少数为 L-乳酸，而且 L-乳酸不耐热，加热后变成棕色。能够正常生产的厂家不足 10 家，最大规模也不过 5000t。这种局面如今正在改观。乳酸发酵项目多次列入国家重点攻关内容。2001 年

L-乳酸被列入国家“十五”重点攻关项目。2004 年 L-乳酸又被继续列为国家“十五”后续重点攻关项目。经过攻关主要执行单位上海新立工业微生物科技有限公司及其他单位的努力，我国的乳酸发酵技术取得了长足的进步；乳酸产品也由低品位的消旋 DL-乳酸逐步升格为高品位、高纯度、高耐热性的 L（+）乳酸，可满足食品、医药、轻纺、化工、农业、环保等诸多方面的需求。环境友好、生物可降解聚乳酸的合成研究及应用开发研究也已经加快了步伐。近来，乳酸-聚乳酸列入国家“十一五”“863”高科技计划，立足于聚乳酸的产业化及聚乳酸产品的开发应用。我国的乳酸发酵工业已初具规模，乳酸-聚乳酸工业也可在不久的将来建立起来。

本章侧重介绍近年来国内外有关乳酸细菌发酵乳酸方面的进展，涉及乳酸的性质，乳酸细菌菌种及其改良，乳酸发酵工艺优化以及乳酸、乳酸盐、乳酸酯以及聚乳酸的应用。

第二节　乳酸的一般理化性质

乳酸（lacticacid），化学名称为 2-羟基丙酸（2-hydroxypropanoic acid），是一种天然有机酸，化学结构式为

$$CH_3-\underset{}{\overset{OH}{\overset{|}{CH}}}-COOH$$

分子式为 $C_3H_6O_3$，相对分子质量（M_w）= 90.08，分子中带羟基（—OH）和羧基（-COOH）两个官能团，是自然界中存在的一种羟基羧酸（hydroxycarboxylic acid），也是最简单的一种 α-羟酸（alpha-hydroxy acid）。由于乳酸分子中存在着一个不对称碳原子（β-碳原子），有一个手性中心，故乳酸存在着两种光学活性构型，这两种光学异构体见图 8-1。

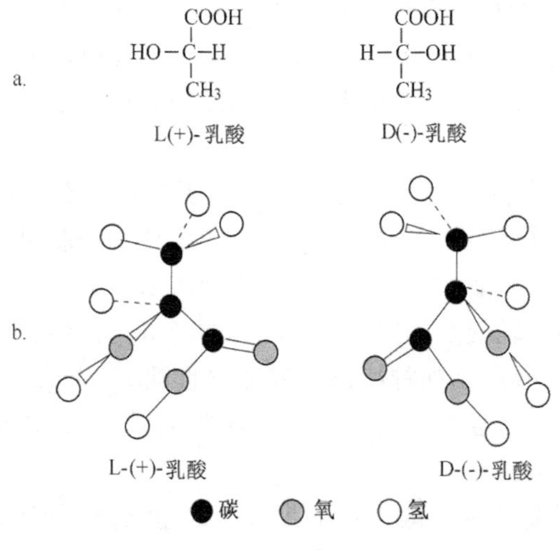

图 8-1　乳酸存在两种光学异构体（对映体）

L-(+)-乳酸，或 S-(+)-乳酸*，旋光性：右旋（顺时针方向）；D-(−)-乳酸，或 R-(−)-乳酸**，旋光性：左旋（逆时针方向）

L-乳酸和 D-乳酸，互为对映体。DL-乳酸为外消旋乳酸，是 D-乳酸和 L-乳酸的混合物，没有旋光性。

乳酸是生物的代谢产物或代谢中间产物，广泛存在于动物、植物和微生物中。人体和动物组织中只存在 L-乳酸以及能够代谢 L-乳酸的 L-乳酸脱氢酶（L-lactic dehydrogenase，L-LDH），通常称为生理异构体（physiological isomer），但不存在 D-乳酸

* 文献中有 L-(+)-乳酸、L(+)-乳酸、L-乳酸、S-(+)-乳酸等表示方法，为简便起见，本文用 L-乳酸或 L(+)-乳酸表示；

** 文献中有 D-(−)-乳酸、D(−)-乳酸、D-乳酸、R-(−)-乳酸等表示方法，为简便起见，本文用 D-乳酸或 D(−)-乳酸表示。

脱氢酶（D-LDH）。从营养学观点来看，乳酸的构型十分重要。人体摄入 L-乳酸可以被人体吸收。摄入 D-乳酸则不能被人体吸收。

纯的无水乳酸是一种白色、结晶、低熔点固体，但通常很难制备出纯的无水乳酸，一般能得到的是稀的或浓的乳酸溶液。乳酸溶液旋光性 $[\alpha]_D^{20}$：L-乳酸为＋0.25，D-乳酸为－2.5。乳酸锌盐的 $[\alpha]_D^{20}$ 为－8.2，D-乳酸锌盐为＋8.18。解离常数 pKa 在 25℃时为 3.862。乳酸可以任何比例溶于水，浓乳酸溶液可达 $90^{wt}\%$；与水、乙醇、甘油、糠醛混溶；不溶于氯仿，二硫化碳；有吸湿性。乳酸的挥发性很低。20％或 20％以上的乳酸溶液会发生自酯化（self-esterification），这是由乳酸分子中存在的羟基和羧基所决定的。这两个基团的存在也会形成环状二聚体——丙交酯或直线性聚合物，其通式为 $H[OCH(CH_3)CO]_nOH$。由于乳酸分子中存在羟基和羧基两个官能团，因而乳酸可以进行氧化反应、还原反应、缩合反应和在醇基位置上的取代反应等。这些化学反应对制取有重要应用价值的产品如乳酸盐、乳酸酯和乳酸聚合物等来说是非常重要的。

第三节　发酵法生产乳酸的微生物

发酵（fermentation）是微生物的一种代谢类型，是以碳水化合物（糖类）为主原料，通过微生物的生命活动产生和积累特定代谢产物的生物加工过程（bioprocess）。在发酵工业中，发酵在一定的生物反应器中进行，用于各种工业过程，制造人类社会不可或缺的抗生素、氨基酸、有机酸、醇类、酶制剂、疫苗等重要产品。通过特定类型的微生物的代谢活动，在以糖类为主原料的培养基中发酵生产乳酸，称为乳酸发酵（lactic acid fermentation）。

通过发酵法能够大量产生乳酸的微生物有两类：一类是细菌中的乳酸细菌（lactic acid bacteria，LAB）；一类是丝状真菌中的根霉属菌种（*Rhizopus* sp.），在工业生产中目前大多采用前者，本章内容也仅涉及细菌发酵。由细菌和霉菌等微生物发酵生产具有光学活性的乳酸，即 L-乳酸或 D-乳酸，产生哪种异构体由生产菌株细胞中存在 L-乳酸脱氢酶（L-LDH）还是存在 D-乳酸脱氢酶（D-LDH）来决定。若干菌株兼有两种乳酸脱氢酶，故产生外消旋的 DL-乳酸。另外，有的菌株也通过诱导产生乳酸消旋酶（lactic acid racemase）并在这种消旋酶的作用下产生 DL-乳酸。

由于 L-LDH 和 D-LDH 在不同的菌株中活力不同，会出现异构体分子多少不一的情形，可以从近于 100％D-型异物体过渡至 50％D-乳酸和 50％L-乳酸（消旋）至近于 100％L-型乳酸。消旋混合物的形成也可能是由一种立体有择脱氢酶和一种消旋酶共同作用的结果。有的乳杆菌，如弯曲乳杆菌（*Lactobacillus curvatus*）最先产生 L-乳酸，当 L-乳酸积累到一定浓度时，诱导出一种乳酸消旋酶，它可把 L-乳酸转变成 D-乳酸，直至达到 D-乳酸和 L-乳酸数量上的平衡。

一、产乳酸的乳酸菌

菌种是乳酸发酵的主体和基本要素。能够产生乳酸的微生物有很多，但就工业意义来说，目前只有乳酸细菌和根霉两大类微生物具有生产上的价值。表 8-1 列出若干文献的生产乳酸或具有潜在生产价值的细菌名称、它们的发酵类型和所产乳酸的构型。

表 8-1　若干产乳酸的细菌，发酵类型及其所产乳酸的构型(Litchfield,1996;Kharas,1994)

微生物	发酵类型	乳酸构型
凝结芽孢杆菌(*Bacillus coagulans*)	同型	L(＋)
左旋乳酸芽孢杆菌(*B. laevolacticus*)	同型	D(－)
嗜热脂肪芽孢杆菌(*B. stearothermophilus*)	同型	D(－)/L(＋)
粪肠球菌(*Enterococcus faecalis*,前称粪链球菌 *Streptococcus faecalis*)	同型	L(＋)
嗜酸乳杆菌(*Lactobacillus acidophilus*)	同型	L(＋)
敏捷乳杆菌(*L. agilis*)	异型	L(＋)
嗜淀粉乳杆菌(*L. amylophilus*)	同型	L(＋)
食淀粉乳杆菌(*L. amylovorus*)	同型	D(－)/L(＋)
巴伐利亚乳杆菌(*L. bavaricus*)	异型	L(＋)
短乳杆菌(*L. brevis*)	同型	D(－)/L(＋)
干酪乳杆菌干酪亚种(*L. casei* subsp. *casei*)	异型	L(＋)
棒状乳杆菌棒状亚种(*L. coryniformis* subsp. *coryniformis*)	异型	D(－)
棒状乳杆菌极曲亚种(*L. coryniformis* subsp. *torquens*)	同型	D(－)
德氏乳杆菌保加利亚亚种(*L. delbruckii* subsp. *bulgaricus*,前称 *L. bulgaricus*)	同型	D(－)
德氏乳杆菌德氏亚种(*L. delbruckii* subsp. *delbruckii*,前称 *L. delbruckii*)	同型	D(－)
德氏乳杆菌乳亚种(*L. delbruckii* subsp. *lactis*,前称 *L. lactis*)	同型	D(－)
发酵乳杆菌(*L. fermentium*)	异型	D(－)/L(＋)
瑞士乳杆菌(*L. helveticus*)	同型	D(－)/L(＋)
同型腐酒乳杆菌(*L. homohiochii*)	异型	D(－)/L(＋)
詹氏乳杆菌(*L. jenenii*)	同型	D(－)
麦芽香乳杆菌(*L. maltaromicus*)	异型	L(＋)
L. monihativorans	同型	L(＋)
小鼠乳杆菌(*L. murinus*)	异型	L(＋)
类干酪乳杆菌(*L. paracasei*)	同型	L(＋)
戊糖乳杆菌(*L. pentosus*)	同型	D(－)/L(＋)
植物乳杆菌(*L. plantarum*)	异型	D(－)/L(＋)
鼠李糖乳杆菌(*L. rhamnosus*, 前称 *L. delbrueckii*, *L. casei* subsp. *rhamnosus*)	异型	L(＋)
清酒乳杆菌(*L. sake*)	同型	D(－)/L(＋)
唾液乳杆菌(*L. salivarius*)	同型	L(＋)
果汁乳杆菌(*L. yamanashiensis*)	同型	D(－)/L(＋)
乳酸乳球菌乳脂亚种(*Lactococcus lactis* subsp. *cremoris*＝S. *cremoris*)	同型	L(＋)
乳酸乳球菌乳亚种(*Lactococcus lactis* subsp. *lactis*＝*streptococcus lactis*)	同型	L(＋)
明串珠菌属(*Leuconostoc* sp.)	异型	D(－)
片球菌属(*Pediococcus* sp.)	同型	D(－)/L(＋)或 L(＋)
菊糖芽孢乳杆菌(*Sporolactobacillus inulinis*)	同型	D(－)
芽孢乳杆菌(*Sporolactobacillus* sp.)	同型	D(－)
嗜热链球菌(*S. thermophilus*)	同型	L(＋)

注:D(－)或 L(＋),所述异构体占总乳酸的90%以上;D(－)/L(＋),总乳酸中的25%～75%是 L(＋)-乳酸

二、乳酸细菌的一般特性及产乳酸的代表菌株

(一) 乳酸细菌的一般特性及糖代谢途径

1. 乳酸细菌的一般特性

乳酸细菌是球菌或杆菌，不能通过呼吸合成 ATP，由糖类耗能发酵的主要终产物是乳酸。大多数乳酸细菌是兼性厌氧菌或微需氧菌，接触酶（过氧化氢酶）阴性，大多数不运动亦不形成芽孢，具有很强的耐酸性，pH 生存范围在 3.5～9.6。最适生长温度因种、属而异，范围大多在 20～45℃，或者 37～40℃，近期发现的耐热性产芽孢乳酸细菌除外。除少数种（如链球菌属中某些菌株）能致病外，大多数乳酸细菌均被认为是属于普遍视为安全（generally regarded as safe，GRAS）的微生物。乳酸细菌基因组 DNA 的 G+C 含量一般在 55%以下。

根据微生物的营养类型，乳酸细菌属于化能异养微生物，它们需从外界环境中吸取营养物质，获得能量，以支持其生命活动。大多数乳酸细菌的生长和产酸，需要复杂的营养条件，因为它们本身合成维生素、氨基酸和核苷酸等的能力都很差，因此在培养基中往往需要加入复合的氮源如蛋白胨、酵母膏、玉米浆或者麦芽等。

2. 乳酸细菌的糖代谢途径和乳酸发酵类型

根据各种乳酸细菌糖代谢发酵途径的不同，可以把乳酸细菌分为同型乳酸发酵（homolactic fermentation）和异型乳酸发酵（heterolactic fermentation）两大类。图 8-2 表示乳酸细菌的糖代谢途径，包括在厌氧条件下的糖酵解途径（embden-meyerhof-parnas pathway，EMP）和在有氧条件下的磷酸转酮酶途径（phosphoketolase pathway）。

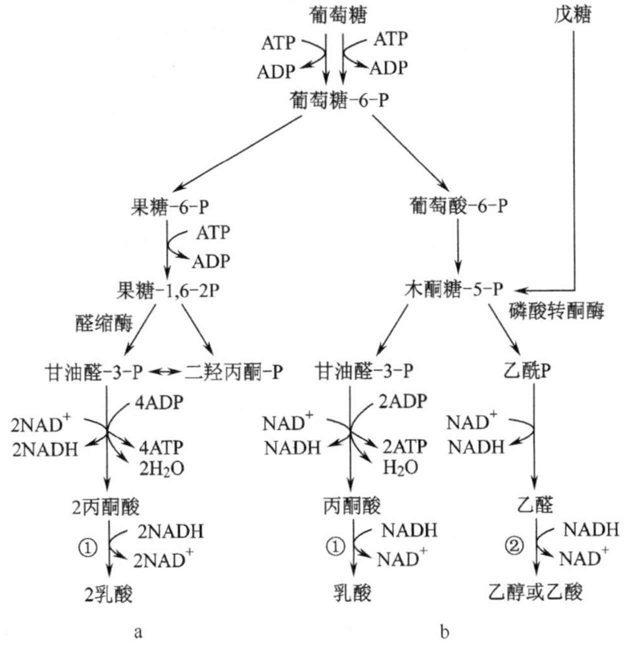

图 8-2 同型发酵和异型发酵乳酸细菌的代谢途径

a. 同型乳酸发酵，糖酵解途径；b. 异型乳酸发酵，磷酸转酮酶途径；

①乳酸脱氢酶；②乙醇脱氢酶（Wee et al.，2006）

在糖酵解途径（EMP）中，1个葡萄糖分子在已糖激酶等酶催化作用下，经果糖-6-磷酸至果糖1,6-二磷酸，在醛缩酶（aldolase）催化下，得到两个3C的丙糖分子，甘油醛-3-磷酸和二羟丙酮磷酸，再由丙糖得到2分子丙酮酸，最终在乳酸脱氢酶催化下，作为直接氢受体的丙酮酸还原为乳酸，由1mol葡萄糖可以得到2mol乳酸，并净得2molATP，其总反应式为：

$$C_6H_{12}O_6+2(ADP+Pi)\longrightarrow 2CH_3CHOHCOOH+2ATP$$

这种只产生单一乳酸分子而不副产其他有机酸（杂酸）的发酵就称为同型发酵。一般在实验室和工业规模发酵中，从1mol葡萄糖可以得到1.8mol乳酸，理论产率为90%。同型发酵具有工业重要性。同型发酵特性是选择乳酸生产菌株的重要标准之一。乳酸菌中的乳球菌、链球菌、片球菌以及乳杆菌中的一部分菌种为同型发酵菌。

在好氧条件下，乳酸细菌利用磷酸已糖途径（磷酸转酮酶途径）进行乳酸发酵（图8-2b）：葡萄糖先转化为6-磷酸葡糖酸，再转化成木酮糖-5-磷酸，在磷酸转酮酶催化下，裂解为一个3碳分子甘油醛磷酸和一个2碳分子乙酰磷酸。由甘油醛磷酸得到丙酮酸，在乳酸脱氢酶催化下，转成乳酸；而乙酰磷酸则最终生成乙醇或乙酸。由葡萄糖产生等物质的量的乳酸，CO_2和乙醇（或乙酸），最终形成乙醇和乙酸的比例取决于发酵系统的氧化还原电位。发酵中反应式：

$$C_6H_{12}O_6+ADP+Pi\longrightarrow CH_3CHOHCOOH+CH_3CH_2OH+CO_2+ATP$$

这种除了生成乳酸外还有其他酸（醇）和CO_2产生的发酵就称为异型发酵。在异型发酵中，乳酸对糖的转化率为50%。乳杆菌属中的发酵乳杆菌、植物乳杆菌以及肠膜明串珠菌（*Leuconostoc mesenteroides*）等均为异型发酵菌。

在乳酸细菌中，戊糖经磷酸转酮酶途径代谢，该酶催化D-木酮糖-5-磷酸裂解为等摩尔质量的甘油醛-3-磷酸和乙酰磷酸，因此从戊糖产生乳酸的产量常数（yield coefficient）不会超过1。然而乳酸乳球菌IO-1（JCM7638）在高浓度D-核糖发酵时，乳酸往往超过这一理论值，这表明，除了磷酸转酮酶途径外，乳酸乳球菌IO-1可能存在另一条代谢途径，从木糖产生乳酸。Tanaka等（2002）从IO-1分批式发酵和连续发酵的产物形成和酶活力的研究中推论出IO-1的木糖代谢途径。当培养基中木糖的浓度大于50g/L时，L-乳酸的产量常数超过了1，而此时乙酸、甲酸和乙醇的物质的量则非常低。不过当木糖浓度小于5g/L进行发酵时，乙酸、甲酸和乙醇的产量常数约为1，此时几乎不产L-乳酸。在高浓度木糖的发酵中，测得磷酸转酮酶和丙酮酸-甲酸裂合酶(pyruvate formate lyase,PFL)的比活力明显下降，而转酮酶（transketolase）和转醛酶的比活力则增加。这些结果表明，乳酸乳球菌IO-1通过两种不同的途径分解木糖，磷酸转酮酶途径导致乙酸、甲酸和乙醇的形成，而戊糖磷酸（PP）/糖酵解途径则只把木糖转化为L-乳酸。培养基中木糖浓度的变化操控代谢途径，使木酮糖-5-磷酸代谢在磷酸转酮酶途径和戊糖磷酸/糖酵解途径之间变动，而丙酮酸代谢则在丙酮酸被PFL裂解为乙酰-CoA和甲酸以及丙酮酸被乳酸脱氢酶还原为L-乳酸之间变动。

除了上述两种代谢途径外，由两歧双歧杆菌（*Bifidobacterium bifidum*）发酵葡萄糖为乳酸的双歧发酵途径也属于异型乳酸发酵。在这条代谢途径中，参与反应的关键酶是6-磷酸果糖磷酸解酮酶和5-磷酸木酮糖磷酸解酮酶，分别催化果糖6-磷酸和木酮糖5-磷酸的裂解反应，在此发酵过程中，由2mol的葡萄糖可生成2mol乳酸和3mol乙酸，乳酸的转化率只有50%。发酵总反应式为：

$$2C_6H_{12}O_6 \longrightarrow 2CH_3CHOHCOOH + 3CH_3COOH$$

另外，同型发酵乳酸菌如乳球菌属的菌种还在下述情况中进行混合酸发酵：①培养基中葡萄糖的量受到限制；②碳源不是葡萄糖，如乳酸乳球菌以麦芽糖、乳糖和半乳糖为碳源时的乳酸发酵；③环境条件改变，如pH升高、温度降低等时的乳酸发酵。代谢产物除乳酸外还有甲酸、乙酸或乙醇、CO_2（Hofvendahl和Hahn-Hagerdal，2000）。

（二）乳酸细菌的种类

1. 产乳酸的代表菌种

目前国内外在工业上用来生产乳酸的菌种多为乳杆菌属的菌种，其代表性菌种为鼠李糖乳杆菌（*Lactobacillus rhamnosus*）。其形态与生理特征如下：细胞杆状，(2.0～9.0)μm×(0.5～0.8)μm，单个或短链，革兰氏阳性，不运动。能利用麦芽糖、蔗糖、葡萄糖、果糖、半乳糖、鼠李糖、糊精等，发酵产生L-乳酸。15℃生长，最适生长温度为45℃，在50℃仍能旺盛发育，产酸，最高能耐55℃，在琼脂平板上菌落小、扁平、呈锯齿状。在明胶平板上菌落灰色，环状。在琼脂斜面上呈半透明灰色条纹。Berry等（1999）把鼠李糖乳杆菌ATCC10863接入以葡萄糖为碳源的培养基中，分批式发酵，得到乳酸浓度67.0g/L、转化率0.84，产率2.5g/(L·h)的结果。王铁雄等（2005）研究了不同的有机溶剂萃取发酵对德氏乳杆菌生长及产酸的影响。

2. 产淀粉水解酶的乳酸细菌

乳杆菌和乳球菌等一般乳酸细菌不产淀粉酶，不能直接利用淀粉发酵产生乳酸。有一类乳酸细菌能产淀粉酶，可分解淀粉，称淀粉分解乳酸细菌（amylolytic lactic acid bacteria，ALAB）。这类ALAB可直接利用淀粉，产生乳酸。包括食淀粉乳杆菌、嗜淀粉乳杆菌、植物乳杆菌、发酵乳杆菌及乳杆菌 *L. manihotivorans* 等，ALAB直接从淀粉生产乳酸可免去预先水解步骤，节省工序、减少设备、有利于降低生产成本。Zhang和Cheryan（1991）研究了食淀粉乳杆菌NRRL B-4542直接从淀粉发酵生产L(+)乳酸的条件。Guyot等（2000）研究了分离自哥伦比亚木薯酸淀粉生产线的一株新的淀粉分解乳酸细菌 *Lactobacillus manihotivorans* LMG 18010^T 的乳酸发酵。

Vishnu等（2002）采用嗜淀粉乳杆菌GV_6直接发酵多种纯淀粉（可溶性淀粉、玉米淀粉和马铃薯淀粉）和天然淀粉（高粱、木薯、大麦、大米、小麦）为乳酸，GV_6菌株的乳酸产率是迄今报道的嗜淀粉乳杆菌中最高的。

Yumoto和Ikeda（1995）研究了嗜淀粉芽孢杆菌JCM1125自可溶性淀粉直接发酵生成L(+)乳酸的规律。

上面提到的几种淀粉分解乳酸杆菌外，尚有明串珠菌属、嗜酸乳杆菌、纤维二糖乳杆菌（*L. cellobiosus*）、解淀粉乳杆菌（*L. amylolyticus*）等。

3. 产芽孢的乳酸细菌

能够产生乳酸的产芽孢有两个属：芽孢杆菌属（*Bacillus*）和芽孢乳杆菌（*Sporolactobacillus*）。包括嗜热脂肪芽孢杆菌、凝结芽孢杆菌、左旋乳酸芽孢杆菌以及菊糖芽孢乳杆菌等。Danner等（1998）采用嗜热脂肪芽孢杆菌IFA6和IFA9菌株进行乳酸发酵，Heriban等（1993）采用凝结芽孢杆菌发酵蔗糖。Payot等（1999）选出一株在

52℃生长的同型发酵凝结芽孢杆菌 TB/04，发酵蔗糖，转化率超过 90%。路福平等（1998）报导了凝结芽孢杆菌 TQ33 的筛选及产 L-乳酸的研究结果。该菌株是同型发酵菌株，厌氧条件下发酵葡萄糖为 L-乳酸。

左旋乳酸芽孢杆菌与凝结芽孢杆菌同属于一群，也是同型乳酸发酵菌，但发酵产物是 D-乳酸。以葡萄糖为碳源时，转化率可达 94%～99%，最高生长温度为 45～50℃，可利用淀粉。细胞生长时能集合成聚集体，这一特性使之可以在流化床生物反应器中进行连续式乳酸发酵。流化床生物反应器结构简单，菌体和培养液容易分离。de Boer 等（1990）设计了一种厌氧气升式反应器（gas-left reactor），容积 170mL。左旋乳酸芽孢杆菌连续发酵。

另一类产乳酸的芽孢杆菌是菊糖芽孢乳杆菌。Kosaki 和 Kawai（1995）的专利 US Pat. 5466588 公开了用菊糖芽孢乳杆菌 ATCC15538 以葡萄糖为原料生产 D-乳酸的技术。丁子建等（2004）采用一株芽孢乳杆菌菌株以葡萄糖为原料发酵生产 D-乳酸，这是首次在国内发表的发酵法制备 D-乳酸的研究报告。

上述几种芽孢杆菌产乳酸能力较差，尚无实际应用可能。但可望通过改进工艺条件如补料发酵，发酵和微过滤膜组件耦合的高密度生物反应器，使细胞浓度（生物量）增加，则乳酸的产率和发酵效率均会增加，嗜热脂肪芽孢杆菌和凝结芽孢杆菌的乳酸产率达到嗜温菌水平时，因其发酵温度高，具备自主选择能力，又能有效防止杂菌污染，甚至培养基不必灭菌，即可直接接种这类嗜热的芽孢杆菌，优点是节省能源，降低成本。

三、乳酸发酵菌种的选择和改良

菌种是乳酸发酵的基本要素，菌种的优良与否关乎乳酸这种生产数量巨大但价位不高的发酵产品的开发与应用。提高菌种的发酵水平历来是降低乳酸生产成本的关键措施之一。

（一）菌种的选择

工业乳酸菌种选择的标准为：①生产能力强；②细胞生长迅速，很快即达到很高的密度，然后在不生长或略生长的条件下维持相当高的活力；③选择同型发酵菌种，不产其他杂酸，有利于乳酸的纯化、分离；④菌种具有能在较高浓度乳酸的环境中生存的能力，即耐菌种自身所产乳酸、耐酸性 pH 环境的能力；⑤菌种有较好的耐热性，可节省用于冷却的能耗并抑制杂菌生长；⑥菌种的营养要求比较简单；要能够利用价格低廉易得、毋须长途运输，其来源不受季节限制又容易储存，不易变质的原料；能利用农副产品、食品加工及其他工业加工的副产品和废弃物，如锯木屑、废旧报纸等；⑦选择抗噬菌体能力强的菌株，选择和（或）储备抗不同噬菌体的不同菌株，以对付不同类型噬菌体的侵害。

自然界中蕴藏着大量有潜力的乳酸产生菌，因此从环境中筛选产乳酸的菌种是发掘乳酸优良生产菌种的第一步。这方面不乏成功的实例。美国阿贡国家实验室（Argonne National Laboratory）的 Tsai 等（1993）设计了一套周密的乳酸发酵菌种筛选和育种方案，通过合适碳源、乳酸发酵类型、对产物耐受能力、产物的立体专一性、菌体细胞分离的难易程度，结合菌种的高温（45℃）驯养（acclimation），前后经2轮8套筛子，最终筛选出耐高温、耐自身发酵产物（乳酸）的合格菌种。Carlson和Peters（1999）的专利公开了耐乳酸同型发酵乳酸菌的筛选结果。他们从玉米浸渍浆水（corn steep water）中分离了近百株同型乳酸发酵菌种，从中得到1株在葡萄糖和不同量玉米浆水的培养基中47℃发酵6h，产乳酸接近100g/L的耐酸菌种，发酵液最终pH3.81。为克服中温乳杆菌乳酸发酵时容遭杂菌污染的缺点，Payot等（1999）筛选得到一株能在52℃生长的同型发酵凝结芽孢杆菌TB/04，它具有粗放的发酵条件，能在培养基不灭菌的条件下发酵生产。经条件优化，以蔗糖为碳源，最大生物量浓度为3.1±0.2g/L，乳酸的最终浓度为55±2.5g/L，转化率为92%，最大乳酸比生成速度为6.1±0.3g/(L·h)，高于嗜温细菌的最大乳酸比生长速度。

我国王艳萍等（1996）和路福平等（1998）发表了芽孢乳酸菌凝结芽孢杆菌TQ33的筛选及产酸条件的研究结果。在最适生长温度（45～50℃）、厌氧条件下，同型发酵菌株TQ33发酵葡萄糖为L-乳酸，72h，产酸量最高为67.8g/L，其中L-乳酸占96%以上。

赵博等（2005）筛选得到一株乳杆菌（*Lactobacillus* sp. lxp），对其进行高浓度乳酸发酵研究。作者考察了种龄、接种量、温度和不同pH调节剂对乳酸发酵的影响。经工艺条件优化，以葡萄糖为碳源，$CaCO_3$为pH调节剂。在2L罐培养120h，L-乳酸质量浓度可达202g/L，转化率91.3%，L-乳酸占发酵液中总酸含量98%以上。

（二）乳酸产生菌的菌株改良

1. 经典的菌株改良（CSI）

工业菌种的改良一般通过经典的菌株改良（classical strain improvement，CSI）技术，这一传统技术采用物理、化学或生物学诱变方法，处理出发菌株，以随机方式选育得到性能优异的变异株。这方面的实例很多。CSI一直是研究者采用的方法，以下的例子充分证明了这一点。

郑佐兴等（1990）以德氏乳杆菌1-1为出发菌，经UV、DES、$NaNO_2$等诱导剂处理，筛选出一株高产乳酸的突变型ZL-513，其乳酸钙产量由5.8%提高到9.4%；优化培养基，产量又提高了60%，达15%，发酵周期缩短了1d。以质量分数为8%～15%的玉米粉为原料，进行发酵，乳酸钙产量分别为10%～18.5%。Demirci和Pometto（1992）用化学诱变剂甲基磺酸乙酯（ethyl methane sulfonate，EMS）处理产D-乳酸的德氏乳杆菌ATCC9649，得到耐受产物乳酸能力增强、生长速率快、转化率高的突变型DP_3，能在含有8%乳酸的培养基中生长，且延迟期缩短，最终产酸浓度为117g/L，野生型则为67g/L。Severson和Barrett（1995）的专利公开了德氏乳杆菌保加利亚亚种ATCC55163的选育过程。亲株R-160为同型乳杆菌，胞内存在L-乳酸脱氢酶（L-LDH）和D-乳酸脱氢酶（D-LDH），发酵产物为消旋DL-乳酸。但D-乳酸和L-乳酸两者产生的比例不同，L-乳酸占到所产乳酸总量的70%。亲株经诱变后，在研究者设计的培养条件下，使突变后D-LDH失活的突变型不能生长，而未突变的正常细胞则可以生长，随即被加入的青霉素杀死，留下不能生长的突变型，青霉素所发挥的作用和浓缩营养缺陷型变异株时所采用的原理一样。在这里被浓缩出来的是没有D-LDH活性的突变型。经诱变——青霉素浓缩筛选处理，最终得到一株 D-LDH 缺陷型 ATCC55163，产生 100%L-乳酸。在 80 吨罐规模，以乳清渗透液（含 75～80wt%乳糖）为原料，20h 乳酸浓度即达到 77.8g/L，产率 1.11g/(L·h)，L-乳酸含量占 99.6%。刘勇军等（2003a，2003b）以离子注入诱变技术对产 L-乳酸的 LB1 细菌进行处理，并经耐高糖高酸的选育和驯化后，得到一株在产酸速率和最终 L-乳酸产量方面都比原始的对照菌株高的变异菌株 LB1-1，该变异菌株能在含 24g/L 乳酸的高酸培养基上生长（临界乳酸耐受浓度），并耐 150g/L 葡萄糖浓度（临界耐糖浓度），37℃，静止发酵 72h，其最终 L-乳酸产量达到 70g/L，比出发菌株 LB1 的 43g/L 的乳酸产量提高了 63%。

虽然经典的菌株改良技术费时，劳动强度大，而且带有随机性，但这种方法实用。近年来，采用经典诱变技术改良乳酸产生菌仍有不少报道。例如，Eddington 等（2004）的发明专利报告，采用突变方法，可增加乳杆菌的产率或提高发酵产物 L-乳酸的光学纯度。发明人从玉米加工厂的玉米浆、加工废料、厂区土壤等取样，投入含60～80g/L 乳酸钙的乳酸菌富集培养基中，培养并分离得到高产 L(+)乳酸的乳杆菌 6 株，在葡萄糖 130g/L 作为碳源的培养基中，1.5L 发酵罐发酵，43°C，通气 0.5vvm，搅拌 250r/min，50h 后分析，6 株菌种乳酸产量在 84.8～87.7g/L，转化率 81%～98%，L-乳酸的百分比为 96.4%～98.1%。从乳酸产量转化率及 L-乳酸纯度综合考虑选择 B6-4 菌作诱变出发菌，采用 NTG 等作诱变剂。经 6 轮诱变处理，最后选得产生接近 100% 纯 L-乳酸的变异株 NRR LB-30574 及 NRR LB-30575 2 株。

周剑和虞龙（2005）对经 N^+ 离子多项注入筛选到的 L-乳酸高产菌株凝结芽孢杆菌 RS12-6 的发酵条件进行了初步研究。作者研究了通气量、温度及 pH 等培养条件对菌体生长及产酸的影响，通过发酵培养基的优化试验，确定了最佳培养条件及最佳碳源、氮源配比。

郑艳等（2004）选择干酪乳杆菌鼠李糖亚种（*L. casei* subsp. *rhamnosus*）R2 为出发菌株，经紫外线、硫酸二乙酯及两者的复合诱变处理，筛选出一株产乳酸较高的突变株 ZY，L-乳酸含量达 93.9%。培养基经正交试验优化，发酵 4d，残糖降至 0.1%以下，L-乳酸产量达到 9.57g/200mL，对糖的转化率达 96.3%。

Kadam 等（2006）采用驯化和紫外线诱变等方法，对德氏乳杆菌 NCIM2365 进行菌株改良，提高乳酸产量。在所获得的突变型中 Vc-3 可把经水解的 150g/L 蔗糖同型转化成 135g/L 乳酸，转化率 90%，该突变型生长速率快，延迟期短，有较高的乳酸产率和乳酸转化率，是一株有潜力的乳酸产生菌。

Bai 等（2004）用紫外线照射乳酸杆菌（*L. lactis*）BME 5-18，得到抗高浓度葡萄糖（底物）和乳酸钙（产物）的抗性突变株 BME5-18M。在葡萄糖起始浓度为 100g/L，摇瓶 60h 的条件下，突变型产 98.6g/L L(+)-乳酸，比亲株高 73.9%，L(+)乳酸纯度为总乳酸的 98.1%（重量计），作者经代谢流分析（metabolic flux analysis，MFA）认为：经 UV 照射后，突变株把更多的丙酮酸转变为乳酸，突变株有较高的产率 1.76 g/(L·h)，而亲株则为 0.95g/(L·h)。

2. 理性育种——工程菌的构建及应用

随着生物高新技术的发展，以基因操作为重点的理性育种很快就被引入乳酸发酵的改良上。重组 DNA 技术在乳酸菌种的改良上的应用显得日益重要。基因工程的目标是改变生产菌相关代谢途径，使菌种获得利用原先不能代谢的碳源（特别是廉价碳源）的能力，扩大菌种的底物利用范围；另一个重要目标是增强生产菌种对自身所产乳酸的耐受能力；或者减少对氮源的需要；增强对噬菌体的抗性；加强对乳酸构型的控制能力或者提供新的生产菌种类型等。重组 DNA 技术在乳酸菌种选育上的应用是目前乳酸发酵菌种改良的一大热点，并已有不少实例。Picataggio 等（1997）的专利报道了基因工程乳杆菌的构建。他们自高温发酵葡萄汁中分离到一株乳杆菌，能同型发酵 L-阿拉伯糖和 D-核糖为乳酸，该菌缺乏同化木质纤维素中木糖部分所需的关键酶——木糖异构酶（xylose isomerase）和木酮糖激酶。植物乳杆菌则含有这两种酶，当把这两种酶从植物乳杆菌转入受体后，构建了同型发酵工程菌 MONT4，可把含有木糖的木质纤维素生物质发酵生成乳酸，转化率接近理论转化率（约为 1.67mol 乳酸/1mol 木糖），该工程菌具有潜在应用价值。

瑞士乳杆菌是同型发酵、嗜热、耐酸乳酸菌，所产乳酸是 L-乳酸和 D-乳酸的外消旋混合物。为使瑞士乳杆菌只积累 L-乳酸，Kyla-Nikkila 等（2000）开展了瑞士乳杆菌 CNRZ32 的代谢工程研究。*ldhD* 和 *ldhL* 分别编码乳酸发酵关键酶 D-乳酸脱氢酶和 L-乳酸脱氢酶，作者采用同源重组的基因置换方法构建了两个稳定的 $ldhD^-$ 工程菌。第一个构建策略是使 *ldhD* 基因的启动子缺失，使 *ldhD* 基因不能转录，这样构建的工程菌为 GRL86。第二种策略是用同种 *ldhL* 基因替换 *ldhD* 结构基因，使 *ldhD* 基因失活，而 *ldhL* 基因剂量则加倍，*ldhL* 基因的表达则利用 *ldhD* 基因的启动子，使 *ldhL* 基因的表达产物 L-乳酸的胞内合成延长到细菌的稳定期，这一工程菌称为 GRL89。结果发现 2 个没有 D-LDH 酶活力的工程菌只产一种构型的 L-乳酸，数量等于 CNRZ32 野生型所产总乳酸量。酶活揭示，GRL86 的 L-LDH 活力较野生型高出 53%，GRL89 则更高出 93%。李剑等（2004）筛选到一株产 DL-乳酸的乳杆菌（*Lactobacillus* sp.）MD-1，能在 48℃，含 200g/L 葡萄糖的发酵液中快速生长并生产乳酸，72h 产量可达 140g/L 以上。作者克隆出该菌的 D-乳酸脱氢酶基因（*ldhD*），测定了 *ldhD* 序列，并对 *ldhD* 及其编码的蛋白质的一级结构进行了初步分析，以及对 *ldhD* 基因的功能作了鉴定。作者通过 PCR 技术扩增出 *ldhD* 的可读框（ORF）。在构建 *ldhD* 表达重组质粒 Plod3081 后用 IPTG 诱导，在 *E. coli* DE3 中表达出 D-LDH，酶活 1.84μ/mg，比对照菌株 DE3 酶活高出约 50 倍。酶促反应液中乳酸浓度为 45mg/mL，并测出乳酸全为 D-型，分析不出 L-乳酸的存在，判断工程菌表达的酶是 D-LDH。经核酸序列和氨基酸序列分析，表明自乳杆菌 MD-1 获得的 *ldhD* 基因是一个新的 *ldhD*，与其他乳杆菌属已知的 *ldhD* 基因不同。

Dien 等（2001）构建了能利用混合糖类，专门生产 L-乳酸的重组大肠杆菌。其优点是构建的大肠杆菌可以生产旋光纯的乳酸；其次是大肠杆菌可以利用包括木糖在内的各种糖类。作者把带有牛链球菌（*Streptococcus bovis*）乳酸脱氢酶基因低拷贝质粒分别转化到大肠杆菌 K12 菌株的 FMJ39、NZN111 和大肠杆菌 B 菌株的 ND10 中，构建了 FBR9、FBR10 和 FBR11 工程菌，用于生产 L-乳酸。菌株 FBR9 和 FBR11 在不加选择性抗生素，含有葡萄糖或木糖的培养基中，在厌氧培养条件下连续转移 10 次，平均的 FBR9 和 FBR11 细胞中保持着带 LDH 基因的质粒 pVALDHl。在含有 10%（*m/V*）葡萄糖的培养基、控制 pH 的条件下进行分批发酵试验，FBR11 在 30h 内耗尽葡萄糖，最高乳酸浓度为73.2g/L，达到理论值的93%，副产物为菌体和丁二酸（0.5g/L)，对木糖发酵较慢，100h最高乳酸浓度为63.3g/L。

Porro等（1999）研究了L-乳酸脱氢酶（L-LDH）基因在酵母菌中的表达。作者把牛L-LDH基因引入野生型乳酸克鲁维酵母（*Kluyveromyces lactis*）中，观察到工程酵母菌可积累乳酸，但同时生成乙醇。作者重新构建了酵母菌的细胞代谢途径，把LDH基因引入缺失丙酮酸脱羧酶基因的*K. lactis* PMI/CI中，由于缺乏丙酮酸脱羧酶基因，该工程菌合成乙醇的代谢途径受阻，代谢途径流向乳酸合成。所得乳酸浓度为109g/L，产率为0.91g/(L·h)，转化率为1.19mol乳酸/mol消耗的葡萄糖。选择酵母的优点是可在比细菌更低的pH环境中生产有机酸。另外，常用的酿酒酵母（*Saccharomyces cerevisiae*）有3个丙酮酸脱羧酶（PDC）基因，而这种乳酸克鲁维酵母只有1个PDC基因，容易进行遗传操作。同时乳酸克鲁维酸母又是所谓克雷布特里效应（Crabtree effect）负的酵母，可产生较高水平的乳酸。克雷布特里效应是指培养基中葡萄糖浓度增加所引起的对细胞呼吸作用中氧消耗的抑制现象，而氧浓度的增加抑制糖酵解作用，降低乳酸堆积，亦即巴斯德效应（Pasteur effect)。另一个优点是目前已具备这类酵母的遗传操作方法，可进行流程化操作。

微生物发酵通常会碰到产物抑制问题，在乳酸发酵中产物（乳酸）抑制现象严重。

提高菌种耐受其自身产物乳酸的能力即耐低pH对乳酸发酵至为重要。在低pH环境中生长涉及多个散落在染色体上各处的基因位点，经插入突变方法分离得到的乳酸乳杆菌抗酸性突变型特性的分析表明，有多达18个不同的基因位点及多种抗低pH的机制存在。在乳杆菌对酸性的适应能力的蛋白质组学分析已鉴别出63种协调诱导的不同的蛋白质。因此，想要通过经典的菌株改良法，用诱变及选择来得到耐低pH的菌种无疑是很困难的，而想采用一般的基因工程方法得到重组耐低pH菌种同样很困难。Patnaik等（2002）采用基因组改组（genome shuffling）技术巧妙地解决了这一难题，提高了乳杆菌的耐酸能力。基因组改组，也称基因组洗牌，其含义也正如扑克牌洗牌一样，通过原生质体融合使不同细胞的基因组得以随机重新组合，产生新的遗传结构，获得新的符合人们需要的表型，在这里就是耐酸性的表型。经多次原生质体融合，最终从第5代融合子（F5）中得到耐低pH的菌种。经测试，在相同的pH4.0的条件下，大多数F5融合改组菌落（hit）96h产酸范围为4～5g/L，最佳者在5g/L以上，是在相同条件下野生型LB-WT产酸量（约为1.6g/L）的3倍。这种原生质体融合的基因组改组所得到的基因组重组比其他方法范围广泛得多，方法的优点在于毋须获得要改良菌种的精确遗传背景资料及代谢途径调节资料，细菌原生质融合技术成熟，操作简便，见效时间短，非常适合于工业育种应用。这一技术被认为是工业菌株改良技术发展的重要里程碑。特别可以得到诸如可在高温、低pH、高渗透压等极端环境中的优异改组工程菌。

在合成聚乳酸时，对原料L-乳酸的纯度要求很高。L-乳酸的光学纯度影响聚乳酸的物理性状，如结晶性、热稳定性、生物降解速率和聚乳酸的性能，得到能产高纯度L-乳酸的菌种很重要。

张黎等（2005）探索构建能兼性发酵五碳糖和六碳糖生产高纯度L-乳酸的工程菌的途径。作者利用PCR方法，从牛链球菌基因组DNA中扩增出了L-(+)-乳酸脱氢酶基因（*ldh*）将其连接到表达载体pSE380上，重组质粒pSE-*ldh*转入大肠杆菌，并得到表达，重组菌株的乳酸脱氢酶活力为168.2U/mL，远高于原始菌株的乳酸脱氢酶酶活74.1U/mL。重组质粒稳定性达99.9%。该研究为构建产L-乳酸的大肠杆菌基因工程菌奠定了基础。

在Saitoh等（2005）和Ishida等（2006）构建的产高光学纯度L-乳酸的葡萄酒酵母工程菌基因组上，牛L-乳酸脱氢酶的基因达6个拷贝，重组菌的丙酮酸脱羧酶基因的编码区（PDC）完全缺失，但牛L-乳酸脱氢酶用其启动子。在廉价的蔗汁（cane juice）为基础的发酵培养基中发酵，工程菌的L-乳酸产量达到122g/L，糖转化率达61%，光学纯度达到99.9%以上，符合合成聚乳酸的要求。此工程菌有三个优点：一是产生的L-乳酸为高纯度乳酸；二是可利用廉价的蔗汁原料；三是酵母耐低pH，发酵过程中不必加中和剂。

Zhu和Shimizu（2004）研究了基因敲除（gene knockout）对大肠杆菌生产光学纯D-乳酸代谢的影响。发现 $pflA^-$ 和 $pflB^-$ 突变在微氧条件下自葡萄糖可产生大量D-乳酸，最大转化率为73%。$pflA^-$ 和 $pflB^-$ 突变型的甘油醛-3磷酸脱氢酶（GAPDH）和乳酸脱氢酶（LDH）活力均较高。

第四节　乳酸发酵的工艺条件

一、乳酸发酵所用的主要原料及培养条件

（一）碳　　源

乳酸生产用的碳源一般源自于农产品加工产品、副产品。有以下几类：①未加工的农产品粗原料，即复合碳水化合物。玉米、大麦、小麦、燕麦、黑麦、大米、大豆、甘薯、马铃薯、菊芋、高粱、苜蓿等以及各种水解产物如水解小麦粉、水解木薯粉和水解马铃薯粉等；②经加工精制的纯碳水化合物如葡萄糖及葡萄糖浆、麦芽糖、蔗糖、乳糖、果糖、甘露糖、木糖、纤维二糖、α-纤维素、玉米淀粉、马铃薯淀粉、脱脂牛奶等；③食品工业及其他加工副产物、下脚料或废料，如酪蛋白乳清、干酪乳清、超滤或电渗析脱蛋白的乳清渗透液、甘蔗或甜菜糖蜜、废糖蜜（blackstrap）、葡萄糖母液、马铃薯加工下脚料、玉米芯、鱼品加工下脚料、葡萄酒酿造酒泥（vinification lees）、低品质香蕉、木薯渣、木材屑、纸浆、废旧报纸、硬纸板的酸或酶水解糖液、含有大量戊糖的亚硫酸废液、城市固体废料酸水解物等；④有机化合物如DL-2-氯丙酸和1,2-丙二醇等。

选择碳源的原则是：①价格低廉；②杂质及污染物少；③菌种对所用的碳源有较快的发酵速率和较高的糖酸转化率；④只形成少量或不形成副产物；⑤只需进行少量前处理或不必进行预处理；⑥原料的来源应丰富易得，不受季节或地域影响；⑦乳酸生产厂尽可能建在原料产地附近，以便就地取材，节省运输成本。

乳酸是量大而价低的化学品，发酵法生产时，用精制纯碳水化合物作碳源固然可以得到相当纯的产品，也因而可以降低提取和纯化诸步骤的费用，但纯品原料价格较高，相应增加了成本。采用未加工的粗原料，通常需要加热糊化、加酶水解，从而增加原料前处理成本。另外，未加工粗原料成分复杂，会影响产物的提取和纯化。有的粗原料如

木质纤维素前处理时还会产生糠醛和羟甲基糠醛等有毒物质，对发酵不利。因此，使用精制原料还是粗原料，需根据具体情况仔细权衡。从价格、货源、纯度和产物提取的角度出发，美国一般选用葡萄糖或蔗糖作原料，欧洲和巴西则采用甜菜糖和甘蔗糖，用玉米湿磨产生的淀粉乳是很有竞争力的原料。不同的菌种对不同原料的利用不同，如葡萄糖适用于乳杆菌属中的同型发酵菌种，效率最高的是德氏乳杆菌德氏亚种（旧称德氏乳杆菌），该菌亦可发酵蔗糖或糖蜜，但不能利用乳糖。德氏乳杆菌保加利亚亚种（旧称保加利亚乳杆菌）可发酵乳糖，因而可以利用含有乳糖的乳清和乳清渗透液，但不能利用蔗糖。这个种中有些菌株不能利用乳糖分子中的半乳糖部分。瑞士乳杆菌利用乳糖和半乳糖，但不利用蔗糖。德氏乳杆菌乳亚种对葡萄糖、蔗糖和乳糖均能发酵。

由于大部分乳酸细菌胞内缺乏分解淀粉的淀粉酶和糖化酶，因此淀粉不能被直接利用。淀粉或谷物需用α-淀粉酶和大麦芽β-淀粉酶、糖化酶酶解和糖化，得到葡萄糖和葡萄糖寡糖。德氏乳杆菌乳亚种、德氏乳杆菌德氏亚种即属此列。也有采用真菌泡盛曲霉（*Aspergillus awamori*）产生的淀粉酶，将淀粉水解为葡萄糖，再由乳链球菌发酵，产生乳酸。个别的菌种如发酵乳杆菌、嗜淀粉乳杆菌和真菌中的少根根霉等能直接利用淀粉发酵生产乳酸。

糖蜜是制糖过程的副产品，用作动物饲料、酒精生产和酵母生产原料以及乳酸发酵原料。糖蜜所含的糖主要是蔗糖，适用的菌种是德氏乳杆菌。糖蜜中杂质多，通常需在高温条件下加酸澄清后方能使用。

在畜牧业和乳产品工业发达的欧美国家，生产乳制品时会产生大量富含乳糖的乳清副产品。乳清含乳糖、蛋白质和盐分，常用作饲料。但这只能消耗部分乳清，常有将近一半数量的乳清未能被利用，排放后会造成环境污染。利用乳清作原料发酵生产乳酸恰好是利用乳清的一条有效途径。最常用的菌种是德氏乳杆菌保加利亚亚种。

Yun 等（2003）研究各种碳源对粪肠球菌 RKY_1 产 L(+)乳酸的影响。RKY_1 菌株可通过同型发酵途径利用葡萄糖、果糖和麦芽糖转化为 L(+)乳酸，平均容积产率范围在 5.2g/(L·h)和 6.0g/(L·h)之间，转化率为 0.96g 乳酸/g 碳源，光学纯度高，L(+)乳酸超过总乳酸的 99%，因此 RKY_1 是优良的乳酸产生菌。在 2.5L 小型发酵罐中，在葡萄糖浓度为 150g/L、38℃、pH7.0、搅拌速度 200r/min 的条件下，乳酸浓度、转化率和产率分别为 144g/L、0.96g/g（产生的乳酸/消耗的葡萄糖总量）以及 5.15g/(L·h)。

（二）氮　　源

一般的乳酸菌生物合成氨基酸、维生素、核苷酸等能力很差，因而在合成培养基上不易生长。往往需要在培养基中添加有机氮源丰富的酵母膏、蛋白胨、玉米浆、乳清蛋白水解物、棉籽水解液、植物蛋白胨等，它们富含乳酸菌所需要的氨基酸、维生素、嘌呤和嘧啶等类物质。加入这类营养物质的浓度一般在 0.5%～3.0%。

所有的乳杆菌需要 B 族维生素，不同种所需要的维生素不同。常用的 MRS 培养基含有蛋白胨、牛肉膏和酵母膏，足以支持乳酸菌的生长。

在以干酪乳清渗透液作碳源时，添加经蛋白酶水解的乳清蛋白水解物，可提高德氏乳杆菌保加利亚亚种发酵产生乳酸的浓度和产率。

在添加的氮源中，以酵母膏最为有效，但酵母膏相当贵，估计可达乳酸生产成本的30%以上，对于像乳酸这样一种大宗低价的化学品来说，使用酵母膏是很不经济的，需要寻找合适的替代品。Kwon 等（2000）以鼠李糖乳杆菌 ATCC10863 为乳酸发酵菌种，采用大豆粉的酶水解物——大豆蛋白胨（soytone）来代替酵母膏，并在大豆蛋白胨中添加适量维生素。原料价格下降，效果明显。

（三）培养条件对乳酸发酵的影响

1. pH 的影响

pH 对乳酸菌细胞生长和代谢的影响很大。在发酵过程中 pH 是相对容易控制的变量。从生产观点来看，要使乳酸获得最大产量，必须控制发酵过程的 pH。乳酸菌耐 pH 的范围在 3.4～8.0，但就生长对产酸而言，pH 应控制在 5～7 之间（或更精确是，pH5.4～6.4）。不同菌株有不同的最适 pH。德氏乳杆菌的 pH 范围在 4.5～6.0。pH4.5 时，该菌的最大比生长速率下降，只形成较少的细胞，发酵时间拖长；在 pH5.4 时，细胞量达最大值，对于瑞士乳杆菌 pH 从 4.7 升至 6.3，乳酸产率也直线上升，不过在发酵结束时，也伴有较高的致死率。

pH 只间接抑制乳杆菌的生长，较低的 pH 促使发酵液中所产生的乳酸的解离平衡反应朝着未解离型方向进行，反应平衡式如下：

$$\underset{\text{（未解离型）}}{CH_3CHOHCOOH} \rightleftharpoons \underset{\text{（解离型）}}{CH_3CHOHCOO^-} + H^+$$

而在 pH6.25 时，平衡式几乎完全朝向解离型。未解离型乳酸是产物抑制的主要原因。在酸性环境中，未解离型乳酸大增，渗入细胞内，对细胞质的酸化破坏了细胞内外的跨膜电子梯度，从而对细胞造成毒性。这是未解离型乳酸对细胞造成抑制作用的直接原因。当发酵液中游离乳酸浓度达到 1.3mmol/L 时，即抑制德氏乳杆菌细胞的生长和产物形成；而在瑞士乳杆菌，游离乳酸的浓度在 50mmol/L 和 70mmol/L 之间，细胞生长完全中止；对嗜酸乳杆菌、德氏乳杆菌和保加利亚乳杆菌，当细胞内 pH 降至 4.4 时，停止生长；对植物乳杆菌，胞内 pH4.6～4.8 时停止生长。无论是 D-乳酸还是 L-乳酸，其对细胞生长的抑制作用没有差别。在乳酸生产时，pH 宜取较高的范围，在 pH5～7 时，乳酸中未解离型维持低水平，从而可以得到较高的乳酸浓度。在实际发酵工艺中用 $CaCO_3$、NaOH 和 $NH_3 \cdot H_2O$ 等中和剂调节发酵 pH。由此得到的产物是乳酸盐，需再经处理方能得到纯乳酸。由此而增加设备、增加提取时耗用的化工原料及人力费用，最终增加了生产成本。当然，乳酸盐，如乳酸铵也可作为最终产品直接使用。另外，也通过萃取吸附或电渗析等手段，在线（原位）除去生成的乳酸，从而保证相对高的乳酸浓度转化率和产率。

2. 温度的影响

大多数乳杆菌在 37～42℃时生长良好，而某些称为嗜热乳杆菌的生长温度上限为 55℃，每一个种中的各个菌株之间的最适温度也稍有不同。对于瑞士乳杆菌，温度在 38～42℃之间有最大的生长速率，超过这个温度范围，生长速率会急剧下降。对于食淀粉乳杆菌，最大乳酸产率是在 40～45℃之间；在 30℃则可以得到同样的最终乳酸浓度。在乳脂链球菌，其比生长速率不随温度的变动而变化，但处于较高生长温度时，比生产速率会增加。在某些菌种，要得到乳酸最高产率、转化率和浓度三者所需的温度不一定一致，但某些菌种则相当一致。对嗜淀粉乳杆菌，它可以在15℃时生长，但不能在45℃生长，为达到最大产率，其最适温度是25℃，而对转化率来说，最适温度则是35℃。对干酪乳杆菌和副干酪乳杆菌，最适温度分别是37℃和44℃。乳酸乳球菌，发酵温度在33～35℃时有最大的转化率和产率；而对于鼠李糖乳杆菌，则在41～45℃时有最大的转化率和产率。对于德氏乳杆菌，发酵液保持在50℃这样相对较高的温度，有助于减少诸如产丁酸的厌氧杂菌污染的机会。

3. 氧的影响

以乳酸菌进行乳酸发酵时，一般均应避免发酵罐中氧的存在。在有氧条件下，葡萄糖不能按等摩尔质量转化为乳酸，有相当数量的副产物，如乙酸、甲酸、CO_2和乙醇生成，使乳酸转化率下降。需氧环境对某些菌株有害，但对另一些菌株来说，氧是重要的电子受体，可使厌氧时由糖代谢产生的还原型嘧啶核苷酸重新氧化，从而扩大菌种利用底物的范围，细胞的摩尔生长率也得到改善。

4. 搅拌的作用

对细菌发酵生产乳酸而言，搅拌并不是关键性的，但有时也需要加以搅拌。例如，采用乳清作原料时，许多营养物质呈不溶状态，为使培养液中这些固形物质均匀悬浮，需加以搅拌。

二、乳酸发酵的工艺过程

（一）分批发酵工艺

分批发酵（batch process）亦称间歇发酵，是最普通的一种发酵工艺，它是目前，或者说也会是在相当一段时间内发酵生产乳酸的主要工艺。在欧洲，一直使用发酵法生产乳酸；在美国，分批发酵工艺已经使用了五、六十年之久。国内亦一直采用这一工艺生产乳酸。

国内大多数乳酸生产厂均采用德氏乳杆菌等生产DL-乳酸。同采用真菌米根霉相比，其优点是厌氧发酵消耗的动力小，因而可大大降低能耗，使成本下降。

1. 玉米原料发酵技术

玉米粉加水经高压喷射液化及糖化，所得糖化液泵入板框压滤机进行过滤。残渣可用作饲料，清糖液则打入发酵罐。调整糖浓度，使糖含量达到8%～10%，添加10%米糠，冷却降温至50℃，接入已培养好的乳酸菌种，接种量为10%，接种4h后测pH。在缓慢搅拌状态下，添加石灰粉，中和至pH4.8，再加碳酸钙，继续发酵。整个发酵保持温度50℃，pH4.0～5.5，每隔2h搅拌一次，每次5～10min，发酵前期碳酸钙的添加量稍大些，后期稍小些。发酵周期约55～75h，转化率不低于90%。

2. 葡萄糖原料发酵技术

种子培养基（g/L）：葡萄糖50g，酵母膏10g，蛋白胨10g，乙酸钠0.5g，硫酸镁200mg。菌种用干酪乳杆菌，发酵生成的总酸中L-乳酸占95%。

美国Inskeep等（1952）报告了以American Maize Products CO. 的葡萄糖为原料的技术如下：德氏乳杆菌发酵葡萄糖，产生消旋DL-乳酸。发酵培养基：葡萄糖15%，大麦芽 0.375%，$(NH_4)_2HPO_4$ 0.25%，H_2O 74.375%，用 10%$CaCO_3$作缓冲剂，调 pH5.8～6.0，49℃培养，最大发酵罐容量113 550L，装液量 80%，接种量 4.7%，还原糖自 15%降至 0.10%时，发酵结束，培养液加热到 83℃以杀死菌体。发酵时间为 4～6h，DL 乳酸浓度为 120～135g/L，转化率为 80%～90%。

Goncalves 等（1991）用德氏乳杆菌 NRRL B445 以 20%葡萄糖为碳源，分批发酵得到 14%乳酸。Mihaia 和 Cheryan（1987）用德氏乳杆菌保加利亚亚种自量大而难以处理的干酪乳清渗透液发酵，乳酸产率为 4.4g/(L·h)，乳酸浓度为 115g/L。大多数报道的乳酸浓度一般小于 50g/L，均低于乳酸的抑制浓度。分批发酵时，随着产物浓度的增加，会造成产物抑制作用。乳杆菌属中各个菌种、乳酸乳球菌乳脂亚种（乳脂链球菌）、粪链球菌中均发现此种产物抑制作用。另外，培养基中过高的起始葡萄糖浓度也会抑制菌体的生长和乳酸的产生（底物抑制）。Hujanen 和 Linko（1996）采用鼠李糖乳杆菌 ATCC 10863 为发酵菌种，在 100g/L 葡萄糖为碳源的培养基中，45℃发酵 48h，L(＋)乳酸浓度为 75g/L，转化率为 76%，产率 3.0g/(L·h)。

Demirchi 等（1992）以德氏乳酸杆菌 ATCC9649（现称德氏乳杆菌德氏亚种 ATCC9649）在以葡萄糖为碳源的培养基中。45℃发酵，D(－)乳酸浓度为 58g/L，转化率为 0.48g/g，产率为 0.72g/(L·h)。Bai 等（2003）采用乳杆菌，流加补糖（葡萄糖）方式，得到 210g/L-乳酸，转化率达到 97%，最高干细胞达到 2.7g/L，平均 L-乳酸生产强度（产率）达到 22.9g/(L·h)。

Ding 和 Tan（2006）采用不同的流加-分批补料策略进行干酪乳杆菌 LA.04-1 的 L-乳酸发酵。流加补料方法包括：①脉冲（定期）流加-分批发酵（pulse fed-batch)；②恒速补料分批发酵（constant feed rate fed-batch)；③恒定残糖浓度补料分批发酵；④对数期补料-分批发酵。结果是第④种流加补料方法最好。在对数期补加葡萄糖溶液（850g/L）和酵母膏（1%）时，可得到最大乳酸浓度为 210g/L，乳酸浓度 180g/L。L-乳酸的转化率、最大细胞干重和乳酸产率分别为 90.3%、4.30g/L 和 2.14g/(L·h)。与传统的分批发酵相比，对数期补料比常规分批培养的乳酸浓度提高了 56.5%，细胞干重提高了 68.6%，产率提高了 59.7%。

3. 淀粉质原料发酵技术

Javanainen 和 Linko（1995）用食淀粉乳杆菌 ATCC 33622 在 37℃，发酵水解大麦面粉，乳酸浓度达 93g/L，转化率为 52%，产率为 2.0g/(L·h)。

Yumoto 和 Ikeda（1995）研究嗜淀粉乳杆菌 JCM1125(ATCC49845）分批式直接发酵可溶性淀粉为 L-乳酸，当培养液 pH 调节在 5～6.8 之间，28℃，可自 50g 可溶性淀粉产约 30gL(＋)乳酸。在培养基中加入 100g 淀粉可产 53.4g L(＋)乳酸。该发酵方法可降低发酵前需把淀粉完全水解为葡萄糖的成本。

4. 混合菌种乳酸发酵

Javanainen 和 Linko（1995）把食淀粉乳杆菌同不产生淀粉水解酶的干酪乳杆菌混合发酵，大麦粉浓度达 180g/L（约为 108g/L 淀粉）、大麦芽为 0.8%（占大麦面粉重量），培养基中不添加任何氮源、维生素或无机盐等营养，37℃，48h，乳酸浓度达 36g/L，比单独接种食淀粉乳杆菌或干酪乳杆菌乳酸产量提高了 20%。如果在发酵时同时加入糖化酶，乳酸的转化率可提高 1 倍左右。对于干酪乳杆菌，每千克大麦粉的乳酸产量72h时为580g，144h时为667g。Tsai等（1993）把经过筛选、选育、驯化得到的5株高产L(+)乳酸产生菌株等量混合，称混合LBM5。分批培养，起始葡萄糖浓度为110g/L，24.5h发酵结束（葡萄糖消耗至<0.1g/L），得到乳酸浓度为99.2g/L。分批发酵产率为4.0g/(L·h)，显著高于5株菌株中最好的一株乳酸乳杆菌ST1510单独发酵时的产率3.1g/(L·h)。混合培养时可能存在着不同菌株之间的共生关系。在LBM5发酵时对pH加以控制，则分批发酵在18.6h完成，产率提高至5.3g/(L·h)。当LBM5在稳态恒化器培养时，在发酵液中乳酸浓度为106.6g/L时仍有相当数量的活细胞，表明在乳酸达到此浓度时并未严重影响乳酸菌的生长和产酸。LBM5发酵所产L(+)乳酸的立体专一性>98%。实验结果表明混合菌种发酵是提高乳酸产率的有效途径（Tsai et al., 1995）。

（二）连续发酵工艺

连续发酵指在培养过程中，不断向培养罐或串联的一组培养罐中以恒定的流速添加新鲜培养基，同时以相同的流量连续出料，从而保持培养过程处于稳定状态。由于在乳酸的分批发酵中产物（乳酸）和底物（葡萄糖）的抑制现象非常严重，产率较低，因而连续发酵工艺技术经常为乳酸发酵所采用的研究热点，以此提高乳酸的产率。

早在1966年Childs和Welsby即已用水解玉米淀粉以德氏乳杆菌在单级连续发酵系统中进行了试验，乳酸产率为3.7g/(L·h)，然后在二级连续发酵系统中，所得产率为4.3g/(L·h)，比相同条件下的分批发酵高出60%。Major和Bull（1985）在连续搅拌罐反应器（continuous stirred tank reactor，CSTR）中由德氏乳杆菌NRRL-B-445发酵葡萄糖生产乳酸的研究中，稀释率D值在每小时0.35～0.4之间，最大乳酸产率为8.93g/(L·h)，最大生物量产率为1.40g细胞/(L·h)。D值在每小时0.05～0.50范围内，乳酸的转化率和生物量产率稳定。

Aeschlimann和von Stockar（1989，1990）以瑞士乳杆菌发酵干酪乳清透析液中的乳糖，添加脱脂牛奶和酵母膏，取D值0.15h^{-1}，得到乳酸产率为5g/(L·h)，而分批发酵则为3.5g/(L·h)。随后，他们又用2个恒化器为一组的二级系统，在D值为0.2h^{-1}、液体停留时间比单级恒化器中停留时间缩短50%的条件下，乳酸的产率上升至6.36g/(L·h)。

在发酵过程中分割出一部分发酵液作为下一批次发酵种子的工艺称半连续发酵技术。菌种用德氏乳杆菌保加利亚亚种，以干酪乳清作碳源，添加水解牛奶和维生素。在这个工艺中，把10%～80%体积的发酵液作为种子，加入新鲜发酵培养基恢复至原体积（Sanchez-Podlech et al., 1990），该技术可提高乳酸的产率，在一定次数的发酵周期中，接种量大，有利于产率的提高，在40%～50%的接种量以及5～9次发酵周期中，乳酸的产率可达到5g/(L·h)。

Kim等（2006）采用乳杆菌（*Lactobacillus* sp.）RKY_2以分批和反复分批培养方式发酵干酪乳清产生乳酸。发酵在2.5L乳酵罐中进行，工作体积为1L。以中空纤维膜（聚砜空心丝膜）使细胞再循环。发酵过程中待发酵培养基耗尽碳源（乳糖）后，即通过中空纤维过滤单元取出90%(*V*/*V*)培养液，再加入等体积新鲜培养基。采用细胞循环反复分批发酵。如此反复共进行10批，细胞逐步增加，第1次发酵时最大细胞干重为 7.64g/L，到第 10 次时，细胞干重达 26.98g/L，比第 1 次提高了 3.53 倍。细胞密度的增加提高了底物对产物的转化速率，导致产率增高。因此，乳酸产率从第 1 次的 1.06g/(L·h)提高到第 10 次的 6.34g/(L·h)，即提高了 6.2 倍；但乳酸浓度不变，第 1 次为 94.06g/L，第 10 次为 95.11g/L；转化率也不变，第 1 次为 98%，第 10 次为 99%。

连续发酵的结果在很大程度上取决于发酵培养基、采用的菌株以及操作条件。一般说来，单级发酵时，在稀释率 D 值小于 $0.1h^{-1}$、糖被完全利用时，最大乳酸浓度在36～58g/L之间。D 值在 $0.4h^{-1}$时，乳酸产率可达 8～9g/(L·h)，但糖的转化率仅为 60%。

多级连续发酵工艺的优点是乳酸浓度较高，对糖的利用也较好。此工艺结构可减少乳酸对生长细胞的抑制作用，而单级发酵时会有此类抑制作用。

连续发酵的优点在于取消了乳酸菌的生长延迟期，因而可高速繁殖并产生更多的乳酸，提高生产效率；同时，因为减少了分批培养时每次清罐、灭菌、接种等操作所需的时间，提高了设备利用率；此外，连续发酵的操作方便，有利于培养过程的自动控制。缺点是在长期多次连续发酵过程中，所培养的微生物可能会发生变异和退化，染菌的机会增多，一旦发生这类情况，损失也会较大。

在连续发酵工艺结构中，还可以把连续搅拌罐反应器同分离细胞的装置和操作耦合起来，组成细胞循环发酵反应器。这套细胞分离装置把回收的细胞连续返回反应器中。整套结构的优点在于几乎完全保留细胞，避免细胞被洗去的危险，可以使稀释率远远超过最大生长率。利用这一系统后，乳酸产率比分批培养或其他连续培养装置高出好几倍。如德氏乳杆菌，以葡萄糖为碳源发酵，产率从 76g/(L·h)跃至 150g/(L·h)，而乳酸浓度则从原来的 35g/L 提高到 60g/L(Ohleyer et al.，1985)。利用细胞循环反应器，保加利亚乳杆菌的乳清渗透液发酵，乳酸的产率是84g/(L·h)，乳酸的浓度则达到 117g/L，当达到高细胞浓度及稳态生长时，细胞几乎已停止生长，此时大多数乳酸是通过与非生长相关连的一种机制产生。乳酸形成需要蛋白质合成，故在这种工艺中需添加很少量的氮源和生长因子（Mehaia 和 Cheryan，1987）。

Choudhury 和 Swaminathan（2006）采用鼠李糖乳杆菌 NRRL B445 在一个细胞再循环膜生物反应器中以 100g/L 和 120g/L 的葡萄糖浓度发酵产生乳酸。在这样一个细胞再循环发酵中最大细胞密度可达到 145g/L，最大产率为 34g/(L·h)。作者发现虽然底物已完全消耗，细胞密度仍然继续增加。在细胞再循环发酵中通过细胞（缓慢）流出（cell bleeding）和减少酵母膏浓度等办法来控制细胞密度。

（三）固定化细胞反应器工艺

把细菌包埋于聚合物材料中，使其固定化，或者将细胞附着于固体支持物上形成生物膜，从而改进乳酸发酵的产率。与传统游离细胞发酵相比，细胞固定化避免了从发酵液中分离细胞，也可避免在循环使用细胞体系中碰到膜结垢而损坏膜和降低效率。固定化细胞生产乳酸反应器具有体积小、效率高、能提高产率和转化率，是实现乳酸生产工艺过程连续化、自动化的重要途径。乳酸发酵细胞固定化的目标是：①在连续生产发酵罐中，可以达到相当高的细胞密度，因而可应用高进料流率；②在相当一段时间里，细胞可反复、多批次地利用；③固定化体系可以保护细胞，环境适应力强，从总体上看则可使乳酸的生产成本下降。

用作固定化基质的有海藻酸，这是最常用的一种基质，其他有卡拉胶、琼脂、聚丙烯酰胺、烧结玻璃颗粒等。被固定细胞一般处于一个相对稳定的生存环境。Roukas 和 Kotzekidou（1998）把干酪乳杆菌和乳酸乳球菌混合起来，或以游离细胞形式，或以固定化细胞形式共固定于海藻酸钙上，用脱去蛋白的乳清为碳源，分批培养或分批流加发酵产生乳酸。研究发现，分批流加培养方式而得到的乳酸量优于分批培养。游离细胞混合物和共固定细胞的底物（乳糖）浓度为 100g/L 和以 250mL/h 的流加速率流加进行培养，可得到最大的乳酸浓度（46g/L）。在反复分批流加培养方式中，两种菌的共固定细胞比游离细胞混合物具有更高的乳酸浓度，共固定海藻酸钙产生的乳酸能力可维持 20 天。Guoqiang 等（1991）用海藻酸钙包埋干酪乳杆菌，以葡萄糖为原料，搅拌罐发酵，乳酸产率达 1.60g/(L·h)，转化率为 90%～99%。把这种固定化细胞保存在 0.2%酵母膏溶液中，4℃保藏，其乳酸生产效率可保存 2 个月以上。Stenroos（1982）把德氏乳杆菌固定在海藻酸钙中，以 40g/L 葡萄糖为碳源，1%酵母膏为氮源，中和剂用 $CaCO_3$，连续发酵，L-乳酸转化率达 97%，纯度 90%以上，连续运行，半衰期长达 100d。Zayed 和 Zahran（1991）发现，用琼脂包埋干酪乳杆菌时，琼脂对细胞的保护作用良好，在有 6%盐浓度的环境中仍能保持发酵活力。同样，在采用乳酸萃取发酵工艺过程中，将德氏乳杆菌包埋在卡拉胶中可防止溶剂对细胞的毒害作用（Yabannarar, 1991a）。

大多数情况下，在包埋系统里所能达到的产率，一般不超过 2.5g/(L·h)，低于相应的游离细胞系统所能达到的产率。

与固定化细胞同时配合使用的生物反应器类型有搅拌式发酵罐、填充床、流化床反应器等。Kritschke 等（1991）用烧结玻璃珠颗粒流化床反应器，乳酸产率为 13.5g/(L·h)，乳酸浓度为 25g/L。以干酪乳清渗透液（含乳糖 40g/L）为碳源，当 D=0.4 时，产率为 10.0g/(L·h)，转化率为 93%；当 D=1.0 时，产率为 13.5g/(L·h)，但转化率下降至 50%。Chen 和 Ju（2002）在乳酸发酵和产品吸附的偶联工艺研究中发现，乳酸发酵菌种德氏乳杆菌德氏亚种 ATCC9649 细胞能牢固吸附于活性炭上。作者采用半分批发酵工艺（semi-batch process）用活性炭柱同时将细胞固定化并吸附乳酸，定期更换培养基。在含有 2g/L 以上酵母膏的新鲜培养基中，采用这种工艺所得的乳酸盐稳定在 1.3g/(L·h)的产率水平。Tango 和 Ghaly（2002）设计了填充床生物反应器/连续搅拌罐反应器(PBR/CSTR)-固定化细胞操作的实验系统，观察不同浓度的乳糖和不同静压保留时间（hydraulic retention time, HRT）对固定在活性铝土基质（activated alumina matrix）上的瑞士乳杆菌 ATCC 15009 细胞生长、乳糖利用和乳酸产生的影响。结果表明，在这种 HRT 为 18h，起始乳糖浓度为 100g/L 时可以得到最佳的乳酸生产。Cotton 等（2001）采用固定化细胞生物膜反应器研究乳酸的生成。固定化载体用塑料复合载体（plastic composite support, PCS），菌种为干酪乳杆菌鼠李糖亚种 ATCC11443。PCS 生物膜的反应器所具有的优点是增加乳酸产率，把延迟期缩至最短，耐高浓度葡萄糖、降低对营养物质的需要、增加细胞密度，通过搅拌及有效的 pH 调节还可控制生物膜形成的厚度。

Raya-Tonetti 等（1999）设计了上流式流化床柱（upflow fluidized bed column），

装填强阴离子交换树脂，直接吸附干酪乳杆菌 Adnox 发酵所产 L(+) 乳酸，然后洗脱，强阴离子交换树脂 Amberlite IRA(cl)400 经 23 次循环使用，该树脂不改变其结合乳酸的能力。试验表明包含流化床柱在内的这种上流式装填床反应器（upflow packed bed reactor）可用于 L(+) 乳酸的连续生产。芬兰 Cutlor Oy 公司 Viljava 等（1999）公开了制备纯乳酸或乳酸盐的方法。发明人采用德氏乳杆菌等常用的乳酸产生菌，原料为淀粉、聚右旋糖或菊粉、蔗糖、乳糖、葡萄糖等。他们把菌种的培养分成不连续的生产乳酸以及再生两个阶段，并把菌体固定在固体载体上，载体材质用 DEAE 纤维素等附聚于聚苯乙烯、蜜胺甲醛树脂或环氧树脂上，还采用多孔烧结玻璃或陶瓷材料。固定细胞的能力为 10^3～10^8 个细胞/mL 载体。固定化细胞装至生物反应器内。在再生周期，营养丰富的含酵母膏的原料进入反应器循环，使菌体生长。产酸期以 NaOH 维持 pH 在 5.5～8.0。该发明的优点是：①价格较高的原料如酵母膏消耗量少；②产生的菌体量少；③产物中几乎不夹带养料和微生物细胞，提取简便。

Robie 等（2003）以丝瓜络（loofa）分别固定乳酸乳球菌乳亚种 IF012007 和泡盛曲霉 IAM2389。先由曲霉在好氧条件下产生糖化酶，把生木薯淀粉糖化为可被乳酸菌利用的葡萄糖，再由乳酸菌在厌氧条件下发酵葡萄糖产生 L-乳酸。利用廉价的丝瓜络作固定化载体以及廉价的木薯淀粉来生产 L-乳酸是这一研究的特色。

李永丰等（1985）把乳酸杆菌细胞包埋在麒麟菜凝胶中，经1,6-己二胺和戊二醛硬化处理。置于培养基中 40℃增殖 90h，得到固定化增殖细胞。增殖后，每克乳杆菌活菌体凝胶（湿重）中所含细菌数达 1.3×10^9 个，然后在葡萄糖液中 45℃、pH6 时产乳酸，转化率>90%。曹本昌等（1989）把干酪乳杆菌固定在海藻酸钙中，经增殖，连续分批发酵，长达 204 天。乳酸产率 40.83mg/mL 胶。葡萄糖发酵利用率达 94.94%，稀释率保持在 0.19L/h，发酵后平均产率为 34.35mg/mL 胶，平均转化率 91.20%，葡萄糖利用率达 95.50%。卢金照等（2004）利用木炭作载体，吸附固定化德氏乳杆菌，进行大米水解糖乳酸发酵，并耦合 M1 阴离子交换树脂分离出乳酸。这一发酵与提取的耦合工艺有效地消除了产物乳酸对乳酸菌生长和发酵的抑制作用，使发酵时间由 72h 缩短到 48h，乳酸的体积产率由 1.3g/(L·h)上升到 1.79g/(L·h)，耦合发酵，乳酸提取收率为 86%，而分批钙盐法仅为 70%左右。由于不加中和剂 $CaCO_3$，省去了酸解、过滤过程，简化了工艺。

（四）电渗析发酵法工艺

电渗析发酵法（electrodialysis fermentation，EDF）是采用电渗析装置从发酵液中不断地移走所产生的乳酸，使发酵液的 pH 保持在一个合适的值，不影响乳酸的继续生成。EDF 的优点是不必用中和剂来控制发酵液 pH，避开了产物抑制作用；所得产物的浓度高，因此简化了提取和纯化步骤。电渗析法分离乳酸的工作原理：离子在电场中会发生迁移。阳离子向阴极迁移。而阴离子则向阳极迁移。若在离子迁移途径上放置一层阳离子交换膜或阴离子交换膜，此时可把离子交换膜看成薄膜状离子交换树脂，则迁移的离子能否通过膜继续运动要受膜选择作用的支配。阳膜上具有磺酸型基团，在水溶液中能电离出阳离子，膜本身带负电荷，因此溶液中的阳离子可通过膜进行迁移，阴离子则受阻。同样，阴膜上具有季铵型基团，在水溶液中带正电荷，只允许阴离子通过，阳离子则受阻（周定等，1993）。

电渗析由电渗析器实施。电渗析器的结构中，两边为阴阳两个电板，两电极之间由一系列浓、淡水隔板和阴、阳离子交换膜交替排列，构成淡水室和浓水室，阴阳极与直流稳压电源相连。浓、淡水隔板为直流式聚乙烯板，阴、阳离子交换膜为聚乙烯异相膜。阴、阳极室注入稀 H_2SO_4 溶液（pH2～3），淡水室注入发酵液，浓水室注入蒸馏水。通直流电后，淡水室发酵液中的乳酸根离子（La^-）受到阴膜固定基团和阳极的吸引，通过阴膜趋向阳极，但它将受到阳膜的阻挡而被截留在浓水室。同样，氢离子（H^+）也将通过阳膜而受到阴膜的阻挡，在浓水室里截留下来。H^+ 和 La^- 在浓水室结合，生成乳酸（HLa），即 $H^+ + La^- \rightarrow HLa$。发酵液中存在的葡萄糖、尿素等为非电解质或弱电解质，在电场作用下不会发生迁移。电渗析起到了分离、浓缩乳酸的目的。

EDF 发酵系统主要由发酵罐、电渗析装置、pH 控制装置、直流电源、微孔过滤装置、浓缩液贮存罐、循环泵等组成。发酵液 pH 由 pH 控制装置加以控制。电渗析装置由直流电源的转换器控制。随着乳酸从培养液向浓缩液贮存罐方向移动，pH 超过设定值时，转换器切断电源。这样连续地从培养液中移去乳酸，使培养液中的乳酸保持较低的水平。由于某些带负电荷的离子，特别是磷酸根离子，也会同乳酸一样，从培养液中移去，因而将磷酸供给泵电源和 pH 控制装置相互连接，可在电渗析操作期间，不断供给磷酸溶液，控制发酵液在 pH6.0 左右（李学梅和刘茉娥，1998）。

电渗析发酵法生产乳酸是乳酸发酵与电渗析分离耦合的工艺，优点是可使发酵产物乳酸在线分离，一边发酵一边产物分离，能有效地消除产物乳酸的抑制作用。乳酸生产和分离相结合，避免了添加 $CaCO_3$ 等中和剂，从而简化了提取工艺，提高了产品收率，浓缩了产物，也使精制容易，并缩短了发酵周期。电渗析法过程简单，消耗工业原料少，无污染，易于工业放大，实现自动化连续操作。

1986 年，日本 Hongo 等首次报道采用德氏乳杆菌电渗析法生产 DL-乳酸的研究结果。之后 Nomura（1987）和 Yao 等（1990）均作了改进。

我国王传怀等（1991）报道了电渗析提取乳酸新技术。其后周定等（1993）对电渗析发酵法生产乳酸进行了研究。他以干酪乳杆菌发酵葡萄糖，利用电渗析法从发酵液中及时地分离出产物，使乳酸的生产量提高到 86.48g/L，是不控制 pH 发酵时的 4 倍。

（五）萃取发酵法工艺

萃取是根据一种溶质在两种互不相溶的液相中的溶解度不同而进行的分离方法。其流程为先用萃取剂萃取溶液中的乳酸，然后对负载乳酸的有机相进行反萃取。

萃取发酵是利用有机溶剂在线连续移去发酵产物，以达到降低终产物抑制作用目的的技术。萃取发酵具有耗能低、选择性好以及无细菌污染等优点。对于带羧基（HOOC-）的有机酸(羧酸)(如乳酸)来说，这种萃取发酵法是相当合适的。Yabaanavar 和 Wang（1991a）采用叔胺 Alamine 336（三辛胺至三癸胺的混合物）及油醇混合物自德氏乳杆菌发酵中有效地移去乳酸。Alamine 336 是优良的萃取剂，萃取能力很强。缺点是它对细胞有轻微毒性，会影响发酵效率。一个解决办法是把乳酸菌菌体细胞包埋在K-卡拉胶中，使细胞同不混溶的溶剂相之间的直接接触减小，使溶剂的毒性影响降至最低。带萃取装置的发酵系统，采用 15% Alamine 336/油醇，得到了较高的产率

(12g/L 胶·h)，对照发酵的产率则是 7g/L 胶·h。萃取后再用反萃取剂 NaOH(NaOH∶溶剂=1∶10) 反萃取，得到乳酸钠 90g/L，回收率达到 100%，采用 HCl 反萃取（溶剂∶HCl=1∶1)，起始 HCl 浓度为 25.0g/L 时，乳酸回收率为 83%。

Yabannavar 和 Wang (1991b) 认为，Alamine 336/油醇萃取系统的毒性是由其水溶部分和不溶部分共同对细胞产生的影响而造成的。细胞固定化可以明显保护细胞免受溶剂不溶相的不良影响，但是溶剂的可溶部分通过扩散作用进入固定化的基质中，仍然会对微生物造成毒性。把豆油加入 K-卡拉胶基质中，可以捕捉扩散的溶剂分子，便可降低该萃取系统中来自水溶部分对细胞造成的毒性。

Chen 和 Lee (1997) 报道用萃取发酵自纤维生物质生产乳酸的研究结果。作者采用德氏乳杆菌固定在微孔中空纤维膜 MHF 中。发酵罐和萃取装置耦合，以流加分批方式原位连续除去乳酸，加入萃取剂 Alamine 336 及油醇，可大大提高 Alamine 336 的萃取能力。长链油醇对微生物无毒性，为降低溶剂黏度，还加入一种稀释剂，结果发现，20%Alamine 336，40%油醇和 40%煤油对萃取乳酸最有效。pH 从最初的 5.0 逐渐降至 4.3。该 pH 的改变显著改善同时糖化和萃取发酵的整体效率。pH 变化的前期，较有利于菌体的生长，而后期则有利于萃取。叔胺的萃取效果优于伯胺和仲胺。

（六）离子交换树脂萃取发酵法工艺

这也是一种在线移去产物的工艺技术。把发酵罐与离子交换树脂装填柱耦合，在发酵过程中在线不断除去生成的乳酸。这种工艺的优点是运行和维持的价格较低。Srivastava 等 (1992) 采用德氏乳杆菌以蔗糖为原料、离子交换树脂萃取发酵生产乳酸。离交树脂用阴离子交换树脂 Amberlite IRA-400。这种树脂表面带氯离子，与乳酸根离子相比，其负电性较高。要分离乳酸，氯离子要用羟基取代。先将树脂装填柱（resin packed column，RPC）用 NaOH 溶液饱和。步骤如下：树脂先用蒸馏水洗清，再用 2.5mol/L NaOH 溶液处理，直至氯离子停止自树脂柱中流出。接着用蒸馏水洗去碱。湿 RPC 蒸汽灭菌，再与发酵罐相连。发酵罐为 2L 生物反应器，装液量 1.6L。树脂柱大小为 4.0cm×21.0cm，装树脂 120g。发酵过程中发酵液 pH 用 2.5mol/L NaOH 自动控制，发酵 24h，当乳酸浓度达到 18～19g/L 时，把发酵液循环回流至生物反应器（流速 5mL/min)，此时柱中的树脂把乳酸离子选择性地移去。随着循环泵的开动，发酵液的循环运行，乳酸离子不断移去，发酵罐内发酵液 pH 上升。而当循环泵不运行时，由于乳酸的产生，pH 开始下降。因而经离子交换柱的循环，把循环泵的开关与 pH 控制器相连，即可控制反应器中的 pH，把发酵液中的 pH 控制在 6.0±0.1，当 pH 下降至 5.9 时，循环泵打开工作，当 pH 升至 6.1 时，泵停止工作，乳酸的萃取发酵在 37～45℃之间的范围内进行。吸附的乳酸用 2.5mol/L NaCl 洗脱，再进行 HPLC 测定。将离交萃取法与常规分批发酵法相比，分批发酵的转化率是 0.828g/g，乳酸的产率为 0.313g/(L·h)。萃取发酵的转化率为 0.929g/g，产率 1.665g/(L·h)，比分批发酵提高了 5.2 倍。发酵温度 39℃有利于离子交换树脂交萃取发酵。

（七）膜循环生物反应器发酵工艺

这是一种连续发酵工艺。把连续搅拌罐反应器同细胞循环膜组件相耦合的这种工艺称为膜循环发酵（membrane recycle fermentation，MRF）。该工艺使乳酸发酵液经过膜组件，除去乳酸，消除产物抑制作用，细胞可重复使用以提高乳酸产率。Mehaia 和 Cheryan（1986）以保加利亚乳杆菌发酵干酪乳清渗透液中的乳糖，生产乳酸。膜组件是一个中空纤维系统。Amicon 中空纤维筒（HIP100）和 Romicon 短-短膜组（PH-50），中空纤维筒内有 250 根纤维，每根纤维内径为 0.5mm，有效工作长度为 18cm，有效表面积是 $0.07m^2$。连续搅拌罐中的流加速度与流出速率相等，使发酵液体积保持恒定，发酵温度是 45℃，并加入 8mol/L NH_4OH，使 pH 维持在 5.6，菌体细胞经高效膜生物反应器循环。细胞浓度在 10g/L 时，乳酸的产率为 35g/(L·h)；细胞浓度提高到 30g/L，稀释率为 D=1/h，可完全利用底物；细胞浓度达到 60g/L 时，产率可达到 80g/(L·h)以上，底物可全部利用。虽然产率很高，但由于所用的乳清渗透液中的乳糖浓度不高，最终乳酸产量很低，浓度仅为 43g/L，没有经济吸引力。随后 Mehaia 和 Cheryan（1987）改用乳清渗透液粉（whey permeate powder，WPP），该 WPP 含 85%乳糖，发酵终了，134g/L 乳糖被全部利用，产物浓度达到 117g/L，最大产率为 84g/(L·h)，通过排出口控制稀释率 D=0.72h，细胞浓度达 63g/L。这一结果比分批发酵高 18 倍。膜生物反应器有多种类型，膜细胞循环式生物反应器（membrane cell-recycle bioreactor，MCRB）是其中之一。Kwon 等（2001）利用 MCRB 系统，研究鼠李糖乳杆菌 ATCC 10863 以葡萄糖为底物发酵生产 L(+）乳酸。当采用一级膜生物反应器时，乳酸的最高浓度达 83g/L。产率达 21.6g/(L·h)，当 MCRB 与另一个连续搅拌罐反应器（CSTR）相连时，乳酸浓度升至 87g/L，但产率下降。当采用二级 MCRB（一组两个 MCRB）时，得到产率和乳酸浓度同时达到最高水平的结果，即乳酸浓度为 92g/L，产率则升至 57g/(L·h)。这是在保持高水平乳酸浓度的前提下，目前同类乳酸产率研究的最高报道水平。

（八）同时糖化发酵工艺

从淀粉质原料如大麦、玉米、大米或土豆直接用发酵法转化为乳酸，原料需经过预处理。习惯上先将淀粉加热，90～130℃高温下至少 15min 糊化，再分别用 α-淀粉酶液化淀粉、糖化酶糖化制得葡萄糖再进行发酵，最终把葡萄糖转化为乳酸。同时糖化发酵工艺（simultaneous saccharification and fermentation，SSF）则简化了单独糖化酶糖化淀粉的工序，把它与乳酸发酵结合起来，在液化后加糖化酶的同时就进行乳酸发酵，从而节省整个工艺时间，节约了设备投资，降低了运行成本。另外，SSF 还避免了初糖浓度过高造成对发酵的抑制作用。

少数几种乳酸菌，如食淀粉乳杆菌、嗜淀粉乳杆菌，本身产糖化酶，因而可以同时进行糖化发酵产乳酸，不用先把淀粉水解为葡萄糖。但大多数乳酸菌却没有淀粉分解能力。Javanainen 和 Linko（1995）用食淀粉乳杆菌和干酪乳杆菌混合发酵生产乳酸，用糖化酶同时糖化大麦粉（加入的大麦芽中含 α-淀粉酶 1940U/g，糖化酶 2.9U/g）及发酵。37℃，48h 内混合培养，产乳酸为 36g/L。所用大麦粉浓度为180g/L(相当于108g/L 淀粉)，大麦芽的用量是大麦粉量的 0.8%。双菌混合发酵比单株发酵产量提高了 20%。同时加入糖化酶的发酵，乳酸产量约为未加入的一倍。用干酪乳杆菌单独发酵，乳酸的转化率是 58%(72h)和66.7%(114h)，随后 Linko 和 Javanainen（1996）用相对更简便的 SSF 法，即先干热（dry heating）淀粉，同时用 α-淀粉酶液化、糖化酶 121℃ 20min 糖化和乳酸菌发酵。采用这一工艺，干酪乳杆菌接种量为 10%，130～170g/L 大麦淀粉可产 140～162g/L 乳酸，转化率分别是 98%和 87%，发酵时间仅 47h。由于葡萄糖相对均衡地陆续产生，从而避免了因底物浓度过高对乳酸发酵的抑制。采用大麦淀粉同时糖化和发酵，可提高乳酸转化率到 23%～26%（30h）。

Chatterjee 等（1997）用产淀粉酶的纤维二糖乳杆菌（*L. cellobiosus*）（由城市废物中分离得到）以废马铃薯泥直接发酵产乳酸。5%（*m*/*V*）马铃薯泥加 3%$CaCO_3$，在不添加任何其他成分的条件下，48h，有 50%淀粉转化为乳酸。Anuradha 等（1999）采用 SSF 工艺用德氏乳杆菌自 250g/L 马铃薯粉，发酵产 L-乳酸，乳酸的产率为 1.21g/(L·h)，高于常规的先糖化后发酵工艺所得的乳酸产率。无论是马铃薯块茎还是珠粒木薯淀粉均是 SSF 工艺生产乳酸的好原料，转化率可达 70%。

美国阿贡国家实验室 Tsai 和 Moon（1998）报道的将马铃薯原料转化为 L-乳酸的工艺：自马铃薯原料分离淀粉，用 SSF，菌种用 5 株产 L(+)乳酸高的乳杆菌混合物 LBM5，发酵 48h 以内产生 100g/L 以上的乳酸，产品纯度超过 95%。

SSF 工艺首先应用酒精工业，从原料糖化再转化为酒精的实际转化率只有 48%左右。而从原料糖化再转化为乳酸的转化率则在 75%～97%左右，因而用 SSF 生产乳酸的潜力远较生产酒精高。

SSF 常用于廉价的纤维素原料，原料经预处理，再加纤维素酶复合酶糖化，得到葡萄糖进行乳酸发酵。能用作纤维素来源的包括纯纤维素、废旧报纸、木材加工的碎木屑、玉米棒芯等。Moldes 等（2001a）一步转化桉树（*Eucalyptus globulus*）的碎木屑(颗粒 0.2～0.5mm）为乳酸。碎木屑先用醋酸—水—HCl 处理，除去木质素，再在 NaOH 中膨化。固形物中含 91%纤维素、3.9%半纤维素、3%木质素。用里氏木霉纤维素酶分解纤维素、发酵菌种德氏乳杆菌，发酵过程中采用阴离子交换树脂，除去产生的乳酸，以提高产率和转化率。实验结果表明有 67%纤维素转化为乳酸，最高乳酸浓度达 108g/L，产率为0.94g/(L·h)。

Yañez 等（2003）以棒状乳杆菌极曲亚种 ATTCC 25600 发酵纤维素，SSF 工艺生产 D(—)乳酸。在 pH5.4，39℃条件下，48h 转化率为 0.89g D(—)乳酸/g 纤维素。平均容积产率为 0.5g/(L·h)，未发现有 L(+)乳酸的存在。

第五节　降低乳酸发酵生产成本的若干措施

一、培养基和培养条件的优化

乳酸发酵工艺条件的改进和优化，尤其是培养基和培养条件的优化是降低乳酸生产成本的重要措施。Hujanen 等（2001）对干酪乳杆菌 NRRLB-441 产 L-乳酸的培养基和培养条件进行了优化。作者发现在分批发酵时起始葡萄糖浓度在 80～160g/L 范围内，乳酸转化率与糖浓度成反比。在 160g/L 葡萄糖时，最高乳酸浓度达到 118.6g/L。在葡萄糖浓度为 100g/L 时，15h 则可达最高容积产率 4.4g/(L·h)。为节省成本，作者用廉价的大麦芽提取物（malt sprout extract）加少量酵母膏（4g/L），取代单独使用酵母膏（22g/L)(53.8g/L 干大麦芽的含氮量与 22g/L 酵母膏的含氮量相当），效果基本相同。作者用响应面分析方法优化出乳酸生产的最适温度为35℃，最适 pH 为6.3。Kwon等（2000）采用大豆粉的酶水解物——大豆蛋白胨（soytone）来代替酵母膏，培养基中适当添加维生素（如泛酸），能有效促进鼠李糖乳杆菌 ATCC 10863 L-乳酸的产生。由150g/L 葡萄糖产生125g/L 乳酸，容积产率为2.27g/(L·h)，转化率为92%，高于用15g/L 酵母膏时所得到的结果。而原料的价格则下降至使用酵母膏时的41%左右。Fitzpatrick等（2001）研究了培养基中添加锰（$MnSO_4 \cdot H_2O$）对干酪乳杆菌由干酪乳清透析液生产 L-乳酸的影响。研究发现，培养基中添加 $MnSO_4 \cdot H_2O$ 显著促进发酵，发酵周期由120h 缩短到24h。$MnSO_4 \cdot H_2O$ 浓度从0.005g/L 提高到0.03g/L，其促进发酵的效果一样。酵母膏的用量可从0.50%（*m/V*）减少到0.30%（*m/V*），具有较高的糖转化率（98%），乳酸转化率为90%，此时发酵时间由24h 延长为37h。Amrane（2000）则发现在以乳清透析液中乳糖为碳源的培养基中，添加适量无机磷（$NaH_2PO_4 \cdot H_2O$）(0.16gdm^{-3}）可增加瑞士乳杆菌 milano 菌株 DL 乳酸产率（40%）。

近年来，我国学者对乳酸发酵工艺条件的优化也作了不少的工作。天津科技大学食品科学与生物工程学院的乳酸研究组连续发表了细菌发酵生产 L-乳酸的工艺研究结果。如刘伟等（2002）的乳酸乳杆菌干酪亚种发酵玉米糖化液，添加麸皮、麦根、玉米浆、接种量10%，37℃下发酵72h，产 L-乳酸为81.2g/L。李剑等（2003）较系统地研究了氨基酸和维生素对德氏乳杆菌 YJS-2-1 生长和产酸的影响，并对生长因子进行了优化。研究结果认为该菌缺乏合成 L-谷氨酸等四种氨基酸的能力，生物素等三种维生素对 YJS-2-1 的生长和产酸有明显的促进作用。利用正交设计优化得到了最佳生长因子的用量。在优化条件下，乳酸产量、对糖转化率、乳酸产率分别为140.3g/L、93.5%和1.95g/(L·h)（45℃发酵，72h）。闫征等（2003a）研究了用 HCl 和乳酸分别调节培养基初始 pH，以及用不同的酸中和剂调节发酵液 pH 对干酪乳杆菌 G-7 的生长和乳酸产量的影响。发现终产物乳酸的积累是抑制乳酸菌生长和导致乳酸产量下降的直接原因。这种情况随发酵液中 H^+ 浓度的升高（pH 降低）而增强。H^+ 的积累仅间接影响菌体生长和产酸。采用 $CaCO_3$ 调节发酵液 pH 优于用 NaOH 和 $NH_3 \cdot H_2O$。闫征等（2003b）还发现丙酮酸对干酪乳杆菌 G-7 L-乳酸发酵有促进作用。当丙酮酸的添加量为30g/L 时，L-乳酸的产量达到74g/L。在72h 的发酵周期内，丙酮酸在24h 和42h 添加的效果好于其他时间添加。由于代谢途径中从丙酮酸到乳酸的代谢反应过程为耗能反应，故它不仅可以促进细胞内的能量代谢，进而促进葡萄糖的转化，还可以提高乳酸的产量。再如乐晓洁等（2003）对干酪乳杆菌 LBI-11 的培养基碳氮比 C/N 用响应面分析法（中心组合设计）进行优化。并确定了合适的培养基组成。适宜的培养基 C/N（质量比）为12∶1～13∶1，L-乳酸产量可达103g/L。Bai 等（2003）研究了乳杆菌流加分批发酵产 L-乳酸，以发酵的残糖浓度作为流加的依据，得到210g/L L-乳酸（97%转化率），最大的干细胞是2.7g/L，平均 L-乳酸产率为2.2g/(L·h)。

李宝库等（2005）优化了干酪乳杆菌 FH-2 产 L-乳酸的培养条件。该优化条件为麦根与麸皮浸泡液（浸泡条件为50℃，4h，采用1%麸皮和2%麦根浸泡液），接种量为10%，37℃，72h，乳酸产量为40.5g/L。

乳酸发酵中常用的一种中和剂 $NH_3 \cdot H_2O$ 的终产物是乳酸铵，而不是乳酸。乳酸铵可用作动物饲料添加剂，也是医药原料，还可与乙醇直接酯化生成应用广泛的乳酸乙酯。Mulligan 和 Gibbs（1991）以酪链球菌 2487 发酵乳清透析液，产生乳酸铵。在优化条件下（pH6.0～6.5，35℃，添加 5g/L 酵母膏），乳酸铵的转化率为 85.5%，乳糖利用率为 99.1%，L-乳酸产率为 3.41g/(L·h)。

Peeva 和 Peev（1997）研究了干酪乳杆菌 NBIMCC-1013 乳酸发酵时稳定 pH 的方法，作者用固定化脲酶水解尿素得到 NH_4OH，用以中和产生的乳酸，直接生成乳酸铵，反应如下：

$$C_{12}H_{22}O_{11} \xrightarrow{\text{干酪乳杆菌 NBIMCC-1013}} CH_3CHOHCOOH$$

$$CO(NH)_2 \xrightarrow{\text{脲酶}} NH_4OH + CO_2 \uparrow$$

$$CH_3CHOHCOOH + NH_4OH \longrightarrow CH_3CHOHCOONH_4 + H_2O$$

作者根据发酵动力学和尿素降解动力学得到的数学模型，可精确调节 pH，其效果优于直接添加氨水作中和剂，产物抑制作用得到有效控制。闫智慧等（2004）用氨水中和德氏乳杆菌乳亚种 BMES-18M 发酵生成 L-乳酸铵。以氨水取代传统的中和剂碳酸钙中和发酵生成的乳酸，调控发酵液的 pH。确定了菌种生长和产酸的较适 pH 为 6.5。在较适 pH(6.5)、较佳流加速度 25mL/h 的条件下，乳酸的产量可达到 136.8g/L，产率为 1.71g/(L·h)。

近来，南开大学徐子钧等（2004）利用统计分析系统（statistical analysis system，SAS）软件中二水平设计的“Plackett-Burman 设计”和响应面分析法（response surface analysis，RSA）较系统地研究了乳酸菌 *Lactobacillus* sp. M7(复合诱变后筛选的 L-乳酸高产菌株）发酵培养基，得到了在一定条件下乳酸产量随牛肉膏、柠檬酸二铵、吐温 80 含量的变动而变化的规律，并根据分析结果优化了发酵培养基，简化了基本配方，平均 L-乳酸产酸水平可达 9.7%，比原配方产量提高了 15%。

二、工业下脚料及废料的再开发利用

利用含糖废料和下脚料作廉价碳源进行乳酸发酵也是降低乳酸发酵生产成本的重要措施。McCaskey 等（1994）研究利用城市固体废物来生产乳酸。废旧报纸、废木料、废纸板等城市固体废物（municipal solid waste，MSW）中不乏纤维素之类的物质。酸水解城市固体废物（AHMSW）中的单糖可作为乳酸发酵的碳源。作者对 8 株乳酸菌进行筛选，筛得的一株戊糖乳杆菌 B-227 可以代谢其中大部分糖（62%）。在起始 pH7.6，32℃，3d 静态发酵，戊糖乳杆菌 B-227 可从水解物中所含的 100.6mg/mL 糖类生成 65mg/mL 乳酸，转化率是 87%。Thomas（2000）研究以纸浆厂固体废渣中纤维素为原料、德氏乳杆菌 NRRL B-445 发酵生产乳酸。采用 SSF 工艺，pH5.0，45℃，按水解的己糖汁，乳酸的转化率为 93%。

一般乳杆菌能利用己糖（如葡萄糖），但不能利用戊糖（如木糖）生长或发酵，但有少数乳杆菌及乳球菌能利用戊糖。如木糖乳杆菌（*L. xylosus*)、戊糖乳杆菌、乳酸乳球菌 IO-1、嗜粪乳杆菌（*L. coprophilus*)、希氏乳杆菌（*L. hilgardii*)、唾液乳杆菌和鼠乳杆菌等。除了上述自然分离的菌株外，还有高效发酵木糖的遗传工程菌 MONT4。Iyer 等（2000）研究了乳杆菌的戊糖发酵生产乳酸的特点，发现干酪乳杆菌鼠李糖亚种

ATCC 10863也能有效地发酵木糖。作者采用硫酸（0.07wt%）处理的软木材（soft wood）水解物，以140℃高温3.5h分解木质纤维素中的低聚物，蒸发浓缩，除去水解时产生的挥发性有毒糠醛，配制成木糖发酵培养基，接种后45℃，pH5.7。最初的48h木糖不消耗，72h后，开始逐渐消耗木糖，并产生乳酸，至144h发酵结束。乳酸的转化率为0.8g/g，产生的副产物醋酸少于10%。木糖由乳酸菌转化为乳酸的反应式如下：

$$C_5H_{10}O_5 \longrightarrow C_3H_6O_3 + CH_3COOH$$

每消耗1mol木糖，可产生2mol ATP。

木薯（cassava）是糖类生产最有效的廉价作物，这种作物可在贫瘠土壤中生长，20世纪90年代初，估计世界产量为15 800万吨，其中33%的产量集中在亚洲地区。为利用这种廉价碳源生产乳酸，Xiao等（1997）用食淀粉乳杆菌ATCC 33620直接发酵木薯淀粉生产乳酸。以木薯作碳源时，加入1%蛋白胨，可产生7.7g乳酸/L，转化率从43%提高到70%。

木薯渣（cassava bagasse）是木薯淀粉生产过程中的废料，一般不加处理作为土壤填土，造成环境污染。木薯渣是一种纤维状残渣，含有约52%淀粉（折干重）。John等（2006）利用木薯渣，SSF工艺（加α-淀粉酶和糖化酶），以德氏乳杆菌NCIM2025和干酪乳杆菌NCIMB 3254发酵一步转化为L（+）-乳酸。木薯渣15.5%（*m/V*），干酪乳杆菌的最高淀粉转化率为96%，产率为1.49mg/(mL·h)，最大浓度83.8mg/mL，对于德氏乳杆菌，转化率为94%，产率为1.36mg/(mL·h)，最大浓度81.9mg/mL。在干酪乳杆菌发酵液中加入0.01% *m/V* $MnCl_2$有一定效果，提高$MnCl_2$浓度则不利于干酪乳杆菌的乳酸发酵。

Pintado等（1999）研究用贻贝（淡菜，mussel）加工废水（mussel processing wastes. MPW）中的糖原发酵乳酸。MPW中的糖原含量为10g/L。年产量将近60 000m^3，废水COD≈25g/L，是造成西班牙西北部加利西亚Rias Baixas港湾水域富营养化因子的重要来源。该研究着眼于探索化害为利，用以生产乳酸及生物量（biomass），用作饲料。作者筛出的植物乳杆菌A6菌株，产生淀粉酶，水解MPW中的糖原，在添加适量蛋白质和磷、pH控制在6.0时，30℃发酵，最大乳酸浓度达8.41g/L，转化率为0.98g/g，最大生物量为1.55g/L。Wee等（2004）以粪肠球菌RKY1（一株兼性L-乳酸产生菌）发酵橡木水解物（wood hydrolyzate，WH）产生L-乳酸，使菌种先在用WH配制的培养基中适应，使WH对乳酸发酵的抑制作用降低约20%，结果乳酸的产率和细胞生长分别提高0.5g/(L·h)和2.1g/L。当稀的或浓的WH（25～100g/L葡萄糖）补加15g酵母膏/L后，产乳酸达24～93g/L，产率在1.7g/(L·h)和3.2g/(L·h)之间。Ueno等（2003）采用两种食品加工废物：菠萝罐头糖浆废水和葡萄酒生产的葡萄汁中含有的葡萄转化酶（蔗糖酶，grape invertase）作底物和酶发酵生产乳酸，从20g/L和100g/L总糖得到最高乳酸浓度是20g/L和92g/L。Nakasaki和Adachi（2003）以造纸工业废水污泥中的纤维素作原料，以污泥中分离到的类干酪乳杆菌LA1菌株发酵生产L-乳酸。该菌在GYP培养基中生长迅速，比生长速率$\mu=0.51h^{-1}$，转化率高，细胞生长后期可达99%，高选择性，L-乳酸的产率为94%。污泥中纤维素事先用纤维素酶水解为葡萄糖，再接入LA1菌种，采用SSF工艺，pH5.0，温度40℃，发酵过程中添加纤维素酶补偿纤维素酶的失活。L-乳酸浓度最高达到

16.9g/L，转化率为72.2%。Chan-Blanco等（2003）以不能直接上市的废弃香蕉肉制成香蕉泥作碳源，用干酪乳杆菌发酵生产L-乳酸。香蕉果肉中含果糖、葡萄糖和蔗糖。从结果看，香蕉泥中添加富含维生素和氨基酸的酵母膏可得到相当好的效果。陈育如等（2003）对一株乳杆菌ZJU-1以蒸汽爆破处理纤维物料为原料的乳酸发酵进行了研究。他采用玉米棒芯，经植物纤维素蒸汽爆破处理机，在一定的温度和压力下，用饱和蒸汽处理3～5min，处理后的物料干燥。用纤维素酶曲进行酶解（按每克底物10～15FPA滤纸酶活单位加入）制得酶解液。结果表明ZJU-1菌株能对蒸汽爆破处理的纤维物料酶解液进行乳酸发酵，在还原糖质量浓度为52.1mg/mL时，乳酸量为42.1mg/mL，与纤维素酶的酶解过程相耦合，对蒸汽爆破处理的物料进行SSF发酵。其发酵周期比分步糖化发酵的过程周期短，在底物质量分数为80mg/mL，接种量为10%，温度为45℃时，乳酸量为45.3mg/mL。

Bostos等（2004）在鼠李糖乳杆菌CECT-288葡萄糖发酵产乳酸时，采用葡萄酒酿造过程中产生的酒泥（vinification lees，含死的酵母细胞及其他死的微生物、悬浮固形物、胶体和有机物）作营养物，42℃，42h，乳酸产量即达105.5g/L，产率为2.470g/(L·h)，转化率为91%。用酒泥代替价格昂贵的酵母膏，可大大降低培养基的成本。

随后，Bustos等（2005）用修剪下来的废葡萄蔓（vine shoots）半纤维素水解物作原料，用戊糖乳杆菌CECT-4023T（ATCC 8041）发酵生产乳酸。废葡萄蔓酸水解液主要含葡萄糖（12.0g/L），木糖（17.5g/L）和阿拉伯糖（4.3g/L），当葡萄糖消耗完毕，发酵液中出现乙酸。戊糖乳杆菌在有葡萄糖时为同型乳酸发酵，当缺少葡萄糖，有木糖和阿拉伯糖时，菌种的代谢转为异型乳酸发酵，产生乙酸。把水解物经真空蒸发浓缩至含葡萄糖35.4g/L，木糖52.3g/L和阿拉伯糖13.0g/L，（总糖100.7g/L），在此条件下发酵，乳酸的浓度达到46.0g/L，产率为0.933g/(L·h)，转化率为0.78g/g，理论转化率为91.7%。该研究表明菌株戊糖乳杆菌CECF4023T(ATCC 8041）是兼性异型发酵乳酸菌，可降解已糖（葡萄糖），走EMP途径，而在有戊糖（木糖和阿拉伯糖）时经磷酸转酮酶途径降解木糖和阿拉伯糖。

木质纤维素生物质（lignocellulosic biomass）是目前世界上数量最大的可再生资源之一，其典型水解产物为木糖和葡萄糖的混合物。以生物加工工艺把木质纤维素转变为乳酸越来越受到人们的关注。Taniguchi等（2004）以木质纤维素水解物木糖和葡萄糖混合物作混合碳源，采用共培养乳酸细菌生产乳酸。以一种铅黄肠球菌（*Enterococcus casseliflavus*）IFO 12256为发酵L-乳酸的单一菌种，以MRS培养基为基础，该菌种可从50g/L木糖中产生38g/L L-乳酸，其光学纯度对映体过量（enantiomeric excess，ee）达96%，另外生成6.4g/L的乙酸。在有50g/L木糖和100g/L葡萄糖的混合碳源培养基中，铅黄肠球菌在培养的早期阶段，葡萄糖被转化为乳酸，而木糖则不被消耗，然而，以葡萄糖为碳源，同时接种铅黄肠球菌IFO 12256及干酪乳杆菌2218，进行共培养（co-cultivation），当葡萄糖差不多消耗完（L-乳酸浓度达70g/L）以后，乳酸浓度不再增加；当共培养分两阶段接种，即先接种干酪乳杆菌，培养40h后再接种铅黄肠球菌，则可完全消耗100g/L葡萄糖以及50g/L木糖，192h时产95g/L L-乳酸，达到96%ee的高光学纯度。以两种不同的微生物分别对付不同的糖的共培养技术，是利用木质纤维素水解糖混合物，有效生产L-乳酸的一种很有发展前景的培养技术。

在中国，玉米棒芯用于生产木糖，其残渣富含纤维素物质，60.9%纤维素，5.1%米纤维素，18.7%木质素，15.3%灰分，残渣经纤维素酶水解成葡萄糖，可用作碳源，发酵生产乳酸。但纤维素水解后积累的纤维二糖会反馈抑制纤维素酶的继续作用。Shen和Xia（2006）除了用里氏木霉纤维素酶水解玉米+残渣外，还增加了固定化纤维二糖酶。后者的加入可有效地消除纤维二糖积累所造成的对纤维素酶的反馈抑制作用。玉米芯的水解率为82.5%，还原糖中的葡萄糖百分比浓度达到88.2%。固定化德氏乳杆菌ZU-S2把葡萄糖转化为乳酸。由于把纤维素酶水解和乳酸发酵耦合，消除了葡萄糖的抑制作用。分批发酵时，100g/L纤维物质的产酸达到92.4%，产率0.938%，当采用流加分批技术时，该协同工艺的纤维素原料及乳酸产生的浓度分别达到200g/L和107.5g/L。可再生纤维素资源的生物转化效果明显。

三、解除产物（乳酸）抑制的工艺方法

在乳酸发酵中，由于产物乳酸的积累，发酵液的pH逐渐下降，结果抑制菌体的生长，乳酸的产生也就停止。在乳酸发酵中，一般采用$CaCO_3$、NaOH和NH_3OH等中和剂调节发酵液的pH。还通过各种途径，如采用电渗析发酵法、萃取发酵法、膜循环生物反应器发酵法等，在线分离产物乳酸，使乳酸不过多积累。

Dannen等（2002）设计了带超滤膜生物反应器（MBR）耦联单极电渗析箱（ED）构成MBR-ED单元操作系统，以能利用己糖和戊糖的嗜热脂肪芽孢杆菌BS119连续发酵生产乳酸。该研究作了以下几点设计：①利用能在65℃以上生长的嗜热细菌，在主原料葡萄糖不必灭菌的条件下进行乳酸发酵，可避免染菌；②生物反应器与筒形陶瓷超滤膜相耦联，发酵过程中使发酵液中的细胞经过这个流膜过滤装置而得到循环使用，使营养物质（如酵母膏）的补充减至最小，节省了原料成本；③把发酵与ED单元耦合起来，连续提取产物乳酸，并初步浓缩及纯化乳酸，避免了发酵时的产物抑制作用。MBR-ED单元操作系统使乳酸浓度达到115g/L。经运行1052h后并未有杂菌污染。另外，通过降低能耗，降低高BOD废水的排放，将可得到长期的环保效益。Chen和Ju（2002）用聚乙烯吡啶（polyvinyl pyridine，PVP）和活性炭吸附发酵生成的乳酸，使发酵液中乳酸达不到抑制水平的浓度。就吸附乳酸和乳酸盐而言，活性炭的效果优于PVP。发酵菌种德氏乳杆菌德氏亚种（LDD）ATCC9649细胞吸附于活性炭上的能力很强。因而可采用半分批发酵工艺，用活性炭柱同时使细胞固定化并吸附乳酸，定期更换新鲜培养基。在含有2g/L以上酵母膏的新鲜培养基中，乳酸盐的产率水平稳定在1.3g/(L·h)。Chen和Lee（1997）采用微孔中空纤维膜（microporous hollow fiber membrane，MHF）溶剂萃取法，连续原位萃取乳酸。发酵菌种用德氏乳杆菌NRRL-B445，原料用α-纤维素和柳枝稷（switch-grass）等生物质，硫酸水解预处理。工艺用加纤维素酶同时糖化萃取发酵（simultaneous saccharification and extractive fermentation，SSEF），该工艺实际是两个工艺的组合：发酵的SSF和流经MHF的萃取工艺。Moldes等（2001）以SSF一步法把桉树（*Eucalyptus globulus*）木屑转化为乳酸时，采取多次添加底物、补充新鲜营养液和酶、及时除去乳酸等措施，能把酸预处理过的木材转化为乳酸的效率提高。67%的纤维素转化为乳酸，最大乳酸浓度为108g/L，产率

是 0.94g/(L·h)。采用流加 SSF 培养可保持培养基始终处于低葡萄糖浓度和低乳酸浓度，以避免对酶活性和微生物代谢的抑制。另外，Moldes 等（2001b）将 SSF 工艺与离子交换树脂吸附发酵液中乳酸相耦合，该系统运作 20h，乳酸产率达 1.18g/(L·h)。

第六节　乳酸及其衍生物的应用

乳酸及其衍生物、乳酸聚合物的应用范围非常广泛，主要在食品工业、化工、轻纺、医药、农业和环保等领域。

一、乳酸、乳酸盐及乳酸酯的应用

（一）乳酸在食品工业中的应用

乳酸及其衍生物（乳酸盐类和酯类）主要应用在食品工业中，被公认为安全的食品添加剂。符合食品级规格的乳酸有三种不同的纯度：50%、80%和 88%。

乳酸及其衍生物用作食品添加剂，包括食品酸化剂、抗菌防腐剂、抗氧化剂、果蔬保鲜剂、营养强化剂、风味增强剂、增香剂、固化剂、膨松剂、稳定剂、增稠剂、保湿剂、乳化剂、表面活性剂、起泡剂、增塑剂、pH 调节剂、加工助剂、面团质量改进剂。应用的食品对象包括面点糕点等焙烤食品、腌菜、乳制品、蛋制品、脱水马铃薯、香肠、色拉、色拉酱、果酱、饼馅、糖果、蜜饯、点心、果胶粉、饮料、啤酒、葡萄酒、果酒、婴幼儿奶晶等。据 20 世纪 90 年代中期的统计数据，世界上生产的 2/3 的乳酸用作酸味剂，主要用于饮料、糕点、腌菜、黄瓜、大头蒜、醋渍鱼、果酱、糖果、酒类等。乳酸能改善食品风味，抑制微生物，护色，改良黏度，能使氧化剂增效，起螯合作用，常和糖类及甜味剂并用。乳酸本身没有强烈的味道或气味，和常用的酸味剂柠檬酸相比，乳酸既能使食品具有微酸性，又不掩盖水果和蔬菜的天然风味和芳香气，乳酸还可以与其他食品用酸（如丙酸和乙酸）搭配使用。酿造工业中常用乳酸作防腐防菌剂，防止杂菌繁殖，加入的乳酸可以促进酵母菌生长，防止酒混浊；作为风味剂可改善酒的品味，并能提高酒的收率。酵母糖化醪中加入乳酸酸化，可促进糖化完全，在啤酒酿造中，用乳酸调节 pH，可使啤酒口味醇和，提高啤酒的品位，并延长其保质期。美国啤酒酿造业已全部用乳酸调节 pH，禁止再用磷酸。

由乳酸和乳酸钠配制成的缓冲液，用于制造糖果，点心类食品，由发酵法直接生产出的乳酸铵粗制品可用作动物蛋白饲料补充剂，饲料中添加 L-乳酸铵和 L-乳酸钙后，可提高产蛋率，产奶率，并促进禽畜生产，特别有利于虾、蟹、鳖等特种水产的养殖。

由于在乳酸的异构体中，只有 L-乳酸能被人体代谢吸收，它所具有的安全性，使之在食品以及医药中已取代了消旋的 DL-乳酸的地位。L-乳酸与柠檬酸、苹果酸搭配使用，加入罐头食品、果酱、糖果果汁饮料、酸奶等食品中，能赋予食品更柔和的酸味及良好的口感。在乳酸盐类中、L-乳酸钙、L-乳酸锌和 L-乳酸亚铁是食品、饮料、保健品的强化剂。L-乳酸酯类，如 L-乳酸乙酯是多种名品白酒的主要成分，L-乳酸作为香味剂，还用于白酒和黄酒的调香，乳酸甲酯用于松脆糕点；乳酸乙酯是常用食品香料，用于牛奶、奶油、果酒中；乳酸丁酯用作食用香精，添加于乳制品中。

在乳酸的盐类衍生物中，最重要的是硬脂酰乳酸钙（CSL）和硬脂酰乳酸钠（SSL），它们与面团中的谷蛋白结合，并与面团中的淀粉发生化学反应，改善面团结构，烘烤的面包变得质地柔软，因此成为焙烤工业中不可缺少的食品添加剂。世界乳酸产量的20%用于制备SSL和CSL。

（二）乳酸在化工、轻纺和电子等工业中的应用

乳酸在化工、轻纺和电子等工业部门中的应用范围广泛，门类庞杂。

乳酸经化学催化，可生产乙醛、丙二醇、丙烯酸和2,3-戊二酮等重要化工原料。其中丙二醇是生产树脂、增塑剂、表面活性剂、乳化剂和破乳化剂、防冻剂、热载体等的原料；丙烯酸则被广泛应用于制药、涂料、橡胶、纤维、粘合剂、皮革、纸张洗涤剂、树脂、超吸收材料等。乳酸大量应用于丙烯酸生产，将为可再生资源在化学工业领域内的应用打开一个崭新的市场。

乳酸可用于制造具有强黏合性、防腐性的高性能涂料。添加乳酸所制成的优质环氧树脂涂料用于涂刷船体外壳钢板，在水下具有很强的黏合性，并具有良好的防腐蚀作用。乳酸衍生物——烷基乳酸酯，特别是乙基乳酸酯和丁基乳酸酯的毒性较低，有可能成为乙二醇酯和其他溶剂的取代物。

乳酸可作为耐热绝缘材料生产的起泡剂，用于生产具有耐火、耐热、绝缘性能良好的绝缘材料。

乳酸可作纺织品染色和印染的助染剂、增溶剂、pH控制剂、酸化剂、显色剂、吸附剂、真丝和人造丝的增亮剂；羊毛预络染料，降低羊毛铬酸盐的含量，防止纤维氧化；羊毛酸性染色；纺织整理；乳酸锑也用于纺织品媒染。

在皮革工业中，乳酸用于皮革鞣皮中的脱灰浴，生皮脱灰。40%的乳酸能除去皮革鞣皮中的石灰（脱灰）。用乳酸脱灰处理过的皮革比用其他酸脱灰的质量要好。目前高级皮革均已用乳酸进行处理。

在印刷油墨和油漆方面，乳酸丁酯是一种高沸点溶剂，掺和在油墨中，是油墨的安全助剂；用于喷漆中则可使喷漆具有良好的流动性，也改善了喷漆的外观质量；乳酸还用于丝网清洁以及石印印染，作显色剂。

乳酸钛用作玻璃涂料，可防止在机械处理时引起刮伤和磨损。在赛璐珞涂料生产中用作pH控制剂，油墨、油漆类的安全助剂。

电镀行业中，乳酸用于金属表面处理螯合剂、除锈剂、洗涤助剂。

在烟草中使用乳酸可去除烟草中杂质，消除苦辣味；作烟草湿润剂，提高烟草档次。玩具制造中也使用乳酸。

在电子工业中，L-乳酸衍生物可制造光刻材料和液晶。

乳酸还用于航空航天及半导体工业加工零件配件的清洗剂，微电子工业中零部件的预处理。L-乳酸的乙基乳酸酯（乳酸乙酯）可以取代氯化烃溶剂作精细金属清洁剂。

在化妆品和清洁卫生用品方面，乳酸和乳酸钠、乳酸钙可用于致湿剂、护肤剂，其作用是保养皮肤，使皮肤增白，更有光泽，鲜嫩、防止老化；乳酸同癸酸至硬脂酸（十八酸）范围内的脂肪酸反应，制得的酰基乳酸酯是化妆品、个人护理、保养用品中有效的乳化剂、物料填充和稳定剂，起到保护皮肤的作用，可改进由于老龄而造成的皮肤结

构和外表的老化。乳酸可用于香水配制，用作除臭剂和口腔清洁剂；用作牙膏填料，防止牙垢形成；用作头发的保护剂等。

（三）乳酸在医药工业中的应用

在医药工业中，L-乳酸及其衍生物的用途越来越广。在医药上，乳酸可以用作消毒剂，配制成药或制成乳酸盐类使用，如用作肠内清洁消毒。乳酸能溶解蛋白质和角质，且对病变组织的腐蚀作用特别敏感，故可治疗喉头结核、白喉、狼疮等，可作肾透析液成分。在收敛性杀菌作用方面，乳酸亦可用作含漱剂、涂布剂、膀胱注入剂及阴道清洗剂等配方成分，利用乳酸亲水性特点，与难溶性药物结合，增加药物的吸收效果。乳酸还可作药物的糖衣成分。在乳酸盐类中，乳酸钙是钙营养强化剂，用作儿童健骨剂，治疗缺钙。乳酸镁亦用于治疗矿物质缺乏症。乳酸亚铁则是食品的铁强化剂，可治疗贫血。乳酸锌是锌营养强化剂。乳酸钠用于治疗矿物质缺乏症，此外，还用作静脉注射液中电解质及渗析物配方成分，可代替甘油用作湿润剂。乳酸铝及乳酸锆是止汗剂，L-乳酸、L-乳酸钠与葡萄糖、氨基酸等复配制成输液，可治疗酸中毒和高钾血症。乳酸钙盐用于血液凝固剂，在手术和牙科手术中用于止血和抗龋剂。

在乳酸的酯类衍生物中，乳酸乙酯用于压制药片的润滑剂及生物降压药物“心得静”的中间体，也是抗痤疮制剂中的活性成分。根据光学纯的 L(+)或 D(－)乳酸甲酯、乳酸乙酯和乳酸异丙酯的手性特征，可用于开发手性药物，从而大大提高药物的治疗效果和用药的安全性。以乳酸为原料，经聚合物反应聚合成聚乳酸成分与乙醇酸等原料聚合成丙交酯——乙交酯共聚物。这类聚合物具有生物相容性、生物可降解性和生物可吸收性等特性。

（四）乳酸在农业中的应用

乳酸在农业上的应用范围日益扩大。乳酸是杀虫剂、除草剂、杀真菌剂的有效成分。乳酸的 2～20 个分子范围的低聚合物在低浓度时可用作植物生长调节剂，作为生长素，可有效促进植物生长及果实发育。乳酸是制造高效低毒，低残留量的新除莠剂——苯氧丙酸类除草剂的主要原料。乳酸钙可用于水果、蔬菜保鲜，青贮料的生产。

二、聚乳酸的应用

乳酸最大的应用领域，也是近年来拓展最快的领域是聚乳酸。聚乳酸是乳酸的聚合物。它是一类脂肪族聚酯，可定义为最容易被生物降解的一类热塑材料，即它是一种物理性强度接近传统塑料；但使用后，在足够温度、氧气和适当微生物存在的自然掩埋或堆肥环境中，可被微生物彻底分解为二氧化碳和水的可塑性材料。聚乳酸的优点是它无毒、无刺激性、具有良好的生物相容性和很强的生物分解吸收性；另外，它还具有透明、强度高、可塑性强等诸多优点，是理想的加工成型可生物降解高分子材料。

不难看出，乳酸{(2-羟基丙酸)[$CH_3CHOHCOOH$]或写成[$HOCH(CH_3)COOH$]}分子中羟基和羧基的存在使它可以通过缩聚（polycondensation）反应直接生成聚乳酸。目前，产生聚乳酸的方法有两步法和一步法两种。前者是：第一步，两个乳酸分子先形成环状的二聚物中间体——丙交酯（lactide）；第二步，通过催化开环聚合反应，把丙交酯单体转变成高分子质量的聚酯。后者是由众多乳酸分子直接缩聚成聚乳酸的方法。

由乳酸制成的聚酯在一定的温度条件下发生降解。起初，这种性质被认为是这类聚合物的缺点，后来人们才认识到这是这类聚酯的最大优点，从此，聚乳酸被重新纳入人们的视野，人们对开发可降解塑料的兴趣也越来越浓。因此国内外正在加紧对聚乳酸的研究和开发，以满足各方面的应用需求。

聚乳酸的应用范围极其广泛，以下是聚乳酸的重要应用领域。

（一）聚乳酸在医学中的应用

聚乳酸在医学上的应用是聚乳酸的高端用途。由于聚乳酸的可塑性，生物可降解性及生物可相容性，它在医学上的应用非常广泛。人们可以根据需要，设计并采用相应的工艺手段，合成出各种分子质量的丙交酯聚合物和共聚物，纺成丝线，或注压成各种形状，制成用于外科手术伤口闭合材料，如缝合线、缝合夹钳、肘钉、手术网线。伤口缝合后，聚乳酸缝合线可随伤口愈合而被机体分解，在几天至几个月内吸收，不需拆线。也可制成高强度聚（L-丙交酯）纤维，用于显微外科。聚乳酸可挤压或浇铸，模压成杆状、网状、片状、钉状、螺钉状、管状和其他形状，作为修复、植入物元件，用于矫形组织工程、修复骨折或其他机体损伤，代替钢片、螺钉、针等，治疗骨折，免除金属装置的二次手术取出，降低了患者的外伤痛苦，也节省了费用。各类聚乳酸植入物的生物降解性和生物相容性早已得到了证实，植入物在体内有足够的强度，有很优良的安全性，很少发生炎症。聚乳酸还可用于牙科、人造韧带、伤口愈合支持网、可降解绷带、加固外科绷带、受损神经手术用中空纤维、固体粘合剂等。

聚乳酸的另一医用价值是作为控释药物的基料，可使生物活性物质、药物在体内持续释放，可使药物目标达到特定的器官或身体部位，如治疗癌症的化疗剂植入在患处产生局部高剂量浓度。聚合物基体的无害消失，大大减少了理应避免的副作用。聚乳酸可恒定地持续很长时间运送激素、避孕药、胰岛素，对高分子质量生物活性物质如多肽、疫苗和蛋白质的运送特别有利。经精密设计，已有的聚乳酸控释如 L-丙交酯-ε-己内酰胺热塑高弹体，用作可降解持续药物释放系统及半月板修复、神经导引、烧伤伤口覆盖等的材料。

（二）聚乳酸在纺织工业中的应用

聚乳酸可制成各种环保型、生态型纤维和织物。

1. 服装

聚乳酸制成的服装有良好的吸湿性、回潮性，优于聚对苯二甲酸乙酯（polyethylene terephthalate，PET）等聚酯，其模量低，悬垂性好，有良好手感，抗皱性好，穿着性、洗涤性均优于 PET，成衣笔挺、美观，定形性好，能保持原型。聚乳酸纤维可以常压沸染，可与天然纤维混纺或者交织，纤维可同溶染色，色泽比 PET 更好，更华丽美观，洗涤后基本不变色，更易自熄，因而火灾危险性小，燃烧时放出的热量少，在氙弧光灯下不会褪色，可制成内衣、野外工作服、轻型体育运动服装、制服、时装等。

日本钟纺纤维公司（Kanebo Gohsen）与美国嘉吉陶聚合物公司（CDP）合作，生产聚乳酸长丝、短纤纱、混纺纱等，商品名为 Lactron，其织物具有丝质外感，已制成

T 恤、长袜、礼服等。

日本尤尼吉卡公司与 CDP 合作，以后者提供的聚乳酸原料，采用熔融挤压成型设备生产聚乳酸薄膜，纤维（单丝，复丝）纺粘织物等非织造布。商标名 TERRAMAC™，服饰类中包括衬衫、内衣、制服、便服、毛巾、坐垫、地毯底布、个人卫生用品、抹布、尿布、吸湿性内衬，其高性能聚乳酸纺粘型非织造物（spunbond fabric）具有高强度良好形绉性（尺寸稳定性，dimensinal stability），采用与 PET 纺粘型非织造物制造过程一样的高空气速率制造技术，制出的聚乳酸非织造物具有低热收缩（100℃，＜4%）特性。聚乳酸织物与聚酯织物性能比较见表 8-2。

表 8-2　聚乳酸织物与聚酯织物关键性能的比较

性能	PET*	聚乳酸
湿度控制	良好的芯吸效果，回潮率 0.2%～0.4%	更好的芯吸效果，回潮率 0.4%～0.6%
可燃性	火焰移去后，燃烧 6min	火焰移去后，燃烧 2min
回弹性	10%张力下，51%恢复	10%张力下，64%恢复
悬垂性/手感	差	良好
光泽	低至中等	低至非常高
抗油脂性能	良好	优异

* PET，聚对苯二甲酸乙二醇酯

2. 装饰及工业领域

聚乳酸织物具有抗紫外线（UV），不易燃，燃烧时放出热量低，发烟量少，弹性好，适用于制作各种家庭装饰、室内织物。聚乳酸非织造布的吸水性和弹性优于 PET，可作擦拭布，用于家庭或工业，一次性失禁用品（尿布的吸水层和面层）、一次性服装、妇女卫生用品、野外作业服、抗 UV 织物、覆盖布、帐篷、控制土壤流失材料（土工布）、农业栽培园地用材料、聚乳酸纺粘布——即用即弃织物。

（三）聚乳酸在食品工业中的应用

聚乳酸是热可塑性塑料，具有优良的热封性和超声波封口性，在各种绿色塑料中最为安全（GRAS）、卫生，已批准可与食品接触，霉菌在其上难以生存，且不易受老鼠、蟑螂等食害。台湾伟盟公司 1999 年与意大利 Novoment 合作，引进聚乳酸原料，2000 年生产出冠以 Nature green® 商标的各类产品，包括免洗餐具购物袋、塑料袋、农业覆盖膜、卫生用品、文具用品等。该公司认为，在各种直接分解性聚合物中，聚乳酸的成型加工性最好。

聚乳酸熔融压出薄板具有优良的透明性，采用真空成型、压出成型制成各种形状的盘子、杯子；用喷射（出）成型技术可制成刀、叉；用吹膜成型技术制成各种形状的瓶子，如达能（Danone）公司用聚乳酸热成型瓶做酸奶瓶、养乐多（丽乐包）乳酪杯。欧洲已用聚乳酸制成的养乐多包装有微生物（酶）存在的发酵食品。

聚乳酸的二轴延伸加工制成的薄膜，其光泽、透明度优良；强度大；氧气、CO_2、水蒸气气体透过性优良，可以保持被包装的果蔬类食物的鲜度，适合于作通气包装薄膜，即“可呼吸”包装（breathable）。但因聚乳酸的气体阻隔性差，为达到氧气阻隔性及防湿性，在使用时可采用铝蒸煮膜作为阻隔层，对难以吸收的风味、芳香族气体成分及醇类成分有很难透过的性能，适于咖啡，绿茶等包装及烘焙产品的一次性包装袋。聚乳酸还可制作收缩包装商标：六件装包扎箍圈（six-pack ring）。利用聚乳酸膜具有不能自行复原的折叠特性（dead-fold）可用于糖果的扭结包装。

由85%L-丙交酯和15%D,L-丙交酯制成的聚（丙交酯）用氢氟碳（hydroflouro-carbon）连续挤压成发泡纸板，冲压成食品级蜂窝状塑料板。丙交酯聚合物还用于罐头涂料。花露水、护肤霜、脂粉等化妆品的配方中都用L-聚丙交酯和D-聚丙交酯。

总之，聚乳酸用于食品包装有很大的发展潜力。

（四）聚乳酸在农业方面的应用

聚乳酸可制成各种农用薄膜、临时补植盆、垂直排水片、植物生长编网、持水板、花卉包装、花盆、肥料袋。

在农作物生长期，可用聚乳酸制成缓释肥料和农药，以延长肥料和农药的使用寿命和提高使用效率，肥料和农药的释出时间在一周至几个月，取决于聚乳酸的共聚物的组成、结晶性、分子质量、面积/体积比以及土壤的具体环境条件。所设计的缓释输送系统可改善肥料和农药的使用效果，而且可以使肥料和农药对地下水质的污染程度减少到最小。

L-乳酰乳酸和L-乳酸的低分子质量聚合物因为可以增加植物叶绿素的积累，并促进根际的生长，从而促进植物的生长。

被废弃或毁坏的钓鱼线和渔网是湖泊、河流和海洋塑料废物污染的重要来源。240℃时熔纺生产的3.2×10^5分子质量聚（丙交酯）制成可降解钓鱼线，韧性达7.2g/den，在海水中一年可完全降解。聚乳酸还可制成钓鱼钩、捕鱼网等捕鱼工具。

（五）聚乳酸在市政及其他方面的应用

聚乳酸制成的土工布（土建布）可制作沙袋，作控制土壤流失材料，用于堤岸、冲刷防护、斜坡稳定、排水管道；也可作捆扎的绳索、纸带；工业用的过泸布、模子等。

户外运动方面：高尔夫球T形托架、一次性板、杯子、袋子和刀具等。

以上是聚乳酸几个方面的应用，其实聚乳酸的应用远远不止这些。以聚乳酸为主体的新的应用正不断地被开发出来，例如，随身听、笔记本电脑外壳，还有汽车底垫、聚乳酸膨体长丝纤维地毯、生物降解光盘、可生物降解树脂乳液、涂料材料、手机壳、生物降解黏膜等。随着时间的推移，聚乳酸新的应用还会不断涌现。

总之，聚乳酸的应用前景广阔。聚乳酸的应用不仅在于其降解性有利于环保，而且资源的可再生性，可持续地得到供应；更在于它的多功能应用，聚乳酸本身出色的特性，适于制造出从低端日常用品至高端医疗产品。当聚乳酸的价格具有竞争力（这一点毋庸置疑），能有效地取代以石油化学为基础的大宗塑料时，将会增加对农产品如玉米、甜菜、甘蔗等的需要，从而降低塑料生产对石油的依赖程度。目前，聚乳酸仍然处于一种重要材料发展的孩提时期。寻求技术进步，以改良提高聚乳酸的可塑性，耐热性和水解稳定性，以扩展其材料特性的研究正在许多研究所和相关大公司积极进行。聚乳酸为世界提供了聚合物工业的一个例证，证明环境友好的生物工艺和化学工艺技术在生物量原料上的结合可以创造出一个非常大的商业机会。从聚乳酸这一例证将会演绎到其他一些以再生资源为基础的化学品和聚合物的生产上，从长远的观点来看，将会确立一种以再生资源为基础的新的生物聚合物工业。

综上所述是乳酸及其衍生物的各个应用方面，可归纳在以下简图（图 8-3）中。

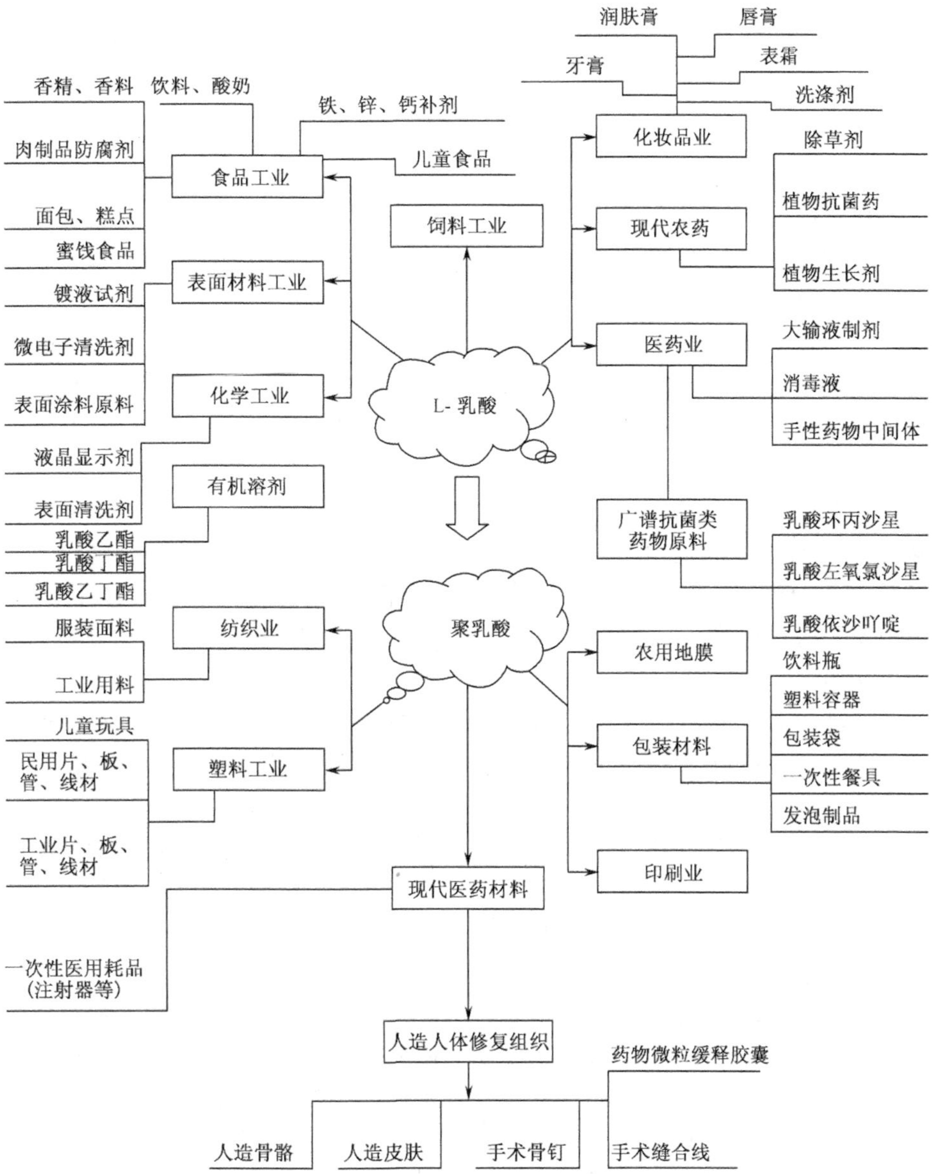

图 8-3　L-乳酸在各方面的应用简图

第七节　结　　语

本章简要介绍了乳酸发酵的各个方面，包括其生产及应用。

在由微生物发酵技术生产的众多有机酸中，乳酸的生产和应用的发展势头正盛，并在快速超越一向位居发酵法生产前茅的有机酸：柠檬酸和醋酸。乳酸是自然界最简单的羟基羧酸，它的应用包括食品、医药、轻纺、化工、电子、农业、环保等各大经济领域，涉及人类社会生活的方方面面。一般来说，一种产品能否发展，能否畅销，全然依赖这种产品的商业使用价值。它的使用面越广，数量越大，就越有生命力。乳酸生产的发展轨迹恰恰证实了这一点。在20世纪80年代，当乳酸及其衍生物的应用主要只集中在食品工业及医药业等少数几个行业时，世界市场对乳酸的需求量始终徘徊在4万～5万吨之间；然而在90年代，当乳酸聚合物的合成和应用逐渐趋于成熟和明朗时，对乳酸的需求则陡然大幅上升。目前全世界的乳酸产量已逾十万多吨，预期到2010年产量可突破100万吨，原先乳酸属于产量不大的精细专用化学品，即将跃升为可在交易所买卖的大宗标准商品（Lipinsky和Sinclair，1986）。乳酸的最大应用领域在聚乳酸。聚乳酸的开发应用为节约不可再生、又面临日趋减少并终将枯竭的石油资源、降低和缓解日益严重的废弃塑料制品“白色污染”、改善生态环境起着非常重要的作用。

应该说，在2002年初年产14万吨生产规模的Cargill Dow LLC聚乳酸厂的建成和运行表明乳酸—聚乳酸产业链在国外已经具有相当的规模。近年来，国人对乳酸—聚乳酸研发的关注度大增。我国政府主管科技、产业等各部门高度重视乳酸—聚乳酸产业链的建立和发展，加大了投入力度，把乳酸—聚乳酸产业化列入国家科技重点攻关计划及“863”高科技计划，支持国内各研究机构、高等院校以及相关企业加快乳酸—聚乳酸的研发步伐。在涉及微生物发酵工程的全国性学术会议以及有机酸生产行业会议上，乳酸—聚乳酸均是会议的主要议题之一。例如，2005年5月16～18日，中国发酵工业协会在陕西西安专门召开了“全国乳酸行业研讨会”，会上发表的近30篇论文分别介绍了乳酸—聚乳酸国内外发展动态，交流了会议参加单位各自的研发成果。对于推动我国乳酸发酵研究、乳酸工业的发展，以及加快我国聚乳酸研制步伐起到了积极作用。据最新消息，该协会还又于2007年5月召开第二届全国乳酸行业研讨会，商讨乳酸工业发展大计。

由于聚乳酸生产和应用的需要，自然刺激着对乳酸的需求。目前乳酸的生产仍然存在不少瓶颈。由发酵法生产的乳酸所制成的生物塑料的成本仍不敌现有的传统塑料，市场竞争力不强。因此仍然需要从聚乳酸生产的源头——乳酸发酸的菌种选择和改良、工艺及装备的改进等诸多方面作进一步的努力，应更有效地降低乳酸生产的成本，从而降低聚乳酸的成本。如今“乳酸热”已经形成，但也必须注意避免“过热”的倾向，在发展乳酸—聚乳酸产业时要充分注意各方面的协调和平衡，不能出现“与人争粮”危及国家粮食安全的局面。正如本章第五节所介绍的那样，要充分利用非粮食的纤维质原料，以及各种各样的工业下脚料、废料。变“废”为“宝”。既可得到廉价原料，又减少对环境的污染。大自然中异常丰富的各种纤维质可再生资源，将是生产乳酸的上佳原料，今后必将受到更多的关注。事实上，我国有13亿最为庞大的人口，粮食并不十分充裕，加上还有诸如氨基酸、柠檬酸、抗生素、乙醇等发酵产品每年需耗用大量粮食。用于乳酸发酵的粮食并不太多，因此大力开展非粮食纤维质原料生产乳酸正当其时。要有这方面的突破才能迎来乳酸生产的大发展，使早在200多年前就已发现的这一“古老”有机酸更好地造福于人类社会。

（雷肇祖）

缩 写 词

AHMSW	acid-hydrolyzed municipal solid waste 酸水解城市固体废物
ALAB	amylolytic lactic acid bacteria 淀粉分解乳酸细菌
CSI	classical strain improvement 经典的菌株改良
CSTR	continuous stirred tank reactor 连续搅拌罐反应器
D	dilution rate 稀释率
D-LDH	D-lactic dehydrogenase D-乳酸脱氢酶
ED	electrodialysis 电渗析
EDF	electrodialysis fermentation 电渗析发酵法
ee	enantiomeric excess 对映体过量
EMP	Embden-Meyerhof-parnas pathway 糖酵解途径
EMS	ethyl methane sulfonate 甲基磺酸乙酯
GRAS	generally regarded as safe 普遍视为安全的
HRT	hydraulic retention time 静压保留时间
IPTG	isopropylthio-β-D-galactoside 异丙基硫代-β-D-半乳糖苷
LA	lactic acid 乳酸
L-LDH	L-lactic dehydrogenase L-乳酸脱氢酶
MBR	membrane bioreactor 膜生物反应器
MCRB	membrane cell-recycle bioreactor 膜细胞循环式生物反应器
MFA	metabolic flux analysis 代谢流分析
MHF	microporous hollow fiber membrane 微孔中空纤维膜
MPW	mussel processing waste 贻贝加工废水
MRF	membrane recycle fermentation 膜循环发酵
MSW	municipal solid waste 城市固体废物
PBR	packed bed bioreactor 填充床生物反应器
PCR	polymerase chain reaction 聚合酶链反应
PCS	plastic composite support 塑料复合载体
PDC	pyruvate decarboxylase 丙酮酸脱羧酶
PET	polyethylene terephthalate 聚对苯二甲酸乙酯
PFL	pyruvate formate lyase 丙酮酸甲酸裂合酶
PLA	polylactic acid 聚乳酸
PVP	polyvinyl pyridine 聚乙烯吡啶
RPC	resin packed column 树脂装填床

RSA	response surface analysis 响应面分析法
SAS	statistical analysis system 统计分析系统
SSEF	simultaneous saccharification and extractive fermentation 同时糖化萃取发酵
SSF	simultaneous saccharification and fermentation 同时糖化发酵
WH	wood hydrolyzate 橡木水解物
WPP	whey permeate powder 乳清渗透液粉

主要参考文献

曹本昌，匡群．1989．固定化乳酸菌生产乳酸的研究．工业微生物，19（2）：8～12

陈育如，夏黎明，岑沛霖．2003．一株乳杆菌对蒸汽爆破处理纤维物料的乳酸发酵研究．生物加工过程，1（2）：26～29

丁子建，柏中中，孙志浩，等．2004．芽孢乳杆菌发酵葡萄糖制备D-乳酸的研究．生物加工过程，2（3）：30～36

高年发，杨枫．2000．乳酸及乳酸钙，发酵有机酸生产与应用手册（王博彦 金其荣．主编）．北京：中国轻工业出版社，337～389

金其荣，张继民，徐勤．1989．有机酸发酵工艺学．北京：中国轻工业出版社，339～408

乐晓洁，王昌禄，顾晓波，等．2003．细菌发酵生产L-乳酸培养基的优化．无锡轻工大学学报，22（6）：55～63

李宝库，马珣玻，路新利，等．2005．L-乳酸细菌培养条件的优化．生物技术，15（3）：75～77

李剑，唐赟，梁凤来，等．2004．D-乳酸脱氢酶基因克隆及其表达．微生物学报，44（4）：491～495

李学梅，刘茉娥．1998．发酵液中乳酸的电渗析法分离．高校化学工程学报，12（3）：231～235

李永丰，叶林发，梁玉琦，等．1985．增殖细胞生产乳酸新工艺研究．医药工业，16（1）：1～3

刘伟，高先富，高年发．2002．细菌发酵生产L-乳酸的研究．天津轻工业学院学报，（4）：11～13

刘勇军，王昌禄，乐晓洁，等．2003a．离子注入诱变筛选高产L-乳酸菌及其发酵条件的初步研究．中国乳品工业，31（1）：9～13

刘勇军，王昌禄，曹伟锋，等．2003b．细菌L-乳酸发酵的研究，耐高糖高酸菌株的选育．广州食品工业科技，19（2）：26～29

卢金照，高年发，杨枫，等．2004．乳酸的发酵与提取耦合工艺．广州食品工业科技，20（2）：17～19

路福平，戚薇，王进华，等．1998．芽孢乳酸菌产乳酸条件的研究．天津轻工业学院学报，（2）：10～14

钱志良，胡军，雷肇祖．2003．乳酸，微生物工程．北京：化学工业出版社，106～126

钱志良，王健，劳含章．2006．生物质新材料L-乳酸及聚乳酸产业．中国生物技术产业发展报告．2005国家发展和改革委员会高技术产业司．中国生物工程学会，编写．北京：化学工业出版社，175～182

王传怀，张国宝，余宏，等．1991．电渗析提取乳酸的新技术．南京大学学报，27（4）：715～719

王艳萍，陈莹，赵虎山，等．1996．一株同型乳酸发酵芽孢杆菌的分离和鉴定．天津轻工业学院学报，（1）：1～5

王轶雄，陈敏，方序．2005．用非常规培养方法提高乳酸菌产酸率的研究．工业微生物，35（3）：27～30

徐子钧，李剑，梁凤来，等．2004．利用SAS软件优化L-乳酸发酵培养基．微生物学通报，31（3）：85～87

闫征，王昌禄，顾晓波．2003a．pH对乳酸菌生长和乳酸产量的影响．食品与发酵工业，29（6）：35～38

闫征，王昌禄，顾晓波．2003b．丙酮酸对细菌L-乳酸发酵的促进作用．氨基酸和生物资源，25（2）：21～23

闫智慧，白冬梅，高静，等．2004．氨水中和 *Lactobacillus delbrueckii* subsp. lactis BMES-18M 发酵生成L-乳酸铵的研究．微生物学通报，31（4）：30～33

颜方贵．1996．乳酸菌在工业乳酸生产中的应用．//杨洁彬．乳酸菌-生物学基础及应用．北京：中国轻工业出版社，203～228

张黎，韦宇拓，黄彦，等．2005．牛链球菌L-(+)-乳酸脱氢酶基因的克隆及在大肠杆菌中表达．食品与发酵工业，

31 (9): 24～28
赵博，周帅，马翠卿，等. 2005. 乳杆菌 *Lactobacillus* sp.lxp 发酵高产 L-乳酸研究，生物加工过程，3 (4): 74～77
郑艳，薛景珍，刘长江. 2004. L-乳酸发酵菌株的选育. 微生物学杂志，24 (3): 26～28
郑佐兴，刘祖同，孙之荣. 1990. 乳酸生产菌的选育及发酵的研究. 清华大学学报（自然科学版），30 (6): 21～27
周定，王建龙，张伟华. 1993. 电渗析发酵法生产乳酸的研究. 生物技术，3 (1): 10～14
周剑，虞龙. 2005. 产 L-乳酸凝结芽孢杆菌发酵条件的初步研究. 氨基酸和生物资源，27 (1): 70～73
Aeschlimann A, von Stockar U. 1989. The production of lactic acid from whey permeate by *Lactobacillus helveticus* Biotechnol. lett, 11 (3): 195～200
Aeschlimann A, von Stockar U. 1990. The effect of yeast extract supple mentation on the production of lactic acid from whey permeate by *Lactobacillus helveticus*. Appl Microbiol. Biotechnol, 32: 398～402
Amrane A. 2000. Effect of inorganic phosphate on lactate production by *Lactobacillus helveticus* grown on supplemented whey permeate. J. Chem. Technol. Biotechnol, 75: 223～228
Anuradha R, Suresh A K, Venkatesh KV. 1999. Simultaneous saccharification and fermentation of starch to lactic acid. Process Biochem, 35 (3/4): 367～375
Bai D M, Wei Q, Yan Z H. et al. 2003. Fed-batch fermentation of lactobacillus lactis for hyper-production of L-lactic acid. Biotechnol. Lett, 25: 1833～1835
Bai D M, Zhao X M, Li X G. et al. 2004. Strain improvement and metabolic flux analysis in the wild-type and a mutant *Lactobacillus lactis* strain for L(+)-lactic acid production Biotechnol. Bioeng, 88 (6): 681～689
Benninga H. 1990. A History of Lactic Acid Making, Kluwer Academic Publishers, Dordrecht, Netherlands.
Berry A R, Franco C M M, Zhang W, et al. 1999. Growth and lactic acid production in batch culture of *Lactobacillus rhamnosus* in a defined medium. Biotechnol. lett, 21: 163～167
Bigelis R, Tsai S P. 1994. Microorganisms for organic acid production//Hui Y H, Khachatourians G G. Food Biotechnology: Microorganisms. VCH Publication Publishers: 239～280
Bostos G, Moldes A B, Cruz J M, et al. 2004. Fomulation of lowcost fermentative media for lactic acid production with *Lactobacillus rhamnosus* using vinification lees a nutrients. J. Agric. Food Chem, 52: 801～808
Bostos G, Moldes A B, Cruz J M, et al. 2005. Influence of the metabolism pathway on Lactic acid production from hemicellulosic trimming vine shoots hydrolyzates using *Lactobacillus pentosus*. Biotechnol. Prog, 21: 793～798
Carlson T L, Peters E M Jr. 1999. Low pH lactic acid fermentation. PCT Int. Appl. WO 99/19503
Chahal S P. 1990. Lactic Acid. In: Ullmann's Encyclopedia of Industrial Chemistry 5th ed, VCH Verlagsgesells chaftmbH Weinheim, A15: 97～105
Chan-Blanco Y, Bonilla-Leiva A R, Velazquez A C. 2003. Using banana to generate lactic acid through batch process fermentation . Appl. Microbiol. Biotechnol, 63: 147～152
Chatterjee M, Chakrabarty S L, Chattopadhyay B D, et al. 1997. Production of lactic acid by direct fermentation of starchy wastes by an amylase-producing *Lactobacillus*. Biotechnol Lett, 19 (9): 873～874
Chen C C, Ju L-K. 2002. Coupled lactic acid fermentation and absorption. Appl. Microbiol. Biotechnol, 59: 170～174
Chen R, Lee Y Y. 1997. Membrane-mediated extractive fermentation for lactic acid production from cellulosic biomass. Appl. Biochem. Biotechnol, 63-65: 435～448
Choudhury B, Swaminathan T. 2006. Lactic acid fermentation in cell-recycle membrane bioreactor Appl. Biochem. Biotechnol, 128: 171～183
Cotton J C, Pometto Ⅲ A L, Gvozdenovic-Jeremic J. 2001. Continuous lactic acid fermentation using a plastic composite support biofilm reactor Appl. Microbiol. Biotechnol, 57: 626～630
Danner H, Madgingaidgo L, Thomasser C, et al. 2002. Thermophilic production of lactic acid using integrated membrane bioreactor systems coupled with monopolar electrodialysis. Appl. Microbiol. Biotechnol, 59: 160～169

Danner H, Neureiter M, Madgingaidgo L, et al. 1998. *Bacillus stearothermophilus* for thermophilic production of L-lactic acid Appl. Biochem. Biotechnol, 70～72, 895～903

Datta R. 1995. Hydroxycarboxylic acids. //Kirk-Othmer Encyclopedia of Chemical Technology 4th ed. John & Sons, Inc. New York, 13: 1042～1062

Datta R, Tsai S P, Bonsignore P, et al. 1995. Technological and economic potential of poly (lactic acid) and lactic acid derivatives. FEMS Microbiol. Rev, 16: 221～231

de Boer J P, de Mattos T M J, Neijssel O M. 1990. D-Lactic acid production by suspended and aggregated continuous cultures of *Bacillus laevolacticus*. Appl. Microbiol. Biotechnol, 34: 149～153

Demirci A, Pometto Ⅲ A L. 1992. Enhanced production of D-lactic acid by mutants of *Lactobacillus delbrueckii* ATCC 9649, J. Ind. Microbiol, 11: 23～28

Dien B S, Nichols N N, Bothast R J. 2001. Recombinant *Escherichia coli* engineered for production of L-lactic acid from hexose and pentose sugars, J. Indust. Microbiol. Biotech, 27 (4): 259～264

Ding S, Tan T. 2006. L-lactic acid production by *Lactobacillus casei* fermentation using different fed-batch feeding strategies. Proc. Biochem, 41: 1451～1454

Eddington J M, Johnson K B, Liaw H J, et al. 2004. Novel *Lactobacillus* strains and use There of in fermentation process for L-lactic acid produstion US Pat, 0005677A

Fitzpatrick J J, Ahrens M, Smith S. 2001. Effect of manganese on *Lactobacillus casei* fermentation to produce lactic acid from whey permeate Proc. Biochem, 36: 671～674

Goncalves L M D, Xavier A M R B, Almeida J S. 1991. Cencomitant subtrate and product inhibition kinetics in lactic acid production. Engyme Microb Technol, 13 (4): 314～319

Guoqiang D, Kual R, Mattiasson B. 1991. Evaluation of alginate immobilized *Lactobacillus casei* for lactate production Appl. Microbiol. Biotechnol, 36: 309～314

Guyot J P, Calderon M, Morlon-Guyot J. 2000. Effect of pH control on lactic acid fermentation of starch by *Lactobacillus manihotivorans* LMG 18010T. J. Appl. Microbiol, 88: 176～182

Heriban V, Sturdik E, Zalibera L, et al. 1993. Process and metabolic characteristics of *Bacillus coagulans* as a lactic acid producer Lett. Appl. Microbiol, 16: 243～246

Hofvendahl K, Hahn-Hagerdal B. 2000. Factors affecting the fermentative lactic acid production from renewable resourees. Enzyme Microb. Technol, 26: 87～107

Hongo M, Nomura Y, Iwahara M. 1986. Novel methed of lactic acid production by electrodialysis fermemtation. Appl. Environ. Microbiol, 52 (2): 314～319

Hujanen M, Linko S, Linko Y-Y, et al. 2001. Optimisation of media and cultivation conditions for L(+) (s) -lactic acid production by *Lactobacillus casei* NRRL B-441. Appl. Microbiol. Biotechnol, 56: 126～130

Hujanen M, Linko Y-Y. 1996. Effect of temperature and various nitrogen sources on L(+)-lactic acid production by *Lactobacillus casei* Appl. Microbiol Biotechnol, 45: 307～313

Inskeep G C, Taylor G G, Breitgke W C. 1952. Lactic acid from corn sugar. Ind . Eng. Chen, 44: 1955～1966

Ishida N, Saitoh S, Ohnishi T, et al. 2006. Metabolic engineering of *Saccharomyces cerevisiae* for efficient production of pure L-(+)-lactic acid Appl. Biochem. Biotechnol, 129～132; 795～807

Iyer P, Thomas S, Lee Y Y. 2000. High-Yield fermentation of pentoses into lactic acid Appl. Biochem. Biotechnol, 665～677

Javanainen P, Linko Y-Y. 1995. Lactic acid fermentation on barley flour without additional nutrients Biotechnol. Tech, 9 (8): 543～548

John R P, Nampoothiri K M, Pandey A. 2006. Simultaneous saccharification and fermentation of Cassava bagasse for L-(+)-lactic acid production using *Lactobacilli*. Appl. Biochem. Biotechnol, 134: 263～272

Kaščák J S, Kominek J, Roehr M. 1996. Lactic acid In: Biotechnology 2nd ed. Rehm H J, Reed G (ed) Vol. 6 Vol. ed. Roehr, M. Products of Primary Metabolism, VCH. Verlagsgesells chaft mbH. 293～306

Kadam S R, Patil S S, Bastawde K B, et al. 2006. Strain improvement of *Lactobacillus delbrueckii* NCIM 2365 for lactic acid production. Proc. Biochem, 41: 120～126

Kharas G B. 1994. Polymers of Lactic Acid In Plastics from Microbes: Microbial synthesis of polymer and polymer precursors Mobley D. P. (ed), Munich: Hanser publishers: 93～137

Kim H-O, Wee Y-J, Kim J-N, et al. 2006. Production of lactic acid from cheese whey by batch and repeated batch cultures of *Lactobacillus* sp. RKY2. Appl. Biochem. Biotechnol, 129～132: 694～704

Kosaki M, Kawai K. 1995. Production of high optical purity D-lactic acid: US pat. 5466588

Krischke W, Schroder M, Trösch W. 1991. Continuous production of L-lactic acid from whey permeate by immobilized *Lactobacillus casei* subsp. *casei*. Appl. Microbiol Biotechnol, 34: 573～578

Kwon S, Lee P C, Lee E G, et al. 2000. Production of lactic acid by *Lactobacillus rhamnosus* with vitamin-supplemented soybean hydrolysate. Enzyme Microb. Technol, 26: 209～215

Kwon S, Yoo I-K, Lee W G, et al. 2001. High-rate continuous production of lactic acid by *Lactobacillus rhamnosus* in a two-stage membrane cell-recycle bioreactor. Biotechnol. Bioeng, 73: 25～34

Kyla-Nikkila K, Hujanen M, Leisola M, et al. 2000. Metabolic engineering of *Lactobacillus helveticus* CNRZ 32 for production of pure L- (+) -lactic acid Appl. Environ. Microbiol, 66 (9): 3835～3841

Lee Y J, Kim J N, Ryu H W. 2006. Biotechnological production of lactic acid and its recent applications. Food Technol. Biotechnol, 44 (2): 163～172

Linko Y-Y, Javanainen P. 1996. Simultaneous liquefaction saccharification and lactic acid fermentation on barley starch. Enzyme Microb. Technol, 19: 118～123

Lipinsky E S, Sinclair R G. 1986. Is lactic acid a commodity chemical? Chem. Eng. Prog, 82 (8): 26～32

Litchfield J H. 1996. Microbiological production of lactic acid, In: Advances in Applied Microbiology. Vol. 42 (Neidleman S L, Laskin A I. Eds). Academic Press, San Diego: 45～95

Major N C, Bull A T. 1985. Lactic acid productivity of a continuous culture of *Lactobacillus delbrueckii*. Biotechnol. Lett, 7: 401～405

McCaskey T A, Zhou S D, Britt S N, et al. 1994. Bioconversion of municipal solid waste to lactic acid by *Lactobacillus* species. Appl. Biochem. Biotechnol, 45/46: 555～568

Mehaia M A, Cheryan M. 1986. Lactic acid from acid whey permeat in a membrane recycle bioreactor. Enzyme Microb. Technol, 8: 289～292

Mehaia M A, Cheryan M. 1987. Production of lactic acid from sweet whey permeate concentrates, Proc. Biochem. 22 (6): 185～188

Moldes A B, Alonso J L, Parajo J C. 2001a. Strategies to improve the bioconversion of processed wood into lactic acid by simultaneous saccharification and fermentation. J. Chem Technol. Biotechnol, 76: 279～284

Moldes A B, Alonso J L, Parajo J C. 2001b. Resin selection and single-step production and recovery of lactic acid from pretreated wood. Appl. Biochem. Biotechnol, 95: 69～81

Mulligan C N, Gibbs B F. 1991. Batch conversion of whey permeate to ammonium lactate by *Streptococcus cremoris*. Biotechnol. Appl. Biochem, 14: 41～53

Nakasaki K, Adachi T. 2003. Effects of intermittent addition of cellulose for production of lactic acid from wastewater sludge by simultaneous saccharification and fermentation. Biotechnol. Bioeng, 82: 263～270

Nomura Y, Iwahara M, Hongo M. 1987. Lactic acid production by electrodialysis fermentation using immobilized growing cells. Biotechnol. Bioeng, 30: 788～793

Ohleyer E, Blanch H W, Wilke C R. 1985. Continuous production of lactic acid in a cell recycle reactor. Appl. Biochem. Biotechnol, 11: 317～332

Patnaik R, Louie S, Gavrilovic V, et al. 2002. Genome shuffling of *Lactobacillus* for improved acid tolerance. Nat. Biotechnol, 20 (7): 707～712

Payot T, Chemaly Z, Fick M. 1999. Lactic acid production by *Bacillus coagulans* kinetic studies and optimization of culture medium for batch and continuous fermentations. Enzyme Microb. Technol, 24: 191～199

Peeva L, Peev G. 1997. A new method for pH stabilization of the lactoacidic fermentation Enzyme Microb. Technol,

21: 176～181

Picataggio S K, Zhang M, Franden M A, et al. 1997. Recombinant *Lactobacillus* for fermentation of xylose to lactic acid and lactate. PCT Int. Appl. WO 97/13842

Pintado J, Guyot J P, Raimbault M. 1999. Lactic acid production from mussel processing wastes with an amylolytic bacterial strain. Enzyme Microb. Technol, 24: 590～598

Porro D, Bianchi M M, Brambilla L, et al. 1999. Real replacement of a metabolic pathway for large-scale production of lactic acid from engineered yeasts. Appl. Environ. Microbiol, 65 (9): 4211～4215

Raya-Tonetti G, Córdoba P, Bruno-Bárcena J, et al. 1999. Fluidized bed ion exchange for improving purification of lactic acid from fermentation. Biotechnol. Tech, 13: 201～205

Roble N D, Ogbonna J C, Tanaka H. 2003. Lactic acid production from raw cassava starch in a circulating loop bioreactor with cell immobilized in loofa (*Luffa cylindrical*). Biotechnol. Lett, 25: 1093～1098

Roukas T, Kotzekidou P. 1998. Lactic acid production from deproteinized whey by mixed cultures of free and coimmobilized *Lactobacillus casei* and *Lactococcus lactis* cells using fedbatch culture. Enzyme Microb. Technol, 22: 199～204

Saitoh S, Ishida N, Onishi T, et al. 2005. Genetically engineered wine yeast produces a high concentration of L-lactic acid of extremely high optical purity. Appl. Environ Microbiol, 71 (5): 2789～2792

Sanchez-Podlech P A, Luna M F, Jerke P R, et al. 1990. Semicontinueus lactic fermentation of whey by *Lactobacillus bulgaricus* I. Experimental results. Biotechnol. Lett, 12 (7): 531～534

Severson D K, Barrett C L. 1995. *Lactobacillus delbrueckii* ssp. *bulgaricus* strain and fermentation process for producing L- (+) -lactic acid: US Pat. 5416020

Shen X, Xia L. 2006. Lactic acid production from cellulosic material by synergetic hydrolysis and fermentation. Appl. Biochem. Biotechnol, 133: 251～262

Srivastava A, Roychoudhury P K, Sahai V. 1992. Extractive lactic acid fermentation using ion-exchange resin. Biotechnol Bioeng, 39: 607～613

Stenroos S-L, Linko Y Y, Linko P. 1982. Production of L-lactic acid with immobilized *L. delbrueckii*. Biotechnol. Lett, 4: 159～164

Tanaka K, Komiyama A, Sonomoto K, et al. 2002. Two different pathways for D-xylose metabolism and the effect of xylose concentration on the yield coefficient of L-lactate in mixed-acid fermentation by the lactic acid bacterium *Lactococcus lactis* IO-1. Appl. Microbiol. Biotechnol, 60: 160～167

Tango M S A, Ghaly A E. 2002. A continuous lactic acid production system using and immobilized packed bed of *Lactobacillus helveticus*. Appl. Microbiol. Biotechnol, 58: 712～720

Taniguichi M, Tokunaga T, Horiuchi K, et al. 2004. Production of L-lactic acid from mixture of xylose and glucose by co-cultivation of lactic acid bacteria. Appl. Microbiol, Biotechnol, 66: 160～165

Thomas S. 2000. Production of lactic acid from pulp mill solid waste and xylose using *Lactobacillus delbrueckii* (NRRL B-445) Appl. Biochem. Biotechnol, 84～86, 445～468

Tsai S P, Coleman R D, Moon S-H, et al. 1993. Strain screening and development for industrial lactic acid fermentation Appl. Biochem. Biotechnol, 39/40: 323～335

Tsai S P, Moon S-H. 1998. An integrated bioconversion process for production of L-lactic acid from starchy potato feedstocks. Appl. Biochem, Biotechnol, 70～72; 417～428

Tsai S P, Moon S H, Coleman R. 1995. Fermentation and recovery process for lactic acid production: US pat. 5464760

Ueno T, Ogawa Y, Ishikawa M, et al. 2003. Lactic acid production using two food processing waste, canned pine apple syrup and grape invertase substrate and enzyme. Biotechnol. Lett., 25: 573～577

van Ness J H. 1981. Hydroxy carboxylic acid . In, Kirk-Othmer Encyclopedia of chemical Technology 3rd ed . Vol. 13. John Wiley, Sons, Inc. New York 80～103

VickRoy T B. 1985. Lactic acid. In: Comprehensive Biotechnology, Vol. 3, Moo-Young M. (ed), Pergamon

Press, New York USA: 761～776

Viljava T, Koivikko H. 1999. Method for preparing pure lactic acid: US Pat. 5932455

Vishnu C, Seenayya G, Reddy G. 2002. Direct fermentation of various pure and crude stachy substrates to L(+) lactic acid using *Lactobacillus amylophilus* GV6. World J. Microbiol. Biotechnol, 18: 429～433

Wee Y-J, Yun J-S, Park D-H, et al. 2004. Biotechnological production of L(+) -lactic acid from wood hydrolyzate by batch fermentation of *Entrococcus faecalis* Biotechnol Lett, 26: 71～74

Xiaodong W, Xuan G, Rakshit S K. 1997. Direct fermentative production of lactic acid on cassava and other starch substrates. Biotechnol. Lett, 19 (9): 841～843

Yabannavar V M, Wang D I C. 1991a. Extractive fermentation for lactic acid production Biotechnol. Bioeng, 37: 1095～1100

Yabannavar V M, Wang D I C. 1991b. Strategies for reducing solvent toxicity in extractive fermentations. Biotechnol. Bioeng, 37: 716～722

Yañez R, Moldes A B, Alonso J L, et al. 2003. Production of D(－)-lactic acid from cellulose by simultaneous saccharification and fermentation using *Lactobacillus coryniformis* subsp. *torquens*. Biotechnol. Lett, 25: 1161～1164

Yao P-X, Toda K. 1990. Lactic acid production in electrodialysis culture. J. Gen. Appl. Microbiol, 36: 111～125

Yumoto I, Ikeda K. 1995. Direct fermentation of starch to L-(+)-lactic acid using *Lactobacillus amylophilus*. Biotechnol. Lett, 17 (5): 543～546

Yun J S, Wee Y J, Ryu H W. 2003. Production of optically pure L(+)-lactic acid from various carbohydrates by batch fermentation of *Enterococcus faecalis* RKY1 Enzyme Microbial Technol, 33: 416～423

Zayed G, Zahran A S. 1991. Lactic acid production from salt whey using free and agar immobilized cells. Lett. Appl. Microbiol, 12: 241～243

Zhang D X, Cheryan M. 1991. Direct fermentation of starch to lactic acid by *Lactobacillus amylovorus*. Biotechnol. Lett, 13: 733～738

Zhu J, Shimizu K. 2004. The effect of *pfl* gene knockout on the metabolism for optically pure D-lactate production by *Escherichia coli*. Appl. Microbiol, Biotechnol, 64: 367～375

第九章　乳酸细菌产生的细菌素和类细菌素

细菌素已为分子生物学和食品安全作出巨大贡献，经过分子改造或重组的细菌素将有可能成为新一代抗生素的候选者。

第一节　细菌素是生物活性肽的重要成员

一、肽和生物活性肽

（一）肽

肽是分子结构介于氨基酸和蛋白质之间的一类化合物，由 2～3 个氨基酸组成的肽叫小肽，由 10 个以内氨基酸组成的肽叫寡肽，由 10～50 个氨基酸组成的叫多肽，50 个以上氨基酸组成的肽叫蛋白质。

人和动植物及微生物在生长繁殖代谢过程中会产生一些肽类物质，如人和动物产生的胸腺肽和防卫素（defensin）、昆虫产生的天蚕素（cecropin）、两栖动物产生的蛙皮肽（magainin）、植物产生的硫堇肽（thionine）和橡胶素（hevein）、细菌产生的细菌素（bacteriocin）和类细菌素（bactoriocin-like）。乳酸细菌产生的细菌素是细菌素中研究最深入、应用最广泛的抗菌物质。

（二）生物活性肽

生物活性肽是指对机体生命活动有益或具有生理作用的肽类化合物，它与游离氨基酸相比易吸收、生理功能更多，主要有：免疫功能（如胸腺肽）、抗血压功能（如血管紧张素-Ⅰ转换酶抑制剂）、降胆固醇功能（如大豆多肽）、抗氧化功能（如动物肌肉中的肌肽）、结合矿物质的功能（如酪蛋白磷酸肽）、促生长功能（如从大豆和鸡蛋酶解物中得到的促生长肽）、抗血栓功能（如由牛 r-酪蛋白得到的 casoplatelin C11 肽）、杀死病毒的功能（如 Gly-Leu-Gln 能杀死 HIV 病毒）、抑制肿瘤转移的功能（如 Arg-Gly-Asp）和抗菌功能。

具有抗菌活性的肽可从动物、植物、微生物体内或其代谢产物得到，多数是 50 个氨基酸以下的碱性或阳离子肽、富含赖氨酸和精氨酸。具有亲水性和亲脂性，亲水性使其溶于体液、亲脂性使其能与细菌细胞膜结合，使敏感菌细胞膜形成小孔，致使细胞质泄漏，进而抑制或杀死敏感菌（李勇，2007）。抗菌肽无致畸变作用、无毒性蓄积作用，也不易产生耐药性。近年研究揭示抗菌肽不仅有直接抗菌的活性，而且对宿主有免疫抑制、免疫激活和免疫增强等调节功能（徐灵龙，2007）。

二、细 菌 素

(一) 细菌素的定义

细菌素是细菌产生的一种抗菌物质，它是在代谢过程中通过核糖体合成机制产生的一类具有抗菌活性的肽或前体（进一步被修饰为成熟的肽），抗菌对象主要是与产生菌分类上相近的细菌，但产生菌对自身分泌的细菌素有免疫性。

(二) 细菌素的生物学意义

细菌素是产生菌生存竞争的武器、是微生态平衡的调节剂。微生物要在复杂或极其恶劣的环境中生长繁衍，必须有严谨的防护措施。在不同的生态条件下的长期进化过程中，微生物通过分泌抗生素、有机酸、H_2O_2、溶细胞素、毒素蛋白和细菌素等物质作为武器，在与众多微生物的生存竞争中，抑制或杀死竞争者，争得一席生存之地，其中细菌素功不可没。就现在所知，不论革兰氏阳性菌，还是革兰氏阴性菌或古细菌，都产生各种各样的细菌素或类细菌素，如凝结芽孢杆菌产生的 coagulin、大肠杆菌产生的 colicin/microcin、嗜盐杆菌产生的 halocin。各类细菌所处的生态位置和数量的稳定平衡，有时也要靠细菌素来维持。还有数据表明，细菌的多样性和进化，也有细菌素的功劳。

(三) 细菌素与抗生素的区别

细菌素与抗生素在合成途径、作用方式、抗菌谱、毒性和耐药机制等方面都不同。抗生素大部分是微生物通过酶促反应将初级代谢产物转变为结构性次级代谢产物，如短杆菌肽 S。而细菌素则是通过核糖体合成的产物；抗生素的作用方式较多，而细菌素则是以形成孔洞或溶解细胞为主；抗生素的抗菌谱较广，往往有毒副作用，而细菌素主要是对近缘关系的菌起作用，且无毒副作用；抗生素会引起耐药性，细菌素一般不易出现耐药性。

(四) 细菌素的命名

细菌素的命名比较简单，如同酶学名词的后缀是 ase 一样，细菌素的后缀是 cin 或 in，后缀前要用产生菌的属名或种名（目前多用种名）表示，如 colicin、monocin、subtilin、staphylocin 分别表示由 *Escherichia coli*、*Listeria monocytogenes*、*Bacillus subtilis* 和 *Staphyloccccus aureus* 菌产生的细菌素，在 cin 或 in 后的字母或数字代表同一个种的不同株的菌产生的细菌素，如 caseicin B80 意味着是由 *Lactobacillus casei* B80 的菌株产生的细菌素。在较早的命名中，有的是指属中菌产生的细菌素，如 lactacin F，这是指在乳杆菌（*Lactobacillus* spp.）中报道的第六个细菌素。

三、乳酸细菌产生的细菌素

(一) 乳酸细菌细菌素资源丰富

乳酸细菌能在不同生态条件下生存，其原因之一是由于它能产生种类繁多的细菌素，用以对抗竞争者。几乎每个种的菌都产生细菌素，有的菌株可以产生两种或两种以上的细菌素，这些细菌素分子质量小、无毒、结构复杂、有的含有稀有氨基酸，因此被认为是研究分子遗传学、基因工程、肽工程、信息传导的好素材，也是用于食品防腐及人和动物医疗保健的好材料。

（二）乳酸细菌细菌素的分类

按结构、相对分子质量、热稳定性、抗菌谱等特性，可将细菌素分为三大类（表9-1）：第一类为羊毛硫细菌素（lantibiotics），分子质量小，均在5kDa以下，它是分子内硫醚环中含稀有氨基酸（羊毛硫氨酸和β-甲基羊毛硫氨酸）修饰后的多肽。根据分子形状和作用方式又可分为A、B两型，见图9-1。A型为长形、阳离子成孔的多肽，A型又可进一步分为A(Ⅰ)亚型和A(Ⅱ)亚型。A(Ⅰ)如nisin、subtilin，N端的A、B二环与靶细胞壁的脂质Ⅱ结合在膜上形成孔，使胞内氨基酸和ATP流出胞外。A(Ⅱ)如nukacin Isk-1、lacticin 481，N端为线性，C端为球形。B型分子为球形，是酶的抑制剂和免疫蛋白，如mersacidin、cinnamycin，它们能与靶细胞脂质Ⅱ形成复合体。两组分的羊毛硫细菌素如lacticin 3147 A1和A2，它们由两个羊毛硫细菌素组成，有协同的抗菌作用。目前已在革兰氏阳性菌中发现了50余种羊毛硫细菌素。

第二类为不含羊毛硫氨酸、非修饰、分子质量小于10kDa、热稳定、富含小氨基酸，如Gly，通常为阳离子亲水亲脂的两性物质。又可分为4个型：见表9-1，Ⅱa为抗利斯特氏菌的多肽，如pediocin，见图9-1，其N端含有一个保守的序列：酪氨酸-甘氨酸-天冬酰胺-甘氨酸-缬氨酸-任意氨基酸-半胱氨酸。

表9-1 细菌素生化和遗传特性的概述（Cintas，2001）

细菌素	产生菌	参考文献
Ⅰ类细菌素(羊毛硫细菌素)		
nisin A	*L. lactis*	de Vuyst and Vandamme,1994b
nisin Z	*L. lactis*	de Vuyst and Vandamme,1994b
lactococcin DR	*L. lactis* ADRIA 85L030	Dufour et al.,1991
lacticin 481	*L. lactis* CNRZ481	Piard et al.,1992
lacticin 3147(LtnA1&LtnA2)	*L. lactis* DPC3147	Dougherty et al.,1998
estreptococcin A-FF22	*S. pyogenes* FF22	Hynes et al.,1993
salivaricin A	*S. salivarius* 20P3	Ross et al.,1993
cytolysin(CylL1&CylL2)	*E. faecalis*	Gilmore et al.,1994
carnocin U149	*C. piscicola* U149	Stoffels et al.,1992b
lactocin S	*Lb. sakei* L45	Mortvedt et al.,1991
Ⅱ类细菌素		
Ⅱ类 a(类片球菌素的细菌素)		
pediocin PA1	*P. acidilactici* PAC-1.0	Henderson et al.,1992
pediocin AcH	*P. acidilactici* H	Bhunia et al.,1988
leucocin A-UAL187	*Lc. gelidum* UAL187	Hastings et al.,1991
mesentericin Y105	*Lc. mesenteroides* Y105	Héchard et al.,1992
mesentericin 52B	*Lc. mesenteroides* FR52	Héchard et al.,1999

续表

细菌素	产生菌	参考文献
mesentericin B105	*Lc. mesenteroides* Y105	Revol-Junelles et al., 1996
acidocin A	*Lb. acidophilus* TK9201	Kanatani et al., 1995
bavaricin A	*Lb. bavaricus* MI4 01	Larsen et al., 1993
curvacin A	*Lb. curvatus* LTH1174	Tichaczek et al., 1992
sakacin A	*Lb. sakei* LB706	Holck et al., 1992
sakacin P	*Lb. sakei* LTH673	Tichaczek et al., 1992
sakacin 674	*Lb. sakei* LB674	Holck et al., 1994a
carnobacteriocin BM1	*C. piscicola* LB17B	Quadri et al., 1994
carnobacteriocin B2	*C. piscicola* LV17B	Quadri et al., 1994
divercin V41	*C. divergens* V41	Métivier et al., 1998
enterocin A	*E. faecium* CTC492	Aymerich et al., 1996
Ⅱ类 b(二肽细菌素)		
lactococcin M(LcnM & LcnN)	*L. cremoris* 9B4	van Belkum et al., 1991a
lactococcin G(LcnGα & LcnGβ)	*L. lactis* LMG2081	Nisson-Meyer et al., 1992
acidocin J1132(α & β)	*Lb. acidophilus* JCM1132	Tahara et al., 1996
lactacin F(LafA & LafX)	*Lb. johnsonii* VPI11088	Alison et al., 1994
plantaricin S(Plsα & Plsβ)	*Lb. plantarum* LCPO1.0	Jimenez-Diaz et al., 1995
plantaricins EF(PinE & PinF)	*Lb. plantarum* C11	Diep et al., 1996
plantaricins JK(PinJ & PinK)	*Lb. plantarum* C11	Diep et al., 1996
leucocin H(α & β)	*Leuconostoc* sp. MF215B	Blom et al., 1999
thrmophilin 13(ThmA/ThmB)	*S. thermophilus* SPi13	Marciset et al.1997
Ⅱ类 c(分泌依赖型细菌素)		
acidocin B	*Lb. acidophilus* M46	Leer et al., 1995
divergicin A	*C. divergens* LV13	Worobo et al., 1995
bacteriocin 31[a]	*E. faecalis* Y117	Tomita et al., 1996
enterocin P[a]	*E. faecium* P13	Cintas et al., 1997; Casaus, 1998
lactococcin 972	*L. lactis* IPLA972	Martinez et al., 1999
Ⅱ类 d(其他细菌素)		
lactococcins A and B	*L. cremoris* 9B4	van Belkum et al., 1991a, b
	L. lactis WM4	Stoddard et al., 1992
	L. cremoris LMG2130	Holo et al., 1991
diacetin B	*L. lactis* subsp. *diacetylactis* UL720	Ali et al., 1995
acidocin 8912	*Lb. acidophilus* TKB192	Kanatani et al., 1995
peptide A	*Lb. acidophilus* LF221	Bogovic-Matijasic et al., 1998
peptide B	*Lb. acidophilus* LF221	Bogovic-Matijasic et al., 1998
lactobin A	*Lb. amylovorous* LMG P-13139	Contreras et al., 1997
lactocin 705	*Lb. casei* CRL705	Palacios et al., 1999
gassericin B3	*Lb. gasseri* HCM2124	Tahara et al., 1997
plantaricin 1.25α	*Lb. plantarum* TMW1.25	Ehrmann et al., 2000

续表

细菌素	产生菌	参考文献
plantaricin 1.25β	*Lb. plantarum* TMW1.25	Ehrmann et al.,2000
divergicin 750	*C. divergens* 750	Holck et al.,1996
carnobacteriocin A	*C. piscicola* LV17A	Worobo et al.,1994
piscicolin 61	*C. piscicola* LV61	Holck et al.,1994b
leucocin B-TA33[a]	*Lc. mesenteroides* TA33a	Papthanasopoulos et al.,1998
enterocin B	*E. faecium* T136	Casaus et al.,1997
enterocins L50(EntL50A&B)[b]	*E. faecium* L50	Cintas et al.,1998b
enterocin Q	*E. faecium* L50	Cintas et al.,2000
Ⅲ类细菌素		
helveticin J	*Lb. helveticus* 481	Joerger and Klaenhammer
caseicin 80	*Lb. casei* B80	Rammeisberg et al.
肠溶素	*E. faecalis* LMG2333	Nilsen et al.

注：括号内的符号（细菌素）有同样的氨基酸序列。a. 这类细菌素可以包括在Ⅱ类 a 细菌素内；b. 这些细菌素与二肽细菌素Ⅱ类 b 相似

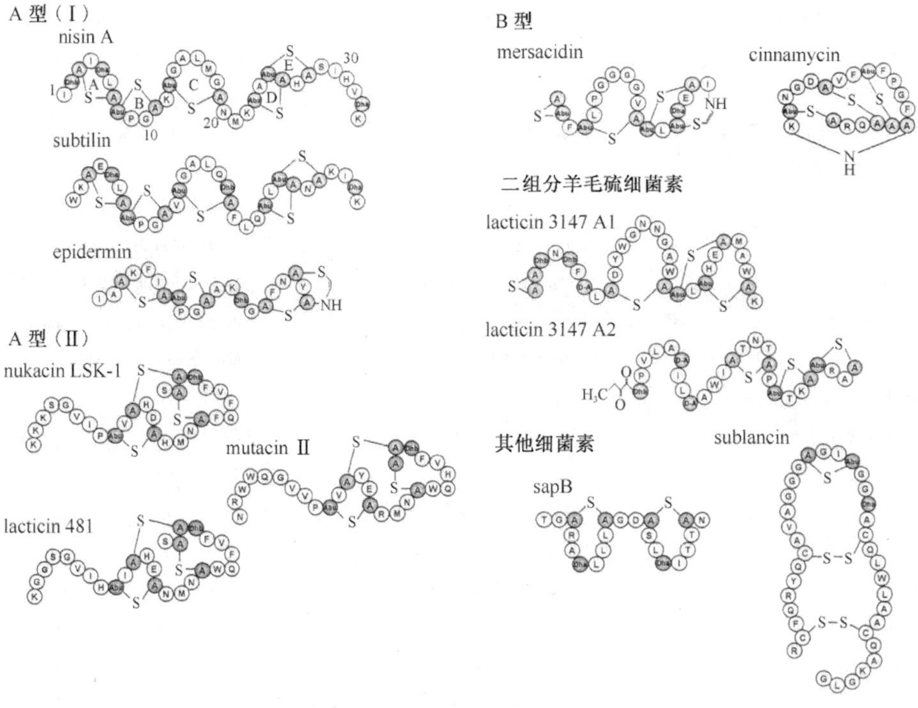

图 9-1 羊毛硫细菌素的典型结构

结构中的深色部分表示修饰的氨基酸；A-S-A，羊毛硫氨酸；Abu-S-A，3-甲基羊毛硫氨酸；Dha，脱氢丙氨酸；Dhb，脱氢丁酸甘油酯；A-S-CH＝CH-NH，S-[(Z)-2-氨基乙烯基]-D-半胱氨酸；Abu-S-CH＝CH-NH-，S-[(Z)-2-氨基乙烯基]-(3S)-3-甲基-D-半胱氨酸；D-A，D-丙氨酸(Nagao，2006)

很多乳酸菌如 *Pediococcus*、*Leuconostoc*、*Enterococcus*、*Lactobacillus* 都产Ⅱa 细菌素，见表 9-2。Ⅱb 为两肽细菌素，即含有不同氨基酸序列的两个肽，如 lactococcin G、lactacin F、lactococcin M、plantaricin 等。Ⅱc 为依赖于 Sec 分泌的细菌素，如 acidocin B。Ⅱd 为不属于这些型的其他两类细菌素如 enterocin B。见表 9-1。

表 9-2　产Ⅱ类 a 细菌素的乳酸细菌（Drider，2006）

细菌素	产生菌		来源
	种	菌株	
bavaricin A	*Lactobacillus sakei*	MI401	发酵面团，酵头
bifidocin B	*Bifidobacterium bifidum*	NCFB 1454	
carnobacteriocin B2	*Carnobacterium piscicola*	LV17	猪肉
carnobacteriocin BM1	*Carnobacterium piscicola*	LV17B	猪肉
coagulin	*Bacillus coagulans*	I4	牛粪
cruvacin A	*Lactobacillus curvatus*	LTH1174	发酵香肠
divercin V41	*Carnobaterium divergens*	V41	鱼内脏
divergicin M35	*Carnobaterium divergens*	M35	熏鲑鱼
enterocin SE-K4	*Enterococcus faecium*	K-4	青贮草
enterocin P	*Enterococcus faecium*	P13	西班牙干发酵香肠
enterocin CRL35	*Enterococcus faecium*	CRL35	阿根廷干酪
enterocin A	*Enterococcus faecium*	CTCA92/T136	西班牙干发酵香肠
lactococcin MMFⅡ	*Lactococcus lactis*	MMFⅡ	突尼斯奶制品
leucocin A	*Leuconostoc gelidum*	UAL187	真空包装肉
leucocin C	*Leuconostoc mesenteroides*	TA33a	真空包装肉
mundticin	*Enterococcus mundtii*	ATO6	新鲜莴苣
mesentericin Y105	*Leuconostoc mesenteroides*	Y105	山羊奶
plantaricin 423	*Lactobacillus plantarum*	423	发酵啤酒，啤酒糟
pediocin PA-1	*Pediococcus acidilactici*	PAC 1.0	发酵啤酒，啤酒糟
pediocin AcH	*Pediococcus acidilactici*	AcH	
pediocin SJ-1	*Pediococcus acidilactici*	SJ-1	肉
pediocin 126	*Crnobacterium piscicola*	JG123	腐败火腿
sakacin P	*Lactobacillus sakei*	674	肉
sakacin G	*Lactobacillus sakei*	2512	罗地亚食品
sakacin A	*Lactobacillus sakei*	706	肉
sakacin 5X	*Lactobacillus sakei*	5	麦芽

第三类为大分子（>30kDa）、热不稳定的细菌素，在 60～100℃，10～15min 就失去活性，这类细菌素主要产自乳杆菌和肠球菌，如 caseicin 80、enterolysin。

近十几年发现了许多结构和性质与细菌素相似的物质，有人把它称为类细菌素（bacteriocin-like），也有人称为类细菌素的抑菌物质（bacteriocin-like inhibitory substance，BLIS）。在革兰氏阳性菌中经常发现一些不但对革兰氏阳性菌而且对革兰氏阴性菌如大肠杆菌、假单胞菌、沙门氏菌等也有抑制或杀死作用的抗菌物质，其主要成分是大分子的糖蛋白或脂蛋白，如 lactocin 27、mesenterocin52、fermenticin，显然这和细菌素定义的抗菌物质不符，它们是属于抗生素还是细菌素，尚未定论，不过也常有报道称其为第四类细菌素（Klaenhammen，1993）。

（三）乳酸细菌细菌素的抗菌谱

如上所述，细菌素主要是抗近缘菌的抗菌物质，然而事实和定义不完全相符，它的拮抗范围远不止同一个种的菌，甚至对在同一生态环境下存在的各种微生物都有抑制作用。

①在特定种里，对特定细菌素而言，某些菌株可能是敏感株，而另一些则可能是抗性菌株；②对某一些细菌素显示敏感的菌株也可能在它的群体细胞中出现抗性细胞；③一个菌株可以对某一些细菌素是敏感的而对另外相似类型的细菌素可能是拮抗的；④产生某些细菌素菌株的细胞可能对另一些细菌是敏感的；⑤尽管菌株的营养细胞是敏感的，然而孢子则可能是抗性的；⑥在一般情况下，革兰氏阴性菌对乳酸菌产生的细菌素是不敏感的，然而只要把它的细胞壁弱化后，它就可被纯的细菌素抑制，如在有机酸、EDTA 的存在下或经低 pH、冷冻、加热、高压等处理后，革兰氏阴性菌也可以被抑制。基于上述事实，可以把细菌素的抗菌谱分为三个类型：①窄谱细菌素，它抑菌范围只限于产生菌的种内，如 lactococcin A、caseicin 80 或同一个属的其他种，如 lactocin 27、lactacin B。②中谱细菌素，它能抑制乳酸菌和革兰氏阳性菌中其他属的细菌，包括利斯特氏菌、葡萄球菌、梭状芽孢杆菌等，如 lactacin F、lacticin 481、plantaricin C、plantaricin S 和 plantaricin T。③广谱细菌素，除了上面提到的各个属外，还包括丙酸菌、芽孢杆菌属等，代表性的细菌素如 nisin A、nisin Z，它还抑制孢子发芽生长。pediocin ACH/PA-1、leucocin S 和 enterocins L50 等抗菌谱也很广。除此之外，也有抑菌谱更广的物质，它甚至对革兰氏阴性菌都有较好的抑/杀作用，不过这些物质是否属于细菌素有待研究。

在乳酸菌产生的细菌素中，研究的最深入、应用最广的是第一类羊毛硫细菌素和第二类Ⅱa 细菌素，因此本章重点对它们进行讨论。

（郭兴华）

第二节　第一类细菌素

一、羊毛硫细菌素

（一）乳酸细菌产生的羊毛硫细菌素

乳酸细菌产生的羊毛硫细菌素见表 9-3。这是一类含羊毛硫氨酸（lanthionine，Lan）、β-甲基羊毛硫氨酸（β-methyllanthionine，Melan）、脱氢丙氨酸（dehydroalanine，Dha）和β-甲基脱氢丙氨酸（β-dehydrobutynine，Dhb）等稀有氨基酸的小肽。乳酸菌产生的羊毛硫细菌素全都属于 A 型羊毛硫细菌素。A 型羊毛硫细菌素又分成 AⅠ

类和 AⅡ类羊毛硫细菌素，AⅠ类羊毛硫细菌素带有少量正电荷或负电荷，AⅡ类羊毛硫细菌素带有高的负电荷。

表 9-3 乳酸菌产生的羊毛硫细菌素（Ouwehand，1998；Xiao，2004）

细菌素	产生菌	分子质量/Da	抗微生物活性
carnocin U149	*Carnobacterium piscicola* U149	4635	肉杆菌、乳杆菌 片球菌、乳球菌
cytolycin L1	*Enterococcus faecalis*	4164	
cytolycin L2	*Enterococcus faecalis*	2631	
lacticin 481	*Lc. Lactis* 481	2901	乳酸菌、酪丁酸梭菌
lacticin S	*Lb. sake* L45	3769	乳杆菌、片球菌、明串珠菌
lactococin	*Lc. lactis* ADRI85L030	2300	酪丁酸梭菌、瑞士乳杆菌、嗜热链球菌
mutacin	*Sc. mutans*	3245	
nisin A	*Lc. lactis* ssp. *Lactis*	3488	乳球菌、链球菌、葡萄球菌、微球菌、片球菌、乳杆菌、利斯特氏菌、分枝杆菌、梭菌（包括孢子）、芽孢杆菌（包括孢子）
nisin Z	*Lc. lactis* ssp. *lactis*	3453	同 nisin A
salivaricin A	*Sc. salivarius* 20P3	2315	藤黄微球菌
streptococcin A-FF22	*Sc. pyogenes*	2795	
bovicin HJ50	*Sc. bovis* HJ50	3428	巨大芽孢杆菌、枯草芽孢杆菌、弯曲乳杆菌、肠膜明串珠菌、葡聚糖明串珠菌、黄色微球菌

羊毛硫细菌素中的稀有氨基酸是由核糖体上合成的初级翻译产物经过酶促修饰生成的。首先丝氨酸和苏氨酸残基经过脱水作用分别得到 Dha 和 Dhb。然后，Dha 和 Dhb 分别与附近的半胱氨酸进行立体亲核加成而产生羊毛硫氨酸和β-甲基羊毛硫氨酸中的硫醚桥（图 9-2）。

乳酸乳球菌产生的乳链菌肽（nisin）是羊毛硫细菌素的杰出代表。由清酒乳杆菌产生的 lactocin S 和乳酸乳球菌产生的 lacticin 481 是 20 世纪 90 年代初期被纯化和鉴定的羊毛硫细菌素。最近，中国科学院微生物研究所的研究人员从牛链球菌中分离得到一个新的羊毛硫细菌素 bovicin HJ50，它的分子中不仅含有硫醚键，还含有一个二硫键。

（二）lactocin S

lactocin S 是从清酒乳杆菌中分离、鉴定的第一个细菌素。它与大多数 A 型羊毛硫细菌素不同，在 pH7 时不带净电荷。仅当 pH 低于 6 时，由于 lactocin S 分子 C 端 2 个组氨酸残基使其带有正电荷，才具有杀菌活性。

氨基酸序列分析结果提示 lactocin S 含有羊毛硫氨酸、β-甲基羊毛硫氨酸和脱水型的丝氨酸或苏氨酸。这为后来的 lactocin S 遗传学鉴定和分析所证实。对编码 lactocin S 开放阅读框的核苷酸序列分析，发现它编码一个 68 个氨基酸的 lactocin S 前体分子。该

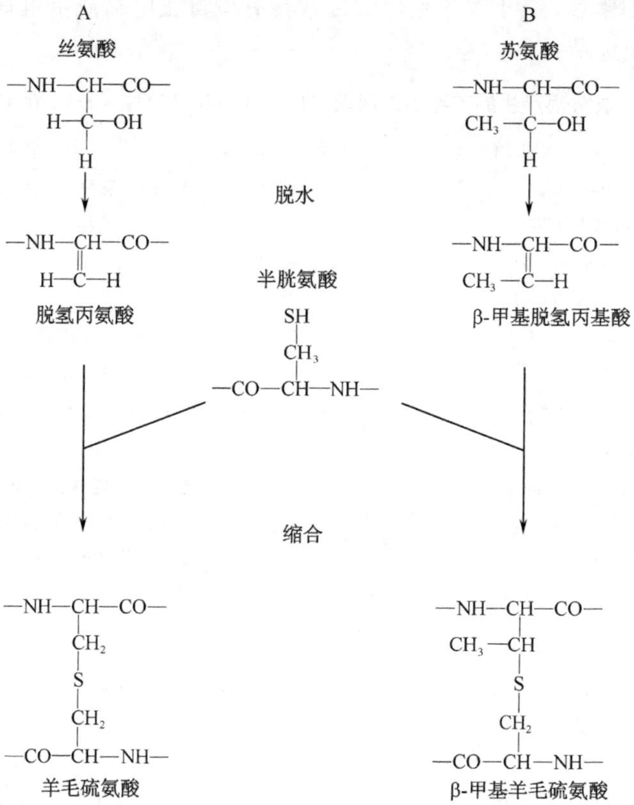

图 9-2　羊毛硫细菌素中稀有氨基酸生物合成的机制（Schnell，1988）

前体分子含有 33 个残基的 N 端前导序列和用于翻译后修饰的丝氨酸、苏氨酸和半胱氨酸残基。成熟的 lactocin S 分子由 35 个氨基酸组成，有 2 个羊毛硫氨酸和其他 4 个脱氢残基。其分子结构见图 9-3。

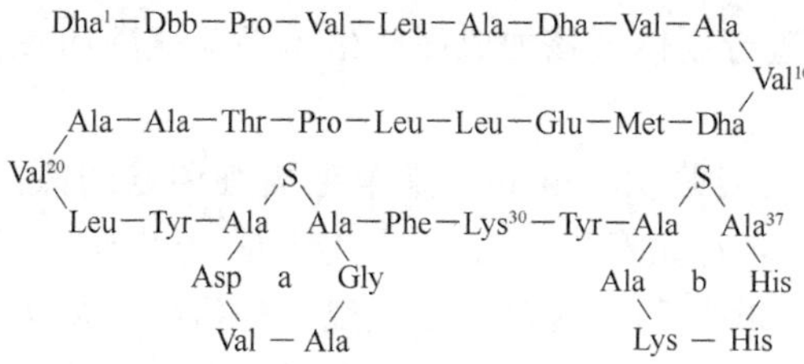

图 9-3　lactocin S 的分子结构（Mortvedt，1991）

与乳链菌肽和枯草菌素（subtilin）不一样，负责 lactocin S 产生、免疫、前体分子修饰和活性分子转运的基因位于清酒乳杆菌 L45 一个不稳定的 50kb 大质粒（pCIB1）上，而乳链菌肽和枯草菌素生物合成基因是位于染色体上。细菌素编码基因位于质粒上并不是个例，例如，金黄色葡萄球菌产生的表皮素（epidermin）生物合成基因也是位于质粒上。

（三）lacticin 481

lacticin 481 是 *L. lactis* ssp. *lactis* CNRZ481 产生的 A 型羊毛硫细菌素。lacticin 481 的结构基因（*lct*）已被鉴定和克隆。核苷酸序列分析说明，它编码一条 51 个氨基酸的小蛋白。这个初级翻译产物由 24 个残基的 N 端前导序列和 27 个残基的 C 结构区组成。前体分子中的半胱氨酸、丝氨酸和苏氨酸残基经翻译后修饰为羊毛硫氨酸和β-甲基羊毛硫氨酸。由修饰性残基的一级结构分析，成熟的 lacticin 481 分子有两种可能的结构（图 9-4）。

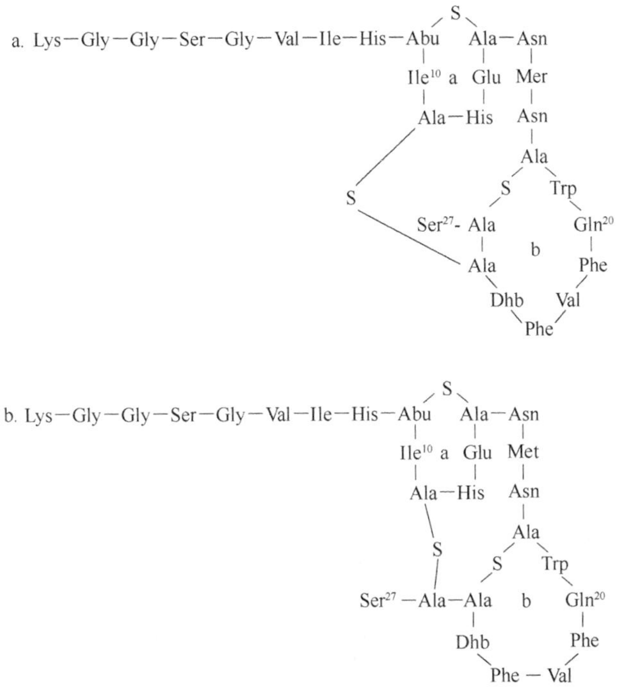

图 9-4 lacticin 481 的分子结构（Piard，1993）

Dha、Dhb、Ala-S-Ala 和 Abu-S-Ala 是修饰残基；a. Ser^{11}与 Cys^{25}反应产生单硫醚桥；

b. Ser^{11}与 Cys^{26}反应产生单硫醚桥

（四）bovicin HJ50

bovicin HJ50 是从牛链球菌 HJ50 中分离得到的羊毛硫细菌素。它的分子质量为 3428.3Da，对巨大芽孢杆菌、枯草芽孢杆菌、弯曲乳杆菌、肠膜明串珠菌、葡聚糖明串珠菌、黄色微球菌具有活性。依据 bovicin HJ50 的 N 端氨基酸序列，用嵌套式 PCR 克隆了 bovicin HJ50 的结构基因。DNA 序列分析表明它编码一个 58 个氨基酸的前肽，该前肽分子除了含有 33 个氨基酸的 C 端原肽功能域外，还含有 25 个氨基酸的 N 端前导序列。用含有乙硫醇的反应混合液处理 bovicin HJ50，显示有 2 个苏氨酸残基被修饰。另外，用 DTT 处理 bovicin HJ50，结合质谱分析，结果显示 bovicin HJ50 分子有一个二硫键。奇怪的是，经 DTT 处理的 bovicin HJ50 对黄色微球菌 NCIB8166 的活性没有任何影响。二硫键在 bovicin HJ50 中的作用和意义何在？这是一个有趣的问题。

二、乳链菌肽

乳链菌肽（nisin）又称为乳酸链球菌素或乳酸链球菌肽，是乳酸乳球菌乳酸亚种（*Lactococcus lactis* ssp. *lactis*）某些菌株产生的一个低分子质量的小肽。由于它对引起食品腐败的许多革兰氏阳性菌有强烈抑制作用，于1969年被联合国粮食和农业组织与世界卫生组织（FAO/WHO）联合食品添加剂专家委员会确认为一种高效、无毒的天然食品添加剂。乳链菌肽分子由34个氨基酸组成，含有5个硫醚键形成的分子内环，其中一个是羊毛硫氨酸（第3～7位残基），其他4个是β-甲基羊毛硫氨酸（分别为第8～11、13～19、23～26和25～28位残基，图9-5）。因此，乳链菌肽归类于羊毛硫细菌素。

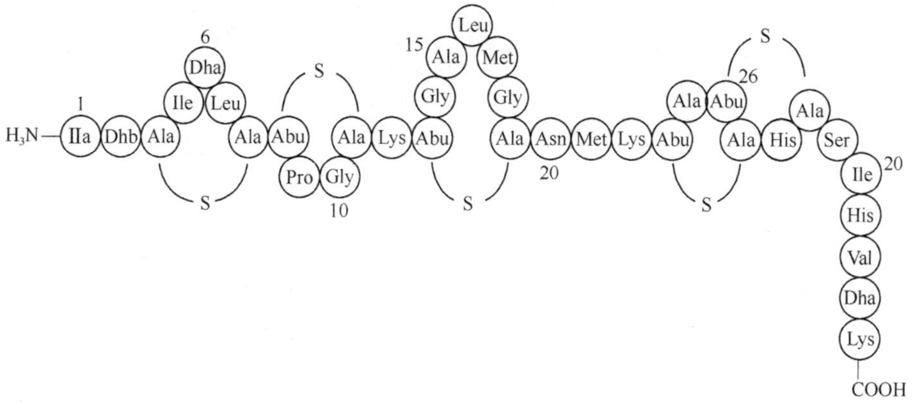

图9-5 nisin A的分子结构

在自然界中已发现三种乳链菌肽天然变异体。一种是1944年发现的nisin A，一种是1991年发现的nisin Z，它们之间的差异仅在于第27位氨基酸的不同，nisin A是组氨酸（His），nisin Z是天冬酰胺（Asn），另一种是2003年发现的nisin Q，它与nisin A之间存在着4个氨基酸的差异。目前，仅有nisin A和nisin Z用于工业化生产和食品防腐，也是研究得最深入的两种乳链菌肽。下面的讨论都是围绕nisin A和nisin Z进行的。

（一）抑菌活性

乳链菌肽对许多革兰氏阳性菌，包括葡萄球菌、链球菌、乳酸球菌、乳酸杆菌、分枝杆菌、梭菌、芽孢杆菌、利斯特氏菌等具有活性，但对革兰氏阴性菌、酵母和霉菌没有作用。芽孢杆菌和梭菌的孢子对乳链菌肽尤其敏感，2IU/mL的乳链菌肽（即0.05μg）就足以防止嗜热脂肪芽孢杆菌的孢子发芽。这些产生内生孢子的细菌是食品的主要腐败微生物。所以，如此广泛的抑菌谱及对孢子的有效活性使乳链菌肽非常适合用作热加工食品的防腐剂。

1991年，Stevens等人报道乳链菌肽与EDTA·2Na（一种螯合剂）联合使用对沙门氏菌和其他革兰氏阴性菌具有抑制作用，扩大了乳链菌肽的活性范围。2004年，中国科学院微生物研究所的研究人员对 nisin Z 铰链区的某些氨基酸进行定点突变，用赖氨酸（Lys）替代第 20 位上的天冬酰胺（Asn）或用赖氨酸（Lys）替代第 21 位上的甲硫氨酸（Met），发现带有这些突变的 nisin Z 分子对志贺氏菌、假单孢菌和沙门氏菌具有活性作用，这为用蛋白质工程方法扩大乳链菌肽的抑菌谱开拓了新途径。

（二）稳定性和溶解度

在不超过 25℃、没有日光直接照射和干燥的环境中，乳链菌肽是相当稳定的。在酸性 pH 溶液或液体状态下，乳链菌肽即使经加热处理仍然保持活性。例如，在 pH2 溶液中，可经受 115℃或 121℃长时间加热而不失活。在 pH5～7 范围内，乳链菌肽活性随着加热温度不断提高而逐渐丧失。在 pH5 时丧失 40%活性；pH6.8 时丧失 90%以上活性。但牛奶、肉汤等大分子对乳链菌肽有保护作用，使其稳定性大大提高。

乳链菌肽的稳定性与温度也密切相关。当把添加 250IU/g 乳链菌肽、含水量 54%～58%、pH5.6～6.0 的巴氏灭菌精制干酪贮藏于不同温度中，30 个星期后，20℃中的乳链菌肽残留量为 90%左右，25℃残留量为 55%，30℃下降到不足 40%。

乳链菌肽的溶解度随溶液的 pH 下降而显著增加。在 pH2 时，其溶解度为 57mg/mL，pH6 时大约为 1.5mg/mL，在中性和碱性条件下几乎不溶解，pH8.5 时溶解度仅为 0.25mg/mL。实际上，乳链菌肽作为食品防腐剂应用的浓度不可能超过 0.25mg/mL，所以，乳链菌肽的溶解度在应用中不会存在任何问题。

（三）对 α 胰凝乳蛋白酶的敏感性

α 胰凝乳蛋白酶的敏感性对乳链菌肽具有专一性。在乳链菌肽中加入 α 胰凝乳蛋白酶，乳链菌肽的活性立即消失。α 胰凝乳蛋白酶是胰腺分泌的一种蛋白水解酶，乳链菌肽经食用后，在消化道中立即被 α 胰凝乳蛋白酶降解。实验证明人们食用含有乳链菌肽的巧克力奶，10min 后就不能从唾液中检测出乳链菌肽的活性。所以，乳链菌肽不会改变人体肠道内的正常菌群，以及引起常用药用抗生素出现的抗药性问题，也不会与其他抗生素出现交叉抗性。

从上不难看出，由于乳链菌肽对引起食品腐败菌的强烈抑制作用，它在低 pH 条件下的热稳定性，以及它对 α 胰凝乳蛋白酶的敏感性，注定它是大自然赐予人类的一个高效、无毒的天然食品防腐剂。

（还连栋　钟　瑾）

第三节　第二类细菌素

Ⅱ类细菌素可分为四个亚类：①Ⅱa 类是抗利斯特氏菌的小肽，它们有共同的 N 端 YGNGVXaaC 序列。②Ⅱb类细菌素一般需要两个肽段才能发挥活性，其中必须有一个肽段显示生理活性，且两个肽段结合起来时有明显的累加效应（Anderssen et al.,

1998)。通常Ⅱb细菌素两个肽段的编码基因位于同一个操纵子上。③Ⅱc类细菌素为Sec依赖型。④Ⅱd类细菌素包括那些既不属于Ⅱa也不属于Ⅱb类的非羊毛硫氨酸细菌素。

Ⅱa类细菌素是Ⅱ类中数量最多且研究得最深入的一群，由于它们对食源性病原菌单核细胞增生利斯特氏菌有强烈的抑制作用（Quadri，1994），因而极具有作为食品防腐剂应用的潜力。另外有些Ⅱa类细菌素可抑制某些食品中的腐败乳酸菌、索丝菌（*Brochotrix* spp.）、梭状杆菌（*Clostridium* spp.）、芽孢杆菌、葡萄球菌等，因而Ⅱa类细菌素具有很好的控制食品腐败及病原菌的潜在应用前景。通常它们的抑菌活性都优于其他细菌素，而且也具有较好的物理化学性质，因此被认为是最有希望应用于多种工业用途的细菌素。

由于篇幅有限，本节只对Ⅱa类细菌素及其代表pediocin PA-1作一简介。

一、小分子、热稳定的Ⅱa类细菌素

（一）Ⅱa类细菌素的基本性质

1. Ⅱa类细菌素的氨基酸组成及其主要结构

Ⅱa类细菌素通常包含37个（如leucocin A）至48个（如carnobacteriocin B2）氨基酸残基，并且拥有相似的序列（表9-4）。N端有YGNGVXaaC基团，是膜结合蛋白受体的识别序列（Fleury et al.，1996）。也有某些N端基团表现为YGNGVXaaCXaa(K/N)XaaXaaCXaaV(N/D)(W/K/R)-Xaa(G/A/S)(A/N)（括号中为很少出现的残基，其中的残基可选择，Xaa表示出现频率高的残基）等多种形式。

Ⅱa类细菌素是一类具有抑制利斯特氏菌活性、热稳定、未经修饰的小肽，其等电点在8.3～10.0的范围内。Ⅱa类细菌素的某些共性与它们所含有的特定氨基酸残基有关系，大量的非极性氨基酸如甘氨酸使得细菌素分子具有相当高的构象自由度（Kaiser，1996）。在N端保守区中至少含有两个半胱氨酸（以二硫键相连）。二硫键的形成使N端的YGNGV区域形成一个β发夹结构，这是所有Ⅱa类细菌素都具有的保守结构（Bhugaloo-Vial，1996），这种构象使得Ⅱa类细菌素的N端区域具有一种两亲性结构。

Ⅱa类细菌素的C端只有34%～80.5%的序列相似性，据推测Ⅱa类细菌素的C端是一个α螺旋的两亲性结构，这个螺旋结构在靶细胞细胞膜形成孔洞时可起到跨膜的作用，另外，对piscicocin的研究表明，Ⅱa类细菌素可能有两个不同的α螺旋区域(Bhugaloo-Vial，1996)。某些细菌素的C端如sakacin G、plantaricin 423、pediocin PA-1/ACH、divercin V41、enterocin A，还有另一个二硫键，这对于稳定3D构象的稳定性具有重要作用。通常情况下，这类细菌素比只有一个二硫键的细菌素具有较高的抑菌活性，尤其在高温的条件下。

基于氨基酸序列分析的研究结果，Ⅱa类细菌素可以依据3D三维结构的差别进一步进行分类，这种三维结构可以反映出它们对靶细胞识别的特异性的差异。目前为止已经有4种Ⅱa类细菌素通过NMR扫描得出其三维结构，分别是carnobacteriocin B2、curvacin A、leucocin A、sakacin P。

表 9-4　Ⅱa 类细菌素的氨基酸序列(Ennahar，2000)

细菌素	氨基酸序列
lcucocin A	K Y Y G N G V H C T K S G C S V N W G E A F S A G V H R L A N G G N G F W
mescatericin Y105	K Y Y G N G V H C T K S G C S V N W G E A A S A G I H R L A N G G N G F W
mundticin	K Y Y G N G V S C N K K G C S V D W G K A I G I I G N N S A A N L A T G G A A G W S K
piscicolin 126	K Y Y G N G V S C N K N G C T V D W S K A I G I I G N N A A A N L T T G G A A G W N K G
bavaricin A	K Y Y G N C V H C G K H S C T V D W G T A I G N I G N N A A A N X A T G X N A G G
sakacin P	K Y Y G N C V H C G K H S C T V D W G T A I G N I G N N A A A N W A T G G N A G W N K
pediocin PA-1	K Y Y G N G V T C G K H S C S V D W G K A T T C I I N N G A M A W A T G G H Q G N H K C
bavaricin MN	T K Y Y G N G V Y C N S K K C W V D W G Q A A G G I G Q T V V X G W L G G A I P G K
divcrcin V41	T K Y Y G N G V Y C N S K K C W V D W G Q A S G C I G Q T V V G G W L G G A I P G K C
enterocin A	T T H S G K Y Y G N G V Y C T K N K C T V D W A K A T T C I A G M S I G G F L G G A I P G K C
enterocin P	A T R S Y G N G V Y C N N S K C W V N W G E A K E N I A G I V I S G W A S G L A G M G H
carnobacteriocin BM1	A I S Y G N G V Y C N K E K C W V N K A E N K Q A I T G I V I G G W A S S L A G M G H
sakacin A	A R S Y G N G V Y C N N K K C W V N R G E A T Q S I I G G M I S G W A S G L A G M
camobactetiocin B2	V N Y G N G V S C S K T K C S V N W G Q A F Q E R Y T A G I N S F V S G V A S G A G S I G R R P
bacteriocin 31	A T Y Y G N G L Y C N K Q K C W V D W N K A S R E I G K I I V N G W V Q H G P W A P R
acidocin A	K T Y Y G T N G V H C T K R S L W G K V R L K N V I P G T L C R K Q S L P I K Q D L K I L L G W A T G A F G K T F H

2. 在乳酸菌细菌素中的优势

几乎所有的Ⅱa类细菌素都是由分离自食品的乳酸菌产生的，如乳杆菌、肠球菌、片球菌、明串珠菌、肉食杆菌等（表9-5）。某些Ⅱa类细菌素产生菌株可产生多种细菌素，这在产细菌素乳酸菌菌株中是很常见的。产生的细菌素可能属于片球菌素家族，也可能是非Ⅱa类的细菌素，如 *Enterococcus faecium* CTC492产生的enterocin B是非Ⅱa类细菌素，但同时也产生Ⅱa类的enterocin A（Eijsink，1998）。另外，不同来源的不同属、种的乳酸菌可以产生相似的Ⅱa类细菌素，这说明编码Ⅱa类细菌素的基因在乳酸菌菌株之间是可以转移的。

表9-5 产Ⅱa类细菌素的乳酸菌（Ennahar，2000）

细菌素	产生菌	产生细菌素的菌株
leucocin A/B-Talla	*L. gelidum*	UAL187
	Leuconostoc carnosum	Talla
mesentericin Y105	*Leuconostoc mesenteroides*	Y105
divercin V41	*C. divergens*	V41
carnobacteriocin B2	*Carnobacterium piscicola*	LV17B
carnobacteriocin BM1		LV17B
piscicocin		V1
piscicocin V1a		V1
piscicolin 126		JG126
mundticin	*Enterococcus mundtii*	ATO6
enterocin A	*E. faecium*	CTC492/T136
enterocin P		P13
pediocin PA-1/AcH/SJ-1	*Pediococcus parvulus*	ATO34/ATO77
	Pediococcus acidilactici	H，PAC 1.0，SJ-1
	Lactobacillus plantarum	WHE92
curvacin A	*Lactobacillus curvatus*	LTH1174
sakacin A	*Lactobacillus sake*	Lb706
sakacin P		Lb674
bavaricin A		MI401
bavaricin MN		MN

（二）产生菌的免疫性

研究发现很多Ⅱa类细菌素产生菌可产生88～114个氨基酸的免疫蛋白，它们除了对产生菌本身具有免疫性之外，对其他Ⅱa类细菌素产生菌也能起到保护作用。尽管Ⅱa类细菌素的免疫蛋白之间的相似性很低，然而这些蛋白也有一些共同的特征，即它们大都是阳离子的亲水性分子，都有一个大的α螺旋结构。现在只有两种Ⅱa类细菌素免疫蛋白——EntA-im和CbnB2-imm的3D结构被研究清楚，尽管它们之间没有很多相似性，但却都具有左旋四螺旋的蛋白结构。研究表明Ⅱa类细菌素的免疫蛋白对它们表现免疫活性的细菌素具有选择性，而且这种选择性的决定位点位于免疫蛋白的C端。

据研究发现，相似性程度高的细菌素其免疫蛋白的同源性却很低，反之，同源性高的免疫蛋白其相应细菌素的相似性却不一定高。这说明在细菌素与免疫蛋白相互作用时，可能存在某种通用的靶物或“受体”。很多研究都认为Ⅱa类细菌素的免疫蛋白很可能是自由跨膜穿梭的分子，通过形成膜结合蛋白来保护细菌素在膜位点的作用，而非直接作用。截至目前为止，关于Ⅱa细菌素的免疫机理仍无定论（Eijsink，1998）。

（三）Ⅱa类细菌素的抑菌活性

1. 抑菌谱

Ⅱa类细菌素都对利斯特氏菌有杀菌作用，下列种属的细菌也对Ⅱa类细菌素敏感：乳杆菌、明串珠菌、片球菌、乳球菌、肉食杆菌、肠球菌、微球菌、葡萄球菌、链球菌、梭状杆菌、芽孢杆菌、环丝菌（brochothrix）。另外，需要说明的是Ⅱa类细菌素从整体上来说与其他类的细菌素（如 nisin）相比其抑菌谱较窄。虽然Ⅱa类细菌素的 N 端有极高的相似性，但在抑菌谱上却有很大差异。

另外人们普遍认为Ⅱa类细菌素的特异性和效价都可被靶细胞膜的脂肪成分影响，这取决于脂肪与细菌素分子之间相互作用的发生与否及程度大小。因此人们推测Ⅱa类细菌素对利斯特氏菌菌株的共同活性可能是由于此菌属中含有同源的脂肪成分（Chen，1997）。

2. 细菌素抗性的出现

食品腐败、病原细菌中细菌素抗性或耐性菌株的出现是细菌素在实际应用中的障碍，因为这会对细菌素抑菌活性的有效性产生质疑。对细菌素有高度抗性的菌株可能是自然产生的，也有可能是与细菌素接触的结果。通常认为每种细菌素敏感菌株都包含有潜在抗性的细胞，这些细胞在经过结构修饰后就会成为抗性细胞。细菌素的抗性机制与细菌细胞的结构和生理变化都有关系，尤其是细胞质膜的组成，因为细菌素发挥活性的部位主要在细胞质膜。比如利斯特氏菌对 nisin 产生抗性的原因可能是由于细胞的脂肪酸组成和磷脂组成都发生了改变，这些特异性的改变（与野生型菌株相比）包括 C15：C17脂肪比率降低、磷脂酰乙醇胺增多、阳离子磷脂酰甘油和双磷脂酰甘油减少（Ming，1995）等因素。另外，游离脂肪酸的变化可使细胞的流动性降低，从而阻止 nisin 分子插入。另外，膜成分的改变、细胞壁的修饰和缺少二价阳离子也可以增加利斯特氏菌对 nisin 的抗性。

不同的菌株对细菌素的敏感程度也有很大差异。例如某些利斯特氏菌株对低于200IU/mL 的 nisin 敏感，然而其他菌株在这个浓度下却具有抗性，只有采用高浓度 nisin 时才能起到抑制作用。利斯特氏菌对Ⅱa类细菌素的抗性菌株的出现频率远比对 nisin 的出现频率高。至今为止，利斯特氏菌对Ⅱa类细菌素的抗性机制仍未被确定。近来，Robichon 等人研究发现 *rpoN* 基因负责编码与革兰氏阳性菌中转录因子 σ54 同源的一个蛋白质，这个蛋白质对于 *Mesentericin* Y105 抑制 *L. mono* 的活性起关键作用。而且转座子插入 *rpoN* 基因中可产生抗性突变体，这说明与抗性相关的基因可能是由 σ54 控制的（Robichon，1997）。

抗性菌株在没有细菌素的情况下培养时通常很容易丢失这种抗性，且抗性菌株突变体比野生型菌株的生长率低，这些因素都降低了抗性突变体稳定存在于自然界中的可能性（Ming，1995）。另外，培养基也与抗性发生的频率有很大关系，如降低 pH 或添加 NaCl 都可以降低抗性出现的频率（Schillinger，1998）。

二、片球菌素 PA-1

片球菌常用于蔬菜、奶酪、肉和腊肠产品的发酵。片球菌素（pediocin PA-1）是由片球菌属中的乳酸片球菌（*P. acidilactici*）、啤酒片球菌（*P. cerevisiace*）、戊糖片球菌（*P. pentosaceus*）三种菌产生。片球菌素有强烈的抑制单核细胞增生利斯特氏菌、金黄色葡萄球菌以及梭菌的性质。片球菌属所产生的细菌素通常都属于细菌素中的Ⅱa 类，这一类细菌素也被称为片球菌素家族，其中最早发现并得到广泛研究的是片球菌素 PA-1(pediocin PA-1)(Nes，1996)。

（一）片球菌素 PA-1 的理化性质

1. 片球菌素 PA-1 的结构与分子质量

pediocin PA-1 是一个没有经过翻译后修饰的 44 个氨基酸的多肽，不含有苯丙氨酸、亮氨酸、谷氨酸、精氨酸残基，有 4 个赖氨酸、3 个组氨酸和 1 个天冬氨酸，还有 4 个半胱氨酸残基，形成了 2 个二硫键（C5-C14 和 C24-C44）。pediocin PA-1 是一个阳离子肽，在 pH6 时其净电荷数范围为＋7～＋3，其等电点范围为 8.6～10。其多肽链可分为两个功能区，一个是保守的疏水性 N 端 β 折叠，另一个是疏水性更强的 C 端球形 α 螺旋结构域。图 9-6 是 pediocin PA-1 的结构模型。

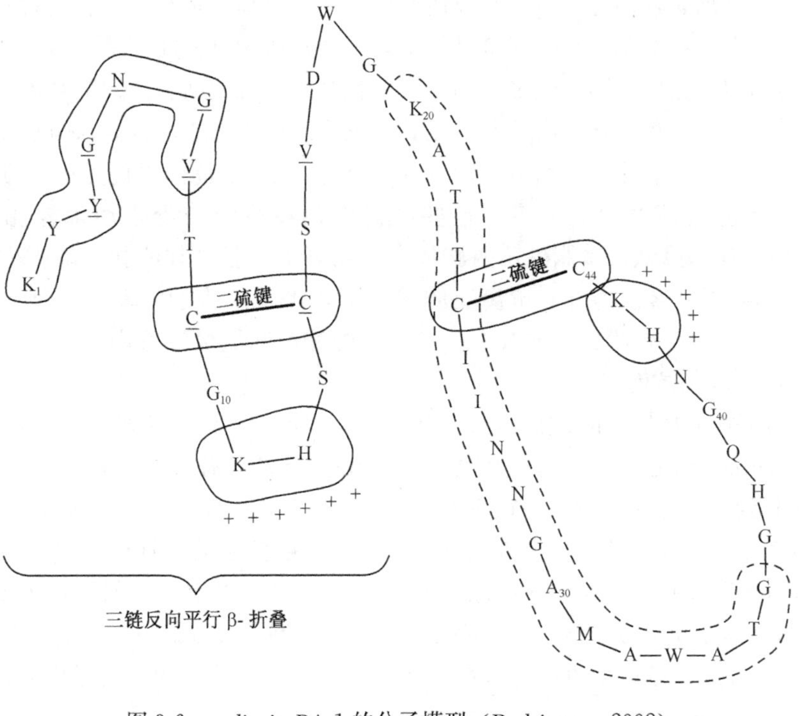

图 9-6　pediocin PA-1 的分子模型（Rodriguez，2002）

在Ⅱa 细菌素中 100%保守的残基以下划线标出；以实线（——）圈住的残基是生理活性所必需的；以虚线（----）圈出的残基对决定靶细胞特异性起重要作用；（＋）正电荷对

分别在没有和有二硫键的情况下，根据氨基酸结构分析计算，pediocin PA-1 的理论分子质量应为 4628Da 或 4624Da。天然的和人工合成的 pediocin PA-1 的质谱实验数据表明，它的半胱氨酸残基都被氧化了，而且由两个二硫键连接。由凝胶层析分析的分子质量大约为 16.5kDa，这个值几乎是理论分子质量的好几倍，这说明可能存在一个稳定的活性四聚体（Gonzalez，1987）。

2. 片球菌素 PA-1 的溶解性及稳定性

pediocin PA-1 在水溶液中是稳定的，在冷藏温度或浓度较大时更加稳定。pediocin PA-1 聚合体的形成可能与生长培养基有关，聚合体中可能含有培养基的成分，因为纯的肽段即使在高浓度下也不会形成聚合体。pediocin PA-1 样品在室温、pH2～10 的条件下保存 24h 不会失活或保持部分活性，并且在 pH4～6 时最稳定。而 pediocin PA-1 分别在 80℃、60min 和 100℃、10min 处理后活性不受影响，在 121℃、15min 处理后活性只残留 60%。在－25℃（冷冻温度）或 0～8℃（冷藏温度）下分别贮存 6 个月、12 周都不会减弱活性（Fimland，2000）。

pediocin PA-1 不能被磷酸酯酶 C、接触酶、溶菌酶、DNA 酶、RNA 酶、酯酶处理失活，但可被蛋白酶处理后失活，如胰蛋白酶、木瓜蛋白酶、无花果蛋白酶、蛋白酶Ⅳ、蛋白酶 K。pediocin PA-1 长期贮存时可形成亲水性更强但活性低的形式（pediocin PA-1-ox），其中蛋氨酸的硫原子被氧化，活性降低了 100～200 倍。采用定向突变技术以天冬氨酸取代蛋氨酸 Met31 得到的突变体丧失了活性（Fimland，2000），但以疏水性氨基酸如 Ala、Leu、Ile 取代 Met31 得到的突变体却有很好的稳定性，且活性没有大的损失。

（二）片球菌素 PA-1 的结构与功能的关系

pediocin PA-1 被 DTT（二硫苏糖醇）破坏二硫键后，其抑菌活性降低。pediocin PA-1 中的第二个二硫键（C24-C44）对于其活性却是至关重要的，在维持活性构象时起到关键的作用。事实表明，含有两个二硫键的细菌素比含一个二硫键的细菌素活性强，这说明二硫键对于抑菌活性来说是很重要的，但却并不是必需的，二硫键对维持 G10-K11-H12-S13 序列的活性是必需的。在 pediocin PA-1 的 4 个半胱氨酸残基和 3 个组氨酸残基中，K1、H42、K43 残基对活性尤为重要，替换 K1N 会导致活性几乎完全丧失，而 H42L、K43N 的替换会使活性减弱 40%～80%。因此说明，K1 可能在膜结合中起重要作用，H42 和 K43 可能居于次要作用。pediocin PA-1 的 C 端 I25 至 G37 的残基片段具有很强的疏水性，使细菌素定位于磷脂双分子层中。

（三）片球菌素的生物学性质

pediocin PA-1 对很多食品腐败菌和病原菌都有抑制作用，尤其是对单核细胞增生利斯特氏菌的抑制活性尤为突出，对作为发酵剂使用的乳酸菌如 lactococci 没有抑制作用。革兰氏阴性菌的外膜结构与组成不利于细菌素进入细胞质膜，然而鼠伤寒沙门氏菌、大肠杆菌、液化沙雷氏菌、荧光假单胞菌却对 pediocin PA-1 敏感，因为当它们的外膜受到非致命损伤后（如冷冻、微加热、与 EDTA 或乳酸菌接触），pediocin PA-1 分子就可以进入细胞质膜中。

1. 片球菌素 PA-1 的抗性

不同菌种、菌株对 pediocin PA-1 的敏感性不同，对 pediocin PA-1 有抗性的菌株比对 nisin 有抗性的菌株出现频率要高。用 pediocin PA-1 处理过的食品在冷藏期间（4～10℃）发现有利斯特氏菌残余细胞的生长，甚至某些菌株在有 pediocin PA-1 残留的情况下短期内也能达到很高的数量级。

对细菌素抗性的研究应包括对细胞壁组成和膜脂成分的研究，这种表型抗性的稳定性在没有细菌素存在的条件下传代几次以后有可能会丢失。Bennik 等研究了膜脂性质与 pediocin PA-1 和 nisin 对细胞糖酵解、胞内 ATP 库、细胞膜能量的影响之间的联系，指出所有的膜成分都会影响乳酸菌细胞对细菌素的敏感性。

pediocin PA-1 与其他细菌素联合使用可避免抗性细胞生长。nisin 和 pediocin PA-1 的混合物有更强的杀菌作用，这可能是由于对一种细菌素有抗性的细胞却对另一种细菌素较为敏感。除了 nisin A 外，pediocin PA-1 与 lacticin 481、lacticin B、lacticin F 联合使用也有叠加效应（Mulet-Powell，1998）。与 pediocin PA-1 在结构和功能上都有很大差异的 nisin、lacticin 481/B/F 之间有一些共同的结构序列。很多人都报道过利斯特氏菌突变体在获得一种Ⅱa类细菌素抗性的同时，对其他类的细菌素也产生了交叉抗性，对 nisin 的敏感性也受到了影响。另外，nisin 作用后的残存单核细胞增生利斯特氏菌细胞对片球菌素具有抗性，然而片球菌素作用后的细胞却仍对 lantibiotic 敏感。这种不同类别乳酸菌细菌素联合使用的叠加作用可以扩大它们在食品工业中的使用范围。

2. 影响片球菌素 PA-1 合成的因素

pediocin PA-1 的产量高低在很大程度上是由菌株决定的。在相似的条件下，*P. acidilactici* H 比 *P. acidilactici* E、*P. acidilactici* F、*P. acidilactici* M 菌株产生的片球菌素量要多，这可能是由于 *P. acidilactici* H 菌株的生长率高和该菌株中片球菌素操纵子所在的质粒的稳定性很高。当片球菌在 30～37℃生长时 pediocin PA-1 的产量较高，此时在 MRS 或 TGE 中生长的细胞生长量和酸度也很高。当在 TGE 培养基中添加胰蛋白胨、葡萄糖、酵母提取物或其他成分如烟酰胺、生物素时会明显地刺激细胞增殖，pediocin PA-1 的产量也会相应提高。

当最终 pH 超过 4.0 时，无论是 *P. acidilactici* 菌株还是 *Lb. plantarum* WHE92 菌株其片球菌素产量都明显地减少。当培养基 pH 为 5 时，*P. acidilactici* H 产生的细菌素量很少，且在 pH5.5 时停止产生。有研究者认为片球菌素前体肽到活性片球菌素的加工过程仅在培养基 pH≤5.0 时才会有效地进行。

通过在发酵罐中采用 pH 和温度控制培养可优化 pediocin PA-1 产生的最佳条件并得到 pediocin PA-1 的最大产量，在这种条件下，*P. acidilactici* UL5-T5 在 37℃时 pH5.5 下培养可产生 190mg/L 的 pediocin PA-1。

3. 片球菌素 PA-1 在食品中的应用

片球菌素产生菌株通常发现于自然食品中，如肉、乳、蔬菜制品，因此片球菌素从古至今一直在被人类使用，没有发现什么明显的副作用，说明这类细菌素几乎对真核生物细胞没有毒性。另外，将小鼠骨髓瘤细胞经 pediocin PA-1 处理后，发现对细胞型差异和形态学没有影响；向兔子或小鼠的皮下、皮内、静脉内、腹腔内投入细菌素，或长期摄入含片球菌素产生菌 *P. acidilactici* H 的肉制品都没有出现有害的后果，且肠道菌群没有受到任何影响。

由于单核细胞增生利斯特氏菌在低温、低 pH 下能在许多乳制品中生长，是乳品工业中的一个重要的隐患。目前为止除了 *Lb. plantarum* WHE92 之外，所有 pediocin PA-1 产生菌都是片球菌，而且通常都分离自蔬菜或肉制品。但由于片球菌较难在乳制品中生长，因此，乳源 pediocin PA-1 产生菌的发现是目前所期盼的。*Ped* 基因的异源表达可以用来生产 pediocin PA-1，目前已有很多研究正在朝这个方向努力。近来，pediocin PA-1 在 *L. lactis* IL1403 中的低水平共表达，和在 *E. coli*、*L. lactis*、*Streptococcus thermophilus*、*Enterococcus faecalis* 中的大量表达都已经实现。Schoeman 等研究了酵母发酵过程中通过在 *S. cerevisiae* 中表达 pediocin PA-1 来控制腐败细菌的可行性，他们将一个多拷贝的质粒转入到 *S. cerevisiae*，使 *pedA* 基因在酵母酒精脱氢酶 I 基因（ADHI）启动子和终止子的控制下进行表达。Nothern 杂交分析证实了 *pedA* 被有效地转入，同时也能检测到细菌素的生物活性。

虽然在体外试验中 pediocin PA-1 对敏感细菌尤其是利斯特氏菌株有很高的抑制活性，但大部分在食品中的应用却只能降低 1～3 个数量级的食品病原菌。因此，体外试验的结果不能推测 pediocin 在食品中的有效性。导致片球菌素在食品中活性降低的因素较复杂，不仅包括产生菌株、不适宜的环境、细菌素产生的遗传能力、病毒侵染、与其他微生物间的拮抗，还包括影响细菌素本身活性的因素，如细菌抗性的出现、细菌素与食品成分的结合、在食品中的稳定性和溶解性等。

pediocin PA-1 及其产生菌株可被很好地用于对食品的保藏。在保藏系统中，食品的环境条件（pH、热处理、盐、糖、化学添加剂）和其他贮存条件结合可协同地延长保质期。另外，片球菌素与其他乳酸菌细菌素的协同抑菌作用应用于食品的防腐也具有很广阔的前景。

（李平兰　吕燕妮）

第四节　第一类细菌素的遗传结构与基因调控

一、细菌素生物合成基因簇的座位

（一）乳链菌肽-蔗糖转座子

本节主要以研究得最为深入的乳链菌肽（nisin）为代表的羊毛硫细菌素为例介绍细菌素的遗传结构和基因调控。细菌素是由核糖体合成，经翻译后修饰而具有生物活性的一类小肽。它的生物合成基因一般是成簇排列在产生菌的染色体或者质粒上。现在已经知道与 nisin 生物合成有关的基因是成簇排列在染色体上，可以从产生 nisin 的供体菌接合转移到不产 nisin 的受体菌中。但在 20 世纪 70～80 年代这是一个争论不休的问题。直到 1991 年，好几个实验室同时发现 nisin 生物合成基因是位于乳酸乳球菌染色体的可接合转移的转座子上，这才解开了这个争论多年的谜团。

编码 nisin 产生的转座子大约有 70kb，除了 nisin 生物合成基因外，还有利用蔗糖、一个或多个噬菌体抗性系统和合成 N5-(L-1-carboxyethyl)L-ornithine 的功能。Tn5276 是此类接合转座子中研究得最详细的一个。Tn5276 的最左端是一个 IS1068 因子，其后是 nisin 生物合成基因簇，蔗糖发酵基因位于 nisin 生物合成基因簇下游，与转座有关的基因存在于 Tn5276 的最右端（图 9-7）。

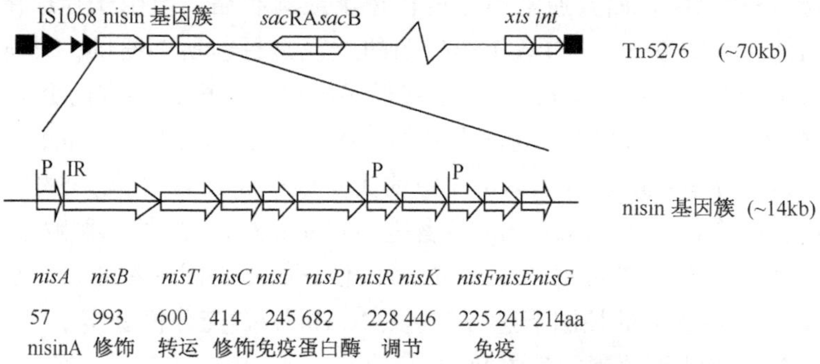

图 9-7 乳链菌肽——蔗糖转座子及乳链菌肽生物合成基因簇（陈秀珠，2003）
P 表示启动子；IR 表示反向重复序列，为不依赖于 ρ 的终止子

Rauch 等系统研究了 13 株乳酸乳球菌中的 nisin—蔗糖转座子，依据接合转移能力以及能否与有关探针杂交，可将它们分成三个主要类型（表 9-6）。编码 nisinA 产生的转座子属第Ⅰ类：它们都含有 IS1068，它以同一方向整合于转座子的左端，与转座子左、右两端的探针都能杂交，全都可以接合转移；然而编码 nisinZ 产生的转座子则分成两类：一类（第Ⅱ类）不含有与 IS1068 同源的插入因子，但可接合转移到 *L. lactis* MG1614 中；另一类（第Ⅲ类）没有接合转移能力，杂交研究显示可能没有左端区，是一类有缺损的转座子。

表 9-6 已经鉴定的乳链菌肽-蔗糖转座子（陈秀珠，2003）

菌株	转座子	遗传标记	大小（kb）	类型
L. lactis NIZO R5	Tn5276	*nisA*，*sacA*，*xis*，*int*，IS1068	70	Ⅰ
L. lactis NCBF 894	Tn5301	*nisA*，IS904，*scr*	70	Ⅰ
L. lactis K1-23	Tn5306	*nisA*，*ceo*，*scrA*，*scrB*，*scrK*，IS904	60	Ⅰ
L. lactis ATCC 11454	Tn5307	*nisA*，*scrA*，*scrB*，*scrK*，IS904	68	Ⅰ
L. lactis 6F3		*nisA*，*sacR*，ISXA，ISXB		Ⅰ
L. lactis ILC11	Tn5278	*nisZ*		Ⅱ
L. lactis NIZO 22186		*nisZ*，IS1069		Ⅲ

注：*nisA*，*nisZ*：编码乳链菌肽前体的结构基因；*sacA*(*scrA*)：编码蔗糖-6 磷酸水解酶；*sacB*(*scrB*)：编码依赖于烯醇丙酮酸磷酸蔗糖酶Ⅱ scr（磷酸转移酶系统）；*sacK*(*scrK*)：编码果糖激酶Ⅰ；*sacR*：编码含有螺旋－环－螺旋 DNA 结合特征序列的调节物；*ceo*：编码 N5-(L-1-carboxy-ethyl)-L-ornithine（NADP＋氧化还原酶）；IS1068、IS1069、IS904、ISXA、ISXB 为插入因子

（二）有些细菌素生物合成基因位于质粒上

一些细菌素，它们负责产生、免疫、前体分子修饰和活性分子转运的基因都是位于染色体外遗传因子——质粒上。例如，lactocin S 生物合成基因位于 8.8kb 的 pCIM1 质

粒上，金黄色葡萄球菌产生的表皮素（epidermin）位于 54kb 的 pTu32 质粒上。

二、细菌素生物合成基因的遗传分析

（一）基因簇的结构

图 9-8 总结了已鉴定的羊毛硫细菌素生物合成基因簇。这些基因簇可分成两类；一类是乳链菌肽（nisin）、枯草菌素（subtilin）、表皮素（epidermin）和 pep5；另一类是细胞溶素（cytolycin）、lacticin 481 和 lactocin S。

这些基因簇中除了编码羊毛硫细菌素前肽（LanA）的结构基因外，还有编码涉及基因表达的调节（LanR，LanK）、转运（LanT）、自我保护（LanFEG）、蛋白酶解（LanP）等功能蛋白的同源基因。*nis*、*spa*、*epi* 和 *pep* 基因簇有同源的 B 和 C 基因，它们编码的酶与羊毛硫细菌素前体分子的翻译后修饰有关。*cyl*、*las* 和 *lct* 基因簇中不含有 B 基因，但有一个大得多的与 *C* 基因同源的 *M* 基因。

nisin 和 subtilin 结构的高度类似性表明 *nis* 和 *spa* 是最保守的基因簇。但有些基因簇中具有相同功能的基因并不具同源性，如与免疫有关的编码脂蛋白的 *nisI* 和 *spaI*，编码位于膜上的免疫蛋白的 *pepI* 和在表皮素 C 端发现，其编码产物与翻译后修饰有关的 *epiD*。在 *las* 基因簇中还发现几个未知功能的基因。在个别基因簇中未发现同源基因，其原因：①这些基因存在于别的位置；②根本不需要这些基因；③基因簇的序列是不完整的。例如，在 *lctT* 的序列下游很可能存在其他基因。

（二）基因产物的鉴定

通过基因转移、诱变、基因产物的分离和鉴定、基因产物的失活或过量表达等实验手段，并结合计算机分析，将这些基因的功能和它们的翻译产物总结于表 9-7。

（三）细菌素生物合成相关基因

1. 前体结构基因（*lanA*）

许多羊毛硫细菌素的结构基因已被鉴定（图 9-8），并根据它们的核苷酸序列推测了其前体分子的氨基酸序列。羊毛硫细菌素前体分子大小在 51～68 个残基之间，成熟的活性分子有 22～37 个残基。值得注意的是 *cylA*1 和 *cylA*2 这两个串联的结构基因既为 cytolycin 的产生所需要，也为这两个编码肽的活性所必需。尽管羊毛硫细菌素都含有硫醚环和脱氢残基，但在 LanA 肽分子中并不是完全同源的。NisA 与 SpaA 的同源性最高（59%），其后是 LctA、SalA、ScnA（32%～55%）和 PepA、ElkA（35%），LasA 和 CylA1 最低（24%）。

2. 修饰基因（*lanB*、*lanC*、*lanM*）

羊毛硫细菌素的修饰反应包括丝氨酸和苏氨酸的脱水作用，以及硫醚环的形成。行使这些功能的蛋白有 *nis*、*spa*、*epi* 和 *pep* 基因簇编码的 LanB 和 LanC，以及 *cyl*、*lct* 和 *las* 基因簇编码的与 LanC 有同源的 LanM。

表 9-7　羊毛硫细菌素基因簇编码的蛋白（Siezen，1996；Xiao，2004）

细菌素	缩写[a]	产生菌	前体	修饰		蛋白酶		调节		转运/免疫				免疫
			A	B	C/M	D	P	R	K	T	F	E	G	I
nisin	Nis	*Lactococcus lactis*	57	**993**	**414**		**682**	**229**	**447**	**600**	**225**	241	214	245
subtilin	Spa	*Bacillus subtilis*	56	**1030**	441			**220**	**387**	**614**	<-**447**->		203	165
epidermin	Epi	*Staphylococcus epidermidis*	**52**	**990**	**416**	181	**461**	205		[b]**501**>	**231**	254	230	
pep5	Pep	*Staphylococcus epidermidis*	60	**967**	**398**		**285**			**576**				69
epilancin K7	Elk	*Staphylococcus epidermidis*	55				**130**>			**95**>				
cytolycin	Cyl	*Enterococcus faecalis*	68/63		**993**		**412**			**714**				
lactocin S[c]	Las	*Lactobacillus sake*	68		**925**		266			**535**				
lacticin 481	Lct	*Lactococcus lactis*	51		**922**					691				
salivaricin	Sal	*Streptococcus salivarius*	51											
streptococcin	Scn	*Streptococcus pyogenes*	51											
bovicin HJ50	Bov	*Streptococcus bovis*	58											

a. 括号中是同一个基因的不同命名：*spaA*(*spaS*)，*spaB*(*spaD*/*spaE*)，*spaT*(*spaY*)，*epiR*(*epiQ*)，*epiT*(*epiY*)，*cylA*1(*cylL*$_L$)，*cylA*2(*cylL*$_S$)，*cylP*(*cylA*)，*cylT*(*cylB*)，*lctA*(*lcnDR*1)，*lctM*(*lcnDR*2)，*lctT*(*lcnDR*3)；b. *epiT* 是一个中断的不完整的基因；c. lactocin S 基因簇编码的另外 5 个蛋白(239、93、125、57 和 414 个残基)功能未知；黑体表示同源家族

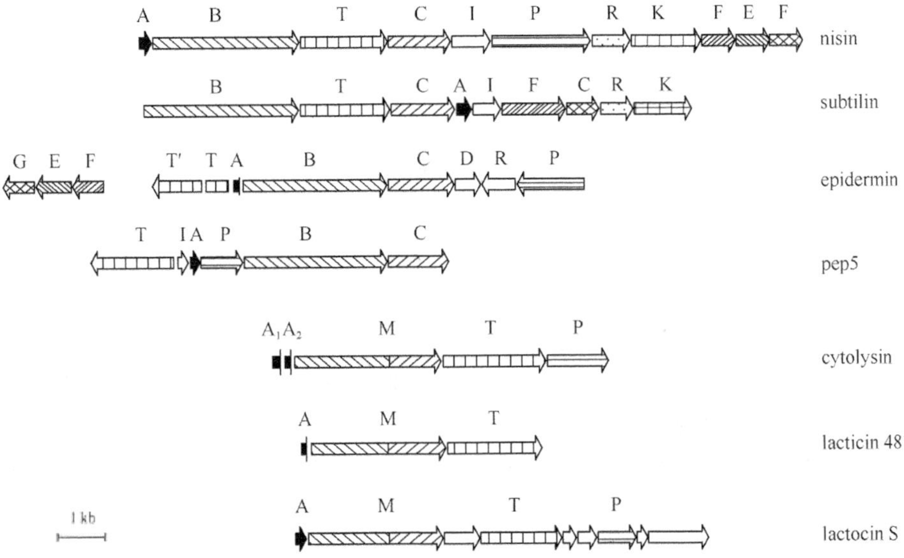

图 9-8 羊毛硫细菌素生物合成基因簇（Kuipers，1995）

黑色表示结构基因（*lanA*）；相同图形的长条框表示从序列同源性推测具有类似功能的基因；白色表示没有同源蛋白的基因。下列括号中是同一个基因的不同命名：*spaA*(*spaS*)，*spaB*(*spaD*/*spaE*)，*spaT*(*spaY*)，*epiR*(*epiQ*)，*epiT*(*epiY*)，*cylA*1(*cylLL*)，*cylA*2(*cylLS*)，*cylP*(*cylA*)，*cylT*(*cylB*)，*lctA*(*lcnDR*1)，*lctM*(*lcnDR*2)，*lctT*(*lcnDR*3)

LanB 蛋白大约有 1000 个氨基酸残基。它们的全序列同源性并不高（26%～29%），但它们有 7 个强烈同源的区段。最保守的区段在 C 端附近，其序列为 YxxExxRYGG。由于在 4 个 LanB 蛋白中有 75 个以上残基是同一的，所以认为这些残基为催化或其他功能所需要。这些蛋白是亲水性的，具有高度的、以螺旋为主的二级结构和少量的疏水区。已有实验证明 *lanB* 基因产物为羊毛硫细菌素产生所必需。根据 LanB 与大肠杆菌的苏氨酸脱水酶 I lvA 具有弱的同源性，推测 LanB 在脱水作用中行使功能。然而，与 I lvA 类似的区域与 LanB 保守区段并不一致。

nis、*spa*、*epi* 和 *pep* 基因簇编码的 LanC 大约有 400 个氨基酸。NisC 与 SpaC 最相似（33%），而其他之间的类似性在 24%～32%。亲水性分析揭示，在这些 LanC 蛋白中 8 个亲水区和 7 个疏水区呈现相当规则的交替。7 个疏水区段显示最强的序列保守性，但它们并非是典型的跨膜序列。8 个亲水区段的二级结构都具有一个长的两亲性螺旋。这些结构特征显示 LanC 是 α 螺旋和 β 折叠交替的球状蛋白。

cyl、*lct* 和 *las* 基因簇编码的 LanM 有 900 多个氨基酸，它的 C 端结构域与 LanC 具有同源性（20%～27%）。在 LanM 蛋白中也发现 LanC 中的 7 个强保守序列区段。LanC 和 LanM 的同源部分都与脱氢残基和半胱氨酸之间的硫醚键形成有关，这为 PepC 获得的实验结果所支持。LanC/LanM 保守序列中的许多甘氨酸可能在结构的保守性中起作用，而那些完全保守的残基（2His、2Cys、1Trp）与催化二硫键的形成或金属离子的结合等功能有关。

CylM、LctM 和 LasM 的 N 端结构域有 500 多个氨基酸残基，具有微弱的，但是明显的同源性（23%～26%），暗示它们有类似的功能。由于 *cyl*、*lct* 和 *las* 基因簇中

没有典型的 *lanB* 基因，很可能 LanM 蛋白是有脱水酶作用和形成羊毛硫氨酸功能这两个结构域的杂合子。但是，LanM 的 N 端结构域编码区却不能与 *lanB* 杂交，这就排除了在进化的过程中 LanM 是 LanB 和 LanC 融合的结果。

表皮素基因簇中有 *epiD* 基因，它编码黄素蛋白，其功能与表皮素中 S-[(Z)-2-氨基乙烯基]-D-半胱氨酸结构的合成有关。其他基因簇中没有发现与该基因同源的基因。

3. 前体分子酶解加工基因（*lanP*）

大部分基因簇都有 *lanP* 基因，它编码一个枯草蛋白酶（subtilisin）类的水解酶，负责羊毛硫细菌素前体分子蛋白酶解加工。该酶的最保守区在活性位点残基 Asp、His 和 Ser 及催化结构域阳离子空穴残基 Asn 的周围。NisP 和 EpiP 之间的同源性最高（催化结构域残基为 42%）。1995 年，Siezen 等用同源建模方法预测了 NisP 催化结构域的三维结构和与 nisin 前体分子的相互作用。

前导肽酶加工的位置因羊毛硫细菌素的不同而异。NisP 有一个 N 端信号序列和 C 端膜锚着点，表明分泌是因锚着到细胞膜而产生。EpiP 和 CylP 也含有一个信号序列，但没有锚着点，PepP、ElkP 和 LasP 可能作为一个大的与膜结合的生物合成复合体的一部分在胞内起作用，因为它们既没有信号序列，也没有行使分子内伴侣正常功能的前序列（pro-sequence）。从图 9-8 可见，*spa* 基因簇没有肽酶类基因，但枯草菌素产生菌有许多胞外丝氨酸蛋白酶，即枯草蛋白酶，它具有蛋白酶解枯草菌素的活性。

在羊毛硫细菌素中有两类前导肽酶。一类是类似枯草蛋白酶的 LanP，另一类是切割 LctA、CylA1、CylA2、SalA 和 ScnA 前体中 Gly-Gly、Gly-Ala 或 Gly-Ser 之后序列的前导肽酶，上述序列在许多非羊毛硫细菌素前体也有发现。已知枯草蛋白酶类的蛋白酶没有这种专一性，所以，切割将需要一个不同类型的蛋白酶。LanT 的一个结构域即是这种不同类型的蛋白酶（见下述）。有趣的是，*cyl* 基因簇编码上述两类蛋白酶，Cytolysin 前导序列的加工分两步进行。

4. 转运基因（*lanT*）

所有羊毛硫细菌素基因簇都编码 ABC 转运蛋白（图 9-8）。这些蛋白与羊毛硫细菌素前体的输出有关。由于羊毛硫细菌素没有典型的信号序列，所以，它们不可能是依赖于 Sec 的转运。细菌 ABC 输出均含有具有高度保守的 ATP 结合基序或 ATP 结合盒（ABC），也称之为 Walker 基序的胞内结构域，表明 ATP 可能作为分泌的能量来源。此外，还需要一个通常具有 6 个跨膜螺旋的跨膜结构域（MSD）。MSD 和 ABC 结构域可在同一多肽中（A 组输出蛋白），研究得最清楚的是输出溶血素的大肠杆菌 HlyB 蛋白；也可作为分开的蛋白（B 组输出蛋白），如输出小菌素（microcin）的大肠杆菌 McbE（MSD）和 McbF（ABC）蛋白。

LanT 蛋白都属于 A 组蛋白。它们有一个 6 个疏水跨膜区段的 MSD，含有一个保守的 ATP 结合基序的 C 端结构域与其相邻。仅 *epiT* 基因是个例外，它可能被移码中断，变成了两个分开的结构域。这已为 CylT 输出 cytolysin 所证实。它是革兰氏阳性菌中鉴定的 ABC 输出的第一个例证。

在某些情况下，A 组输出蛋白，大肠杆菌的 HlyB 以及非羊毛硫类细菌素，如片球菌的 pediocin、乳球菌的 lactococcin A 和 lactococcin G、植物乳杆菌的 plantaricin A、大肠杆菌的 colicin V、肺炎链球菌的感受态因子的 ABC 输出蛋白具有一个额外的、大约 150 个残基的 N 端亲水的胞内结构域。在 CylT 和 LctT 中也存在高度保守残基的同源的 N 端结构域。最近研究显示，这些额外的结构域是一种新的蛋白酶。它行使羊毛硫细菌素和非羊毛硫细菌素前导肽 Gly-Gly（或 Gly-Ala、Gly-Ser）残基之后的切割作用。在该结构域中与催化功能有关的单个 Cys、His 和 Asp 残基也是非常保守的。

5. 调节基因（*lanR*、*lanK*）

在 nisin 和 subtilin 基因簇中有两个串联的基因 *nisRK* 和 *spaRK*，它们各自控制自身基因簇的表达。LanR 和 LanK 蛋白与二组分调节蛋白家族具有同源性。该系统的一个组分是传感蛋白。它有两个结构域：一个是与膜结合、接受外部信号的 N 端结构域；另一个是通过 His 残基自我磷酸化传递信号的 C 端胞质结构域（组氨酸激酶）。随后，磷酸被转移到一个胞内应答调节物 N 端结构域的 Asp 残基上。磷酸化作用改变了可能是转录激活因子 C 端结构域的活性。

NisR 和 SpaR 同源性分析显示，与芽孢杆菌和大肠杆菌的调节物比较它们有 6 个最保守的区段，其上含有必需氨基酸残基。NisK 和 SpaK 的 N 端结构域有 2 个疏水跨膜区，C 端结构域含有必需氨基酸 His 残基的保守序列区段。SpaK 似乎是太短了，可能是发表序列的移码造成了丢失最后两个保守区段，因为另一个可读框编码至少 27 个氨基酸残基，其中含有第 3 个保守的区段。最近，nisin 生物合成研究揭示了传感蛋白激酶 NisK 识别胞外信号是自动进行的。

epiR（或 *epiQ*）基因编码一个与 NisR/SpaR 同源性较低的蛋白，它是 *epi* 基因簇的转录激活蛋白，但相应的传感蛋白激酶至今尚未发现。

6. 起自我保护功能的免疫基因（*lanI*、*lanE*、*lanF*、*lanG*）

在 pep5、乳酸链球菌素和枯草菌素生物合成基因簇中已发现编码免疫蛋白的基因。PepI 蛋白仅有 69 个氨基酸残基，在 6～27 位之间的 20 个氨基酸是一个引人注目的疏水区，这就表明 PepI 蛋白是与膜相联系的。定位研究证实 PepI 蛋白是位于胞质膜的外表面。

NisI 和 SpaI 是两个具有疏水 N 端信号序列、亲水性为主要特征的蛋白。这两个免疫蛋白没有序列同源性，但它们都有一个脂蛋白信号序列，该信号序列含有信号肽酶Ⅱ切割位点＋1 位的 Cys。在切除信号肽后，这些蛋白变成脂修饰、锚定于细胞膜外的蛋白。

在 *nis*、*epi* 和 *spa* 基因簇中发现的第二个 ABC 转运系统属于 B 组输出蛋白，该系统参与自我保护功能。该转运系统组分称之为 LanE、LanF 和 LanG。NisF 和 EpiF 是间隔的与大肠杆菌 McbF 同源的 ABC 结构域，而 NisE、NisG、EpiE 和 EpiG 是类似于 McbE、具有间隔的跨膜区段的疏水结构域。在 SpaF 中，一个 200 个残基的疏水结构域仍属于 N 端 ABC 结构域，而 SpaG 是一个间隔的疏水结构域。

三、细菌素的生物合成

前面叙述了羊毛硫细菌素生物合成基因及其编码的产物。这里以研究得较为清楚的乳链菌肽为例介绍细菌素的生物合成。Kuipers 等总结了乳链菌肽的生物合成，提出乳链菌肽成熟途径模型（图 9-9、图 9-10）。

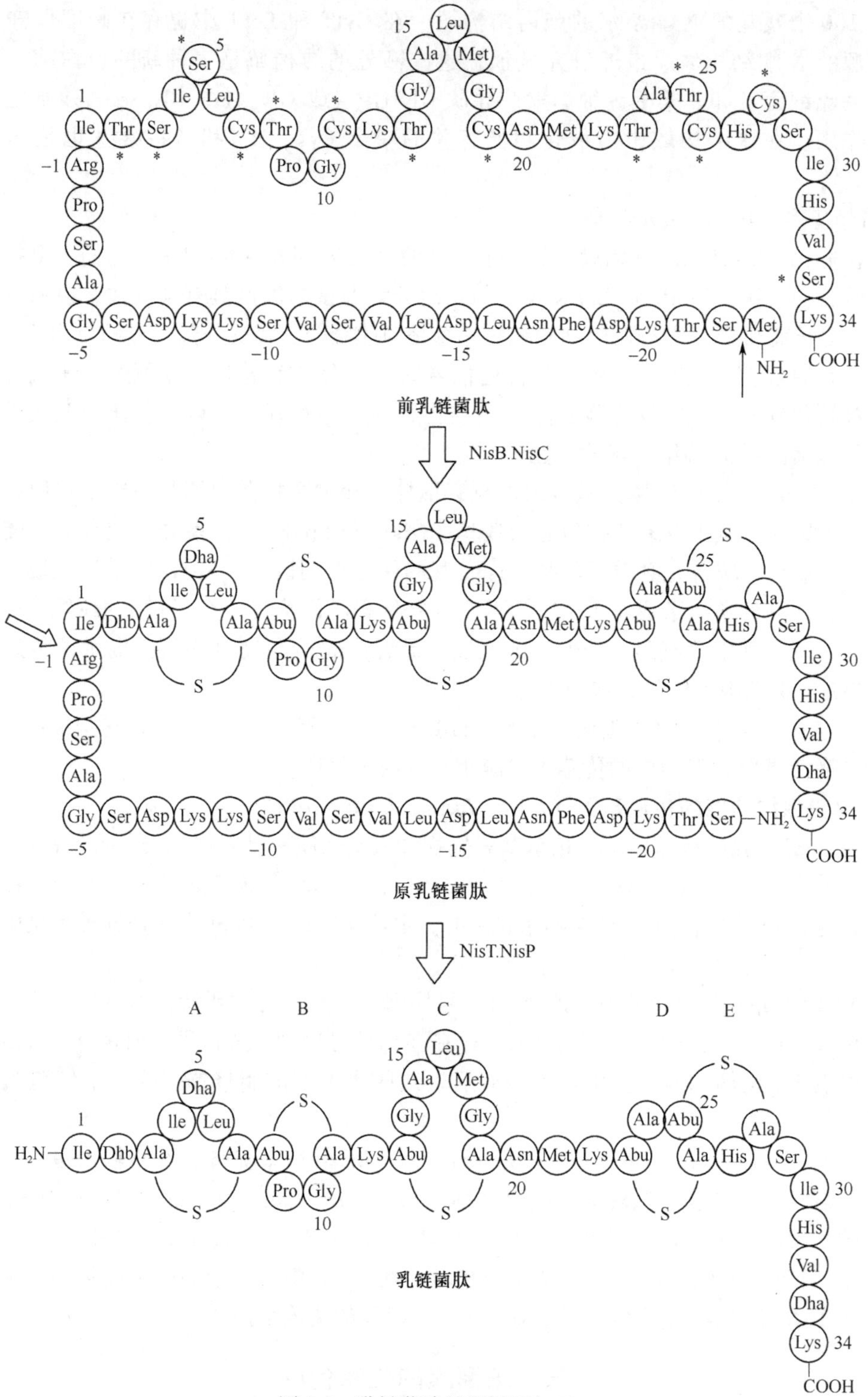

图 9-9　乳链菌肽的翻译后加工

A、B、C、D、E 表示乳链菌肽分子中的 5 个环；*，被修饰的残基；黑色箭头，N 端 Met 残基的加工部位；白色箭头，NisP 切除前导序列的部位；Dha，脱氢丙氨酸；Dhb，β-甲基脱氢丙氨酸；Ala-S-Ala，羊毛硫氨酸（Lan）；Abu-S-Ala，β-甲基羊毛硫氨酸（MeLan）

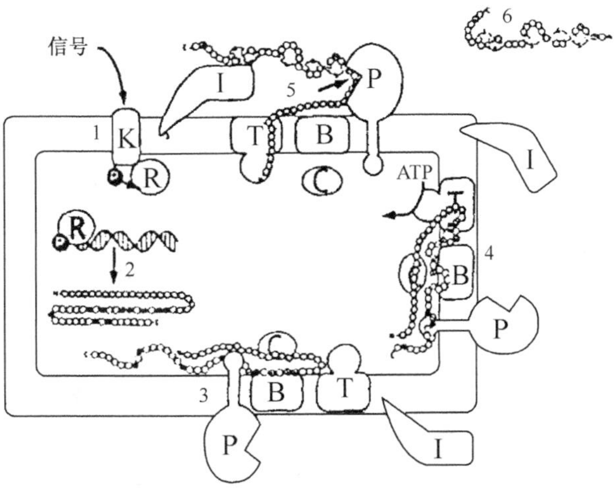

图 9-10　乳链菌肽的成熟途径

第 1 步，胞外信号（乳链菌肽分子）激活位于膜上的组氨酸激酶（NisK），NisK 在自我磷酸化以后，将磷酸基团转移给应答调节物 NisR；第 2 步，NisR 激活 *nisA/Z* 启动子的转录，导致下游基因表达，在核糖体上合成未经修饰的前乳链菌肽分子；第 3 步，NisB 和 NisC 对前乳链菌肽进行脱水，形成硫醚键等翻译后修饰；第 4 步，ABC 输出蛋白 NisT 水解 ATP 提供能量，将经过修饰的乳链菌肽前体（原乳链菌肽）跨膜转运到胞外；第 5 步，NisP 对修饰的乳链菌肽前体进行胞外加工，切去前导序列，释放出有活性的成熟乳链菌肽。NisI 以及 NisF、NisE 和 NisG 通过至今还不清楚的机制保护产生菌自身免受胞外乳链菌肽的伤害。

（还连栋　钟　瑾）

第五节　第二类细菌素的遗传结构和基因调控

一、Ⅱa 类细菌素的合成及分泌基因

（一）基因结构

关于Ⅱa 类细菌素的基因表达方面的信息仍然有限，应继续对新发现的细菌素进行此方面的研究。除了 enterocin A、divercin V41、sakacin P、carnobacteriocins B2 和 BM1 的基因是定位在染色体上之外，大部分Ⅱa 类细菌素的基因都是由质粒编码的。编码某些Ⅱa 细菌素基因及其辅助结构，包括细菌素的结构和跨膜定位、免疫和调控基因，通常定位在一至三个操纵子上（Ennahar et al.，2000）。如 pediocin PA-1、plantaricin 423、coagulin，细菌素的合成及分泌所需的四个基因位于一个操纵子上。而在其他一些细菌素中则是分布在几个不同的操纵子上，其中结构基因和免疫基因位于一个操纵子上，分泌基因则位于另一个操纵子上，调控基因则在第三个操纵子上。

Ⅱa 类细菌素都有很明显的保守基因序列，尤其是结构基因所编码的前体肽，在该

前体肽引导序列 C 端的－2 和－1 位置（与加工位点有关）有 2 个甘氨酸残基，这段序列可能是作为信号肽独立的 ABC-转运蛋白（ATP 结合盒）的识别信号。

（二）细菌素的生物合成

Ⅱa 类细菌素的产生至少需要四个基因的参与，包括：编码前体肽的结构基因、免疫蛋白基因、编码 ABC 转运蛋白（ATP-结合盒）的基因和一个未知功能的辅助蛋白。其过程是首先由核糖体合成没有生物活性的前体肽，然后在跨膜运输的过程中，在细菌素转运蛋白的指导下，前体肽在特定位点裂解去掉引导序列，形成有抑菌活性的分子并将细菌素分泌到胞外。

除两个保守的甘氨酸残基之外，在Ⅱa 类细菌素的双甘氨酸引导序列的共有成分中还包括其他的氨基酸残基。Ⅱa 类细菌素引导序列的亲水构型有明显的相似性，疏水性残基通常出现在－4，－7，－12，－15 位，亲水性残基出现在－5，－6，－11 位；而且这些引导序列在 pH7.0 下净电荷数从 leucocin A 的-3 到 enterocin A、pediocin AcH、mesentericin Y105 的＋1 不等。这些双甘氨酸引导序列的相似性说明相应的 ABC-转运蛋白及其相关蛋白都是相似的，这就使得Ⅱa 类细菌素利用其他细菌素的分泌机制进行异源表达成为可能。然而另一些Ⅱa 类细菌素却使用着另一种转运系统，如 enterocin P 的合成属于典型的信号肽依赖型，由 GSP 负责加工和运输。很多事实都表明，Ⅱ类细菌素有两种不同的加工分泌机制。

（三）生物合成调控系统

Ⅱa 类细菌素的调控系统包括 HPK、RR、IF，这些是诱导基因转录的信号。IF 是热稳定的阳离子疏水性小肽，也是先由双甘氨酸前导序列合成的前体肽。一个由 IF、HPK、RR 组成的三成分系统可调控大部分Ⅱa 类细菌素的产生，但 *Carnobacterium divergens* V41 产生的 divercin V41 是由一个双成分的信号转导系统指导合成。

很多报道认为随着细胞的生长，IF 浓度逐渐累积，然后诱使系统开始运作，IF 可能起到细胞浓度的信号作用。乳酸菌可根据环境条件调节细菌素的产生量，这很可能与细菌素的调控系统有关系。Nilsen 等认为环境因素可以影响 IF 对 HPK 的结合，或者影响对 RR 活性所必需的磷酸化的平衡，对Ⅱa 类细菌素调控机制以及环境因素所起的作用，仍有待于进一步的研究。

（四）加工及分泌

除了 enterocin P 之外，Ⅱa 类细菌素的跨膜运输是由 ABC-转运蛋白和一个辅助蛋白进行的，这两个膜结合蛋白形成了运输系统。Ⅱa 类细菌素的 ABC-转运蛋白包含在缺少典型 N 端信号肽的运输蛋白中。其蛋白从 715 个氨基酸的 divercin V41 到 724 个氨基酸的 pediocin PA-1/AcH 大小不等，且 N 端和 C 端有高度的同源性。ABC-转运蛋白的 C 端有一个高度保守的 ATP 结合区，大小在 200 个氨基酸以内。N 端是一个疏水性的完整的膜结合区域，由于有一个长约 150 个氨基酸的延伸序列而呈现了一种独特的性质，该肽段可以从引导序列上分裂下来。据 Havarstein 的研究，引导序列不仅在前体肽的分裂中作为识别信号，而且在成熟分子的跨膜运输中也作为识别信号，两者是一个整体的过程。ABC-转运蛋白的水解结构域可能结合在前体肽的引导序列上，引发 ATP 水解，接着引起转运蛋白的构象变化，导致引导序列的脱离，成熟分子跨细胞质膜运输。Ⅱa 类细菌素的运输辅助蛋白大约有 460 个氨基酸，除 PedC/PapC 之外（只含 174 个氨基酸），一般包含亲水的 C 端和疏水的 N 端，足可以横跨细胞膜。它们可起到帮助膜运输、辅助加工前体肽的作用，而且对Ⅱa 类细菌素的成功外运是必需的。

二、片球菌素的生物合成

（一）基因决定簇的定位

目前为止发现的所有产生菌中 pediocin PA-1 生物合成的基因决定簇都是由质粒编码的，某些菌株中不同片球菌素编码质粒的大小、组织都是相似的。

（二）片球菌素 PA-1 操纵子的组成结构

pediocin PA-1 的生物合成包括一个约 3.5kb 的 DNA 片段，由 4 个基因：*pedA*、*pedB*、*pedC*、*pedD* 组成，每个基因都有一个核糖体结合位点（RBS），由 AUG 起始密码子开始（*pedB* 是由 UUG 密码子开始），以 UAG 终止密码子结束（图 9-11）。这四个基因在同一个操纵子上，由定位于 *pedA* 上游的启动子控制。

pediocin PA-1 的－35（TTGACA）和－10（TAGAAT）区域，由 18bp 分离，与 G^+ 细菌的启动子的保守序列有高度的一致性。由 pediocin PA-1 操纵子可产生两个转录物，最丰富的产物是大约 1.2kb 的一个称为 *ped ABC*，另一个转录产物约 3.5kb 称为 *ped ABCD* 基因。不依赖 ρ 因子的转录终止子位于 *pedC* 和 *pedD* 基因的下游（图 9-11）。

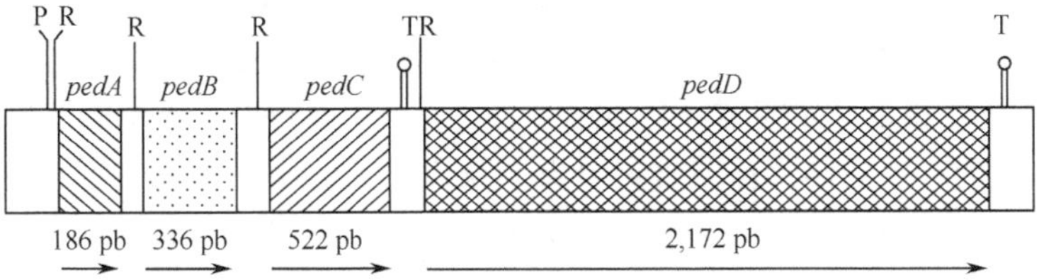

图 9-11　pediocin PA-1 操纵子的结构

P，启动子；R，核糖体结合位点；T，转录终止子

（三）*pedABCD* 基因及其产物

pediocin PA-1 的结构基因（*ped A*）编码一个 62 个氨基酸片球菌素前体，称为 PA-1 前体肽。前体肽 N 端的 18 个残基的引导序列在分泌时被去除掉，就形成了成熟的 pediocin PA-1 分子，44 个氨基酸的多肽。pediocin PA-1 的前体肽也具有生物活性，其活性约是成熟分子的 80%左右。

pedB 编码的 112 个氨基酸的蛋白可能与产生菌细胞的免疫性有关，由于这个基因突变失活并不会影响到 pediocin PA-1 在 *E. coli* 中的产生，而通常情况下 *E. coli* 对此细菌素是不敏感的。后来的研究证实了这个假设，原来对 pediocin PA-1 敏感的菌株

P. pentosaceus 在转入一个携带 *pedB* 基因的质粒后变得对片球菌素不敏感了。而且经改造的菌株的不敏感程度比原来的产生菌还要高，这也许是由于转入后编码 *pedB* 质粒的拷贝数较高，或由于 *pedB* 在强乳球菌启动子 P_{32} 控制下进行了表达。在最近的研究中，几个属于类片球菌素的免疫蛋白在 P_{32} 后被克隆。不同类片球菌素免疫基因导入一株对细菌素高度敏感的 *Lb. sakei* 后产生了对各自受试细菌素有选择的免疫性。一般情况下，交叉免疫性是很低的，然而 PedB 和 Sakacin P 的免疫蛋白却具有完全的交叉免疫性。

pedC 基因编码一个 174 个氨基酸的蛋白 PedC，这对 pediocin PA-1 在片球菌和 *E. coli* 中的分泌是至关重要的。PedC 属于分泌过程必需的辅助蛋白，也称为膜融合体蛋白（MFP），其作用可能是连接 G^- 细菌的膜内和膜外，使物质的流通易于进行。PedC 的结构与 HlyD、LcnD 的结构相似（HlyD 是 *E. coli* 中 hemolysin A 分泌所必需的蛋白，LcnD 是 lactococcin A 运输中所需的蛋白）。

pedD 编码 PedD 蛋白，一个 724 个氨基酸的 ABC 转运蛋白，对片球菌素穿过产生菌体细胞膜进行分泌起重要作用。这个基因的失活会导致由于不能分泌而完全丢失抑菌活性，PedD 的序列与许多其他 ABC 转运蛋白的序列有很高的同源性。

（四）片球菌素 PA-1 的分泌和成熟

pediocin PA-1 的分泌和成熟过程依赖于膜蛋白 PedC 和 PedD 共同组成的Ⅰ型分泌系统，在这种不依赖信号肽的系统中，物质直接从细胞质膜分泌到外界环境中。

典型的 ABC 转运蛋白由一个疏水的完整的结构域和 2 个 ATP 结合域组成，并融合成一个多结构域的蛋白。所有细菌素前体分泌时的转运蛋白都有一个 N 端延伸序列，作为蛋白水解的结构域，负责前导肽的去除。这些细菌素转运蛋白的 N 端部分有 2 个保守序列，一个是半胱氨酸序列（QX4D/ECX2AX3MX4Y/FGX4I/L），另一个是组氨酸基序（HY/FY/VVX10I/LXDP）。pediocin PA-1 外运时，PedD 的蛋白水解结构域结合到片球菌素前体上，然后 ATP 水解诱导 PedD 构象发生变化，导致片球菌素前导肽的迅速脱离，同时 pediocin 穿越细胞质膜。事实上，仅 PedD 的 N 端 172 个氨基酸在 *E. coli* 细胞中表达产生前体片球菌素这一点，就说明了这个结构域对前体片球菌素的加工是至关重要的。在这些条件下，成熟的片球菌素仅存在于细胞内，因此说明前导肽的分离可能与分泌过程是解偶联的。

辅助蛋白 PedC 与 LcnD 有相似的膜拓扑结构。它们两个都有一个短的 N 端细胞质部分、一个跨膜部分和一个很大的细胞外 C 端部分。Venema 等推测 PedC 可能在细菌素产生菌细胞质膜和细胞壁通道形成上起作用。LcnD 也可能有相似的作用，近来，发现 LcnD 以两种形式存在，一种是 52kDa 的全长形式，全部定位于细胞质膜中；另一种较小的形式是 38kDa 的 LcnD*，主要在细胞质中，只有一小部分定位于膜中。LcnC 和 LcnD 以一种与膜相连的复合物形式存在，其中 LcnD 可能是单体，能与 LcnD* 和 LcnC 相互作用。另外，LcnC 与一个可能是 lactococcin A 的小肽形成交联结构。

（李平兰　吕燕妮）

* 表示变异菌株。

第六节　细菌素的作用机理

目前将细菌素分成三类：①羊毛硫细菌素（表 9-8），一类小分子质量的（小于 5kDa）、具有分子内硫醚环的稀有氨基酸（羊毛硫氨酸和 β-甲基羊毛硫氨）的多肽。A 型羊毛硫细菌素是一类长形、阳离子成孔多肽，它们当中有些由双组分组成；B 型羊毛硫细菌素是球形结构，是酶的抑制剂和免疫活性蛋白。②不含有羊毛硫氨酸、小分子质量的（小于 10kDa）、热稳定性多肽。又分成 4 个亚群：Ⅱa，抗利斯特氏菌活性肽，它们的 N 端含有一个保守序列 Tyr-Gly-Asn-Gly-Val-Xaa-Cys；Ⅱb，双肽细菌素；Ⅱc，依赖于 Sec 的细菌素；Ⅱd，不属于这些亚群的其他Ⅱ类细菌素。某些Ⅱ类细菌素见表 9-9。③大的热不稳定的蛋白（30kDa 以上）。

表 9-8　成孔（A 型）羊毛硫细菌素未经修饰的 C 端氨基酸序列（Moll，1999）

nisin A	----ITS--ISLCTPGC-KTG--ALMGCNMKTATCH----CSIHVSK-	Gross and Morell, 1971
nisin Z	----ITS--ISLCTPGC-KTG--ALMGCNMKTATCN----CSIHVSK-	Mulders, 1991
subtilin	----WKS--ESLCTPGC-VTG--ALQTCFLQTLTCN----CKISK---	Gross, 1973
gallidermin	----IAS--KFLCTPGCAKTG--SFN------SYC-----C-------	Kellner, 1991
epidermin	----IAS--KFICTPGCAKTG--SFN------SYC-----C-------	Allgaier, 1986
epilancin K7	------X--ASVLKTSIKVSK--KYCKG--VTLTCG----CNITGGK-	van de Kamp, 1995a、1995b
pep5	----TAGPAIRASVKQCQKT---LKATR-LFTVSCKGKNGCK------	Kellner, 1991
lactocin S	-----STPVLASVAVSMELLP--TASVLYSDVAGCF----KYSAKHHC	Mørtvedt, 1991
salivaricin A	---KRGSGWIATITDDCPNS-----------VFVC-----C-------	Ross, 1993
lacticin 481	---KGGSGVIHTISHECNMNS--WQF-----VFTC-----CS------	Piard, 1993
streptococcin A-FF22	----GKNGVFKXIXHEXHLNX---------WAFLA-------------	Jack, 1994
cytolysin LL	TTVCAVAATAAASSAACGWVGGGIFTGVTVVVSLKH----C-------	Gillmore, 1994
cytolysin LS	------------TTPACFTIG--LGVGALFSAKFC-------------	Gillmore, 1994

产细菌素的菌株为了争夺生存环境和营养，最好的办法就是杀死竞争者。细菌素的杀菌活性包括酶活性的调节、抑制孢子萌发、形成选择性或非选择性孔洞的阴离子载体活性。它们具有宽的或窄的杀菌谱。在后者情况下，该活性经常与靶细胞表面一个类似受体分子有关。本节将着重讨论羊毛硫细菌素和小的、热稳定性细菌素的作用机理。

一、细菌素的结构

细菌素一般是 12～45 个氨基酸残基组成的阳离子型两亲分子。当它们暴露于溶剂三氟乙醇中或与阴离子磷脂膜混合时往往形成一个 α 螺旋结构。含有二硫桥或共价键，特别是以分子内环为其结构特征的某些羊毛硫细菌素（Ⅰ类细菌素）将形成环形结构。已用核磁共振（NMR）解析了好几个羊毛硫细菌素的结构。nisinA 分子有 A、B、C、D 和 E 的 5 个环，后两个环是相互缠绕的。这些环通过柔韧的铰链区连接在一起。一个铰链区连着 B 和 C 环，另一个铰链区连着 C 和 D 环。由于这些铰链区的存在，部分分子将插入到膜，其余部分将结合在膜表面。在 A、B 和 C 环中，由 Ile4、Leu6、Pro9、Leu16 和 Met17 残基组成的疏水部分位于 Lys12 和硫醚键的对面。21～28 残基构成的

表 9-9　成熟的Ⅱ类细菌素的氨基酸序列(Moll,1999)

class Ⅱa		
bavaricin A	-------KYYGNGVHXGKHSXTVDWG--------TAIGNIGNNAAANXATGXNAGG------------------	Larsen, 1993
sakacin P	-------KYYGNGVHCGKHSCTVDWG--------TAIGNIGNNAAANXATGXNA--------------------	Tichaczek, 1994
sakacin 674	-------KYYGNGVHCGKHSCTVDWG--------TAIGNIGNNAAANWATGGNAGNK-----------------	Holck, 1994
piscicolin 126	-------KYYGNGVSCHKHGCTVDWS--------KAIGIIGNNAAANLTTGGAAGWNKG---------------	Jack, 1996
pediocin PA-1	-------KYYGNGVTCGKHSCSVDWG--------KATTCIINNGAMAWATGGHQGNHKC---------------	Marugg, 1992
leucocin A	-------KYYGNGVHCTKSGCSVNWG--------EAF----SAGVHRLANG---GNGFW---------------	Hastings, 1991
mesentericin Y105	-------KYYGNGVHCTKSGCSVNWG--------EAA----SAGIHRLANG---GNGFW---------------	Fleury, 1996
carnobactericin B2	-------VNYGNGVSCSKTKCSVNWG--------QAFQERYTAGINSFVSGVASGAGSIGRRP-----------	Quadri, 1994
sakacin A	------ARSYGNGVVCNNKKCWVNRG--------EAT----QSIIGGMISGWASGLAGM---------------	Holck, 1992
curvaticin A	------ACSYGNGVYCNNKKSWVNRG--------EAT----QXXIX---XG-----------------------	Tichaczek, 1993
bavaricin MN	------TKYYGNGVVX-NSKXWVDWG--------QAAGGIGQTVVXGWLGGAIPGK------------------	Kaiser, 1996
class Ⅱb		
thermophilin 1	-------YSGKDCLKD-MGGYALAGAGSGALWGAPAGG---VGALPGAFVGAHVGAIAGGFACMGGMIGNKFN-	Marciset, 1997
thermophilin 2	------QINWGSVVGHCIGGAIIGGA--------FSGG---AAAGVGCLVGSGKAIINGL--------------	
acidocin J1132a	-------------NPK-VAHCASQIG---------------RSTAWGAVSGA----------------------	Tahara, 1996
acidocin J1132b	------------GNPK-VAHCASQIG---------------RSTAWGAVSGA----------------------	
plantaricin J	------------------GAWKNFWS----------------SLRKGFYDGEAGRAIRR---------------	Diep, 1996
plantaricin K	-------------RRSRKNGIGYAIG-----------Y--AFGAVERAVLGGSRDYNK----------------	
lactococcin Ga1	--------GTWDDIGQGIGRVAYWVG--------KAMG---NMSDVNQASRINRKKKH----------------	Nissen-M, 1992
lactococcin Gb	------KKWGWLAWVDPAYEFIKGFG---------------KGAIKEGNKDKWKNI------------------	
lactobin A	-----NRWTNAYSAALGCAVPGVKYG---------KKLGGVWGAVIGGVGGAAVCGLAGYVRKG----------	Contreras, 1997
lactacin X	-------NRWGDTVLSAASGAGTGIK---------ACKSFGPWGMICGVGGAAIGGYFGYTHN-----------	Fremaux, 1993

lactacin F	------RNNWQTNVGGAVGSAMIGAT---------VGG---TICGPACAVAGAHYLPILWTGVTAATGGFGKIRK-	Allison, 1993
plantaricin Sa	-------KKKKQSWYAAAGDAIVSFG--------------EGFLNAW-------------------------	Jiménez-D, 1995
plantaricin Sb	-----------------RNKLAYNMG--------------HYAGKATIFGLAAWALLA--------------	Stephens, 1998
plantaricin E	----------FNRGGYNFGKSVRHVD--------------AIGSVAGIRGILKSIR----------------	Diep, 1996
plantaricin F	-------VFHAYSARGVRNNYKSAVG-------------PADWVISAVRGFIHG------------------	
class Ⅱc		
divergicin A	--------AAPKITQKQKNCVNGQLG---------GMLAGALGGPGGVVLGGIGGAIAGGCFN----------	Worobo, 1995
enterocin P	-----ATRSYGNGVYCNNSKCWVNWG--------EAK----ENIAGIVISGWASGLAGMGH------------	Cintas, 1997
class Ⅱd		
carnobactericin A	-------DQMSDGVNYGKGSSLSKGG---------AKC---GLGIVGGLATIPSGPLGWLAGAAGVINSCMK--	Worobo, 1994
enterocin B	----ENDHRMPNELNR--PNNLSKGG---------AKC---GAAIAGGLFGIPKGPLAWAAGLANVYSKCN---	Casaus, 1997
curvaticin FS47	-------YTAKQCLQA-IGSCGIATG---------AGA---AGGPAGAFVGAXVXI-----------------	Garver, 1994
lactococcin A	KLTFIQSTAAGDLYYNNTNTHKVYQQT------QNAFGAAANTIVNGWMGGAAGGFGLHH-------------	Holo, 1991
acidocin 8912	-----------------KTHYPTNAX--------------KSLRKGFXESLRXTD-----------------	Kanatani
lactococcin B	------SLQYVMSAGPYTWYKDTRTG---------KTICKQTIDTASYTFGVMAEGWGKTFH-----------	van Belkum, 1992
plantaricin A	----------------KSSAYSLQMG--------------ATAIKQVKKLFKKWGW----------------	Nissen-M, 1993

Ⅱa:含有Tyr-Gly-Asn-Gly-Val-Xan-Cys和抗利斯特氏菌活性的细菌素；Ⅱb:二组分Ⅱ类细菌素；Ⅱc:依赖Sec细菌素：Ⅱd:其他Ⅱ类细菌素

区域是两亲的 α 螺旋，尤其是在三氟乙醇中。nisin A 是一个两亲分子。首先，N 端的大部分残基是疏水的，仅 Lys12 带电荷；而 C 端部分绝大部分是带有电荷、亲水的残基；其次，A、B 和 C 环的第一个结构域以及 D 和 E 环的第二个结构域都含有疏水的和亲水的位点。

在Ⅱa 类细菌素中，仅有 leucocin A（37 个残基）搞清了三维结构。在水或 DMSO 溶液中 leucocin A 呈现一个随机的卷曲。在亲脂介质中能鉴别两个结构域：一个是由二硫键连接的 2～16 位残基构成的 3 个标准的反平行 β 折叠结构域；另一个是 17～31 位残基构成的两亲 α 螺旋。α 螺旋负责靶的专一性，而 β 折叠行使抗菌活性。绝大多数Ⅱ类细菌素具有一个与 N 端到 C 端轴相垂直的亲水和疏水位点。lactococcin G 的 α 和 β 肽呈现一个 α 螺旋旋转。这类细菌素的 α 螺旋结构域经常含有被称为螺旋破坏者的脯氨酸或甘氨酸，这些残基的确切功能尚不清楚，它们很可能促进膜插入或楔形形成。

二、膜 插 入

（一）膜 反 应

革兰氏阳性菌的膜含有大量的阴离子类脂。由于细菌素具有阳离子特征，所以膜上阴离子类脂的作用显得尤为重要。nisin 可很快与阴离子脂质体结合，但不能与两性离子脂质体结合。用 nisin 片段鉴定了与膜反应有关的区域。一个仅有氨基端的 nisin 片段（Nis1-12）与膜只有微弱的反应。nisin 分子带电荷氨基酸定点突变研究结果显示，羧基端区域中的正电荷对膜结合是至关重要的。

Ⅱ类细菌素的膜反应也依赖于阴离子磷脂。Chen 等证明 pediocin PA-1 与阴离子磷脂的专一性结合。pediocin PA-1 中的保守基序 Tyr-Gly-Asn-Gly-Val-Xaa-Cys 与膜结合作用、利斯特氏菌活性都没有关系。用 mesentericin Y105 的类似物分析了抑制伊氏利斯特氏菌生长的情况。结果表明 mesentericin Y105 分子中的氨基端 Lys-Tyr-Tyr 序列、二硫环、17-31 位的 α 螺旋结构域及羧基端的色氨酸残基对其活性是必需的。

从表 9-9 可以看出，Ⅱa 类细菌素相互之间非常类似；Ⅱb、Ⅱc 和Ⅱd 细菌素的同源性较差。某些Ⅱ类细菌素的 C 端区域富含正电荷残基，如 lactococcin Gα（RKKKH）、lactococcin A（HH）、carnobactericin B2(RRP)、lactacin F(KIRK)、pediocin PA-1(HKC)和 plantaricin J(RR)。分析 pediocin 类分子，如 pediocin PA-1、sakacin P、curvacin A 和 leucocin A 的嵌合体，表明这些细菌素的 C 端部分是负责靶的专一性。pediocin PA-1 C 端片段专一性抑制 pediocin PA-1 活性，这就表明该片段与完整分子竞争靶膜的相同结合位点，或者与完整分子联合产生一个没有活性的寡聚体。

双肽类Ⅱb 细菌素 lactococcin G 也发现强烈的膜反应。lactococcin G 由 α、β 两个两亲性 α 螺旋肽组成。两个肽不能单独结合到膜上，但当两个肽都存在时就有活性。同时发现它们一旦与靶细胞的膜表面结合，就不能扩散到另一细胞。lactococcin G 可与脂质体相互作用，但仅与完整细胞形成孔洞。

（二）膜 插 入

Demel 等发现 nisin 与阴离子类脂的相互作用跟它的抗菌活性有关。延长 nisin Z 氨基端的 ITPQ-nisin Z 分子，使插入单分子层的能力降低了 3.5 倍。用体积大的色氨酸替换氨基端的异亮氨酸也降低 nisin 穿透膜的能力。这些试验说明，nisin 分子的氨基端是插入到单分子层中。当减小 C 和 D 环之间铰链区的柔韧性，也将影响膜插入和抑菌活性。在 70%阴离子磷脂酰甘油组成的单分子层中 nisin Z 的插入可达最高。lacticin 481 的插入效率在阴离子磷脂单分子层中比在兼性离子磷脂中更高，但它在磷脂的插入效率明显低于 nisin Z。

（三）细胞壁通道和受体

A 型羊毛硫细菌素在黑脂膜中形成离子传导孔洞。nisin 与肽聚糖前体类脂Ⅱ相互作用，并形成一个笼形结构，而 pep5 或 epilancin K7 却不能。在黑脂膜中，类脂Ⅱ的存在增加了 nisin 跨膜电势 ΔΨ 去极化的能力。在类脂Ⅱ存在的情况下，孔洞寿命从 1/1000s增加到 6s，孔的大小从 1nm 增加到 2～2.5nm。用脂肽 ramoplanin 一起预保温耗尽细胞中的类脂Ⅱ，将降低细胞对 nisin 和 epidermin 的敏感性。这些结果显示类脂Ⅱ是孔洞形成的一种船坞蛋白分子或核心。carnocin U149 的活性也需要一个船坞蛋白分子。nisin 产生菌对 carnocin U149 的高度敏感性与 NisP 蛋白有关。NisP 是 nisin 前导肽酶，但不清楚它是如何增加对 carnocin U149 的敏感性。

革兰氏阳性菌的细胞壁是细菌素的通道。阴离子细胞表面聚合物，如磷壁酸和脂磷壁酸参与了与阳离子细菌素的最初相互作用。多方面的证据表明这种相互作用对于大部分Ⅱ类细菌素可能是重要的。受体假说解释了这类细菌素具有窄的靶专一性。这类细菌素中有许多在脂质体中不能形成孔洞。例如，lactostrepcin 5 对于原生质体是没有活性的，当细胞用胰蛋白酶进行预处理，其活性降低了 10 倍。这就提示它与细胞表面的蛋白因子有关。pediocin PA-1 和 leucocin A 也涉及一个受体类因子。

（四）膜插入和质子动力

在平衡状态下，nisin 分子与膜表面相平行。当 nisin 与膜结合的时候，它就扰乱了脂双层结构。ΔΨ 或跨膜 pH 梯度（ΔpH）可促使膜插入。强加一个 ΔΨ，将促使 epilancin K7 插入脂双层的疏水区。在细胞内，ΔΨ 和 ΔpH 也可促进膜插入和孔洞的形成。然而，即使在缺乏 ΔΨ 的情况下，nisin 仍有效抑制细胞生长。在 nisin 浓度低于 400nmol/L 时，ΔpH 诱导孔的形成依赖于 ΔpH 的数量。ΔΨ 增强了一个二组分细菌素 lacticin 3147 膜插入活性。

能量对Ⅱa 类细菌素膜插入的作用还知之甚少。在缺乏 ΔΨ 的情况下，pediocin PA-1 和 lactococcin A 也能够在膜上形成孔洞。pediocin PA-1 和 bavaricin MN 能引起脂质体中碳荧光素的流出，ΔΨ 可增强这种作用。好几个Ⅱb 和Ⅱc 类细菌素，如 lactococcin G、lactacin F 和 lactococcin B 的活性并不需要质子动力。

三、孔洞形成模型

(一)孔洞的形成模型

近些年提出了好几个关于孔洞形成的模型。对于 nisin 来说，孔洞的形成经历了一系列性质截然不同的步骤。在平衡状态下，nisin 分子与膜表面相平行。$\Delta\Psi$ 和 ΔpH 都可以诱导孔洞形成，它可能受 nisin 结构域插入到膜的影响。nisin 诱导荧光磷脂跨膜移动的事实证明 nisin 分子 C 端的膜插入引起了磷脂单层间的接触。楔形模型提出 nisin 诱导孔洞的形成与质子动力有关，它驱使类脂和 nisin 结构域的共插入（图 9-12a)。nisin 分子的铰链区允许它的 C 端弯曲并插入到膜中。多个插入的 nisin 分子可以引起类脂双层组织局部大紊乱，形成瞬时的类脂-蛋白孔洞。由于疏水力将导致类脂重排成它们原先的双层组织，所以这种结构是不稳定的。

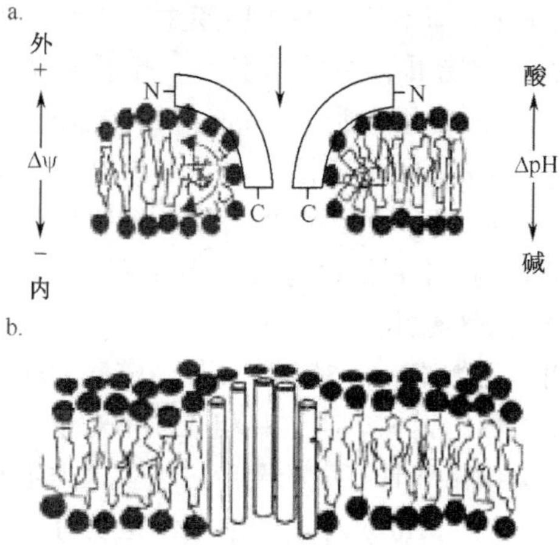

图 9-12　孔洞形成的模型（Moll，1999）

a. 楔形孔；b. 桶板孔

Ⅱ类细菌素插入膜时将形成一束 α 螺旋肽，它很像一个桶板形的孔洞（图 9-12b)。在它们序列的中间存在一个终止螺旋的氨基酸残基，它将有利于形成一个原始的膜结合状态。根据桶板模型，成束的两亲 α 螺旋肽亲水面形成充满水的孔洞的内壁；在外部，这些螺旋的疏水位点将面对膜类脂的脂酰链，也就是说，单个 nisin 分子可能与膜表面平行并干扰膜双层组织，但不形成肽聚集体。当它们相互靠近，由于一个强大的磷脂流动活性使膜瞬时崩坍，导致了局部和瞬时通透性。膜类脂的负电荷决定了这些孔洞对阳离子的选择性。

thermophilin 13 是一个非典型的抗利斯特氏菌的双组分细菌素（Ⅱb 类细菌)，它由 thermophilin A 和 thermophilin B 构成，前者虽有抗菌活性，但后者可使前者的活性增加 40 倍。thermophilin 13 的活性与脂质或蛋白受体无关。Marciset 等提出的 thermophilin 13 成孔模型认为，thermophilin A 将形成两个跨膜 α 螺旋，其 N 端两亲 α 螺旋因第 5 位 Asp 和第 8 位 Lys 之间的盐桥和氨基端和羧基端之间的氢键连接而稳定，thermophilin B 有 3 个等距离的 β 转角，间插序列作为反平行 β 折叠横跨在膜上。其他一些Ⅱb 类双组分细菌素，如 lactococcin G、plantaricin EF 和 plantaricin JK 无论在结构上，还是在功能上都与 thermophilin 13 不同。这些细菌素在膜模拟溶剂中都呈现 α 螺旋，它们的两个组分对于成孔活性都是严格需要的。这些孔洞显示了强烈的离子选择性。

(二)孔洞的特性

羊毛硫细菌素一般形成大的非专一性孔洞。它们导致离子、氨基酸和 ATP 从胞内流出或使离子和羧基荧光素从蛋白脂质体中流出。羧基荧光素的流出要快于钾离子，这就提示可能存在某种阴离子偏爱性。在黑脂膜中，0.1～0.25μmol/L 浓度的 nisin 和 pep5 所形成孔洞的大小约 1nm，而 subtilin 的孔洞直径为 2nm。这些孔洞的大小依赖于细菌素的浓度和 pH 这两个条件。黑脂膜研究结果揭示仅有短暂的离子选择性。绝大多数细菌素孔洞的寿命是毫秒（1/1000s）数量级，而 gallidermin 孔洞寿命高达 30s。对于双组分细菌素孔洞的特性还知之甚少。有趣的是，双组分细菌素 lacticin 3147 的活性在 ΔpH 情况下可增加，在 ΔΨ 的情况下可降低。这表明 lacticin 3147 孔洞的形成有强烈的离子选择性。

Moll 等认为即使在缺乏 ΔΨ时，nisin 也能驱散敏感的乳酸乳球菌细胞和蛋白脂质体中的 ΔpH。驱散的速率随 ΔpH 的量而增加。当 ΔpH 是内部碱性时，nisin 才可形成孔洞。ΔΨ 诱导孔洞形成的效率受到外部 pH 强烈影响，而 ΔpH 诱导孔洞形成对外部 pH 却不敏感。这些资料表明孔洞的特性随 pH 作用而变化，并证明生理条件下的 ΔpH 也可能是 nisin 作用的重要靶位。

Ⅱa 类细菌素驱散质子动力，而高浓度的 pediocin PA-1 允许较大分子流出。双肽细菌素（Ⅱb 类）形成相对专一的孔洞。已知全部双组分细菌素都是驱散 ΔΨ。根据它们的离子选择性，可将这些肽分成 2 个亚类：①一价阳离子传导细菌素，如 lactococcin G 和 plantaricin EF。plantaricin EF 的作用是驱散 ΔpH，lactococcin G 不传导质子运动；②阴离子传导细菌素，如 plantaricin JK 和 acidocin J1132。plantaricin JK 允许阴离子，如谷氨酸从胞内流出，而不引起钾离子流出。acidocin J1132 也引起谷氨酸流出。与上述 2 个细菌素相反，lactacin F 既可诱导钾离子，也可诱导磷酸盐的流出。

伴随着 ΔΨ 的消散，lactococcin G 和 plantaricin EF 促使了 ΔpH 增加。随后，ΔpH 立即消散（plantaricin EF）或者根本不受影响（lactococcin G）。plantaricin JK、acidocin J1132 和 thermophilin 13 直接驱散 ΔpH，并没有一个最初的短暂增加，这就说明前一类细菌素并不传导质子或羟离子的跨膜运动，它们是间接瓦解整个质子动力家系。

lactococcin B(Ⅱc 类）可驱散敏感细胞中的质子动力，但需要大约 150 倍高的浓度才能使谷氨酸流出，表明 lactococcin B 驱动了离子运动，但它不形成大的和非特定的孔洞。

（三）孔洞引起的生长抑制

驱动跨膜离子流的细菌素如何引起生长抑制？曾将 ΔΨ 的消散用来解释生长抑制。然而当把钾离子和离子载体缬氨霉素同时加到培养基中用以驱散 ΔΨ时，仅发现微弱的生长抑制。然而，用 nigericin 驱散 ΔΨ 可使乳酸乳球菌和其他乳酸菌的生长能快速和完全抑制。强烈的细胞毒性作用可能是由质子流入引起，它导致胞内 pH 下降，随后许多酶促过程被抑制。生长抑制也可能是细胞毒性钠离子流入的结果，细胞膨压的渗透不平衡加速了生长抑制，也就是说质子动力的消散阻止了 ΔpH 和 ΔΨ 转运过程。某些细菌素由于 ATP 的流出而直接影响细胞能量。离子梯度的消散可能导致无效循环和 ATP 的耗尽。ATP 水解作用的加速可能造成高能量磷酸化中间体的枯竭。最有趣的是，导入水解作用将间接使 nisin 产生菌的 ATP 耗尽，看来水解作用比 ATP 流出更重要。

（四）抗性和免疫

产细菌素的细胞被它自己没有活性的前体形式的细菌素保护。行使分泌的细菌素前导序列一般含有 18～30 个氨基酸残基。细菌素生物合成的最后一步是前体的分泌。分泌之后，切割位点－2 和/或－1 位的螺旋断裂残基可能起前导肽酶识别位点的作用，前导肽酶切割这个键，并将成熟的和有活性的肽释放到培养基中。细菌素分泌系统也被认为对细菌素产生菌的自我保护或免疫起作用。例如，表达 *nisEFG* 基因的细胞可提高 nisin 抗性，*nisEFG* 是编码与 nisin 分泌有关的 ABC 转运蛋白的基因。在 epidermin 产生菌中也发现这样一个自我保护机制。这些 ABC 转运蛋白利用 ATP 使细菌素分泌到膜外。有趣的是，colicin V 由一个称之为“MDR 类”输出系统分泌的，某些分泌细菌素的 ABC 转运蛋白包含共价连接的胞质结构域，它起前导肽酶的作用。这些蛋白 N 端部分的蛋白酶解结构域具有双重功能，即去除前导肽和随后转运细菌素穿过细胞质膜。因此，它们有效地阻止了那些残留于胞质溶胶中的成熟的和有活性的细菌素。

nisin 抗性也与一个改变的脂肪酸和磷脂组成有关。Crandell 和 Montville 发现利斯特氏菌中阴离子脂质含量的减少可提高对 nisin（Ⅰa 类）和 pediocin PA-1(Ⅱa 类）抗性水平。在酵母菌中发现一个特定细胞壁蛋白可增加对高浓度 nisin 的抗性。编码细菌素的操纵子通常也含有一个编码免疫蛋白的基因。这些蛋白赋予产生菌的细胞对它们分泌的细菌素具有高的抗性。例如，nisin 产生菌不仅有 nis*EFG* 转运系统，而且有 *nis*I 基因的产物来保护它们。NisI 是一个脂蛋白，它既存在于胞内，也存在于细胞质膜的外表面。NisI 很可能是一个 nisin 结合蛋白。有趣的是 NisI 可刺激敏感细胞的 nisin 活性，这说明 NisI 具有免疫和增强因子的双重功能。然而至今还不了解免疫蛋白的作用机制。它们可能保护受体，与细菌素结合阻止孔洞形成，甚至堵塞孔洞；它们也可能促进细菌素降解以阻止细菌素对产生菌的作用。sakacin P 产生菌的免疫蛋白对 pediocin PA-1、curvacin A、sakacin P 和 enterocin A 都具有抗性。lactococcin A 的免疫因子直接与 lactococcin A 受体相互作用。

四、展　望

肽聚糖前体类脂Ⅱ可增加 nisin 的活性，表明细菌素靶的特异性可能是一些比原来预期更为复杂的因子。在存在类脂Ⅱ的情况下孔洞寿命显著增加，这使科学家开启了详细分析孔洞结构及其功能的大门。对于第Ⅱ类细菌素来说，靶细胞的特异性依赖于细菌素的两个结构域和靶细胞中类似受体的分子。这些受体的本质仍有待阐明。详细分析这些特异性的决定因子有可能帮助我们设计那些具有期望的靶谱和/或离子特异性的新抗菌剂。用这些抗菌剂处理靶细胞将会实现细胞快速死亡。

（还连栋　钟　瑾）

第七节　第二类细菌素结构与功能的关系

细菌素的结构与功能的关系是一个很大的难题，许多实验室现在都在进行着Ⅱa 类细菌素的研究，包括活性谱的比较，氨基酸序列和二级结构的预测，以期确定在细胞识别和杀菌过程中起主要作用的区域。目前为止，Ⅱa 类细菌素的所有结构特征在细菌素作用的两个过程的至少一个中发挥了作用。这些特征包括形成一个 β 转角的 N 端共有序列，在此序列之后的 N 端两亲部分形成一个两亲性的 β 折叠，中心区域形成一个亲水的/稍两亲性的 α 螺旋，C 端疏水区形成两亲性的 α 螺旋。N 端末端紧挨着保守序列的 2～3 个氨基酸形成了二硫键，正电荷的氨基酸还有其他碱性氨基酸如赖氨酸和色氨酸。细菌素与膜的结合、孔洞的形成是通过一系列的识别步骤实现的，包括细菌素中不同的结构域和结构特征。事实上，Ⅱa 类细菌素分子无论大小、活性强弱，它的整个序列对于抑菌活性的发挥都是必需的。因此，出于细胞识别的需要其特有的结构必然决定了其相对窄的抑菌谱，且必须有严格的分子识别才能决定细胞的特异性。

一、YGNGV 序列的作用

由于是一个 β 转角结构，YGNGV 序列很容易暴露并被膜受体识别，因此保证了细菌素在膜表面的正确定位，这对于活性发挥是必需的（图 9-13b）。近来的研究认为 YGNGV 序列应该在Ⅱa 类细菌素的活性作用的识别步骤中起作用，但起不到特异性识别的作用，这与Ⅱa 类细菌素普遍具有抗利斯特氏菌的活性相一致。虽然对此还没有明确的证据，YGNGV 中成分的修饰或缺失都严重降低了它们对利斯特氏菌的抑制活性。另一方面，YGNGV 序列中的替换可减弱细菌素对许多乳酸菌的抑制活性。也有报道，这个序列的出现对两个与Ⅱa 类细菌素相关的细菌素，即 bacteriocin 31（YGNGL）、acidocin A（YGTNGV）并不是必要的条件，它们有一个不同于 YGNGV 的序列。因此，YGNGV 序列的修饰可能会干扰 β 转角结构，结果形成 N 端的 β 折叠，最终影响其抗利斯特氏菌活性，但不影响对其他菌株的活性。

二、N 端疏水/两亲性 β 折叠结构的作用

N 端的 β 折叠结构使Ⅱa 类细菌素在此区域具有双亲性的特征，这对细菌素-膜相互作用起着重要作用。有报道指出 pediocin PA-1 的 N 端 β 折叠有一个正电荷区包含 lys-1、lys-11、his-12，它们对细菌素与靶细胞膜的连接起介导作用。还有一个疏水性区包含 Val-7、Cys-9、Cys-14、Val-16、Try-18，可能在插入膜过程中起作用。Chen 等认为是位于 pediocin PA-1 发夹结构顶端的正电荷对而不是 YGNGV 介导了细菌素与目标细胞膜之间最初的静电结合。

另一方面，Ⅱa 类细菌素有一个封闭的 N 端，要么是引导序列（前体肽），要么是麦芽糖结合的蛋白如 MBP-pediocin AcH，这种结构也有抑菌活性，但是其 N 端不能插入目标细胞膜的磷脂双分子层。据观察发现，前体肽与成熟肽相比活性很弱，可能是在细菌素与膜结合时细菌素的构象受到了引导序列的干扰。这些观察结果验证了 N 端区域通常形成 β 折叠构造，并且在膜表面识别中起作用的观点（图 9-13b），这是所有Ⅱa 类细菌素的普遍特征，但对细菌素活性的特异性不起决定性作用。

三、中央疏水/两亲性 α 螺旋的作用

Bennik 等对 9 种Ⅱa 类细菌素进行了研究，表明都有中央的 α 螺旋结构（15，16～27，28 残基）能以 30°～60°角插入疏水/亲水性内核。α 螺旋的独特定位对磷脂双分子层的不稳定有重要作用，使细菌素分子更易于插入目标细胞质膜中，Bennik 等也观察到在杂交的Ⅱa 类细菌素分子中，Ped-Sak（结合了 pediocin PA-1 的 1～21 残基和

sakacin P 的 22 至末端残基）是仅有的一个仍保持中心区域斜向定位 α 螺旋的肽，而且是唯一一个全部保留活性的杂交细菌素分子。

然而，Bughaloo-vial 等预测了 piscicocins V1a 和 V1b 的中央亲水/微两亲性 α 螺旋，这两种斜向 α 螺旋部分也许起到了将细菌素锚定在脂质双分子层中的作用，而不是将细菌素插入膜中。Bennik 等的研究打开了现在对Ⅱa 类细菌素结构功能关系的新视野：斜向的 α 螺旋可能会影响这些肽的活性（图 9-13b、c）。

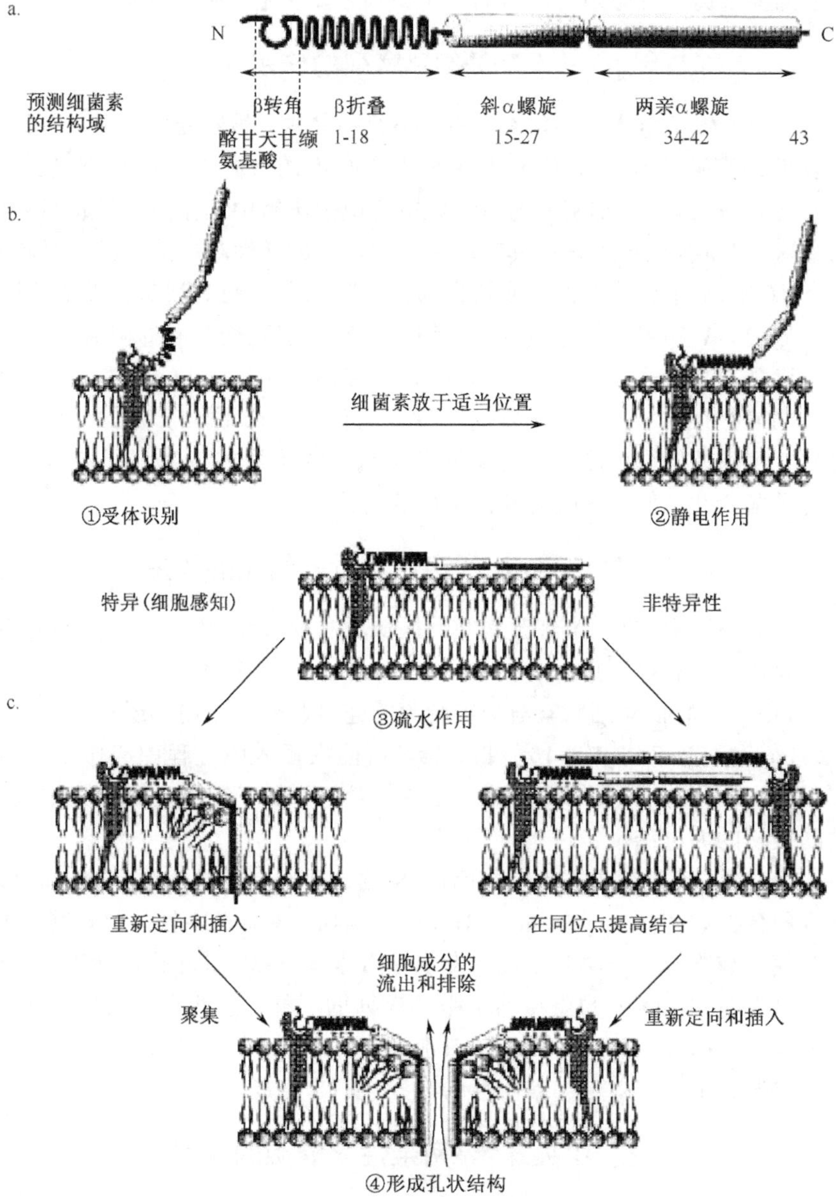

图 9-13　Ⅱa 细菌素的结构及作用于目标细胞膜的定位方式

a. 细菌素的结构域；b. 细胞膜与结构域之间的相互作用；c. 细菌素的插入与双亲性孔洞的形成。该肽的疏水性部分标为阴影，亲水性部分标为光亮部分

四、C 端疏水/两亲性 α 螺旋的作用

也许Ⅱa 类细菌素在模拟膜环境中形成的 C 端两亲性 α 螺旋所具有的活性可以解释它们的作用机制，尤其是所谓的“桶-板”复合体的形成，由此 C 端区域可以容易地插入目标细胞膜中形成水溶性孔洞（图 9-13c）。另外，Ⅱa 类细菌素共有的特征还有与 N 端区域相对的 C 端区域包含假定的跨膜螺旋，有着更高的同源性，且在细菌素的靶细胞特异性中起着重要的作用。近来对结构与功能关系所进行的研究表明，Ⅱa 类细菌素的特异性作用至少部分是由 C 端区域决定的。实验通过建立杂交细菌素，观察到 C 端部分是决定靶细胞特异性的主要因素，而且是膜识别的关键区域，这也可由 pediocin PA-1 的 C 端部分（20～34 个残基）干扰 pediocin PA-1 的活性得到了验证。也许是控制了特异性作用的整体性，也可能是对靶细胞膜的疏水作用力，pediocin PA-1 中的片段不能强烈地抑制其他相似性低的Ⅱa 类细菌素，基于这些发现，可以认为具有相似 C 端序列的Ⅱa 类细菌素，如图 9-13 中所列出的具有相似 C 端的一群细菌素，也会有相似的抑菌谱。

Bhugaloo-vial 等和 Fleury 等分别对 piscicocin 和 mesentericin Y105 的研究提出假设，他们认为 C 端区域仅仅具有活性特异性，在细胞定位上不起主要作用，而 N 端介导了细胞识别且决定了抑菌谱范围。对于 pediocin AcH 和 mesentericin Y105 来说，N 端 KYY 结构尤其是 N 端 Lys 残基的主要作用是在与膜磷脂相互作用时起作用。在重要的膜识别过程中，Ⅱa 类细菌素的 N 端末端（在保守序列之前）和 C 端部分之间有一个连接，出于此方面考虑，还观察到有相似 C 端的Ⅱa 类细菌素也有相似的 N 端氨基酸和相似的 N 端末端（图 9-13）。因此，除了一级结构，疏水/两亲性结构和关键氨基酸链的正确排列都是决定细菌素分子特异性和活性的决定性因素。

五、二硫键的作用

所有的Ⅱa 类细菌素都至少含一个二硫键，而且那些含有两个二硫键的细菌素具有更宽的抑菌谱。Eijsink 等比较发现，两个二硫键的 pediocin PA-1 和 enterocin A 都比只有一个二硫键的 sakacin P 和 curvacin A 具有更强的抑菌性能，尤其是对利斯特氏菌株。而且他们也具有更宽的抑菌谱，pediocin PA-1 也比 leucocin A（只有一个二硫键）抑菌谱宽。

用 β-巯基乙醇或二硫苏糖醇破坏二硫键可以降低 pediocin PA-1 和 enterocin A 的活性，pediocin PA-1 在半胱氨酸残基减少或突变后活性完全丧失。对于只有一个二硫键的细菌素来说，破坏二硫键只会引起抑菌活性的中度减弱，因此说明单二硫键的出现对活性并不是严格必需的。这些都由 leucocin A、sakacin A、sakacin P、curvacin A、carnobacteriocin B2 得到了验证。与此相反的是，Fleury 等观察到 mesentericin Y105 在 Cys-9 和 Cys-14 处用丝氨酸代替后活性大幅度降低（至少 20 000 倍），对此明显差异目前仍未有合理解释。

这些发现说明，一方面在二硫键的出现和Ⅱa 类细菌素的抑菌性能之间有一种关联，另一方面，C 端额外的二硫键使细菌素有更高的抑菌活性，这或许是二硫键可以促进Ⅱa 类细菌素的分子内刚性，因此会影响在特定条件下的热稳定性或抑菌活性。Chen

等通过 pediocin PA-1 的三维结构模型认为它的两个二硫键中的任何一个都使带正电荷的赖氨酸（Lys）和组氨酸（His）残基靠近并形成一条带正电荷的侧链，这使得细菌素和带负电荷的靶细胞膜的脂肪链头部结合得更紧密，因此提高了活性。

六、带正电荷氨基酸的作用

pediocin PA-1 的正电荷氨基酸 Lys-1、His-42、Lys-43 的定点突变会导致活性降低，这可被解释为细菌素与膜表面之间的结合能力下降。事实上，缺失了正电荷残基 Lys-11 和 His-12 的 pediocin PA-1 突变体不能与靶细胞膜结合。另外，pediocin PA-1 的三个 His 残基的质子化也对它吸附于靶细胞膜有重要贡献。但不像 nisin 一样，这些残基的去质子化不能提高膜插入能力。pediocin PA-1 的 Lys-11 可能在孔洞形成过程中起干扰细菌素插入的作用，所以它被 Glu 残基取代后会导致 pediocin PA-1 抑菌活性的明显增加。

芳香族残基的出现对Ⅱa类细菌素的抑菌活性来说是很重要的。pediocin PA-1 中精氨酸取代 Trp-18 会导致活性丧失，此位置的 Trp 对于大部分Ⅱa类细菌素来说是比较保守的。相似的是，mesentericin Y105 将 N 端 Trp 残基去掉后其抗利斯特氏菌的活性大幅度降低。pediocin PA-1 中 Trp-18 和 Trp-33 残基插入脂质双分子层的疏水核中才使细菌素可作用于靶细胞膜。Bhugaloo-Vial 等鉴定了 piscicocin V1a 的 C 端螺旋的所有末端，结果表明这些残基可以强化螺旋并且帮助细菌素定位于靶细胞膜。Trp 残基可帮助细菌素的跨膜部分的界面形成。另一个芳香族氨基酸 Phe 对于抑菌活性也很重要，carnobacteriocin B2 的 Phe-33 用 Ser 代替后活性完全丧失，可能是由于 α 螺旋两亲性的改变。

另外 pediocin PA-1 的疏水 C 端部分（25～37 个残基）任何残基的替换都会引起极性的增加，结果导致活性的全部丧失。与此相反的是，疏水性的修饰，电荷和结构的变化会产生与天然肽活性相对比的细菌素变体。以 mesentericin Y105 和 leucocin A 为例，它们的变体与自然形式相比其活性和特异性仅有轻微的变化。

（李平兰　吕燕妮）

第八节　细菌素的应用

细菌素的安全性研究是过去 20 年来一直探讨的主题，细菌素的发现掀起了从自然界中广泛筛选、鉴定这些天然抑菌物质的热潮。虽然至今已分离和鉴定了为数众多的细菌素，但仅有几个细菌素在食品和生物药物领域中具有潜在的商业价值，其中最重要的是乳酸乳球菌产生的乳链菌肽（nisin）。中国科学院微生物研究所从 20 世纪 90 年代率先在国内进行 nisin 的研究与开发，并与浙江银象生物工程有限公司合作成功地实现了工业化生产，其产品已销往国内外市场。最近，在国家发改委的支持下在浙江天台建立了世界最大的 nisin 专业化生产厂，这对我国 nisin 生产、开发和应用起巨大的促进作用。

一、乳链菌肽的应用

nisin对许多革兰氏阳性菌，尤其是对引起食品腐败的肉毒梭菌、嗜热脂肪芽孢杆菌、利斯特氏菌等有强烈抑制作用，而且易被消化道中的酶降解，对人体无毒，是一种非常理想的食品防腐剂，已被世界50多个国家和地区应用于许多食品，尤其是热加工食品的防腐、保鲜（表9-10）。我国卫生部食品监督检验司于1990年签发的文件中指出："可以科学地认为乳链菌肽作为食品防腐剂是安全的"，并在《中华人民共和国食品添加剂使用卫生标准》(GB2760-1996）中规定最大使用量：罐头和植物蛋白饮料为0.2g/kg，乳制品和肉制品为0.5g/kg。

表9-10　nisin在一些国家（地区）应用情况

国家	准许加入nisin的食品	最大加入量/(IU/每克食品)
阿布扎比	巴氏灭菌牛奶、风味牛奶、长效牛奶、精制干酪、干酪、其他乳制品、蔬菜罐头	不限
阿根廷	精制干酪	500
澳大利亚	干酪、番茄罐头、番茄酱罐头、汤类罐头	不限
巴林	巴氏灭菌牛奶、风味牛奶、长效牛奶、精制干酪、其他乳制品、蔬菜罐头	不限
比利时	干酪	100
玻利维亚	不禁止在食品中使用	不限
保加利亚	干酪、贮藏鲜鱼用冰	200mg/kg
智利	食品制品	4000
中国	罐头、植物蛋白饮料	0.2g/kg
	乳制品、肉制品	0.5g/kg
哥伦比亚	精制干酪	500
哥斯达黎加	干酪制品	不限
塞浦路斯	干酪、纯奶油、蔬菜罐头	不限
捷克斯洛伐克	面包及面包馅、蛋黄酱、精制干酪、预制食品、半预制食品、蔬菜罐头	500
迪拜	婴儿食品（牛奶与蔬菜）、干酪、巴氏灭菌牛奶、风味牛奶、长效牛奶、其他乳制品	不限
埃及	精制干酪	500
爱尔兰	精制干酪	500
芬兰	精制干酪	480
法国	精制干酪	不限
英国	干酪、罐头食品、纯奶油	不限
中国香港	干酪、罐头食品、纯奶油	不限
印度	干酪、精制干酪	1000
意大利	干酪	500
	蔬菜罐头、调制奶油	100
约旦	精制干酪	500
科威特	精制干酪	4000

续表

国家	准许加入 nisin 的食品	最大加入量 /(IU/每克食品)
马来西亚	罐头食品和干酪	不限
墨西哥	准许用作添加剂	500
荷兰	加工干酪、粗制脱脂酸奶干酪、某些精制干酪	500
	干酪粉	800
新西兰	精制干酪	500
秘鲁	准许用作添加剂	不限
菲律宾	精制干酪	4000
波兰	经贮存的天然干酪	4000
葡萄牙	精制干酪	500
卡塔尔	牛奶、乳制品	不限
沙特阿拉伯	某些食品和乳制品	不限
新加坡	干酪、罐头食品	不限
南非	精制干酪制品、一些其他干酪	500
西班牙	精制干酪	500
瑞典	干酪和人造奶油干酪、精制干酪	500
中国台湾	干酪	1000
泰国	精制干酪	4000
特立尼达	罐头食品、干酪、纯奶油	不限
土耳其	各种干酪	4000
美国	某些涂有巴氏灭菌、精制干酪的食品	10 000
乌拉圭	精制干酪	4000
前苏联	营养精制干酪	8000
	蔬菜罐头制品	4000
直布罗陀	同英国	不限
马耳他	同英国	不限

(一) 乳　制　品

干酪：nisin 最早用于干酪的防腐，也是目前乳制品应用中的一个主要方面。在干酪加工过程中，虽经过高温灭菌，但仍会有耐热性的革兰氏阳性菌孢子（如肉毒梭菌和厌氧梭菌芽孢）存在，nisin 可有效阻止这些孢子萌发和毒素形成。在干酪中，nisin 的添加量从 200～600mg/kg 不等。主要取决于下列因素：原材料质量、产品配方、加工时融化滞留时间、贮存期融化滞留时间等。有报道说将 nisin 抗性菌和 nisin 产生菌混合用作干酪发酵剂，可使干酪优质品率达 90%以上，而用常规的方法仅有 41%。

巴氏消毒奶：南京农业大学食品科学系对聚乙烯薄膜袋装的巴氏消毒奶试验表明，添加 0.1g/kg nisin 的消毒奶在 4℃可保存 7 天，第 14 天微生物总数超标；添加 0.3g/kg 的 nisin 可延长到 21 天，第 28 天微生物总数超标；而不加 nisin 的对照组只有 3 天，第 7 天微生物总数超标。

高温灭菌奶：研究发现，耐热的芽孢杆菌孢子虽经 115℃加热 15min 仍有残留，添加 20mg/L nisin 于高温灭菌奶中，则可完全抑制这些孢子的萌发。有人试验将 1L 牛奶经 121℃灭菌 13.5min，在 55℃条件下每天以 10%的速率腐败，加入 nisin 后在同样条件下则可完全控制腐败现象的发生。中国食品发酵工业研究院的试验结果表明：添加 100mg/L nisin，经 115℃灭菌 10min，37℃保存 7 天，产品合格率达到 100%。

奶油制品：此类产品形态及腐败时的状况非常类似乳制品。产品乳化层的稳定与特征通常与产品的处理条件和加热状况有关。如用加热来延长保质期，效果通常不如一般乳制品。若加入 nisin 于该产品中，可有效地改善配送和贮存条件。

奶粉复原的乳制品：对那些缺乏新鲜牛奶，需要奶粉再制成乳制品的国家及水源不安全会引起微生物污染的地区，用奶粉配制的乳制品同样会遇到与鲜奶同样的问题（如细菌污染，对热处理敏感），nisin 可充分发挥有效的防腐作用。埃及将低浓度的 nisin 用于水牛牛奶和巧克力奶消毒，节省了约 80%的热量。消毒后的牛奶在 37℃可以存放 21 天。印度用 nisin 使仅能存放 3～7 天的消毒牛奶保存了 60 余天。

（二）罐头食品

罐头食品中经常被一些极为耐热的细菌孢子污染，如嗜热脂肪芽孢杆菌和热解糖梭菌的孢子，一旦条件适宜，它们将会生长并引起平酸腐败。罐头食品的安全问题已越来越为各国卫生部门所重视。由于 nisin 的优越特性，将 nisin 用于罐头食品不仅可以保证罐头食品的安全性、良好的外观和质地，还能节省能源、减少热处理过程、改善罐头食品的营养价值。所以，nisin 不仅是一种优良的食品防腐剂，还是一种食品品质改良剂。

蘑菇罐头：上海梅林食品有限公司在蘑菇罐头中添加 0.067～0.084g/kg 的 nisin，杀菌条件为 10～18s/121℃(425g)，用大生产的产品作为对照（没有加 nisin），杀菌条件为 10～38s/122℃，经保温贮藏，不加 nisin 的对照组全部变质，pH 降低，而添加 nisin 的罐头全部完好，经开罐感观检验，蘑菇滋味好，组织弹性好，并且发现在同样的装罐量条件下，由于杀菌与大生产条件不同，固形物显著提高。

鲜春笋罐头：浙江省安吉北岛食品有限公司在鲜春笋罐头中添加 0.1g/kg 的 nisin，100℃加热 47min 杀菌。保存 6 周后开罐检验，汤汁清澈透明，香味极佳，有很重的鲜笋味道，肉质较脆，明显脆于熟笋。

蔬菜罐头：中国人民解放军总后军需装备研究所钱平和吴德元分别以绿豆芽、胡萝卜、黄瓜为原料制成低盐的罐头产品，添加 0.2g/kg 的 nisin，沸水杀菌 20min 代替传统杀菌工艺，贮存两年，微生物检测结果为商业无菌，而且保留了良好的脆度。

瓶装酱菜：南京农业大学食品科学系将 0.2g/kg nisin 添加到 NaCl 含量为 7%（一般为 10%～20%）的酱菜卤汁中，巴氏灭菌后，在室温、37℃、55℃各保存 10 天分别取样检测微生物指标，结果添加 Nisin 的样品，样品败坏率为 0，卫生质量符合国家标准，并对产品风味无影响。

nisin 成功地应用于罐头食品的种类有胡萝卜酱、蘑菇、豌豆、番茄、汤类和许多其他罐头食品（表 9-11）。为了增加 nisin 的稳定性，罐装食品的浸渍液一般用柠檬酸调至 pH4.0。

表 9-11　nisin 在罐头食品热处理过程中的作用

罐头食品	pH	F0 值*	
		未加 nisin	加入 nisin**
巧克力奶	6.6	9.3～9.6	2.6～3.4
浓干酪	5.0	28.8～30	9.1～9.9
蔬菜汤	4.5～5.0	24.6～30	9.9～9.9
肉汤	4.5～5.0	15.4～30	8.1～10.3
蔬菜	4.5～6.0	15.4～40.7	7.9～12
豌豆	5.5	6.0～7.2	4.1～5.1
蘑菇	6.0	17.5～19.3	2.5～3.3
番茄	4.5	0～0.3	0～0.3
水果	3.8～4.5	0～0.8	0～0.4
肉类	5.5	19.2～19.7	8.1～10.8
鱼类	5.0	3.4～7.3	3.9～5.4
谷物	5.0	30～40	9.0～9.6

* F0 值为食物（罐头）中央保持 121℃的时间（以分计）；** 加入 nisin 的浓度为 1～5 ppm（40～200 IU/克食物）

（三）植物蛋白食品

豆奶：中国食品发酵工业研究院孙梅君等在豆奶中添加 0.1g/kg nisin，杀菌条件为 121℃ 7min，样品贮存于 37℃和 55℃。结果保存 3 个星期后，添加 nisin 的败坏率为 0，没有添加 nisin 的对照组在 37℃和 55℃的败坏率分别为 80%和 90%。北京市食品研究所的刘喜荣和回九珍将 nisin 和某些盐类复合使用使豆奶的保质期达 92 天，同时降低了杀菌温度，有利于保持豆奶的营养、风味、口感、色泽等。

内酯豆腐：浙江省天台县莪园豆制品厂在内酯豆腐中添加 0.1g/kg nisin，37℃保温 24h，样品 pH5.0，外观、口感全部正常，败坏率为 0；而未加 nisin 的样品 37℃保温 20h 就全部脱水，变味变酸，pH 下降到 4.0，败坏率为 100%。

（四）肉　制　品

西式火腿和酱牛肉：中国农业大学南庆贤等用 nisin 等天然防腐剂合理复配，结合真空包装，使德氏火腿在 25℃条件下货架期延长至 8 天，而对照为 2 天；使酱牛肉延长至 9 天，对照为 1 天。在外观、颜色、肉质和风味上与未经 nisin 处理的相比，差异极小，同样为鉴定人所接受。

低温火腿肠：在加工的过程中，由于灌肠机无抽真空设备，使得加工的低温火腿肠内存在气孔，容易造成火腿肠氧化酸败，加快了火腿肠的褪色，同时也对火腿肠的硬度和弹性产生一定影响。江南大学宁喜斌和许时婴采用以 nisin 为主的复合防腐剂探讨对低温火腿肠保质期、色泽和质构的影响，他们发现对于延长保质期有明显的作用，可使低温火腿肠的保质期达到 3 个月。

澳式烤肉：洛阳春都集团春达食品有限公司添加 0.3g/kg nisin 和壳聚糖等防腐剂，结合真空包装，使澳式烤肉在 37℃的保质期从 3 天延长到 20 天。

禽肉制品：南京农业大学吕心泉等用0.4% nisin和5%香辛料提取物使烧鸡和酱鸭在30℃下保质期可达半年。南京农业大学徐幸莲等用nisin(400mg/kg)、乳酸钠(3.5%)浸泡盐水鸭腿后，经真空包装，微波间歇照射2次，使常温（22～28℃）下货架寿命超过20天。南昌大学夏云梯等采用0.1% nisin和铝箔袋真空包装，使扒鸡的保质期达半年以上，同时杀菌温度由原来的121℃降为105℃。

即食腊肉制品：四川大学杨瑞采用1g/L nisin浸渍即食腊肉后，80℃加热8min，在达到保质期的前提下，降低了灭菌温度，缩短了灭菌时间，并很好地保持了色泽和风味。

鲜牛肉和鲜猪肉：中国农业大学南庆贤等将nisin等天然防腐剂结合聚酯/聚乙烯膜真空包装用于鲜牛肉的保鲜，使鲜牛肉的货架期超过21天。南京师范大学江芸和南京农业大学周光宏等将nisin、乳酸钠、山梨酸钾联合用于真空包装的鲜猪肉，根据微生物、pH、TVBN值、感观质量等指标进行评估，结果表明nisin对于延长肉的保质期有明显的效果，在第12天时仍具有二级鲜度。西班牙人Guerra等将不同浓度nisin吸附到P型玻璃纸的表面，然后测定用此玻璃纸包装的鲜牛肉中需氧菌总数。结果在4℃贮藏12天后，其需氧菌总数比对照低1.5个数量级，表明吸附nisin的玻璃纸将延长鲜牛肉冷藏的货架期。

三明治：nisin也可用于牛舌及各种肉类和鱼类三明治等，使其明显改变质地和外观，延长贮存期。Rayman等还进行了用nisin替代亚硝酸盐的研究。结果表明：75mg/kg的nisin就可抑制生孢梭菌PA3679孢子的萌发，其防腐效果要优于150mg/kg亚硝酸盐。有人建议用少量的亚硝酸盐（40mg/kg）作为发色剂，配合nisin，这样可以降低亚硝酸盐的用量。

（五）乙醇饮料

利用nisin可抑制革兰氏阳性菌，不抑制酵母菌这一特性，可将它应用于啤酒、果酒、蒸馏酒精和烈性酒等乙醇饮料的酿造，以防止乳酸菌引起的腐败。

啤酒：其应用方法是将nisin直接加入到发酵液中，以控制乳杆菌、片球菌这些杂菌的生长。实验证明100mg/kg的nisin就能发挥有效作用，而对啤酒的风味和香味无任何改变。也可将nisin(50mg/kg)加入不灭菌的桶装及瓶装成品啤酒中，延长其贮存时间。对于巴氏灭菌的成品，在灭菌前加入50～100mg/kg的nisin，可降低热处理的时间和温度。还可用1.0～1.2g/L nisin浸泡4～6h代替传统的酸洗法清除酵母菌中污染的乳酸菌。传统的酸洗法对酵母的生命力、发酵力和凝集性都有不良影响。

葡萄酒、苹果汁等：nisin还可用于葡萄酒、苹果汁和其他蒸馏饮料，以抑制那些不需要的乳酸菌的污染。

二、其他细菌素的应用

（一）lacticin 3147

lacticin 3147是一个二组分细菌素，可抑制许多革兰氏阳性菌，包括利斯特氏菌、梭菌、葡萄球菌和链球菌的生长。编码lacticin 3147生物合成和免疫的遗传决定子位于

60.2kb 的接合转移质粒上（pMRC01）。根据编码区序列分析和同源性比较，lacticin 3147 属于羊毛硫细菌素。它的应用有下列几方面：

构建产 lacticin 3147 的菌株用于发酵食品：利用 pMRC01 的接合转移，可将 pMRC01 接合转移到许多用作发酵起子的乳酸乳球菌中。目前已得到 25 种可产 lacticin 3147 的转移接合子。这些转移接合子除了产生 lacticin 3147，还可产酸和具有噬菌体抗性。因为这些特性都是由 pMRC01 质粒上的基因决定的。

例如，用产 lacticin 3147 的转移接合子 DPC4275 作为起子可降低 Cheddar 干酪成熟期非起子乳酸菌（non-starter lactic acid bacteria，NSLAB）总数。Cheddar 干酪用一个或多个中温乳球菌作为起子培养物，成熟期至少 6 个月，NSLAB 总数可达 107～108cfu/g，有时候要明显高于起子菌数。NSLAB 对 Cheddar 干酪质量的贡献至今仍不清楚，通常认为在蛋白酶解和风味形成中起作用。如果 NSLAB 总数较高，将使 L-乳酸消旋成为 D-乳酸，引起乳酸钙结晶。当用 DPC4275 作为起子时 NSLAB 总数比对照要低 100 倍。

（二）lactococcin

编码 lactococcin A、lactococcin B 和 lactococcin M 的基因位于质粒上，并高度保守。lactococcin 仅对乳酸球菌有抑制作用。对乳酸球菌的溶菌作用是 lactococcin 产生菌的共性，这一特性可应用于干酪加工。许多研究发现乳酸球菌起子菌体的裂解将有助于改善干酪的质量和风味，因此 lactococcin 产生菌乳酸乳球菌乳亚种双乙酰变种 DPC3286 作为 Cheddar 干酪加工的附加培养物用以裂解那些早熟的起子菌。

三、结　语

细菌素，特别是 nisin 的应用研究正轰轰烈烈地展开。最近的研究显示，nisin 与溶菌酶和柠檬酸盐复合处理对利斯特氏菌有明显的协同效应和累加作用，nisin 与螯合剂（EDTA）的复合使用对某些革兰氏阴性菌（大肠杆菌和沙门氏菌）具有抑制作用。笔者实验室对 nisin Z 铰链区定点突变研究结果表明，nisin Z 的 N20K、M21K 突变体对原本没有作用的革兰氏阴性菌（志贺氏菌、假单孢菌和沙门氏菌）产生了抑制作用。这些研究结果扩大了 nisin 的应用范围。更使人振奋的是 nisin 可抑制妇女生殖道中精子的运动，是一种外用避孕剂。另外，nisin 对牛乳腺炎、人牙龈炎、引起人慢性胃炎的幽门螺杆菌都有作用，显示 nisin 不仅是一种理想的食品防腐剂，而且在医药方面具有良好的应用前景。

（还连栋　钟　瑾）

第九节　细菌素的前景展望

一、天然细菌素的生物学特性

由上面各节所述得知，不同属种、不同环境的乳酸菌所产生的细菌素具有多样性，（表 9-12 和表 9-13）：结构不同、功能各异、抗菌谱有窄有宽、耐温有高有低、耐酸、耐碱程度也有差别。编码细菌素的基因一般位于质粒上，也有位于染色体上或与染色体上的转子连锁的。细菌素为肽类物质、分子质量较小、有的含稀有氨基酸、结构较复杂且多为环状、活性较强，但抑菌谱较窄，无毒副作用、易分解、无残留。基于这些特性细菌素的前景十分看好。

表 9-12 链球菌属产生的细菌素（Nes，2007）

细菌	细菌素	类型	氨基酸的分子质量/kDa
S. salivarius	salivaricin A	Ⅰ类细菌素	2315 (22)
S. salivarius	salivaricin B	Ⅰ类细菌素	2733 (25)
S. salivarius	salivaricin A2	Ⅰ类细菌素	2364 (22)
S. pyogenes	streptococcin A-FF22	Ⅰ类细菌素	2795 (26)
S. macedonicus	macedocin	Ⅰ类细菌素	2795
S. pyogenes	streptin	Ⅰ类细菌素	2424 (23)
S. mutans	mutacin Ⅰ，mutacin Ⅱ (H-298)	Ⅰ类细菌素	2364 (24) 3245 (27)
S. mutans	mutacin N		4806 (49)
S. mutans	mutacin B-Ny266	Ⅰ类细菌素	2270 (22)
S. mutans	mutacin Ⅲ (mutacin 1140)	Ⅰ类细菌素	2263 (22)
S. bovis	bovicin HJ50	Ⅰ类细菌素	3428 (33)
S. uberis	nisin U	Ⅰ类细菌素类 nisin	3029 (32)
S. mutans	smbA，smbB	Ⅰ类细菌素二肽羊毛硫细菌素	(30，32)
S. rattus	BHT-A (smb-like)；BHT-Ae，BHT-Ab	Ⅰ类细菌素二肽羊毛硫细菌素	2802 (30)，3375 (32)
S. mutans	mutacin Ⅳ；peptide A，peptide B	Ⅱ类细菌素二肽细菌素	4169 (44)，4826 (49)
S. thermophilus	thermophilin 13 (A)；ThmA，ThmB	Ⅱ类细菌素二肽细菌素	5776 (62)，3910 (43)
S. bovis	bovicin 255	Ⅱ类细菌素	5968 (56)
S. rattus	BHT-B	Ⅱ类细菌素无前导序列	5195 (44)

表 9-13 肠球菌属产生的细菌素（Nes，2007）

细菌	细菌素	类型	氨基酸的质量/kDa
E. faecalis	cytolysin Cyl_L，Cyl_S	Ⅰ类细菌素二肽羊毛硫细菌素	3458 (38)，2032 (21)
E. faecium	enterocin A	Ⅱ类 a 细菌素类片球菌素	4829 (47)
E. faecium	enterocin P	Ⅱ类 a 细菌素类片球菌素	4493 (44)
E. faecium	bac 32	Ⅱ类 a 细菌素类片球菌素	7998 (70)
E. faecium	bacteriocin GM-1	Ⅱ类 a 细菌素类片球菌素	4630 (44)
E. faecalis	bac 31	Ⅱ类 a 细菌素类片球菌素	(43)
E. mundtii	mundticin ATO6，mundticin KS，enterocin CRL35，mundticin QU2	Ⅱ类 a 细菌素类片球菌素	4287 (43)
E. faecalis	enterocin SE-K4	Ⅱ类 a 细菌素类片球菌素	5356.2 (43)
E. faecium	bacteriocin T8	Ⅱ类 a 细菌素类片球菌素	5090 (44)
E. faecium	enterocin B	Ⅱ类细菌素（未鉴定亚类）	5479 (53)
E. faecalis	enterocin 1071A，enterocin 1071B	Ⅱ类 b 细菌素二肽细菌素	4285 (39)，3897 (35)
E. faecalis	MR10A MR10B	Ⅱ类 c 细菌素无前导序列	5202 (44)，5208 (43)
E. faecium	enterocin L50；L50A，L50B	Ⅱ类 c 细菌素无前导序列	5190 (44)，5178 (43)
E. faecium	enterocin Q	Ⅱ类 c 细菌素无前导序列	3980 (34)
E. faecalis	enterocin EJ97	Ⅱ类 c 细菌素无前导序列	5328 (44)
E. faecium	enterocin RJ-11	Ⅱ类 c 细菌素无前导序列	5049 (44)
E. faecalis	AS-48		7166 (70)

二、细菌素的发展趋势

（一）发掘更多的细菌素

微生物在漫长的岁月中，为了适应环境，进化出了细菌素作为生存的防御武器。据此，从更广泛的环境中，尤其是在菌难以生存的环境中分离鉴定菌种，检测其细菌素，收集、整理以及和现有的抗菌物质进行比较，会发现更多新的细菌素。

另外也可利用基因组学寻找新的细菌素。细菌素是多肽或小蛋白分子，其碱基序列高度分化，通常用氨基酸的保守序列很难鉴定出来。基于一般细菌素合成的有关基因如负责修饰、输出、调控和其结构基因存于在一个操纵子中，所以通过比较基因组学可完整的鉴定出编码细菌素的基因。目前用此法已在7个乳酸菌基因组中鉴定出细菌素的基因簇及有关蛋白（Nes，2004），这些细菌素属于已报道的两个细菌素家族。还有用探矿的手段也发现了新的细菌素（de Jong，2006）。

（二）发挥细菌素之间的互补、协同和叠加作用

根据所需，对不同特性的细菌进行科学组合，或共同发酵或组合使用，将会起到互补、协同或叠加的作用，羊毛硫细菌素 nisin 和Ⅱa类细菌素的 pediocin 已在应用中得到证实。另外，将两个不同的细菌素基因转到生产菌株的细胞质或整合到染色体上，将会扩大抗菌谱、增强抗菌效果。

（三）羊毛硫细菌素的改造

实践证明，在所有的细菌素中，羊毛硫细菌素结构复杂、功能特异、活性高、抗菌谱广。随着它合成所需的基因元件，包括启动子、结构基因、调控基因、修饰基因、转运分泌基因和免疫基因的阐明，引起了遗传学、分子生物学、肽和蛋白质、药物学等专家极大的兴趣，不仅应用在转录组学、信号传导、基因工程、肽工程等基础研究中，而且也为设计新的肽类药物提供了思路。不久的将来，通过酶整合技术、氨基酸转换技术、定点突变技术，修饰丝氨酸和苏氨酸以及利用脱氢氨基酸、羊毛硫氨酸、D-丙氨酸等稀有氨基酸构建出新的肽类抗菌药物。

（四）Ⅱa 细菌素在医疗方面的应用

第二类细菌素尤其是Ⅱa是很有潜在应用价值的抗菌肽，可惜的是目前对它的研究还不深入。尽管它在食品防腐中显示了巨大的潜力，但人们更感兴趣的是它在医疗中的应用，如用它治疗抗二甲氧基苯青霉素的葡萄球菌、抗万古霉素的肠球菌和抗猪链球菌的感染等。现已证明，pediocin PA-1 的 Lys-11 被 Glu 替换后抗菌活性大大提高。

（五）细菌素的抗菌功能和抗噬菌体的功能组合

lacticin 3147 是乳球菌产生的羊毛硫细菌素，属于B型中两组分羊毛硫细菌素，其活性高、作用细菌广泛。经过基因工程组建的质粒已被用作酸奶和乳酪的发酵剂，它既能产生细菌素防止杂菌污染，又能抗噬菌体感染，类似这种工作还有的在研究之中。

（六）选择好的分泌系统

大量数据指出，羊毛硫细菌素 A(Ⅰ)和 A(Ⅱ)及非羊毛硫氨酸Ⅱ类细菌素在加工和分泌方面完全不同。羊毛硫细菌素 A(Ⅰ)的分泌加工是通过 ABC 系统由两个不同的蛋白质 NisT 和 NisP 介导的。蛋白输出之前修饰 N 端，加工发生在胞外，它是先输出，后加工。

羊毛硫细菌素 A(Ⅱ)和非羊毛硫氨基酸Ⅱ类细菌素的 N 端－1 位含双甘氨酸（GG），见表 9-14，加工和分泌是通过 N 端的 ABC 转运蛋白和附属蛋白进行的，加工发生在细胞膜内的细胞质中，然后把成熟的细菌素分泌到胞外，它是先加工后输出。附属蛋白是非羊毛硫氨酸Ⅱ类细菌素分泌系统中特有的（革兰氏阴性菌分泌系统中也有），作用机理尚待研究。在Ⅱc 细菌素中，N 端含有信号肽，它是 Sec 依赖型细菌素，通过一般分泌途径（general secretory pathway，GSP）把细菌素分泌到胞外。采用最经济的分泌系统构建新的细菌素能提高其应用价值。

（七）细菌素基因在酿酒酵母中的克隆与表达

在酒类酿造中，不论是葡萄酒、黄酒、啤酒还是普通的酒，乳酸菌都被视为是最主要的污染菌。细菌素能抑制乳酸菌，但不能抑制酵母菌，基于此理，已把 Pediocin 基因克隆到酿造红葡萄酒的酵母菌中，并得到了表达，这对发酵工业有很大的启示作用。

（八）细菌素基因的信号传导和转录组学

生物要在自然界生存，就必须适应各种环境，微生物也不例外。已经证明，细菌细胞能感受并能整合各种环境刺激的信号，进而作出相应的反应。这实际上是通过极为复杂的网络调控系统把遗传信息由 DNA→mRNA 的过程，它涉及转录、转录调控和转录后调节等过程，据此，提出了转录组学（transcriptomics）的概念。

细菌素有二组分信号的调控传导系统（two-component regulatory system），对环境因素产生应激反应。双组分信号传导系统由两个蛋白质组成：感应蛋白（sensor）/组氨酸蛋白激酶和反应调节蛋白（responder）。

nisin 的 *nisR* 和 *nisK* 为双组分调控基因。*nisK* 基因产生的蛋白质起着 nisin 传感器的作用，*nisR* 基因产生的蛋白质起着调节作用，激活靶基因的转录，两者构成 nisin 双组分调控系统，缺一不可。胞外的信号分子 nisin 激活后位于细胞膜上，起到传感器的作用。组氨酸激酶（*nisK* 编码）、NisK 自身磷酸化后，把磷酸基转移到应答调节器 NisR 上，NisR 激活 *nisA* 启动子的转录，启动下游基因的表达，在核糖体上合成尚未修饰的 nisin 前体分子，见第二章的图 2-2。

（九）用细菌素遗传元件构建基因工程体系

用细菌素 nisin 遗传元件启动子 *nisA* 和二组分调控系统 *nisRK* 构建了非常出色的 NICE 系统，并得到广泛的应用。用枯草杆菌素 subtilin 的遗传元件也构了 SURE 系统。不同类型细菌素的遗传元件正在被用于构建一系列分子克隆体系。

表 9-14　某些乳酸菌产生的前原细菌素氨基酸序列(Cintas，2001)

乳酸菌前原细菌素	N 端伸展蛋白（−30　−20　−10　−1）	↓	原细菌素（+1　+10　+20　+30　+40　+50）
Ⅰ类细菌素			
nisin A	MSTKDFNLDLVSVSKKDSGAS P R		I TSISLCTPGCKTGALMGCNMKTATCHCSIHVSK
nisin Z	MSTKDFNLDLVSVSKKDSGAS P R		I TSISLCTPGCKTGALMGCNMKTATCHCSIHVSK
salivaricin A	MKNSKDILNNAIEEVSEKELMEVA G G		K RGSGWIATITDDCPNSVFVCC
lacticin 481	MKEQNSFNLLQEVTESELDLIL G A		K GGSGVIHTISHECNMNSWQFVFTCCS
Ⅱ类细菌素			
pediocin PA-1	MKKIEKLTEKEMANII G G		K YYGNGVTCGKHSCSVDWGKATTCIINNGAMAWATGGHQGNHKC
leucocin A-UAL 187	MMNMKPTESYEQLDNSALEQVV G G		K YYGNGVHCTKSGCSVNWGEAFSAGVHRLANGGNGFW
mesentencin Y105	MINMKSVEAYQQLDNQNLKKVV G G		K YYGNGVHCTKSGCSVNWGEAASAGIHRLANGGNGFW
sakacin A	MNNVKELSMTELQTIT G G		A RSYGNGVYCNNKKCWVNRGEATQSIIGGMISGWASGLAGM
sakacin P	MEKFIELSLKEVTAIT G G		K YYGNGVHCGKHSCTVDWGTAIGNIGNNAAANWATGGNAGWNK
acidocin A	MISMISSHQKTLTDKELALIS G G		K TYYGTNGVHCTKKSLWGKVRLKNVIPGTLCRKQSLPIKQDLKILLGWATGAFGKTFH
carnobacteriocin BM1	MKSVKELNKKEMQQIN G G		A ISYGNGVYCNKEKCWVNKAENKQAITGIVIGGWASSLAGMGH
carnobacteriocin B2	MNSVKELNVKEMKQLH G G		V NYGNGVSCSKTKCSVNWGQAFQERYTAGINSFVSGVASGAGSIGRRP
enterocin A	MKHLKILSIKETQLIY G G		T THSGKYYGNGVYCTKNKCTVDWAKATTCIAGMSIGGFLGGAIPGKC
lactococcin Gα	MKELSEKELRECV G G		G TWDDIGQGIGRVAYWVGKAMGNMSDVNQASRINRKKKH
lactococcin Gβ	MKNNNNFFKGMEIIEDQELVSIT G G		K KWGWLAWVDPAYEFIKGFGKGAIKEGNKDKWKNI
lactococcin M	MKNQLNFEILSDEELQGIN G G		I RGTGKGLAAAMVSGAAMGGAIGAFGGPVGAIMGAWGGAVGGAMKYSI
lactococcin N	MKKDEANTFKEYSSSFAIVTDEELENIN G S		G SIWGAIAGGAVKGAIAASWTGNPVGIGMSALGGAVLGGVTYAPPVH
lactococcin A	MKNQLNFNIVSDEELSEAN G G		K LTFIQSTAAGDLYYNTNTHKYVYQQTQNAFGAAANYIVNGWMGGAAGGFGLHH
carnobacteriocin A	MNNVKELSIKEMQQVT G G		D QMSDGVNYGKGSSLSKGGAKCGLGIVGGLATIPSGPLGWLAGAAGVINSCMK
enterocin B	MQNVKELSTKEMKQII G G		E NDHRMPNELNRPNNLSKGGAKCGAAIAGGLFGIPKGPLAWAAGLANVYSKCN
lactococcin B	MKNQLNFNIVSDEELAEVN G G		S LQYVMSAGPYTWYKDTRTGKTICKQTIDTASYTFGVMAEGWGKTFH
enterocin P[a]	MRKKLFSLALIGIFGLVVTNFGTK VDA		A TRYGNGVYCNNSKCWVNWGEAKENIAGIVISGWASGLAGMGH
bacteriocin 31[a]	MKKKLVICGIIGIGFTALGTN VEA		A TYYGNGVLYCNKQKCWVDWNKASREIGKIIVNGWVQHGPWAPR
divergicin A[a]	MKKQILKGLVIVVCLSGATFFSTPQQ ASA		A APKITQKQKNCVNGQLGGMLAGALGGPGGVVLGGIGGAIAGGCFN
acidocin B[a]	MVTVKYGRNLGLSKVELFAIWAVLVALLL ATA		N IYWIADQFGIHLATGTARKLLDAVASGASLGTAFAAILGVTLPAWALAAAGALGATAA

注：垂直箭头为前-原细菌素加工位点；数字指示氨基酸被加工的位置；a，分泌依赖的细菌素

（十）将源于动植物和源于微生物活性肽的基因进行整合

来源于动植物的肽有数千种，仅从海洋生物来的具有药理治疗性的物质就有 2000 余种。将编码源于动植物活性肽的基因进行裁剪，并与微生物来的细菌素基因连接，构建新的活性肽，用微生物生产这些创新的肽，也许功能更多、活性更高，很可能成为下一代抗生素的候选者。

（郭兴华）

缩 写 词

Dha	dehydroalanine
Dhb	β-dehydrobutyrine
GSP	general secrelory pathway
HPK	histidine protein kinase
IF	induction factor
IR	反向重复序列
Lan	lanthionine
lan A	前体结构基因
lan B	修饰基因 B
lan C	修饰基因 C
lan E	免疫基因 E
lan F	免疫基因 F
lan G	免疫基因 G
lan I	免疫基因 I
lan K	调节基因 K
lan M	修饰基因 M
lan P	前体分子酶解加工基因
lan R	调节基因 R
lan T	转运基因
Melan	β-methyllanthionine
PMF	proton motive force
RR	reponse regulator
Sec	分泌
YGNGV	Tyr(酪)Gly(甘)Asn(天冬酰胺)Gly(甘)Val(缬)

主要参考文献

陈秀珠，胡海菁，贾士芳，等．2000．乳酸乳球菌 AL2 基因文库的构建及乳链菌肽生物合成基因簇的筛选．微生

物学报，40 (5)：465～469
陈秀珠，胡海菁，杨巍，等．2001．乳链菌肽前体基因（nisZ）在乳酸乳球菌中的克隆和表达．遗传学报，28 (3)：285～290
陈秀珠，那淑敏，还连栋，等．1999．乳链菌肽在乳制品防腐保鲜中应用的研究．中国乳品工业，27 (2)：3～5
陈秀珠，张振中，贾士芳，等．2002．乳链菌肽的生物合成及其分子结构与功能的关系．微生物学报，42 (5)：628～633
还连栋．2000．乳酸链球菌肽//尤新．功能性发酵制品．北京：中国轻工业出版社，314～331
还连栋．2003．乳酸链球菌肽// 焦瑞身．微生物工程．北京：化学工业出版社：522～532
还连栋，陈秀珠．1993．乳链菌肽（nisin）生物合成的遗传控制．微生物学通报，20 (5)：301～306
还连栋，陈秀珠，董可宁，等．1995．天然食品防腐剂——乳链菌肽（nisin)．中国食品添加剂，21：8～13
还连栋，陈秀珠，贾士芳，等．2000．乳链菌肽应用的新进展．中国食品添加剂，43：25～28
还连栋，贾士芳，庄增辉，等．1997．乳链菌肽（nisin）的杀菌作用机制．中国食品添加剂，32：20～23
还连栋，潘利华，朱克美，等．2000．乳酸链球菌素在扒鸡中的应用．肉类工业，12：27～28
还连栋，陶勇，何松，等．1995．乳链菌肽高产菌株的选育及其基因定位．微生物学报，35 (5)：364～367
江芸，周光宏，高峰，等．2001．国产 nisin 在鲜猪肉保鲜中的应用．食品科学，22 (12)：74～77
李勇．2007．生物活性肽研究现状和进展．食品与发酵工业，33 (1)：3
刘喜荣，回九珍．2001．nisin 在延长豆奶保质期方面的研究．食品科学，22 (9)：82～83
吕心泉，江芸，林岩．2000．香辛料提取液和乳酸链球菌素对禽肉制品的保鲜．中国食品添加剂，3：29～32
宁喜斌，许时婴．2001．以乳链菌肽为主的复合防腐剂对低温火腿肠保质期、色泽和质构的影响．无锡轻工大学学报，20 (5)：466～470
王莉平，袁金云．2003．试论天然抑菌剂乳链菌肽（nisin）在罐头食品中的应用．中国食品添加剂，3：73～77
徐灵龙，王云峰，等．2007．抗菌肽及其功能研究．中国生物工程杂志，27 (1)：115～118
杨瑞．2000．乳酸链球菌素在即食腊肉制品保藏应用中的研究．食品工业科技，21 (2)：48～50
Anne J, Sahca A F T, van Hijum, et al. 2006. BAGEL: A web-based Bacteriocin genome mining tool. Nucleic Acids Res, 34: W273～W279
Aranha C, Gupta S, Reddy K V R. 2004. Contraceptive efficacy of antimicrobial peptide Nisin: in vitro and in vivo studies. Contraception, 69: 333～338
Bennik M H, Verheul A, Abee T, et al. 1997. Interactions of Nisin and Pediocin PA-1 with closely related lactic acid bacteria that manifest over 100 - fold differences in Bacteriocin sensitivity. Appl. Environ. Microbiol, 63: 3628～3636
Bhugaloo-Vial P, Dousset X, Metivier A, et al. 1996. Purification and amino acid sequences of Piscicocins V1a and V1b, two class Ⅱa Bacteriocins secreted by *Carnobacterium piscicola* V1 that display significantly different levels of specific inhibitory activity. Appl. Environ. Microbiol, 62: 4410～4416
Breukink E, van Heusden H E, Vollmerhaus P J, et al. 2003. Lipid II is an intrinsic component of the pore induced by Nisin in bacterial membranes. J Biol Chem, 278 (22): 19898～19903
Breukink E, Wiedemann I, van Kraaij C, et al. 1999. Use of the cell wall precursor lipid II by a pore-forming peptide antibiotic. Science, 286 (5448): 2361～2364
Chen Y, Ludescher R D, Montville T J, et al. 1998. Influence of lipid composition on Pediocin PA-1 biding to phospholipid vesicles. Appl Environ Microbiol, 64: 3530～3532
Chen Y, Shapira R, Eisenstein M, Montville T J. 1997. Functional characterization of Pediocin PA-1 binding to liposomes in the absence of a protein receptor and its relationship to a predicted tertiary structure. Appl. Environ. Microbiol, 63: 524～531
Cintas L M. 2001. Reviews: Bacteriocins of Lactic Acid Bacteria, Food Scie Tech Int, 7 (4): 281～305
Cotter P D, Hill C, Ross R P. 2005. Bacterial lantibiotics: Strategies to improve therapeutic potential. Curr Protein

Pept Sci, 6: 61～75

Dood H M, Gasson M J. 1994. Bacteriocin of lactic acid bacteria. In Genetics and biotechnology of lactic acid bacteria, (eds, Gasson M J and Vos W M), Chapman & Hall, UK, 211～251

Drider D, Fimland G, Hechard Y, et al. 2006. The Continuing Story of class Ⅱa Bactoriocins. Microbiology and Molecular Biology Revie ws, 70 (2): 564～582

Dzung B D. 2007. Common mechanisms of target cell recognition and immunity for class Ⅱ Bacteriocins, 104 (7): 2384～2389

Eijsink V G H, Skeie M, Middelhoven P H, et al. 1998. Comparative studies of class Ⅱa Bacteriocins of lactic acid bacteria. Appl. Environ. Microbiol, 64: 3275～3281

Ennahar S, Sashihara T, Sonomoto K, et al. 2000. Class Ⅱa Bacteriocins: Biosynthesis, structure and activity. FEMS Microbiology Reviews, 24: 85～106

Fimland G, Johnsen L, Axelsson L, et al. 2000. A C-terminal disulfide bridge in pediocin-like bacteriocins renders bacteriocin actitity less temperature dependent and is a major determinant of the antimicrobial spectrum. J Bacteriol, 182: 2643～2648

Fleury Y, Dayem M A, Montagne J J, et al. 1996. Covalent structure, synthesis, and structure-function studies of Mesentericin Y10537, a defensive peptide from Gram-positive bacteria *Leuconostoc mesenteroides*. J. Biol. Chem, 271: 14421～14429

Gonzalez C F, Kunka B S. 1987. Plasmid-associated bacteriocin production and sucrose fermentation in Pediococcus acidilactici. Appl Environ. Microbiol, 53: 2534～2538

Guerra N P, Macias C L, Agrasar A T, et al. 2005. Development of a bioactive packaging cellophane using Nisaplin as biopreservative agent. Lett Appl Microbiol, 40 (2): 106～110

Hasper H E, de Kruijff B, Breukink E. 2004. Assembly and stability of Nisin-lipid II pores. Biochemistry, 43: 11567～11575

Hoffmann A, Schneider T, Pag U, et al. 2004. Localization and functional analysis of PepI, the immunity peptide of Pep5-producing *Staphylococcus epidermidis* strain 5. Appl Environ Microbiol, 70: 3263～3271

Hsu S T, Breukink E, Tischenko E, et al. 2004. The Nisin-lipid II complex reveals a pyrophosphate cage that provides a blueprint for novel antibiotics. Nat Struct Mol Biol, 11: 963～967

Ingolf F. Nes, et al. 2007. Bacteriocin Diversity in *Streptococcus* and *Enterococcus*. Journal of Bacteriology, 189 (4): 1189～1198

Jack R W, Tagg J R, Ray B. 1995. Bacteriocins of Gram-positive bacteria. Microbiol. Rev, 59, 171～200

Juan M, Rodŕguez M I, Marŕnez J. 2002. Kok. Pediocin PA-1, a Wide-Spectrum Bacteriocin from Lactic Acid Bacteria. Critical Reviews in Food Science and Nutrition, 42 (2): 91～121

Kaiser A L, Montville T J. 1996. Purification of the Bacteriocin Bavaricin MN and characterization of its mode of baction against *Listeria monocytogenes* Scott A, cells and lipid vesicles. Appl. Environ. Microbiol, 62: 4529～4535

Klaenhammer T R. 1993. Genetics of Bacteriocins produced by lactic acid bacteria. FEMS Microbiol. Rev, 12: 39～86

Kuipers O P, Beerthuyzen M M, de Ruyter P G. et al. 1995. Autoregulation of nisin biosynthesis in *Lactococcus lactis* by signal transduction. J Biol Chem, 270: 27299～27304

Marciset O, Jeronimus-Stratingh M C, Moller B, et al. 1997. Thermophilin 13, a nontypical antilisterial poration complex Bacteriocin that functions without a receptor. J Biol Chem, 22: 14277～14284

Ming X, Daeschel M A. 1995. Correlation of cellular phospholipids content with Nisin resistance of *Listeria monocytogenes* Scott A. J. Food Prot, 58: 416～420

Moll G N, Konings W N, Driessen A J M. 1999. Bacteriocins: Mechanism of membrane insertion and pore formation. Antonie van Leeuwenhoek, 76: 185～198

Moll G N, Ubbink-Kok T, Hauge H H, et al. 1996. Lactococcin G is a potassium ion-conducting, two component Bacteriocin. J Bacteriol, 178: 600～605

Mortvedt C I, Nissen-Meyer J, Sletten K, et al. 1991. Purification and amino acid sequence of lactocin S, a bacteriocin produced by *Lactobacillus sake* L45. Appl. Environ. Microbiol, 57: 1829～1834

Mulet-Powell N, Lacoste-Armynot A M, Vinas M, et al. 1998. Interactions between pairs of Bacteriocins from lactic acid bacteria. J. Food Prot, 61: 1210～1212

Nagao J, Asaduzzaman S M, Aso Y, et al. 2006. Lantibiotics: Insight and Foresight for New Paradigm. Jouroul of Bioscience and Bioengineering, 102 (3): 139～149

Nes I F, Diep D B, Havarstein L S, et al. 1996. Biosynthesis of bacteriocins in lactic acid bacteria. Antonie van Leeuwenhoek, 70: 113～128

Nes I F, Johnsborg. 2004. Exploration of antimicrobial potential in LAB by genomics. Curr. opin. Biotechnol, 15: 100～104

Nissen-Meyer J, Nes I F. 1997. Ribosomally synthesized antimicrobial peptides: Their function, structure, biogenesis and mechanism of action. Arch. Microbiol, 167: 67～77

Ouwehand A C. 1998. Antimicrobiol components from lactic acid baeteria, in Lactic acid bacteria, Microbiology and functional aspects, (eds, S. Salminen and A. von Wright), Marcel Dekker, Inc., New York, 139～159

Piard J C, Kuipers O P, Rollema H S, et al. 1993. Structure, organization and expression of the *lct* gene for lacticin 481, a novel lantibiotic produced by *Lactoccus lactis*. J. Biol. Chem. 268: 16361～16368

Quadri I, Sailer E N, Roy M, et al. 1994. Chemical and genetic characterization of bacteriocins produced by Carnobacterium piscicola LV17B. J Biol Chem, 269: 12204～12211

Robichon D, Gouin E, Debarbouille M, et al. 1997. The rpoN (σ54) gene from Listeria monocytogenes is involved in resistance to mesentericin Y105, an antibacterial peptide from Leuconostoc mesenteroides. J Bacteriol, 179: 7591～7594

Rodriguez J M, Martinez M I, Kok J. 2002. Pediocin PA-1, a wide-spectrum bactteriocin from lactic acid bacteria. Critical Reviews in Food Science and Nutrition, 42 (2): 91～121

Ross R P, Galvin M, McAuliffe O, et al. 1999. Developing applications for lactococcal Bacteriocin. Antonie van Leeuwenhoek, 76: 337～346

Schillinger U, Chung H S, Keppler K, et al. 1998. Use of Bacteriocinogenic lactic acid bacteria to inhibit spontaneous Nisin-resistant mutants of *Listeria monocytogenes* Scott A. J. Appl. Microbiol, 85: 657～663

Schnell N, Entian K D, Schneider U, et al. 1988. Prepeptide sequence of epidermin, a ribosomaly synthesized antibiotic with four sulfide-rings. Nature 333: 276～278

Siezen R J, Kuipers O P, de Vos W M. 1996. Comparison of lantibiotic gene clusters and encoded proteins. Antonie van Leeuwenhoek, 69: 171～184

Stein T, Heinzmann S, Dusterhus S, et al. 2005. Expression and functional analysis of the Subtilin immunity genes spaIEFG in the Subtilin-sensitive host *Bacillus subtilis* MO1099. J Bacteriol, 187: 822～828

Turner S R, Love R M, Lyons K M. 2004. An in-vitro investigation of the antibacterial effect of Nisin in root canals and canal wall radicular dentine. Int Endodontic J, 37: 664～671

van Heusden H E, de Kruijff B, Breukink E. 2002. Lipid II induces a transmembrane orientation of the pore-fortation peptide lantibiotic Nisin. Biochemistry, 41: 12171～12178

Wiedemann I, Benz R, Sahl H G. 2004. Lipid II-mediated pore formation by the peptide antibiotic Nisin: A black lipid membrane study. J Bacteriol, 186: 3259～3261

Xiao H J, Chen X Z, Chen M L, et al. 2004. Bovicin HJ50, a novel lantibiotic produced by *Streptococcus bovis* HJ 50, Microbiology, 150: 103～108

Yuan J, Zhang Z Z, Chen X Z, et al. 2004.. Site-directed mutagenesis of the hinge region of NisinZ and properties of NisinZ mutants. Appl. Microbiol. Biotechnol, 64: 806～815

Zendo T, Fukao M, Ueda K, et al. 2003. Identification of the lantibiotic Nisin Q, a new natural Nisin variant produced by *Lactococcus lactis* 61-14 isolated from a river in Japan. Biosci. Biotcchnol. Biochem, 67: 1616～1619

第十章　乳酸细菌的发酵工程

发酵工程是微生物产业化的必经之路，必须有优良的菌种和良好的发酵工艺才能获得大的经济效益。

有关益生菌的发酵生产工艺，绝大部分内容已在郭兴华主编的《益生菌基础和应用》(北京科学技术出版社，2002）一书中作了叙述，本书因篇幅有限，在此不多赘述，只对乳酸细菌高密度生产工艺及安全生产技术和乳酸菌在果酒和黄酒生产中的利与弊作简要介绍。

第一节　乳酸细菌的高密度培养生产技术

乳酸细菌在防治人和畜禽疾病以及改善环境等方面的积极作用已经得到了公认，但是真正符合市场要求的高质量乳酸细菌产品相对还很少。乳酸细菌的生产和应用广泛涉及食品、畜牧、微生物、医药和化工等诸多领域。目前，限制乳酸细菌大量生产和应用的主要原因是由于乳酸细菌在单位体积中数量少，多数难以经受胃酸、胆汁酸的低 pH 的作用，难以在胃肠道微生物间的竞争中处于优势地位。随着发酵剂的商业化生产和应用迅速增加，工业发酵的基本目标自然转向了以最小的代价获得最大的产值和利润，而实现这一目标的工程手段是针对每个特定过程建立相应的高效发酵模式。因此，进行工业化生产，大规模培养非遗传修饰的菌和工程菌的工艺技术显得日趋重要。高细胞密度培养技术(high cell density culture，HCDC）就是满足这一需要而发展起来的一门新兴技术。

高细胞密度培养技术是生产高质量的浓缩型菌体和代谢产物的关键性环节之一，是发酵工业的重要目标与方向，是实现低成本规模生产的关键性因素。

一、高密度培养技术

（一）概　　述

高密度培养没有确切的定义，是一个相对概念，指应用一定的培养技术和设备提高菌体的发酵密度，使菌体密度较普通培养有显著的提高，最终提高特定产物的比生产率。用以描述的单位干细胞重量/升（DCW/L)。广义来讲，凡是细胞密度比较高，以至接近其理论值的培养均可称为高细胞密度培养，一般认为其上限值为 150～200g DCW/L，下限值为 20～30g DCW/L。实际上，由于不同菌种（或者不同菌株）之间存在较大的差异，所以高密度培养的上限值和下限值也均有例外。

在现代发酵工业中，高密度培养技术具有多种优势并得到广泛的应用，同时也引入乳酸细菌的发酵培养领域，应用到了高效发酵剂的生产中。在此项技术的应用中，筛选乳酸细菌的增殖培养基，设计、优化适合乳酸细菌增殖的新型 pH 内控培养基，是乳酸细菌的高密度培养的大前提，也是进一步大规模培养的坚实基础。同时，在乳酸细菌菌体增殖动力学、营养与代谢基础上，运用新型发酵技术，进行补料操作、恒定 pH 发酵等，达到高密度培养，节约能源，降低生产成本，这是高密度培养的最终目标。因此，高密度培养是发酵工程的重要组成部分。

国外一些发达国家在浓缩型发酵剂研究方面已经卓有成效。而在我国这类研究起步很晚，直至 20 世纪 80 年代才有这方面的报道。刘振民（2000）在乳酸菌的高密度培养中首次在国内采用先进的微滤技术浓缩乳酸菌发酵液，并且设计了微滤膜偶联生物化学反应器，在补料的同时实现代谢产物的分离和菌体的浓缩，最终制备了高效、高活力的浓缩型发酵剂。

（二）高细胞密度培养的优点

与常规培养相比，高密度培养在发酵过程中，有明显优势。它可以提高菌体的发酵密度或单位体积培养液中菌体的浓度，进而提高体积产率；可以缩小生物反应器体积，减少生产设备投资；可以强化下游分离提取，并在一定程度上减少废水量。综合效果达到了提高比生产率、加速产品的商品化进程、降低生产成本和提高产品在市场上的竞争力的要求。

二、高细胞密度培养的类型

新科学和新技术的不断发展，为我们提供了很多进行细胞高密度的方法。用于高细胞密度培养的生物反应器类型有常用的搅拌罐和带有外置式或内置式细胞持留装置的反应器，如透析膜反应器、气升式反应器、气旋式反应器与振动陶瓷瓶等（Lee，1997）。高密度培养的方式主要有透析培养、细胞循环培养、补料分批培养几种。其中后两者是较为成熟和完善的技术。

（一）透析培养

依据对生长曲线的分析，在此培养方式中导致微生物生长停止的主要原因是营养物质的消耗、代谢产物的积累及反馈抑制（沈萍，2000）。通过半透膜有效地去除培养室中有害的低分子质量代谢产物，同时向培养液提供充足的营养物质的培养方式称为透析培养。透析培养反应器包括两种类型，一种是培养室内嵌透析室，两者被半透膜分隔；另一种是培养室和透析室分隔，两者通过外在的透析组件相连。后者又存在两种形式，用于悬浮细胞培养的标准发酵罐和用于固定化细胞（尤其是动物细胞）培养的固定床（Portner et al.，1998）。

早期的透析培养对培养基的利用率较低，大部分营养物质混入透析废液中。为了克服这种缺陷，后来发展了营养分配（nutrient split）补料策略，即将培养基分为浓缩营养液和无机盐溶液两部分。浓缩营养液直接加入培养室，无机盐溶液则加入透析室以维持渗透压。采用这种补料策略，不但可以得到高的细胞密度，而且大大降低了营养物质的损失。Osborne 于 1977 年首次将透析用于乳酸杆菌培养，获得了 10×10^{10} cfu/mL 的菌体密度，相当于 30～40g DCW/L。

透析培养有下列优点：①可以增加生物量的积累，达到很高的细胞密度，约为其他发酵方法的 30 倍（Portner et al.，1998）；②与微滤和超滤相比，在透析过程中透析膜不会被阻塞，并且可以很长时间维持其渗透性能。但是，由于反应器本身需要内嵌的透析膜或外在的透析组件、辅助泵及其他发酵罐等，透析培养的设备投资较大。

（二）细胞循环培养

通过某种方式将细胞保留在培养罐中加以循环利用的培养方式就是细胞循环培养。一般通过沉降、离心和膜过滤这三种方式进行（Kang，1993）。根据细胞的保留率，细胞循环可以分为全细胞循环和部分细胞循环两类。

早期的膜过滤培养是将过滤膜设置在反应罐的外部，菌体被截留，而含有代谢产物的滤液被排出。但是这种操作本身存在一系列缺陷，比如工业用培养基含有许多颗粒，培养液在循环回路中氧气供应和二氧化碳排放不充分，外置膜过滤装置灭菌困难以及循环回路中需要辅助泵，能耗高等（Chang，1993），在很大程度上阻碍了其工业化应用。为了克服这些缺点，后来发展了内嵌式膜过滤装置，细胞分离可以在发酵罐内完成。Park（1999）等采用柱形陶瓷管作内嵌式过滤膜，连续培养啤酒酵母生产乙醇，通过周期性地去除膜表面的污垢，其过滤性能成功地维持了2个月，而它所取得的生产率和细胞浓度分别为传统恒化培养（无膜细胞循环）的3.3倍和5倍。Chang等（1993）采用内嵌式不锈钢滤器进行连续乙醇发酵时，所取得的最大酵母细胞浓度为157g DCW/L。同时发现滤器性能很受搅拌速度和酵母浓度影响，而且这种内嵌式体系更容易被扩大。

随着膜材料技术的不断开发与完善，膜过滤得到广泛的应用。膜过滤培养是连续培养和超滤的结合。它是在普通培养装置上附加一套膜过滤系统，用泵使培养液流过过滤器，将菌体截留，滤液流出培养体系，同时液面计控制的流加泵添加新鲜的培养基，维持培养基体积不变（张安平，1996）。

细胞循环（Lee，1990）有下列优点：①可以除去抑制性代谢产物；②即使用低浓度的培养基也可得到高的细胞密度；③可以就地分离产物，有利于下游操作。

（三）分批补料培养

分批补料培养（又称流加培养）比其他培养方法具有更多的优越性。它是根据菌株生长和初始培养基的特点，在分批培养的某些阶段以某种方式间歇地或连续地补加新鲜培养基，使菌体及其代谢产物的生产时间延长的培养方式（岑沛霖等，2000）。

补料方式可分为反馈补料和非反馈补料两类：反馈补料包括pH stat法、溶氧浓度stat法、菌体浓度反馈法、呼吸商法等；非反馈补料可分为恒速流加培养、变速流加培养和指数流加培养。

反馈补料中，呼吸商控制体系由于需要 O_2 和 CO_2 分析仪，较为复杂和昂贵（Allen，1987）；pH stat法和溶氧浓度stat法相对简单和便宜（Yang，1998；Yano，1991），因而较为常用。非反馈补料中，指数流加能使菌体以一定的比生长速率呈指数形式增加，不仅可以将反应器中基质的浓度控制在较低的水平，从而大大降低了有害代谢物的产生；还可以通过控制流加速率改变菌体的比生长速率，使菌体稳定生长的同时有利于外源蛋白的表达（秦华明等，2001）。

分批补料培养的优点（姚汝华，1996）如下：①可以消除底物抑制；②可以达到高细胞密度培养；③延长次级代谢产物的生产时间；④稀释有毒代谢产物；⑤降低染菌和避免遗传不稳定性。此外，通过分批补料发酵还可以有效地控制菌体的浓度和黏度，延长发酵周期，提高溶解氧的水平，进而有效的提高发酵产量。

刘馨磊（2001）等在采用分批补料法高密度培养凝结芽孢杆菌 TQ33 时，比较了摇瓶条件下不同流加策略对菌体浓度和芽孢浓度的影响。流加方式分别为恒速流加、变速流加、维持葡萄糖浓度在一定范围内。在不同流加方式下得到不同的菌体浓度和芽孢浓度。同时，发现维持葡萄糖浓度在 3.0～6.0g/L 的范围内，这种流加方式的效果较好。当采用这种流加方式在 5L 自动发酵罐（图 10-1）上进行菌体及芽孢的分批补料高密度发酵时，菌体浓度达到 4.5×10^9 cfu/mL，芽孢浓度达到 1.2×10^9 cfu/mL。

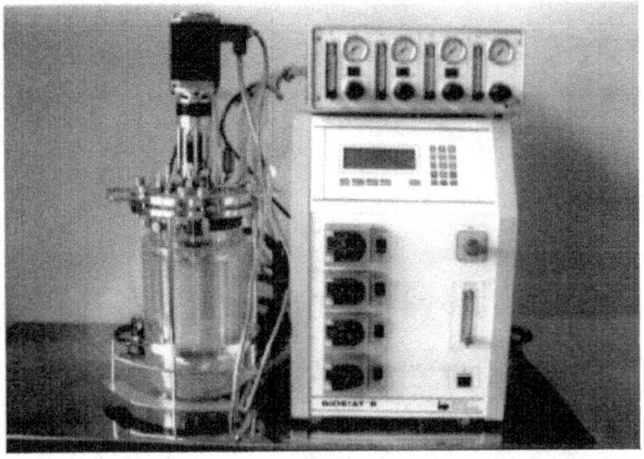

图 10-1　5L 自动发酵罐（×100）

总之，在实际选用何种高密度培养的方式时，要结合目标产物，全面考虑其收益和费用，以评价其可行性。透析培养和膜过滤培养作为膜反应器，在实验室中应用较为成功，但在放大过程中还遇到许多实际困难，并且投资较大。分批补料培养不需要添加设备，只需改进工艺就可在生产上广泛应用，因此被研究和应用的最多，并已经广泛用于各种微生物，尤其是现在已应用于高细胞密度培养中。

三、乳酸细菌高密度培养的工艺流程

与工业用菌发酵过程一样，乳酸细菌的高密度培养过程的研究分为三种规模。首先是实验室规模，主要目的是菌种的筛选和培养基的研究；其次是中试生产规模，主要目的是确定菌种培养的最佳工艺条件；最后为工厂生产规模，主要目的是进行大规模生产，取得经济效益的过程（白秀峰，2003）。就实验设备来说，需氧的深层培养有气体自然交换的摇瓶发酵培养和强制通风的发酵罐发酵培养。但是对于厌氧菌，需要通入氮气，或氮气、氢气和二氧化碳的混合气体来在厌氧条件下进行发酵。

（一）高密度培养的工艺流程

1. 种子培养

好气性培养主要用于芽孢杆菌等，它们在生长过程中需要有足够的氧，一般采用摇瓶振荡培养和种子罐搅拌通气培养，其工艺流程为：

保藏菌种→斜面菌种→摇瓶培养→种子罐培养→种子

兼性厌氧菌和厌氧菌是医用和保健食品乳酸细菌制品生产中的重要菌种，它们需要在无氧条件下培养，其工艺流程为：

保存菌种→厌氧试管（固体或液体）菌种→厌氧管→厌氧种子罐→种子

2. 高密度培养

摇瓶培养→发酵罐培养

↓

培养基配制→灭菌→冷却→接种→培养→培养液处理

（二）影响及控制高密度培养的因素

微生物如果要通过高密度培养技术达到理想的高效浓缩型发酵剂，需要分析相关的工艺参数来对发酵过程进行严格的控制。与微生物发酵有关的参数可分为物理、化学和生物三类。其中，物理参数包括温度、压力、搅拌速度、搅拌功率、空气流量以及黏度等。化学参数包括 pH、基质浓度、溶解氧浓度、氧化还原电位以及产物浓度等。生物参数包括菌体浓度和菌体形态。

发酵的控制包括营养物质、温度、pH、溶氧等，其中营养控制是关键。在高密度培养中，大肠杆菌生物量能达到 60～150g/L，酵母菌达 150～200g/L，需要投入 2～5 倍生物量的基质（Michael，1999）。而高浓度的碳源、氮源和盐会造成溶液渗透压过高，细胞脱水死亡，往往会抑制菌体的生长，使目的产物得率下降。而且过量的碳源会使细胞迅速生长，导致溶氧急剧下降，糖代谢从三羧酸循环转至乙醇合成途径，导致大量乙醇的产生，抑制了细胞密度的进一步提高。因而高密度培养通常采用分批补料培养，使各种培养基成分低于抑制浓度。

1. 营养物质

要实现高密度培养，就要对培养基的成分进行优化。

作为微生物的营养物质，从生理学的角度至少应满足下列两个条件：①能通过细胞膜进入细胞；②在细胞内酶体系的作用下，经化学变化后构成细胞的结构物质和提供细胞生命活动所需要的能量。也就是微生物生长时需要大量的水分，足够量的碳、氮源，适量的磷，含硫、镁、钙、钾和钠的盐类，以及微量的铁、铜、锌、镁和钼等元素。其中碳源、氮源和磷酸盐是相对重要的三种影响因子。

在高密度培养过程中，培养基成分的优化、设计是其中最基本的条件之一。培养基是微生物赖以生存和繁殖的基础，它提供给微生物生长繁殖所必需的营养物质。营养物质是产生菌代谢的物质基础，它不仅涉及菌体的生长繁殖，而且参与了许多代谢调控过程，涉及代谢产物的形成。选择适当的营养物质及其浓度是达到菌体高密度的重要措施。因此，增殖培养基的设计是关键性的步骤之一，必须根据产生菌的特性和各个产品生物合成要求，通过正交试验设计因素水平表进一步得出最合适的培养基。

2. 温度

温度是通过影响微生物膜的液晶结构、酶和蛋白质的合成和活性、RNA 的结构及转录等影响微生物的生命活动。随着微生物所处的环境的温度的上升，细胞中生物化学反应速率加快；同时，随着温度的上升，细胞中对温度较敏感的物质（蛋白质、核酸等）可能会受到不可逆的破坏（焦瑞身，2002）。

菌体的生长繁殖和合成代谢物都需要在合适的温度下才能进行。温度的变化一方面影响各种酶反应的速率和蛋白质的性质，另一方面影响发酵液的物理特性。在发酵培养过程中最适温度随着菌种、培养基成分、培养条件和菌体生长阶段变化而改变。此时，设计出一个最适发酵温度对于菌体达到高密度是重要影响因素之一。因此，选择一个最适发酵温度是必需的。

由于发酵过程中释放了大量的发酵热，在实验中发酵罐一般不需要加热，相反需要冷却的情况更多一些。可以利用自动控制或手动调整的阀门通过冷却水热交换来降温，也可以采用冷冻盐水进行循环式降温，保持恒温发酵。

3. pH

若要将高密度培养技术发挥到极致，不仅需要合适的温度，同时还需要在合适的pH条件下进行。pH对微生物的生命活动有较大影响，会影响细胞膜所带的电荷，不仅引起膜透性发生改变，同时引起细胞对营养物质的吸收状况发生变化。此外，pH还可以通过改变培养基中有机化合物离子化作用的程度，对细胞施加间接的影响（注：多数非离子状态的化合物比离子状态的化合物更容易渗入细胞）。在通常情况下，适合细菌生长的最适pH接近中性，酵母菌的最适pH为4～6。因此，选择并控制好发酵过程中的pH对维持菌体的正常生长和取得预期的菌体浓度是重要的影响因素之一。发酵液pH的变化是菌体产酸或产碱等生化代谢反应的综合结果。

采取补料的方法来调节pH是现在发酵工艺中成功的方法之一。pH是菌体代谢变化的综合反应，也是确定补料速率的依据，把两者紧密结合起来可以实现高密度培养发酵过程的优化。

4. 溶氧浓度

发酵所用的微生物多数是需氧菌，少数为厌氧菌或兼性厌氧菌。对于需氧菌的发酵过程，发酵液中溶氧浓度的控制是重要的控制参数之一。由于氧在水中的溶解度很小，所以需要不断地通气和搅拌，才能满足溶氧的要求。发酵液中溶解氧浓度的高低对菌体生长、产物的合成以及产物的性质都会产生不同的影响。

在高密度发酵过程中，由于菌体密度高，发酵液的摄氧量大，需要增大搅拌转速和增加空气流量以增加溶氧量。过去曾在发酵罐中通入纯氧来提高氧的传递水平。现在普遍认为使用纯氧不安全，不经济，同时在大规模发酵罐中可能局部混合不匀，易使微生物氧中毒，所以提倡富氧培养，以及提高发酵罐的压力来提高氧分压。

目前提高溶氧量的方法通常有：①用空气分离系统来提高通气中氧分压；②在菌体中克隆具有提高氧传质能力的血红蛋白（VHB）；③也有报道在培养基中添加 H_2O_2、血红蛋白或氟化物乳剂，或采用与小球藻混合培养，用藻细胞光合作用所产生的 O_2 直接供菌体吸收。但不同菌株对氧的需求是有差别的，在发酵过程中一味追求溶氧水平未必能得到高表达的效果。

溶解氧对微生物的生长有明显的影响。对于专性需氧微生物来说，分子氧不仅是作为最终的电子受体，氧化产生能量，而且是参与合成固醇和不饱和脂肪酸。兼性需氧微生物能够通过氧化磷酸化或底物水平磷酸化获得能量，并且不需要分子氧来进行生物合成，有些兼性需氧微生物在缺少分子氧时能利用硝酸盐等物质作为电子受体。厌氧微生物通常缺乏细胞色素氧化酶，不能以分子氧作为最终电子受体。厌氧微生物包括耐氧的厌氧微生物和专性厌氧（或严格厌氧）微生物（如双歧杆菌）。分子氧对前一种类型既无损害也无促进，而对后一种微生物有害。

Meyer 和 Fiechter（1985）曾报道过需氧发酵并不是溶氧越高越好。适当的溶氧水平有利于菌体生长和产物合成，但是溶氧太高有时会抑制产物的形成。因此，为了正确控制溶解氧浓度，有必要考察每一种发酵产物的临界溶氧浓度和最适溶氧浓度，并使发酵过程保持在最适溶氧浓度。研究表明，可以通过控制菌的比生长速率，使其保持在比临界值略高一点的水平，达到最适浓度，这是控制最适溶氧浓度的重要方法。而最适菌体浓度的控制可以通过营养基质浓度的控制即补料速度来实现。

5. 二氧化碳浓度

二氧化碳是微生物在发酵培养过程中伴随其生长繁殖产生的代谢产物，同时也是合成某些代谢产物的基质。二氧化碳除了影响菌体细胞的生长速度及菌体形态以外，还对微生物的生物合成代谢产生影响，过多的二氧化碳积累会导致发酵液 pH 的明显降低。

二氧化碳在发酵液中的浓度受到菌体的呼吸强度、发酵液流变学特性、通气搅拌程度和外界压力大小等因素的影响。为了控制二氧化碳对发酵培养所产生的负面影响，应该考虑它在培养液中的溶解度、温度和通气情况。在发酵罐中培养时，如果遇到泡沫上升引起溢出时，采用增加罐内部压力的方法来消泡，会增加二氧化碳的溶解度，这样对菌体生长是不利的。因此，控制二氧化碳的浓度要根据它对发酵影响的情况而定。

6. 氧化还原电位

氧化还原电位对专性厌氧微生物的生存有明显的影响。分子氧对专性厌氧微生物的毒害作用是由于提高了环境的氧化还原电位，如果在环境中存在较多的还原性物质，如抗坏血酸、H_2S 和含巯基的有机物等，使环境保持较低的氧化还原电位，即使有分子氧存在，专性厌氧微生物也不会死亡。但实际上这种情况很少发生，分子氧会迅速与还原性物质发生反应。一旦还原性物质被消耗完毕，氧化还原电位迅速上升，菌体会随即死亡。

四、乳酸细菌高密度培养的生产技术

（一）乳酸细菌高密度培养的要求

通常情况下，高活性的乳酸细菌都是采用液态发酵法生产的。乳酸细菌分为厌氧菌和兼性厌氧菌，这两种类型由于对氧的要求不同，因而高密度培养的方式也不同，基本上分为好气性培养和厌氧培养两种类型，相应地其工艺流程也不同。

（二）乳酸细菌高密度培养的关键技术

乳酸细菌从菌种收集、培养基优化到发酵罐扩大培养等过程需要注意一些关键技术，如菌种收集、补料流加策略、泡沫控制等。

1. 菌种的收集

从乳酸细菌群体生长的一般规律看，菌体培养过程可大致分为延迟期、迅速生长期（对于裂殖菌又称对数生长期）、稳定期、衰亡期四个阶段。延迟期又称生理调整期，这一阶段菌体内物质量显著增长，代谢机能活跃，菌体体积增大，对于杆菌表现为菌体明显伸长。菌群经过对新环境的适应阶段以后，细胞数快速增长，此时称为迅速生长期。随着菌体的快速增殖，营养物质被迅速消耗，有生理毒性的代谢物质逐渐积累，到了迅速生长末期，细菌分裂速度降低，繁殖率和死亡率逐渐趋于平衡，活菌数基本保持稳定，此时称为稳定期。稳定期可以保持相当长的时间，此时微生物的生理特性稳定，细胞质内积累糖原、脂肪、多聚β-羟基丁酸和多聚偏磷酸盐等，大多数细菌在稳定期的后期，菌体死亡率超过新生率，活菌数开始下降，细胞活性也明显减弱。处于稳定期的培养物不仅具有最大的菌体量，而且具有较好的生化稳定性，所以乳酸细菌培养物通常在此时收集。

上述四个阶段延续的时间与选用菌种和培养条件（包括种子的培养过程）均有密切关系，我们可以根据自己的实际情况，摸索合理的培养条件，确定自己的操作参数。如果原料和培养条件发生改变，操作参数也要随之调整。

2. 补料策略的选择

在分批补料培养过程中，高密度发酵成功的关键是补料策略的选择。

一般来讲，对于补料，不同的发酵菌株有不同的发酵依据。通常情况下，都是以一般用菌的形态、发酵液中的糖浓度、液体溶氧浓度、尾气中的氧和二氧化碳含量、摄氧率或呼吸商的变化作为依据的。

在发酵培养中，普遍因不能耐受温度、pH 和溶液浓度等极端工艺条件而使其应用受到限制，尤其是受到积聚代谢产物的抑制。由于发酵中产生了大量的代谢物，所以需要调整 pH，加入大量碱液，这样就导致了营养培养基的稀释；而若以葡萄糖为主要基质，由于浓缩程度有限，在高细胞密度补料时也会发生培养基的稀释，这些问题都影响了细胞的生长。

分批补料培养至一定程度时，限定培养基中碳源趋于耗尽。溶氧与 pH 回升是葡萄糖耗尽的信号，此时则需补料以维持菌体生长。恒速补料并不能满足逐渐增加菌体的生长需求（Allen，1987），所以提出少量多次增加的补料方式可使葡萄糖和乙酸盐在补料间隔中被完全吸收，从而获得更稳定的生长速率。

近年来，补料的方法、时机和数量以及料液的成分、浓度都曾有相关的报道。采用一次性大量补料虽然操作简便，但是此方法会使发酵液组分瞬时改变，扰乱菌的生理代谢，难于控制菌体的最适生长状态。少量多次补料方法虽然操作麻烦，但是此法比一次补料合理，更易于控制菌液中菌体的生长状态。如果条件允许，可以通过计算机进行在线监控，按照实际发酵液需要合理及时地流加补料。

3. 泡沫控制

消沫剂的选择和使用在实际实验中还存在许多问题，我们可以结合实际发酵菌种和类型进行合理的选择。

在大多数微生物发酵过程中，由于培养基中蛋白质类表面活性剂的存在，在通气条件下，培养液中会出现泡沫。泡沫有机械性泡沫和流态泡沫之分。前者出现于发酵前期，后者是发酵液中的泡沫，比较稳定。泡沫使气体被分散在少量液体中的胶体体系中，气液之间被一层液膜隔开，彼此不相连通。在高密度培养过程中，起泡会给发酵带来许多不利影响。过多的泡沫会造成大量逃液，发酵液从排气管路或轴封逃出增加染菌机会，严重时，通气搅拌液无法进行，菌体呼吸受到障碍，导致代谢异常或菌体自溶。

因此，控制泡沫是保证正常发酵的基本条件。

泡沫的控制有两种途径。一是调整培养基的成分和改变某些发酵条件来减少泡沫形成的机会；另一个是采用机械消沫或消沫剂来消除已经形成的泡沫。机械消沫是一种物理消沫的方法。消沫剂都是表面活性剂，具有较低的表面张力。常用的消沫剂主要有天然油脂类，高碳醇、脂肪酸和酯类，聚醚类，硅酮类四大类。此外，还可以采用菌种选育的方法来筛选出不产生流态泡沫的菌种来消除起泡的内在因素。

五、乳酸细菌高密度培养的前景与展望

乳酸细菌的高密度培养技术是现代微生物发酵方面热门的研究主题之一。它使工业化生产趋于简单化，具有高的生产潜力，而且乳酸细菌市场的专业化和商品化，都使得高密度培养技术成为国内外发酵工业中生产高效浓缩发酵剂的必要培养手段。现代发酵工程技术和先进的膜工程技术为乳酸细菌高密度培养的研究提供了新的技术保证，对发酵剂质量和生产方法具有重要影响。

随着发酵控制手段的进一步发展，监控的发酵参数越来越详细，就越能对细菌代谢过程真实地了解和掌握。目前所采用的发酵装置一般能够在线检测或控制物理参数（转速、温度、压力、体积、流量等）、物理化学参数（pH、溶解氧、CO_2尾气分析、氧化还原电位、气相分析）、化学测量（基质/葡萄糖浓度、产物/乙酸等）、生物学和生化测量（呼吸熵、生物量、酶活、细胞形态等），这些测量可提供反映环境变化和细胞生长的许多重要信息，并作为研究和控制发酵过程的基础，但这些还远远不能反映乳酸细菌的动态代谢过程。因此，高密度发酵的发展趋势是菌体代谢理论更完整；检测和调控手段更完备；发酵设备更加自动化；发酵放大工艺更完善。

乳酸细菌的浓缩型发酵剂研究前景广阔，随着现代生物技术的突飞猛进，乳酸细菌遗传学、生理学研究的不断深入，其高密度培养技术将把发酵剂带入一个崭新的时代。总之，乳酸细菌产品在食品、饲料、环保、医药等方面表现出极大的潜力，乳酸细菌的高密度发酵技术是发酵技术从实验室通向市场的桥梁，对工程菌生理、代谢规律和高密度培养的了解和掌握将在这方面有着重要的意义。

（李平兰）

第二节　乳酸细菌制剂的安全生产技术

乳酸类制剂是人们应用最早的一类，如酸奶、酸菜、泡菜、乳酸、饮料等。对乳酸菌可有广义和狭义两种定义。广义指的是凡产乳酸的细菌都包括在内；狭义仅指乳酸杆菌和乳球菌等。但对益生乳酸细菌制剂来讲，它的含义是明确的，仅指的是有益的乳酸菌。

一、乳酸细菌制剂生产的工艺流程

乳酸菌的生产培养是以获得高含量和高活性菌体为最终目的。因此，在生产培养过程中，始终要为生产菌创造细胞增殖的良好条件，同时也要考虑后续工艺过程能使乳酸菌具有较强的抗冷冻和抗干燥能力。其培养工艺与乳酸菌菌种的特性有关，不同的菌种

采用不同的工艺技术。

(一) 乳酸细菌乳制品的生产

乳酸细菌乳制品是最早商品化的主要的乳酸细菌制剂，最有名的是含嗜酸乳杆菌和干酪乳杆菌的乳制品。至今乳酸细菌乳制品仍是产量最大的乳酸细菌制品，其品种包括酸奶、干酪、乳清饮料等。由于乳酸细菌乳制品是以高营养的乳类为载体，产品兼有营养和保健双重功能，所以被越来越多的消费者所接受。乳酸细菌乳制品具有生产工艺成熟、投资相对较少、易于大规模生产等特点，因而必然是乳酸细菌产品市场的重要品种。

大多数乳酸细菌对营养要求较高，需要添加某些营养素或生长促进因子才能很好地生长。因此，常在牛奶基质中添加酪蛋白或乳清蛋白水解物、酵母浸膏或酵母粉、葡萄糖、维生素和某些矿物元素，一些植物汁液如胡萝卜汁和番茄汁等也都对乳酸细菌有促进生长作用。

乳酸细菌乳制品制备一般工艺流程如下：

商品发酵剂
↓
新鲜的优质奶或调和奶→热处理→冷却→接种→培养→冷却→贮藏→发酵剂

不同的乳酸细菌乳制品的生产工艺有以下几种类型：

(1) 用乳酸细菌发酵而成的产品生产，该产品不把风味作为主要考虑因素，只强调产品的健康功能，如嗜酸菌乳和双歧杆菌发酵的双歧乳。生产工艺是在牛奶中加入适当的促生长因子，灭菌温度高于传统酸奶，发酵时间以牛奶凝固为准，发酵完毕经冷却、搅拌、灌装，在5～20℃下储藏。此类产品风味并不很好，一般是单调的酸味，双歧菌乳还有令人不快的醋酸味。为克服此缺点，有时在发酵完成后加入调味剂以改善产品风味。

(2) 产品风味，将乳酸细菌和传统的生产菌种相结合，由于乳酸细菌在牛奶中发酵较缓慢，而传统发酵剂只需2～4h即可完成发酵，因而可将乳酸细菌单独培养或制成浓缩物，待牛奶灭菌冷却至40℃左右时，与传统发酵剂同时接入进行发酵培养。培养过程中乳酸细菌基本上不进行繁殖，其菌数几乎无变化，发酵乳只是作为乳酸细菌的载体，这类产品风味较好。

(3) 菌种培养条件差异较大（如温度等）时，可采用单独进行牛奶发酵，然后混合成终产品的工艺。

(4) 传统式发酵是在包装前添加乳酸细菌的浓缩培养物。这种工艺适用于那些不能在牛奶中很好生长的乳酸细菌以及在牛奶中生长时产生不良风味的菌株。但应选用那些在酸化后加入能较好存活的乳酸细菌菌种，因为有的乳酸细菌在牛奶酸化后加入不利于存活。

(5) 为满足不喜欢发酵乳的消费者的需要，解决发酵乳的低pH导致乳酸细菌死亡的问题，可以在巴氏消毒奶中加入乳酸细菌浓缩培养物。

除上述产品外，国内外还开发了乳酸菌奶片、乳酸菌素片、发酵酸奶粉等乳酸细菌乳制品。这些产品的生产工艺大同小异，一是牛奶经消毒接入菌种发酵后进行冷冻干燥，制成奶粉，用1∶1.5的温水冲后饮用，或将酸奶粉压成片剂，口嚼食用；二是在培养好的发酵乳中加入微量元素及调味剂等，混合均匀后制成片剂包装。

（二）乳酸细菌制剂的生产

目前活菌制剂是由2～3种细菌联合制备而成的。但在发酵培养时，都是单菌分别培养，分别制成菌粉，在半成品配制阶段才混合成多菌种粉。临床治疗用微生态制剂都是固体剂型（胶囊、片剂、颗粒散剂），此类益生乳酸菌制品的生产工艺主要有两种，即固体发酵法和大罐液体发酵法。固体发酵法是把固体培养的乳酸细菌与载体按比例混合后经干燥制成。此法产量低，劳动强度大，易受杂菌污染，不适于工业化生产，但投资少。大罐液体发酵法适于工业化生产，便于无菌操作，但成本高，目前大部分乳酸细菌剂的生产均采用此法。

1. 液体发酵法生产工艺流程

菌种接种培养→种子罐培养→生产罐发酵培养→排放培养液、收集菌体→加入适量载体→干燥（高温或冻干）→粉碎→过筛→成品包装→乳酸细菌产品。

根据不同细菌的特征，选择适宜培养条件，包括培养基成分、温度、pH、厌氧环境等。由于益生乳酸细菌制品的微生物为兼性厌氧菌，因此其培养方式既可为兼性厌氧培养，也可为厌氧培养。一般采用大型发酵罐液体培养的方法，在大罐培养前应先制备种子液，即先启开冻干的工作种子，经检查合格后，先作小量液体培养，再转入小型发酵罐制备种子液，然后再转入大罐培养。以上每一步培养都必须在严格的无菌条件下进行，防止杂菌污染。

2. 菌体的收集

在乳酸细菌制品的生产中，除乳制品外，主要是用乳酸细菌活细胞来加工各种剂型的产品，以利于细胞的存活和保存。因此，细胞培养完成后，需要把菌体从培养液中分离出来，要求菌体收集尽可能地完全和尽量除去培养基中的残余成分。离心法是从培养液中分离收集细菌细胞的一种常用的方法，可以根据菌体的大小采用不同的离心转速和离心时间。与过滤相比，它具有分离速度快、效率高、操作时卫生条件好的优点，适合于大规模的分离过程。但由于目前乳酸细菌剂菌种主要是细菌，细胞微小，给离心过滤带来困难，细胞回收率达不到理想的程度。常用的离心沉降分离设备有管式和蝶片式离心机等。在出渣方式上除人工间隙出渣外，还可采用自动出渣离心机，它可以连续操作，如瑞典 Alfa Lavel 公司制造的 BRPX-213 型离心机，就是一种具有活门式自动出渣装置的蝶片式离心机。离心过程对菌体有一定的伤害，这种影响来自于离心转速、温度和离心时间，而不同菌对这些因素敏感程度不同，因此在实际操作时应加以选择。

3. 菌体的干燥

乳酸细菌制品有液体型和干燥型两类。其中干燥型制剂具有保藏期长，制剂体积小，易于保存和运输，携带方便等优点，因此，已成为乳酸细菌的主要剂型。菌体干燥是制备干燥乳酸细菌制品的基础。制品的质量取决于干燥菌体的存活率活性，因而菌体的存活率及活性是衡量干燥工艺优劣的指标。

菌体干燥的主要方法有喷雾干燥、烘干、真空低温干燥和冷冻干燥等。其中喷雾干燥由于是利用干热空气流进行干燥的，在干燥过程中不耐热的菌体大量死亡，其存活率只有10%～20%，有时甚至仅千分之几。该法较适于芽孢菌的干燥，故在乳酸细菌干燥中较少运用。烘干一般只用于碳酸钙沉淀法得到的菌体的干燥。沉淀物置于无菌的盘中，在无菌条件下热风或烘箱内干燥。本法简单，设备投入低，较适于耐热耐氧的菌种。目前最好的方法是冷冻干燥法，简称冻干法，即将菌体悬浮液在低温下冻结，然后在高真空条件下将水分不经液态直接升华成气态而脱水的干燥过程。此法能最大限度地保存菌体活性。干燥样品具有很好的保存性，在冷藏条件下可保存数年。冻干菌粉可加工成各种剂型的产品。

菌体的真空冷冻干燥是乳酸细菌干燥的主要方法，但并非任何条件下冻干菌粉都具有较高的存活率，只有采取有效方法才能防止菌在冷冻和干燥过程中的死亡。菌的存活率与菌体培养条件、菌龄、菌悬液的浓度、离心条件、抗冷冻剂和保护剂等有密切关系。

冷冻干燥工艺：斜面菌体→液体菌种培养→扩大培养（发酵罐培养）→菌体收集浓缩→加灭菌保护剂→制成菌悬液→冷冻→真空干燥→粉碎→无菌包装。

4. 成品包装

半成品配制是将干燥的菌粉与适量赋形剂按比例混合均匀。若是由几种菌联合的多菌制剂，应先将不同种菌粉按比例均匀混合，然后再与赋形剂混匀。分包装规格按活菌数要求而定，一般含活菌数至少为 $1\times10^{7}\sim1\times10^{8}$ cfu/g。分包装过程应按国家规定的有关“生物制品分包装规程”的要求进行，半成品经分包装后即成品。

二、乳酸细菌制剂生产工艺要点

（一）菌种的选择

生产用菌种其生物学、遗传学、功效学特性应明确和稳定。原始菌种采购时必须索取菌株鉴定报告、稳定性报告及菌株不含有耐药因子的证明材料；各生产单位自行分离或收集的菌种，须经卫生部门指定的检验机构审查认可。菌株必须具有很高的稳定性，以防在生产过程中发生变异，甚至由有益菌变为有害菌。

为了防止杂菌污染，原始菌种经鉴定后，应及时冻干，不能冻干的菌种应保存 2 份于培养基中，一份供定期移种或传代用，另一份供经常移种或传代用。并规定适宜保存期限，到期重新筛选、复壮，再冻干。

每支冻干菌种开启后投产前须进行鉴定，鉴定内容包括：形态、纯度及培养特性的检查、糖发酵和生化反应观察。对于同时制备的同一批号的冻干菌种，须抽样进行代谢产物测定、血清学检查、毒性试验，必要时作遗传学特征的鉴定。

生产企业应有专门的部门和人员管理生产菌种，经常定期检查，建立菌种档案资料，包括来源、历史、筛选、检定、保存方法、数量、启开使用等完整记录。每年向所在地省级卫生行政部门书面汇报管理情况。生产用菌种应专门设立种子室，仅限于质量管理部门所批准的人员出入。

（二）种子的培养工艺要点

乳酸细菌的生产与任何发酵产品生产一样，种子培养是整个生产过程的基础。只有制造出优质的种子，才能保证生产的成功和达到高产，而菌种优劣又是其核心问题。菌种是乳酸细菌制品的核心。乳酸细菌制品的特殊功能取决于其菌种的特性，因此，一个高质量的乳酸细菌制品在菌种选择上有极其严格的要求。在发酵剂制备中需要注意以下几点：

(1) 严格的无菌操作和控制环境卫生，这是保证生产正常进行的关键。为了减少杂菌的噬菌体通过空气污染菌种，母发酵剂必须在有正压的培养容器以及有一定洁净度的空气过滤的房间内制备。

(2) 发酵剂和生产发酵剂应在离生产车间最近或与母发酵剂在同一车间内制备，其每一步的接种操作都必须在无菌条件下进行。

(3) 注意发酵剂生产设备的清洗，以避免洗涤剂和消毒剂的残留。

(4) 如系两个以上菌种组合的发酵剂，还应该注意各菌之间的比例及接种量，以得到优质产品。培养或接种温度可影响这种比例，应根据菌种的不同选用不同的接种温度。乳酸细菌联合制剂往往是单独培养后再混合。

（三）乳酸细菌酸乳生产要点

原料鲜乳中菌落总数、致病菌、抗生素残留应符合原料乳的卫生要求，辅料中菌落总数、霉菌、酵母菌、重金属等应符合相应的卫生要求。

生产加工管道与贮存罐的清洗消毒应严格按照水冲→碱洗→水冲→酸洗→水冲→热水消毒的程序对所有加工管道与贮存罐进行清洗消毒，操作前及操作过程中对 CIP（原地清洗系统）重要参数进行监控，检测 pH、温度、碱浓度、硝酸盐浓度，不符合关键限值的重新清洗消毒。

控制原料乳的灭菌温度、时间、压力，约为 93～95℃，5s。接种时严防杂菌污染，无菌室应定期消毒、监控冰箱、种子罐的温度，发酵过程中及时抽样检测发酵温度与酸度。生产酸乳的传统接种方式为预先混合发酵菌种，而后接种于牛乳基质内，但由于乳酸细菌的生长能力较弱，所以应采用二次发酵的方法，即开始先用乳酸细菌发酵 2h，接着再用酸奶菌发酵，从而使乳酸细菌处在其生长期的最后阶段（迟滞期）和早期阶段（对数期），这样乳酸细菌就会成为优势菌群而获得较高的数量。

（四）乳酸细菌制剂生产要点

1. 发酵过程要点

由于大部分乳酸菌为兼性厌氧菌，在一定的厌氧条件下其生长更好些，而且唯有发酵过程中达到了高密度培养才能实现制品的活菌含量高。因此在发酵过程中应采用厌氧型发酵罐，采用氮气和混合气（组分为 N_2、H_2、CO_2）培养，控制好培养起始 pH、气体置换次数、发酵温度、发酵罐压力等参数才能实现生产工艺的最优化。

2. 冷冻干燥过程生产要点

在冻干过程中主要控制真空度和温度，真空度越高并配合合理的升温程序则干燥速度和质量就越高。一般冻干过程所需时间除与上述条件有关外，还与冻干物料的量和含水量有关，一般情况下需要 20～30h。冻干制剂中乳酸细菌的保存性除与保护剂有关外，水分含量也是一个重要因素。水分含量高不利于保存。冻干制品的含水量在 1.5%～3%时有利于保存期间菌的存活。

在检测制剂的活菌数或使用制剂时，需要将制剂先行复水。不同复水介质对不同菌种影响不一样，对双歧杆菌计数无明显影响，而对保加利亚乳杆菌却表现差异。复水介质的 pH 对双歧杆菌恢复活力却有影响。因此，在使用冻干乳酸细菌制品作发酵剂或菌种时应注意复水介质的性质，要注意选择适宜的复水介质。通常是用适于该菌生长的培养液或缓冲液进行复水。

在包装过程中，许多操作都是敞开的，因此要求配制车间洁净度高，防止污染，并应控制车间内温度，要求使用干燥的赋形剂，以防止赋形剂的水分影响半成品中细菌的活存状态。直接与各种中间产品、半成品接触的灌装管道、离心、冷冻干燥设备应彻底清洗消毒，最好采用高压蒸汽灭菌，防止交叉污染。

三、乳酸细菌制剂生产中的不安全因素

（一）原辅料的不安全因素

严格控制原料发酵培养基的灭菌，防止杂菌污染如大肠杆菌群、致病菌、酵母、霉菌等的存在，严格控制发酵液的灭菌时间应在 60min 以上、灭菌温度为 121℃。生产过程中每锅取样鉴定微生物指标，参照生物制品生产的质量标准。

生产用水的水质必须符合 GB 5749 的规定，对于特殊规定的工艺用水，应按工艺要求进一步纯化处理。原料中不允许有抗生菌残留、重金属、农药残留、亚硝酸盐、硝酸盐残留，原料乳中不允许有杂草、牛毛、乳块等存在。

（二）生产环境的不安全因素

洁净厂房的设计和安装应符合 GB J73 的要求，净化级别必须满足生产加工保健食品对空气净化的需要。生产片剂、胶囊、丸剂以及不能在最后容器中灭菌的口服液等产品应当采用十万级洁净厂房。厂房、设备布局与工艺流程三者应衔接合理，建筑结构完善，并能满足生产工艺和质量、卫生的要求；厂房应有足够的空间和场所，以安置设备、物料；用于中间产品、待包装品的贮存间应与生产要求相适应。洁净厂房的温度和相对湿度应与生产工艺要求相适应。洁净厂房内安装的下水道、洗手及其他卫生清洁设施不得对保健食品的生产带来污染。洁净级别不同的厂房之间、厂房与通道之间应有缓冲设施。应分别设置与洁净级别相适应的人员和物料通道。原料的前处理（如提取、浓缩等）应在与其生产规模和工艺要求相适应的场所进行，并装备有必要的通风、除尘、降温设施。原料的前处理不得与成品生产使用同一生产厂房。

产品配料前需检查配料锅及容器管道是否清洗干净、符合工艺所要求的标准。利用发酵工艺生产用的发酵罐、容器及管道必须彻底清洁、消毒处理后，方能用于生产。每一班次都应做好器具清洁、消毒记录。生产操作应衔接合理，传递快捷、方便，防止交叉污染。应将原料处理、中间产品加工、包装材料和容器的清洁、消毒、成品包装和检验等工序分开设置。同一车间不得同时生产不同的产品；不同工序的容器应有明显标记，不得混用。生产操作人员应严格按照一般生产区与洁净区的不同要求，搞好个人卫生。因调换工作岗位有可能导致产品污染时，必须更换工作服、鞋、帽，重新进行消毒。用于洁净区的工作服、帽、鞋等必须严格清洗、消毒，每日更换，并且只允许在洁净区内穿用，不准带出区外。原辅料进入生产区，必须经过物料通道进入。凡进入洁净厂房、车间的物料必须除去外包装，若外包装脱不掉则要擦洗干净或换成室内包装桶。

（三）生产过程中的不安全因素

配制过程原、辅料必须混合均匀，物料需要热熔、热取或浓缩（蒸发）的必须严格控制加热温度和时间。中间产品需要调整含量、pH 等技术参数的，调整后须经对含量、pH、相对密度、防腐剂等重新测定复核。各项工艺操作应在符合工艺要求的良好状态下进行。口服液、饮料等液体产品生产过程需要过滤的，应注意选用无纤维脱落且符合卫生要求的滤材，禁止使用石棉作滤材。胶囊、片剂、冲剂等固体产品需要干燥的应严格控制烘房（箱）温度与时间，防止颗粒融熔与变质；捣碎、压片、过筛或整粒设备应选用符合卫生要求的材料制作，并定期清洗和维护，以避免铁锈及金属污染物的污染。产品压片、分装胶囊、冲剂、液体产品的灌装等均应在洁净室内进行，应控制操作室的温度、湿度。手工分装胶囊应在具有相应洁净级别的有机玻璃罩内进行，操作台不得低于 0.7m。配制好的物料须放在清洁的密闭容器中，及时进入灌装、压片或分装胶囊等工序，需储存的不得超过规定期限。

四、乳酸细菌制剂生产的卫生标准及检测

我国药用乳酸细菌制剂已形成严格审批程序和质量控制要求，对乳酸细菌及其制剂的安全性、有效性、稳定性以及生产工艺、包装等都有详细的规定及检验办法。这给保健食品中乳酸细菌制剂的审批及质量控制提供了很好的经验。具体参考《卫生部关于印发真菌类和益生菌类保健食品评审规定的通知》。

微生态制剂最终产品的质控要点及其意义在于对该制品的安全性和有效性的评价，以保证质量。目前微生态活菌制剂的成品鉴定主要包括以下各项：①外观性状、装量差异（或重量差异）；②崩解时限（指胶囊或片剂）；③粒度和溶化性检查（指颗粒剂、散剂）；④干燥失重；⑤活菌数测定；⑥杂菌检查；⑦异常毒性试验。其中活菌数测定、杂菌检查、异常毒性试验是评价微生态活菌制剂安全有效的主要质控指标。

杂菌检查是对原、辅料受到微生物污染程度的一种检查方法，检查的全过程均应严格遵守无菌操作，严防再污染。杂菌检查的质控指标是根据用药途径而定，口服肠道微生态制剂不得检出致病性大肠埃希菌、沙门菌、志贺菌、绿脓杆菌和金黄色葡萄球菌，非致病性杂菌不得超出 1000 个/g，真菌不得超出 100 个/g。阴道用微生态制剂则不得检出致病性大肠埃希菌、绿脓杆菌、金黄色葡萄球菌和破伤风梭菌，不得检出真菌。

异常毒性试验是通过动物试验检查制品中外源性毒性物质的污染情况，以及是否存在意外的不安全因素，以保证人体使用安全。试验使用的小鼠应达到清洁级标准，试验方法为：采用 5 只体重为 18～22g 的健康小鼠，先称取 2g 制品加入 8mL 生理盐水中，混合均匀，每只小鼠经口灌入 0.5mL 混匀的制品溶液于胃内，每天 1 次，共 3 次，自第一次灌胃日起，连续观察 7 天，小鼠应健康存活，体重增加，才能判为合格。

（李平兰　杨子彪）

第三节　双歧杆菌制剂的安全生产技术

双歧杆菌是乳酸细菌中重要的厌氧菌，其生长繁殖要求较高的营养与厌氧环境，对

培养条件要求也较高。

一、双歧杆菌制剂的生产工艺流程

双歧杆菌乳酸细菌制剂的生产一般是液体发酵，但与乳酸菌制剂生产所不同的是双歧杆菌对营养条件要求比较高，而且对厌氧的要求严格，这就对生产工艺的要求比较复杂。

工艺流程如下：

种子培养→接种
↓
培养基配制→灭菌→冷却至40℃→发酵培养→发酵液

（一）培 养 基

双歧杆菌生产培养可采用合成培养基或天然培养基。合成培养基如PTY、PTYG、MRS等。天然培养基可用胡萝卜汁、番茄汁或在胡萝卜汁、番茄汁中加入牛乳等。双歧杆菌能利用其他肠道菌不能利用的多糖和寡糖，通常也在牛奶中添加寡糖以促进双歧杆菌生长。在牛乳中添加少量的维生素C、天冬氨酸和含硫氨基酸如半胱氨酸等均可增加抗氧能力和刺激双歧杆菌的生长。合成培养基清澈透明，很少含不溶性固体物质，便于收集较纯的菌体作进一步加工。胡萝卜汁、番茄汁等天然培养基如不经离心或过滤，则往往含有较多的不溶物，在后处理中得到的将是菌体和培养基残留物的混合物。后者由于成本低、制备容易，可用于对菌体纯度要求不高的生产中。其制备方法为：

胡萝卜→清洗→去皮→切分→热烫→打浆→清汁或浑浊汁→配料，调pH→灭菌→用于发酵培养。

番茄→清洗→去心→热烫→榨汁→配料，调pH→灭菌→用于发酵培养。

（二）培养条件控制

在以双歧杆菌为代表的厌氧菌培养过程中，主要控制的参数是厌氧状态、pH及温度。

1. 厌氧条件

尽管生产菌种经过耐氧驯化，对氧有一定的耐受性，但并不等于可以不需要厌氧环境。因此，在生产中创造良好的厌氧环境是首要的任务。在大规模生产中，通常是在培养容器（发酵罐）中通入氮气或氮、氢和二氧化碳的混合气体。由于混合气体价格较高，故一般采用氮气。普通氮气可通过除氧装置除去所含的氧，如用高纯氮则可省去除氧过程。

2. 温度控制

温度是乳酸细菌生产培养的重要条件之一。微生物的生长与产物的形成都是在各种酶的催化下完成的，温度是保证酶活性的重要条件。因此，在培养中必须保持稳定而合适的温度环境。双歧杆菌等虽然在20～40℃温度范围内都可以生长，但最适生长温度仍为37±1℃。温度过低，菌生长缓慢，温度过高，菌易衰老，因此，必须根据每一种菌来选择适宜的培养温度。在发酵罐中是通过夹层或罐中的盘管通以冷热水来进行调节控制的。

3. 培养过程中pH的控制

培养基的起始pH直接影响菌的生长速度。在生产中，一般都把起始pH调整为最适值（双歧杆菌最适值为6.5～7.0），然而在培养过程中，随着菌体分解代谢培养基中的糖而产生有机酸，使pH下降，双歧杆菌生长受到抑制，生长减慢，当pH下降到一定值时菌数不再增加。为了解除酸的抑制作用，延长菌体生长时间，以获得较高的活菌数，可通过流加碱性溶液的方式使pH保持在适宜范围内，以此延长双歧杆菌的增殖时间，获得较高的菌数。

二、双歧杆菌制剂的生产工艺要点

（一）种子的培养工艺

厌氧培养种子工艺为：

保存菌种→ 厌氧试管（固体或液体）菌种→ 厌氧管→ 厌氧瓶→ 厌氧种子罐→ 种子。

厌氧试管可采用特制的螺口试管，管口用硅橡胶塞塞住，再用胶木螺帽固定。这种试管封口严密，既可作固体滚管培养，又可作液体菌种培养。用厌氧试管制作培养基时，需边充惰性气体（氮、氮和氢、二氧化碳和氢）边加培养基，以造成管内厌氧状态（可通过培养基中所含的刃天青等指示剂观察厌氧状况）。加完培养基后，立即塞上胶塞，拧紧螺帽。接种时采用灭菌注射器，操作十分方便。在用菌落或固体菌粉接种时，可将两个试管打开，插入长针头，在通入氮或混合气体条件下进行操作。如在厌氧手套箱内操作，则无须通入惰性气体。厌氧管菌种培养至对数期即可接种至厌氧瓶，操作同前。厌氧可以用具螺口、硅橡胶塞和胶木帽的专用瓶，也可以用500mL或1000mL容积的注射用盐水瓶或葡萄糖瓶。其操作同厌氧管和厌氧瓶，但由于无胶帽固定胶塞，故需在培养基尚未冷却时即进行灭菌，并采取措施固定胶塞，以免灭菌时由于压力差而造成胶塞蹦掉和培养基外喷。厌氧瓶一般是静置培养，也可在培养过程中适当摇动，以保持培养物的均匀度。如生产量大，需要种子罐培养时，可用厌氧种子罐扩大培养。

（二）发酵生产工艺要点

由于乳酸细菌多为微需氧菌或厌氧菌，特别是双歧杆菌为专性厌氧菌，氧对乳酸细菌的毒性是一个重要而关键的问题。前面提到采用经过驯化的具有一定耐氧性的菌株作为发酵剂，在此基础上，还需在发酵及保存期间采用一系列措施来解决。

首先要减少牛乳中的溶氧量来保持发酵基质的低氧化还原电位的物质。如嗜酸乳杆菌在添加250mg/L或500mg/L半胱氨酸的酸乳中的活菌数量高于不添加或添加50mg/L的酸乳中的数量。在用含双歧杆菌的发酵剂制作的酸乳中加入半胱氨酸可以提高双歧杆菌活菌数。抗坏血酸加入酸乳中，可明显降低氧化还原电位，但会减少嗜热链球菌的数量，且对双歧杆菌的活菌数量影响不大，其原因尚待研究。

（三）成品包装与贮运

由于双歧杆菌对厌氧的要求比较严格，因此在包装时也应尽量避免接触空气，对容器及材料的隔氧性能也要求比较高，采用真空复合包装是一个比较好的方法。

成品贮存方式及环境应避光、防雨淋，温度、湿度应控制在适当范围，并避免撞击与振动。含有生物活性物质的产品应采用相应的冷藏措施，并以冷链方式贮存和运输。

非常温下保存的保健食品（如某些微生态类保健食品），应根据产品不同特性，按照要求的温度进行贮运。

三、双歧杆菌制剂生产中的不安全因素

（一）菌种因素

索取菌株鉴定报告、稳定性报告及菌株不含耐药因子的证明资料。菌种必须具有较稳定的生物学、遗传学特征，在使用和贮存期间应保持稳定和存活状态，不会在生产过程中发生变异。

双歧杆菌属于专性厌氧型菌属，对氧气耐受性较差。某些抗生素、磺胺类药物、不饱和脂肪酸、矿物质预混剂、浓缩料等都属于抑菌物质，可使活菌活性降低。因此，微生物产品不应直接暴露于空气中，不能与抑菌物质混存。

（二）生产过程因素

生产过程基本要求类似于益生乳酸细菌制剂。

四、双歧杆菌制剂生产中质量保证体系的实施

在乳酸细菌保健食品生产过程中设立危害分析与关键控制点（harzard analysis and critical control point，HACCP），它是食品企业采取的保证食品安全的预防性管理系统，也是目前控制食品安全的最有效和最高效的方法，在未来的全球食品贸易中，工厂是否采纳 HACCP 将起着举足轻重的作用。

由于乳酸细菌保健食品的生产和质量控制是以生物学为主要过程，而不同于一般的保健食品，所以乳酸细菌保健食品本身固有的特点及生产过程中的特殊要求，决定了它与一般的保健食品不同，此类产品的质量控制重点从依赖于最终成品的检测，向过程控制转移。通过对原料和工艺环节进行充分、周密、科学的危害分析，将安全卫生方面许多潜在的不安全因素降低到可接受的水平。

（一）胶囊型乳酸细菌制剂

某工厂研究人员对胶囊型乳酸细菌保健食品生产过程的观察研究，初步提出针对胶囊型乳酸细菌主要危害的关键控制体系。通过对工艺流程的现场观察，确认绘制工艺流程图（图 10-2）。

对原辅料、半成品、成品、生产环节卫生情况及生产环境进行采样，并进行微生物和洁净度指标的测试，了解其卫生状况，为危害评估提供依据。收集乳酸细菌产品的原料中可能含有的有害物质，生产工艺，生产技术、安全质量控制及有关消毒与灭菌效果评价资料，并对收集的资料文献进行分析，设立关键限值，然后对关键控制点进行监控。

关键控制点监控效果验证方法：

（1）菌种筛选与检定控制效果的验证：定期随机抽取成品，分离、纯化菌种，并按照规定进行检定，检定结果与标准菌株对照。

（2）发酵液灭菌效果的验证：发酵液灭菌结束，用无菌取样的方法取一定量的发酵

液，按照 GB4789-94 的方法对细菌总数、霉菌计数等微生物项目进行检测，并根据检测结果来验证监控的效果。

（3）离心机管道和物料管道灭菌效果的验证：在每次加工结束后，用就地清洗系统（即 CIP）对离心机管道和物料管道进行清洗和灭菌，并在再次加工前，用 CIP 系统进行管道灭菌。灭菌结束后，按照“消毒技术规范”对管道进行微生物项目的检测，并根据检测结果来验证监控的效果。

（4）原辅料烘料灭菌效果验证：每次烘料前后，以无菌取样的方法，按照 GB4789-94《食品微生物检验方法》，对原辅料中的细菌总数、大肠菌群等微生物项目进行检测，并根据检测结果来验证监控的效果。

（5）金属探测效果的验证：为了防止可能的金属碎粒混入产品中，特安装一台检测精度为 1mm 的金属粒子探测器，对胶囊产品进行检测。

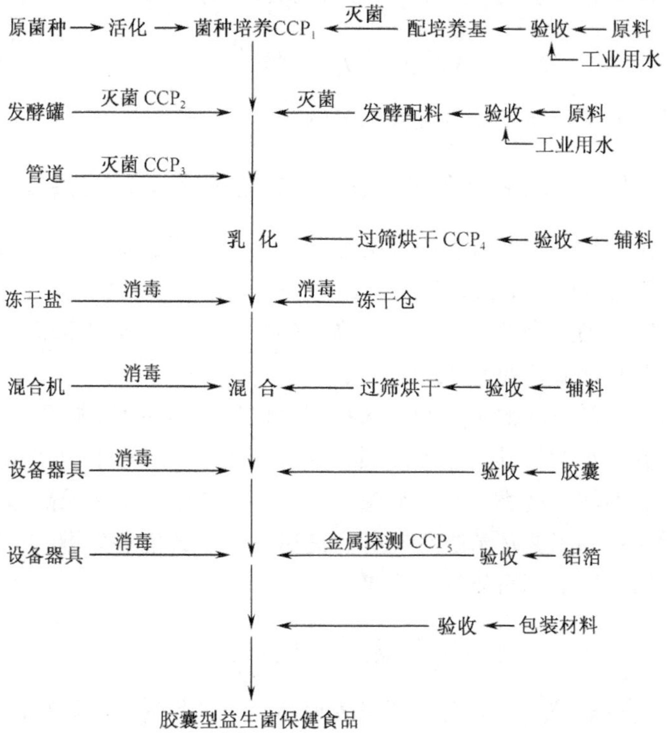

图 10-2　胶囊型益生乳酸细菌保健食品工艺流程

CCP：critical control point，关键控制点

乳酸细菌保健食品生产离不开菌种，即其必须由菌种扩大培养而成，所以菌种的质量是乳酸细菌保健食品生活的重要关键点，是其质量的直接保证。菌种筛选、纯化及鉴定可防止杂菌污染、菌种退化和变异产毒。因而，菌种鉴定是一个重要的 CCP 点，这个 CCP 点不同于一般的控制点，所检测指标及方法较复杂，包括了菌种的动态及培养特性的检查、糖发酵和生化反应观察、代谢产物的测定、血清学检查、毒性试验以及必要的遗传特征的检定等，所花的时间较长，但此点作为生产过程控制的起始点，还是有可操作性的，见表 10-1。

表 10-1　胶囊型益生乳酸菌保健食品关键控制点的确立结果

关键控制点	危害	控制措施	关键控制限度	监测					纠偏行动	记录	验证
				对象	内容	方法	频率	人员			
CCP 菌种筛选鉴定	菌种变异、产毒	定期筛选和进行鉴定	父母代菌种经检定全部符合标准菌种要求、经培育、复壮和鉴定的菌种传代使用不得超过 5 代	菌种	菌种的各种检定	对所有父母代菌种均进行检定	根据实际工作的进度和需要来定	菌种管理员	报废	菌种保存及使用登记	成品经微生物学检测，菌种经分离后鉴定
CCP 发酵液灭菌	杂菌、大肠菌群、致病菌、酵母、霉菌	控制发酵液灭菌时间、温度、压力	温度 121℃ 时间＞60min	发酵罐	温度时间压力	检查	连续	操作人员	控制时间温度压力重新灭菌	发酵操作原始记录	微生物学检测（每罐）
CCP 离心机管道和物料管道灭菌	杂菌、大肠菌群、致病菌、酵母、霉菌	控制管蒸汽灭菌时间、压力	温度 121℃ 时间 25min	管道	温度时间	检查	连续	操作人员	控制温度时间重新灭菌	离心操作原始记录	微生物学检测（每批）
CCP 原辅料烘料	杂菌、大肠菌群、致病菌、酵母、霉菌	温度、时间	控制烘料 温度＞90℃ 时间＞4h	烘箱温度时间记录仪	温度时间	检查	连续	配料人员	重新烘料	配料原始记录	微生物学检测（每批）
CCP 半成品金属探测	金属	金属探测	1mm	胶囊产品	金属探测	金属探测	连续	配料人员及品管员	重新探测	配料原始记录	每 2h 用 1mm 标准金属粒来检验食品的有效性

发酵是对纯种菌的培养过程，所以发酵过程防止杂菌污染就显得更加重要，发酵过程应作为乳酸细菌保健食品生产的重点研究和控制对象。对发酵罐设备的验证和发酵液杀菌工艺参数的验证是确立本关键控制点及其控制限值的关键。通过对发酵罐设备的验证，从硬件上避免设备本身构造引起的杂菌污染，而对发酵液杀菌工艺参数的验证，可以找到有效地控制由于灭菌不彻底所造成的污染。

发酵结束后，离心机管道和物料管道均有被污染的可能性，因后续工艺中已无进一步的控制手段，如不对管道进行灭菌控制，产品将有被污染的可能，根据“关键控制点判断树”判定为关键控制点。

由于前面的卫生学调查结果表明，原辅料中存在被微生物污染的可能，所以辅料与菌种混合的过程中，因后续工艺中已无进一步的控制手段，产品将有被污染的可能。该过程被判断为关键控制点。

（二）口服液型益生乳酸菌制剂的 HACCP 体系

依据关键控制点的判定思路和原则，结合前面的危害性分析，该口服液型乳酸细菌保健食品的生产见图 10-3，至少可以设 5 个关键控制点：①菌种的使用与管理；②实罐灭菌；③接种与发酵过程中的防污染控制；④包装材料灭菌；⑤灌装过程的控制。

为了针对关键控制点制定出明确的量化控制标准，对包装材料（输液瓶）的灭菌工艺进行改进，确定 121℃，30min 高压蒸汽灭菌即可杀灭全部接种菌，灭菌效果理想。

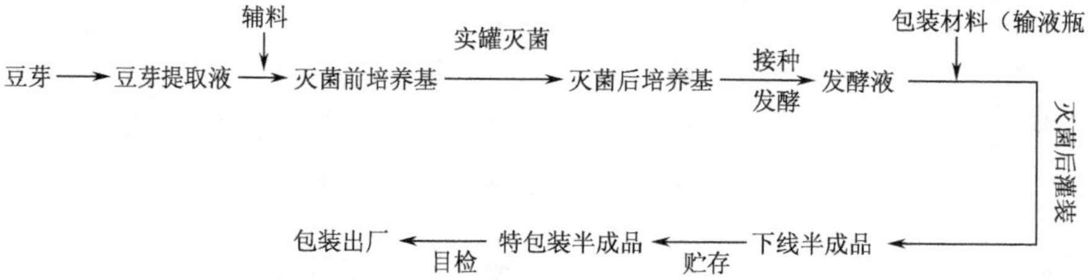

图 10-3　口服液型益生乳酸细菌制剂制备工艺流程

由于产品的特殊性，对种子室、灌装室的空气洁净级别要求较高，应在洁净度10 000级的环境中，层流罩下 100 级的洁净室中进行，因此必须选择符合要求的厂房、设备，这不仅直接关系到工艺的正确与否与产品质量的优劣，而且对车间的合理布局，减少空间，确保环境质量带来直接的影响。同时为了维持环境洁净，一是人员应具有良好的无菌操作技术；二是消毒灭菌过程要经过验证，在无最终灭菌产品的生产中，环境的监测至关重要，这也是 GMP 的基本要求。

在以上研究的基础上，针对每一个关键控制点建立明确的控制措施、控制标准以及监测方法和纠正措施。

（三）双歧杆菌乳制品的 HACCP 体系

双歧酸豆奶是一种新型的双歧杆菌发酵大豆的活性饮品。它以动物性蛋白（牛奶）和植物性蛋白（大豆）为主要原料，以乳糖、蔗糖、葡萄糖等为辅料，以双歧杆菌为主发酵剂，运用生物工程技术，经科学加工而生产出的一种乳酸细菌饮品。这种产品由于技术含量高，操作程序要严格控制，运用 HACCP 这一理论和方法，指导双歧酸豆乳的生产，找出双歧酸豆奶生产过程中的 CCP，制定相应的控制标准，监控程序和纠偏措施。

双歧酸豆奶的 GMP：经过多次的试验研究和中试生产，确定双歧酸豆奶的 GMP 如下：

乳糖、葡萄糖、蔗糖、奶粉或鲜奶生长促进剂

↓

大豆→清洗→热烫→去皮→磨浆→脱腥→调配→均质→杀菌→冷却→接种→分装→前酵→后酵→检验→成品

↑

菌种→分离、纯化→复壮→基质驯化→耐氧驯化→母发酵剂→工作发酵剂

根据双歧酸豆乳的 GMP，参照国际食品法典委员会（CAC）推荐的 CCP 判定图，运用 HACCP 理论，针对双歧酸豆奶生产过程的每一个危害环节，确定生产、贮存、销售过程中的 8 个 CCP 点：

（1）原料清洗：大豆本身带有的霉菌、酵母菌、芽孢细菌等其他菌；

（2）浸泡过程中温度接近 37℃左右时，由于时间长会造成微生物的大量繁殖；

（3）杀菌时温度和时间不够会造成活菌的大量残留；

（4）接种时菌种污染会造成整批产品的污染；

（5）灌装封口时灌装机清洗不彻底会造成污染，空气中微生物沉降污染；

（6）成品放置库的温度与贮存时间；

（7）销售时运输车辆的卫生状况、贮销温度与时间；

（8）灌装容器与管道不卫生、管道清选不彻底而污染。

然后通过试验研究及从现有的资料中确定控制 HACCP 的控制标准及各 CCP 的监控程序和纠偏措施，具体见表 10-2。

表 10-2　各 CCP 的控制标准、监控程序和纠偏措施

CCP 名称	控制标准	监控程序	纠偏措施
CCP_1原料处理	a. 大豆应符合 GB1352-86 b. 大豆过筛去除杂质，流水冲洗 c. 用高锰酸钾溶液消毒	a. 每批大豆抽样检测农药残留 b. 对处理后的大豆定期进行微生物检验	a. 拒收不符合标准的大豆 b. 清洗用水应符合标准 c. 高锰酸钾浓度达到要求
CCP_2浸泡	a. 18℃以下可浸泡 8～10h b. 浸泡液 pH8.0～9.0 c. 浸泡标准应是大豆中心软化	a. 监测大豆浸泡液的 pH b. 每隔 30min 检查大豆浸泡程度	a. 冬季可在室温下浸泡，夏季放在高温冷库中浸泡 b. 夏季可在 65～70℃浸泡 3～4h
CCP_3杀菌	a. 运用 UHT 法杀菌 b. 杀菌参数：137～145℃，2～5s	a. 蒸汽压力 b. 随时观察物料进口、杀菌、出口处温度	a. 蒸汽压力保持在 0.35MPa 以上 b. 杀菌温度不足的料液应回到贮罐二次杀菌

续表

CCP 名称	控制标准	监控程序	纠偏措施
CCP_4菌种	a. 母发酵剂必须是纯菌种 b. 生产用发酵剂其活菌数应达到 $10^{8\sim10}$cfu/mL c. 工作发酵剂制前 3 日，每日要进行移植活性一次	a. 检测母发酵剂是否有杂菌 b. 定期测定菌种的活力 c. 每批产品测定活菌数和酸度 d. 每批产品进行卫生指标测定	a. 专人保藏、管理、配制菌种 b. 定期进行菌种的分离、纯化、复壮实验 c. 定期更换种子发酵剂 d. 选育活力强壮的新菌种
CCP_5灌装封口	a. 灌装封口机应干净无菌 b. 空气中微生物数达到国家标准	a. 定期检测灌装机菌数 b. 测定空气中的微生物数	a. 生产前热水清洗灌装机，生产后采用 CIP 系统 b. 生产前空气用
CCP_6成品	贮藏温度应在 4～8℃，时间不要超过 24h	a. 随时检查库温 b. 每批产品抽样检验	a. 库存即后酵最好 6～8h b. 库温保持在 4～8℃
CCP_7销售	放在冷藏箱中，标准温度 5～10℃，时间≤5d	检查温度和放置时间	a. 运输使用冷藏车，销售使用冷藏箱 b. 注明生产日期，最佳饮用期，贮存条件
CCP_8灌装容器与管道	a. 容器应清洁、卫生、无菌 b. 管道应清洁、卫生、无菌	a. 定期检查容器和管道的卫生 b. 专人负责，记录消毒时间、煮沸温度、管道出口温度	a. 容器采用消毒液清洗，热蒸汽杀菌 b. 管道利用 CIP 系统

在制定好各 CCP 的控制标准、监控程序、纠偏措施的基础上，关键在于各 CCP 的执行。根据工厂工人现有的文化水平和实际工作能力，首先进行上岗前培养，对有关管理人员和工人进行 HACCP 知识普及和 CCP 的运行进行培训，让每一个相关人员都了解实施 HACCP 管理的重要性及自己在实施过程中的作用和职责。根据上述各 CCP 的执行标准，设计记录表格，涉及 CCP 的监控记录，纠偏记录、检验记录、验证记录及相关活动的记录。设计的记录表格要简明扼要，便于记录和检查。

五、双歧杆菌制剂生产的卫生标准及检测

保健食品要求的微生物限度：好氧性细菌总数≤5×10^3cfu/g，不得有大肠埃希菌、沙门菌和金黄色葡萄球菌检出。具体参考《卫生部关于印发真菌类和益生菌类保健食品评审规定的通知》。

（李平兰　杨子彪）

第四节　乳酸细菌在果酒和黄酒生产中的利与弊

酒在历史文明、饮食文化及人民生活中都具有重要意义，所以也是古今中外受到人们关注的对象之一。虽然酒是通过酵母菌的酒精发酵及其他微生物的作用，由制酒原料

转化而成，但由于制酒的原料、辅料、菌种、工艺及发酵条件等的不同，酒的种类极其丰富。本节只涉及乳酸菌与果酒和黄酒的关系。

一、果酒和黄酒的简要概述

（一）果酒和黄酒的生产

果酒是以各种水果及蜂蜜等含糖物质为原料，酵母菌可直接利用来进行酒精发酵，不需要糖化作用。如葡萄酒、苹果酒等。

黄酒是以大米、糯米等淀粉物质为原料，酵母菌不能直接利用，必须经过糖化作用，由于有些曲霉菌（*Aspergillus*）令有丰富的淀粉酶，可将淀粉转化为糖，所以在酒类生产中常用曲霉菌制曲，用作糖化剂。而且黄酒生产的特点是，糖化作用与酒精发酵同时进行。

（二）果酒和黄酒对人体健康的有益作用

果酒和黄酒的酒精含量低，一般不会引起酒精中毒，而且对人体健康有益。主要是：

1. 营养

果酒和黄酒的化学成分复杂，种类多，据测定葡萄酒中的成分有200多种，包括一些醇类、醛类、酯类、酚类以及多种有机酸、氨基酸、维生素、矿物质等，为饮用者提供营养。

2. 保健

果酒一般都带有酸味可促进胃酸分泌，有开胃作用。谢广发等（2004）认为，黄酒中的酚类物质有去除自由基抗衰老的作用。黄酒中的活性肽可促进钙的吸收及降血压、降血脂等作用。

3. 药用

黄酒是医药中很重要的辅佐料，很多中药常用黄酒浸泡，或调制成丸、散及各种药酒。此外，在烹调时也常加入少量黄酒用以去腥味。

（三）乳酸细菌与果酒和黄酒的关系密切

在酒类生产中除了酵母菌及根据需要所接种的微生物外，还有其他多种微生物的作用，它们的主要来源是：①制酒原料中存在的微生物未经彻底杀菌；②用作糖化曲的菌种主要是霉菌，但也有乳酸菌和其他细菌；③在酒的生产和贮藏过程中受环境中微生物的污染。这些微生物对产品质量都有或大或小、或好或坏的影响。乳酸菌亦不例外，对果酒和黄酒质量的影响，既有利，又有弊。

二、乳酸细菌在果酒和黄酒生产中的利

（一）葡萄酒和苹果酒的苹果酸-乳酸发酵

据潘海燕（2003）资料，在葡萄酒和苹果酒中有多种乳酸菌存在（表10-3）。

苹果酸-乳酸发酵（malolactic fermentation，MLF）是在葡萄酒和苹果酒酿造中，

经酵母菌的酒精发酵后由乳酸菌进行的发酵。它以 L-苹果酸为底物通过苹果酸-乳酸酶（MLE）将其转化为 L-乳酸和 CO_2。

表 10-3 葡萄酒和苹果酒中发现的乳酸菌

葡萄酒乳酸菌名称	拉丁菌名	苹果酒乳酸菌名称	拉丁菌名
啤酒片球菌	*Pediococcus cerevisiae*	啤酒片球菌	*Pediococcus cerevisiae*
灰色明串珠菌	*Leuconostoc gracile*	肠膜明串珠菌	*Leuconostoc mesenteroides*
葡萄酒明串珠菌	*Leuconostoc oenos*	葡萄酒明串珠菌	*Leuconostoc oenos*
植物乳杆菌	*Lactobacillus plantarum*	植物乳杆菌	*Lactobacillus plantarum*
干酪乳杆菌	*Lactobacillus casei*	干酪乳杆菌	*Lactobacillus casei*
链杆菌	*Streptobacterium*	混淆乳杆菌	*Lactobacillus collinoides*
希氏乳杆菌	*Lactobacillus hilgardis*	苹果酸乳杆菌	*Lactobacillus mali*
食果糖乳杆菌	*Lactobacillus fructivorans*		
德斯乳杆菌	*Lactobacillus desidiosus*		
短乳杆菌	*Lactobacillus brevis*		

1. 苹果酸-乳酸发酵的意义

（1）降酸作用

在寒冷地区栽培的葡萄、苹果的酸度较高，致使酒精发酵后的含酸量高（主要是苹果酸和酒石酸），不适宜饮用，需要降酸，是酿酒生产中一个重要步骤。不同品种的酒样，降酸幅度不同，如张春晖等（1999）利用酒明串珠菌（*Leuconostoc oenos*）31 DH［现称为酒类酒球菌（*Oenococcus oeni*）31 DH］研究了 4 个干红葡萄酒样品在苹果酸-乳酸发酵前后总酸含量和 pH 的变化（表 10-4）。

表 10-4 苹果酸-乳酸发酵前后酒样中总酸和 pH 的变化

酒样	总酸/($g \cdot L^{-1}$)				pH		
	MLF 前	MLF 后	降低值	降酸率/%	MLF 前	MLF 后	升高值
蛇龙珠	8.28	6.48	1.80	21.7	3.28	3.42	0.14
赤霞珠	9.02	6.20	2.82	31.3	3.36	3.60	0.24
佳利酿	9.57	6.13	3.44	35.9	3.38	3.60	0.22
黑比诺	7.73	5.58	2.15	27.8	3.48	3.80	0.2

注：总酸以酒石酸计

虽然在葡萄酒酿造中也有化学降酸方法，但只能去除酒石酸。苹果酸含量高的葡萄酒口感酸涩，酒体粗糙，其负面影响有时甚至超过了总酸本身对葡萄酒的负面影响。可见，利用乳酸菌的苹果酸-乳酸发酵是良好的生物降酸方法。

（2）风味修饰

乳酸菌对酒的风味的良好作用是由于它们的代谢活动改变了酒中醛类、酯类、氨基酸、维生素等微量成分的浓度及呈香物质的含量。如挥发性酯类对风味有良好作用，苹果酸-乳酸发酵在降低挥发性酸的同时增加了挥发性酯的含量。但是，酒的良好风味不是由某一个或某几个化学成分单独成味，而是多种成分并通过它们之间的相互作用，形成了各种酒的独特风味，而且各种化学物质的浓度要适宜。如双乙酰浓度为 1～3mg/L 时对葡萄酒的风味有良好作用，高浓度的双乙酰则使酒有异味。

干红葡萄酒中的酒精度、总酸和单宁是构成酒体的骨架成分，三者的平衡是红葡萄酒协调的最基本条件。张春晖根据 Peynaud 提出的风味平衡指数（指数为 4 左右的口味淡薄，大于 5 较好，6～7 口味圆润、醇和而味长），将其 4 个酒样与对照的风味平衡指数进行比较，见表 10-5。

表 10-5　经苹果酸-乳酸发酵后酒样风味平衡指数变化

酒样	酒精体积分数/%	总酸/$(g \cdot L^{-1})$	单宁/$(g \cdot L^{-1})$	平衡指数	对照组平衡指数
蛇龙珠	10.3	3.82	1.43	5.05	4.55
赤霞珠	10.5	3.95	1.44	5.11	3.30
佳利酿	10.6	3.75	1.39	5.46	3.12
黑比诺	11.3	3.59	1.25	6.46	5.12

由于在温带地区生长的葡萄和苹果的酸性较低，酿酒时可不进行降酸，但近来更多的酿酒师主张，从风味修饰的角度，这些酒也需要进行苹果酸-乳酸发酵。经过苹果酸-乳酸发酵所酿造的酒，由酸涩和粗糙变得柔和、圆润，并提高了酒的感官质量和生物稳定性。

2. 苹果酸-乳酸发酵的机理

早期研究曾认为苹果酸-乳酸发酵是通过丙酮酸途径进行的。但是，通过丙酮酸途径产生两种乳酸，即 L-乳酸和 D-乳酸，而苹果酸-乳酸发酵只产生 L-乳酸，因而否定了此途径。据潘海燕介绍，目前认为，苹果酸-乳酸发酵途径是在 Mn^{2+}、苹果酸-乳酸酶存在的情况下，直接将 L-苹果酸转化为 L-乳酸。

另外，有些研究者曾认为，苹果酸-乳酸发酵过程没有底物水平磷酸化，因而不能产生能量，不是严格意义上的发酵。但是近期的研究表明，苹果酸-乳酸发酵确实能使乳酸菌的比生长速率增加。除了在酸性环境（如酒中）苹果酸的脱羧导致 pH 升高有利于乳酸菌的生长外，有些研究表明在酸性环境中，苹果酸-乳酸转化诱导产生 ATP 的过程与跨膜运输有关，细胞外的苹果酸是以酸根负离子的形式进入细胞内的。在转化时胞内消耗质子，从而形成了质子移动力（ΔP），ΔP 可促进 ATPase 合成 ATP，使乳酸菌获得能量并增殖。

3. 苹果酸-乳酸发酵的发生与终止

葡萄酒和苹果酒中存在着多种乳酸菌，在酒精发酵后如生长条件适宜，乳酸菌即可进行苹果酸-乳酸发酵，即自然发酵。但是常常由于不具备完美的发酵条件，自然发酵难以保证苹果酸-乳酸发酵的顺利进行，甚至可能得到负面效果。为此，近年来有些国家采用人工接种方法使苹果酸-乳酸发酵正常进行。酒类酒球菌可耐较低的 pH 和较高浓度的酒精，所以常用作制备发酵剂的菌株，现已用于工业生产。

当苹果酸-乳酸发酵结束后，乳酸菌的数量并不迅速下降，需要采取终止措施抑制乳酸菌的代谢活动。否则可能导致酒中其他成分的降解，降低酒的质量。

（二）乳酸细菌是黄酒酿造中的重要菌种

黄酒是我国最古老的酒精饮料，也是我国的特产，营养丰富，酒精含量低，一般为15%～16%，具有独特的色香味，在国际上享有较高声誉。黄酒是以大米、糯米或其他米为原料，经蒸煮、糖化、发酵、压榨而成。一般以麦曲、小曲（俗称酒药）为糖化剂，糖化作用与发酵作用同时进行，而且要在低温（品温不超过40℃）进行长时间的发酵（2～3个月）。曲中有多种霉菌、酵母菌、乳酸菌和其他一些细菌，由于它们的生长、代谢将淀粉物质转化成黄酒的成分，并赋予黄酒以鲜味、苦味和曲香。机械化生产采用纯种酵母菌接种，可加速发酵进程，但口味不如用传统工艺生产的黄酒。毛青钟（2001）对传统工艺生产的加饭酒（加饭的黄酒）中乳酸菌进行检测的结果是，虽然也有酒类酒球菌存在，但乳酸杆菌（*Lactobacillus*）的种类多，数量大，作者曾检测到十余种。所以乳酸杆菌在黄酒酿造中起主要作用。

1. 乳酸杆菌的来源

黄酒中乳酸杆菌的来源较广，主要有：在生产黄酒时首先要将米浸泡，随着浸米时间的延长，乳酸菌数量增多，投料时浆水可将乳酸菌带入；麦曲和酒药中都含有乳酸菌；酒母是将酒药拌入蒸熟的米饭中制成酒娘，再加入麦曲和水制成发酵剂用于接种，是乳酸菌、酵母菌和霉菌的主要来源。此外，所用的仪器、用具等物品上以及空气中都可能有乳酸菌存在，在操作中将其带入酒中。

2. 黄酒发酵过程中的乳酸杆菌数量

毛青钟测定了黄酒发酵过程中酵母菌与乳酸杆菌的数量，其结果见表10-6。

表10-6 黄酒发酵过程中酵母菌与乳酸杆菌的数量 （单位：10^8个/mL）

日期	酵母数	乳酸杆菌数	日期	酵母数	乳酸杆菌数
投料	—	—	20d	7.45	1.75
头耙	4.80	2.05	25d	7.50	1.70
二耙	7.15	2.55	30d	7.30	1.71
⋮	⋮	⋮	35d	6.78	1.67
2d	7.85	2.95	40d	6.10	1.70
3d	7.55	2.74	45d	5.45	1.65
4d	8.13	3.00	50d	5.55	1.50
5d	9.02	2.98	55d	5.60	1.40
6d	9.25	2.90	60d	5.20	1.36
8d	9.01	2.70	⋮	⋮	⋮
12d	7.56	1.80	榨前	3.80	0.95
15d	7.85	1.75			

对发酵过程中乳酸杆菌数的消长，作者认为当投料并加入含有多种微生物的发酵剂后，乳酸杆菌和酵母菌数量增多，发酵醪温度增高，随着酵母菌产生酒精量的增加，以及酵母菌、乳酸杆菌的自溶，氨基酸、多肽等碱性物质增加，pH逐渐上升，乳酸杆菌数量减少。所谓“开耙”或“头耙”，就是用木耙搅拌发酵醪液，使容器内温度一致并

排出二氧化碳，使发酵作用正常进行。发酵作用完成后还要通过压榨（除去酒糟）、澄清、煎酒（杀菌）、包装等工序成为成品。

3. 乳酸菌对黄酒酿造的利

乳酸菌在黄酒酿造中的生长、代谢对黄酒的发酵过程和产品质量都有重要贡献。

（1）黄酒中的乳酸主要由乳酸菌产生

乳酸是黄酒的主要成分，也是黄酒酸味的主要物质。尽管各种黄酒的原料、辅料、工艺、操作等不尽相同，致使黄酒的风味也有所不同，而黄酒中乳酸含量居各种有机酸之首是共同的。毛青钟介绍的资料见表10-7。

参与黄酒发酵的除乳酸菌外还有酵母菌和霉菌，虽然它们在代谢中也产生一些有机酸，包括乳酸，但霉菌在黄酒发酵醪内存活时间短，酵母菌主要作用是酒精发酵，产酸量很少。只有乳酸菌是黄酒中乳酸的主要生产者。

表10-7　各种黄酒中乳酸，其他有机酸和磷酸含量　　（单位：mg/L）

项目	上海甲级黄酒	绍兴（加饭）花雕酒	绍兴元红酒	江苏老酒	九江封缸酒	丹阳封缸酒	长春玉米黄酒
乳酸	4409.1	5625.4	4407.7	3903.2	3170.4	2879.0	4075.0
草酸	17.0	31.3	30.0	6.3	33.8	40.0	42.5
α-羧基异戊酸	13.9	13.0	14.3	23.5	31.3	42.5	35.0
α-羧基异己酸	4.4	3.3	4.8	5.5	11.5	未做	15.3
磷酸	398.9	1248.8	1240.0	1043.8	767.5	812.5	1456.3
琥珀酸	321.3	312.5	378.8	285.0	165.0	157.5	305.0
苹果酸	24.0	17.5	45.0	37.5	42.5	57.5	13.5
α-羧基戊二酸	20.0	26.4	32.5	30.0	15.8	19.0	30.0
酒石酸	31.9	24.5	25.0	30.0	25.8	30.0	22.5
柠檬酸	35.0	24.0	55.0	60.0	82.5	176.3	—

（2）促进黄酒中呈香物质的形成

乳酸菌除产生乳酸外，还产生少量的乙酸、甲酸、丙酸及微量醇、醛、酯、酚等呈香物质。此外，在黄酒主发酵期主要是高温乳酸杆菌生长、代谢，后发酵期主要是低温乳酸菌的作用。部分高温乳酸菌死亡、自溶，给酵母菌和低温乳酸菌提供营养，即乳酸菌与酵母菌和其他微生物相互促进，推动黄酒发酵，增强黄酒口味的丰满性和浓厚感，形成黄酒的独特风味。

（3）为酵母菌的酒精发酵创造条件

乳酸菌在大量生长的同时还产生抑菌物质，如乳杆菌素对其他细菌有抑制作用，而对酵母菌无抑制作用。还有低温和酸性环境也利于酵母菌的生长和酒精发酵。

三、乳酸细菌在酿酒生产中的弊

当前，乳酸菌对人类的有益作用备受关注，但是，它对人类的有害作用时有发生。现举与酒类有关的两例。

（一）乳酸细菌产生生物胺的问题

生物胺可在动物、植物、微生物体中正常代谢、生成和降解，在活细胞中具有重要的生理功能。一些发酵食品或腐败食品如葡萄酒、果汁及腐败的鱼和干酪中可能含有生物胺。如食用含有大量生物胺的食品可发生食物中毒，主要症状为恶心、呼吸困难、头痛、皮疹、高血压或低血压等。

1. 产生生物胺的乳酸菌

生物胺的生成有多种途径，由氨基酸脱羧酶作用将氨基酸脱羧生成相应的胺是较常见的途径。葡萄汁中存在有甲胺、乙胺、苯乙胺等胺类物质，在葡萄酒发酵过程中它们可被微生物降解。酒精发酵后的葡萄酒中胺含量很低，但在苹果酸-乳酸发酵后的葡萄酒中，由于此时发酵醪中氨基酸含量较多，有些乳酸菌可将氨基酸脱羧，生成相应的胺，如组胺、酪胺、腐胺等，组胺是葡萄酒中最重要的生物胺之一。据报导，乳球菌、酒球菌、乳杆菌、明串珠菌等属中的一些菌株具有组氨酸脱羧酶（histiline decarboxylase，HDC）活性，可生成组胺。但是不同菌株或同一菌株在不同条件下其生物胺产生的种类和数量不尽相同。如 Arena（2001）所述，从葡萄酒中分离的海格乳杆菌（*L. hilgardii*）X_1B 和从橙汁中分离的植物乳杆菌（*L. plantarum*）N_4 和 N_8，在供给精氨酸或鸟氨酸并在微量氧和厌氧条件下测定培养基中精胺和腐胺含量，其结果见表10-8。

表 10-8　乳杆菌产生的生物胺

乳杆菌菌株	BM＋氨基酸/(g·L^{-1})	生物胺产生量/(mg·L^{-1})			
		精胺		腐胺	
		微量氧	厌氧	微量氧	厌氧
海格乳杆菌	精氨酸	20.8*	33.7	216.2	244.7
(*Lact. hilgardiii*)X_1B	鸟氨酸	29.6	12.1	322.9	192.0
植物乳杆菌	精氨酸	0	0	0.5	1.1
(*Lact. plantarum*)N_4	鸟氨酸	0	0	10.6	6.4
植物乳杆菌	精氨酸	0	0	0	0
(*Lact. plantarum*)N_8	鸟氨酸	0	0	0	0

* 30℃下培养 10 天；BM 为基本培养基；3 次重复的平均值，无显著差异（$P\leqslant0.05$）

2. 防止葡萄酒和苹果酒中生物胺产生的措施

在葡萄酒和苹果酒酿造中接种不产生生物胺的乳酸菌进行苹果酸-乳酸发酵，是控制产生生物胺的最有效的方法。在苹果酸-乳酸菌发酵剂已商业化的今天比较容易做到。而且，不产生生物胺的乳酸菌不仅不产生生物胺，还能降解其他菌产生的生物胺。通过对产生组胺和酪胺微生物的研究发现，凡能降解生物胺的菌株，均无组氨酸、酪氨酸、苯丙氨酸、鸟氨酸等氨基酸的脱羧能力。

在采用自然发酵酿酒时，当苹果酸-乳酸发酵完成后要及时将乳酸菌清除掉是最有效的措施，否则乳酸菌继续活动就有可能生成生物胺。

清除乳酸菌的方法较多，最常用的有：添加 SO_2 抑制乳酸菌的活动；进行倒罐，去酒脚，将酒澄清；将酒进行瞬时高温灭菌；在低温下贮酒抑制乳酸菌活动等。此外，还可以添加化学抑制剂（如富马酸）、细菌素、溶菌酶等方法。

（二）酒类的乳酸细菌"病害"

酒类病害的常见症状是失去原有的颜色和光泽、发生浑浊、沉淀、出现酸味、苦味、异味等。引起病害的因素有两类：一是非生物"病害"，如酒中酒石酸盐沉淀、蛋白质沉淀或铁、铜等金属引起的病害；另一类是生物性"病害"，由一些酵母菌、霉菌和细菌引起，其中包括乳酸菌和醋酸菌，仅以乳酸菌为例。

1. 葡萄酒的酸败

利用乳酸菌和利用其他微生物一样，需要给予全面和均衡的营养以及适宜的环境条件。在葡萄酒酿造中乳酸菌的主要生长条件有酒精浓度、pH、温度、SO_2 含量等，不同的乳酸菌株对生长因素都有较严格的要求。在发酵过程中，只要有一个因素失衡（包括菌种、营养、生长因素），就可导致酿酒的失败，并导致病害的发生。

造成葡萄酒乳酸菌"病害"的乳酸菌种类较多，一旦出现病害，往往是几种菌共同作用的结果。主要表现是乳酸菌和醋酸菌利用葡萄汁中的糖生成乳酸和醋酸使酒变酸，红葡萄酒中形成棕黄色黏稠的沉淀，白葡萄酒出现蓝色，葡萄酒的风味遭到破坏。乳酸菌浸染初期酒的口味变得平淡，继而出现各种异味，如不正常的苦味、甜味以及馊味、酸臭味等，失去食用价值。

此外，在苹果酸-乳酸发酵后，如不立即采取终止措施，几乎所有的乳酸菌都可转变为病原菌，引起葡萄酒病害。根据酒中不同的成分，即乳酸菌作为营养的来源不同，其病害也不同，如酒石酸发酵病（或泛酸病）、甘油发酵病（或苦败病）、糖的乳酸发酵（或乳酸性酸败）等，使酒变味、发黏、发酸。

2. 黄酒的酸败

黄酒生产是一个较为复杂的生物化学变化过程。在生产过程中，由于某些工艺条件控制不当或营养、环境条件等失衡，给生酸菌的入侵和繁殖创造了有利的条件，产生过量的乳酸、醋酸或其他酸类物质，致使醪液的酸度上升，风味变坏，有酸臭味，即称为酸败。显微镜镜检可发现有较多的乳酸菌或醋酸菌存在，乳酸菌轻度污染时醪液酸度稍高，酒精度上升很慢，严重污染时醪液酸度很高，发酵几乎停止，酒精浓度很低。

发酵醪酸败的原因较多，主要有：生产场所的杂菌污染；糖化曲质量差，糖化率低。由于醪液中糖分含量低致使酵母菌因缺乏营养而加快老化或变异；所用的酵母菌不适宜，或已退化变异；投料时品温过高，或前发酵期温度控制过高，酒精度上升快，发酵中期酵母菌即开始衰退，引起杂菌的污染；糖化剂使用过量，糖分积累过多，影响酵母菌正常代谢，使酵母菌早衰、死亡或变异，使醪液生酸。此外，在后发酵末期，醪液中酒精浓度很高，酵母菌受到抑制，而有的乳酸菌可耐高酒精浓度，若不及时榨酒清除掉乳酸菌，由于乳酸菌的繁殖也可引起酸败。

以上仅举两例酒的酸败。实际上，大多数酒类的酸败都是由乳酸菌、醋酸菌或其他产酸微生物产生的乳酸、醋酸或其他酸类物质所引起的。

四、乳酸细菌在酿造酒中应用的发展趋势

（一）乳酸细菌的利大于弊

尽管乳酸菌对酿造酒的生产也有负面影响，但可以通过各种措施加以避免。而其对酿酒生产的一些有利方面，到目前为止尚无令人满意的替代者。例如，乳酸菌在苹果酸-乳酸发酵中的作用和在黄酒生产中产生乳酸的作用。

（二）乳酸细菌在酒类酿造中的机理日益清楚

酿造酒在我国有悠久的历史，但其机理问题是随着科学的发展逐步清楚的，如苹果酸-乳酸发酵的代谢途径、产能方式、乳酸菌在风味修饰中的作用等都有了进一步的了解。此外对酿造酒的成分，尤其是呈香物质的检测、分析也有很多报告，对酿造酒的风味研究有很大帮助。

（三）生物技术和分子生物学的研究日益增多

固定化技术是将生物细胞或酶固定在特定的载体上使之成为一个连续的生物反应器，可以提高细胞或酶的活力。刘树文等（2004）以海藻酸钠、聚乙烯醇制成复合载体。固定化的酒类酒球菌的苹果酸乳酸酶活力为 6.313，而游离酶的活性仅为 3.59。Beneduce（2004）等从意大利南部一葡萄酒厂中分离出与污染葡萄酒有关的乳酸菌约 150 株，应用 PCR 技术对它们进行分子水平鉴定认为大部分是植物乳杆菌。Labarre 等（1998）应用专性多克隆抗体研究酒明串珠菌和乳球菌的丙乳酸酶，其结果是尽管两菌的酶具有同源性，但未发现免疫关系，说明其组织结构不同。

（四）尚有很多问题需要解决

各种酒的风味是多种成分、多种生物、化学作用的结果，非常复杂，不是只用分析、检测就能完成的。乳酸菌在风味中的作用更需要深入研究。

（五）乳酸细菌的危害不容忽视

虽然乳酸菌对人类的有益作用很多很大，但是，有些乳酸菌或通过污染食品，或通过产生对人体有害的物质，给人类带来危害。对此，也应给予足够的重视。

（杨洁彬）

主要参考文献

白秀峰. 2003. 发酵工艺学. 北京：中国医药科技出版社

岑沛霖，蔡谨. 2000. 工业微生物学. 北京：化学工业出版社：150

陈铁涛，王珍芹. 2002. 两歧双歧杆菌与嗜酸乳杆菌微生态制剂的工业化生产工艺研究. 中国乳品工业，30（5）：91～92

杜连祥，戚薇，许延涛，等. 2001. 补料分批法高密度培养凝结芽孢杆菌. 生物技术，11（6）：20～23

高年发. 1990. 酿造工艺学. 北京：中国农业出版社

郭兴华，杨洁彬，张篪．2002．益生菌．北京：北京科学技术出版社：10
郭兴华．2002．益生菌—基础与应用．北京：北京科学技术出版社
何文倩，黄薇．2004．HACCP系统在乳酸菌活菌奶生产中的运用研究．中国食品卫生杂志，16（1）：26～29
焦瑞身．2002．微生物工程．北京：化学工业出版社：7
柯林平，鹿丙广．1997．双歧酸豆奶HACCP研究与应用．彭城大学学报，12（3）：45～49
李洁，范小兵．2002．胶囊型益生菌保健食品HACCP系统的应用研究．环境与职业医学，19（3）：134～138
李晓瑜，王茂起，包大跃．2001．口服液型益生菌保健食品HACCP系统的试点研究．中国食品卫生杂志，13（4）：3～6
刘树文，李华．2004．苹果酸-乳酸细菌固定化载体的研究．中国食品学报，（1）：65～69
刘云鹤，何煜波．2002．肉品发酵剂增殖培养基及培养条件的研究．28（3）：234
刘振民．2000．乳酸菌高密度培养及浓缩型发酵剂研究．东北农业大学硕士论文，5
吕兵，张国农．2001．乳酸菌发酵剂浓缩培养的研究．中国乳品工业，29（3）：7
毛青钟．2001．黄酒发酵过程中乳酸杆菌的功与过．酿酒，（6）：72～75
秦华明，梁世中．2001．重组酵母菌的高密度发酵表达．生命的化学，21（5）：439～441
沈萍．2000．微生物学．北京：高等教育出版社，135
谢广发，戴军，赵光鳌，等．2004．科学认识黄酒的保健养生功能．中国酿造，（1）：30～31
姚汝华．1996．微生物工程工艺原理．广州：华南理工大学出版社，161
袁佩娜．2002．微生态制剂的质量控制要求．中国微生态学杂志，14（4）：187～188
张安平．1996．重组大肠杆菌培养条件的优化及其高密度发酵的初步研究．中国科学院化工冶金研究所硕士论文
张春晖，王华．1999．苹果酸乳酸发酵对干红葡萄酒品质的影响．西北农业大学学报，（6）：74～77
张春晖，夏双梅．2002．葡萄酒中的生物胺的产生与工艺控制．食品科学，（10）：128～130
张俐，杨迎伍．2002．微生态制剂及其在功能食品中的应用．食品科技，6：72～74
赵光鳌，徐岩，潘海燕．2003．苹果酸乳酸发酵的研究进展．食品与发酵工业，（11）：75～80
Allen B R, Luli G W. 1987. A gradient feed process for *E. coli* fermentation. Biopharm, 1: 38
Beneduce L, Spano G, Vernice A. 2004. Molecular characterization of lactic acid populations associated with wine spoilage. J Basic Microbiol, 44 (1): 10～16
Chang H N, Lee W G, Kim B S. 1993. Cell retention culture with an internal filter module: Continuous ethanol fermentation. Biotechnology and Bioengineering, 41: 677～681
Fiseschko J, Ritch T. 1986. Production of human alpha consensus interferonin recombinant *Escherichia coli* . Chem Eng Common, 45: 229
Kang B C, Lee S Y, Chang H N. 1993. Production of *Bacillus thuringiensis* spore in total cell retention culture and two-stage continuous culture using an internal ceramic filter system. Biotechnology and Bioengineering, 42: 1107～1112
Labarre C, Cavin J F, Divès C, et al. 1998. Using specific polyclonal antibodies to study the malolactic enzyme from *Leuconostoc oenos* and other lactic acid bacteria. Letters in Applied Microbiology, 26, 293～296
Lee Y L, Chang H N. 1990. High cell density culture of a combinant *Escherichia coli* producing *Penicillininacy laseina* membrane cell recycle fermentor. Biotechnology and Bioengineering, 36: 330～337
Meyer H P, Fiechter A. 1985. Production of cloned human leukocyte interferon by *Bacillus subtilis*: Optimal production is connected with restrained growth. Appl Environ Microbiol, 50: 503～507
Michael S. 1999. Secretion-dependent proteolysis of heterologous protein by recombinant *Escherichia coli* is connected to an increased activity of the energy-generation dissimilatory pathway. Biotechnology and Bioengineering, 66 (1): 61～67
Osborne R J W. 1997. Production of frozen concentrated cheese starters by diffusion culture. Soc Dairy Technol, 30: 40～44
Park B G, Lee W G, Chang Y K, et al. 1999. Long term operation of continuous high cell density culture of *Saccharomy cescerevisiae* with membrane filtration and on line cell concentration monitoring. Biotechnology and Bioengi-

neering, 21: 97～100

Portner R, Markl H. 1998. Dialysis cultures. Appl Microbial Biotechnol, 50: 403～414

Wegnere. 1983. Biochemical conversion by Yeast Fermentation at high cell densities. US. patent: 44144329

Yang F C, Maa D W. 1998. Fed batch culture of yeast *Saccharomy cescerevisiae* with a DO stat method by a fuzzy controller. Biotechnology and Bioengineering, 18: 79～82

Yano T, Kurokawa M, Nishizawa Y. 1991. Optimum substrate feed raten fed-batch culture with the DO stat method. Ferment Bioeng, 71: 35～38

第十一章　乳酸细菌噬菌体及其防治

了解噬菌体、利用噬菌体、改造噬菌体。利用乳酸菌本身所含的质粒防治噬菌体感染是乳酸菌特有的属性。

乳酸细菌由于它们的发酵能力，在食品和饲料工业起着重要作用。这些菌对噬菌体敏感，所用原料，例如牛奶、蔬菜等，常常携带噬菌体，感染用于食品发酵的起子培养物。此外，已知溶原性广泛分布在乳酸细菌的许多种中。在发酵过程可被诱导或产生裂解衍生物，猜测裂解噬菌体可从溶原菌株释放的温和噬菌体发展而来。不管什么来源，噬菌体感染仍然是工业发酵中的一个重要问题。因为它导致起子细胞裂解，发酵缓慢，最后使产物失去质量。为了有效控制噬菌体侵染，建立有效防卫机制，需要更好理解噬菌体的生物学特性。

第一节　乳酸细菌噬菌体的特性

一、噬菌体组成和形态

感染乳酸细菌的所有噬菌体，其头部所含 DNA 均为线状双链 DNA。一般说，噬菌体基因组 G+C 含量与宿主染色体相似，说明噬菌体和宿主相互关系密切。噬菌体的大小限制噬菌体头内部 DNA 的包装数量。通常基因组大小在 18～55kb 之内，不过也有几个噬菌体的基因组可达 134kb。DNA/DNA 杂交研究已将各种分离物详细分类，至今所有已知乳酸细菌噬菌体都是有尾的。用 SDS-聚丙烯酰胺凝胶电泳，可将噬菌体颗粒的结构蛋白区分开来，所得的蛋白质图谱对区分噬菌体是重要的。通常可见到 2～4 个结构蛋白（来自噬菌体头部）和一组次要结构蛋白。噬菌体结构蛋白所产生的免疫反应，已用来获得特定的多克隆或单克隆抗体。噬菌体抗血清在噬菌体中和试验、蛋白质印迹、免疫电镜术、酶联免疫吸附分析（ELISA）中是噬菌体分类的重要工具。它们可以在几小时内简单、迅速、直接地用血清学检测。乳品工厂中的牛奶或乳清样品中的噬菌体用 ELISA 分析，其测定范围 10^7 pfu/mL。在乳品领域已成功使用斑点印迹法（检测范围：每个斑点 10^8 pfu）或聚合酶链反应（PCR）（检测范围：10^3 pfu/mL 乳清）在 DNA 水平上直接检测乳清样品中的噬菌体。

根据噬菌体头和尾的特殊特征，将乳酸细菌噬菌体区分为三个基本形态类群：形态 A（可收缩尾），B（长、非收缩尾）和 C（短、非收缩尾）（图 11-1）。后两个类型根据它们的大小和形态可以进一步细分，头等长，小扁长和大扁长头（分别为 1～3）。虽然噬菌体具有特殊的附属物、颈圈、基板、须、刺突和尾丝，这些结构在分类上不重要。在现代噬菌体分类中，三个主要类群 A～C 分别为：肌尾噬菌体科、长尾噬菌体科和短尾噬菌体科。

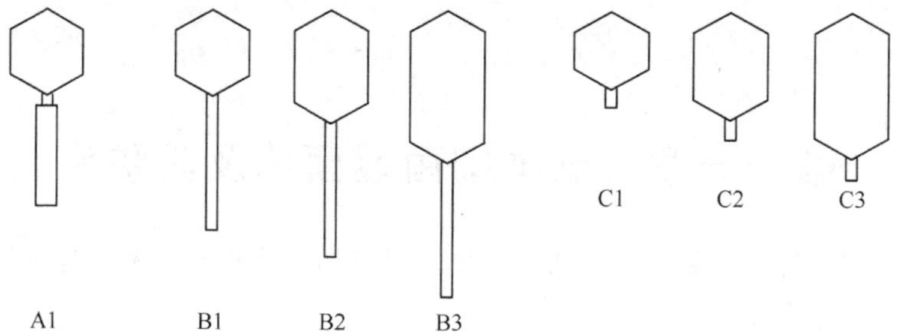

图 11-1 肌尾噬菌体科（A），长尾噬菌体（B）和短尾噬菌体科（C）
（Nauta，1997）

二、生活循环

噬菌体增殖必须感染合适（同源）宿主细胞，噬菌体专一性强，一般只能感染一种，不能感染其他种，但在不同亚种中很易繁殖，如乳酸乳球菌亚种（乳脂亚种、乳亚种和乳亚种双乙酰变型）和两个德氏乳杆菌亚种（即保加利亚亚种和乳亚种）。噬菌体感染第一步是吸附到宿主细胞，需要噬菌体结合受体蛋白（receptor-binding protein，RBP）和宿主细胞受体之间特异性识别。因此更好理解这个机制可以增加阻止噬菌体感染的可能性。

细菌受体已在革兰氏阴性菌中得到很好的研究。感染大肠杆菌的噬菌体识别脂多糖或外膜的特异性蛋白。例如 λ 噬菌体起初与菌细胞可逆相互作用。然后与外膜蛋白 LamB 不可逆相互作用，促进麦芽糖扩散到细胞。T5 用稍微复杂的机制，开始可逆结合大肠杆菌表面脂多糖中的聚甘露糖 O 抗原，然后不可逆结合 ferrichrome 转运蛋白 FhuA。最后 T4 噬菌体用长尾丝可逆结合 B 型脂多糖或外膜孔蛋白（porin）OmpC，随后短尾丝不可逆结合脂多糖核心区。

革兰氏阳性菌的细胞壁主要由厚的肽聚糖和各种蛋白组分，和各种辅助聚合物，例如多糖，胞壁酸组成。有关革兰氏阳性菌噬菌体受体的资料很少，但是感染乳酸乳球菌的噬菌体似乎起初结合细胞壁表面特异性碳水化合物受体。对许多噬菌体来说，这一步结合是可逆的。鼠李糖、半乳糖和葡萄糖常常参与噬菌体的最初结合，这可从这些单糖有竞争抑制几个噬菌体吸附细胞表面的能力来说明。已证明乳脂链球菌噬菌体 eb7 结合其他碳水化合物，例如，葡糖胺和半乳糖胺。对 c2 类噬菌体来说，第二步需要不可逆结合膜噬菌体感染蛋白（phage infection protein，PIP）。而 936、P335 和 949 类中的大多数噬菌体不用 PIP 作为第二个受体，唯一例外是 936 中的 sk1 噬菌体。

有关感染革兰氏阳性菌噬菌体结合受体蛋白（RBP）的报道较少，但是最近 Duplesis和 Moineau（2001）在嗜热链球菌 DT1 和 MD4 中鉴定了第一个 RBP 基因，噬菌体 DT1 *orf18* 编码的蛋白质 C 端的可变区负责宿主识别。其后在感染乳酸乳球菌属于 c2 类的三个扁长头噬菌体中鉴定 RBP。在这些噬菌体中，CHL92 的 *orf2*、bIL*57* 的 *orf35* 和 c2 的 *orf115* 鉴定为 RBP 基因的同源物，RBP 的中心部分负责宿主的识别。在感染乳酸乳球菌属于 936 类噬菌体 sk1 和 bIL170 中，确定 sk1 的 *orf18* 和 bIL170 的 *orf20* 是结合受体蛋白基因。

噬菌体 DNA 进入宿主细胞后，除了宿主菌的生理状态和环境条件外，主要决定于噬菌体的性质。如果是烈性噬菌体，则发生增殖或裂解性感染，噬菌体增殖，细胞裂解。如果是温和噬菌体，则有两种选择，很多或大多数噬菌体进入增殖周期，与烈性噬菌体的裂解感染过程相同，或者进入溶原化途径，即溶原性感染过程。噬菌体成为前噬菌体（prophage），宿主细胞溶原化成为溶原菌（图 11-2）。这一过程不是在每一个感染细胞中都能成功的，溶原性感染对增殖感染的相对机率，因噬菌体的种类，宿主的生理状态和环境条件而异。

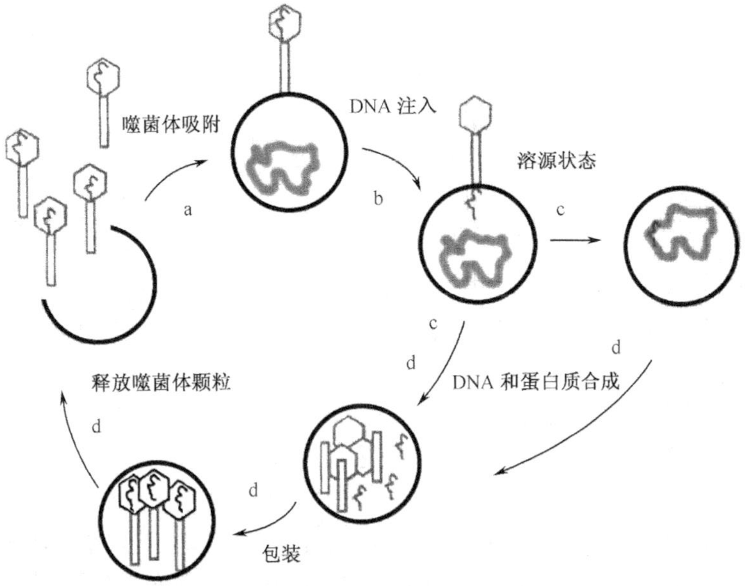

图 11-2 裂性和温和噬菌体生活循环

烈性噬菌体导致宿主细胞活性立刻朝噬菌体增殖方向进行。温和噬菌体以溶原模型存在，它的基因组与宿主一起复制。诱导以后，噬菌体 DNA 分离，导致噬菌体裂解增殖。本图指出乳球菌中 4 个主要抗性机制的靶位点。a：阻止噬菌体吸附；b：阻止 DNA 注入；c：降解注入的噬菌体 DNA（R/M）；d：流产感染（Abi）作用于噬菌体发育的各个不同阶段，包括 DNA 复制、RNA 转录、蛋白质合成、包装和形态建成（Nauta，1997）

（一）裂解循环

噬菌体的增殖开始于亲代核酸的注入，终于细胞裂解和新合成子代噬菌体的释放，整个过程称为噬菌体的增殖周期或生长周期。噬菌体的增殖与细胞生物的生长不同，细胞的生长繁殖是在条件适宜时，细胞一分为二，再分为四，如此继续，而呈对数生长。噬菌体的增殖呈“一步生长曲线”（one step growth curve）。1939 年 Ellis 和 Delbrick 创立了一步生长实验方法，据此可测知噬菌体在菌细胞内增殖的潜伏期（latent period）和裂解量（burst size）。潜伏期是指噬菌体吸附到宿主细胞裂解并释放噬菌体的最短时间。裂解量指每个感染细胞中产生噬菌体颗粒的平均产量。潜伏期与噬菌体宿主菌和环境条件都有关，不同噬菌体在同一菌株生长或同一噬菌体在不同宿主菌中的潜伏期都有不同。

进入裂解循环的噬菌体在感染后不久，关闭或修饰正常细菌的合成，用宿主和/或噬菌体编码的聚合酶将噬菌体核酸转录成 mRNA，有尾噬菌体基因表达大部分是有序的。首先关闭宿主合成，最后结构基因表达。根据现有的知识，噬菌体 DNA 复制是半保留复制，双螺旋中的每一条链作为模板合成互补链，在 DNA 复制原点双向复制，产生大量 DNA 分子或多联体（concatemer）。噬菌体 DNA 多联体的成熟和每个基因组在前衣壳的包装，可通过单位长度或头包装机制完成。单位长度机制利用噬菌体基因组上的 *cos* 位点，在每一轮 DNA 包装时，作为终止和起始信号。乳球菌噬菌体的黏末端由 9～13 个核苷酸 3′突出的单链 DNA 组成，这个序列与邻近区一起被末端酶识别，从多联体 DNA 分子切出单位长度染色体。所得的突出的自身互补单链末端（黏末端）环化，注入细菌细胞后，噬菌体基因组前后连接。环形 DNA 分子抗降解，作为复制或整合的基质，用头包装机制可以在/或不在特定（*pac*）位点起始，当噬菌体头充满时终止。因此可以包装大于一个单位长度的噬菌体基因组 DNA，这样可以产生称之为末端冗余（terminal redundancy）和环状变换（circular permuted）染色体。环化可以通过末端重复序列产生。

在裂解循环后期，即潜伏期结束，子代噬菌体从宿主细胞释放。细胞裂解通常需要二个不同靶位点的酶，即一个降解细胞壁的细胞溶素（lysin）和一个介导非特异性破坏细胞膜的穿孔素（holin）。因此与穿孔素酶一起作用，细菌溶素接近细胞壁作为胞壁酸酶（溶菌酶）或作为酰胺酶作用。

从噬菌体开始感染到新合成的子代噬菌体释放，这些高度协调的胞内事件，在转录水平上调节，常常产生重叠的噬菌体转录物。这种复杂的转录图是由于在几个点开始，长的转录物加工和部分通读转录所致。小的头等长的噬菌体 SK1 有复杂的转录图，它的时序调节有三个周期，相当于感染的早、中、晚期。早期和晚期转录从不同方向进行，早期转录由宿主 RNA 聚合酶完成；中、晚期转录取决于噬菌体编码的蛋白。

（二）溶原循环

溶原循环是噬菌体增殖的另一个途径。事实上，大部分乳球菌是溶原的。溶原也广泛存在于乳杆菌。温和噬菌体在溶原状态，它的 DNA 作为细菌染色体整体的一部分，菌细胞分裂前，噬菌体随宿主染色体一起或同步复制，并传递给子代细胞。因此溶原性一旦建立，后代细胞将继续保持这个特性。但是在裂解循环时，噬菌体基因组需切离，在感染细胞中变成一个独立的环状分子。溶原和裂解两种状态之间的转换，涉及位点特异性重组，大多数温和噬菌体整合它的 DNA 到宿主染色体，通过位点特异性重组过程完成。这个机制涉及两个特异性附着位点，一个在细菌染色体上（*attB*），另一个在噬菌体基因组（*attP*）上。附着位点通常有同源核心区，在此发生交换。至今鉴定温和噬菌体有两种不同类型的整合系统，噬菌体 ΦLC3、Tuc2009、r1t 和 BK5-T 使用相似的系统，它们的附着位点具有相同的核心序列（5′-TTCTTCATG-3′），它不同于 TP901-1 的 *att* 位点［核心序列 5′-TCAAT（T/C）AAGGTAA-3′］，说明这个噬菌体含有另一个整合系统。噬菌体编码的整合酶催化重组过程。位点特异性重组酶可以是 Hin 有关的解离酶（TP901-1）或是酪氨酸整合酶家族（所有其他乳品噬菌体）。

溶原性菌株，在没有外界噬菌体感染情况下，菌株可以自发地产生噬菌体，这是由于在溶原菌细胞群中总有少数（以每个细胞每一世代产生噬菌体的概率表示，因不同噬菌体而异，约 10^{-5}～10^{-2}）菌细胞的前噬菌体不明原因地离开宿主染色体，此时如同噬菌体感染时一样进入裂解循环，除了这种自发现象外，还可加以人工处理，通常用紫外光照射或丝裂霉素 C 处理诱导。

溶原菌对自身产生的噬菌体或相关的噬菌体具有免疫性，这些噬菌体实际上在溶原菌上仍能吸附，噬菌体也能感染进入细胞，但在细胞内不能增殖，菌细胞也不裂解，同时也不被溶原化。免疫性不同于噬菌体的抗性突变，后者是由于突变的细胞不能吸附噬菌体，而溶原菌的免疫性则是由于前噬菌体基因组所产生的阻遏蛋白，阻遏噬菌体基因功能的表达。因此不能复制，也不能成为前噬菌体，随着细胞分裂，噬菌体 DNA 被稀释而消失。溶原性的免疫性具有特异性，即只对本菌株产生的噬菌体及与之相关噬菌体才有免疫性，无关的噬菌体仍可感染增殖和裂解或溶原化。因此细菌可以带有两个以上不同的前噬菌体成为双重溶原或多重溶原菌，这种带有两种前噬菌体的多重溶原菌，并不罕见。

菌株被温和噬菌体溶原化的同时除获得免疫性和能产生噬菌体这两个共同的特性外，有时还发生其他一些表型的改变。这种改变的性状，并不与噬菌体原来增殖宿主的性状有必然的联系，噬菌体经 DNA 酶处理没有影响，但经噬菌体血清中和就不再发生，因此这种改变不是转导和转化现象，而称为溶原性转换（lysogenic conversion）。

（三）假溶原性

真正的溶原性不能与假溶原性混淆，如称之噬菌体携带状态所指的那样，假溶原性是由于一个（通常未确定的混合菌株）起子培养被一个烈性噬菌体感染。这些噬菌体由于它们在培养物中有限数量的敏感细胞中繁殖，以低效价存在于培养物中。

三、乳酸乳球菌噬菌体

（一）乳球菌噬菌体分类

噬菌体最初用形态、宿主范围和血清来区分。形态类群用血清中和法区分成血清亚群，但是与抗体相互作用的位点位于噬菌体尾尖，这种方法仅使用遗传信息的一小部分，而且在选择压力下很易改变。对同源群的噬菌体可用酶联免疫吸附测定（ELISA）和 Western 印迹区分，对相同末端病毒蛋白图形用 SDS-PAGE 进行比较。由于分子生物学技术的发展，已根据 DNA 同源性进行分类，依据这些数据，Jarvis 等（1991）已将乳球菌噬菌体分成 12 个遗传上不同的噬菌体种类（表 11-1），每一个种类有一个典型噬菌体代表。

大部分噬菌体属于长尾噬菌体科，只有两个属于短尾噬菌体科。头等长的噬菌体有非收缩尾，称之 B1 形态，分成 7 个噬菌体种类。在乳品工业发酵中，有三类噬菌体，即 936 类，典型噬菌体为 P008，约占所有分离物的 1/2；P335 类，典型噬菌体 P335，占 1/4，包括烈性和温和噬菌体，有两个不同的 DNA 包装机制，即 *cos* 和 *pac* 位点噬菌体；c2 类，典型噬菌体 c6A，占 1/4。936 和 c2 类仅有烈性噬菌体（Brussow，2001）。这些噬菌体种类属于长尾噬菌体科，936/P008 和 P335 属于 B1 形态，c2/c6A

属于 B2 形态。P107、P087、1358、BK5-T 和 949 类仅有一个或几个噬菌体。Jarvis（1995）和 Moineau 等（1995）认为噬菌体 1483 和 1358 已失去它们种类身份，已将其分在 P335 类，这样减少到 10 个种类。噬菌体 P107 与噬菌体 P008 是形态相似的头等长噬菌体，但与其他噬菌体没有 DNA 同源性。噬菌体 P087 和 1358 是形态不同的，头等长的噬菌体。头扁长的噬菌体有三个形态，B2（头扁长、长的非收缩尾）C2（头扁长、非常短的尾）和 C3（头更扁长、非常短的尾）它分别属于 C2、P034 和 KSY1 种类。C2 类属于长尾噬菌体科。P034 和 KSY1 属于短尾噬菌体科。

表 11-1　乳酸菌噬菌体种类及其成员

宿主	科	形态	噬菌体种类	噬菌体	成员
乳酸乳球菌	长尾噬菌体科	B1	936（cos）	P008	P008，F4-1，skl，ΦUS3，b1L41，bIL66，bIL170 59，712，P2，ij50，kh，Φ645
		B1	P335（cos） （pac）	P335	Φ31，Φ50，rlt（T），ΦLC3（T），U136 TP901-1（T），Tu2009（T），C3-T1（T）
		B1	P107	P107	
		B1	1487	1483	
		B1	P087	P087	
		B1	1358	1358	
		B1	BK5-T	BK5-T	BK5-T
		B1	949	949	
		B2	c2	c6A	C2，c6A，BIL67，BIL188，ΦVML3，P001，P6，Φ197，53，eb7
	短尾噬菌体科	C2	P034	P034	
		C2	KSY1	KSY1	
嗜热链球菌	长尾噬菌体科	B1	cos sfi21	Sfi21（T），sfi19（V）	DT1，7201，sfi18
		B1	pac sfi11	01205（T）；sfi11（V）	TP-34（T），P6（V），SF370.2（T）
德氏乳杆菌	长尾噬菌体科	B1	pac 群	mv4（T），LL-H（V）	LL-K，Ib539
		B1	cos 群	LL-ku（V）	C5
		B1	cos 群	JCL1032	
植物乳杆菌	长尾噬菌体科	B1	pac	Φdge（T）	
加氏乳杆菌	长尾噬菌体科	B1	cos	Adh（T）	
干酪乳杆菌	长尾噬菌体科	B1	cos	A2（T）	PL-1（T）
		B1	pac	FSW	
约氏乳杆菌	长尾噬菌体科	前噬菌体	Lj965		

注：B1 头等长，B2 和 B3 头扁长；B1，B2 和 B3 属于长尾噬菌体科，有长的非收缩尾；T 温和，V 烈性，*cos*-*cos* 位点基因组有黏末端；*pac*-*pac* 位点，DNA 通过满头包装

（二）乳球菌噬菌体特性

小的等长头噬菌体，它的宿主范围窄，而扁长头噬菌体宿主范围宽，这可以用吸附到异源菌体的特异性有差异来解释。扁长头噬菌体能更好克服细菌的噬菌体抗性机制。烈性噬菌体裂解量通常在每个细胞 100～200 个噬菌体范围内，不过也有每个细胞少于 10 个或大于 250 个噬菌体的特例。潜伏期 30～60min。基因组大小 18～55kb。小的等长头噬菌体基因组通常在 30～40kb 范围之内。扁长头 c2 类噬菌体基因组大小为 18～22kb。看来大部分烈性噬菌体有黏末端，说明在包装噬菌体 DNA 到噬菌体头部时，有一个末端酶识别和切割黏末端。不过噬菌体 Φ50 是末端冗余，有一个推定的包装起始点，说明乳球菌噬菌体也通过满头包装机制。

乳球菌噬菌体在乳酸细菌群中是被研究最广泛的噬菌体，至今已有 12 个不同的乳球菌噬菌体，包括 936 类的烈性噬菌体 sk1 和 bIL170。P335 类的温和噬菌体 r1t、TP901-1、Tuc2009、u136、ΦLC3、b1L285、b1L286、b1L309 和 BK5-T。c2 类的 b1L67 和 c2 已测序（表 11-2）。

表 11-2　完全测序的乳酸细菌噬菌体基因组

噬菌体	宿主	基因组大小/kb	可读框/个	温和/烈性	噬菌体类型	参考文献
b1L67	乳酸乳球菌	22 195	37	烈性	B2，*cos*，C2 类	Schouler et al.，1994
c2	乳酸乳球菌	22 172	39	烈性	B2，*cos*，C2 类	Lubbers et al.，1996
Sk1	乳酸乳球菌	28 451	54	烈性	B1，*cos*，936 类	Chandry et al.，1997
b1L170	乳酸乳球菌	31 754	64	烈性	B1，*cos*，936 类	Crutz-Le Coq et al.，2002
r1t	乳酸乳球菌	33 350	50	温和	B1，*cos*，P335 类	van Sinderen et al.，1996
Tuc2009	乳酸乳球菌	38 347	57	温和	B1，*pac*，P335 类	Destere et al.，2001
TP901-1	乳酸乳球菌	37 667	56	温和	B1，*pac*，P335 类	Brφndsted ed al.，2001
BK5-T	乳酸乳球菌	40 003	63	温和	B1，cos，BK-5T 类	Desiere et al，2001
u136	乳酸乳球菌	36 789	59	烈性	B1，P335 类	Labrie and Moineau，2001
ΦLC3	乳酸乳球菌	32 172	51	温和	B1，cos，P335 类	Blatny et al.，2004
b1L285	乳酸乳球菌	35 538		温和	P335 类	Chopin et al.，2001
b1L286	乳酸乳球菌	41 834		温和	P335 类	Chopin et al.，2001
b1L309	乳酸乳球菌	36 949		温和	P335 类	Chopin et al.，2001
ΦLL-H	德氏乳杆菌	34 659	48	烈性	B1，*pac*	Mikkonen et al.，1996
Φgle	植物乳杆菌	42 259	62	温和	B1，*pac*	Kodaira et al.，1997
Φadh	加氏乳杆菌	43 789	62	温和	B1，*cos*	Attermanm et al.，1999
A2	干酪乳杆菌	43 411		温和	B1，*cos*	Proux et al.，2002
Φ01205	嗜热链球菌	43 075	57	温和	B1，*pac*，sfi11 类	Stanley et al.，1997
Φ7201	嗜热链球菌	35 466		温和	B1，*cos*，sfi21 类	Stanley et al.，2000
DT1	嗜热链球菌	34 820	46	温和	1，*cos*，sfi21 类	Tremblay and Moineau，1999
Sfi21	嗜热链球菌	40 739	53	温和	B1，*cos*，sfi21 类	Desiere et al.，1998
Sfi19	嗜热链球菌	37 370	44	烈性	B1，cos，sfi21 类	Desiere et al.，1998
Sfi11	嗜热链球菌	39 807	52	温和	B1，*cos*，sfi11 类	Lucchini et al.，1999

注：B1 头等长；B2，B3 头扁长，噬菌体有非收缩尾；*cos*-*cos* 位点，基因组有黏末端；*pac*-*pac* 位点，DNA 用满头机制包装

溶原性在乳球菌普遍存在。温和噬菌体可自发释放，也可用紫外或丝裂霉素 C 处理乳酸乳球菌后释放，但发现指示菌是困难的。已提出从起子菌株释放的噬菌体是干酪工厂烈性噬菌体的严重来源。Jarvis（1984）未发现烈性和温和噬菌体之间有任何 DNA 同源性，说明在乳品工厂，温和噬菌体不是烈性噬菌体的来源。最近发现 P335 类烈性噬菌体的 1.7kb 内分别与温和噬菌体 ΦLC3 和 BK-5T 有明显的同源性，但 P335 类噬菌体在乳品工厂并不多。另外前噬菌体可以通过与裂解噬菌体重组参与裂解噬菌体进化。

四、乳杆菌噬菌体

1950 年首次识别乳杆菌噬菌体，可能是它们较少引起工业发酵失败，没有像乳球菌噬菌体那样被广泛研究。乳杆菌噬菌体一般属于长尾噬菌体科，头等长，非收缩尾，仅分离几个头扁长的噬菌体。瑞士乳杆菌噬菌体属于肌尾噬菌体科，短尾（160nm）或长的收缩尾（260nm）。植物乳杆菌 tri 也属于肌尾噬菌体科。

烈性和温和德氏乳杆菌保加利亚亚种和乳脂亚种分别分成 a、b、c 和 d 4 个 DNA 同源类群，a 群数量最多，有烈性和温和噬菌体。在 a 和 b 群中，没有噬菌体与德氏乳杆菌噬菌体的 DNA 有任何同源性。植物乳杆菌噬菌体至少分成两个（ΦLP1 和 ΦLP2）DNA 同源群。

至今已有 5 个不同乳杆菌科（*Lb. delbruecki*、*Lb. gosseri*、*Lb. plantarum*、*Lb. casei* 和 *Lb. johnsoni*）噬菌体全部测序（表 11-2）。在感染不同乳杆菌的噬菌体之间没有明显的核苷酸序列相似性，很明显严密的屏障阻止了基因通过乳杆菌转移。

Shimizu-Kadota 等（1983）从溶原性菌株干酪乳杆菌 S-1 分离到温和噬菌体 ΦFSW 和从异常发酵中分离的三个独立的烈性噬菌体 ΦFSV-A，ΦFSV-B 和 ΦFSV-C。ΦFSW DNA 环状变换。从限制分析、DNA-DNA 杂交、异原双链和核苷酸序列分析表明，三个烈性噬菌体中的两个含有 1.3kb 插入，称之 ISL *1*，说明 ISL *1* 插入 ΦFSW 基因是获得毒性的原因。具有 ISL *1* 的噬菌体可以感染原来的溶原菌株。用治瘾前噬菌体的衍生物取代溶原的野生型菌株，可以有效地消除这个噬菌体的感染路线。

五、嗜热链球菌噬菌体

所有现在已知的嗜热链球菌烈性噬菌体有基本相同的形态，头等长，小的非收缩尾，都是长尾噬菌体科，B1 形态的成员。基因组大小 37～44kb，具有广泛 DNA 序列同源性。根据 DNA 包装机制 *cos* 位点对 *pac* 位点和蛋白质组成不同，嗜热链球菌噬菌体分成两个噬菌体种类。且被 DNA 杂交和血清学分类所证实。

6 个嗜热链球菌噬菌体 Sfi121、Sfi11、Sfi19、Φ01205、DT1 和 Φ7201 的基因组已全部测序（表 11-2）。已确定 Sfi21 和 Sfi11 作为有尾噬菌体的参考噬菌体。Sfi21 噬菌体类包括 *cos* 型噬菌体 Sfi21、Sfi19、DT1 和 Φ7201，而 Sfi11 噬菌体类包括 *pac* 型噬菌体 Sfi11 和 Φ01205。根据嗜热链球菌噬菌体基因组斑点印迹分析，可分成 4 个大的片段。一个片段是晚期基因簇，这个组件由两个无关构型代表：一个是 *cos* 位点噬菌体（即 Sfi19）的特点；另一个是 *pac* 位点噬菌体（原型：噬菌体 Sfi11）。二个基因丛在核苷酸或蛋白质序列上彼此无关。第二个片段包括尾丝、裂解和溶原性基因。第三个是 DNA 复制组件，有两个不同基因构象：以 Sfi21 类和 Φ7201 类 DNA 组件为代表。

Sfi21类DNA复制组件在极大部分所分离的噬菌体通常保守。第四个片段包括基因组右5kb，很显然是编码参与转录调节的早期基因。多样性是由几个插入/缺失，重复和几个基因取代产生，而整个DNA序列高度保守。

第二节 乳酸细菌中的保卫系统

用于乳品发酵的乳酸菌连续地受到噬菌体的挑战，因此许多菌株已获得几个天然噬菌体保卫机制。这些机制一般可以分为4个类群：①抑制吸附；②阻止注入；③限制和修饰（restriction and modification，R/M）；④流产感染（abortive infection，Abi）。前两个机制是阻止噬菌体进入细胞。第三个抗性机制R/M系统在乳球菌中是共有的，至今已有19个R/M系统，一旦噬菌体进入细胞，这些R/M作用在未修饰的噬菌体DNA，而宿主DNA在相应的识别序列被甲基化保护，而不受限制。第四个机制是流产感染，Abi包括范围宽的噬菌体保卫机制，它阻止噬菌体感染后的繁殖，至今已鉴定21个不同Abi机制，看来其中大部分作用在DNA或/和RNA代谢水平上（复制、转录和翻译）。

一、阻止噬菌体吸附

乳球菌对噬菌体的第一道防线是阻止噬菌体附着到菌细胞的外表，因此第一步是阻止噬菌体感染。通常噬菌体以两种不同模式吸附到它的宿主。有些噬菌体一致地吸附于均匀分布在细胞外表的受体，而许多噬菌体结合分布细胞表面的有限数量的受体。不能明确指出吸附的特殊需要，因为这个过程多半与噬菌体菌株和受体相关。不过已观察到抑制噬菌体吸附宿主细胞的一些诱因。一般是缺失受体或缺陷，或者由于存在一个化合物阻止受体（物理遮蔽）。根据现有文献，有两个机制可产生这种现象，一是随染色体自发突变产生噬菌体不敏感突变体（bacteriophage insensitive mutant，BIM），二是介导抑制吸附的质粒系统。从BIMs获得有关噬菌体受体性质的信息是非常重要的。大多数研究者指出糖类和/或蛋白质可在吸附中起关键作用。

最近几年的兴趣是确定起子乳球菌中的吸附机制。Gopal和Crow（1993）详细描述了乳酸乳球菌乳亚种E8和它的噬菌体不敏感变种398中的松散结合物质（loosely associated material，LAM），证明三个噬菌体（Φ852、Φ618和Φ833）不能吸附到不敏感衍生物，说明LAM直接与噬菌体相互作用，LAM的组成或结构不同是398菌株产生噬菌体抗性的原因。可以假定398变种的LAM可以像先前报道的阻止吸附质粒pC1258产生遮蔽多糖相似方式起作用。化学分析揭示，398的LAM比E8的LAM丰富2～3倍，所含鼠李糖多5倍，半乳糖多2倍。缺21kDa，但不清楚这些蛋白是否在噬菌体吸附中起作用。

现已确定质粒DNA在一些菌株中介导抑制吸附，通常质粒DNA指导合成细胞表面抗原或介导产生遮蔽噬菌体附着受体的细胞外糖类。自Sander和Klenhammer（1983）首先描述介导吸附抑制乳酸乳球菌乳亚种ME2中Φ18噬菌体的一个pME0030质粒（31Mb）以来，至少已有另外7个编码这种机制的质粒（表11-3）。

pSK11编码的吸附抑制机制是从对噬菌体SK11G敏感的细胞中缺失这个质粒而发

现的。进一步探究这个机制的特性时，发现带有 pSK11 的噬菌体抗性菌株乳酸乳脂亚种 SK110 和它的噬菌体敏感衍生物 SK112 细胞表面特性之间有差异。从整体细胞抽提物质的糖组分分析表明，SK110 细胞表面物质含有高效的半乳糖。温碱处理 SK110 菌株导致对噬菌体敏感，说明噬菌体受体需保持完整，经温碱处理，已除去含有半乳糖基组分。其后从两个菌的脂磷壁酸质（LTA）的化学分析说明，SK112 LTA 中缺半乳糖，而 SK110 的 LTA 中含有半乳糖，提出含有半乳糖基的 LTA 参与噬菌体吸附。

表 11-3 参与抑制噬菌体吸附的乳球菌质粒（Forde 和 Fitzgerald，1999）

质粒	大小/kb	宿主	机制	参考文献
PME0030	46	*L. Lactis* ME2	未确定	Sander 和 klanhammer，1983
pSK112	52	*L. Cremoris* SK11	胞外多糖	de vos et al.，1984
p1149-3	128	*L. Cremoris*SK11/49	未确定	Geis et al.，1987
PC1528	46	*L. Cremoris*UC503	胞外多糖	Costello，1988
PKC50	80	*L. Lactis*57150	表面抗原	Tortorello et al.，1990
p2520L	37.5	*L. Lactis*P25	表面抗原	Akcelik 和 Tunail，1992
PAH90	90	*L. Lactis biovar diacetylactis*	噬菌体不敏感突变体	Harrington 和 Hill，1992
PC1658	58	*L. Cremovis*	胞外多糖	Forde et al.，1999

从乳酸乳亚种 UC503 分离的 pC1528 质粒，它改变细胞表面从而减少对噬菌体的抗性。pC1258 引入乳酸乳球菌乳亚种 MG1363，完全减少对扁长和小等长头噬菌体的抗性。Lucey（1992）认为 pC1258 是通过合成富含半乳糖和鼠李糖的非共价结合的亲水聚合物抑制噬菌体附着。Tortorella 等（1990）认为抗性表型是由于存在 80kb 质粒 pKC50（来自乳酸乳球菌乳亚种 57150）的缘故，说明 100kDa 的细胞表面抗原在此过程中起作用。Akcelik 和 Turnail（1992）证明乳酸乳球菌乳亚种 P25 中的 37.5kb 结合质粒 p2520L 负责吸附抑制。它们发现 p2520L 指导合成 30kDa 细胞表面抗原，但没有明确这个蛋白与抗性表型连接。

Forde 等（1999）鉴定吸附阻止质粒 pC1658 指导产生碱溶性亲水聚合物，减少噬菌体 Φ1712 和 Φc2 吸附到它们的受体，但是在此情况下，半乳糖和葡萄糖醛酸是作为假定的胞外多糖（exopolysaccharide，EPS）鉴定的。Moneuau 等（1996）从北美分离的 27 个不同乳球菌噬菌体，不能在 6 个产生 EPS 的菌株增殖，这些结构说明 EPS 的产生能保护细胞不被噬菌体感染。Forde 和 Filzgerald（1999）指出，乳球菌产生松散结合的 EPS，部分抑制噬菌体吸附，可能遮盖噬菌体受体。然而，今天一些产生 EPS 的乳球菌，看来被商业应用中的噬菌体感染。最近，Devean 等（2002）指出，EPS 的组成对噬菌体不敏感，说明 EPS 对噬菌体感染不需要，EPS 的产生并不给予有效的噬菌体抗性表型，因此 EPS 参与噬菌体感染乳酸细菌的过程仍不清楚。

Harrington 和 Hill（1992）报道，乳酸乳球菌乳亚种 DPC220 感染噬菌体 ϕD1 后，得到一个自发的噬菌体不敏感突变体 DPC721。在这个突变体菌株中，含有亲本 DPC720 中不存在的一个 26.75kb 的 pAH90 质粒，这个质粒是由于在 DPC720 中 pAH82（20.75kb）和 pAH33（6kb）共整合所形成的，但 DPC721 缺失此质粒。

pAH90 的出现，与通过阻止吸附和限制/修饰的噬菌体抗性有关，提出共整合激活沉默吸附阻止机制。

二、阻止噬菌体 DNA 的注入

乳球菌噬菌体以可逆方式吸附细胞表面特异性受体，随后噬菌体很快吸附膜蛋白，其后噬菌体 DNA 通过膜转运到细胞质，如果破坏这个过程，噬菌体就不能成功感染。Marshall 和 Berridge（1976）从乳酸乳球菌乳亚种 NCDO510 分离的突变体，能抗 Φ510 噬菌体尾细胞溶素的破坏，这是乳球菌阻止噬菌体 DNA 注入的第一个例子。Watnable 等（1984）描述了干酪乳杆菌 YTT9002 衍生物抗噬菌体 PL-1。用电镜观察感染噬菌体的抗性菌株能正常吸附，但噬菌体 DNA 仍留在衣壳内。另一方面，噬菌体感染野生型细胞，在继续感染未受阻的敏感细胞中，空头噬菌体数量增加，说明乳球菌 PLM-18 染色体编码的系统抑制噬菌体 DNA 的注入。

Gavey 等（1995）第一个描述乳球菌质粒编码的阻止 DNA 注入系统，他证明 pNP40 质粒除了编码两个流产感染机制（*abi*E 和 *abi*F）外，还有对 c2 噬菌体早期作用的抗性机制。研究者注意到细胞没有损伤，感染后仅杀死 10%的细胞，说明细胞破坏之前有一个机制在起作用。另外噬菌体 DNA 注入被延迟，与敏感细胞 5min 相比，感染后至少延迟 30min。用电穿孔将噬菌体 DNA 进入细胞，绕过感染早期阶段，导致增加感染细胞释放子代噬菌体数量。由此得出结论，抗性是由于改变 c2 噬菌体所需质膜组分，阻止噬菌体 DNA 运输到细胞质引起的。pNP40 现在已转移到用于工业发酵的各种菌株中。

McGrath 等（2000）报道一个新的，阻止 DNA 注入的噬菌体抗性机制，它代表一个新的超感染排斥机制。与乳球菌前噬菌体基因 *Sei2009* 相连，*Sei2009* 位于噬菌体 Tuc2009 溶原组件编码阻抑物和整合酶基因之间。Sei2009 蛋白与细胞膜结合，它的表达对噬菌体吸附，转染和质粒转化没有影响。但干涉质粒转导以及噬菌体复制，这是乳球菌属中第一个描述的噬菌体编码的超感染排斥/阻止注入机制。

三、限制和修饰

随着成功吸附和噬菌体 DNA 的注入，由于限制和修饰（R/M）系统的存在，感染循环被阻止。这个系统至少有两个不同酶促活性起作用。注入的大部分噬菌体 DNA 被宿主编码的限制酶消化，而细胞本身通过甲基化酶修饰它自己的 DNA 而得到保护。限制严格取决于 R/M 和噬菌体，一般随噬菌体 DNA 分子中限制位点数增加，噬菌体的成斑效率（efficieny of plaque，EOP）对数减少。而细胞 DNA 阻止自动降解，逃避限制的小量噬菌体基因组也被修饰，这些 DNA 不再作为外源 DNA 被识别，因此不降解。为了自己成功地复制，需继续操纵细胞器。Hill（1997）认为，R/M 是最强有力的（因为噬菌体基因组降解），也是最脆弱的（由于固有的泄漏）保卫系统。事实上，噬菌体对限制酶作用的反应，通过许多其他战略发展，例如，从基因组消除某些限制位点，产生抑制宿主限制酶的蛋白，甚至获得甲基化酶基因。许多 R/M 系统已在乳球菌中鉴定，值得注意的是除了少数决定子由染色体衍生，其余都有共同的质粒位置。根据酶结构的复杂性以及被这识别和其后切割的 DNA 序列，可以将 R/M 系统分成 4 个类型。

至今在乳酸乳球菌有Ⅰ，Ⅱ和Ⅲ R/M 系统，而在嗜热链球菌仅有Ⅰ和Ⅱ R/M 系统。

已知乳酸菌 R/M 系统，绝大部分是Ⅱ型，能用生化方法检测它们的活性，因此相对而言比较容易解释。这些系统通常需要简单的辅助因子，分子结构比较简单，一般识别 4～8 个核苷酸回文序列，在或靠近识别位点切割，因而Ⅱ型比其他类型更容易研究。至今已确定有 8 个乳酸乳球菌和 8 个嗜热链球菌Ⅱ型系统识别位点，除了一个Ⅱs 型（s 指在靶位点一侧 20bp 位点切割）外，已知其核苷酸序列（表 11-4）。一般说Ⅱ型系统有两个结构基因，一个限制内切核酸酶（ENase，以下简称限制酶）和甲基转移酶（MTase）负责修饰，除了 *Lla*DCHI 和 *Scr*FI 每个编码两个甲基转移酶，*Scr*FI 已知每个有独立的功能。

表 11-4　乳酸菌中的 R/M 系统

R/M 系统	类型	识别序列	宿主	位置
*Lla*14031	Ⅰ	未确定	乳酸乳球菌乳亚种 IL1403	pIL2614 和染色体
*Lla*DCHI	Ⅱ	5′-GATC-3′	乳酸乳球菌乳脂亚种 DCH4	pSRQ700
*Lla*AI	Ⅱ	5′-/GATC-3′	乳酸乳球菌乳脂亚种 W9	pFW094
*Scr*FI	Ⅱ	5′-CC/NGG-3′	乳酸乳球菌乳脂亚种 UC503	染色体
*Lla*4971	Ⅱ	5′-CC/WGG-3′	乳酸乳球菌 NCD0497	未确定位置
*Lla*BI	Ⅱ	5′-C/TRYAG-3′	乳酸乳球菌乳脂亚种 W56	pJW563
*Lla*CI	Ⅱ	5′-A/AGCTT	乳酸乳球菌乳脂亚种 W15	pAW563
*Lla*DⅡ	Ⅱ	5′-GC/NGC-3′	乳酸乳球菌乳脂亚种 W39	pAW393
*Lla*KR21	Ⅱ	5′-/GATC-3′	乳酸乳球菌乳亚种 KR2	pKR223
*Lla*Ⅰ	Ⅱs	未确定	乳酸乳球菌乳亚种 ME2	pTR2030
*Lla*FI	Ⅲ	未确定	乳酸乳球菌乳亚种 LL42-1	pND801
S. *Sth*CI65IP	Ⅰ. hsds	未确定	嗜热链球菌 STNDI-6	pCI65s1
*Sth*SFiI	Ⅰ	未确定	嗜热链球菌 Sfi1	染色体
*Sth*ER35IP	Ⅰ	未确定	嗜热链球菌 135	pER35
*Sth*134I	Ⅱ	5′-C↓CGG-3′	嗜热链球菌 134	染色体
*Sth*117I	Ⅱ	5′-CC↓WGG-3′	嗜热链球菌 117	染色体
*Ssl*I	Ⅱ	5′-CCWGG-3′	嗜热链球菌 T	染色体
*Sth*455I	Ⅱ	5′-CCWGG-3′	嗜热链球菌 CNRZ455	染色体
*Sth*132I	Ⅱ	5′-CCCG（N_4）-3′ 3′-GGGC（N_8）-5′	嗜热链球菌 132	染色体
*Sth*368I	Ⅱ	5′-GATC-3′	嗜热链球菌 CNRZ368	染色体
*Sth*0I	Ⅱ		嗜热链球菌 0	pS10
*Sth*8I	Ⅱ		嗜热链球菌 8	pS108
Lfel	Ⅱ	5′-GC（A/T）GC-3′	德氏乳杆菌 CNRZ326	

注：N 是 A、C、G 或 T；W 为 A 或 T；R 是 A 或 G；Y 是 C 或 T（Forde 和 Fitzgerald，1999；Sturino 和 Klaenhammer，2004）

Ⅰ型 R/M 系统从生化和遗传来讲最复杂，比Ⅱ型系统难分析。Ⅰ型系统由三个亚基组成，命名为 Hsd（host specificity determinat），能形成一个全酶。第一个亚基，HsdS 决定全酶核苷酸特异性。第二个亚基，HsdM 为修饰识别序列所必需。第三个亚基，HsdR 为限制活性所必需。Ⅰ型 R/M 系统活性需要复杂的辅助因子［ATP，Mg^{2+} 和 AdoMet（腺苷甲硫氨酸）］。甲基化仅在 HsdS 和 HsdM 存在时发生，并不需要 ATP。然而限制需要三个亚基以及 ATP，识别序列是二重和不对称，可从识别位点在可变距离内切割（大于 1000bp）。HsdS 亚基由两个高度可变区形成 150～180 氨基酸的独立靶识别区组成。第一可变区指定 5′-DNA 识别序列，而第二个指定 3′-DNA 识别序列，两个区之间有 6～8 个核苷酸。在此，可变区的不同可以反映特异性的不同。因此，它们的结构可在编码 HsdS 亚基的 DNA 区内进行交换，产生改变特异性的、新的 *hsdS* 基因。因此Ⅰ型 R/M 系统能迅速进化。

Ⅲ型是最小类型的限制系统，它们是多聚体，仅有两个相邻的 *rex* 和 *mod* 结构基因构成。*mod* 的产物除具有甲基转移酶的作用外，赋予限制和修饰亚基特异性。Ⅲ型系统需要两个逆向不对称识别位点，在识别位点一侧约 25～27bp 核苷酸被切割。反应绝对需要 Mg^{2+} 和 ATP，并受到腺嘌呤甲硫氨酸（AdoMet）促进。在 ATP 和 AdoMet Ⅰ存在下，限制和修饰在相同反应中竞争活性，结果消化不能完成。Ⅲ型系统明显的特征之一，仅在 DNA 的一条链上甲基化，产生的分子一半位点随复制而被修饰。然而，因为只有当其中任一条被修饰时切割才发生，才能保护新生 DNA 生存。Sun 等（1999）描述乳酸菌也是革兰氏阳性菌第一个Ⅲ型 R/M 系统，叫 *Lla*F1，由乳酸乳球菌乳亚种 LL42-1 中的 pND801（12kb）编码。pND801 在乳酸乳球菌存在，减少小的等长头噬菌体 Φ712 平板效应 10^{-6}。序列分析表明，由先前描述的Ⅲ型限制和修饰亚基高度同源的两个邻近的 ORFs 组成 *Lla*F1。活性需要辅助因子，这是先前描述Ⅲ型酶的特征。核内切核溶解活性需要 ATP 和 Mg^{2+}，然而活性并不依赖 AdoMet 的存在，但可被它促进。

四、流产感染

前面提到的阻止噬菌体吸附，DNA 注入，限制和修饰是在噬菌体感染早期起作用，而流产感染可在噬菌体发育的各个不同阶段起作用，包括 DNA 复制、RNA 转录、蛋白质合成、包装和形态建成。它们在细胞内的活性可导致减少裂解量，形成较小的噬菌斑，减少 EOP 和在感染中心的效率（efficiency of center of infection，ECOI）。Abi 系统与众不同的是，在感染细胞中观察到大量细胞死亡。各种 Abi 系统主要对噬菌体 c2，936 和 p335 三个种类有影响。一些 Abi，例如 AbiB、AbiE、AbiH 和 AbiI 仅对三个主要种类中的一种起作用。另一些，例如 AbiC、AbiD、AbiDI、AbiF、AbiG、AbiI 和 AbiL 抑制噬菌体的两个种类。而 AbiA、AbiK 和 AbiU 三个种类均抑制。虽然许多 Abi 系统已鉴定，甚至在 DNA 水平上描述，但在大多数情况下，Abi 的正确机制仍未解决。

至今有 19 个乳球菌的 *abi* 基因已测序（表 11-5），至少有两个其他遗传上未确定的系统和一篇报道描述了有关嗜热链球菌可能的 Abi 机制。所有乳球菌 Abi 系统特点在于非典型低 G+C 含量（24%～31%）（表 11-5），明显低于其他乳球菌基因的平均值（37%），反映了从另一个 G+C 含量的种水平上转移的可能性。

已测序的 19 个 *abi* 系统中，仅两个是由染色体 DNA 编码，其余均由质粒编码，不过 *abiB* 位于质粒或染色体 DNA 还未确定。从 DNA 和蛋白质序列分析表明，任何一个 *abi* 系统与数据库中的其他基因和蛋白质没有任何有意义的相同。比较 AbiD、AbiD1 和 AbiF 蛋白明显相同。三个蛋白对三个小噬菌体有效，但每个作用模型和调节十分不同。首先 *abiF* 抑制 Φ712 和 c2 胞内复制速度，说明作用于早期。AbiD 赋予 ΦSK1 抗性，复制不受影响，说明作用在晚期。此外，Φ712 突变，部分抗 AbiF 的作用，而对 AbiD1 仍敏感，说明这些蛋白即使相似，它们可能不作用于相同的靶。AbiF 介导的表型，只有在染色体编码的 *recA* 基因存在时才完全表达。

表 11-5　已知 DNA 序列的乳球菌 *abi* 基因

Abi	位置	氨基酸	(G+C)mol%	影响的噬菌体	机制	参考文献
AbiA (HSP)	pTR2030 pC1829	628	27	sk1. f31. c2	早期	Dinsmore et al., 1998
AbiB (abi-416)	染色体	250	27	bIL66, bIL70	晚期	Parreira et al., 1996b Forde et al., 1999
AbiFC (prf)	pTN20	344	27	p2. ji50. sk1 u136. m12r	晚期	Durmaz et al., 1992
AbiD	pBF61	366	29	sk1. c2	晚期	McLandsborough et al., 1995
AbiD1 (abi-105)	pIL105	351	29	bIL66. bIL70 c6A. bIL67	晚期	Anba et al., 1005 Bidnenko et al., 1998, 2002
AbiE	pNP40	286, 297	29, 29	712	晚期	Garvey et al., 1995, 1997
AbiF	pNP40	341	26	712. c2	早期	Garvey et al., 1995b, 1997 Jarvis, 1992
AbiG	pCI750	249	29	712. sk1. c2	晚期	O'connor et al., 1996, 1999
AbiH	染色体	346	26	59. 53	早期	Prevots et al., 1996
AbiI	pND852	331	29	712. c2	晚期	Sun et al., 1997
AbiJ (Abi859)	pND859	282	30	712		Deng et al., 1997
AbiK	PSRQ800	599	24	936. c2. p335.	早期	Emond et al., 1997 Boucher et al., 2000
AbiL	pND861	458, 297	28, 29	712. c2	晚期	Deng et al., 1999
AbiN	染色体	178	31	59. 53		Prevots et al., 1998
AbiO	pPF144	540	26	59. 53		Prevots 和 Ritzenthaler, 1998
AbiP (abi420)	PIL2614	244	27.5	bIL41. bILM. sk1		Dominques et al., 2004a, b
AbiQ	PSRQ900	183	28	p2	晚期	Emond et al., 1998
AbiR	PKR233				早期	Twomey et al., 2000
AbiU	PND001	589, 339	26, 25	936. p335. c2	晚期	Dai et al., 2001
AbiT	PED1	127, 213		936. p335	晚期	Bouchard et al., 2002

AbiA、AbiK 和 AbiR 是温度敏感流产感染系统。根据氨基酸组成、分子质量、体积和小残基的含量，平均疏水性和平均电荷，预测它们在相同的一个蛋白质家族。三个蛋白均干涉 DNA 复制，说明作用相同。增加 AbiA 拷贝数有效增加噬菌体抗性机制的

效率，相似的结果也在改变 AbiK 基因剂量中观察到。但是，Emond 等（1999）在乳球菌中不能超表达 AbiK，说明这个系统被紧密调节，可以对细胞有毒，而 AbiA 无毒。

一些 Abi 系统干涉 RNA 转录，这包括至今遗传上还未确定的来自乳球菌乳亚种 pBU1-8 质粒编码的 Abi 系统，完全阻止噬菌体转录。Oconnor 等（1999）证明在含有乳球菌质粒 pC1750 编码的 AbiG 细胞中，抑制噬菌体 SK1 和晚期 c2 RNA 的合成。Parreira 等（1996）指出 RNA 合成在含有 AbiB 的乳球菌乳亚种 IL1403 细胞中开始是正常的，感染 10～15min 后，敏感的噬菌体 bIL70 转录物明显降解。AbiU 延迟 Φc2 和 Φ712 的转录。AbiP 影响噬菌体 DNA 的复制和转录。在 $AbiP^+$ 细胞中，噬菌体 DNA 复制约在感染 10min 后被阻止。

AbiC 减少噬菌体主要衣壳蛋白的合成，AbiE 作用于感染噬菌体发育晚期，AbiI 看来是阻止 DNA 在噬菌体发育时的包装。AbiL 的机制可能包括干涉噬菌体蛋白的合成或噬菌体颗粒的装配。主要衣壳蛋白通常在 $AbiQ^+$ 细胞中产生，但主要衣壳蛋白合成在裂解循环被阻止。噬菌体 DNA 以串联体形式（复制形式）积聚在感染 $AbiQ^+$ 细胞中。AbiT 对 DNA 复制或转录没有影响。已提出被一个晚期噬菌体 mRNA 或蛋白活化或迅速的引起细胞提前死亡，可以阻止形态建成中的一步。*abiN* 和 *abiO* 克隆在高拷贝质粒时潜在有毒，从邻近 *abiN* 基因 ORF 序列分析比较，已提出与温和噬菌体 r1t 有关。

Abi 系统是通过不同途径独立发展的，对不同类型噬菌体起作用。它们常常在一个菌株与其他噬菌体保卫机制结合或在一个独立菌株存在一个以上的 Abi 系统。乳球菌乳酸亚种 ME2 是原型噬菌体抗性菌株的代表，ME2 有 13 个质粒，其中三个参与噬菌体抗性。质粒 pME0030 编码吸附抑制，pTR2030 编码 R/M 和 AbiA 流产感染机制，pTN20 编码 R/M 和 AbiC。这些质粒结合使 ME2 对噬菌体不敏感。在一个菌株中作用于感染循环的不同点。阻止吸附是保卫的第一道防线，随后是具有不同特性的 R/M 系统。两个流产机制阻止已逃避上述机制的噬菌体增殖。AbiA 流产机制作用于早期，抑制 DNA 复制，而 AbiC 影响噬菌体发育后期。接合质粒 pNP40 至少编码三个不同噬菌体抗性机制，其中两个（AbiE 和 AbiF）介导流产感染，第三个抑制 DNA 注入，推测流产感染是在前面几步未能足以阻止感染的情况下作用，因此细胞死亡范围减到最小。

第三节　减少噬菌体出现的策略

一、噬菌体抗性决定子通过接合和转化转移

具有各种质粒编码抗性系统的乳球菌，已成为改进起子菌株噬菌体抗性的丰富来源。由于许多噬菌体抗性基因在接合质粒上，常常使用食品级质粒引入工业菌株。当噬菌体抗性不是编码在接合质粒上时，可通过转化，原来用原生质体转化，后来用电穿孔转化。噬菌体抗性决定子也可克隆到合适的载体，然后用于转化。可以根据噬菌体抗性或另一个可选择的或不同的标记，例如质粒 pNP40 和 pFK012 编码乳链菌肽抗性选择转化接合子（transconjugant）。其他可利用的标记还包括乳糖发酵，其他糖类和产生细菌素。为了增加对乳品中不同类型噬菌体的不敏感性，可将一个以上的噬菌体抗性机制引入一个菌株。质粒 pCL829（$AbiA^+$）和 pCI75（Lac^+ Abi）接合转移到一个菌株，

它能完全抗小的等长和扁长头噬菌体。质粒 pC1750（AbiG）和 pC158（抑制吸附）接合转移到商业起子培养物，这些转移接合子完全抗噬菌体。接合质粒 pTR2030（$AbiA^+$，R/M^+）和 pTN20（AbiC，R/M^+）结合，完全抗小的等长头噬菌体，但仅部分抗扁长头噬菌体。

Moinean 等（1995）从乳球菌质粒 pSRQ700 克隆表达 R/M 活性（*Lla*DCH1）的噬菌体抗性决定子，也能在电穿孔的嗜热链球菌中表达。在这种交叉类屏障中获得成功，毫无疑问，为增加非乳球菌起子菌株的噬菌体抗性开拓新的希望。

这些努力已促使建立一套新的噬菌体保卫策略。常规的起子方案用不同的起子菌株，将性状不同的互补噬菌体不敏感基因，通过接合和转化，引入到产生质优特性的干酪单株中去，因此在使用单一菌株的同基因衍生物这一点来说，可以使各种不同的保卫机制发挥最大的互补性，能更好地控制噬菌体。这种策略可以减少新的无关噬菌体的出现（如果使用不同的菌株，这些噬菌体很易增殖）。这种轮换策略通过构建同一乳球菌宿主菌株，每个补充不同配对的 R/M 和 Abi 系统新衍生物而获得改进。

如前所述，使用同基因单株菌起始轮换计划，在一个起始背景内，互补轮换保卫机制，可以限制噬菌体暴露于特定的抗性机制中。由于对噬菌体适应和生存的选择压力减少，它依次增加修饰的噬菌体抗性菌株的生存时间。O'Sullivan 等（1998）成功地构建了一个噬菌体抗性单株起始的乳酸乳球菌乳脂亚种 DPC500 用于干酪制造。他们依次把三个编码不同噬菌体抗性机制（吸附抑制，R/M 和 Abi）引入乳糖蛋白酶质粒 pLP712，产生一个可接受的发酵特性，DPC500 对三个现有的噬菌体高度有效。

二、基因工程噬菌体抗性

由于重组 DNA 技术与噬菌体-宿主相互作用知识的增加，两者相互配合可以促进设计新的消灭噬菌体增殖的新战术。至今已有许多噬菌体抗性基因被鉴定以及它的作用模型被阐明，这对有效设计重组抗噬菌体系统是重要的。以类似流产感染方式，利用噬菌体基因组作为抑制亲本噬菌体或有关噬菌体类型胞内发育的方式，已成功地建立遗传工程或智能系统。其原理是在噬菌体生活循环中，如果它的基因产物以异常功能的形式存在，或过量存在，或在发育的错误阶段发育，生活循环就可以在宿主中中断。

（一）噬菌体编码的抗性

衍生自噬菌体基因组的噬菌体抗性称之为 Per（phage encoded resistance）。Hill 等（1990）将乳球菌噬菌体 Φ50 中，含有复制原点 ori50 的 1.4kb DNA 片段，克隆到高拷贝链球菌—大肠杆菌穿梭质粒 pSA3，引入乳酸乳球菌乳亚种 NCK203。这个结构增加宿主对 Φ50 感染的不敏感性。当 Φ50 感染 NCK203 时，含有 ori50 的质粒干涉细胞内噬菌体 DNA 在 NCK203 中的复制，而细胞内质粒 DNA 浓度同时增加，这说明在质粒上提供的 ori50 负责质粒复制，而不是噬菌体复制。Per 表型直接依赖载体的拷贝数。Per 这一法则可运用到其他噬菌体—宿主系统。

第二个 Per 机制是 O'sullivan 等（1993）将噬菌体 Φ31 的复制原点 Φ31ori 克隆，得到与 Per50 相似的表型结果。增加质粒载体拷贝数增加 Per 的效力。在其后的研究中，Per50 和 Per31 成功地作为噬菌体轮换策略的一部分，帮助最大限度抗突变和重组噬菌体。

McGrath（1999）提出类似的结果，当编码 Tuc2009 指定的复制体蛋白的遗传信息提供在高拷贝质粒载体时，在乳球菌宿主 U509.9 上给予噬菌体编码的抗性。这个质粒的存在，明显地减少了 Tuc2009 DNA 的复制。说明克隆噬菌体复制决定子到高拷贝质粒增加 Per 表型的效率。最近上述作者又鉴定 4 个 p335 类噬菌体复制基因序列，分析指出所有噬菌体至少两个基因 *rep2009* 和 *ori17* 90%以上同源。进一步指出 *rep2009* 编码指定的复制体结构蛋白含有一个 DNA 复制原点（ori2009）。当 Tuc2009 指定的复制体结构蛋白提供在高拷贝质粒时，给予宿主具有噬菌体编码的抗性表型（per）。增加克隆原点数，增加 Per 表型。Per 给予的噬菌体抗性程度与质粒拷贝数有关。

Per 效应也在嗜热链球菌中发现，它的噬菌体至少可分成两个不同的复制群体。一个非编码区恰好位于与 Φ01205 相关的 ΦSfi21 指定的引发酶的紧下游，已鉴定这些噬菌体（复制类群 1）的复制原点，克隆这些原点，通过阻止噬菌体 DNA 的积累，抑制感染活性。而从复制类群噬菌体 Φ7201 两个指定的原点提供的抗性更适合。

（二）反义 RNA 策略

反义 RNA 技术是利用噬菌体序列，在质粒启动子之后以反义方向克隆一个靶基因，所产生的反义 mRNA 结合靶 mRNA，形成一个不可转录的双链 RNA 分子，它阻止特有的核糖体装载或使双链分子降解 RNA 的酶更加敏感。先前企图用反义机制保护乳球菌侵染，然而产生的结果不同。Chung 等（1992）用噬菌体 ΦF4-1 的主要外壳蛋白基因，获得减少 EOP 0.5～0.77，这取决于外壳蛋白基因包含在反义结构中的长度。Kim 等（1991）从 Φ7～9 以反方向克隆一个未知功能的完整的可读框（ORF）（gp51C），当使用完整的编码区时，反义结构减少 p335 类噬菌体 Φ7～9 的 EOP 到 10^{-2}。用与Φ7～9 相关的也含有这个 ORF 的噬菌体感染时，同样观察到减少 EOP。另外发现 gp51C 两个紧下游的（gp18C 和 gp24C）的反义表达，虽然抗性效率远比 gp51C 低，仍减少 EOP 55%。

McGrath 等（2001）用反义 RNA 对准参与 p335 类噬菌体基因复制组的 6 个基因，这些基因是 *orf14*（编码一个拓扑异构酶）、*orf15*（单链 DNA 结合蛋白）、*orf16*（复制体）、*orf18*（甲基化酶）和编码未确定蛋白质的两个可读框（即 *orf17* 和 *orf19*）。用 4 个不同的 p335 类噬菌体感染，发现 *orf14*、*orf15* 和 *orf18* 特异的反义 RNA，每个减少噬菌体 Tuc2009 的 EOP10 倍，而对噬菌体 Q30、Q33 或 u136 没有影响。与此相反，*orf16* 和 *orf17* 表达，对所有 4 个噬菌体赋予有效的和可变的抗性，减少 EOP0.5 到 10^{-6}。

Sturino 等（2002，2004）成功地将噬菌体原点与高表达反义 RNA 结合，将噬菌体 k3 的解旋酶基因（*hel3*）和引发酶基因（*pri3*），以反义方向克隆在强启动子 P6 之后，从高拷贝载体表达。这些反义 RNA 一致减少 k3 EOP 50%到 2×10^{-3}，取决于靶基因和反义 RNA 击中的基因范围，同时也减少 K3 噬菌斑和裂解量的大小。含有 *hel* 的嗜热链球菌噬菌体（即 K1、K4、K9 和 K10），同样被 hel3.1 反义 RNA 表达所阻止，减少 EOP 40%～70%，也减少噬菌斑大小。一般说，反义 RNA 把参与基因组复制早期表达的基因作为靶标，要比裂解循环晚期表达的基因作为靶标更有效。不过值得注意的是，不是参与基因组复制的所有基因是有效的靶标。Polizn 等（1996）发现 4 个早期可读框 *e5*，*e12*，*e15*。未观察到任何反义结构对乳球菌扁长头噬菌体 c2 复制有抑制。

（三）可诱导的自杀系统

Djordjevic 等（1997）从裂解噬菌体 Φ31 分离到一个严格的、可诱导的启动子，用于感染后活化细菌的自杀系统。自杀系统的致死基因由三个基因的限制匣 $LlaIR^+$ 组成，它可致死许多革兰氏阳性菌。将可诱导的噬菌体触发启动子（Φ31）和 $pLlaIR^+$ 限制匣克隆到高拷贝复制子，产生 pTRK414H。在噬菌体未感染之前，大肠杆菌和乳酸乳球菌中未出现限制活性，乳酸乳球菌（pTRK414H）感染噬菌体以后，平板效应降到 10^{-4}，裂解量减少 4 倍。除噬菌体 Φ31 外，$Φ31p/LlaIR^+$ 自杀子也抑制 4 个 Φ31 衍生的重组体噬菌体，其水平至少比 Φ31 高 10 倍。当 $Φ31p/LlaIR^+$ 与其他流产保卫系统 Per 和 AbiA 结合，Φ31 的 EOP 减少$<10^{-10}$，噬菌体在培养物的水平降到分析检测范围之下。以 $Φ31p/LlaIR^+$ 为基础的自杀系统是流产感染的遗传工程形式，通过破坏噬菌体基因组和杀死繁殖的宿主，捕获和消除发酵环境中潜在的、进化的噬菌体。

第四节 噬菌体的反保卫机制

连续处于细菌噬菌体保卫机制下的噬菌体可以建立反保卫机制。噬菌体基因组和质粒之间遗传交换可以使噬菌体 Φ50 对编码在 pTR2030 上的 AbiA 和 R/M 不敏感。Φ50 和 pTR2030 之间有同源区，说明两个基因组之间进行了遗传交换。物理作图和 DNA 测序之后，已确定 Φ50 从 pTR2030 中获得编码氨基末端区和上游调节区的部分 *Lla*M 基因。将氨基末端区克隆在质粒，足以改变另一个噬菌体基因组，保护在感染一个含有 R/M 细胞时不被切割。因此，Φ50 通过与 pTR2030 遗传交换，携带自己的功能性甲基化酶，保证它的基因组总是修饰的，保护它不被 pTR2030 编码的 R/M 系统限制，噬菌体 Φ50 也能克服 pTR2030 质粒编码的第二个噬菌体不敏感机制（即流产感染系统 AbiA），由于它的噬菌体复制原点明显不同于 Abi 系统所瞄准的目标。一些研究也指出噬菌体对内切核溶解活性的抗性，是由于噬菌体进化过程中限制位点的减少或失去所致。同时指出由于噬菌体点突变，导致抗 AbiA、AbiC、AbiD1 和 AbiF。Per50 和 Per31 可参与特异性突变或明显的遗传重排。为了克服 AbiC 系统，乳球菌噬菌体 u136，通过从乳酸乳球菌乳亚种 NCK203 宿主染色体掺入 DNA 片段，实际上使 u136 突变成一个形态不同的噬菌体 u137。这个新的噬菌体对 Per50 不敏感，而亲本噬菌体 u136 对这个机制敏感。说明 u137 已获得提供新的复制原点，破坏参与形成 u137 的染色体序列，在其后用 u136 感染时阻止这个噬菌体 u137 的出现。

P335 类噬菌体由烈性和温和噬菌体组成，产生抗性变种可通过一个 DNA 片段与一个残存的前噬菌体交换或点突变获得 Abi 的抗性。相反，936 类烈性噬菌体，在宿主染色体内没有同源噬菌体，只能通过点突变。噬菌体 bIL66M1 对乳球菌流产感染机制 AbiP 敏感，没有自发的 AbiP 抗性突变体可在 $0\sim10^{-10}$ 频率获得。然而 AbiP 抗性变种在用 bIL66M1 与高度同源的 AbiP 抗性噬菌体 bIL170 同感染时很易获得抗性，所获得的 AbiP 抗性是由于同源感染噬菌体重组，从 bIL170 获得 *e6* 基因所致。

（贾盘兴）

缩 写 词

Abi	流产感染
BIMs	噬菌体不敏感突变体
EOP	成斑效率
EPS	胞外多糖
LAM	松散结合物质
LTA	脂磷壁酸质
ORF	可读框
Per	噬菌体编码的抗性
PIP	噬菌体感染蛋白
pfu	噬菌斑形成单位
RBP	结合受体蛋白
R/M	限制和修饰

主要参考文献

Bidnenko E, Chopin M C, Ehrlich S D, et al. 2002. *Lactococcus lactis* AbiD1 abortive infection efficiency is drastically increased by a phage protein FEMS. Microbiol. Lett, 214: 283～287

Blanty J M, Godager L, Lunde M, et al. 2004. Complete genome sequence of the *Lactococcus lactis* temperate phage ΦLC3: comparate analysis of ΦLC3 and its relative in lactococei and streptococci. Virology, 318: 231～244

Boucchard J D, Moineau S. 2000. Homologous recombination between a lactococcal bacteriophage and the chromosome of its host strain. Virology, 270: 65～75

Bouchard J D, Dion E, Bissonnette F, et al. 2002. Characterization of the two-component abortive infection mechanism AbiT from *Lactococcus lactis*. J. Bacteriol, 184: 6325～6332

Chopin A, Bolotin A, Sorokin A, et al. 2001. Analysis of six prophage in *Lactococcus lactis* IL1403: different genetic structure of temperate and virulent phage population. Nucleic Acid Res, 29: 644～651

Crutz-le Coq AM, Cesselin B, Commissaire J, et al. 2002. Sequence analysis of the lactococcal bacteriophage bIL170: insight into structure protein and HNH endonuclease in dairy phage. Microbiology, 148: 985～1001

Dai G, Su P, Allison G E, et al. 2001. Molecular characterization of a new abortive infection system (AbiU) from *Lactococcus lactis* LL51-1. Appl. Environ. Microbiol, 67: 5225～5232

Desiere F, Mahanivong C, Hillier A J, et al. 2001. Comparative genomics of lactococcal phage insight from the complete genome sequence of *Lactococcus lactis* BK5-T. Virology, 288: 325～341

Deveau H, van Calsteren M-R, Moineau S. 2002. Effect of exopolysaccharides on phage-host interactions in *Lactococcus lactis*. Appl. Environ. Microbiol, 68: 4364～4369

Djordjevic G M, O'Sullivan D J, Walker S A, et al. 1997. A triggered-Suicide system designed as adefence against bacteriophage. J. Bacteriol, 179: 6741～6748

Domingues S, Chopin A, Ehrlich S D, et al. 2003. The lactococcal abortive phage infection system AbiP prevents both phage DNA reliication and temporal transcrition switch. Appl. Environ. Microbiol, 186: 713～721

Domingues S, Chopin A, Ehrlich S D, et al. 2004. A phage protein confers resistance to the lactococcal abortive infection mechanism abiP. J. Bacteriol, 186: 3278～3281

Dupont K, Vogensen F K, Neve H, et al. 2004. Identification of the receptor-binding protein in 936-species Lactococcal bacteriophages. Appl. Environ. Microbiol, 70: 5818～5824

Forde A, Fitzgerald G F. 1999. Bacteriophage defence systems in lactic acid bacteria Antonic Leeuwenhock, 76: 89～113

Labrie S, Moineau S. 2002. Complete genomic sequence of bacteriophage ul36: demonstration of phage heterogencity within the p335 quasi-species of lactococcal phages. Virology, 296: 308～320

Lucchini S, Desiere F, Brüssow H. 1999. The genetic relationship between virulent and temperate *Streptococcus thermophilus* bacteriophage: whole genome comparison of *cos*-site phage Sfi19 and Sfi21. Virology, 260: 232～243

Lucchini S, Sidoti J, Brüssow H. 2000. Broad-range bacteriophage resistance in *Strptococcus thermophilus* by insertional mutagenesis. Virology, 275: 267～277

Madson A, Josephsen J. 2001. The *Lla*G1 restriction and modification system of *Lactococcus lactis* W10 consists of only single polypetide FEMS. Microbiol. Lett, 200: 91～96

McGrath S, Fitzgerald G F, van Sinderen D. 2001. Improvement and optimization of two engineered phage resistance michenism in *Lactococcus lactis*. Appl. Environ. Microbiol, 67: 608～618

McGrath S, Fitzgerald G F, van Sinderen D. 2002. Identification and characterization of phage-resistance genes in temperate lactococcal bacteriophage. Mol. Microbiol, 43: 509～520

Nauta A. 1997. Molecular characterization and exploitation of the temperate *Lactococcus lactis* phage rlt Ph. D. thesis, Univ. Groningen, Groningen, The Netherlands

Ravin V, Räisänen L, Alatossava T. 2002. A conserved C-terminal region in GP71 of the small isometric-head LL-H and ORF474 of the protate-head phage JCL1032 is implicated in speificity of adsorption of phage to its host *Lb delbruecki* J. Bacteriol, 184: 2455～2459

Sturin J M, Klaenhammer T R. 2004. Bacteriophage defence systems and strategies for lactic acid bacteria. Adv. Appl. Microbiol, 56: 331～378

Twomey D P, de Vrraza P J, Mckay L L, et al. 2000. Characterization of AbiR, a new multicomponent abortive infection mechnism encoded by plasmid pKR223 of *Lactococcus lactis* ssp. *lactis* KR2. Appl. Environ. Microbiol, 66: 2647～2651

Walker S A, Klaenhammer T R. 2000. An explosive antisence RNA strategy for inhibition of a lactococcus bacteriophage. Appl. Environ. Microbiol, 66: 310～319

第十二章　研制高质量益生乳酸细菌制品

高质量的益生乳酸细菌制品，不仅要求菌种有良好的生理功能，还应有耐受各种环境的能力和定向靶位释放的剂型。

近十多年来对乳酸细菌的基础研究主要有四大进展：其一是发现乳酸菌的多样性，单乳杆菌属用分子生物学已证明有 12 个主要类群，一百三十余个有效的种和亚种；其二是遗传技术方面的改进，使乳球菌、链球菌、乳杆菌和某些双歧杆菌便于进行遗传操作，包括受体、载体、整合、突变、转化等；其三是阐明了一些乳球菌、链球菌、乳杆菌和双歧杆菌基因组的结构和功能，使有根据、有目的的利用和改造这些菌成为可能；其四是代谢和代谢工程的发展，使菌株能定向大量的生产人们所需的产物，如乳酸、维生素、多糖等。遗传技术和基因组的信息及代谢工程提供的高精技术，不仅能解释乳酸菌生理功能的分子机制，而且也使乳酸菌有更多、更完善的功能，如开发重组疫苗，这是乳酸菌理论研究的重大突破。在应用技术方面也有长足的进展，如直投式发酵剂（direct-to-vat cultures，DVC）、保护菌不受环境胁迫的技术以及生态药物的定向靶位剂型的技术等，但在实践中还有很多棘手的问题，不能如愿的使用，本章在对这些问题做些探讨之前，先让我们了解一下优良的益生菌及其制品应具备的条件。

（1）菌株要分离自欲用于同一个种的宿主；

（2）无致病性和毒性；

（3）对胃酸和胆汁有一定的耐受性；

（4）对宿主产生有益的效果；

（5）能黏附于肠道上皮细胞；

（6）在肠道能存活并具代谢活性；

（7）能产生抗致病菌的物质；

（8）能调节免疫应答；

（9）不存在可转移的耐药因子；

（10）临床证实有好的生理功能；

（11）具有高活性、高浓度的细胞；

（12）能对生产和加工过程所遇到的各种胁迫环境有一定的抗性；

（13）在保存期有良好的稳定性；

（14）遗传稳定性较好；

（15）对噬菌体有一定的抗性。

由上面的（11）看出，必须通过高密度培养浓缩技术获得单位体积内活性高、数量多的菌体；由（3）、（12）、（13）看出，必须对活性细胞进行加工，使其耐受各种不良环境的胁迫；由（3）、（5）、（6）看出，必须通过各种措施制成不同剂型，防止消化道损伤，使活性细胞传递到黏膜上的不同部位，充分发挥功效。

上面提到的生产、加工和剂型制备的三种工艺是不同的，但它们是相互联系的，有的可利用一种工艺达到几种目的，如改变发酵技术既可提高菌量，又可改进细胞对环境的耐受性；流化床处理细胞不仅避免恶劣环境对细胞的损伤，还能实现定向给菌的目的。有的可利用多种技术达到一种目的，如为了让菌适应各种环境，可通过改进发酵参数使菌细胞适应不同的环境；通过各类保护剂防止细胞受到各种损伤；通过基因工程技术提高菌的抗性。

直投式发酵剂的生产，不仅要有优良菌株，而且也运用到乳酸菌生产和加工所需的所有设备和工艺，它是综合性的高技术。直投式发酵剂的类型有液体发酵剂、干燥发酵剂（喷雾干燥剂、冷干或真空干燥剂、浓缩干燥剂）和深冻干燥发酵剂。直投式发酵剂的优点是活菌含量高（最高可达 10^{11}cfu/g 以上）、活力高、易保存、贮存时间长、使用方便，正因为如此，它备受科研人员和企业家关注。

有关高密度培养生产技术，请看第十章第一节，此处不再赘述。本章只讨论提高菌株对环境胁迫的抗性和研制靶向定位剂型。

第一节　用遗传学方法提高菌株对环境胁迫的抗性

一、筛选自发突变株

Tatiana Rochat 等为了选育适于乳品工业生产的优良菌株，他们通过两个步骤获得了能在奶中很好生长并能抗氧的 SPOX3 自发突发体。

（1）把携带 β-半乳糖苷酶基因和蛋白酶基因的 pLP712 质粒转化到不产生这两种酶的菌中，使该菌能在 LM17 培养基和奶中很好生长。

（2）把这种菌培养到指数生长期，添加 2mmol/L 的 H_2O_2（抗性突变体出现率一般为 10^{-6}）或 5mmol/L 的 H_2O_2（抗性突发体出现率一般为 10^{-9}），从中筛选出抗氧突变株（SPOX3）。这种突变株不是重组体，无交叉抗性，能与产 H_2O_2 菌共培养。

二、筛选插入整合突变株

Maguin 等构建了一套非常有效的插入突变的载体 pGH4∶ISS*1*、pGH5∶ISS*1*、pGH8∶ISS*1* 和 pGH9∶ISS*1*，它由插入序列 ISS*1* 和温度敏感复制子 pG 宿主组成，这套载体可随机插入乳球菌、乳杆菌、肠球菌、链球菌等乳酸菌，只要选好特异性的化合物作为抗性选择标记，就能获得不同类型的突变体，如用 2-甲（基）苯醌（menadione），即维生素 K_3，已在乳酸菌中获得多个抗氧突变体。

三、太空育种

1994 年 7 月，贾士芳、郭兴华等利用科学返回式卫星对双叉双歧杆菌进行搭载试验。经过太空中的微重力、高真空、交变磁场、宇宙射线和长时间的饥饿等诱变作用，最终筛选出优良的菌株 NC-8，用未搭载的 NC-1 作为对照菌，经比较试验，得出如下结果：

（1）生长速度与生物量：NC-8 生长 10h 是 NC-1 生长 12h 的量，在相同生长的时间内 NC-8 的生长速度是 NC-1 的 4 倍。

(2) 对氧的耐受性：在空气中 NC-8 能在普通平板上生长，而 NC-1 则不能生长，必须在厌氧条件下生长。

(3) 在室温下的存活率：NC-8 和 NC-1 在室温下存放 10 个月后，NC-8 的存活率是 NC-1 的 60 倍。

(4) 对紫外线的抗性：同时用紫外照射 50s，NC-8 比 NC-1 致死率少 11.3%。

(5) 对 ^{60}Co 辐射的抗性：同时在 8Gy 下处理，NC-8 比 NC-1 致死率少 58%。

(6) 对高温、乙醇、H_2O_2 的耐受性：在 53℃下，NC-8 存活率是 NC-1 的 8.7 倍；在含 20%乙醇的环境中，NC-8 存活率是 NC-1 的 8.2 倍；NC-8 对 H_2O_2 比 NC-1 有较高的耐受性。

为什么在搭载过程中会获得如此多的优良性状呢？这可能是在长期饥饿、微重力、高真空等环境中，菌细胞作出全面的应激防护措施。

四、分子克隆抗胁迫的基因

傅瑞燕等（2006）和 Fu 等（2006）证明将谷胱甘肽基因克隆到乳酸乳球菌中能提高宿主对氧的胁迫，用高浓度的 H_2O_2（150mmol/L，15min）和超氧阴离子自由基生成剂——甲萘醌试验表明转化子均有抗性。

嗜热链球菌中含有携带热激蛋白基因（*hsp* 基因）的小质粒。将其基因转到无此基因的菌中能提高商业用菌的耐热性。GroESL 能上调细胞对热胁迫的抗性，把它的基因转到乳球菌和乳杆菌中后，受体在喷雾干燥和冷冻干燥中的存活率分别为原来的 10 倍和 2 倍。

第二节　改进发酵工艺提高细胞菌株对环境胁迫的抗性

近年来，通过发酵工艺提高益生乳酸细菌对恶劣环境应激的抗性取得了较大的进展。下面将介绍不同生长阶段（指数期和稳定期）处理细胞对菌存活率的影响；不同属、种、株的菌在各种胁迫环境下的反应；不同亚致死因子处理的细胞在致死条件的生存能力；不同应激因子对不同菌产生的诱导反应和交叉保护（Xie et al.，2004）；不同的细胞状态（自由细胞和固定化细胞）在预处理后对外界环境的抗性。

一、在非控制 pH 下培养的乳杆菌能提高胁迫的生存能力

Silva 等（2005）研究了德氏乳杆菌保加利亚亚种在控制和非控制的 pH 下培养的细胞，经过喷雾干燥后，在 20℃保存和 57℃热处理的生存能力。用双向 SDS 聚丙烯酰胺凝胶电泳分析了两种培养条件下生长的细胞蛋白，用自动质谱仪和串联质谱仪鉴定了 8 种蛋白，其中只有辅伴侣蛋白（cochaperomin）GroESL 与已知的热激蛋白（HSP）相符，其他蛋白则与糖酵解有关。生长在非控制 pH 下培养的细胞所表达的 Hsp70、GroEs 和 GroEL 均有所增加。由试验结果得知，在控制 pH6.5 下生长的菌，有最大的生长量，但对各种环境应激因子反应敏感，降低了对热干燥、酸的抗性。反之，在自然 pH 下生长的菌，对各种环境应激因子的反应不敏感，有较高的抗性，这和添加了热激蛋白有关。这个结果显示在非控制的自然 pH 下能提高菌对胁迫环境的抗性，因此研究

最优化的生产条件是很有必要的。

二、生长稳定期低 pH、低温和饥饿处理能提高双歧杆菌对冷和酸的耐受性

Maus 和 Ingham（2003）用低 pH、低温和饥饿处理处于生长稳定初期的长双歧杆菌和乳双歧杆菌，观察其对冷和酸的耐受性。设计三个因子（三个温度×两个饥饿时间×两个 pH），包括温度（20℃、30℃和 41℃）、饥饿（稳定期平衡后的 30min 和 60min 的连续发酵）和 pH（降到 5.2 或保持 6.0 作对照）。结果如下：

（1）长双歧杆菌被处理之后在低温 6℃下的存活率。长双歧杆菌经 41℃/30min 饥饿/pH6.0，或 41℃/60min 饥饿/pH6.0，或 30℃/60min 饥饿/pH6.0 处理后，其耐冷能力（存活率）最高，经 20℃/60min 饥饿/pH5.2 处理后最低。这三种处理证明：对长双歧杆菌来说，温度和 pH 处理与耐低温生存能力有关，若单饥饿处理 30min 或 60min 后在 6℃保存，存活率显著提高。

（2）长双歧杆菌和乳双歧杆菌被处理后在胃酸环境下的存活率。实验证明，对长双歧杆菌来说，不同条件处理后，耐酸能力无大的变化。对乳双歧杆菌则不同，经 41℃/30min 饥饿/pH5.2，或 41℃/60min 饥饿/pH5.2 处理，在胃酸环境中 60min 仍有高的存活率。也就是说，pH 由 6.0 降到 5.2 时，细胞饥饿 30min 或 60min 后，菌在 pH3.5（合成胃液）耐酸能力大大提高，这种菌在 pH5.2，－80℃存放 8～11 周，仍保持耐酸能力，而在 41℃/60min 饥饿/pH6.0，或 20℃/30min 饥饿/pH6.0，或 20℃/60min 饥饿/pH6.0 处理后没有大的变化。

（3）商业用菌和非商业用菌比较。非商业用长双歧杆菌（来自 ATCC）和商业用乳双歧杆菌（分离自商业产品）相比，对冷和酸的耐受性较差，这可能和种的特性或长期应用有关。制造酸奶时商业用菌比非商业用菌耐酸能力强。这两种菌对冷和酸的应激反应有很大的差别：长双歧杆菌对低温有较好的耐受性，而对酸敏感；乳双歧杆菌对低温敏感，但对酸的耐受性好。可见双歧杆菌不同的种和不同的株对环境的耐受能力各不相同。通过生长早稳定期亚致死胁迫处理，能提高应激反应的能力，这对食品发酵和益生菌的生产都有重要意义。

三、稳定期酸和热处理能提高乳杆菌和双歧杆菌的生存能力

Saarela 等（2004）结合生产实际情况，在细胞生长的稳定期，对乳酸细菌进行了不同亚致死条件处理，研究其在致死条件下存活率的影响，这对于乳酸细菌微生态制剂的生产及贮存具有重要的现实意义。

对生产菌株的研究必须考虑：①所处理的菌应是稳定期的细胞，此时培养基中的细胞浓度达到最高，且对胁迫因子有广泛而强的抗性；②不仅要在实验室水平进行试验，而且还要在发酵罐水平模拟生产操作，进行不同处理条件的验证；③对益生菌来说，要用价廉的食品级培养基，而不是昂贵的 MRS；④在生产过程中易于操作，优先试验的应是低 pH 和高温处理；⑤保证安全，不添加任何化学物质；⑥从生产到应用遇到的各种应激因子都应预防；⑦每一步都应有足够高的活菌数。具体实验过程如下：

试验所用菌株为：3 株乳杆菌：*Lactobacillus rhamnosus* E800、*Lb. brevis* E1877、

Lb. reuteri E849；2 株双歧杆菌：*Bifidobacterium animalis*（*lactis*）E2010 和 *B. longum* E1884。双歧杆菌厌氧培养条件为：H_2：CO_2：N_2=10：5：85。

培养基：MRS 为蛋白胨 10g、肉膏 10g、酵母提取物 5g、K_2HPO_4 2g、柠檬酸二铵 2g、乙酸钠 5g、葡萄糖 20g、吐温 1mL、$MgSO_4 \cdot 7H_2O$ 0.58g、$MnSO_4 \cdot 4H_2O$ 0.25g、蒸馏水 1L，pH6.2～6.4；MRS（+Cys）为 MRS+0.5g/L 半胱氨酸；MRSB 为 MRS+broth+Cys，MRSB+100mmol/L 磷酸钠缓冲液 pH 6.4±0.2（+Cys）。

GEM：葡萄糖 20g、豆胨 30g、酵母提取物 7g、$MgSO_4 \cdot 7H_2O$ 1g 溶在 0.01mol/L 磷酸钾缓冲液中 pH6.3±0.2，加 Cys 0.5g/L。GEM（+Cys）溶在 0.1mol/L 磷酸钾缓冲液中。

亚致死和致死的条件为：低温和高温：4℃、6℃、8℃、10℃、37℃、40℃、42℃、44℃和 46℃；酸环境：pH3.0、3.5、4.0 或 6.3±0.2 在 37℃中的生长。

实验室水平和发酵罐水平提高菌耐胁迫能力的过程及评价见图 12-1。

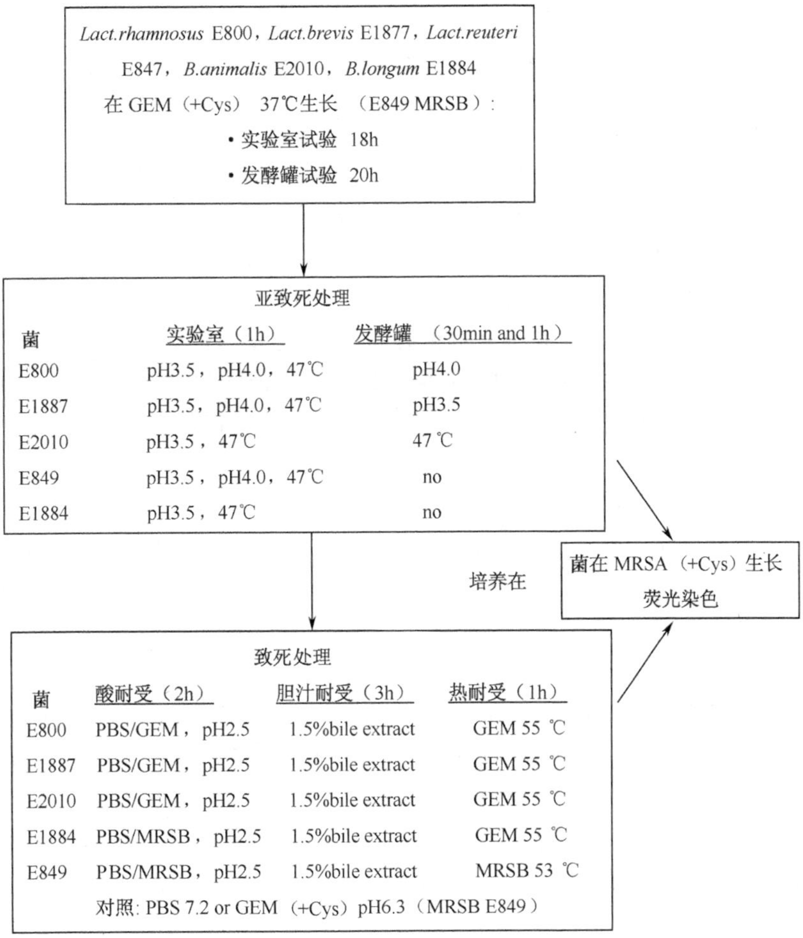

图 12-1 在实验室和发酵罐中提高菌对酸和热耐受性的操作过程及其评价（Saarela，2004）

试验证明，不同的菌对各种应激因子有不同的反应，显示菌株的特异性。在实验室利用 GEM 培养基，观察所试菌株的适应性反应（在 pH3～4 的酸处理预防 pH2.5 的胁迫或47℃热处理预防55℃的胁迫)。除 *B. animalis* E2010 和 *Lb. rhamnosus* E800 外，均有不同程度的适应性反应（菌数从1～4个log值)。就乳杆菌来说，低pH处理对细胞的保护似乎比高温处理要好一些，就双歧杆菌来说，高温处理对细胞的保护作用比低pH处理有更明显的效果。在发酵罐中试验与实验室试验所得结果基本相似，但由于体积较大所需时间较长。

上述除用酸和高温处理之外，也用52℃、0.003mol/L H_2O_2、0.1%牛胆汁酸或0.3mol/L NaCl对 *Lb. paracasei* 处理。在NaCl的存在下，60℃处理10min有较好的保护作用。更有效的是先在稳定期热处理，接着NaCl处理。

结论：对5株菌的研究显示，在实验室水平上可以通过亚致死处理提高菌的生存力，证明乳杆菌比双歧菌更易生存。在发酵罐水平上用GEM培养基代替MRS和奶粉，同样能通过亚致死条件提高在致死环境下菌的存活率，但动物双歧杆菌提高幅度较小。实际观察说明，对每个菌的不同亚致死条件应有准确的范围。另外，在发酵罐中对每种菌进行优化处理才能获得更切合实际的结果。

四、固定化混合菌株连续发酵能提高菌对胁迫耐受性

Doleyres等（2004）用固定化长双歧杆菌和乳酸乳球菌双乙酰亚种混合连续发酵后大大提高了各种菌对胁迫的耐受性。在从37℃（第1～6天)、32℃（第7～12天）和35℃（第13～15天）的不同温度中进行两个阶段的长达17天的连续培养，第一阶段的发酵罐分别含固定在微胶囊中的长双歧和乳球菌双乙酰亚种的细胞；第二阶段的发酵罐含的是由微胶囊释放出来的自由细胞，这两种细胞随着培养时间的延长，产生了对H_2O_2、模拟的胃肠液汁、抗生素、乳链菌肽和冷冻-融化的耐受性。一般来说，在处理6天后，细胞的耐受性明显强于对照平衡期的细胞。在连续培养自由细胞的过程中，观察到长双歧杆菌对已获得的抗生素的抗性是可逆的，而乳球菌双乙酰亚种则无此现象。

固定化后连续培养的自由细胞在生理上有大的变化，提高了对化学和物理胁迫的耐受性，这对益生乳酸细菌的生产、加工应用都有好处。

发酵培养基和细胞固定化：发酵培养基为mMRS，即在MRS中再添加乳糖50g/L（不加葡萄糖)、半胱氨酸0.5g/L、Na_2CO_3 0.2g/L、$CaCl_2$ 0.1g/L、KCl 11.2g/L，使微胶囊有足够的完整性。

固定化：两种纯种来自−80℃保存的菌母，在MRS培养基中（不含KCl）生长两次，培养18h，不控制pH，有氧30℃培养乳球菌双乙酰亚种，厌氧37℃培养双歧杆菌，接种量2%。两种菌培养物分别被固定化在κ-角叉菜聚糖（κ-carrageenan）或洋槐豆胶囊。微囊直径为1～2mm，通过筛子筛选用于发酵试验。

试验证明：德氏乳杆菌尤其是德氏亚种产生H_2O_2较多，如果酸奶中存在双歧杆菌，则由于H_2O_2和酸的协同作用（synergistic action）将大大抑制它的存活。细胞被固定化3天后，在3%的H_2O_2浓度下，长双歧杆菌和双乙酰乳球菌的存活率分别是原来的40倍和30倍。

益生菌要在体内发挥作用必须对胃酸、胆汁和肠液有较高的耐受性。已证明长双歧杆菌在连续9天培养之后，在模拟胃肠的环境中存活率有大的提高。双乙酰乳球菌的存活率似乎更依赖于发酵的温度，在该菌最适的生长温度（32℃）下，存活率较低，然而

升到37℃，加之固定化，却获得了较高的存活率，这对在胃肠道中使用有好处。

益生菌对抗生素的耐受性是大家关注的问题，因为宿主由于肠炎类疾病使用抗生素会导致菌群失衡。试验证明，细胞在连续固定发酵过程中随着时间的延长，对不同类型的抗生素的耐受性有大的提高，培养6天后就显示出了较高的耐受性。

乳链菌肽是重要的食品防腐剂，一般将它或产生细菌素的菌应用于乳制品或其他食品的生产中。试验证明，固定化细胞连续发酵6～9天，能提高细胞对乳链菌肽的耐受性（≤200IU/mL），细胞存活率十分明显。

冷冻干燥对菌种复壮再生产和商业上的冷链贮藏都非常重要，具有耐冷冻干燥和冻融的菌株将有潜在的应用价值。现已证明，9天以上的发酵时间和较低的温度（32℃）对双歧杆菌在冷冻时的处理有较高的存活率（9.3%±3.1%），对双乙酰乳球菌来说，存活率没有长双歧杆菌高。

本试验的优缺点：

（1）固定化细胞结合长时间的连续发酵（一步法）与预处理（亚致死、饥饿等）相比，可提高菌的活力和数量及代谢产物的活性。

（2）此方法抗逆谱广，如对酸、抗菌物质、冷冻都有效果。

（3）适于工业化生产，能提高经济效益。

（4）缺点是每次重复所获得的结果不完全一致，但趋势是一致的。

应激耐受的机理：

（1）固定化微胶囊密度高，微胶囊内的细胞密度更高，细胞和细胞、细胞和基质的信号传递和作用异常复杂，导致典型的密度感应的控制体系，代谢产物的分子起着诱导打开某些基因或关闭某些基因的功能。所以固定化生产的细胞和传统分批培养的自由细胞的生长、形态和生理特性均有不同。

（2）细胞被固定化后，氧还电位、酸碱度、酶的种类和活性都和自由细胞不同。已报道本来是同型发酵的乳杆菌固定化后可变为异型发酵。

（3）稳定期固定化细胞的连续发酵，使细胞长时间处于各种胁迫的环境（低pH的酸化环境和末端产物的抑制作用），形成一定的适应性；细胞壁加厚，可逆性提高和细胞膜被修饰，从而加强了非特异性细胞的抗性，如对乙醇、酚、季铵盐、消毒剂，由敏感变为耐受。

生物（从人到微生物）对外界环境的各种应激反应有重要的理论意义和实用价值，对它的研究只是开始，需要深入探讨。就乳酸菌来说，酸、高温、低温、氧、冷、渗透压和饥饿等因素如何诱导或抑制基因表达这个问题的解决，将对益生菌和食品发酵工业作出巨大的贡献。

第三节 用保护剂预防环境对细胞造成损伤

在发酵收集菌体后要对菌进行加工，目的是为了减少各种恶劣环境，尤其是水分活度（Aw）、高温、氧气和时间对细胞造成损伤，保证在贮藏时间内有足够的活菌数，为此，创造有利于菌存活的环境是对乳酸菌保护的重要措施。

一、防止水分对细胞的损伤

乳酸菌菌粉含水量的多少是菌存活的关键因素，含水量为5%的菌粉，细胞在很短时间内就会死掉。冷冻干燥、真空干燥、浓缩冷冻干燥和喷雾干燥是降低水分的重要措施。试验证明，菌粉水分活度为0.25以下，残存水分质量分数在2.5%～3.0%最好(用水分活度仪测定)。另外，在用胶囊包埋菌粉时，车间的湿度也不能高于30%。

二、防止冷冻干燥对细胞的损伤

冷冻干燥是先将欲干燥物料中的水冻成冰，然后使冰升华而去水的一种方法。细菌细胞突然遇到低温或冷冻干燥会发生一系列严重的形态和生理生化的变化，造成DNA螺旋改变，使复制、转录、翻译质量下降；酶结构和功能失常，出现代谢紊乱；膜脂肪变化，引起相变，导致胞内可溶性物质的渗透；细胞间隙的溶液电介质浓度增加，渗透压改变；胞内冰晶产生，细胞受到机械损伤。

为了减小损害并维持生存，细胞会在瞬时采取冷应激反应的措施，以适应环境，其一就是合成多种冷诱导蛋白（CIPS)。另外，人为地添加保护剂也会取得好的效果（田洪涛，1998；Maus，2003)，所以下面将对冷冻保护剂类型和作用机理加以讨论。

（一）冷冻保护剂

所有的保护剂都应有好的持水性，根据其对细胞渗透作用，保护剂可分为渗透型、半渗透型和非渗透型三种。渗透型是指既能透过细胞壁，又能透过细胞膜的保护剂，如甘油；半渗透型是指能透过细胞壁，较难透过细胞膜的保护剂，如双糖、氨基酸等；非渗透型是指不能透过细胞壁的保护剂，如多糖、蛋白质、聚乙二醇（PEG）等。

试验证明，大部分保护剂是非特异性的，可预防不同环境的应激反应，但也有的则是特异性的，只能用于特定的环境。另外，菌的属、种、株的不同，对保护剂的要求也各不一样，所以要想达到好的效果，要在大原理的指导下逐一试验。

（二）冷冻干燥保护剂的类型

碳水化合物保护剂有：海藻糖、甘油、蔗糖、麦芽糖、乳糖、葡萄糖、半乳糖、果糖、甘露糖、甘露醇、聚甘露醇酯、山梨糖醇、葡聚糖、果胶、透明质酸、乙酸钠和可溶性淀粉等。

氨基酸和蛋白质保护剂有：谷氨酸钠、精氨酸、甘氨酸、脯氨酸、赖氨酸、半胱氨酸、多聚谷氨酸（PGA)、明胶和脱脂奶粉等，其他还有吐温80、PEG4000、PEG6000、PEG8000、PEG20000、二甲亚砜、抗坏血酸和甜菜碱等。

比较好的保护剂是：海藻糖、甘油、脱脂奶粉、谷氨酸钠、多聚谷氨酸、透明质酸、蔗糖、山梨糖醇、聚甘露醇酯、PEG20000、PEG6000、二甲亚砜和吐温80等，如能根据保护机理，互补配制则效果更佳。

现已报道的不同菌的保护剂配方有：①保加利亚乳杆菌的配方为脱脂奶粉8%、海藻糖1%、甘油2%、谷氨酸钠1.5%；②嗜热链球菌的配方为脱脂奶粉12%、海藻糖1%、甘油3%、谷氨酸钠1%；③保加利亚乳杆菌与嗜热链球菌混合菌的配方为脱脂奶粉 18%、甘油 2%、谷氨酸钠 1%、吐温 80 0.5%；④瑞士乳杆菌的配方为海藻糖 10.4%、谷氨酸钠 4%、脱脂奶粉 11.2%；⑤长双歧杆菌的配方为海藻糖 10%、透明质酸 0.4%；⑥戊糖乳杆菌的配方为脱脂奶粉 10%、蔗糖 4.9%、甘油 1.5%；⑦短双歧和两歧双歧杆菌的配方（重量计）为海藻糖 0.1～0.15、脱脂奶粉 2～2.5、乳糖 3～4、低聚果糖 1～1.5、麦芽糊精 4～5、可溶性淀粉 4～5、维 C 钠 0.05～0.06。

试验证明，液氮保存保加利亚乳杆菌（菌体：保护剂＝1：1）的效果是：10%海藻糖＞15%海藻糖＞15%PEG20000＞10%PEG20000＞ 10%PEG6000＞1%吐温 80＞15%葡萄糖＞10%甘油。

副干酪乳杆菌 NFBC338 生长在 10%的脱脂乳、10%阿拉伯胶中直到指数中期，然后喷雾干燥，结果不论在高温或常温或酸和胆汁的情况下都比对照的存活率有大的提高。

（三）冷冻保护剂的作用机理

对各种胁迫所用的保护剂的作用机理有同点，也有异点，这里重点讲冷冻干燥保护剂的作用机理。

保护剂能降低细胞相变温度（Tm）。Tm 是指细胞膜中磷脂分子在脱水时由液晶态变成凝胶态时的相转变温度。保护剂能降低 Tm，保护细胞免受损伤。

保护剂能提高玻璃化转变温度（Tg）。玻璃化是指物质以非晶态形式存在的一种状态，具有液体的性质。Tg 是指在脱水体系中玻璃化转变的温度。保护剂能有效的提高 Tg，保护细胞免受损伤。

保护剂能使蛋白质结构稳定，冷冻干燥会导致蛋白分子的三维结构发生改变，保护剂能维持空间和构象的稳定性。

（四）糖类和醇类的作用机理

这些物质具有多个羟基，能与菌表面的自由基结合，还可与菌中的蛋白质形成氢键以取代水。海藻糖是二糖，由 α-D-吡喃葡萄糖-α-D-吡喃葡萄糖组成，能渗透到细胞内，填充到蛋白质等大分子周围，具有稳定生物膜和蛋白质结构的作用；海藻糖的羟基可与生物分子的极性基团形成氢键，代替极性基团失去的分子，维持细胞框架结构。最近，Klaenhammer 等对海藻糖的作用机理又做了深入的研究，他们对嗜酸乳杆菌 NCFM 的 *tre* 基因座做了鉴定，并分析了海藻糖的超低温保护作用机理。细胞利用海藻糖的基因座由转录调控子 *treR*、海藻糖磷酸烯醇丙酮酸转移系统（PTS）的转运子 *treB* 和海藻糖-6-磷酸水解酶基因 *treC* 组成。并确定了海藻糖在胞内被吸收并起到超低温保护作用，他们将生长的细胞离心洗涤后悬浮在不同浓度的海藻糖（0～30%）缓冲液中，对细胞重复 10 多次的冻融处理（－70℃、5min，20℃、10min），结果显示，添加 20%海藻糖的菌比不加海藻糖的菌存活率提高了两个数量级。用插入载体钝化 PTS 转运子和水解酶后突变体不能在海藻糖的培养基中生长，对超低温的抗性也大大减弱，说明海藻糖的发酵需要这两个基因，也证明这两个基因对低温保护起重要作用。

甘油是小分子化合物，能渗透到细胞内，与水紧密结合，防止细胞过分脱水，减少盐浓度的伤害，阻止细胞内大冰晶的形成，改变胞内过冷状态，也可使细胞内压力接近胞外。

蔗糖是非还原性二糖，有很强的水化能力，能与细胞表面形成稳定的水化保护层。

山梨醇能稳定蛋白质的构象和功能，防止细胞损伤。

PEG20000 和 PEG6000 都属非渗透性保护剂，它们在细胞表面形成黏层，增加细胞周围溶液的黏度，抑制冰晶的生成，保护细胞免受损伤。

吐温 80 是多羟基乙酸山梨醇单油酸盐，是一种表面活性剂，能防止细胞膜的损害。

透明质酸为高分子化合物，玻璃化温度（Tg）高，能在细胞表面形成稳定的玻璃态，并赋予冻干细胞体系较高的 Tg，稳定性高。

（五）氨基酸和蛋白质的作用机理

氨基酸是一类重要的冷冻干燥的保护剂，其氨基能与菌体蛋白羰基产生反应，稳定蛋白质的结构。脱脂奶粉能呈现过冷状态，即在冰点下溶液中的溶质（电介质）浓度较小，盐析和变性作用减小，是非常好的保护剂，也可固定冻干的酶类。

三、防止喷雾干燥和高温对细胞的损伤

细胞遇到高温或喷雾干燥时，蛋白质就会发生凝聚和变性，RNA 丧失正常功能，膜液体发生改变，跨膜质子梯度被打乱，胞内 pH 降低。为了防御高温和干燥胁迫，细胞能被立刻诱导出几十种热应激蛋白（HSP），同时抑制几种蛋白的表达。另外，人为地添加 NaCl 也能诱导 10 多种热激蛋白，防御热应激，补充热保护剂也会得到好的效果（Cororan，2006；张兰威，2000；陆英，2006）。

海藻糖、脱脂奶粉、侧金盏糖醇（阿东糖，adonitol）、阿拉伯胶（金合欢胶，gum acacia）、甜菜碱、益生元、可溶性纤维、蔗糖和谷氨酸等，都是常用于防御高温的保护剂，如在 MRS 培养基中添加 20g/L 蔗糖或 12.5g/L 谷氨酸钠会大大减少清酒乳杆菌在喷雾干燥时的死亡率。添加 2mmol/L 的甜菜碱能提高植物乳杆菌在高温和高渗（0.6mol/L NaCl）时的存活率。

四、防止酸（低 pH）对细胞的损伤

酸有两种来源，一是菌体本身产生的有机酸（如乳酸）；二是胃里的胃酸，酸对菌的生存不利。菌可以通过保持 pH 内稳态，诱导和阻抑某些蛋白的表达及全局调控等措施防御酸的应激。人为的方法是利用海藻酸钠、明胶、氯化钙等对细胞进行包埋。

五、防止氧对细胞的损伤

乳酸菌一般为厌氧或兼性厌氧菌，它们对氧敏感，也就是说氧、超氧阴离子（O_2^-）、过氧化氢（H_2O_2）和氢氧自由基（$HO^- \cdot$）对它有毒，对蛋白、脂类和核酸都有害。为了生存，细菌能使细胞变成还原状态和防止氧形成及诱导抗氧应激蛋白的产生。向培养基和菌粉添加还原剂（Annabelle，2006），如 L-半胱氨酸、抗坏血酸；把抗氧基因转到细胞内表达（傅瑞燕，2006）；用不透氧的材料包埋细胞是防御氧应激的重要方法。

六、防止饥饿对细胞的损伤

细菌生长到稳定的后期，碳水化合物基本耗尽，渐渐处于饥饿状态，这时细胞全面启动抗饥饿的应答，降低与生长有关的功能，减少消耗碳源的一切代谢活动。真空冷冻干燥使细胞处于休眠状态是防御饥饿应激的办法（Emma，2005）。

七、防止渗透压对细胞的损伤

乳酸菌在食品发酵中往往要加糖和盐，以降低活性水，然而这势必使细胞肽聚糖交联下降，细胞增大，对溶菌酶和抗生素敏感，影响菌的生存能力。菌抵抗这种胁迫，也会采取相应的措施，如诱导对付渗透胁迫的蛋白的表达，积累可混溶溶质来防御高的渗透压。其实有意识的向培养基中添加氨基酸及其衍生物，尤其是甘氨酸、甜菜碱，也能显著提高菌对渗透压的耐受性（Piuri，2005）。

八、防止胆汁对细胞的损伤

胆汁（bile）是一种复杂的消化道分泌物，胆汁含有三种不同的胆汁酸（bile acid），即胆酸（cholic acid）、脱氧胆酸和鹅脱氧胆酸。胆汁酸是胆汁中具有类固醇结构的有机酸，是胆汁中的主要成分。胆酸的羟基可分别与肝脏中的甘氨酸或牛磺酸共轭结合，形成甘氨胆酸和牛磺胆酸，称为结合胆酸，在胆汁中以钠盐或钾盐形式存在称为胆汁盐。胆汁盐味苦，是体内促进脂类物质消化吸收的重要物质。胆汁酸是表面活性的两性分子，有很强的抗微生物的活性。

乳酸菌能通过表达抗胆汁的蛋白和代谢途径（胆汁水解酶、共沉淀、菌体自吸收），降低它对细胞的损伤。另外用抗胆汁盐的材料包埋细胞也有效果并在实践中使用。

九、防止压力对细胞的损伤

对乳酸菌细胞施加压力，如用200～600MPa处理细胞，则细胞的存活力、跨膜的pH（ΔpH）、对多种药物的抗性、膜的流动性等都会发生大的变化，如果在含蔗糖或氯化钠的高渗的溶液中施予大的压力，细胞的死亡率比在无高渗的溶液中少的多。已证明二糖（如蔗糖）能有效的防御压力对细胞的损伤，然而由于氯化钠是以离子渗透的方式来防御的，所以防御能力弱。

十、用流化床制备微胶囊防护细胞损伤

通常用于防护细胞损伤制备微胶囊的方法主要是流化床的方法。

（一）流化床制备微胶囊的原理

流化床制备微胶囊的原理是：将囊心如粉末、晶体、颗粒、微丸、胶囊、片剂置于流化床内，在气流的作用下囊心通过囊衣区时，囊衣液在气压作用下呈雾化状态均匀喷射在囊心表面，其有机溶剂随之蒸发，经反复喷射，整个表面都被包埋。因为流化床能提供较高的蒸发热，所以包埋均匀，效率高。

（二）流化床的类型

流化床由空气压缩系统、动力加热系统、喷雾系统及控制系统组成，它是流态化技术、雾化技术和干燥技术的有机结合。流化床按其喷液方式分为顶喷流化床、底喷流化床和旋转切线喷流化床三种。后两种适宜制微胶囊，因为喷枪都位于流化床的底部，液滴从喷嘴到物料距离较短，减少了液相的挥发，利于均匀包埋（史宁，2002；张栋梁，2006）。

（三）对囊心的要求

在包埋前要先进行制粒，形成小颗粒，最好是球形、表面光滑、有一定的硬度。如果粒子不均匀，有细粉末，则会因流化时粒子越小，表面积越大，静电越强，吸附在锅壁上或抖动袋上，不参与流化，影响包埋。

（四）囊衣配方的设计

粒径范围窄，表面光滑，溶出行为合乎要求，镜下形态正常是评价微胶囊的质量标准，为此要采取以下措施。

1. 囊衣材料的选择

用作囊衣的材料必须是：①粒子间的黏连性低；②能在特定的部位溶解，如在明确的 pH 范围内释放囊心；③用量小。

2. 辅料：增塑剂、抗黏剂和致孔剂

好的包埋还要补充与高分子相容，超稳定囊衣的增塑剂，如棕榈酸、月桂酸等；还要添加使粒子流化、减少黏连的抗黏剂，如滑石粉、硬脂酸镁、微粒硅胶等；有时还要加聚乙二醇等致孔剂，用于控释。

（五）工艺参数

根据囊心和囊衣性质来决定工艺的参数。

1. 喷雾的压力

喷雾液滴的大小是喷液速度和雾化压力综合作用的结果。喷雾液滴必须小于被包囊心的直径。

2. 喷液速度

在不发生黏连的前提下，应尽量加大喷液速度，以缩短包埋时间。

流化床制备微胶囊是一个复杂的过程，受到多方因素的制约，除上述外，还应考虑无菌空气温度、湿度、流量和物料量等，其中避免静电吸附和粒子间的黏连是首要关注的问题。杨汝德等（2003）在制备双歧杆菌微胶囊时采用无菌空气压为 $2\sim3kg/cm^2$，流化床空气流量为 $10\sim12m^2/h$，热空气温度为 40～50℃，空气湿度为 RH 50%～70%，获得了近球形颗粒，不黏连，颗粒大小多数在 60～100目，活菌数为 5×10^9 个/g，最高达 10^{10} 个/g。

第四节　研制定向靶位给菌（药）的制剂

一、菌（药）剂型

（一）药物剂型进展

药物都应制成一定的剂型，以制剂的形式用于治疗、预防或诊断疾病，而制剂的有效性、安全性、合理性和精密性等则反应医药的水平，决定用药的效果。

随着科学技术的迅猛发展，各学科之间的相互渗透，互相促进，新辅料、新材料、新设备、新工艺不断涌现。为避免频繁给药并使在体内维持较长时间的药物浓度提出了缓释、控释剂型，称为缓释、控释给药系统；为使药物集于靶器官、靶组织、靶细胞，提高疗效，降低毒副作用又发展了靶向给药系统：根据时辰生物学与生理节律又提出了同步脉冲式给药系统（自调式给药系统）。

（二）根据生理特性制备益生乳酸细菌剂型

益生乳酸细菌发挥机体生理作用的主要部位在黏膜，包括鼻腔、口腔、胃部、小肠、大肠以及泌尿生殖道。它生产的产品，包括活菌、死菌、发酵产物，以及基因工程疫苗等，不论液体还是固体都要直接与黏膜接触，然而，由于不同部位黏膜的组织、细胞类型、抗原所处部位的酸碱度、微生物的种类和数量、酶的类别和活性等都有很大的差别，因此，为了有效、安全、合理、精准地发挥作用，就需要制成各种剂型，适用于不同生理环境的需求，如用于鼻孔的滴剂和喷雾剂；用于口腔的含片；用于消化道的液体、散剂（粉剂、粒剂）、片剂、胶囊（软胶囊、硬胶囊）；用于阴道的栓剂、膏剂、泡腾片和滴剂等。这些剂型虽然方便、价廉，但货架期较短，而且真正到达特定部位的菌量和活性都有很大损失。近年来有的产品已使用肠溶性胶囊，避免了上消化道环境对菌的损伤，取得一定的效果。

随着医疗保健事业的发展，人们期望益生乳酸细菌和其他生理活性物质（如益生酶、食药兼用的中草药及其他生理活性物质）合用，采用一个特异剂型，同时传递到机体特定的部位，发挥更多的功效。另外，基因工程益生乳酸细菌作为生物制药工厂，将蛋白药物分泌到细胞外或者锚定在细胞壁上，都需要有定向靶位给药的剂型。还有，益生乳酸细菌作为鼻腔或口服的黏膜免疫疫苗也需要有适于疫苗的剂型。所有这些，国内外的研究较少，但这是药物剂型发展的方向之一。本节所述的内容主要强调的是原理在应用上的可行性，所举的例子大都是在化学药物中应用过，但在益生乳酸细菌中用的还不多，希望借鉴这些原理和材料，针对天然的益生乳酸细菌和益生乳酸细菌的组合物的特性，开发出高质量的制品，为人类健康做出大的贡献。

（三）冲剂/散剂/颗粒剂

冲剂是益生菌剂型之一。冲剂生产工艺简单，不需复杂的设备，携带和服用方便。冲剂由菌粉、填充剂、稳定剂和调味剂等组成。冲剂可分为可溶性冲剂和混悬性冲剂，益生菌冲剂多为后者。益生菌冲剂主料为干燥菌粉，辅料为奶粉以及淀粉等，根据产品要求还可加入一些甜味剂、香精等调味剂，有的还加入一些营养强化剂如维生素等。在双歧杆菌冲剂中还可加入低聚糖等双歧因子。经充分混合制成颗粒或粉粒，用复合铝膜真空包装，所含菌数有不同规格，每克含菌数从几亿到几百亿不等。益生菌在保存期内如何维持产品中的活菌数是极其重要的问题，因为活菌数是这类产品的唯一指标。这类产品食用时不能用开水，只能用低于 50℃温水或凉开水冲服。

（四）片　　剂

片剂是益生菌制品的一大类，它是用益生菌粉添加适当辅料，通过压片工艺制成的片状制剂。片剂具有剂量准确，质量稳定（因为与光、空气、水分等接触面减小），服用和携带方便，便于识别以及成本低廉等优点。其缺点是儿童不易吞服，储藏条件不当时易变质。

常见的益生菌口服片有普通片和肠溶衣片。普通片，如乳酸菌奶片、乳酸菌素片等。口服片一般要求有较好的崩解性和溶出性。为防止和减少氧的损害，最好进行包衣。肠溶衣片也许是多数益生菌口服片较理想的剂型，这种片剂既可防止胃酸对菌的伤害作用，也可减少氧的影响。

1. 片剂的加工

益生菌片剂由主料和辅料两部分组成，主料是益生菌粉剂或菌体培养物，辅料有填充剂、崩解剂、黏合剂和润滑剂等四类。

(1) 填充剂。填充剂又称稀释剂，其主要作用是增加片剂的重量和体积。如主料是液态，则辅料还起到填充剂与吸收剂的双重作用。

(2) 崩解剂。崩解剂主要可使片剂在进入胃肠道后迅速崩解，溶出益生菌使之发挥作用。这些物质有较好的吸水性和膨胀性以促进片剂的崩解。崩解剂有淀粉和羧甲基淀粉等。

(3) 黏合剂。若主料黏性不足压片困难，需加入适量淀粉浆，以起到增加黏性便于制片的作用。

(4) 润滑剂。为了在冲压片剂时减少颗粒之间、颗粒与冲模之间的摩擦，避免片剂自模圈中推出时拉模或黏冲，使片剂表面光滑美观等，需在主料中加入润滑剂，如硬脂酸镁等。

对辅料的要求：辅料应是安全无毒的，价格低廉、惰性、性质稳定、无不良生理作用、不影响菌的存活率以及不影响对产品中菌数的检测。常用的辅料有玉米或马铃薯精制淀粉及其衍生物、糊精、糖类（乳糖，蔗糖等）、纤维素及其衍生物、无机钙盐、氧化物、有机酸及其盐、酯和高级醇等。

片剂制备即是将菌粉与合适的辅料混合均匀，使其具有良好的流动性和可压性，然后通过压片机械压成片。原料的流动性是为了使混合物顺利并以准确的剂量流入模孔，使片剂大小一致。对益生菌片剂而言，良好的可压性至关重要，可压性越好，压片时所需压力就越小，即可在适度的压力下压成硬度符合要求的片剂，因为制片时的压力直接影响片剂中菌的存活率。

压片分干法压片和湿法制粒压片。干法压片又分干法直接压片和干法制粒压片。干法压片适合于大多数益生菌片剂制备。对流动性和可压性好的混合物可直接压片，而有的则需先行制粒，即加入黏合剂先制成大片再粉碎成颗粒后制片。湿法制粒压片是将混合物进行湿法制粒再行压片。湿法制粒有几种方法：一是将混合料制成软材，过筛或以其他方式制粒，干燥后压片；二是流化喷雾制粒，即一步制粒压片和转动制粒压片等。制粒的目的除改善流动性外，还可增大物料的紧密度，逸出空气，减少片剂的松裂现象，避免因粉末分层而影响片剂中的剂量的准确性，避免细粉飞扬而黏附于冲头表面而造成黏冲和拉模现象。湿法制粒过程中烘干阶段对一些不耐热和氧气的菌剂影响较大，宜慎用。多数益生菌剂可采取先将辅料制成空白颗粒，再与菌粉均匀混合后以压片的方法制片，从而减少制粒过程中菌的死亡。

2. 制片设备

制片设备包括制粒设备和压片设备。

（1）制粒设备。制粒设备主要用于湿法制粒。制粒工艺主要有如下几种：软材过筛制粒，可通过手工或摇摆式颗粒机等制粒；流化喷雾制粒用的是流化喷雾制粒机，原料混合、制粒和干燥等在同一设备中一次完成；转动制粒法可用倾斜盘或糖衣锅进行；湿法混合制粒法用高效湿法混合颗粒机，该设备密封性好，混合均匀，制成的颗粒较圆，流动性好。

（2）压片设备。压片设备有单冲程压片机和多冲程压片机即旋转式压片机。单冲程压片机一般适用于实验室新产品试制及小批量生产，但制成的片剂质量不稳定；旋转式压片机是生产上广泛使用的一种压片设备。根据冲头数目和流程，压片机有多种型号。现已有高速压片机，每小时产量可达数百万片，可自动调节片重，自动取样、计数、计量和记录，高度自动化，并且为封闭式，大大提高了产品产量和质量，符合 GMP 要求。

3. 片剂的包装

益生菌片剂包装要求严密避光，应采用避光和不透气的符合卫生标准的包装材料；可单片包装或密封充氮瓶装及袋装。片剂在低温干燥处保存，并严格规定保质期。

（五）胶　囊　剂

胶囊剂是益生菌制品的一种重要剂型。它的优点有：生产工艺较简单、运输和携带方便、可掩盖制剂的不良气味、可有不同颜色便于区别、药物的生物利用率高，因为制造时不需加黏合剂，也不施压，因而易于分散，可以用不透明囊壳减少益生菌受光、热和空气的影响。其缺点是水剂和吸湿性强的制剂不宜直接制成胶囊。此外，胶囊不适于儿童服用。

胶囊由胶囊壳填装制剂组成，胶囊壳有许多种，选择合适的囊壳对益生菌制剂非常重要。

1. 空胶囊的选择

胶囊剂分硬胶囊、软胶囊和肠溶胶囊。硬胶囊剂是将益生菌剂制成粉末或小颗粒填充于空胶囊中，囊壳称空心胶囊或空胶囊，空胶囊由明胶、增塑剂、防腐剂、着色剂和遮透剂组成，经溶胶、蘸胶、干燥、脱膜、截割及套合等工序完成。根据着色剂不同，可制成不同颜色的囊壳，还可用印字机在囊壳上印字。软胶囊系指一定量的液态制剂密封于球形或椭圆形的软质囊材中，囊材由明胶、甘油或其他适宜的药用材料制成。肠溶胶囊系指囊壳不溶于胃液，但能在肠液中崩解释放出胶囊中的内容物，有硬胶囊或软胶囊制剂。肠溶胶囊过去用甲醛与明胶制造，甲醛与明胶起胺缩醛反应，使明胶分子互相交联，形成甲醛明胶，分子中已无氨基，失去与酸结合能力，所以不溶于胃液，但仍含羧基，故能在碱性肠液中溶解，使内容物释放出来。由于这种囊材具有不稳定性，现改为用明胶（或海藻酸钠）先制成空胶囊，再涂上肠溶材料，如 CAP 等，大大提高其质量。如用 PVP 作底衣，再用 CAP、蜂蜡等进行外层包衣，可进一步改善质量。

空胶囊的规格由大到小可分为 000、00、0、1、2、3、4 以及 5 号等八种规格，一般常用的是 0～5 号，使用时应根据益生菌剂的密度、颗粒大小和所占容积来选用相应型号的胶囊。

2. 胶囊的填装

一般小量制备时可用手工填装，大规模工业化生产时则用自动填充机填装。目前自动填充机可分为四种类型，以适合于不同物理性状的制剂填装。制剂的流动性直接影响填充物的物理性状，Ⅰ、Ⅱ型填充机因有机械措施适合于填装流动性较好的制剂；Ⅲ型适合于自由流动的粉剂，为改善流动性，可添加低于 2％的润滑剂如乙二醇酯、聚硅酮、二氧化硅、硬脂酸盐、硬脂酸、滑石粉、甲基纤维素以及淀粉等，选用原则是不影响益生菌的存活率及其检测；Ⅳ型机适合于聚集性强的针状结晶和具吸湿性的制剂，可加矿物油、食用油或微晶纤维素等，制成小颗粒再填装。益生菌胶囊填装的全过程要求在无菌条件下进行，以减少二次污染，层流室的相对湿度要求低于 40％。

3. 胶囊剂的包衣

益生菌对氧气和水分都很敏感，要想使菌彻底隔绝氧气和水分，可以在胶囊的表面包一层薄膜衣。

4. 胶囊剂的包装与储藏

益生菌胶囊包装有其特殊要求，特别是像双歧杆菌等厌氧菌，首要条件是要尽可能避免与空气接触减少氧的伤害作用。因此，包装材料应选用不透气材料，最好是用真空或充氮气包装。在储藏中也和其他胶囊剂一样，易受环境温度和湿度的影响，应在阴凉干燥条件下储藏。当温度超过室温，相对湿度大于 35％时，益生菌易死亡，胶囊剂变软发黏，膨胀，真菌容易滋生，若长期在高湿度下储藏，则崩解时间也会延长（张篪，2002）。

二、鼻腔给菌（药）

鼻腔可使药物通过被动扩散和主动转运被鼻黏膜吸收，进入外周循环系统和中枢神经。鼻腔给药具有生物利用率高、起效快、无胃肠道降解作用、可直接进入体循环、能诱导黏膜免疫、使用方便等优点，达到全身治疗的目的，已成为制剂领域研究的热点（史振祺，2003）。

为促进鼻腔吸收，常在药物中加入吸收促进剂（如磷脂类衍生物、硬脂酸、聚山梨酯）、酶抑制剂（如蛋白酶抑制剂）、生物黏附剂（如明胶、脱乙酰壳多糖、纤维素衍生物等）。溶血磷脂酰胆碱、二癸酰磷脂酰胆碱等作为磷脂类衍生物，因其毒性低，分子质量适合，促进吸收好等优点深受研究人员关注。鼻腔给药剂型有：滴鼻剂、喷雾剂、干粉剂、凝胶剂、微球剂、乳剂等。

经鼻腔疫苗接种是研究的热点，生物黏附剂可提高疫苗的附着时间，提高疫苗的效力，壳聚糖和聚乳酸/聚乙二醇已和疫苗合用提高了免疫的效果，如白喉疫苗壳聚糖粉剂。目前益生乳酸细菌制品已成为鼻腔给药的研究对象。

鼻腔给药要解决的问题是如何提高鼻腔对大分子吸收和减轻纤毛毒性。

三、结肠定位给菌（药）

为避免上消化道对口服药物的破坏和提高药物在结肠的吸收，降低毒副作用，增强疗效，提高生物利用度，将药物直接输送到结肠，再以速释或缓释、控释给药，发挥局部或全身的疗效，称之为口服结肠定位给药（oral colon-specific drug delivery system，OCDDS）（邓岚，2006；陈宇洲，2006）。

（一）结肠的生理生化性质和病理特征

结肠 pH6.5～7.5；有大量微生物，比小肠高 5 个数量级；特异性酶多，如偶氮还原酶、多糖分解酶、糖苷酶；内容物稠度高，分节运动和推进运动压力较大；药物经口到结肠时间长，一般为 3～6h，所有这些性质就是研制结肠定位给药的理论根据。

炎症性肠病（inflammatory bowel disease，IBD）、溃疡性结肠炎（ulcerative colitis，UC）、克罗恩病（Crohn's disease，CD）、应激性肠综合征（irritable bowel syndrome，IBS）和抗生素相关腹泻等都是肠道常见的疾病。与正常肠道生理相比，患病者结肠的 pH 变化较大，偏低的较多；结肠内容物输送较慢；结肠内微生物失衡，有害菌种类和数量增加，这些都是结肠给药必须考虑的病理特征。

（二）肠溶微胶囊包衣材料

目前有 100 多种肠溶胶囊，作为包衣材料，具有安全、卫生、不透气、成膜性好和包芯材料有相容性等性质。可作为包衣材料的物质有丙烯酸树脂类（polyacrylic resin），如 polyacrylic resin Ⅰ（Eudragit L30D，在 pH＞5.5 溶解）、polyacrylic resin Ⅱ（Eudragit L100，在 pH＞6.0 溶解）、polyacrylic resin Ⅲ（Eudragit S100，在 pH＞7.0 溶解）；偶氮聚合物类，如聚酰胺、聚乌拉坦等；聚乙烯醇乙酸苯二甲酸酯（PVAP）；生物来源的材料有虫胶（shellac）、海藻糖（trehalose）、海藻酸盐（褐藻酸盐，alginate）、果胶（pectin）、阿拉伯胶（gum acacia）、卡拉胶、黄原胶、魔芋胶、壳聚糖、环糊精、低聚果糖、甘露瓜糖、N-乙酸几丁寡糖、寡果糖、微生物产生的多糖、羟丙纤维素（HPMC）、磷苯二甲酸、乙酸纤维素（CAP）、乙酸纤维素苯三酸酯（CAT）、羟丙甲纤维素肽酸酯（HPMCP）、琥珀酸乙酸纤维素（HPMCAS）、巴尔代、明胶、乳清蛋白等。

（三）结肠定位给菌（药）系统

基于胃肠道的生理生化特性和病理特征，提出了以下几种给菌（药）系统。

1. 时间依赖给菌（药）系统（time-dependent system）

根据时滞效应设计，在制剂外包一层疏水性或亲水性的溶蚀层，控制溶蚀的厚度，使胶囊离开胃 3～4h 内不溶解，到达结肠后才溶解，如 Methocel® E50、果胶-HPMC（羟丙基甲基纤维素），都是好的包衣材料。

2. pH 依赖给菌（药）系统（pH-dependent system）

根据 pH 的变化而设计，从口腔到大肠的 pH 逐渐升高，到结肠 pH 最高，包衣在酸性环境下不溶解，到 pH6～8 以上时才溶解。常用的材料有 Eudragits100、Eudragits R 或 S、半合成琥珀酸-壳聚糖、邻苯二甲酸-壳聚糖等。若将 pH 依赖和时间依赖相结合给药则疗效更好。

3. 压力依赖给菌（药）系统（pressure-dependent system）

根据胃肠道内的压力而设计，结肠内容物因水分被吸收而形成固形物，再加肠蠕动产生的压力，促使包衣破裂。制剂通常分两层，内层为水不溶性材料，外层为肠溶性材料，如邻苯二甲酸羟丙甲纤维素、琥珀酸醋酸羟丙甲基纤维素。

4. 酶依赖给菌（药）系统（enzyme-dependent system）**或菌群触发型给药系统**（microflora-activated system）

根据结肠有大量的微生物以及酶种类繁多且活力高的特点而设计，它是目前最活跃的研究领域。其中最主要的是降解载体的偶氮还原酶和糖苷酶。包括 β-葡糖醛酸酶、β-木糖酶、α-阿拉伯糖苷酶、β-半乳糖苷酶、硝基降解酶、偶氮降解酶、脱氨酶等，能被这些酶降解的有壳聚糖、果胶、瓜耳胶、葡聚糖、菊粉、环糊精、硫酸软骨素、直链淀粉、藻酸盐、槐豆胶聚酰胺等。利用这些载体制备成"多糖-菌（药）"型前体药物，有如下几个类型：

（1）多糖-酶解型

已用壳聚糖、果胶、硫酸软骨素、环糊精、葡聚糖、直链淀粉等制成载体，但由于它们大多为水溶性物质，不能有效通过胃和小肠，所以多将 pH 依赖的材料和多糖结合起来使用。

（2）偶氮聚合物-酶解型

聚乌拉坦、聚酰胺等作为包衣材料，可被结肠偶氮还原酶降解，缓慢释放包埋的药物。

（3）生物黏性-酶解型

黏膜黏附性聚合物与肠道黏液表面间的附着力大于黏液的黏着层间的结合力，根据受体-配体亲和作用设计专一性靶向性黏附给药，已发现结肠酶解型材料同时具有结肠定位和延缓释放的双重作用。如聚甲基丙烯酸树脂与植物凝集素连接制备的结肠定位黏附微粒，已用于大分子生物药物的口服给药系统。

（四）结肠给菌（药）的优点

（1）有针对性的对局部某些疾病治疗，如炎症性肠疾病、溃疡性肠炎、Crohn 病、结肠癌、感染性疾病、便秘。在病灶部位释放，提高了疗效，降低了毒副作用。

（2）利用结肠 3～6h 的迟释性，入睡前给药，对心血管疾病、高血压、心梗、哮喘、晨僵、关节炎等凌晨发作疾病进行防治。

（3）结肠蛋白酶活性极低，只有小肠 1/24，是多肽、蛋白、疫苗等大分子药物的理想释药部位。

机体是一个复杂多变的综合体，在设计给药系统时，要全面系统考虑，利用多种机制配以不同的材料，会得到更好的效果。

偶氮类化合物和多糖类化合物是结肠给药的主要载体，然而，前者有一定的毒副作用，尽量少用；后者虽水溶性高，成膜性低，但有较多的优点。

四、阴道给菌（药）

阴道给菌（药）有很多优点，不仅有局部的作用，而且还有全身的作用，缺点是给菌（药）不便、受生理周期影响较大。阴道给菌（药）剂型有液体、片剂（如泡腾片）、膜剂、栓剂、膏剂、凝胶剂、泡沫剂等。

（一）泡　腾　片

用于治疗阴道疾病或改善阴道微生态平衡的益生菌制剂可制成泡腾片，这种片剂放入阴道后，与阴道液体发生反应及产生大量气泡，泡腾片剂崩解，使益生菌均匀地分布到阴道黏膜表面而发挥作用。

泡腾片是由益生菌菌粉和泡腾崩解剂组成，泡腾片中的酸碱系统与水相互反应，生成二氧化碳气体而加速片剂崩解溶解和形成泡沫。崩解剂所用的酸和碱应分别制粒，在压片前与菌粉混合立即压片。最常用的酸和碱系统是枸橼酸和酒石酸的混合物，以及碳酸盐或碳酸氢盐。其他可供选择的酸性物有磷酸二氢钠、焦磷酸二氢钠和亚硫酸钠；碱性物有碳酸氢钠、碳酸钠、碳酸氢钾、甘氨酸碳酸钠以及倍半碳酸钠等。

泡腾片要求产生的气泡细小而持久，以达到益生菌充分分散。泡腾片应采用不透气不透水，用避光的包装材料进行包装，以防吸潮变质。

（二）膏　　剂

冷冻干燥的菌粉加赋型剂，例如氢化羊毛脂、凡士林油、二甲基聚硅氧烷和二氧化硅等搅拌均匀，pH4.5 左右，即成膏剂。

（三）栓　　剂

采用聚乙二醇低分子质量与高分子质量的混合熔融灌装（灌装之前基质冷却到室温以下，再加菌粉），混合均匀。

（四）软 胶 囊

近年来也有软胶囊作为阴道用药，采用油性基质或聚乙二醇为基质，菌粉粉碎到 100 目后添加。

五、多糖化合物在结肠给菌（药）系统中的应用

（一）壳聚糖作为口服疫苗或菌（药）载体的应用

大量事实证明，通过口腔给疫苗能引起黏膜免疫，具有全身免疫应答的效果。壳聚糖的结构、理化性质和生物学特性为口服疫苗载体的应用提供了理想的材料。壳聚糖作为疫苗载体的优点：

1. 资源丰富、价格低廉、使用方便、非常安全

甲壳素（chitin）为1,4-2-乙酰氨基-2-脱氧-β-D 葡聚糖，甲壳素脱去乙酰基后就是

壳聚糖（Chitosam），结构如图 12-2 所示。

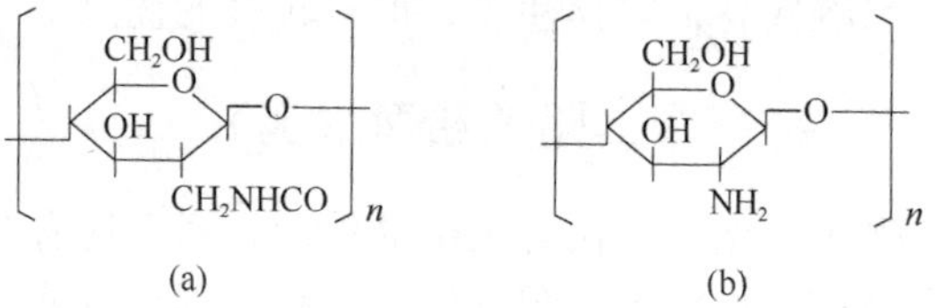

图 12-2　甲壳素（a）和壳聚糖（b）的结构式

甲壳素是地球上仅次于纤维素第二大天然有机物，每年数百亿吨。

2. 携带正电荷，易与带负电荷的抗原结合

壳聚糖本身带正电荷，在微酸环境下更显强的正电荷，很容易与带负电荷抗原（如 DNA）结合成为抗原的载体。

3. 具有良好的相容性、黏附性，易与黏膜结合

壳聚糖分子中的羟基、氨基能与黏膜中带负电荷的糖蛋白形成氢键，进而黏附结合，易向淋巴集结转运，产生免疫应答。

4. 既能活化免疫细胞，又是非特异性免疫佐剂

壳聚糖含有 N-乙酰-D-糖胺（NGlcAc）或 D-糖胺（GlcN）基团，与表面含 GlcNAc 或 GlcN 残基的免疫细胞结合后，能活化免疫细胞，并诱导产生细胞因子。壳聚糖作为非特异性免疫佐剂能刺激 T 细胞和 B 细胞，同时诱导细胞免疫和体液免疫应答。

5. 作为微球多孔载体，对抗原有一定的控释作用

壳聚糖的所有亲水性和制备疫苗形成多孔微球的特性，使抗原不会变性，且能传递到淋巴集结的 M 细胞中并缓慢释放出来。制备壳聚糖疫苗微球的方法很多，诸如交联法、沉淀/凝集法、乳化剂蒸发法、溶液包埋法、喷雾干燥法等。前两种方法更为可行，因为先制成壳聚糖空球，然后用被动吸附的方法把抗原引入球内，这样效果好。壳聚糖作为疫苗载体已用质粒 DNA 和白喉毒素等做了试验，取得了好的结果，有一定的应用前景（李正艳，2006）。

（二）环糊精及其衍生物在结肠给菌（药）系统中的应用

环糊精（cyclodextrin，CD）是由 6～12 个 D-吡喃型葡萄糖分子，通过 α-1,4糖苷键连接成环状低分子化合物，常见的 CD 由 6、7、8 个葡萄糖分子环化而成，分别称为 α-、β-、γ-CD。CD 分子为环状中空圆筒，外部是亲水的表面，内部是疏水管腔，因此，CD 是中空的“分子胶囊”，能将一定大小的疏水性客体分子包合而形成一种特殊的包合物，从而使药物稳定性、溶解度、挥发性、释放度有所提高。

由 β-CD 研制了多种衍生物，其中烷基化 β-CD，特别是2,6-二甲基-β-环糊精（DM-β-CD）、羟丙基和羟乙基取代的 β-CD，特别是 2 -羟基丙基-β-环糊精（HP-β-CD）和混合型 β-CD，如羟甲基–乙基-β-CD（CME-β-CD）对黏膜吸收和 pH 依赖给菌（药）有好的效果。如 DM-β-CD 和 HP-β-CD 都是鼻腔、口腔、阴道、直肠、眼部、肺部等黏膜部位给菌（药）首选对象，它们既能使水溶性物质的膜透过性增加，又能防止肽类药物被酶降解，HP-β-CD 还可保护黏膜不受吸收促进剂的损伤。CME-β-CD 具有 pH 依赖性，在胃部（pH2 左右）不易释放，在肠道（pH6.8）释放（尹婕，2006）。

（三）果胶在结肠给菌（药）系统中的应用

偶氮类化合物和多聚糖类是结肠定位给药的主要载体，然而前者有一定的毒副作用，后者水溶性高，且成膜性低，果胶虽属多糖类，但果胶资源丰富，对 pH 敏感，易成膜，只能被结肠中细菌产生的果胶酶降解，无毒，具有生物相容性、组织黏附性，其结构主要是由 α-1,4糖苷键连接的 D-半乳糖醛酸组成主链的酸性多糖，还包括一些不确定的糖，如 α-鼠李糖。果胶的酯化度（degree of esterification，DE）和氨化度（degree of amidation，DA）是衡量果胶溶解度的指标，不同溶解度的果胶直接影响药物的释放速度，通过对果胶进行凝胶化、钙化聚合成新聚合物，能提高在结肠的释放效率。

在实际应用中，往往要将果胶或果胶衍生物与其他聚合物联合使用。如果胶和乙基纤维素在双蒸水中发生交联，生成的复合物既具备果胶易被酶解的特点，又有乙基纤维素保护药物顺利到达结肠的特点；果胶和羟丙甲基纤维素（HPMC）的复合物在结肠中的释药速度要比单用果胶快；果胶是阴离子聚合物，它和阳离子聚合物能形成凝聚层，更有利于药物在结肠释放（管晓娟，2006）。

（四）魔芋胶在结肠给菌（药）系统中的应用

魔芋胶（konjac glucomanan，KGM）不被上消化道的酶降解，只能到了小肠末端结肠处的酶分解。所以，可将 KGM 作为口服结肠定位给菌（药）系统的载体。但由于 KGM 本身膨胀性过大，会造成早崩提前释药，因此要与羟丙甲纤维素（HPMC）合用以保证衣膜的完整性。以盐酸小壁碱为包心，KGM 和 HPMC 为包衣，制备黏膜给菌（药）制剂，实验证明 KGM 能作为肠道给药的好载体（张瑜，2006）。

（赵景阳　郭兴华）

主要参考文献

陈利霞，于修鑑，熊强，等．2005．乳酸杆菌半连续式高密度培养的研究．食品工业科技，26（12）：47

陈宇洲，王东凯．2006．炎症性肠病的结肠重量特征和结肠定位给药．中国药学杂志，41（2）：86

邓岚，邓盛齐．2006．结肠迟释制剂的研究进展．国外医药抗生素分册，27（1）：35

傅瑞燕，陈坚，李寅．2006．谷胱甘肽在乳酸乳球菌抵抗氧胁迫中的保护作用．微生物学报，46（3）：370～384

管晓娟，张文博，牛津梁，等．2006．果胶在结肠靶向给药系统中的应用．中国生化药物杂志，27（3）：188

贾士芳，郭兴华，周志宏，等．1996．利用返回式科学卫星选育优良双歧杆菌，航天医学与医学工程，9（6）：407～411

李汉蕴，张涛．2006．药物制剂包衣原理、工艺及设备．北京：中国医药科技出版社

李良，魏庆梅，杜鹏，等．2006．双歧杆菌微胶囊技术及应用．中国乳品工业，34（5）：39

李寅．2006．产乳酸细菌的高密度培养．北京：化学工业出版社

李正艳，何应．2006．壳聚糖微球作为口服疫苗载体的应用．中国系列化药物杂志，27（5）：313

刘衍芬，高学军，张明辉，等．2005．DVS 乳酸菌种菌株保存过程中遗传稳定性分析．中国乳品工业，33（1）：8

陆英，陈卫，田丰伟，等．2006．利用热激处理提高益生菌 *Lactobacillus casei* BD-11 抗热性的研究．中国乳品工业，34（7）：17

浦丽丽，刘宁，张英华，等．2005．乳酸菌冻干损伤与保护的研究进展．食品工业科技，7：182～184

史宁，催光华. 2002. 流化床包衣制备微胶囊技术的发展及应用. 国外医学药学分册，29 (6)：336～340
史振祺，蒋新国. 2003. 磷脂类衍生物作为鼻黏膜药物吸收促进剂的应用. 国外医学药学分册，30 (4)：241
田洪涛. 1998. 影响双歧杆菌在真空冷冻干燥过程中存活因素的研究. 河北农业大学硕士学位论文
万红兵，田洪涛，马乐辉，等. 2006. 保加利亚乳杆菌番茄复合汁增菌培养基的优选研究. 中国乳品工业，34 (8)：14
许倩，张兰威，于鹏，等. 2006. 几种保护剂对液氮冷冻处理的保加利亚乳杆菌细胞的冻伤保护. 食品科技，37～41
杨汝德，肖仔君，陈惠英. 2003 增刊. 采用微型包囊技术研究活性双歧联菌微囊微生态制剂. 广州食品工业科技 (益生菌、益生元与健康研讨会论文集)，38～40
尹婕，邓盛齐. 2006. 环糊精及衍生物在新型给药系统中的应用进展. 国外医药抗生素分册，27 (5)：228
张篪. 2002. 人用益生菌制品生产工艺//郭兴华. 益生菌基础与应用. 北京：北京科学技术出版社
张栋梁，崔政伟. 2006. 饲料酶的造粒方法和设备. 饲料研究，12：61～64
张兰威，鄂志强. 2000. 乳酸菌增菌培养基筛选及干燥保护剂的选择. 中国乳品工业，28 (2)：8
张瑜，侯世祥，陈钢，等. 2006. 魔芋胶为载体的结肠定位给药系统体外释放介质研究. 中国药学杂志，41 (8)：604
张玉磊，吴荣荣，张柏林. 2006. 嗜酸乳杆菌的微胶囊化研究. 中国乳品工业，34 (8)：4
周剑忠，董明盛，江汉湖. 2004. 乳酸菌细胞的液芯包囊固定化技术及应用. 食品发酵工业，30 (2)：82
Bron P A, Marco M, Hoffer S M, et al. 2004. Genetic characterization of the bile salt response in *Lactobacillus plantarum* and analysis of responsive promoters in vitro and in situ in gastrointestinal tract. J. Bacteriology, 186 (23): 7829～7835
Corcoran B M, Ross R P, Fitzgerald G F, et al. 2006. Enhanced survival of GroESL-Overprodrcing *Lactobacillus paracasei* NFBC338 under stressful conditions induced by Drying. Appl. Environmental Microbiology, 72 (7): 5104～5107
Doleyres Y, Fliss I, Lacroix C. 2004. Increased stresss tolerance of *Bifidobacterium longum* and *Lactococcus lactis* produced during continuous mixed-strain immobilized-cell fermentation. J. Appl. Microbiology, 97: 527～539
Fernadez A, Borges F, Gintz B, et al. 2006. The rggc locus, with a frameshift mutation, is involved in oxidative stress response by *Streptococcus thermopilus*. Arch. Microbiol, 186: 161～169
Fu R Y, Bonges R S, van Swam Ⅱ, et al. 2006. Introducing glutathione biosynthetic capability into *Lactococcus lactis* subsp. *cremoris* NZ9000 improves the oxidative-stress resistance of the host. Metabolic Engineering, 8: 662～671
Maus J E, Ingham S C. 2003. Employment of stressful conditions during culture production to enhance subsequent cold-and acid-tolerance of bifidobacteria. J. Appl. Microbial, 95: 146～154
Petrova P M, Gouliamova D E. 2006. Rapid screening of plasmid-encoded small hsp-Genes in *Streptococcus thermophilus*. Current Microbiology, 53: 422～427
Piuri M, Sanchez-Rivas C, Ruzal S M, et al. 2005. Cell wall modifications during osmotic stress in *Lactobacillus casei*. J. Appl. Microbial, 98: 84～95
Redon E, loubiere P, Bousguet M C. 2005. Transcriptome analysis of the progressive adoptation of *Lactococcus lactis* to carbon starvation. J. Bacteriology, 187: 3589～3592
Ross R P, Desmond C, Fitzgerald G F, et al. 2005. Overcorning the technological hurdles in the development of probiotic foods. J. Appl. Microbial, 98: 1410～1417
Saarela M, Rantala M, Hauamaa K, et al. 2004, Stationary-phase acid and heat treatments for improvement of the viability of probiotic lactobacilli and bifidobacteria. J. Appl. Microbial, 96: 1205～1214
Silva J, Carvalho A S, Ferreira R, et al. 2005. Effect of the pH of growth on the survival of *Lactobacillus delbrueckii* subsp. *bulgaricus* to stress conditions during spray-drying. J. Appl. Microbial, 98: 775～782
Ternandez A, Borges F, Gintz B, et al. 2006. The *rggC* locus, with a frameshift mutation, in oxidative stress response by *Streptococcus thermophilus*. Arch Microbiology, 186: 161～169
Xie Y, Chou L S, Cutler A, et al. 2004. DNA macroarray profiling of *Lactococcus lactis* subsp. *lactis* IL1403 gene expression during environmental stresses. Appl. Environmental microbiology, 2004, 70 (11): 6738～6747

下 篇

益生乳酸细菌的实验技术

一、细菌素产生菌的筛选及效价测定方法（管碟法）

（一）原　　理

细菌素是细菌通过核糖体机制形成的一类具有抗菌抑菌活性的多肽或蛋白质，细菌素产生菌对其具有免疫性。

1. 细菌素产生菌的筛选方法

细菌素产生菌的筛选方法有很多种，可分为两大类：直接法和间接法。大多数方法是基于细菌素可以在固体或半固体培养基上的扩散，从而抑制敏感指示菌的生长，在培养基上形成透明圈。Gratia（1946）阐述了延迟拮抗法（deferred antagonism）或叫间接法包括点种法（spot-on-the-lawn）分析法，Kekessy 和 Piguet（1970）提出了翻转法（flip-streak）。点种法中，受试细菌素产生菌点种在固体培养基上培养过夜以形成单个菌落，然后在菌落上平铺一层敏感的指示菌后再培养至形成抑菌圈。翻转法中，先将受试菌接种于培养基表面，培养后将琼脂培养基翻转过来倒置于培养皿盖上，接种指示菌，培养观察。在直接法中（Tagg et al.，1976），受试菌和指示菌同时生长，抑菌圈的形成依靠抑菌物质在指示菌生长之前扩散于培养基中。在打孔扩散法（well-diffusion；Tagg et al.，1971）中，将受试菌的液体培养的上清液置于已预先接种指示菌的固体培养基。在受试菌的孔或菌落周围出现有透明的指示菌抑菌圈的阳性结果即可认为是细菌素产生的标志。然而，细菌素并不是唯一能导致产生透明抑菌圈的抑菌物质。也有可能是有机酸（主要是乳酸）、过氧化氢等。此外，噬菌体也是一个可能导致产生抑菌圈的因素。pH 中和、接触酶处理的产生菌培养上清液可以相应地排除由乳酸和过氧化氢引进的可能的抑菌作用。

在这些抑菌试验方法中，最常用的也最方便的方法是牛津杯法，也称为管碟法，其原理是参照抗生素抑菌效价的测定，本实验即采用这种方法。

2. 细菌素活性效价值的检测

细菌素的效价检测通常采用标准稀释点种法（critical-dilution-spot-test；Mayr-Harting et al.，1972）。这种方法是将系列稀释的细菌素样品与指示菌培养液混合，在适宜条件下培养一定时间，以指示菌的生长程度作为拮抗活性的度量。细菌素的活力单位，通常称为 AU（activity unit）或 BU（bacteriocin unit），一般人为规定为能产生明显抑菌圈的最高稀释度的倒数。细菌素活力单位数则用来表示 1mL 细菌素溶液中的细菌素的量。

细菌素效价分析：采用系列稀释法，将细菌素待分析样品用 0.02mol/L pH7.0 的磷酸二氢钠-磷酸氢二钠缓冲液进行二倍稀释（至 1∶128），取 100μl 进行抑菌实验，观察抑菌圈的出现，试验重复 3 次。效价定义为有明显抑菌圈出现的最高稀释度的倒数，用 AU/mL 表示。

常用的二倍稀释法操作繁琐耗时较长，且不能精确细微地表示效价的差异。管碟法是国际上测定抗生素效价的最常用方法，其原理是利用抑菌物质在琼脂培养基内的扩散作用，将已知效价的标准样品和待测样品的溶液分别加入试验菌平板上的牛津杯中，结果在细菌素抑菌浓度范围内，试验菌不生长，出现透明的抑菌圈。细菌素含量的对数值与抑菌圈半径的平方呈直线关系。根据待测品的抑菌圈的大小可从标准曲线上求出待测品细菌素的效价。

在一定浓度范围内，效价的对数值与抑菌圈直径成直线函数的关系，因此可用已知效价值的细菌素液的不同浓度所对应的抑菌圈直径制作抑菌效价标准曲线，即可将抑菌圈直径转换为效价，在一定浓度范围内可以精确表示细菌素效价。参考国标抗生素管碟法测效价的一剂量法，以不同浓度与中心浓度的细菌素液抑菌圈直径的差值为横坐标，对应的效价对数为纵坐标，绘制标准曲线。未知效价的样品稀释至此浓度范围内，同理以此法得出与中心浓度细菌素液的抑菌圈直径差值，根据标准曲线计算可得效价。

（二）材　料

（1）菌株：产细菌素菌株为受试菌、敏感菌株为指示菌。

（2）培养基：MRS液体培养基、MRS固体培养基（1.5%琼脂）。

（3）器材：牛津杯（不锈钢管，内径6mm，外径8mm，高10mm）、培养皿（直径90mm，深20mm，大小一致，皿底平坦）、移液枪、游标卡尺、尖镊子。

（4）缓冲液：0.02mol/L的PBS缓冲液（Na_2HPO_4/NaH_2PO_4）pH7.0。

（三）方法和步骤

1. 敏感指示菌的准备

将敏感指示菌在适宜的液体培养基上活化，新鲜培养过夜，取100μl至10mL生理盐水中，稀释至一定浓度（约10^8 cfu/mL）。

2. 抑菌试验方法

先将6mL MRS固体培养基平铺于平板中，置于水平台面上静置凝固，取稀释至约10^8 cfu/mL的新鲜培养的指示菌0.1mL与融化并温热的MRS固体培养基10mL混匀，倾倒于平板中。将平板打开盖使无菌空气流通约半小时左右，利于细菌素的扩散。将牛津杯轻轻放置于平板上，将离心上清液加入牛津杯后于4℃冰箱中扩散5h，然后37℃培养24h观察抑菌圈的出现。

3. 细菌素相对标准样品效价的测定

将待测细菌素样品用0.02mol/L的PBS缓冲液以2倍为梯度进行系列稀释，即取1mL的样品，加同量的PBS缓冲液，再取此2倍稀释后的样品1mL，再加1mL的PBS缓冲液，即为4倍稀释，同理直至64倍或128倍，分别取不同稀释度的样品进行抑菌实验。

4. 标准曲线的制作

以5号试管为中心浓度标准溶液，以上述抑菌实验方法制作平板，在每个平板上以相等间距放置6个牛津杯，在相隔的三个牛津杯中加入中心浓度标准溶液，另外三个牛津杯中加入其他浓度的待测样品。每个样品两个重复平板。

盖上平板盖，置于4℃冰箱中扩散5h，然后37℃培养24h观察抑菌圈的出现。

取出平板，移去牛津杯，用游标卡尺测量各抑菌圈直径。

绘制标准曲线：计算出各浓度样品的抑菌圈（直径的）平均值，计算出各平板中心浓度样品抑菌圈直径的总平均值，以此总平均值来校正各组的中心浓度抑菌圈平均值，从而求得各组的校正值。然后以各组中心浓度抑菌圈的校正值校正各剂量单位浓度的抑菌圈的直径，即获得各组抑菌圈的校正值。

以抑菌圈直径为横坐标，以效价的对数值为纵坐标，绘图得效价的标准曲线。

表 细菌素标准曲线制作参考表

试管编号	320AU/mL 细菌素液/mL	PBS 缓冲液/mL	细菌素效价/(AU/mL)
1	0.1	0.9	32
2	0.2	0.8	64
3	0.3	0.7	96
4	0.4	0.6	128
5	0.5	0.5	160
6	0.6	0.4	192
7	0.7	0.3	224
8	0.8	0.2	256
9	0.9	0.1	288
10	1	0	320

5. 待检品的测定

方法同上述，同样的两个平板中三个牛津杯中加入中心浓度标准溶液，将待测效价的细菌素液注入另三个牛津杯中，与制作标准曲线的平板同时进行。各自计算出平均值后计算其差值，用此差值在标准曲线上查出对应的细菌素效价，并乘以稀释倍数即得出待检样品中的细菌素效价。

（四）注 意 事 项

（1）细菌素效价分析时必须保证平板中培养基厚度均匀一致，减小实验误差，必要时需要采用水平仪调整超净工作台水平度，并且挑选厚度均一的平皿。

（2）加了样品后的平板，必须轻拿轻放，勿使其中的牛津杯移动，否则会影响实验结果的准确性。

（李平兰　吕燕妮）

主要参考文献

顾觉奋，吴明，王高峰．1996．微生物药品化学与分析．北京：军事医学科学出版社：169～185

Barefoot S F，Klaenhammer T R. 1983. Detection and activity of lactacin B，a bacteriocin produced by *Lactobacillus acidophilus*. Appl. Enviro. Microbiol，45：1808～1815

Lewus C B，Montville T J. 1991. Detection of bacteriocins produced by lactic acid bacteria. J Microbiology Methods，13：145～150

Tagg J R，Mcgiven A R. 1971. Assay system for bacteriocins. Appl. Microbiology，21 (5)：943

二、乳链菌肽（nisin）产生菌的筛选

（一）原　　理

筛选 nisin 产生菌的传统方法是首先从样品中分离得到乳酸乳球菌，再分析这些乳酸乳球菌能否产生生物活性物质，然后鉴定这些生物活性物质是否是 nisin。整个程序繁杂，周期长，具有较大的随机性和盲目性。本实验利用 nisin 产生菌中 nip^+ nis^r suc^+ 紧密连锁的原理，在添加 nisin、蔗糖及溴甲酚紫的选择培养基上直接、定向筛选 nisin 产生菌。

（二）材　　料

（1）菌株：黄色微球菌（*Micrococcus flavus*）NCIB 8166。

（2）培养基：GM17 培养基用于斜面、平板分离、液体种子及发酵培养基，固体培养基则加 1.5%琼脂，选择培养基用 M17 培养基，以蔗糖（0.5%）作碳源，同时含有 0.004%溴甲酚紫和 50IU/mL nisin。

（3）试剂：nisin（Aplin & Barrett 公司），α-胰凝乳蛋白酶（Sigma 公司），胰蛋白酶和链霉蛋白酶（国产分析纯）。

（4）PCR 扩增引物：P1：5′-AATGAATTCTAAGGAGGCAC；P2：5′-GGTGAAGCTTTAAATGAACA。

（三）方法和步骤

（1）将新鲜的牛奶样品以 10%接种量接种于含 20IU/mL nisin 的 GM17 液体中，置 37℃增殖培养 24h。

（2）取 30μl 增殖培养液涂布于选择培养基上，30℃温箱培养 24h。

（3）挑取使周围培养基变黄的菌落，再次在选择培养基上划线分离单菌落。

（4）将单菌落保存于斜面培养基上，并作如下分析：

1）接种于发酵培养基中，30℃静止培养 24h，将除去菌体的发酵液滴加于黄色微球菌 NCIB 8166 作指示菌的检测平板上，观察是否产生清晰的抑菌圈。

2）提取能产生清晰抑菌圈菌株的总 DNA，用材料中所述引物进行 PCR 扩增（参照分子生物学方法鉴定乳酸细菌），同时用不产 nisin 的菌株作对照，电泳检测 PCR 扩增产物，可产生预期大小（330bp）阳性条带的即为 nisin 产生菌。

（5）为进一步确认上述菌株的产物为 nisin，可进行下列实验：

1）将 PCR 扩增阳性条带菌株的发酵液分别调 pH 至 2、4、6、8、10、12，并在 20℃保温 60min，100℃、115℃、121℃分别加热 30min，同时用 nisaplin 作对照，然后测定其活性，发现 nisin 在低 pH 条件下对热稳定。

2）在上述发酵液中分别加入 α-胰凝乳蛋白酶、胰蛋白酶和链霉蛋白酶液，置 37℃保温 1h，然后检测其活性，发现 nisin 对 α-胰凝乳蛋白酶敏感，而对胰蛋白酶、链霉蛋白酶没有影响。

（还连栋　钟　瑾）

主要参考文献

还连栋，陶勇，何松，等. 1995. 利用 PCR 技术克隆乳链菌肽前体基因. 生物工程学报，11（4）：389～391

还连栋，陈秀珠，才迎，等. 1997. 乳链菌肽产生菌的定向筛选及发酵产物的鉴定. 微生物学报，37（4）：292～300

三、产胞外多糖（EPS）乳酸菌菌株的分离与筛选

（一）原　　理

微生物胞外多糖（exopolysaccharides，EPS）是一些特殊微生物在生长代谢过程中分泌到细胞壁外、易于菌体分离的荚膜多糖或黏液多糖，属于次级代谢产物，通过深层发酵实现工业化生产。据 Eveleigh 统计，已经发现有 49 属 76 种微生物可以产生胞外多糖。微生物 EPS 是一种长链的高分子质量聚合物，其独特的物理学和流变学特性以及使用安全性使它在食品和非食品工业生产中备受青睐，尤其是它在医药领域所具有的巨大应用潜能正日益引起人们的广泛关注。

自然界中能产生多糖的微生物种类很多，包括细菌、酵母和丝状真菌。长期以来，乳酸菌用于发酵乳的生产。通常认为乳酸菌 EPS 安全性更为可靠，而且乳酸菌作为生理功能调节剂，利用益生菌制成活菌制剂，省去常规发酵、提取等繁琐工艺。因此，开发乳酸菌 EPS 相较于其他微生物 EPS 来说，更具有理论意义与应用价值。

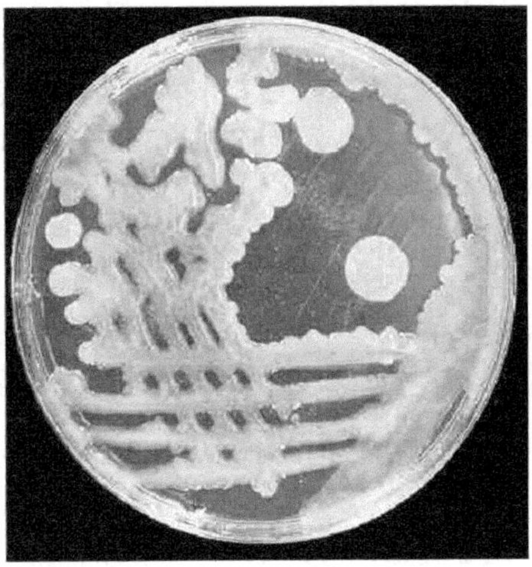

图　产生 EPS 菌落的表观形态

多糖难溶于乙醇，因此乙醇溶液中如果有絮状沉淀出现，通常可认为该样品中含有多糖。本实验就是利用多糖的这种性质来沉淀分离微生物 EPS 以供下一步多糖检测。

目前用于多糖检测的方法较多，主要有干燥称重法、硫酸-蒽酮法、DNS（3，5-二硝基水杨酸）法、苯酚-硫酸法、相对黏度法和 Imshenetskii 等报道的浊度法等。由于苯酚-硫酸法具有简单方便、显色稳定、灵敏度高、重复性好、不受蛋白质干扰等优点而深受欢迎。其原理是根据苯酚-硫酸试剂与游离的或寡糖、多糖中的已糖、糖醛酸（或甲苯衍生物）发生的显色反应。已糖在 490nm 处（戊糖和糖醛酸在 480nm 处）有最大吸收值，吸收值与糖含量呈线性关系。具体操作见实验步骤。本实验利用多糖难溶于乙醇的性质来沉淀分离微生物 EPS。

本实验以乳制品和肉制品为初始原料，分离出产 EPS 的乳酸菌菌株并筛选高产 EPS 的优良菌株。

（二）材　　料

（1）原料：从市场上购买的乳制品、肉制品。

(2) 培养基：MRS液体培养基，固体培养基（1.5%琼脂）。

(3) 主要试剂：6%苯酚（用80%苯酚配制，现用现配）、浓硫酸。

(4) 器材：普通光学显微镜、电热恒温培养箱、超净工作台、高压蒸气消毒器、高速离心机、分光光度计。

（三）方法和步骤

1. 菌种的分离

分别称量各样品25g，粉碎，溶解于225mL无菌生理盐水中，振荡均匀，得到10^{-1}cfu/mL的菌悬液。取1mL此菌悬液，逐级稀释，直到10^{-8}cfu/mL，并将1mL不同稀释度的菌液分别倒入平板中，于加有灭过菌$CaCO_3$粉末的MRS培养基中37℃恒温活化培养。

2. 初筛

24h培养后取出，观察产生乳酸溶解圈的菌落，那些表面黏稠或者周围有扩散现象的单菌落呈圆形，用接种环挑取时可见明显的黏性，疑为胞外多糖。革兰氏染色并进行显微观察，筛选出形态较好的菌株。

3. 复筛

将已经挑选出的菌株接种于MRS液体管内，37℃活化培养，苯酚-硫酸法检测其24h的发酵液内所产EPS的量并进行比较，筛选出产EPS相对较多的乳酸菌。检测具体方法如下步骤。

4. 标准曲线的制作

准确称取标准葡萄糖20mg于500mL容量瓶中，加水至刻度线。各种试剂按照表1所示的量加入试管中后，静置10min，摇匀，室温放置20min以后于490nm波长下检测光密度，以2.0mL水按同样操作处理后作为空白对照，横坐标为多糖微克数，纵坐标为光密度值，作标准曲线。

表1　苯酚-硫酸法标准曲线制作参考表

葡萄糖溶液（40mg/L)/mL	蒸馏水/mL	6%苯酚/mL	浓硫酸/mL	OD_{490nm}
2.0	0.0	1.0	5.0	
1.8	0.2	1.0	5.0	
1.6	0.4	1.0	5.0	
1.4	0.6	1.0	5.0	
1.2	0.8	1.0	5.0	
1.0	1.0	1.0	5.0	
0.8	1.2	1.0	5.0	
0.6	1.4	1.0	5.0	
0.4	1.6	1.0	5.0	
0.2	1.8	1.0	5.0	

5. 多糖的检测

取培养24h的发酵液，8000r/min离心10min，取上清加入3倍体积的95%冷乙醇，4℃过夜后，10 000r/min 离心 10min，收集沉淀，用蒸馏水溶解，并对该混合物透析过夜。苯酚-硫酸法检测 490nm 处的吸光值，计算 EPS 的量，筛选出高产 EPS 的乳酸菌菌株。

（四）结　果

记录初筛时产黏菌落标号及复筛时每种菌所产 EPS 的量，标记出所产 EPS 明显多于其他菌株的菌株标号。

表 2　实验结果报告表

菌株标号	菌落黏性	OD_{490nm}	EPS 的含量/(mg/L)

注：菌落黏度以黏、比较黏、非常黏做记录

（五）注意事项

（1）检测过程所用的 6%苯酚，是用 80%的苯酚配制的，并且现用现配。所以在实验前，应用重蒸酚配制 80%苯酚，于 4℃保存。

（2）在进行多糖检测时，其检测的浓度依具体情况而定。一般以最终的多糖溶液接近无色为准，若样品浓度过高，其吸光值会超出线性范围，准确性差。

（3）由于苯酚及浓硫酸的腐蚀性，实验过程应注意自身安全。

（李平兰）

主要参考文献

顾瑞霞. 2000. 乳酸菌胞外多糖生物合成及生理功能特性的研究. 东北农业大学博士学位论文

Ruas-Madiedo P, Hugenholtz J, Zoon P. 2002. An overview of the functionality of exopolysaccharides produced by lactic acid bacteria. International Dairy Journal, 12：163～171

Yang Z N, Huttunen E, Stanf M, et al. 1999. Separation, purification and characterisation of extracellular polysaccharides produced by slime-forming, actococcus lactis ssp. cremoris strains. International Dairy Journal, 9：631～638

四、耐酸、耐胆盐乳酸菌菌株的分离与筛选

（一）原　理

乳酸菌具有特殊的生理活性和保健功能，早已广泛应用于发酵食品及食品防腐保鲜等许多方面。国内外乳酸菌产品的研究表明，应用于产品中的乳酸菌菌株，既要有良好的生理功能，又要能耐受不利于乳酸菌生存的体内环境，特别是胃酸和胆盐。所以乳酸菌能安全通过消化道，保持较多的数量和较高的活性，充分发挥其功效一直是人们关注的热点。

乳酸菌要进入肠道中发挥作用，首先要经过胃液的酸性环境，它在胃酸中的存活情

况直接关系到生理功能的发挥。此外大多数食品是酸性的，pH 对乳酸菌存活的影响也是非常重要的。活菌能否顺利通过胃道，对 HCl 耐受能力的强弱将是一个关键的因素。而胃液 pH 因饮食结构不同而波动很大，通常 pH 为 3.0 左右，空腹或食用酸性食品时 pH 可达 2，食用碱性食物 pH 可达 4～5，食物通过时间为 1～2h，因此国内外学者一般把 pH3.0 和 120min 作为体外初步筛选的一个基本标准。

除了胃酸对菌体存活有影响外，肠道里的胆汁酸盐对它也有毒性作用。由于胆盐的存在改变了菌体外膜的通透性，从而抑制、杀灭乳酸菌，进而影响乳酸菌的存活。已知人体小肠中胆汁盐含量为 0.3～3g/kg。尽管人体肠道胆盐浓度是不断变化的，但一般认为平均胆盐浓度为 0.3%，因此 0.3%的胆汁盐浓度可作为初步筛选的标准浓度。目前牛胆盐被普遍用于某些细菌的选择性分离、培养，或耐胆盐试验，所以牛胆盐的效力应与人胆汁相当接近，可以用于模拟人胆汁盐。

（二）材　料

（1）原料：从市场上购买的乳制品、肉制品。

（2）培养基：MRS 液固培养基、改良 MRS 液固培养基和分离培养基（在固体 CMRS 里加 0.5%$CaCO_3$）。

（3）主要试剂：胃蛋白酶、胰蛋白酶、牛胆酸钠和 $CaCO_3$ 等。

（4）主要仪器设备：722s 分光光度计、PHS-25 酸度计、超净工作台、高压灭菌锅和电热恒温培养箱等。

（三）方法和步骤

1. 菌种的分离

分别称量各样品 25g，粉碎，溶解于 225mL 无菌生理盐水中，振荡均匀，得到 10^{-1}cfu/mL 的菌悬液。取 1mL 此菌悬液，逐级稀释，直到 10^{-8}cfu/mL，并将不同稀释度的菌液各 1mL 倒入平板，分离培养基在 37℃恒温培养 24h，挑取具有乳酸溶解圈的菌落到液体培养基中，培养作下一步试验菌株。

2. 初步筛选

把改良 MRS 培养基的 pH 调到 3.0，121℃×15min 灭菌后按 2%的接种量接入已活化两代的液体培养扩培物，37℃ 培养 24h，测定其在 24h 过程中吸光度的变化 ΔOD_{600}；在改良 MRS 培养基中添加 0.3%的牛胆盐，121℃×15min 灭菌后按 2%的接种量接入已活化两代的液体培养物，37℃ 培养 24h 后测定其在 24h 过程中吸光度的变化 ΔOD_{600}，最后选取两个 ΔOD_{600} 值相对大的大约 10 个菌株做下一步试验。

3. 耐酸性试验

以 pH7.0 的 PBS 缓冲液为基础，再用 37%的盐酸将其调至 3.0，121℃×15min 灭菌后按 10%的接种量接入已活化两代的液体培养物，37℃培养，分别于 0min、30min、60min、90min、120min 取样测定活菌数。

4. 胆盐耐受性试验

菌种活化两代后的液体培养物按 2%接种量接入含不同胆盐浓度的改良液体 MRS 培养基中（培养基中分别含 0.1%、0.2%、0.3%、0.5%、2%胆盐），同时以不含胆盐的改良 MRS 培养基作为对照。在 37℃恒温培养箱中培养 24h 后取样测定活菌数，结合上一个试验的结果筛选出既耐酸又耐胆盐的优良菌株。

5. 活菌计数的方法

采用常规平板计数法。

（四）结　　果

把试验数据填入表 1，表 2 并作图。

表 1　初步筛选的试验结果

菌株 (species)	耐酸			耐胆盐		
	$OD_{前}$	$OD_{后}$	ΔOD_{600}	$OD_{前}$	$OD_{后}$	ΔOD_{600}

表 2　耐酸、耐胆盐的试验结果

菌株 (species)	不同时间的菌数（耐酸）					不同浓度的菌数（耐胆盐）					
	0min	30min	60min	90min	120min	0%	0.1%	0.2%	0.3%	0.5%	2%

（五）注 意 事 项

（1）试验过程中注意无菌操作。

（2）酸度计必须用已知 pH 的缓冲液进行定位校准。

（3）分光光度计使用前要预热、调零和设置波长。

（李平兰）

主要参考文献

顾瑞霞，谭东兴，郭久和，等．1996．胆汁酸盐和低 pH 对乳酸菌活性的影响．微生物学通报，23（3）：144～146

赵瑞香，孙俊良，李元瑞，等．2004．嗜酸乳杆菌抗酸抗胆汁盐能力的研究．西北农林科技大学学报（自然科学版），32（2）：57～60

Chou L S，Weimer B. 1999. Isolation and Characterization of Acid-and Bile-Tolerant Isolates from Strains of *Lactobacillus acidophilus*. J Dairy Sci，82：23～31

Chung H S，Kim Y B，Chun S L，et al. 1999. Screening and selection of acid and bile resistant bifidobacteria. International Journal of Food Microbiology，47：25～32

Erkkia S，Petaja E. 2000. Screening of commercial meat starter cultures at low pH and in the presence of bile salts for potential probiotic use. Meat Science，55：297～300

五、乳酸细菌抗氧化活性的测定方法

（一）原　　理

氧化作用是有机体的必要代谢过程，但过度的氧化作用会引起生物大分子的损伤。氧化代谢过程中不断产生各种活性氧分子（reactive oxygen species，ROS），如羟自由基（HO·）、超氧阴离子自由基（O_2^-·）、过氧化氢（H_2O_2）等，可对DNA、脂质及蛋白质造成损伤，并引发多种疾病。

乳酸菌具有多种生物活性，抗氧化活性是其中之一。由于乳酸菌不产生过氧化氢酶，通常认为乳酸菌主要通过产生的SOD酶和谷胱甘肽过氧化酶（GSH-Px）清除羟自由基和过氧化氢。SOD酶能直接减少活性氧自由基的毒性，并阻止活性氧自由基向羟自由基的转变。但也有一些乳酸菌会产生一类抗氧化物质，虽然没有上述的酶活性，却仍具有抗氧化能力。此外，乳酸菌中的NADH和NADPH使得乳酸菌具有还原活性。

在检测乳酸菌的抗氧化活性时，目前主要测定菌株耐受H_2O_2的能力、清除超氧自由基（O_2^-·）的能力、清除羟自由基（HO·）的能力、螯合Fe^{2+}的能力、抗脂质过氧化能力、二苯代苦味肼基自由基（DPPH）自由基清除能力及还原活性。

清除超氧自由基（O_2^-·）的测定原理是：邻苯三酚在碱性条件下自氧化并产生O_2^-·和有色中间产物，加入能清除O_2^-·的物质后，会抑制有色中间产物的产生，因而可通过比色法进行定性和定量分析。清除羟自由基（HO·）的测定主要原理是通过Fenton反应产生HO·，邻菲罗啉-Fe^{2+}作为该反应的氧化还原指示剂，加入HO·的清除剂，则HO·减少，同时Fe^{2+}增多，溶液颜色变红，据此可通过比色进行分析。

测定样品还原能力的原理是：

$K_3Fe(CN)_6$＋样品→$K_4Fe(CN)_6$＋样品氧化物

$K_4Fe(CN)_6 + Fe^{3+} \rightarrow K_4[Fe(CN)_6]_3$

一般情况下，样品的还原力与抗氧化能力呈正相关。于700nm波长测定吸光度，吸光度越大，表明样品的还原力越强。

抗脂质过氧化实验的原理是：不饱和体系氧化产物同硫代巴比妥酸（TBA）的反应物为红色，并在532nm有强吸收，吸收程度与抗氧化活性呈线性关系。

DPPH自由基是一种常见的筛选和评价抗氧化剂的物质。它是一种稳定的有机自由基，有单个电子，甲醇溶液呈深紫色，在517nm有较强吸收，当加入有清除DPPH自由基作用的物质后，吸收减弱，可通过比色法测定该物质清除自由基的能力。

（二）材　　料

（1）乳酸菌株。

（2）MRS培养基、PBS缓冲液（pH＝7.4）、Tris-HCl（pH＝8.2）。

（3）试剂：过氧化氢酶、二苯代苦味肼基自由基（DPPH）、丁基化羟基甲苯（BHT）、二乙三胺五乙酸、铁氰化钾、硫代巴比妥酸（TBA）、SOD和GSH-Px检测试剂盒、亚油酸、L-半胱氨酸盐酸盐、过氧化氢、$FeSO_4$、邻苯三酚、O-菲罗啉、三氯乙酸（TCA）、氢氧化钠、三氯化铁、抗坏血酸、亚油酸乳化液、三氯甲烷、甲醇等。

（4）主要仪器：紫外可见分光光度计、高速冷冻离心机、超声波破碎机、超纯水系统、酸度计、超纯水系统、培养箱等。

（三）方法和步骤

1. 乳酸菌的培养及无细胞提取物的制备

供试菌于 MRS 培养基 37℃静置培养 24h 后，离心收集菌体，用 PBS 洗涤 3 次，重悬于 PBS，调整菌数到 10^{10} cfu/mL，冰浴超声破碎细胞，4℃，12 000g，离心 30min，收集上清液，即为无细胞提取物。

2. 抗氧化活性测定方法

（1）对 H_2O_2 的耐受能力

1）将乳酸菌接种于 MRS 液体培养基，37℃静置培养 24h。

2）离心收集菌体，用 PBS 洗涤并制备 10^8 cfu/mL 的菌液，取 0.5mL 菌液，分别加入 5mL 含有 0%、0.2%、0.3%、0.5%、1% H_2O_2 的 PBS 中。37℃处理 1min，再加入 0.2mg/mL 过氧化氢酶。

3）将处理后的 PBS 梯度稀释，涂布于 MRS 固体培养基上，37℃培养 48h，计数并计算其存活率。实验以抗氧化活性较低的已知菌作为对照。

（2）清除超氧自由基（O_2^- ·）的能力测定

1）吸取 0.5mL 无细胞提取物，分别加入 Tris-HCl、二乙三胺五乙酸和邻苯三酚，使终浓度分别为 150mmol/L、3mmol/L 和 1.2mmol/L，总反应体积为 3.5mL。

2）25℃恒温水浴反应 10min 后于 325nm 处测吸光值。

利用以下公式计算超氧自由基的清除率：

$$\text{清除率}(\%)=[1-(A_{11}-A_{10})/(A_{01}-A_{00})]\times 100\%$$

式中，A_{00}——不含样品和邻苯三酚；

A_{01}——不含样品，含邻苯三酚；

A_{10}——含样品，不含邻苯三酚；

A_{11}——含样品和邻苯三酚。

（3）清除羟自由基（HO ·）的能力

1）吸取 0.5mL 无细胞提取物和 1mL O-菲罗啉，加入 1mL PBS，1mL 2.5mmol/L $FeSO_4$，1mL 20mmol/L H_2O_2。

2）37℃恒温水浴反应 1.5h 后，在 536nm 处测吸光值。利用以下公式计算超氧自由基的清除率：

$$\text{清除率}(\%)=[(A_2-A_1)/(A_0-A_1)]\times 100\%$$

式中，A_0——不含样品和 H_2O_2；A_1——不含样品，含 H_2O_2；A_2——含样品和 H_2O_2。

（4）螯合 Fe^{2+} 能力的测定

1）加入 0.1mL 质量分数为 1%的抗坏血酸，0.1mL 质量分数为 0.4%的 $FeSO_4$，1mL 0.2mol/L NaOH，以及 0.5mL 实验菌无细胞提取物。

2）混合液37℃水浴20min，TCA沉淀蛋白，于4℃，4500*g*，离心10min。

3）取0.2mL上清液，加入2mL质量分数为0.1%的O-菲罗啉，反应10min后，510nm测吸光值。实验以PBS作为空白对照。

（5）还原活性

1）吸取0.5mL无细胞提取物，加入0.5mL 1%铁氰化钾，0.5mL PBS，50℃水浴20min。

2）冷却后加入TAC沉淀蛋白，4℃，4500*g*，离心10min。

3）取1mL上清液与1mL 0.1% $FeCl_3$反应后，于700nm测吸光度。以L-半胱氨酸盐酸盐作为标准对照。

（6）抗脂质过氧化

1）0.5mL PBS溶液中加入1mL亚油酸乳化液，加入0.2mL质量分数为0.01%的$FeSO_4$和0.2mL 0.56mmol/L H_2O_2催化氧化，再加入0.5mL乳酸菌菌体或乳酸菌无细胞提取物，37℃水浴反应12h。

2）混合液加入0.2mL TCA、2mL TBA、0.2mL BHT，100℃反应30min。

3）冷却后加入2.5mL三氯甲烷抽提，离心收集上清液，在532nm下测吸光值。实验以PBS作为空白对照。利用以下公式计算抗脂质过氧化率：

$$抗脂质过氧化率=[1-A_{532(样品)}/A_{532(空白)}]\times100\%$$

（7）清除DPPH自由基的能力

1）0.2mmol/L DPPH自由基甲醇溶液1mL，加入1mL乳酸菌菌体或乳酸菌无细胞提取物，室温下（20～25℃）黑暗中反应30min。

2）三氯甲烷抽提后，于517nm测吸光度。实验以去离子水作为空白。利用以下公式计算DPPH自由基清除率：

$$DPPH自由基清除率=[1-A_{517(样品)}/A_{517(空白)}]\times100\%$$

（四）注意事项

（1）接种量和培养条件要保持一致。制备无细胞抽提液时，所用菌体量必须精确。

（2）涂布平板时，注意菌液涂布均匀，防止杂菌污染。

（3）实验中可以用已经确定的抗氧化物或者抗氧化菌株作为对照。

（4）菌细胞在低温下破碎，避免活性成分的损失。

（曹郁生　李海星）

主要参考文献

张江巍，曹郁生．2005．乳酸菌抗氧化活性及检测方法．中国乳品工业，33（9）：53～56

张江巍，曹郁生，刘晓华，等．2006．抗氧化乳酸菌L4的SOD活性及其发酵乳的抗氧化作用．中国乳品工业，34（11）：12～15

张云峰，信学峰，刘兆，等．比色法测定发酵前后胡萝卜汁对氧自由基的清除作用．中国科学院新疆化学研究所．www.chem17.com

Amanatidou A，Smid E J，Bennik M H，et al. 2001. Antioxidative properties of *Lactobacillus sake* upon exposure to el-

evated oxygen concentrations. FEMS Microbiol Lett, 203 (1), 87～94
Kullisaar T, Songisepp E, Mikelsaar M, et al. 2003. Antioxidative probiotic fermented goats' milk decreases oxidative stress-mediated atherogenicity in human subjects. Br J Nutr, 90: 449～456
Lin M Y, Chang F Y. 2000. Antioxidative effect of intestinal bacteria *Bifidobacterium longum* ATCC 15708 and *Lactobacillus acidophilus* ATCC 4356. Dig Dis Sci, 45: 1617～1622

六、黏附性双歧杆菌菌株的筛选

（一）原　　理

双歧杆菌作为普遍存在于人及动物消化道内的一类重要微生物，具有多种显著的保健作用，与人和动物的健康息息相关。作为一种优良的益生菌，双歧杆菌相关产品研究较早，是当今国内外研究最热门的益生菌制剂之一。黏附是细菌与宿主细胞相互作用的第一步，双歧杆菌在肠道中的黏附及定植，对维持肠道菌群的结构及功能起主导作用，而外源的双歧杆菌能否在肠道黏附和定植是评定益生菌制剂效果的主要指标之一。国外相关研究报告反映，双歧杆菌细胞的表面疏水性在对肠道上皮细胞的初始黏附中起着重要的作用。疏水作用被认为是影响细菌-宿主间反应的因素之一，与多种黏附现象，如组织表面的黏附、塑料表面的黏附、细菌间的集聚等均有关。Perez 等检测了从婴儿粪便及市售发酵乳制品中分离得到的双歧杆菌菌株的表面性质，试验结果证明了疏水性在细菌发挥黏附作用和自凝集反应中均起着重要的作用，疏水性强的菌株对肠上皮细胞也具有较高的黏附能力，并且呈现一定的依赖性，即双歧杆菌的疏水性与其对肠上皮细胞的黏附力成正比。潘伟好等通过测定长寿老人源双歧杆菌表面疏水性及与肠细胞黏附指数也证实了这一结果，肯定了检测菌株的疏水性可作为筛选高黏附力菌株的一项初筛指标。Wadstrom 等从新鲜屠宰的六月龄猪的小肠中分离得到野生型的乳杆菌菌株并测定了其疏水性以及对肠上皮细胞的黏附力，发现疏水性强的菌株对猪源肠上皮细胞有强的黏附力，而具有亲水性的菌株的黏附水平则表现低下。此结果也验证了利用疏水性来筛选具黏附力的菌株的有效性。近年来 Ocana 和 Gusils 等的研究报告也证明了从动物体内分离的乳酸杆菌菌株具有较高的疏水性。

总的来说，碳烃化合物黏着法可简单有效地把疏水性较高的菌株筛选出来，此项工作对于在不同的菌株间筛选具有高黏附力的优良双歧杆菌菌株有着重要的指导意义。作为 FDA 批准的用于药物吸收研究的快速筛选工具之一，Caco-2 细胞模型可在细胞水平上提供药物分子透过小肠黏膜的吸收、代谢、转运的综合信息，为研发药物提供依据，因此，本试验结果对临床治疗及益生菌的选择也具有一定的实用价值。

目前用于测定疏水性的方法有微生物黏着碳烃化合物法（MATH）、接触角测定法（CAM）、盐凝集法（SAT）和疏水作用层析测定法（HIC）等。这些方法各有特色，但以 MATH 法较为简便易行和稳定可靠，应用比较广泛。

（二）材　　料

（1）实验菌株：受试菌，分离自不同生境的双歧杆菌菌株；标准菌，动物双歧杆菌 BB12。

（2）培养基：改良 MRS 培养基用于双歧杆菌受试菌的培养。

(3) 细胞培养液：MEM 培养液用于 Caco-2 细胞的培养（含 20%胎牛血清）、为美国 Gibco 公司产品。

(4) 化学试剂：50mmol/L K_2HPO_4（pH6.5）缓冲液、二甲苯（分析纯）。

(5) 试验仪器：SCL-1300 型垂直流洁净工作台、722S 分光光度计、倒置显微镜、二氧化碳细胞培养箱、亨盖特厌氧装置。

（三）方法和步骤

1. 菌株活化

取少量活菌冻干粉于改良 MRS 液体培养基中活化，在 37℃下厌氧培养 24h，传代 2～3 次后，镜检菌体生长良好再进行试验。

2. 菌液浓度调整

将细菌培养物以 12 000r/min 离心 5min 收集菌体，用缓冲液洗涤菌体两次，每次 5mL，离心 6000r/min，2min。以缓冲液为空白对照，用缓冲液调整受试菌株菌体浓度，使其在 600nm 波长下 A 值为 1.000（A_{600}＝1.000）。

3. 疏水性测定——采用碳烃化合物黏着法

取 2mL 调整浓度后的菌液加入 400μL 二甲苯，对照组不加二甲苯，振荡 30s，静置 10s 后再振荡 30s，静置 5min 分层。取水相，以缓冲液为空白对照，在 600nm 下测量 A 值并记录，每株细菌平行作 3 管重复。

细菌细胞表面疏水率计算：

$$疏水率\ H\% = [(A_0 - A)/A_0] \times 100$$

其中，A_0 和 A 分别是与二甲苯混匀前、后菌液在 600nm 下测量得到的 A 值。

4. 黏附力的测定——采用体外细胞培养法

(1) 细菌培养：双歧杆菌菌株接种于改良 MRS 培养基中厌氧培养 24h，调节细菌浓度为 10^8 cfu/mL。

(2) 细胞培养：人肠道上皮细胞 Caco-2 细胞株购自协和医科大学基础所。使用 MEM 细胞培养液（含 20%胎牛血清），37℃下在 5%CO_2-95%空气的二氧化碳细胞培养箱中恒温孵育，待细胞生长良好时（70%融合）用消化液消化传代。细胞贴壁生长，通常是 1～2 天更换营养液，4 天传代 1 次。

(3) 黏附试验：将培养好的人肠道上皮细胞 Caco-2 株进行消化，制成细胞悬液（10^5 cfu/mL），接种于含 20%胎牛血清不含双抗的 MEM 培养液后，放置入含洁净细胞飞片的 24 孔板（Costa 公司）中，每孔内加入 1mL 细胞悬液，于 5%CO_2 37℃细胞培养箱中孵育至单细胞贴壁。无菌 PBS 液洗涤 3 次，每孔加入 1mL 菌液（含菌体 10^8 cfu/mL）与 1mL MEM 细胞培养液的混合液，37℃，5%CO_2-95%空气中孵育 2h。无菌 PBS 洗涤细胞飞片以除去未结合的细菌。然后火焰固定，革兰氏染色，显微镜下随机挑选 20 个视野，计数 50 个细胞上黏附的细菌数，每个处理平行 3 孔，再计算平均每个细胞所黏附的细菌数。

5. 数据的统计学处理

数据以 $\bar{X} \pm S$ 来表示参考值范围，以 q 检验方法进行不同菌株与标准菌株间的比较，所有的统计分析采用 SAS 8.0 完成。

（四）结　　果

1. 双歧杆菌表面疏水性的测定

在菌液中加入二甲苯，振荡、静置后，从上至下分别为油层、泡沫层、水层，不同菌株的油水分层大体相似，油水界面分层均不清晰。不同来源双歧杆菌菌株表面疏水性的测定结果如表 1。

表 1　不同双歧杆菌菌株的表面疏水性试验结果

菌株	来源	表面疏水性

2. 双歧杆菌黏附能力的测定

通过对特定细胞系 Caco-2 的体外细胞黏附试验，不同来源双歧杆菌菌株的黏附力的测定结果如表 2。

表 2　不同双歧杆菌菌株的黏附指数

菌株	来源	黏附菌数/细胞（mean±SD）

（五）注意事项

（1）疏水性测定时要尽量保持受试菌处在相同的状态，以减少误差。

（2）细胞培养时注意防止污染，保持无菌操作。

（3）受验细菌和肠细胞黏附时，要保持在相同的温度、pH 和时间下进行。

（李平兰）

主要参考文献

侯幼红．1995．微生物细胞表面疏水性与黏附性的研究进展．国外医学皮肤性病学分册，21（2）：83～86

Gusils C，Cuozzo S，Sesma F，et al. 2002. Examination of adhesive determinants in three species of Lactobacillus isolated from chicken. Can J Microbiol，48：34～42

Jones D S，Gorman S P，McCafferty D F，et al. 1991. The effects of three non-antibiotic，antimicrobial agents on the surface hydrophobicity of certain micro-organisms evaluated by different methods. J Appl Bacterial，71（3）：218

Kiely L J，Olson N F. 2000. The physicochemical surface characteristics of *Lactobacillus casei*. Food Microbiology，17：277～291

Ocana V S, Bru E, Pesce de Ruiz Holgado A A, et al. 1999. Surface characteristics of lactobacilli isolated from human vagina. J Gen Appl Microbiol, 45: 203～212

Pan W H, Li P L, Liu Z Y. 2006. The Correlation between Surface Hydrophobicity and Adherence of Bifidobacterium Strains from Centenarians'Faeces. Anaerobe, 12: 148～152

Perez P F, Minnaard Y, Pisalvo E A, et al. 1998. Surface properties of bifidobacterial strains of human origin. American society for microbiology, 64 (1): 21～26

Rosenberg M, Gutnick D, Rosenberg E, et al. 1980. Adherence of bacteria to hydrocarbons: a simple method for measuring cell-surface hydrophobicity. FEMS Microbiology Letters, 9: 29～33

Vinderola C G, Reinheimer J A. 2003. Lactic acid starter and probiotic bacteria: a comparative "*in vitro*" study of probiotic characteristics and biological barrier resistance. Food research international, 36: 895～904

Wadstrom T, Anderson K, Sydow M, et al. 1987. Surface properties of Lactobacilli isolated from the small intestine of pigs. Journal of Applied Bacteriology, 62: 513～520

七、乳酸细菌噬菌体的分离及纯化

（一）原　　理

细菌、放线菌的病毒称为噬菌体，在活细胞内寄生生活，伴随着寄主细胞的分布而存在。乳酸菌在自然界存在广泛，主要分布在植物表面、腌制泡菜、青贮饲料、人和动物肠道及奶牛场土壤等，在这些生境中有乳酸菌噬菌体的存在。乳酸菌噬菌体另一个主要栖息地是乳制品发酵厂，由于原料乳常采用巴氏消毒，并在乳酪制作过程中有大量乳清排放，因此为噬菌体的生存和扩散提供了条件。

噬菌体个体小，一般光学显微镜难以辨析，需要借助电子显微镜才能观察。但通过噬菌体感染宿主细菌，在细胞内复制繁殖，然后裂解细胞，释放出大量噬菌体，使培养液由混浊变清亮，或在含菌琼脂平板上出现透明空斑即噬菌斑等特征，即可检测噬菌体的存在。

乳酸菌噬菌体有两种类型：烈性噬菌体和温和噬菌体。当噬菌体感染乳酸菌后，在菌体细胞中复制繁殖，最终导致细菌裂解，释放出大量子代噬菌体，这类噬菌体称为烈性噬菌体。烈性噬菌体的检测常用双层琼脂平板法。选择宿主易于存在的生境周围的土壤、污水、疑似发酵液等，与相应的乳酸菌混合，经过富集培养后，离心收集上清液，即为噬菌体裂解液。经过适当稀释，噬菌体即可在含有宿主琼脂双层平板上形成肉眼可见的噬菌斑（plaque），根据噬菌斑的数目及形状，即可判断噬菌体的数目即噬菌体的效价和噬菌体的类型。从平板上挑取单个噬菌斑，经过纯化，可望获得纯的噬菌体。不同噬菌体-乳酸菌形成的噬菌斑其形态、大小、透明度等各有不同，可作为初步分类鉴定的依据。

噬菌体侵入细菌后，将其核酸整合到宿主的染色体基因组上，并随染色体基因组的复制而传递，这类噬菌体称为温和噬菌体，携带有噬菌体基因组的细菌称为溶原性菌株。温和噬菌体侵染细菌后呈原噬菌体（或称前噬菌体）形态，一般不引起细胞破裂，在双层平板上不形成透明的噬菌斑。但溶原菌在外界理化因子如紫外线或丝裂霉素C诱导下，噬菌体核酸DNA从宿主基因组上脱离下来，进入裂性增殖周期，从而导致细胞裂解，释放出噬菌体颗粒，在平板上形成噬菌斑或导致培养液变清。根据这个原理，即可对温和噬菌体进行鉴定和分离。

本实验以乳酸乳球菌（*Lactococcus lactis*）MG1614 的烈性噬菌体和发酵乳杆菌（*Lactobacillus fermentum*）的温和噬菌体为例，分别介绍其分离纯化的方法。

（二）材料和试剂

1. 培养基

GM17 培养基：在 M17 培养基中加入葡萄糖，使其终浓度为 0.5%。该培养基用于培养乳酸乳球菌。

MRS 培养基：10g 胰蛋白胨、10g 牛肉膏、5g 酵母粉、20g 葡萄糖、2g 柠檬酸三铵、0.58g $MgSO_4 \cdot 7H_2O$、2g KH_2PO_4、5g 乙酸钠、1mL Tween 80、0.25g $MnSO_4 \cdot 4H_2O$ 溶于 1L 蒸馏水中，pH 6.2～6.4。

半固体培养基：在上述液体培养基中加入 0.5%琼脂。

用于分离噬菌体时，上述培养基中均需加入 $MgCl_2$ 或 $CaCl_2$，使其终浓度为 5mmol/L。

MMC 缓冲液：10mmol/L $MgCl_2$ 和 10mmol/L $CaCl_2$ 溶液，用于悬浮噬菌体。

2. 试剂

丝裂霉素 C、氯仿。

3. 试验仪器

试管、三角瓶、离心机、离心管、振荡器、培养皿、紫外灯（30W）磁力搅拌器、恒温水浴箱、培养箱。

（三）操作步骤

1. 烈性噬菌体的分离和纯化

（1）乳酸乳球菌的活化：在 GM17 平板上挑取 *L. latis* MG614 单个菌落接种于 10mL GM17 液体培养基中，30℃培养过夜。取 2%过夜培养液接种于 100mL GM17 新鲜培养基（含有 5mmol/L $CaCl_2$）中，30℃培养 3～4h，使其 OD_{600} =0.2～0.3。

（2）噬菌体的富集培养：将含有噬菌体的液体样品，10 000r/min 离心 10min，去掉固体沉淀。

取 2mL 上清液加到上述培养的 *L. lactis* MG1614 培养液中，30℃继续培养 8h，6000r/min 离心 10min，上清液用 0.45μm 滤膜除菌，所得滤液即为噬菌体液。

（3）噬菌效价的检测：将上述噬菌体溶液用无菌 MMC 缓冲液系列稀释，取 10μL 稀释液与 100μL 指数生长期的 *L. lactis* MG1614 发酵液混合于 5mL 融化保温至 47℃的半固体培养基中，混匀后，迅速倒入已凝固的 GM17 平板上，30℃培养 10～12h，观察噬菌斑数量、大小及形状。

（4）噬菌斑形态描述：观察平板上形成噬菌斑的形态、大小，并在表 1 中进行记录。噬菌体不同所形成的噬菌斑有差异。乳酸菌的噬菌斑形态通常包括以下几类：透明空斑、透明空斑外有模糊圈、模糊噬菌斑等；噬菌斑大小分为几个范围：0.5～1mm、1～2mm、2～3mm、3～4mm、4～5mm。

表 1　噬菌斑的特征

噬菌体/mm	指示菌	噬菌斑大小/mm	噬菌斑形状	噬菌体来源
0.5～1				
1～2				
2～3				
3～4				
4～5				

（5）噬菌体的纯化：用剪刀剪去灭菌的 200μL 的枪尖头部，使其直径略大于噬菌斑。用该枪头插入目的噬菌斑上，连同培养基一起转移至 500μL MMC 缓冲液中，漩涡振荡 30s，使噬菌体溶于缓冲液中。10 000r/min 离心 10min，留取上清液。

（6）将上清液在 MMC 缓冲液中系列稀释，重复步骤（3），即取 10μL 与 100μL 活化的乳酸乳球菌混合于融化至 47℃的半固体培养基中，迅速混匀后倒入已凝固好的固体平板上，37℃培养 12h，观察噬菌斑的形状。

（7）经过 2 次噬菌斑的纯化步骤，所形成的噬菌斑即为纯噬菌体形成的空斑。

（8）挑取单个噬菌斑，溶于 500μL MMC 缓冲液中，涡旋振荡 30s，使噬菌体溶于缓冲液中。1000r/min 离心 10min，保留上清液。

（9）取 100μL 噬菌体上清液，加入培养至 OD＝0.2～0.3 的 *L. lactis* MG1614 培养液中，继续培养 8～10h，10 000r/min 离心 10min，取上清液，用 0.45μm 的过滤器过滤，所得滤液，为纯化的噬菌体溶液。

（10）测定噬菌体的效价，向噬菌体溶液中加入灭菌的甘油，使其终浓度为 50%，－80℃冰箱可长期保存。

2. 发酵乳杆菌（*Lactobacillus fermentum*）温和噬菌体的诱导和分离

（1）菌种活化。在 MRS 平板上挑取单菌落，接种于 5mL 新鲜 MRS 培养基中，37℃培养过夜。

（2）敏感细胞的制备。取 0.5mL 过夜培养的菌种接种于装有 20mL MRS 培养基中，37℃培养 4～6h，使 OD＝0.3～0.4。

（3）5000r/min 离心 5min，收集菌体细胞。

（4）用 4mL 无菌生理盐水悬浮细胞，5000r/min 离心 5min，洗涤细胞。洗涤细胞后，用生理盐水配制成 10^3～10^4 cfu/mL 细胞悬液。

（5）取 4mL 放在直径为 6cm 有搅拌子的培养皿中。

（6）紫外线照射及增殖培养。

1）紫外灯预热　紫外灯功率 30W，照射垂直距离为 30cm，照射前预热 20min。

2）照射及增殖培养　将含有敏感细胞的培养皿放在紫外灯下，先照射 1min 后再打开皿盖，与此同时打开磁力搅拌器开关，并立即计时，紫外灯准确照射 13s 后马上盖上皿盖，停止搅拌，关闭紫外灯。处理后立即加入 4mL 2 倍浓度的 MRS 培养基，37℃避光静置培养 12h。

（7）制备裂解液　取上述已避光培养的培养液 5mL，至无菌离心管中，然后加入 0.2mL 氯仿，剧烈振荡 30s，静置 5min 后 5000r/min 离心 10min。

(8) 将上清液吸入新的无菌离心管中，即为噬菌体裂解液，可放4℃冰箱备用。

如果利用丝裂霉素C诱导时，取对数生长或过夜生长的菌悬液，加入丝裂霉素C，使终浓度达到0.1～1μg/mL，静置培养6h或过夜，培养液变澄清，说明有噬菌体从宿主染色体脱离，并进入烈性复制周期，最后使宿主细胞破裂，释放出噬菌体。

（四）注意事项

(1) 紫外线照射时注意保护眼睛与皮肤。

(2) 紫外线诱导时间不要过长，否则会杀死宿主细胞。

(3) 在生态环境中，噬菌体的数目较低，取到的样品要先经过对应宿主细胞的富集培养，以增加噬菌体数，提高筛选效率。

(4) 制作双层平板时，所用培养基要清亮，无沉淀物，使噬菌斑易于观察。

(5) 噬菌体感染乳酸菌，需要 Ca^{2+} 或 Mg^{2+} 的参与，所以在配置培养基时，必须添加5mmol/L $MgCl_2$ 或 $CaCl_2$ 溶液。

(6) 对于有些溶原性细菌，即使用紫外线或丝裂霉素C处理，使噬菌体脱离了宿主菌染色体，由于噬菌体释放量少，在琼脂平板上不易形成可见的噬菌斑，故不能通过噬菌斑鉴别，其检测需要借助于电子显微镜观察。

（孔　健　张秀红）

主要参考文献

Auad L, Holgado A A P, de Forsman R P, et al. 1997. Isolation and Characterization of a New *Lactobacillus delbrueckii* ssp. bulgaricus Temperate Bacteriophage. Journal of Dairy Science, 80 (11): 2706～2712

Foschino R, Picozzi C, Galli A. 2001. Comparative study of nine *Lactobacillus fermentum* bacteriophages. Jonuanl of Applied Microbiology, 91: 394～403

Foschino R, Venturelli E, Picozzi C. 2005. Isolation and Characterization of a Virulent *Lactobacillus sanfranciscensis* Bacteriophage and Its Impact on Microbial Population in Sourdough. Current Microbiology, 51: 413～418

Josephsen J, Andersen N, Behrndt H. 1994. An ecological study of lytic bacteriophages of *Lactococcus lactic* subsp *cremoris* isolated in a cheese plant over a five-year period. Int Dariy Journal, 4: 123～140

八、乳酸细菌噬菌体DNA的提取和纯化

（一）原　理

乳酸菌是常用的乳制品发酵剂，由于原料乳通常采用巴士消毒，或在乳酪发酵过程中乳清的大量排出，为噬菌体的存在提供了条件，在乳制品发酵过程中，这类菌株经常遭受噬菌体感染。噬菌体侵染宿主细胞后，根据在宿主细胞内的复制方式分为两种类型：溶原性噬菌体和烈性噬菌体。溶原性噬菌体感染细胞后，其基因组整合到宿主染色体上，随染色体的复制而复制，当有紫外线或丝裂霉素等外因诱导时，噬菌体基因组从染色体上脱离下来，即进入烈性循环；烈性噬菌体进入宿主细胞，借助于宿主的遗传机制进行核酸复制和外壳蛋白的合成，经过自我装配，成为完整的噬菌体颗粒，从细胞中释放出来。每个细胞一次能释放出上百个噬菌体，每个子代噬菌体又各自感染一个新的

细胞，如此反复几次复制周期，最终导致细菌培养液由混浊变澄清，或在琼脂平板上形成噬菌斑，即感染的细菌细胞被噬菌体裂解后形成的空斑。

收集细菌细胞裂解液，离心除去细胞碎片，所得噬菌体溶液经过盐析，或聚乙二醇（PEG600）处理，提高溶液中噬菌体的浓度；利用 RNaseA 降解溶液中的 RNA 分子；经过氯化铯密度梯度离心，进一步纯化噬菌体颗粒。利用蛋白酶和 SDS 作用蛋白外壳，使之释放出核酸 DNA，经过苯酚、氯仿抽提去掉蛋白质。所得水溶液用无水乙醇沉淀，70%乙醇洗涤，干燥，最后将噬菌体 DNA 溶解于 TE 溶液中。

本文以乳酸乳球菌的烈性噬菌体 SKI 和溶原性发酵乳杆菌为材料，介绍烈性噬菌体和温和噬菌体裂解液的制备及其 DNA 提取纯化的方法。

（二）材　　料

1. 培养基

GM17 培养基：M17 培养基含有终浓度为 0.5%葡萄糖和 5mmol/L $CaCl_2$。

MRS 培养基：10g 胰蛋白胨、10g 牛肉膏、5g 酵母粉、20g 葡萄糖、2g 柠檬酸三铵、0.58g $MgSO_4 \cdot 7H_2O$、2g KH_2PO_4、5g 乙酸钠、1mL Tween 80、0.25g $MnSO_4 \cdot 4H_2O$ 溶于 1L 蒸馏水中，pH 6.2～6.4。

半固体培养基：在上述培养基的基础上，添加终浓度为 0.5%的琼脂和 5mmol/L $CaCl_2$。

2. 试剂

SM 缓冲液：NaCl 5.8g、$MgSO_4 \cdot 7H_2O$ 2g、1mol Tris-HCl（pH7.5）50mL、2%明胶 5mL，加 ddH_2O 至 1000mL，115℃高压灭菌 20min。

RNaseA（10mg/mL，TE 配制，沸水浴 15min，分装后－20℃冰箱贮存）。

Proteinase K（10mg/mL，TE 配制，分装后－20℃冰箱贮存）。

透析缓冲液（10mmol/L NaCl，10mmol/L$CaCl_2$，10mmol/L Tris-HCl，pH 8.0）

10%SDS、PEG600。

EDTA：0.5mol/L pH 8.0。

苯酚、氯仿、异戊醇、异丙醇、无水乙醇、70%乙醇。

（三）步　　骤

方法一　乳酸乳球菌烈性噬菌体 DNA 的制备

1. 乳酸乳球菌烈性噬菌体的制备（液体培养法）

（1）10mL *L. lactis* MG1614 30℃培养过夜。

（2）将 10mL *L. lactis* MG1614 过夜培养液接种到含有 5mmol $CaCl_2$ 1L GM17 培养液中，30℃培养至 OD_{600}＝0.2～0.3。

（3）加入 100μL（含有 10^4 pfu/mL）的噬菌体 SKl，继续培养 16h。

（4）向培养液中加入 58.44g NaCl，4℃振荡培养 2h。

（5）4℃，9500r/min 离心 10min，将上清液转移至一个新的 1L 培养瓶中。

（6）向上清液中加入 100 g PEG600，4℃振荡 15min。

（7）4℃，8500r/min 离心 10min，收集沉淀。

(8) 向沉淀中加入 12mL SM 缓冲液，4℃，150r/min 振荡过夜。

(9) 加入 RNaseA，使其终浓度为 1μg/mL，37℃水浴 2 h。

(10) 用 $CsCl_2$ 密度梯度 (2.0mL 20%surcose，0.9mL $CsCl_2$ 1.3g/mL，0.9mL $CsCl_2$ 1.5g/mL，0.9mL $CsCl_2$ 1.7g/mL)，4℃下 25 000r/min 离心 2h。

(如必要，用 $CsCl_2$ 密度梯度离心 2 次，以保证噬菌体溶液中不含任何细胞碎片)

(11) 取噬菌体离心带 3mL，放入透析袋中，在透析缓冲溶液 (10mmol/L NaCl，10mmol/L $CaCl_2$，10mmol/L Tris-HCl，pH 8.0) 中透析 3 次，每 3～4h 更换 1 次透析液。

2. 乳酸乳球菌烈性噬菌体的制备 (平板噬菌斑法)

(1) 用 SM 缓冲液系列稀释已保存的乳酸乳球菌的噬菌体。

(2) 取 10μL 适当稀释的噬菌体溶液 (10^4 pfu/mL)，与 200μL 培养至指数生长期的乳球菌混合，使噬菌体颗粒吸附于细菌。

(3) 将上述乳球菌-噬菌体溶液与 3mL 已融化保温至 47℃的半固体培养基混匀，迅速倒入凝固的含 1.5%琼脂的 GM17 固体培养基平板内，轻轻晃动平板，使之分布均匀。

(4) 30℃过夜培养，观察噬菌斑的形成。

(5) 向铺满噬菌斑的平板上加入 4mL SM 缓冲液，4℃冰箱放置 2h，使噬菌体从平板上释放出来。

(6) 收集噬菌体浸出液，5000r/min 离心 10min，即得噬菌体裂解液。

3. 噬菌体 DNA 的提取及纯化

(1) 取 500μL 制备的噬菌体溶液到 1.5mL 离心管中，向每个离心管中加入 20μL 0.5mol/L EDTA、2.5μL 10mg/ mL 蛋白酶 K 和 25μL 10% SDS。

(2) 缓慢混匀后，65℃水浴 1h，冰浴冷却。

(3) 与 500μL 苯酚混合，涡旋振荡 30s，6000r/min 离心 5min，移上层于一新离心管中。

(4) 加入 500μL 苯酚：氯仿：异戊醇 (25：24：1)，涡旋振荡 30s，6000r/min 离心 5min，移上层于一个新离心管中。

(5) 再用 500μL 氯仿抽提，直到无苯酚气味。

(6) 向上层抽提液中加入 2 倍体积的无水乙醇，混匀后，－20℃放置 30min。

(7) 4℃，12 000r/min 离心 20min，收集沉淀。

(8) 用 70%乙醇洗涤 DNA 沉淀，12 000r/min 离心 5min。

(9) 弃去 70%乙醇，DNA 沉淀室温干燥 5～10min。

(10) 加入 100μL TE 缓冲液，4℃冰箱过夜，使 DNA 充分溶解，－20℃保存备用。

方法二　发酵乳杆菌 (*Lactobacillus fermentum*) 温和噬菌体 DNA 的制备

1. 温和噬菌体裂解液制备

(1) 从平板上挑取发酵乳杆菌的单菌落，接种于 10mL MRS 液体基中，37℃培养过夜。

(2) 将活化的菌种以 2%接种量接入装有 100mL MRS 培养基中 (含有 5mmol/L $CaCl_2$)，37℃培养至指数生长期的早期 (即 OD=0.1～0.2)，添加丝裂霉素 C，使其终浓度达到 0.1～1.0μg/mL，静置培养 8h。

（3）将上述培养液转移至无菌离心管中，加入 0.8mL 氯仿，剧烈振荡 30s，静置 5min 后，5000r/min 离心 10min。

（4）小心将上清液吸入新的无菌管中，即为噬菌体裂解液，放 4℃冰箱保存备用。

2. 噬菌体 DNA 的提取

（1）将上述裂解液（100mL）转移至离心管，95 000r/min 离心 10min，去除细菌碎片，保留上清液。

（2）加 RNase A、DNaseI 至 1μg/mL，37℃保温 30min。

（3）加 9.3g PEG_{600}，5.8g NaCl，摇匀至溶解，冰浴 1h 或 4℃过夜。

（4）4℃，10 000r/min 离心 20min，去上清液。

（5）加 2mL SM 缓冲液，充分洗涤管壁及沉淀，转移至 4 个新的 1.5mL 微量离心管中，每管各加 20μL 10% SDS、2.5μL 10mg/mL 蛋白酶 K、20μL 0.5mol/L EDTA，65℃保温 30min，冰浴冷却。

（6）与 500μL 苯酚混合，涡旋振荡 30s，6000r/min 离心 5min，移上层水相于一新离心管中。

（7）加入 500μL 苯酚：氯仿：异戊醇（25：24：1），涡旋振荡 30s，6000r/min 离心 5min，移上层水相置于新的离心管中。

（8）再用 500μL 氯仿抽提，直到无苯酚气味。

（9）向上层抽提液中加入 2 倍体积的无水乙醇，混匀后，－20℃放置 30min。

（10）4℃，12 000r/min 离心 20min，收集沉淀。

（11）用 70%乙醇洗涤 DNA 沉淀，12 000r/min 离心 5min。

（12）弃去 70%乙醇，DNA 沉淀室温干燥 5～10min。

（13）加入 20μL TE 缓冲液，4℃冰箱过夜，使 DNA 充分溶液，－20℃保存备用。

（四）注意事项

（1）制备噬菌体裂解液时，被感染的宿主菌应为指数生长早期的细胞，噬菌体易于吸附，裂解效果好、噬菌体释放量大。

（2）噬菌体吸附受体乳酸菌，需要 Ca^{2+} 或 Mg^{2+} 的参与，所以，培养基中应含有二价阳离子。

（3）温和噬菌体从宿主染色体上脱离下来，需要丝裂霉素 C 处理或紫外线照射，应掌握好细胞的培养时期。

（4）RNaseA、DNaseI 消化不全，寄主细胞的 DNA、RNA 可影响噬菌体 DNA 的质量。

（5）噬菌体 DNA 提取过程中，使用密度梯度离心，目的是减少宿主染色体的污染。

（孔　健　张秀红）

参考文献

萨姆布鲁克，弗里奇 EF，2002. 曼尼阿蒂斯 T. 分子克隆实验指南. 北京：科学出版社

余茂効，司稺东．1991．噬菌体实验技术．北京：科学出版社

Terzaghi B E，Sandine W E. 1975. Improved medium for lactic streptococci and their bacteriophage. Appli Microbiol，29：807～813

Yamamoto K R，Alberts B M，Benzinger R，et al. 1970. Rapid bacteriophage sedimentation in the presence of polyethylene glycol and its application to large-scale purification. Virology，40，734～744

Zhang X，Kong J，Qu Y. 2006. Isolation and characterization of a Lactobacillus fermentum temperate bacteriophage from Chinese yogurt. Journal of Applied Microbiology，101

九、乳酸细菌染色体DNA的提取和纯化

（一）原　理

乳酸菌的染色体 G+C 含量低，一般在 35%～38%，基因组大小为 1.1～3.5Mb，其上常分布有原噬菌体基因组和转座因子。

乳酸菌为革兰氏阳性菌，细胞壁肽聚糖层厚，在提取染色体过程中，首先利用溶菌酶或变溶菌素（mutanolysin），制备其原生质体。乳酸菌常向胞外分泌多糖，影响提取的效率，需要十六烷基溴化铵（CTAB）和蛋白酶处理，去掉细胞表面的胞外多糖或糖蛋白成分。再用十二烷基硫酸钠（SDS）裂解细胞，释放出 DNA。经过苯酚氯仿抽提去除杂蛋白。大分子的基因组 DNA，在异丙醇或乙醇溶液中立即形成纤维状絮团，可用玻璃棒将其挑出，而小分子 DNA 形成颗粒状沉淀黏附于管壁及底部，从而将基因组 DNA 与质粒 DNA 分离。

（二）材　料

（1）菌株：乳酸乳球菌（*Lactococcus lactis*）。

（2）仪器：高速冷冻离心机、水浴锅、微量移液器、离心管等。

（3）培养基及试剂：

MRS 培养基：10g 胰蛋白胨、10g 牛肉膏、5g 酵母粉、20g 葡萄糖、2g 柠檬酸三铵、0.58g $MgSO_4 \cdot 7H_2O$、2g KH_2PO_4、5g 乙酸钠、1mL 吐温 80、0.25g $MnSO_4 \cdot 4H_2O$ 溶于 1L 蒸馏水中，pH6.2～6.4。

GM17 培养基：在 M17 培养基中加入灭菌的葡萄糖，使其终浓度为 0.5%。

STE 缓冲液：6.7% sucrose、50mmol/L Tris-HCl（pH8.0）、50mmol/L EDTA。

CTAB/NaCl：10% 十六烷基三甲基溴化铵（CTAB）溶解在 0.7mol/L NaCl 溶液中。

TE 缓冲液（pH7.6）：10mmol/L Tris-Cl（pH7.6）、1mmol/L EDTA（pH 8.0）。

裂解缓冲液：2% Triton X-100、1% SDS，100mmol/L NaCl、10mmol/L Tris-HCl（pH8.0）、1mmol/L EDTA（pH8.0）。

10mmol/L Tris-HCl（pH8.0）：1mmol/L EDTA、3mol/L NaAc、5mol/L NaCl。

10mg/mL RNaseA：10mmol/L Tris-HCl（pH7.5），15mmol/L NaCl，100℃ 沸水浴 15min，室温缓慢冷却后，−20℃冰箱保存。

10mg/mL 蛋白酶 K：用灭菌的去离子水配置，−20℃条件下保存。

溶菌酶：直接称取干粉，溶解于STE缓冲液中，现用现配。

无水乙醇、70%乙醇；苯酚、氯仿、异戊醇。

（三）方法和步骤

方法一

（1）取1.5～3.0mL培养至指数生长后期的培养液，4℃下5000r/min离心5min，收集菌体细胞。

（2）菌体细胞溶解在130μL STE缓冲溶液中，加入溶菌酶（10mg/mL）或变溶菌素（1000U/mL），RNase A（50μg/mL），混合溶液37℃保温60min。

（3）加入30μL 5mol/L NaCl，25μL 10% CTAB，65℃保温10min。

（4）加入20μL蛋白酶K溶液（10mg/mL），10μL 20% SDS溶液，65℃，保温30min。

（5）加入200μL苯酚（65℃，pH7），混合，65℃保温6min。

（6）冰浴冷却后，加入220μL 10mmol/L Tris-HCl（pH 8.0），等体积苯酚：氯仿：异戊醇（25：24：1）抽提2次。

（7）上清液用等体积氯仿：异戊醇（24：1）抽提2次。

（8）向上清液中加入2倍体积的无水乙醇、1/10体积3mol/L NaAc，缓慢颠倒至出现絮状沉淀，或室温或4℃放置20～30min。

（9）在4℃，10 000r/min离心10min，收集DNA沉淀，也可根据絮状沉淀的量适当提高转速至12 000r/min，离心10min。也可以让絮状物自然沉降（室温或4℃），用牙签挑出。

（10）用70%乙醇洗涤沉淀DNA，12 000r/min离心5min，弃去70%乙醇，自然干燥。

（11）加入100μL TE缓冲液溶解DNA（也可4℃过夜使DNA充分溶解），即得到基因组DNA溶液。

方法二

（1）取3～5mL培养至指数生长后期的培养液，4℃下5000r/min离心5min，收集菌体细胞。

（2）将菌体细胞溶解在500μL STE溶液中，加入溶菌酶，使其终浓度为10mg/mL，37℃保温60min。

（3）4℃条件下，6000r/min离心10min，收集原生质体细胞。

（4）将原生质体细胞溶解在500μL裂解缓冲液中，加入25μL蛋白酶K（10mg/mL），65℃保温30min。

（5）用500μL苯酚：氯仿：异戊醇（25：24：1）抽提，4℃条件下，6000r/min离心5min。

（6）上层水相用2倍体积的无水乙醇、1/10体积3mol/L NaAc，缓慢颠倒至出现絮状沉淀，或室温或4℃放置20～30min。

（7）4℃条件下，10 000r/min离心10min，收集DNA沉淀，自然干燥。

(8) 加入 50μL 去离子无菌水，45℃溶解 30min。

(9) 加入 RNaseA 至终浓度 50μg/mL，37℃保温 60min。

(10) 补加 350μL TE 溶液，用等体积的酚：氯仿：异戊醇（25：24：1）抽提，10 000r/min 离心 10min。

(11) 上清液用等体积氯仿：异戊醇（24：1）抽提 1 次，10 000r/min 离心 10min。

(12) 向上层水相加入 2 倍体积的无水乙醇、1/10 体积 3mol/L NaAc，缓慢颠倒至出现絮状沉淀，或室温或 4℃放置一段时间。

(13) 在 4℃下，10 000r/min 离心 10min，收集 DNA 沉淀，也可根据絮状沉淀的量适当提高转速至 12 000r/min，离心 10min。也可以让絮状物自然沉降（室温或 4℃），用牙签棒挑出。

(14) 70%乙醇洗涤沉淀 DNA，12 000r/min 离心 5min，弃去 70%乙醇，自然干燥。

(15) 加入 50μL TE 缓冲液溶解 DNA（也可 4℃过夜使 DNA 充分溶解），即得到基因组 DNA 溶液。

方法三

(1) 取 1.5～3mL 培养至指数生长后期的培养液，5000r/min 离心 5min 收集菌体。

(2) 用 500μL TE 缓冲液洗涤菌体 1 次。

(3) 用 50μL TE 缓冲液重悬菌体，加溶菌酶至终浓度 10mg/mL，37℃水浴 60min。

(4) 加蛋白酶 K 至终浓度 50μg/mL，混匀后加 10% SDS 至终浓度为 1%，37℃水浴 120min。

(5) 补充 300μL TE 缓冲液，用等体积的 Tris 饱和酚：氯仿：异戊醇（25：24：1）反复抽提蛋白，转速为 10 000r/min、15min。

(6) 然后加入 2 倍体积的无水乙醇和 1/10 体积的 3mol/L NaAc，轻柔颠倒离心管数次，出现絮状沉淀。

(7) 10 000r/min 离心 5min 收集 DNA，将沉淀用 70%乙醇洗涤。

(8) 自然干燥后，用 50μL TE 缓冲液或无菌 ddH_2O 溶解 DNA。

(9) 最后用终浓度为 50μg/mL 的 RNase A 在 37℃水浴中处理 30min，即得基因组 DNA 粗提取液。

(10) 补加 TE 缓冲液到体积为 500μL，用等体积的 Tris 饱和酚：氯仿：异戊醇（25：24：1）抽提一次，转速为 10 000r/min、15min。

(11) 10 000r/min 离心 5min 收集 DNA，将沉淀用 70%乙醇洗涤。

(12) 自然干燥后，用 50μL TE 缓冲液或无菌 ddH_2O 溶解 DNA（步骤 10～12 选做）。

（四）注 意 事 项

在提取过程中，剧烈操作易引起染色体 DNA 断裂，产生大小不同的片段。因此分离基因组 DNA 时应尽量在温和的条件下进行，例如，尽量减少酚-氯仿抽提、混匀过程要轻缓，以保证得到较长的 DNA 片段。一般来说，构建基因组文库，初始 DNA 长度必须在 100kb 以上，否则酶切后两边都带合适末端的有效片段很少。

乳酸菌在生长过程中，产生胞外多糖，影响DNA的提取质量，在提取过程中，常用CTAB除去多糖。

（孔　健）

主要参考文献

奥斯伯 F M，金斯顿 R E，塞德曼 J G，等．马学军，舒跃龙，等译．2006．精编分子生物学实验指南（第四版）．北京：科学出版社

赵运胜，卜友泉，张宏辑，等．2006．苛求芽孢杆菌基因组DNA提取方法的比较．生物技术，16（2）：41～42

十、乳球菌质粒DNA的提取

方法一

（一）原　　理

溶菌酶和SDS处理细胞后，利用高pH（8.0）、EDTA和低温抑制DNA酶的活性，再通过离心等手段，将染色体DNA和质粒DNA分开，最后用乙醇沉淀获得质粒DNA。

（二）材　　料

菌株：乳酸球菌（*Lactococcus lactis*）。

培养基：GM17，用于乳酸菌液体或固体培养。

细菌蛋白胨	5g	酵母提取物	2.5g
大豆蛋白胨	5g	牛肉膏	5g
牛肉膏	5g	葡萄糖	5g
葡萄糖	5g	β-磷酸甘油二钠	19g
维生素C	0.5g	1mol/L $MgSO_4$	1mL

加水至1000mL，不调pH；固体GM17培养基加1.2%琼脂。

试剂：

溶液1：蔗糖6.7%、Tris-Cl 50mmol/L、EDTA 1mmol/L，pH8.0。

溶液2：10～20μL溶菌酶溶于1mL 25mmol/L Tris-Cl（pH8.0）中，用前配制。

溶液3：Tris-Cl 50mmol/L、EDTA 0.25mmol/L，pH8.0。

溶液4：SDS 20%、Tris-Cl 50mmol/L。

溶液5：NaOH 3mol/L，用前配制。

溶液6：Tris-Cl 2mol/L，pH8.0。

溶液7：NaCl 5mol/L。

3%NaCl饱和的苯酚、3mol/L醋酸钠（pH5.2）。

TE缓冲液：10mL Tris-Cl母液（1mol/L，pH8.0）、2mL EDTA母液（0.5mol/L，pH8.0）定容到100mL，高压灭菌后备用。

（三）方法和步骤

（1）4mL GM17过夜培养物1000r/min离心2min，收集菌体。

(2) 弃上清，将菌体悬浮于 379μL 溶液 1 中。

(3) 37℃水浴平衡。

(4) 加 96.5μL 溶液 2，37℃保温 5～10min。

(5) 加 48.2μL 溶液 3，混匀。

(6) 加 27.6μL 溶液 4，混匀，37℃保温 5～10min。

(7) 旋转振荡 30s。

(8) 加 27.6μL 溶液 5，温和混匀 10min。

(9) 加 49.6μL 溶液 6，温和混匀 3min。

(10) 加 71.7μL 溶液 7，混匀。

(11) 加 400μL 3% NaCl 饱和的苯酚，10 000r/min 离心 5min，上清再用 400μL 3% NaCl 饱和的苯酚抽提一次。上清液中加入 500μL 氯仿，10 000r/min 离心 5min。

(12) 小心吸出上清，加 1/10 体积的 3mol/L NaAc (pH5.2)，等体积异丙醇，混合均匀后室温放置 30min。

(13) 10 000r/min 离心 10min，弃上清，沉淀用 70% 乙醇洗涤一次。

(14) 沉淀干燥后溶于 20μL TE 中。

方法二

(一) 原　　理

菌生长在稳定期之前提取 DNA 容易获得较好效果。溶菌酶和 SDS 处理细胞后，利用高 pH (8.0)、EDTA 和低温抑制 DNA 酶的活性，再通过离心等手段，将染色体 DNA 和质粒 DNA 分开，最后用乙醇沉淀获得质粒 DNA。

(二) 材　　料

菌株 *Lactococcus lactis* 。

培养基：LM19 或 GM17。

化学试剂和溶液、丙酮、异丙醇。

溶液Ⅰ：50mmol/L 葡萄糖、25mmol/L Tris/HCl、10mmol/L EDTA (pH8.0)，使用前加蛋清溶菌酶 (sigma 公司) 20mg/mL 和 Rnase 100mg/mL。

溶液Ⅱ：0.2mol/L NaOH、2%SDS，使用前配制。

溶液Ⅲ：1.2mol/L Tris-HCl (pH7.0)、2mol/L NaCl。

酚、氯仿和异戊醇混合液以 25∶24∶1 配制。

(三) 方法和步骤

(1) 过夜培养 1.5mL 菌液，2000*g* 离心 2min，除去上清，收集菌体，菌体可立刻用，也可放－20℃备用。

(2) 用 400μL 冷冻的丙酮溶液悬浮菌体，用吸头吹动混匀后洗菌体除上清，收集菌体。

(3) 菌体悬浮在 200μL 的溶液Ⅰ中，37℃保温 15min，翻转离心管，使匀质化。

(4) 加 300mL 溶液Ⅱ，轻轻翻转混匀，在室温下放置 3min。

(5) 加 170μL 冰冷的溶液Ⅲ，轻轻翻转混匀，室温放置 3min，间隔翻转混匀。

(6) 加 500μL 新鲜的苯酚，轻轻翻转混匀，10 000*g* 离心 3min，收集上层相液转到另一新离心管。

(7) 加 600μL 酚-氯仿-异戊醇混合液，混匀，10 000*g* 离心 3min，收集上层相液转到另一新离心管。

(8) 加 600μL 异戊醇，冰浴 15min，10 000*g* 离心 15min。

(9) 加 70%乙醇洗涤沉淀，干燥沉淀。

(10) 将 DNA 溶在 20μL 的蒸馏水中。

（四）注 意 事 项

用刚进入稳定期生长的菌提取 DNA，菌不能长时间培养。

（郭红霞）

主要参考文献

Anderson D G. 1983. Simple and rapid method for isolation large plasmid DNA from Lactic streptococci. Appl Environ Microbiol, 46: 549～552

Duan K, Dunn N W, Kim W. 1999. Rapid plasmid DNA isolation from *Lactococcus lactis* using overnight cultures. Biotechnology Techniques, 13: 519～521

Kieser T. 1984. Factors affecting the isolation of CCC DNA from Streptomyces lividans and Escheerichia coli, plasmid, 12: 19～36

十一、用 16S rDNA 序列同源性鉴定乳酸细菌

（一）原 理

核糖体 RNA（rRNA）等保守性生物大分子广泛存在于生物细胞中，功能稳定，核酸序列中既有高度保守区又有可变区，因此可以利用这些序列的信息对细菌进行鉴定和分类学研究。16S rDNA 是 16S rRNA 的基因，长约 1.5 kb。利用细菌域的通用引物扩增 16S rRNA 基因，序列测定后，输入 GenBank 中对其进行同源性分析，判定某个分类单位在系统发育上的分类级别。一般来讲，在种这个分类等级上，如果两个分类单位间的 16S rRNA 序列同源性大于 97.5%，则认为它们属于同一个种。

（二）材 料

(1) TE 溶液：10mmol/L Tris-Cl (pH8.0)、1mmol/L EDTA (pH8.0)。

(2) STE 溶液：0.1mol/L NaCl、10mmol/L Tris-Cl (pH8.0)、1mmol/L EDTA (pH8.0)。

(3) 溶菌酶储液：用水配制成 50mg/mL 的溶菌酶储液，分装成小份并保存于 −20℃。

(4) 20%十二烷基硫酸钠（SDS）：在 800mL 水中溶解 200g 电泳级 SDS，加热至 68℃助溶，加入几滴浓盐酸调节溶液的 pH 至 7.2，加水定容至 1L，分装备用。

(5) 5mol/L 高氯酸钠。

(6) 氯仿：异戊醇 (24：1)。

(7) 无水乙醇。

(8) 3mol/L 乙酸钠 (pH 5.2)：在 800mL 水中溶解 408.1g 三水乙酸钠，用冰乙酸调节 pH 至 5.2，加水定容到 1L，分装后高压灭菌。

(9) 1×Tris-乙酸 (TAE) 电泳缓冲液：40mmol/L Tris-乙酸、1mmol/L EDTA，pH 8.0。

(10) LB (Luria-Bertani) 液体或固体培养基。

(三) 方法和步骤

1. 菌体培养收集

将待鉴定菌在 1～5mL 适宜的培养基和生长温度下培养至对数生长后期，12 000r/min 离心 5min，收集菌体。

2. 基因组 DNA (模板) 准备

用 TE 溶液洗涤菌体两次，溶于 360μL STE 中，加入 15μL 溶菌酶储液在 37℃保温 2h。加入 20% SDS 至终浓度为 2%，60℃水浴至菌液澄清。加入 5mol/L 高氯酸钠使其终浓度为 1mol/L，同时加入等体积的氯仿：异戊醇 (24：1)，10 000r/min 离心 10min，取上清，加入 2 倍体积无水乙醇，12 000r/min 离心 10min 沉淀 DNA，溶于 TE 中，4℃保存 12h 直至完全溶解后，－20℃贮存备用。

3. 以提取的细菌基因组 DNA 为模板，PCR 扩增 16S rDNA

细菌域的 16S rDNA 基因扩增的通用引物 27F (5′-AGAGTTTGATCC/ATGGCTCAG-3′) 和 1541R (5′-AAGGAGGTGATCCAGCC-3′) 分别位于大肠杆菌的 16S rDNA的 8～27 位和 1525～1541 位核苷酸。

PCR 反应体系为 25μL：模板 DNA (大约 80ng)、100μmol/L dNTP、1.5mmol/L $MgCl_2$、正、反向引物各 0.4μmol/L 和 1U TaqDNA 聚合酶。PCR 过程为 95℃预变性 5min 后，进行下述 30 个循环：94℃变性 30s，55℃退火 1min，72℃延伸 1.5min，最后 72℃保温 10min。PCR 结束后，取 2μL 反应混合物在 1% (*m*/*V*) 琼脂糖凝胶 (Promega) 中电泳。电泳缓冲液为 1×TAE。电泳结束后，用 0.5μg/mL 溴化乙锭 (ethidium bromide，EB) 溶液对凝胶染色 10min，回收溴化乙锭溶液，用蒸馏水冲洗凝胶后，在紫外光下观察。如果 PCR 扩增成功，则可见到相应大小为 1.5kb 的条带。

4. 16S rDNA PCR 扩增产物的纯化

浓缩 16S rDNA 的 PCR 产物：16S rDNA 的 PCR 产物中加入 1/10 体积的 3mol/L 乙酸钠 (pH5.2) 和 2 倍体积的无水乙醇，混匀后置于 －20℃，30min。12 000r/min，离心 10min，弃上清，自然晾干。加入 15μL 无菌双蒸水溶解 DNA 沉淀。利用商品化的 DNA 回收试剂盒对浓缩后的 PCR 产物进行回收。具体方法参照各公司的产品说明。

5. 16S rDNA PCR 扩增产物的克隆和测序

(1) 连接反应：将回收的 PCR 产物连接到质粒 pUC m-T 上。

(2) 转化：将连接体系置 65℃水浴 10min，灭活连接酶，终止连接反应。

用传统的转化方法对大肠杆菌进行转化。

（3）阳性菌落筛选：用无菌的牙签挑取白色的菌落，转移到含 100μg/mL 氨卞青霉素的 LB 平板上，标出序号，在将牙签放到 3mL 含 100μg/mL 氨卞青霉素的 LB 液体培养基中，并标出相应的序号。平板放到 37℃温箱中培养后备用，液体培养基在 37℃摇床上过夜培养后，提取质粒。将所提质粒与 pUCm-T 同时进行琼脂糖凝胶电泳，选取片段大小有增大的质粒作为模板进行 PCR 扩增以检测克隆子。除模板为质粒外，PCR 条件与上述相同。如能扩增出 1.5kb 的条带，说明该质粒为阳性克隆。

（4）测序：从保存的平板上挑取相应的阳性克隆，穿刺到装有 1mL LB 固体培养基的离心管中，送样品到测序公司测序。

6. 16S rDNA 序列同源性分析及结果鉴定

将测得的 16S rDNA 的长度为 500bp 的部分序列提交到 GenBank，使用 Blast（版本 2.2.1）程序来寻找与其有最大同源性的序列。

如果两者之间的 16S rDNA 同源性值大于 97.5%，则可认为它们属于同一个种。

（四）注 意 事 项

（1）PCR 扩增时应设阳性及阴性对照，避免出现假阳性反应。

（2）在对转化子进行蓝白筛选时，培养时间应控制在 16h 左右。如培养时间过长，阳性转化子的周围会出现卫星菌落。

（佟卉春　东秀珠）

主要参考文献

Dong X, Xin Y, Jian W, et al. 2000. Bifidobacterium thermacidophilum sp. nov., isolated from an anaerobic digester. Int J Sys Evol Microbiol, 50: 119～125

Tong H, Gao X, Dong X. 2003. Streptococcus oligofermentans sp. nov., a novel oral isolate from caries-free humans. Int J Syst Evol Microbiol, 53: 1101～1104

十二、用 PCR-ELISA 反应鉴定乳酸细菌

（一）原　　理

本方法是利用核糖体保守性大分子进行分子杂交，鉴定乳酸细菌。PCR-ELISA 同时使用多个 rDNA 探针检测一份 DNA 样品。反应在酶标板中进行：将多种生物素标记的乳酸菌的核糖体 DNA 的种、属特异性探针加入到已用链亲和素（streptavidin，抗生物素蛋白）覆盖的酶标板的各孔中，通过生物素与链亲和素间的亲合反应使探针结合到酶标板上。再向每孔中加入细菌通用引物扩增样品中乳酸菌的 rDNA 片段，这些 rDNA 片段已用地高辛标记，经过预杂交、杂交、洗膜、显色等过程，通过观察杂交结果来对样品中存在的乳酸菌进行快速检测。

（二）实 验 试 剂

（1）1×SSC：0.15mol/L NaCl、0.015mol/L 柠檬酸二钠，pH7.0。

（2）磷酸缓冲盐溶液（PBS）：在 800mL 蒸馏水中溶解 8g NaCl、0.2g KCl、1.44g

Na_2HPO_4 和 0.24g KH_2PO_4，用 HCl 调节溶液的 pH 至 7.4，加水定容至 1L，在高压下蒸汽灭菌 20min，保存于室温。

(3) 1mol/L Tris 缓冲液：在 800mL 水中溶解 121.1g Tris 碱，加入浓 HCl 调节 pH 至所需值。

(4) 预杂交液：以 10mL 体系为例，

10%（*m*/*V*）封闭剂储液 1mL

10%（*m*/*V*）L-月桂酸钠 0.1mL

20%（*m*/*V*）SDS 0.01mL

5×SSC 8.89mL

(5) 4-甲基磷酸伞型酮（4-MUP）：溶于 1mol/L 二乙醇胺和 1mmol/L $MgCl_2$ 中。

(6) 显色缓冲液：100mmol/L Tris-Cl（pH 7.5）、150mmol/L NaCl、0.1%吐温 20、0.5% BSA。

（三）操作步骤

1. 基因组 DNA 物理吸附至微板上

(1) DNA 储存液（10 OD）用 0.1×SSC 稀释至 2 OD。

(2) 100℃变性 10min，快速置于冰浴。

(3) 离心后，用 1×PBS-100mmol/L $MgCl_2$ 稀释至 0.2 OD。

(4) 每孔加入 100μL 上述液体。

(5) 封好孔板，30℃保温 4h。

(6) 移去剩余 DNA，用 300μL PBS 洗一次。

(7) 45℃干燥，约 15min。

2. 标记乳酸菌的核糖体 DNA 的种、属特异性探针

(1) 10μL DNA（10 OD）中加入 10μL 光敏生物素。

(2) 95℃避光保温 30min。

(3) 快速置冰浴 10min。

(4) 加 Tris 缓冲液（pH 9.0）至体积 205μL，轻弹混匀。

(5) 加入 200μL 仲丁醇（Tris-Cl 饱和），翻转几次。

(6) 3000r/min 离心 1min，弃仲丁醇上相。

(7) 重复抽提至水相中无可见红色（通常 2 次）。

(8) 剪切标记好的 DNA 至 300～700bp，用铝箔包好保存。

3. 预杂交

(1) 每孔加入 200μL 预杂交液，封好。

(2) 在杂交温度保温。

4. 杂交

(1) 杂交液［1mL 中有 50μL 探针（地高辛标记的细菌通用引物扩增的乳酸菌的 rDNA 片段）和 950μL 预杂交液］在杂交温度预热。

(2) 移除预杂交液，敲除剩余液体。

(3) 加入 100μL 杂交液，封好。

(4) 在杂交温度保温过夜。

(5) 用1×SSC在杂交温度洗3次，每次15min，在室温洗3次，每次15min。

5. 显色

(1) 1μL碱磷酶标记亲和素加入到3mL显色缓冲液中。

(2) 每孔加入100μL上述液体，锡箔纸封好，37℃保温1h。

(3) 用显色缓冲液室温洗3次，每次5min。

(4) 每孔加入100μL 1mmol/L 4-甲基磷酸伞型酮（4-MUP）。

(5) 保鲜膜封好，37℃保温1h，终止反应。

根据激发波长350nm，发射波长480nm的荧光读数判断杂交上的探针种类，从而推断样品中存在的细菌种属。

（四）注意事项

(1) 光敏生物素标记后的DNA应注意严格避光保存。

(2) 预杂交及杂交温度的选择决定杂交反应的成败。

(3) PCR-ELISA在扩增之后又要进行ELISA反应，而ELISA是一个开放性的反应，特别是洗板，很容易产生污染引起假阳性。为减小污染，一定要严格分区隔离，以避免污染。

（佟卉春　东秀珠）

主要参考文献

Tamminen M, Joutsjoki T, Sjoblom M, et al. 2004. Screening of lactic acid bacteria from fermented vegetables by carbohydrate profiling and PCR-ELISA. Lett Appl Microbiol, 39: 439～444

十三、用基因组DNA扩增片段长度多态性鉴定乳酸细菌

（一）原　　理

基因组DNA扩增片段长度多态性分析（amplified fragment length polymorphism, AFLP）是DNA指纹技术对微生物的种进行鉴别的技术之一。基因组DNA经一对限制性内切核酸酶消化后产生一系列含黏性末端的限制性片段，这些片段在T4-DNA连接酶作用下与双链寡核苷酸接头连接，接着用AFLP引物对限制性片段进行PCR扩增。

AFLP反应同时使用两种限制性内切核酸酶：一种为少切点酶，如*Eco*RⅠ、*Ase*Ⅰ、*Hin*dⅢ、*Apa*Ⅰ和*Pst*Ⅰ等；另一种为多切点酶，如*Mse*Ⅰ和*Taq*Ⅰ等，通常选用*Eco*RⅠ/*Mse*Ⅰ组合，这样产生的AFLP片段一端为少切点酶序列，另一端为多切点酶序列。使用两个限制性内切核酸酶的原理如下：多切点酶产生易于进行PCR反应的小片段DNA，并且片段大小正处于变性胶分离的最适范围内；而同时配用少切点酶则只允许扩增一端为少切点酶序列，另一端为多切点酶序列的DNA片段，因此可以显著减少AFLP放大产物的数目。

AFLP接头序列结构与选用的限制性内切核酸酶有关，由核心序列和内切酶识别序

列的互补序列两部分组成。

如 *EcoR*Ⅰ-接头的序列是：5′-CTCGTAGACTGCGTACC

*Mse*Ⅰ-接头的序列是：5′-GACGATGAGTCCTGAG

其他少切点酶接头的核心序列与 *EcoR*Ⅰ相同，而其他多切点酶接头的核心序列与 *Mse*Ⅰ相同。区别之处在于不同的限制酶其识别序列不同。

AFLP 引物由三部分组成：核心序列（core）、内切酶的特异性识别序列（ENZ）以及选择性核苷酸（EXT）。选择性核苷酸位于引物的 3′端，数目视基因组的大小而定，1～4 个不等。由于选择性核苷酸与限制性内切核酸酶识别序列互补，因此决定了 AFLP 反应是对酶切片段的选择性扩增。如 *Eco*RⅠ-引物的序列是 5′-GACTGCGTACC（core）AATTC（ENZ）NNN（EXT）-3′，*Mse*Ⅰ-引物的序列是 5′-GATGAGTCCT-GAG（core）TAA（ENZ）NNN（EXT）-3′。

在实际应用中，1×10^8～5×10^8 bp 大小的基因组使用 2 个选择性核苷酸，大于 5×10^8 bp 的基因组使用 3 个选择性核苷酸。选择性核苷酸的种类可以随机选择，只有那些和选择性核苷酸互补的片段才能得到扩增。

（二）实验试剂

（1）STE 溶液：0.1mol/L NaCl、10mmol/L Tris-Cl（pH8.0）、1mmol/L EDTA（pH8.0）。

（2）20%十二烷基硫酸钠（SDS）：在 800mL 水中溶解 200g 电泳级 SDS，加热至 68℃助溶，加入几滴浓盐酸调节溶液的 pH 至 7.2，加水定容至 1L，分装备用。

（3）5mol/L 高氯酸钠。

（4）氯仿∶异戊醇（24∶1）。

（5）无水乙醇。

（6）3mol/L 乙酸钠（pH5.2）：在 800mL 水中溶解 408.1g 三水乙酸钠，用冰乙酸调节 pH 至 5.2，加水定容到 1L，分装后高压灭菌。

（7）5×Tris-硼酸（TBE）缓冲液：Tris 碱 54g、硼酸 27.5g、20mL 0.5mol/L EDTA（pH8.0），加水至 1L。

（8）5%变性聚丙烯酰胺凝胶：5%丙烯酰胺、0.25% 亚甲双丙烯酰胺和 7.5mol/L 尿素溶于 100mL 0.5×TBE 缓冲液中。每 100mL 胶溶液中，加入 500μL 10% 过硫酸铵和 100μL N，N，N，N′-四甲基乙二胺（TEMED）。

（三）方法和步骤

1. 基因组 DNA 的提取

同“16S rDNA 序列同源性分析”部分。

2. AFLP 引物和接头的合成

参照原理部分中接头和引物的序列用 DNA 合成仪合成相应的序列。

3. AFLP 反应模板的生成

以选用 *Eco*RⅠ/*Mse*Ⅰ酶组合为例说明具体方法。

混合酶切体系：基因组 DNA（大约 0.5μg），溶解在 40μL 10mmol/L Tris-HAc

（pH7.5）中的 *Eco*RⅠ和 *Mse* Ⅰ各 5U，10mmol/L 醋酸镁，50mmol/L 醋酸钾，5mmol/L DTT 和 50ng/μL BSA；将此酶切体系在 37℃消化 1h。然后，加入 10μL 下述溶液进行连接：5pmol *Eco*RⅠ-接头，50pmol *Mse*Ⅰ-接头，1U T4 DNA 连接酶，溶解在 10mmol/L Tris-HAc（pH 7.5）中的 ATP 1mmol/L，10mmol/L 醋酸镁，50mmol/L 醋酸钾，5mmol/L DTT 和 50ng/μL BSA，在 37℃继续孵育 3h。连接反应结束后，用 10mmol/L Tris-Cl，0.1mmol/L EDTA（pH 8.0）将反应液稀释至 500μL，在－20℃贮存。

4. AFLP 反应

AFLP 反应条件依引物不同有所区别。当所用引物没有或只有一个选择性核苷酸时，PCR 反应条件为：94℃变性 30s，56℃退火 1min，72℃延伸 1min，共进行 20 个循环。当所用引物有两个或三个选择性核苷酸时，PCR 反应共进行 36 个循环，条件为：94℃变性 30s；退火温度在第一个循环为 65℃，在接下的 12 个循环中每个循环降低 0.7℃，余下的 26 个循环中退火温度稳定在 56℃，退火时间都为 30s；72℃延伸 1min。

5. 胶结果分析

PCR 反应产物与等体积的甲酰胺染料（98%甲酰胺，10mmol/L EDTA pH 8.0 和放射性示踪染料）混合，90℃加热 3min，迅速在冰上冷却。取 2μL 样品上样于 5%变性聚丙烯酰胺凝胶中。电泳缓冲液为 0.5×TBE。在 100W 恒定电压下，电泳 2h。电泳结束后，胶在 10%乙酸中固定 30min，于玻璃板上干燥，在 Fuji phosphoimage 同位素成像仪下曝光扫描 16h 后，用 Fuji BAS-2000 phosphoimage 分析系统记录带型。

（四）注 意 事 项

（1）选择合适的内切酶，使 PCR 扩增产生的条带便于在变性聚丙烯酰胺凝胶上分离。

（2）注意 PCR 反应条件的优化。

（佟卉春　东秀珠）

主要参考文献

Alter T, Bori A, Hamedi A, et al. 2006. Influence of inoculation levels and processing parameters on the survival of Campylobacter jejuni in German style fermented turkey sausages. Food Microbiol, 23: 701～707

Laursen B G, Bay L, Cleenwerck I, et al. 2005. Carnobacterium divergens and Carnobacterium maltaromaticum as spoilers or protective cultures in meat and seafood: phenotypic and genotypic characterization. Syst Appl Microbiol, 28: 151～164

十四、用全基因组 DNA 的脉冲场凝胶电泳鉴定乳酸细菌

（一）原　　理

全基因组 DNA 的脉冲场凝胶电泳（pulsed-field gel electrophoresis，PFGE）是 DNA 指纹技术对微生物的种进行鉴别的另一种技术。由于普通的单方向恒定电场使 DNA 分子的泳动动力方向恒定且不发生变化，所以严重影响凝胶电泳分离大分子质量

DNA 片段的效果。在这种情况下，可以用脉冲场凝胶电泳来分离这些大分子质量的 DNA 片段。PFGE 施加在凝胶上至少有两个电场方向，时间与电流大小也交替改变，使得 DNA 分子能够不断地调整泳动方向，以适应凝胶中不规则的空隙变化，达到分离大分子线性 DNA 的目的，最大分辨率为 5000kb 大小的线性 DNA 分子。

全基因组 DNA 脉冲场凝胶电泳被认为是 DNA 指纹图谱技术中最准确的方法。这种方法是选用切割点较少的限制性内切核酸酶消化基因组 DNA，产生的片段在 10～800kb 左右，条带数目约 5～20 个，易于对比和分析。

（二）实验试剂

（1）重悬缓冲液：10mmol/L Tris 碱、20mmol/L NaCl、50mmol/L EDTA（pH 7.2)。

（2）低熔点琼脂糖溶液。

（3）裂解缓冲液：6mmol/L Tris 碱、1mol/L NaCl、100mmol/L EDTA、1%十二烷基肌氨酸钠（sarcosyl)、1mg/mL 溶菌酶、20U 变溶菌素（mutanolysin)。

（4）蛋白酶 K 缓冲液：蛋白酶 K（1mg/mL）溶解于 100mmol/L EDTA，1% sarcosyl。

（5）0.04mg/mL 苯甲基磺酰氟（PMSF)。

（6）TE 溶液：10mmol/L Tris-Cl（pH 8.0)、1mmol/L EDTA（pH 8.0)。

（7）5×Tris-硼酸（TBE）缓冲液：Tris 碱 54g、硼酸 27.5g、20mL 0.5mol/L EDTA（pH8.0)，加水至 1L。

（8）0.5μg/mL 溴化乙锭。

（三）操作步骤

1. DNA 琼脂糖凝胶块制备

（1）待分型的乳酸菌在适宜的培养基中生长至对数生长中期，加入青霉素使其终浓度为 10～30μg/mL，继续培养 2h。

（2）从 3mL 的培养物中 12 000r/min 离心 10min 收集细胞，用重悬缓冲液洗涤菌体 2 次后，悬浮在 300μL 的重悬缓冲液中。

（3）配制 1.5%低熔点琼脂糖溶液。

（4）将等体积（各 200μL）细胞悬液与琼脂糖溶液于室温下混匀，立即倒入凝胶块模具中，4°C 放置 30min 让琼脂糖固化。

（5）将凝胶块自模具中取出并置入裂解缓冲液中，37°C 孵育过夜。

（6）将凝胶块放置于蛋白酶 K 缓冲液中，于 50℃保持 18h。

（7）蛋白酶 K 消化后，可将凝胶块保留在此缓冲液或 0.5mol/L EDTA 溶液中保存于 4℃。

（8）将凝胶块放入装有 TE 及 0.04mg/mL 苯甲基磺酰氟（PMSF）溶液的 Falcon 试管中，灭活残留的蛋白酶 K。

（9）室温下用 TE 溶液漂洗凝胶块数次，将凝胶块放入另一干净的试管，可直接用于酶切反应或用 0.5mol/L EDTA（pH8.0）4℃保存凝胶块。

（10）若用 EDTA 保存凝胶块，取出后应用 TE 溶液室温下漂洗 30min×2 次。

2. 琼脂糖凝胶块中 DNA 限制性内切核酸酶的消化

（1）混合：酶反应缓冲液（高、中或低盐缓冲液），100mmol/L 亚精胺（只用于高盐缓冲液状态），10～20U 的内切酶。20U 的内切酶就足以过夜完全消化 10μg DNA。

（2）设定一个除内切酶成分外含有混合物各组分的阴性对照，以检查是否有非特异性 DNA 降解。

（3）将琼脂糖凝胶块加入反应混合溶液中：通常用消毒过的手术刀或套环将凝胶块移入。37°C 孵育 12h。

3. 凝胶电泳

（1）将 1%的低熔点琼脂糖在 0.5×TBE 中熔化后冷却至 50～60℃，立即注入凝胶框架中，并插入梳子。

（2）凝胶固化后小心地拔出齿梳，用两把无菌手术刀将 DNA 凝胶块上样。将 DNA 大小标志物上样至凝胶的两旁。

（3）用 1%液态低熔点琼脂糖凝胶（0.5×TBE 配制）密封狭槽，若有气泡存在，用注射器驱赶气泡。

（4）一旦密封的低熔点琼脂糖已固化（大约 10min），可将凝胶搁入腔室，并用电泳缓冲液覆盖过胶面。

（5）设定合适的电压及转换时间（脉冲时间为 1～6s，电流 6V/cm，温度为 14℃）并开始电泳，两个不同方向电泳的电流应该相等。电泳总时间约 22h。

（6）电泳结束后，凝胶用 EB（0.5μg/mL）染色，254nm 紫外灯下观察。

（四）注 意 事 项

（1）实验过程中应使用消毒溶液及戴无菌手套以免 DNA 降解。

（2）限制性内切核酸酶消化前注意用 1×TE 溶液仔细漂洗凝胶块，以去除 EDTA，以免影响后续的酶消化反应。

（佟卉春　东秀珠）

主要参考文献

Dalgaard P, Vancanneyt M, Euras V N, et al. 2003. Identification of lactic acid bacteria from spoilage associations of cooked and brined shrimps stored under modified atmosphere between 0℃ and 25℃. J Appl Microbiol, 94: 80～89

Ventura M, Zink R. 2002. Specific identification and molecular typing analysis of Lactobacillus johnsonii by using PCR-based methods and pulsed-field gel electrophoresis. FEMS Microbiol Lett, 217: 141～154

十五、乳酸乳球菌感受态细胞的制备和电击转化的方法

（一）原　　理

经典的遗传转化（classical transformation）需要筛选特殊的受体菌株，如大肠杆菌 K12、枯草杆菌 168，目前所用的受体菌株基本上是它们的衍生菌。在转化时，要求受体菌株具有良好的可接受外源 DNA 的生理状态，即感受态。这种转化方法的缺点是

受体范围很窄，限制了在基因工程领域中 DNA 的转化操作。为扩大受体范围，发展了原生质体转化（protoplast transformation）方法，其基本原理是：受体细胞经溶菌酶处理后，可脱去细胞壁形成原生质体，原生质体经聚乙二醇（PEG）诱导后，可吸收外源 DNA，并在特定培养基上再生细胞壁，恢复并形成正常细胞。原生质体转化优点是：不仅转化频率高，而且扩大了受体范围。在正常情况下，只要受体菌株能形成原生质体，且在受体细胞内的限制修饰系统（R/M 系统）较弱，并在特定培养基上能够再生出细胞壁，即可作为受体菌株。但是，原生质体转化缺点是：整个过程需要时间较长（几天时间），而且操作非常繁琐。20 世纪 80 年代末发展起来的电转化（electrotransformation）方法，也称电打孔（electroporation）法，具有省时、简便、高效、受体范围广泛等优点，在原核和真核细胞中得到广泛应用。其基本原理是：首先活化培养感受态受体细胞，使其细胞壁弱化，然后在高压脉冲电击条件下，受体细胞膜蛋白-脂质之间形成瞬时小孔，使外源 DNA 进入受体细胞内。

（二）材　　料

（1）菌种：乳酸乳球菌（*Lactococcus lactis*）MG1363 或者 MG1614。

（2）质粒 DNA：应用于乳酸乳球菌的质粒载体，包括 θ 型复制的质粒（如 pIL253）和滚环型复制（RCR）的质粒（如 pNZ123、pMG36e）。

（3）培养基：

1）GM_{17}（M_{17}＋5g/L 葡萄糖）琼脂板和液体培养基：用于单菌落的分离和菌种活化。

（M_{17} 培养基配方：5g/L 植质蛋白胨＋5g/L 聚蛋白胨＋2.5g/L 牛肉膏＋2.5g/L 酵母粉＋19g/L β-磷酸甘油二钠＋0.5g/L 抗坏血酸＋0.25g/L $MgSO_4 \cdot 7H_2O$，去离子水溶解，固体培养基添加 15g/L 琼脂，pH7.1）

2）含有 1.5%～3.0%甘氨酸的 SGM_{17}（M_{17}＋0.5mol/L 蔗糖＋5g/L 葡萄糖）液体培养基：用于感受态细胞的培养。

3）$SGM_{17}MC$（M_{17}＋0.5mol/L 蔗糖＋5g/L 葡萄糖＋20mmol/L $MgCl_2$＋20mmol/L $CaCl_2$）液体培养基：用于电击转化后细胞的复苏培养和稀释。

4）含有与转化质粒相应的适当抗生素的 GM_{17} 或 SGM_{17} 或 SR 琼脂培养基：用于转化子的筛选。

（SR 培养基配方：10g/L 胰蛋白胨＋5g/L 酵母粉＋200g/L 蔗糖＋10g/L 葡萄糖＋2.5mmol/L $MgCl_2$＋2.5mmol/L $CaCl_2$＋25g/L 明胶，用去离子水溶解，固体培养基添加 15g/L 琼脂，pH6.8）

（4）缓冲液：0.5mol/L 蔗糖＋100g/L 甘油，用于感受态细胞的洗涤和重悬。

（5）专用设备：高压脉冲电击转化仪（Gene Pulser™）；2mm 的电击杯。

（三）方法和步骤（该方法中的每个步骤均在无菌条件下操作）

1. 挑取单菌落并过夜培养

从新鲜的 GM_{17} 琼脂板上挑取一个乳酸乳球菌单菌落，接种于 GM_{17} 液体培养基中，30℃静置培养过夜。

2. 感受态细胞的培养

将上述培养物在含有1.5%～3.0%甘氨酸并预热的SGM_{17}液体培养基中（甘氨酸单独灭菌，然后采用无菌操作与灭菌后的SGM_{17}混合）稀释50～100倍，30℃静置培养至OD_{600}达到0.2～0.7。

3. 冷却

取出培养物，置于冰上冷却15～30min。期间缓慢均匀摇动，以保证培养物充分冷却（这种方式可以存放培养液数小时）。

4. 离心洗涤与细胞重悬

培养液转移至冰上预冷的离心管中，在4℃ 5000*g*下离心5～15min；弃上清液，用培养液的1/2体积或等体积的冰冷的电转化缓冲液（0.5mol/L蔗糖＋100g/L甘油）细胞洗涤2次（每次先用少许几毫升冰冷的菌体洗涤液重悬细胞，然后再加冰冷的菌体洗涤液至规定体积）。再用1/100培养液体积的相同的电转化缓冲液重悬细胞。

5. 冷冻贮存

如果用新鲜制备的感受态细胞悬液进行电击转化，请接步骤6。如果用－70℃冻藏的感受态细胞悬液进行电击转化，将细胞悬液按每份40～80μL分装到无菌冷却的0.5mL微量离心管中，封紧管口，没入液氮中快速冷冻感受态细胞悬液，并贮存在－70℃备用；需要时，从－70℃冰箱中取出适当份数，室温下融化并转移至冰上。

6. 感受态细胞与质粒DNA混合

吸取40～80μL新鲜制备（或冻融）的感受态细胞悬液于0.5mL冰冷的微量无菌离心管中，冰浴5min。加入1～2μL待转化的质粒DNA（溶解在TE或纯水的质粒DNA浓度为5～10μg/mL），冰浴5min。将细胞悬液与质粒DNA的混合液加入冰冷的2mm电击转化杯中，轻击电击杯以确保混合液位于电击杯底部，并不得产生泡沫；擦干电击槽外的冷凝水和雾水；将电击杯放入电击仪。

7. 高压脉冲电击转化

调节电击仪，使电脉冲为25μF、电压2.0～2.5kV、电阻200Ω或400Ω；在此条件下，进行电脉冲，仪器应显示4～5ms具有10.0～12.5kV/cm的电场强度。

8. 转化子复苏

电脉冲结束后，快速从电击槽中取出电击杯，加入1mL冰冷的SGM_{17} MC再生液体培养基（有些研究者认为：再生液体培养基的温度似乎不是很关键）；混匀后转移至17mm×100mm或17mm×150mm聚乙烯试管中，冰浴5～10min（有些研究者认为：冰浴5～10min可省略）；转移至30℃，静置温育2h，使细菌复苏并表达质粒编码的抗生素抗性标记基因。

9. 转化子培养与筛选

分别取电击转化细胞原液和用SGM_{17} MC稀释后的电击转化细胞液100μL，铺在含适当抗生素的选择性培养基（含适当抗生素的GM_{17}或SGM_{17}或SR琼脂培养基）平皿中；室温下待琼脂培养基完全吸收菌液后，在30℃下倒置培养；24～72h内可出现菌落。

（四）备注及注意事项

（1）转化实验要用纯水（Mini-Q过滤系统取得的水）。

（2）尽可能使用新购买的试剂和生长培养基，陈旧的试剂和生长培养基会降低转化效率。

（3）微量的洗涤剂或其他化学物质会大幅度降低细胞的转化效率。因此，最好建立一批制备感受态细胞专用的而不用于其他用途的玻璃器皿。这些器皿清洗干净后，用纯水充满，再经高温高压消毒。器皿使用前应倒掉纯水。其中，电转化杯最好不要重复使用。

（4）为获得最大的转化效率，整个操作过程中的温度最好控制在4℃以下。

（5）电击转化实验前，应考察受体菌对特定抗生素的最低抑制浓度（亚抑制浓度），在低抑制抗生素浓度（抗生素亚抑制浓度）下筛选转化子，再转到较高浓度的抗生素平板上，以确保转化子的可靠性。

（6）每次电击转化实验应设立阳性对照和阴性对照。设立阳性对照，以估计转化效率；设立阴性对照，以消除可能的污染及查明可能的失败原因。

1）阳性对照：设立一个标准管，里面加入已知量的超螺旋质粒DNA和感受态细胞，以计算本次试验的转化效率（转化子个数/微克质粒DNA）。

2）设立阴性对照：设立一份不加入质粒DNA而只有感受态细胞的对照管，单独铺在含适当抗生素的选择性培养基中，正常情况下，无克隆长出。如有克隆长出，应引起重视：①可能由于某种试剂或溶液被污染，导致感受态细胞被有抗生素抗性的菌株所污染；②可能平皿中忘记加入抗生素或加入抗生素时琼脂太热；③选择性培养基可能被具有抗生素抗性的菌株污染，这种情况下，克隆常长在平板的边缘或培养基的中间。

（7）高压脉冲电击转化仪（Gene Pulser™）最好选择Bio-Rad公司产品。

（田洪涛）

主要参考文献

孙磊，孔文涛，孔健. 2005. 乳酸乳球菌电转化条件的研究. 山东大学学报，(3)：121～124

Helge H，Nes I F. 1989. High-frequency transformation，by electroporation of *Lactococcus lactis* subsp. *cremoris* grown with glycine in osmotically stabilized media. Applied And Environmental Microbiology，55：3119～3123

Mcintyre D A，Harlander S K. 1989. Genetic Transformation of intact *Lactococcus lactis* subsp. *lactis* by high-voltage electroporation. Applied And Environmental Microbiology，55：604～610

十六、链球菌感受态细胞的制备和电击转化的方法

（一）原　　理

参考“乳酸乳球菌感受态细胞的制备和电击转化的方法”。

（二）材　　料

1. 菌种和质粒DNA

（1）嗜热链球菌（*Streptococcus thermophilus*）和质粒DNA

1）嗜热链球菌054（分离自酸奶中产酸速率较慢的菌株）用质粒pTG262（广泛宿主质粒，来自*Lactococcus lactis*质粒pCK17，pSH71复制子，RCR，5.9kb，Cm^R）或

者 pIL253（来自 *Enterococcus facealis* 载体 pAMβ1 的复制子，θ 型复制，4.8kb，E_m^R，高拷贝数）进行电转化。

2）嗜热链球菌 St11（容易接受质粒的菌株）用质粒 pAGS4E［由来自 *Streptococcus thermophilus* 质粒 pSt04 和来自大肠杆菌质粒 pBluescript Ⅱ SK（+）以及来自 pE194 的红霉素抗性基因构建而成；而质粒 pSt04 长度 3119bp，包含 2 个可读框（ORF）：*repA* 和 *shsp*，RCR］和 pHMR1（食品级载体，由来自 *Streptococcus thermophilus* 质粒 pSt04 的小热激蛋白基因 *shsp* 和来自 *Streptococcus thermophilus* 质粒 pSt08 的 *repA* 基因和类型Ⅱ R/M 系统的片段构建而成，RCR）进行电转化。

3）嗜热链球菌 TM1-1（*Streptococcus thermophilus* ATCC19258 的 *thyA* 自发突变菌株）用质粒 pXTLB（食品级载体，10.1kb，由来自 *Lactobacillus delbrueckii* subsp. *bulgaricus* 的 $thyA_{Lb}$ 和 9.1kb 质粒 pX3 构建而成；而 pX3 由来自 *Lactobacillus delbrueckii* subsp. *bulgaricus*M-878 的 7.9kb 内生质粒 pBUL1 和红霉素抗性基因构建而成）或者 pX4041（食品级载体，10.1kb，由来自 *Streptococcus thermophilus* 的 $thyA_{St}$ 和 9.1kb 质粒 pX3 构建而成；而 pX3 由来自 *Lactobacillus delbrueckii* subsp. *bulgaricus*M-878 的 7.9kb 内生质粒 pBUL1 和红霉素抗性基因构建而成）或者 pSYTLB（食品级载体，5.2kb，由来自 *Streptococcus thermophilus* 的 $thyA_{St}$ 和 3.9kb 质粒 pSYE2 构建而成；而 pSYE2 由来自 *Lactococcus lactis* M-128C 的 2.9kb 内生质粒 pSY1 和红霉素抗性基因构建而成）或者 pBSt1（食品级载体，8.9kb，由来自 *Streptococcus thermophilus* 的 $thyA_{St}$ 和来自 *Lactobacillus delbrueckii* subsp. *bulgaricus*M-878 的 7.9kb 内生质粒 pBUL1 构建而成）或者 pBLb1（食品级载体，8.9kb，由来自 *Lactobacillus delbrueckii* subsp. *bulgaricus* 的 $thyA_{Lb}$ 和来自 *Lactobacillus delbrueckii* subsp. *bulgaricus*M-878 的 7.9kb 内生质粒 pBUL1 构建而成）或者 pSLbA1（7.0kb，由来自 *Streptococcus bovis* 的 α-淀粉酶基因 *amyA* 和食品级载体 pBLb1 构建而成）进行电转化。

4）嗜热链球菌 LMG18311 用质粒 pTRK2（乳球菌的穿梭载体）转化。

（2）唾液链球菌（*Streptococcus salivarius*）ATCC25975 用质粒 pNZ123（pSH71 复制子，RCR，2.8kb，C_m^R，高拷贝数）进行电转化。

2. 培养基

（1）Belliker 琼脂板和液体培养基（Elliker 琼脂板和液体培养基+10g/L 牛肉膏）：用于嗜热链球菌 054 单菌落的分离和活化以及电击转化后细胞的复苏培养。

（2）Elliker 琼脂板和液体培养基：用于 St11 单菌落的分离和活化。

（3）GM_{17}（M_{17}+5g/L 葡萄糖）琼脂板和液体培养基：用于嗜热链球菌 TM1-1 单菌落的分离和菌种活化。

（4）HJG 琼脂板和液体培养基：分别用于嗜热链球菌 LMG18311 单菌落的分离和菌种活化、感受态细胞的培养。

（Elliker 培养基配方：20g/L 胰蛋白胨+5g/L 蔗糖+5g/L 酵母粉+4g/L 氯化钠+2.5g/L 明胶+1.5g/L 乙酸钠+5g/L 葡萄糖+0.5g/L 抗坏血酸+5g/L 乳糖，用去离子水溶解，固体培养基添加 15g/L 琼脂，pH6.8）

（HJG 培养基配方：30g/L 胰蛋白胨+10g/L 酵母粉+2g/L 牛肉膏+5g/L KH_2PO_4+5g/L 葡萄糖，用去离子水溶解，固体培养基添加 15g/L 琼脂，pH6.8）

(5) 含 20mmol/L DL-苏氨酸的 Belliker 液体培养基（Elliker 液体培养基＋10g/L 牛肉膏）和含 1%～2%甘氨酸和 10～20mmol/L $MgCl_2$ 的 Elliker 液体培养基：分别用于嗜热链球菌 054 和嗜热链球菌 St11 感受态细胞的培养。

(6) 含 1%乳糖、0.175mol/L 蔗糖和 0.6%甘氨酸的 M_{17} 液体培养基（该培养基用 HCl 调节 pH 为 5.5）：用于嗜热链球菌 TM1-1 感受态细胞的培养。

(7) 含有 0.025mmol/L $MgCl_2$ 和 30ng 红霉素的 HJL 液体培养基：用于嗜热链球菌 St11 电击转化后细胞的复苏培养。

(8) 含有 1%葡萄糖、0.5mol/L 蔗糖、20mmol/L $MgCl_2$、2mmol/L $CaCl_2$、20μg/mL 胸腺嘧啶脱氧核苷的 M_{17} 液体培养基：用于嗜热链球菌 TM1-1 电击转化后细胞的复苏培养。

(9) HJGLS 液体培养基（HJG＋5g/L 乳糖＋0.4mol/L D-山梨醇）：用于嗜热链球菌 LMG18311 电击转化后细胞的复苏培养。

（HJL 培养基配方：30g/L 胰蛋白胨＋10g/L 酵母粉＋5g/L KH_2PO_4＋2g/L 牛肉膏＋5g/L 乳糖，用去离子水溶解，固体培养基添加 15g/L 琼脂，pH6.8）

(10) 含有与转化质粒相应的适当抗生素的 Belliker 选择性琼脂培养基（Elliker 选择性琼脂培养基＋10g/L 牛肉膏）：用于嗜热链球菌 054 转化子的筛选。

(11) 含有与转化质粒相应的适当抗生素的 LTM_{17}（5g/L 乳糖＋20μg/mL 胸腺嘧啶脱氧核苷＋M_{17}）或 GTM_{17}（5g/L 葡萄糖＋20μg/mL 胸腺嘧啶脱氧核苷＋M_{17}）选择性琼脂培养基：用于嗜热链球菌 St11 转化子的筛选。

(12) 含有与转化质粒相应的适当抗生素的 LM_{17}（M_{17}＋5g/L 乳糖）选择性琼脂培养基：用于嗜热链球菌 TM1-1 转化子的筛选。

(13) 含有与转化质粒相应的适当抗生素的 HJGL（HJG＋5g/L 乳糖）选择性琼脂培养基：用于嗜热链球菌 LMG18311 转化子的筛选。

(14) TYES（TYE＋0.4mol/L D-山梨醇）琼脂板和液体培养基或者 HJGS（HJG＋0.4mol/L D-山梨醇）琼脂板和液体培养基或者 $M_{17}S$（M_{17}＋0.4mol/L D-山梨醇）琼脂板和液体培养基：均可用于唾液链球菌的单菌落的分离和活化；其中，HJGS 液体培养基：还用于唾液链球菌感受态细胞的培养和电击转化后细胞的复苏培养。

（TYE 培养基配方：20g/L 胰蛋白胨＋5g/L 酵母粉＋5g/L 葡萄糖＋5g/L NaCl＋2.5g/L Na_2HPO_4，用去离子水溶解，固体培养基添加 15g/L 琼脂，pH6.8）

(15) 含有与转化质粒相应的适当抗生素的 HJGS 选择性琼脂培养基：用于唾液链球菌转化子的筛选。

3. 电转化缓冲液

(1) 缓冲液 [7mmol/L HEPES（N-羟乙基，对二氢乙烷，N-2-乙烷硫酸）＋1mmol/L $MgCl_2$，pH6.0]：用于嗜热链球菌 054 感受态细胞的洗涤和重悬。

(2) 缓冲液 [272mmol/L（93g/L）蔗糖＋7mmol/L HEPES＋1mmol/L EDTA＋20mmol/L $MgCl_2$＋20mmol/L 甘氨酸＋15%甘油，pH6.5]：用于嗜热链球菌 St11 感受态细胞的洗涤和重悬。

(3) 缓冲液（0.5mol/L 蔗糖＋10%甘油）：用于嗜热链球菌 TM1-1 感受态细胞的洗涤和重悬。

(4) EPB缓冲液 [5mmol/L KH_2PO_4/ K_2HPO_4 (pH4.5) + 0.4mol/L D-山梨醇+10%甘油]：用于嗜热链球菌LMG18311和唾液链球菌感受态细胞的洗涤和重悬。

4. 专用设备：

高压脉冲电击转化仪（Gene Pulser™）；1mm或2mm的电击杯。（转化嗜热链球菌St11采用2510高压脉冲电击转化仪）。

（三）方法和步骤（该方法中的每个步骤均在无菌条件下操作）

1. 挑取单菌落并过夜培养

（1）嗜热链球菌：从新鲜的Belliker琼脂板或Elliker琼脂板上或者GM_{17}琼脂板上或者HJG琼脂板上挑取一个单菌落，接种于Belliker液体培养基或Elliker液体培养基或GM_{17}液体培养基或HJG液体培养基中，42℃或37℃静置培养过夜（嗜热链球菌054采用Belliker培养基42℃培养过夜；St11采用Elliker培养基42℃培养过夜；嗜热链球菌TM1-1采用GM_{17}培养基中42℃培养过夜；嗜热链球菌LMG18311采用HJG培养基37℃培养过夜）。

（2）唾液链球菌：从新鲜的TYES琼脂板或HJGS琼脂板或$M_{17}S$琼脂板上挑取一个单菌落，接种于TYES液体培养基或HJGS液体培养基或$M_{17}S$液体培养基中，37℃静置培养过夜。

2. 感受态细胞的培养

（1）嗜热链球菌：将嗜热链球菌054过夜培养物1%～2%接种于含20mmol/L DL-苏氨酸并预热的200mL Belliker液体培养基中，42℃静置培养至OD_{600}达到0.2～0.5（大约培养2.0～2.5h）；将嗜热链球菌St11过夜培养物1%接种于含1%～2%甘氨酸和10～20mmol/L $MgCl_2$并预热的200mL Elliker液体培养基中，40℃静置培养至OD_{620}达到0.5～0.6；将嗜热链球菌TM1-1过夜培养物2%接种于含1%乳糖、0.175mol/L蔗糖和0.6%甘氨酸并预热的200mL M_{17}液体培养基中（该培养基用HCl调节pH为5.5），42℃静置培养至OD_{600}达到0.08～0.1；将嗜热链球菌LMG18311过夜培养物1%接种于预热的HJG液体培养基中，37℃静置培养至OD_{660}达到0.3，加入培养液等体积预热的含20%甘氨酸的HJG液体培养基，37℃静置培养1h。

（2）唾液链球菌：将过夜培养物1%接种于预热的HJGS液体培养基中[研究表明：采用HJGS培养基比采用MRSS（MRS+0.4mol/L D-山梨醇）或$M_{17}S$培养基的转化效率要高]，37℃静置培养至OD_{660}达到0.5，添加甘氨酸并使其终浓度达到10%，然后，37℃继续静置培养1h。

3. 冷却

取出各类链球菌（嗜热链球菌、唾液链球菌）感受态细胞培养物，置于冰上冷却15～30min。期间缓慢均匀摇动，以保证培养物充分冷却（这种方式可以存放培养液数小时）。

4. 离心洗涤与细胞重悬

（1）嗜热链球菌：培养液转移至冰上预冷的离心管中，在4℃ 5000g下离心15min；弃上清液，用冰冷的培养液1/10体积或等体积的电转化缓冲液洗涤细胞2次。再用各自相同的冰冷的电转化缓冲液重悬细胞，使$OD_{600\sim620}$达到约2～60（嗜热链球菌

054 使 OD_{600} 达到 15～60；嗜热链球菌 St11 使 OD_{620} 达到 2～2.5；嗜热链球菌 TM1-1 使 OD_{600} 达到 50；嗜热链球菌 LMG18311 用 4mL 相同的冰冷的电转化缓冲液重悬细胞）。

（2）唾液链球菌：培养液转移至冰上预冷的离心管中，在 4℃ 5000g 下离心 15min；弃上清液，用培养液等体积的冰冷的 EPB 电转化缓冲液洗涤细胞 2 次。再用冰冷的培养液 1/50 体积的相同的 EPB 电转化缓冲液重悬细胞，使细胞浓度达到 1×10^{10} cfu/mL（研究表明：EPB 缓冲液的 pH 为 4.5 并去除镁离子以及使细胞浓度达到 1×10^{10} cfu/mL，可提高电转化效率）。

5. 冷冻贮存

如果用新鲜制备的感受态细胞悬液进行电击转化，请接步骤 6。如果用－70℃冻藏的感受态细胞悬液进行电击转化，将细胞悬液按每份 50～100μL 分装无菌冷却的 0.5mL 微量离心管中，封紧管口，没入液氮中快速冷冻感受态细胞悬液，并贮存在－70℃备用；需要时，从－70℃冰箱中取出适当份数，室温下融化并转移至冰上。

6. 感受态细胞与质粒 DNA 混合

（1）嗜热链球菌：吸取 50～100μL 新鲜制备（或冻融）的感受态细胞悬液（嗜热链球菌 054 为 80μL；嗜热链球菌 St11 为 100μL；嗜热链球菌 TM1-1 为 50μL；嗜热链球菌 LMG18311 为 80μL）到 0.5mL 预冷的微量无菌离心管中，冰浴 5min。加入 1～5μL 待转化的质粒 DNA（转化嗜热链球菌 054 加入 100ng/μL 质粒 DNA 5μL；转化嗜热链球菌 St11 加入 100ng/μL 质粒 DNA 2～3μL；转化嗜热链球菌 TM1-1 加入 100ng/μL 质粒 DNA 1μL；转化嗜热链球菌 LMG18311 加入 1μg/μL 质粒 DNA 1μL）冰浴 5min（转化嗜热链球菌 St11 时，该步首先要 42℃热击 60～90s，然后再冰浴 5min）。将细胞悬液与质粒 DNA 的混合液加入预冷的 2mm 或者 1mm 电击转化杯（嗜热链球菌 054、St11、TM1-1 使用 2mm 电转化杯；嗜热链球菌 LMG18311 使用 1mm 电转化杯）中，轻击电击杯以确保混合液位于电击杯底部，并不能产生泡沫；擦干电击槽外的冷凝水和雾水；将电击杯放入电击仪。

（2）唾液链球菌：吸取 50～100μL 新鲜制备（或冻融）的感受态细胞悬液入 0.5 mL 预冷的微量无菌离心管中，冰浴 5min。加入 1μL 待转化的质粒 DNA（溶解在 TE 或纯水中的质粒 DNA 浓度为 1μg/μL），冰浴 5min。将细胞悬液与质粒 DNA 的混合液加入预冷的 1mm 电击转化杯中，轻击电击杯以确保混合液位于电击杯底部，并不能产生泡沫；擦干电击槽外的冷凝水和雾水；将电击杯放入电击仪。

7. 高压脉冲电击转化

（1）嗜热链球菌：调节电击仪，在一定条件下对嗜热链球菌不同菌株进行电脉冲（转化嗜热链球菌 054 的电脉冲条件：电容 25μF、电压 2.5kV、电场强度 12.5V/cm、电阻 200Ω；转化嗜热链球菌 St11 的电脉冲条件：电容 25μF、电压 4.2kV、电场强度 21V/cm、电阻 200Ω；转化嗜热链球菌 TM1-1 的电脉冲条件：电容 25μF、电压 2.0kV、电场强度 10.0V/cm、电阻 200Ω；转化嗜热链球菌 LMG18311 的电脉冲条件：电容 25μF、电压 1.6kV、电场强度 16V/cm、电阻 200Ω，电脉冲持续 2.5ms）。

（2）唾液链球菌：调节电击仪，使电脉冲为 25μF、电压 1.6kV、电阻 200Ω；在此条件下，进行电脉冲，仪器应显示 16V/cm 电场强度（检测细胞存活率为 50%）。

8. 转化子复苏

（1）嗜热链球菌：嗜热链球菌 054 转化后，尽快从电击槽中取出电击杯，加入 1mL 预冷的 Belliker 再生液体培养基（Elliker 再生液体培养基＋10g/L 牛肉膏）；混匀后转移至 17mm×100mm 或 17mm×150mm 聚乙烯试管中，转移至 37℃，静置温育 2～3h，使细菌复苏并表达质粒编码的抗生素抗性标记基因。

嗜热链球菌 St11 转化后，尽快从电击槽中取出电击杯，加入 1mL 预冷的含有 0.025 mmol/L $MgCl_2$ 和 30ng 红霉素的 HJL 再生液体培养基；混匀后转移至 17mm×100mm 或 17mm×150mm 聚乙烯试管中，转移至 42℃，静置温育 4～5h，使细菌复苏并表达质粒编码的抗生素抗性标记基因。

嗜热链球菌 TM1-1 转化后，尽快从电击槽中取出电击杯，加入 1mL 预冷的含有 1%葡萄糖、0.5mol/L 蔗糖、20mmol/L $MgCl_2$、2mmol/L $CaCl_2$、20μg/mL 胸腺嘧啶脱氧核苷的 M_{17} 再生液体培养基；混匀后转移至 17mm×100mm 或 17mm×150mm 聚乙烯试管中，转移至 37℃，静置温浴 2～3h，使细菌复苏并表达质粒编码的抗生素抗性标记基因。

嗜热链球菌 LMG18311 转化后，加入 1mL 预冷的 HJGLS 再生液体培养基；混匀后转移至 17mm×100mm 或 17mm×150mm 聚乙烯试管中，转移至 37℃，静置温浴 3h，使细菌复苏并表达质粒编码的抗生素抗性标记基因。

（2）唾液链球菌：电脉冲结束后，尽快从电击槽中取出电击杯，加入 1mL 预冷的 HJGS 再生液体培养基（HJG＋0.4mol/L D-山梨醇）；混匀后转移至 17mm×100mm 或 17mm×150mm 聚乙烯试管中，转移至 37℃，静置温浴 3h，使细菌复苏并表达质粒编码的抗生素抗性标记基因。

9. 转化子培养与筛选

（1）嗜热链球菌：分别取嗜热链球菌不同菌株电击转化细胞原液（10μL、100μL、500μL）与 4mL 已融化并冷却至 45℃的含有 0.7%琼脂的再生液体培养基混合，铺在含有与转化质粒相应的适当抗生素的选择性琼脂培养基平皿中，在 37℃或 42℃（嗜热链球菌 054 和嗜热链球菌 TM1-1 采用 37℃；嗜热链球菌 St11 采用 42℃；嗜热链球菌 LMG18311 采用 37℃）厌氧条件下倒置培养；24～72h 内可出现菌落。

（2）唾液链球菌：取电击转化细胞原液和用再生液体培养基稀释后的电击转化细胞液 100μL，铺在含有与转化质粒相应的适当抗生素的 HJGS 选择性琼脂培养基平皿中；室温下待琼脂培养基完全吸收菌液后，在 37℃倒置培养；48～72h 内可出现菌落。

（四）备注及注意事项

参考“乳酸乳球菌感受态细胞的制备和电击转化的方法”。

（田洪涛）

主要参考文献

Blomqvist T, Steinmoen H, Håvarstein L S. 2006. Natural genetic transformation: a novel tool for efficient genetic engineering of the dairy bacterium *Streptococcus thermophilus*. Applied And Environmental Microbiology, 72: 6751～6756

Buckley N D, Vadeboncoeur C, LeBlanc D J, et al. 1999. An effective strategy, applicable to *Streptococcus salivarius* and related bacteria, to enhance or confer electroporation competence. Applied And Environmental Microbiology, 65: 3800～3804

El Demerdash H A M, Heller K J, Geis A. 2003. Application of the *shsp* gene, encoding a small head shock protein, as a food-grade selection marker for lactic acid bacteria. Applied And Environmental Microbiology, 69: 4408～4412

O′ Sullivan T F, Fitzgerald G F. 1999. Electrotransformation of industrial strains of *Streptococcus thermophilus*. Journal of Applied Microbiology, 86: 275～283

Sasaki Y, Ito Y, Sasaki T. 2004. *thyA* as a selection marker in construction of food-grade host-vector and integration systems for *Streptococcus thermophilus*. Applied And Environmental Microbiology, 70: 1858～1864

十七、肠球菌感受态细胞的制备和电击转化的方法

（一）原　　理

参考“乳酸乳球菌感受态细胞的制备和电击转化的方法”。

（二）材　　料

（1）菌种：粪肠球菌（*Enterococcus faecalis*）JH2-2；屎肠球菌（*Enterococcus faecium*）各种菌株。

（2）质粒 DNA：应用于乳酸乳球菌的质粒载体，包括 θ 型复制的质粒（如 pIL253）和滚环型复制（RCR）的质粒（如 pNZ123 或者 pMG36e）。

（3）培养基

1）含有 25μg/mL 利福平（rifampin）和 50μg/mL 梭链孢酸的 M_{17} 琼脂板：用于粪肠球菌单菌落的分离；M_{17} 液体培养基：用于粪肠球菌的活化培养。

2）Todd-Hewitt 琼脂板：用于屎肠球菌单菌落的分离；Todd-Hewitt 液体培养基：用于屎肠球菌活化、感受态细胞的培养和电击转化后细胞的复苏培养及稀释。

（Todd-Hewitt 培养基配方：20g/L 胰蛋白胨＋2g/L 葡萄糖＋10g/L 瘦肉浸液＋2g/L NaCl＋2g/L $NaHCO_3$＋0.4g/L Na_2HPO_4，用去离子水溶解，固体培养基添加 15g/L 琼脂，pH7.6～8.0）

3）含 8%甘氨酸并预热的 GM_{17} 液体培养基：用于粪肠球菌感受态细胞的培养。

4）含 8%甘氨酸的 GM_{17} MC（M_{17}＋0.5mol/L 蔗糖＋10mmol/L $MgCl_2$＋10mmol/L $CaCl_2$）再生液体培养基：用于粪肠球菌电击转化后细胞的复苏培养及稀释。

5）含有与转化质粒相应的适当抗生素的 SR 选择性琼脂培养基；用于粪肠球菌转化子的筛选。

（SR 培养基配方：10g/L 胰蛋白胨＋5g/L 酵母粉＋200g/L 蔗糖＋10g/L 葡萄糖＋2.5mmol/L $MgCl_2$＋2.5mmol/L $CaCl_2$＋25g/L 明胶，用去离子水溶解，固体培养基添加 15g/L 琼脂，pH6.8）

6）含有与转化质粒相应的适当抗生素的 Todd-Hewitt 选择性琼脂培养基：用于屎肠球菌转化子的筛选。

(4) 缓冲液

1) 电转化缓冲液（0.5mol/L 蔗糖+100g/L 甘油）：用于粪肠球菌感受态细胞的洗涤与重悬。

2) 100g/L 甘油：用于屎肠球菌感受态细胞的洗涤与重悬。

(5) 专用设备：高压脉冲电击转化仪（Gene Pulser™）；2mm 的电击杯。

（三）方法和步骤（该方法中的每个步骤均在无菌条件下操作）

1. 挑取单菌落并过夜培养

(1) 粪肠球菌：在含有 25μg/mL 利福平（rifampin）和 50μg/mL 梭链孢酸的新鲜 M_{17} 琼脂板上挑取粪肠球菌 JH2-2 一个单菌落，接种于 M_{17} 液体培养基中，37℃静置培养过夜。

(2) 屎肠球菌：从新鲜的 Todd-Hewitt 琼脂板上挑取一个单菌落，接种于 Todd-Hewitt 液体培养基中，37℃静置培养过夜。

2. 感受态细胞的培养

(1) 粪肠球菌：将上述过夜培养物进行稀释，以 1%接种于含 8%甘氨酸并预热的 10mL GM_{17} 液体培养基中，37℃静置培养 21h（达到稳定生长期）。

(2) 屎肠球菌：将上述过夜培养物 1%～2%接种于 Todd-Hewitt 液体培养基中，37℃静置培养过夜（达到稳定生长期）。

3. 冷却

取出肠球菌（粪肠球菌、屎肠球菌）感受态细胞培养物，置于冰上冷却 15～30min。期间缓慢均匀摇动，以保证培养物充分冷却（这种方式可以存放培养液数小时；此处冷却对于肠球菌来说似乎不是很关键）。

4. 离心洗涤与细胞重悬

(1) 粪肠球菌：培养液转移至离心管中，室温下 1000*g* 离心 10min；弃上清液，用冰冷的与培养液等体积的电转化缓冲液洗涤细胞 2 次。再用冰冷的是培养液 1/100 体积的相同的电转化缓冲液重悬细胞。

(2) 屎肠球菌：培养液转移至离心管中，室温下 5000*g* 离心 10min；弃上清液，分别用培养液等体积、1/2 体积、1/10 体积的冰冷的 100g/L 甘油洗涤细胞 3 次。再用冰冷的培养液 1/1000 体积的 100g/L 甘油重悬细胞（即用 1mL 预冷的 100g/L 甘油重悬 1L 培养基的细胞）。

5. 冷冻贮存

如果用新鲜制备的感受态细胞悬液进行电击转化，请接步骤 6。如果用－70℃冻藏的感受态细胞悬液进行电击转化，将细胞悬液按每份 40μL 分装无菌冷却的 0.5mL 微量离心管中，封紧管口，没入液氮中快速冷冻感受态细胞悬液，并贮存在－70℃备用；需要时，从－70℃冰箱中取出适当份数，室温下融化并转移至冰上。

6. 感受态细胞与质粒 DNA 混合

(1) 粪肠球菌：取 40μL 冻融的感受态细胞悬液入 0.5mL 预冷的微量无菌离心管中，冰浴 5min。加入 1μL 待转化的质粒 DNA [溶解在 TE（10mmol/L tris-HC +1mmol/L EDTA，pH7.5）中的质粒 DNA 浓度为 1μg/μL] 冰浴 5min。将细胞悬液与质粒 DNA 的混合液加入预冷的 2mm 电击转化杯中，轻击电击杯以确保混合液位于电击杯底部，并不得产生泡沫；擦干电击槽外的冷凝水和雾水；将电击杯放入电击仪。

（2）屎肠球菌：取 40μL 冻融的感受态细胞悬液入 0.5mL 预冷的微量无菌离心管中，冰浴 5min。加入 1μL 待转化的质粒 DNA［溶解在 TE（10mmol/L tris-HC＋1mmol/L EDTA，pH7.5）中的质粒 DNA 浓度为 200ng/μL］冰浴 5min。将细胞悬液与质粒 DNA 的混合液加入浴冷的 2mm 电击转化杯中，轻击电击杯以确保混合液位于电击杯底部，并不能产生泡沫；擦干电击槽外的冷凝水和雾水；将电击杯放入电击仪。

7. 高压脉冲电击转化

（1）粪肠球菌：调节电击仪，使电脉冲为 25μF、电压 2.5kV、电阻 200Ω；在此条件下，进行电脉冲，仪器应显示 4～5ms 具有 12.5kV/cm 的电场强度。

（2）屎肠球菌：调节电击仪，使电脉冲为 25μF、电压 2.5kV、电阻 400Ω；在此条件下，进行电脉冲，仪器应显示 5～15ms 具有 12.5kV/cm 的电场强度（检测细胞存活率为 50%）。

8. 转化子复苏

（1）粪肠球菌：电脉冲结束后，快速从电击槽中取出电击杯，加入 1mL 预冷的含 8%甘氨酸的 GM_{17} MC 再生液体培养基；混匀后转移至 17mm×100mm 或 17mm×150mm 聚乙烯试管中，冰浴 5min，转移至 37℃，静置温育 2h，使细菌复苏并表达质粒编码的抗生素抗性标记基因。

（2）屎肠球菌：电脉冲结束后，快速从电击槽中取出电击杯，加入 1mL 预冷的 Todd-Hewitt 再生液体培养基；混匀后转移至 17mm×100mm 或 17mm×150mm 聚乙烯试管中，转移至 37℃，静置温育 0.5～1.5h，使细菌复苏并表达质粒编码的抗生素抗性标记基因。

9. 转化子培养与筛选

（1）粪肠球菌：分别取电击转化细胞原液和用再生液体培养基稀释后的电击转化细胞液 100μL，铺在含有与转化质粒相应的适当抗生素的 SR 选择性琼脂培养基平皿中；室温下待琼脂培养基完全吸收菌液后，在 37℃倒置培养；24～48h 内可出现菌落。

（2）屎肠球菌：分别取电击转化细胞原液和用再生液体培养基稀释后的电击转化细胞液 100μL，铺在含有与转化质粒相应的适当抗生素的 Todd-Hewitt 选择性琼脂培养基平皿中；室温下待琼脂培养基完全吸收菌液后，在 37℃倒置培养；24～48h 内可出现菌落。

（四）备注及注意事项

转化屎肠球菌的方法也能转化多数其他的肠球菌；其他请参考“乳酸乳球菌感受态细胞的制备和电击转化的方法”。

（田洪涛）

主要参考文献

Cruz-rodz A L，Gilmore M S. Electroporation of glycine-treated *Enterococcus faecalis*. Appendix 3：300

Dunny G M，Lee L N，LeBlanc D J. Electroporation of enterococci，Streptococcus，and bacilli. Appendix 3：302

Fiedler S, Wirth R. Transformation of *Enterococcus faecalis* and *Enterococcus faecium* by electroporation. Appendix 3: 301

十八、乳杆菌感受态细胞的制备和电击转化的方法

（一）原　　理

参考“乳酸乳球菌感受态细胞的制备和电击转化的方法”。

（二）材　　料

1. 菌种和质粒 DNA

（1）德氏乳杆菌保加利亚亚种 VI104，质粒 DNA 为 pLEM415（6.3kb，E_m^R，RCR）。

（2）嗜酸乳杆菌 ATCC4356 和 NCFM-N_2 用质粒 pGK12（广泛宿主质粒，pWV01 复制子，RCR，4.4kb，E_m^R 和 C_m^R，低拷贝数）进行电转化；嗜酸乳杆菌 JL-1 用质粒 pMG36C（来自乳酸乳球菌，pWV01 复制子，RCR，3.3kb，启动子 P_{32}，C_m^R）和 pGK12 进行电转化；嗜酸乳杆菌 ATCC43121 用质粒 pNZ123（pSH71 复制子，RCR，2.8kb，C_m^R，高拷贝数）进行电转化。

（3）瑞士乳杆菌 *jugurti* 亚种 SBT2161C；质粒 DNA 为 pLHR（8.5kb，A_p^R，C_m^R，E_m^R，通过含有最初来源于粪肠球菌质粒 pAMβ1 的红霉素抗性基因的 pVA838 片段和 pLHP100 片段构建而成；而 pLHP100 通过来自瑞士乳杆菌 *jugurti* 亚种 SBT2161C 的隐蔽性质粒 pLJ1 片段和来自大肠杆菌载体 pBR329 片段构建而成）。

（4）干酪乳杆菌 ATCC27092，质粒 DNA 为 pHY300PLK（4.8kb，A_p^R，T_c^R，大肠杆菌、枯草芽孢杆菌和乳杆菌三重穿梭载体）。

（5）鼠李糖乳杆菌 GG，质粒 DNA 为 pLAB1301（复制子来自 *Lactobaccillus hilgardii* 天然质粒 pLAB1000，大肠杆菌和植物乳杆菌的穿梭载体，E_m^R 和 C_m^R）。

（6）植物乳杆菌 NCFB1193 用质粒 pLP3537（通过来自 *Lactobacillus pentosus* 隐蔽性质粒片段和来自大肠杆菌的 pUC19 片段并和来自 pE194 的红霉素抗性基因相连构建而成；RCR，6.3kb，复制子 P353-2，E_m^R）和 pLP825（通过来自 *Lactobacillus plantarum* ATCC8014 最小的隐蔽性质粒片段和来自大肠杆菌的载体 pBR322 片段并和 pC194 的氯霉素抗性基因相连构建而成；RCR，7.6kb，复制子 P8014-2，C_m^R）进行电转化；植物乳杆菌 CECT220（ATCC8014）用质粒 pRS4C1（通过来自 *Pediococcus* sp. RS4 的 3.6kb 的隐蔽性质粒片段和来自大肠杆菌的 pUC19 片段并和来自 pLP825 的氯霉素抗性基因相连构建而成，RCR，7.8kb，C_m^R 和 A_p^R）进行电转化。

（7）发酵乳杆菌 BR11，质粒 DNA 为 pNZ17（宽广宿主范围质粒，含有来自 *Streptococcus lactis* 隐蔽性质粒 pSH71 复制子，RCR，5.7kb，C_m^R 和 K_m^R，低拷贝数）和 pSA3（广谱宿主范围质粒，由大肠杆菌质粒 pACYC184 和 *Streptococcus sanguis* 质粒 pGB305 衍生而来，复制子来自 pLP501，10.2kb，C_m^R，E_m^R，T_c^R，低拷贝数）。

2. 培养基

（1）MRS 琼脂板和液体培养基：用于除干酪乳杆菌之外的各类乳杆菌单菌落的分离、菌种活化、复苏培养和稀释。

（MRS 培养基配方：10g/L 蛋白胨＋10g/L 牛肉膏＋5g/L 酵母粉＋20g/L 葡萄糖＋2g/L 柠檬酸二胺＋5g/L 乙酸钠＋2g/L K_2HPO_4 ＋1mL/L 吐温 80＋0.58g/L $MgSO_4\cdot7H_2O$ ＋0.25g/L $MnSO_4\cdot4H_2O$，用去离子水溶解，固体培养基添加 15g/L 琼脂，pH6.5～7.0）

（2）Rogosa 琼脂板和液体培养基：用于干酪乳杆菌单菌落的分离、菌种活化、复苏培养和稀释。

（Rogosa 培养基配方：20g/L 葡萄糖＋10g/L 胰蛋白胨＋5g/L 酵母粉＋3g/L 胰蛋白＋2g/L 柠檬酸二胺＋0.6g/L 乙酸钠 $\cdot3H_2O$＋0.5g/L 半胱氨酸盐酸盐＋3g/L KH_2PO_4＋3g/L K_2HPO_4 ＋0.575g/L $MgSO_4\cdot7H_2O$ ＋0.12g/L $MnSO_4\cdot2H_2O$＋0.084g/L $FeSO_4\cdot7H_2O$ ＋1g/L 吐温 80，用去离子水溶解，固体培养基添加 15g/L 琼脂，pH6.5～7.0）

（3）含不同浓度甘氨酸或 DL-苏氨酸的 MRS 液体培养基：用于除干酪乳杆菌之外的各类乳杆菌感受态细胞的培养。

（4）含不同浓度甘氨酸或 DL-苏氨酸的 Rogosa 液体培养基：用于干酪乳杆菌感受态细胞的培养。

（5）乳培养基（0.2mol/L 蔗糖＋50g/L 脱脂乳＋1g/L 酵母膏＋1g/L 酪蛋白氨基酸＋20mmol/L $MgCl_2$）：用于电击转化后德氏乳杆菌保加利亚亚种细胞的复苏培养和稀释。

（6）含有 10mmol/L $CaCl_2$ 和 0.5mol/L 蔗糖的 MRS 液体培养基或者含有 100～200g/L 蔗糖的 MRS 液体培养基：用于电击转化后嗜酸乳杆菌细胞的复苏培养和稀释。

（7）含有 2mmol/L $CaCl_2$ 和 20mmol/L $MgCl_2$ 的 MRS 液体培养基：用于电击转化后鼠李糖乳杆菌细胞的复苏培养和稀释。

（8）含有与转化质粒相应的适当抗生素的 MRS 琼脂培养基：用于除干酪乳杆菌之外的各类乳杆菌转化子的筛选。

（9）含有与转化质粒相应的适当抗生素的 Rogosa 琼脂培养基：用于干酪乳杆菌转化子的筛选。

3. 缓冲液

（1）EB 缓冲液（0.4mol/L 蔗糖＋1mmol/L $MgCl_2$ ＋5mmol/L KH_2PO_4，pH6.0）：用于德氏乳杆菌保加利亚亚种感受态细胞的洗涤和重悬。

（2）缓冲液［0.1mmol/L HEPES（N-羟乙基，对二氢乙烷，N-2 乙烷硫酸）＋0.5mol/L 蔗糖，pH7.0］用于嗜酸乳杆菌 ATCC4356 和 NCFM-N_2感受态细胞的洗涤和重悬；缓冲液 PEB_1（554mmol/L 蔗糖＋1mmol/L $MgCl_2$＋1mmol/L KH_2PO_4/ K_2HPO_4，pH7.4）用于嗜酸乳杆菌 JL-1 感受态细胞的洗涤和重悬；缓冲液（5mmol/L Na_3PO_4＋1mmol/L $MgCl_2$，pH7.4）用于嗜酸乳杆菌 ATCC43121 感受态细胞的洗涤；缓冲液（1mol/L 蔗糖＋3mmol/L $MgCl_2$，pH7.4）用于嗜酸乳杆菌 ATCC43121 感受态细胞的重悬。

（3）缓冲液［7mmol/L HEPES（N-羟乙基，对二氢乙烷，N-2 乙烷硫酸）＋272 mmol/L 蔗糖＋1mmol/L $MgCl_2$，pH7.4］：用于瑞士乳杆菌感受态细胞的洗涤和重悬。

（4）PEB 缓冲液［272mmol/L（93g/L）蔗糖＋1mmol/L $MgCl_2$ ＋1mmol/L

KH_2PO_4/K_2HPO_4，pH7.4]：用于干酪乳杆菌感受态细胞的洗涤和重悬。

（5）缓冲液 [0.5mol/L 蔗糖＋7mmol/L KH_2PO_4/K_2HPO_4＋1mmol/L$MgCl_2$，pH7.4]：用于鼠李糖乳杆菌感受态细胞的洗涤和重悬。

（6）超纯水：用于植物乳杆菌 NCFB1193 感受态细胞的初次洗涤；50mmol/L EDTA：用于植物乳杆菌 NCFB1193 感受态细胞的二次洗涤；0.3mol/L 蔗糖：用于植物乳杆菌 NCFB1193 感受态细胞的三次洗涤和重悬。10mmol/L $MgCl_2$用于植物乳杆菌 CECT220（ATCC8014）感受态细胞的初次洗涤；缓冲液（0.5mol/L 蔗糖＋100g/L 甘油）用于植物乳杆菌 CECT220（ATCC8014）感受态细胞的二次洗涤和重悬。

（7）缓冲液（5mmol/L Na_3PO_4＋1mmol/L $MgCl_2$，pH7.4）：用于发酵乳杆菌感受态细胞的洗涤；3×SM 缓冲液（0.9mol/L 蔗糖＋3mmol/L $MgCl_2$，pH7.4）：用于发酵乳杆菌感受态细胞的重悬。

4. 专用设备

高压脉冲电击转化仪（Gene PulserTM）；1mm 或 2mm 的电击杯。

（三）方法步骤（该方法中的每个步骤均在无菌条件下操作）

1. 挑取单菌落并过夜培养

各类乳杆菌（类型Ⅰ：德氏乳杆菌；类型Ⅱ：嗜酸乳杆菌、瑞士乳杆菌；类型Ⅲ：干酪乳杆菌、鼠李糖乳杆菌；类型Ⅳ：植物乳杆菌、发酵乳杆菌）分别从新鲜的 MRS 琼脂板（干酪乳杆菌采用 Sogosa 琼脂板）上挑取一个单菌落，接种于 MRS 液体培养基（干酪乳杆菌采用 Rogosa 液体培养基）中，37℃静置培养过夜。

2. 感受态细胞的培养

（1）德氏乳杆菌：将过夜培养物进行梯度稀释，接种于含 0.1%甘氨酸并预热的 100mL MRS 液体培养基中，42℃静置培养至稳定初期（OD_{600}＝1.7，研究表明，该菌稳定生长期的细胞转化效率最高）。

（2）嗜酸乳杆菌：将过夜培养物在含有 1%甘氨酸并预热的 MRS 液体培养基中稀释 50～100 倍，37 ℃静置培养至对数早期 $OD_{590\sim660}$达到 0.2～0.3（制备嗜酸乳杆菌 ATCC4356、ATCC43121 和 NCFM-N_2的感受态细胞用该法较好）；或者采用氨苄青霉素处理嗜酸乳杆菌细胞，即将过夜培养物在预热的 MRS 液体培养基中稀释 50 倍，37℃静置培养 3h，加入 20μg/mL 氨苄青霉素，37℃继续静置培养 1h（制备嗜酸乳杆菌 JL-1 的感受态细胞用该法较好）。

（3）瑞士乳杆菌：将过夜培养物在含有 1.2%甘氨酸并预热的 MRS 液体培养基中稀释 20 倍，37℃静置培养 22 h 至稳定生长期（研究表明，该菌稳定生长期的细胞转化效率最高）。

（4）干酪乳杆菌：将过夜培养物接种于含有 300mmol/L DL-苏氨酸并预热的 100mL Rogosa 液体培养基中，37℃静置培养至对数中早期使 OD_{660}达到 0.5。

（5）鼠李糖乳杆菌：将过夜培养物进行系列稀释 10^2～10^6倍，接种于含 2%甘氨酸并预热的 MRS 液体培养基中，37℃静置过夜培养至对数生长期使 OD_{600}达到 0.8～1。再将 5mL 过夜培养物接种于 100mL 含 2%甘氨酸并预热的 MRS 液体培养基中（在 100mL 紧密关闭的 Duran 瓶中，使氧转移最小化），37℃静置培养至对数早期使 OD_{600}

达到 0.2～0.3；加入 10μg/mL 氨苄青霉素，37℃继续静置培养至 OD_{600} 达到 0.4～0.5（为了获得有效的感受态细胞，自开始接种至达到该光密度值所需时间为 3～4 h）。

（6）植物乳杆菌：①制备植物乳杆菌 NCFB1193 的感受态细胞时，将过夜培养物在含有 8%甘氨酸和 0.3 mol/L 蔗糖并预热的 MRS 液体培养基中稀释 20 倍，37℃静置培养 4.5h。②制备植物乳杆菌 CECT220（ATCC8014）的感受态细胞时，将 10mL 过夜培养物接种于预热的 MRS 液体培养基中，30℃静置培养 3～4h（2～3 代，OD_{600} = 0.85，活菌数达到 3×10^8 cfu/mL）。

（7）发酵乳杆菌：将过夜培养物在预热的 MRS 液体培养基中稀释 50 倍，在 5% CO_2 厌氧环境下，37℃静置培养 2h 至对数早期 OD_{660} 达到 0.1～0.2；加入 10μg/mL 青霉素，37℃继续静置培养 1～1.5h，使 OD_{660} 达到 0.2～0.3。

3. 冷却

取出各类乳杆菌（类型Ⅰ：德氏乳杆菌；类型Ⅱ：嗜酸乳杆菌、瑞士乳杆菌；类型Ⅲ：干酪乳杆菌、鼠李糖乳杆菌；类型Ⅳ：植物乳杆菌、发酵乳杆菌）感受态细胞培养物，置于冰上冷却 15～30min。期间缓慢均匀摇动，以保证培养物充分冷却（用这种方法可以存放培养液数小时；特别说明的是，鼠李糖乳杆菌不需要该冷却步骤）。

4. 离心洗涤与细胞重悬

（1）德氏乳杆菌：培养液转移至冰上预冷的离心管中，在 4℃ 5000*g* 下离心 5～15min；弃上清液，用冰冷的与培养液等体积或 1/3 体积的 EB 缓冲液（0.4mol/L 蔗糖 +1mmol/L $MgCl_2$ +5mmol/L KH_2PO_4，pH6.0）洗涤细胞 2 次。再用冰冷的相同的 EB 缓冲液重悬细胞，使 OD_{600} 达到约 50 左右。

（2）嗜酸乳杆菌：培养液转移至冰上预冷的离心管中，在 4℃ 5000*g* 下离心 5～15min；弃上清液，用与培养液等体积的冰冷的缓冲液［嗜酸乳杆菌 ATCC4356 和 NCFM-N_2 的缓冲液：0.1mmol/L HEPES（N-羟乙基，对二氢乙烷，N-2-乙烷硫酸）+0.5mol/L 蔗糖，pH7.0；嗜酸乳杆菌 JL-1 的缓冲液为 PEB_1：554mmol/L 蔗糖 + 1mmol/L $MgCl_2$ +1mmol/L KH_2PO_4/K_2HPO_4，pH7.4；嗜酸乳杆菌 ATCC43121 的缓冲液：5mmol/L Na_3PO_4 +1mmol/L $MgCl_2$，pH7.4］洗涤细胞 2 次。再用预冷的 1/100 培养液体积的相同的缓冲液重悬细胞（嗜酸乳杆菌 ATCC43121 用 1mol/L 蔗糖 + 3mmol/L $MgCl_2$，pH7.4 的缓冲液重悬细胞）。

（3）瑞士乳杆菌：培养液转移至冰上预冷的离心管中，在 4℃培养液下离心 5～15min；弃上清液，用培养液等体积的冰冷的缓冲液［7mmol/L HEPES（N-羟乙基，对二氢乙烷，N-2-乙烷硫酸）+272mmol/L 蔗糖 +1mmol/L $MgCl_2$，pH7.4］洗涤细胞 1 次。再用 1/10 培养液体积的冰冷的相同的缓冲液重悬细胞。冰上放置 10min。

（4）干酪乳杆菌：培养液转移至冰上预冷的离心管中，在 4℃ 5000*g* 下离心 5～15min；弃上清液，用冰冷的与培养液等体积的 PEB 缓冲液［272mmol/L（93g/L）蔗糖 +1mmol/L $MgCl_2$ +1mmol/L KH_2PO_4/ K_2HPO_4，pH7.4］洗涤细胞 2 次。再用冰冷的相同的 PEB 缓冲液重悬细胞，使细胞浓度达到 5×10^9 cfu/mL。冰上放置。

（5）鼠李糖乳杆菌：培养液转移至离心管中，在室温下 6000*g* 离心 10～15min；弃上清液，用与培养液等体积的缓冲液（0.5mol/L 蔗糖 +7mmol/L KH_2PO_4/ K_2HPO_4 +1mmol/L $MgCl_2$，pH7.4）洗涤细胞 2 次。再用是培养液体积的 1/100 相同缓冲液重悬细胞。冰上放置。

（6）植物乳杆菌：①植物乳杆菌 NCFB1193：培养液转移至冰上预冷的离心管中，在4℃ 5000g下离心5～15min，弃上清液，首先，用冰冷的与培养液等体积的超纯水洗涤细胞2次；其次，用50mmol/L EDTA洗涤细胞1次，并在冰上放置5min；然后，用冰冷的与培养液等体积的0.3mol/L蔗糖洗涤细胞2次；最后，用冰冷的是培养液体积1/50的0.3mol/L蔗糖重悬细胞，使细胞浓度达到10^8～2×10^8cfu/mL。②植物乳杆菌 CECT220（ATCC8014）：培养液转移至冰上预冷的离心管中，在4℃ 5000g下离心5～15min；弃上清液，首先，冰冷的是培养液体积1/10的10mmol/L $MgCl_2$洗涤细胞2次；然后，用冰冷的是培养液体积1/10的缓冲液（0.5mol/L蔗糖＋100g/L甘油）洗涤细胞1次；最后，用冰冷的3/100～4/100培养液体积的缓冲液（0.5 mol/L蔗糖＋100g/L甘油）重悬细胞，使细胞浓度达到6×10^9cfu/mL。冰上放置待使用（≤4h；冷冻和解冻的感受态细胞的电转化效率降低1～2 lg数量级）。

（7）发酵乳杆菌：培养液转移至冰上预冷的离心管中，在4℃ 5000g下离心5～15min，弃上清液，用冰冷的与培养液等体积的缓冲液（5mmol/L Na_3PO_4＋1mmol/L $MgCl_2$，pH7.4）洗涤细胞2次。再用1/100冰冷的与培养液体积的缓冲液3×SM（0.9mol/L蔗糖＋3mmol/L $MgCl_2$，pH7.4）重悬细胞，使细胞浓度达到1×10^8～1×10^9cfu/mL。冰上放置30min。

5. 热处理（只有德氏乳杆菌需要此步）

德氏乳杆菌：将重悬细胞在45℃热处理20min（目的：刺激细胞的自我裂解反应，削弱细胞壁强度，有利于电击转化）；然后，冰浴10min。

6. 冷冻贮存

各类乳杆菌（类型Ⅰ：德氏乳杆菌；类型Ⅱ：嗜酸乳杆菌、瑞士乳杆菌；类型Ⅲ：干酪乳杆菌、鼠李糖乳杆菌；类型Ⅳ：植物乳杆菌、发酵乳杆菌）如果用刚刚制备的新鲜感受态细胞悬液进行电击转化，请接步骤8。如果用－70℃冻藏的感受态细胞悬液进行电击转化，将细胞悬液按每份40～800μL分装无菌冷却的0.5mL微量离心管中，封紧管口，没入液氮中快速冷冻感受态细胞悬液，并贮存在－70℃备用；需要时，从－70℃冰箱中取出适当份数，室温下融化并转移至冰上（特别说明的是，对鼠李糖乳杆菌进行电转化，必须立刻使用新鲜制备的感受态细胞悬液，如果感受态细胞悬液在－80℃冷冻16h，转化效率略有下降；如果感受态细胞悬液－80℃冷冻1周，将不能获得转化子）。

7. 感受态细胞与质粒DNA混合

（1）德氏乳杆菌：吸取80μL新鲜制备（或冻融）的感受态细胞悬液到0.5mL预冷的微量无菌离心管中，冰浴5min。加入1～2μL待转化的质粒DNA（溶解在TE或纯水中的质粒DNA浓度为1μg/μL），冰浴5min。将细胞悬液与质粒DNA的混合液加入预冷的2mm电击转化杯中，轻击电击杯以确保混合液位于电击杯底部，并不得产生泡沫。擦干电击槽外的冷凝水和雾水，将电击杯放入电击仪。

（2）嗜酸乳杆菌：吸取40～800μL新鲜制备（或冻融）的感受态细胞悬液（嗜酸乳杆菌ATCC4356和NCFM-N_2为800μL；嗜酸乳杆菌JL-1为40μL；嗜酸乳杆菌ATCC43121为50μL）到0.5mL预冷的微量无菌离心管中，冰浴5min。加入1～

10μL 待转化的质粒 DNA（转化嗜酸乳杆菌 ATCC4356 和 NCFM-N_2时加入 1μg/μL 质粒 DNA 10μL；转化嗜酸乳杆菌 JL-1 加入 1μg/μL 质粒 DNA 1μL；转化嗜酸乳杆菌 ATCC43121 时加入 25ng/μL 质粒 DNA 1μL）冰浴 5min。将细胞悬液与质粒 DNA 的混合液加入预冷的 2～4mm 电击转化杯中（转化嗜酸乳杆菌 ATCC4356 和 NCFM-N_2时用 4mm 电转化杯；转化嗜酸乳杆菌 JL-1 和 ATCC43121 时用 2mm 电转化杯），轻击电击杯以确保混合液位于电击杯底部，并不得产生泡沫。擦干电击槽外的冷凝水和雾水，将电击杯放入电击仪。

（3）瑞士乳杆菌：吸取 800μL 新鲜制备（或冻融）的感受态细胞悬液入 0.5mL 冰冷的微量无菌离心管中，冰浴 5min。加入 50μL 待转化的质粒 DNA [溶解在 TE（10mmol/L Tris-HCl＋1mmol/L EDTA，pH8.0）中的质粒 DNA 浓度为 20～200ng/μL]，冰浴 5min。将细胞悬液与质粒 DNA 的混合液加入预冷的 4mm 电击转化杯中，轻击电击杯以确保混合液位于电击杯底部，并不得产生泡沫。擦干电击槽外的冷凝水和雾水，将电击杯放入电击仪。

（4）干酪乳杆菌：吸取 200μL 新鲜制备（或冻融）的感受态细胞悬液入 0.5mL 冰冷的微量无菌离心管中，冰浴 5min。加入 10μL 待转化的质粒 DNA（溶解在 TE 中的质粒 DNA 浓度为 10ng/μL）冰浴 5min。将细胞悬液与质粒 DNA 的混合液加入预冷的 2mm 电击转化杯中，轻击电击杯以确保混合液位于电击杯底部，并不得产生泡沫；擦干电击槽外的冷凝水和雾水；将电击杯放入电击仪。

（5）鼠李糖乳杆菌：吸取 100μL 新鲜制备的感受态细胞悬液到 0.5mL 冰冷的微量无菌离心管中，冰浴 5min。加入 4～5μL 待转化的质粒 DNA（溶解在 TE 中的质粒 DNA 浓度为 100ng/μL）冰浴 5min。将细胞悬液与质粒 DNA 的混合液加入冰冷的 2mm 电击转化杯中，轻击电击杯以确保混合液位于电击杯底部，并不得产生泡沫。擦干电击槽外的冷凝水和雾水，将电击杯放入电击仪。

（6）植物乳杆菌：吸取 50μL 新鲜制备的感受态细胞悬液（植物乳杆菌 NCFB1193 和植物乳杆菌 CECT220 均为 50μL）到 0.5mL 预冷的微量无菌离心管中，冰浴 5min。加入 1～5μL 待转化的质粒 DNA（转化植物乳杆菌 NCFB1193 时加入 500ng/μL 质粒 DNA 1μL；转化植物乳杆菌 CECT220 时加入 0.2ng/μL～600ng/μL 质粒 DNA5μL）冰浴 5min。将细胞悬液与质粒 DNA 的混合液加入预冷的 1～2mm 电击转化杯中（转化植物乳杆菌 NCFB1193 时用 2mm 电转化杯；转化植物乳杆菌 CECT220 时用 1mm 电转化杯），轻击电击杯以确保混合液位于电击杯底部，并不得产生泡沫；擦干电击槽外的冷凝水和雾水；将电击杯放入电击仪。

（7）发酵乳杆菌：吸取 80μL 新鲜制备（或冻融）的感受态细胞悬液入 0.5mL 冰冷的微量无菌离心管中，冰浴 5min。加入 1μL 待转化的质粒 DNA（溶解在 TE 中的质粒 DNA 浓度为 500ng/μL）冰浴 5min。将细胞悬液与质粒 DNA 的混合液加入冰冷的 2mm 电击转化杯中，轻击电击杯以确保混合液位于电击杯底部，并不得产生泡沫。擦干电击槽外的冷凝水和雾水，将电击杯放入电击仪。

8. 高压脉冲电击转化

（1）德氏乳杆菌：调节电击仪，使电脉冲为 25μF、电压 1.0kV、电阻 800Ω；在此条件下进行电脉冲，仪器显示 4～5ms 具有 5.0V/cm 的电场强度。

(2) 嗜酸乳杆菌：调节电击仪，在一定条件下对嗜酸乳杆菌不同菌株进行电脉冲（转化嗜酸乳杆菌 ATCC4356 和 NCFM-N_2的电脉冲条件：电容 25μF、电压 2.45kV、电场强度 6.125V/cm、电阻 200Ω；转化嗜酸乳杆菌 JL-1 的电脉冲条件：电容 25μF、电压 1.75kV、电场强度 8.75V/cm、电阻 100Ω 或 200Ω；转化嗜酸乳杆菌 ATCC43121 的电脉冲条件：电容 25μF、电压 2.5kV、电场强度 12.5V/cm、电阻 400Ω、电脉冲次数 10 次、每次电脉冲间隔时间 500ms）。

(3) 瑞士乳杆菌：调节电击仪，使电脉冲为 25μF、电压 1.6kV、电阻 400Ω；在此条件下进行电脉冲，仪器显示 10～15ms 具有 4.0V/cm 的电场强度。

(4) 干酪乳杆菌：调节电击仪，使电脉冲为 25μF、电压 2kV、电阻 100Ω；在此条件下进行电脉冲，仪器显示 2.3ms 具有 10V/cm 的电场强度（检测细胞存活率为 50%）。

(5) 鼠李糖乳杆菌：调节电击仪，使电脉冲为 25μF、电压 1.7kV、电阻 200Ω；在此条件下进行电脉冲，具有 8.5V/cm 的电场强度。

(6) 植物乳杆菌：调节电击仪，在一定条件下对植物乳杆菌不同菌株进行电脉冲（转化植物乳杆菌 NCFB1193 的电脉冲条件：电容 25μF、电压 1.5kV、电场强度 7.5V/cm、电阻 201Ω、5ms；转化植物乳杆菌 CECT220 的电脉冲条件：电容 25μF、电压 1.3kV、电场强度 13V/cm、电阻 201Ω、2～4ms）。

(7) 发酵乳杆菌：调节电击仪，使电脉冲为 25μF、电压 2.5kV、电阻 400Ω；仪器显示 7.4～9.4ms 具有 12.5V/cm 的电场强度。

9. 转化子复苏

(1) 德氏乳杆菌：电脉冲结束后，快速从电击槽中取出电击杯，加入 2mL 预冷的再生液体培养基——乳培养基（0.2mol/L 蔗糖＋50g/L 脱脂乳＋1g/L 酵母膏＋10g/L 酪蛋白氨基酸＋25mmol/L $MgCl_2$）；混匀后转移至 17mm×100mm 或 17mm×150mm 聚乙烯试管中，转移至 37℃，静置温育 3h，使细菌复苏并表达质粒编码的抗生素抗性标记基因。

(2) 嗜酸乳杆菌：电脉冲结束后，快速从电击槽中取出电击杯，加入 0.4～8mL 预冷的再生液体培养基（嗜酸乳杆菌 ATCC4356 和 NCFM-N_2转化后加入 8mL 预冷的含有 10mmol/L $CaCl_2$和 0.5mol/L 蔗糖的 MRS 液体培养基；嗜酸乳杆菌 JL-1 转化后加入 0.4mL 预冷的含有 100～200g/L 蔗糖的 MRS 液体培养基；嗜酸乳杆菌 ATCC43121 转化后加入 1mL 预冷的 MRS 液体培养基）；混匀后转移至聚乙烯试管中，转移至 37℃，静置温育 3h，使细菌复苏并表达质粒编码的抗生素抗性标记基因。

(3) 瑞士乳杆菌：电脉冲结束后，快速从电击槽中取出电击杯，加入 8.5mL 预冷的 MRS 再生液体培养基，对转化后的细胞悬液进行 1∶10 的稀释；混匀后转移至 17mm×100mm 或 17mm×150mm 聚乙烯试管中，转移至 37℃，静置温育 1～2h，使细菌复苏并表达质粒编码的抗生素抗性标记基因。

(4) 干酪乳杆菌：电脉冲结束后，快速从电击槽中取出电击杯，加入预冷的 Rogosa 再生液体培养基（添加量未报告）；混匀后转移至 17mm×100mm 或 17mm×150mm 聚乙烯试管中，转移至 37℃，静置温育 1～2h，使细菌复苏并表达质粒编码的抗生素抗性标记基因。

(5) 鼠李糖乳杆菌：电脉冲结束后，快速从电击槽中取出电击杯，加入 5mL 预冷的再生液体培养基（含有 2mmol/L $CaCl_2$ 和 20mmol/L $MgCl_2$ 的 MRS 液体培养基）；混匀后转移至 17mm×100mm 或 17mm×150mm 聚乙烯试管中，转移至 37℃，静置温育 3h，使细菌复苏并表达质粒编码的抗生素抗性标记基因。

(6) 植物乳杆菌：①植物乳杆菌 NCFB1193：电脉冲结束后，快速从电击槽中取出电击杯，加入冰冷的电转化细胞悬液 36 倍体积的 MRS 再生液体培养基；混匀后转移至 17mm×100mm 或 17mm×150mm 聚乙烯试管中，转移至 37℃，静置温育 2h，使细菌复苏并表达质粒编码的抗生素抗性标记基因。②乳杆菌 CECT220（ATCC8014）：电脉冲结束后，快速从电击槽中取出电击杯，加入预冷的 MRS 再生液体培养基（添加量未报告）；混匀后转移至 17mm×100mm 或 17mm×150mm 聚乙烯试管中，转移至 37℃，静置温育 2h，使细菌复苏并表达质粒编码的抗生素抗性标记基因。

(7) 发酵乳杆菌：电脉冲结束后，快速从电击槽中取出电击杯，加入预冷的电转化细胞悬液 10 倍体积的 MRS 再生液体培养基；混匀后转移至 17mm×100mm 或 17mm×150mm 聚乙烯试管中，转移至 37℃，静置温育 2～3h，使细菌复苏并表达质粒编码的抗生素抗性标记基因。

10. 转化子培养与筛选

分别取各类乳杆菌（类型Ⅰ：德氏乳杆菌；类型Ⅱ：嗜酸乳杆菌、瑞士乳杆菌；类型Ⅲ：干酪乳杆菌、鼠李糖乳杆菌；类型Ⅳ：植物乳杆菌、发酵乳杆菌）电击转化细胞原液和用再生液体培养基稀释后的电击转化细胞液 100μL，铺在含有与转化质粒相应的适当抗生素的 MRS 选择性琼脂培养基平皿中（干酪乳杆菌转化后细胞采用含有与转化质粒相应的适当抗生素的 Rogosa 选择性琼脂培养基）；室温下待琼脂培养基完全吸收菌液后，在 37℃厌氧条件下倒置培养；24～72h 内可出现菌落（干酪乳杆菌转化子细胞需培养 96h）。

（四）备注及注意事项

Song 等（2000）根据 16S rRNA 和 23S rRNA 内部基因空间区域的多元 PCR 产物分析以及 23S rRNA 分析，提出了乳杆菌可分为以下四种类型：类型Ⅰ：*Lactobacillus delbrueckii*；类型Ⅱ：*Lactobacillus acidophilus*、*Lactobaccillus helveticus*、*Lactobaccillus gasseri*、*Lactobaccillus amylovorus*；类型Ⅲ：*Lactobacillus casei*、*Lactobacillus paracasei*、*Lactobaccillus rhamnosum*；类型Ⅳ：*Lactobacillus plantarum*、*Lactobaccillus fermentum*。Kim 等（2005）研究证实：同一类型之间的乳杆菌采用同一种电转化方案均可获得转化子；而不同类型之间的乳杆菌采用同一种电转化方案均获得转化子的可能性很小。

其他请参考“乳酸乳球菌感受态细胞的制备和电击转化的方法”。

（田洪涛）

主要参考文献

贾士芳，王荫榆，郭兴华，等．1998．乳杆菌电转化条件的研究．生物工程学报，14（4）：429～433

Alegre T M. 2004. Transformation of *Lactobacillus plantarum* by electroporation with in vitro modified plasmid DNA. FEMS Microbiology Letter, 241: 73～77

Hashiba H, Takiguchi R, Ishi S, et al. 1990. Transformation of *Lactobacillus helveticus* subsp. *jugurti* with plasmid pLHR by electroporoate. Bio Chem, 54 (6): 1537～1541

Kim Y H, Han K S, Oh S, et al. 2005. Optimization of technical condition for the transformation of *Lactobacillus acidophilus* strain by electroporation. Journal of Applied Microbiology, 99: 167～174

Serror P. 2002. Electrotransformation of *Lactobacillus delbrueckii* subsp. *bulgaricus* and *Lactobacillus delbrueckii* subsp. *lactic* with various plasmid. Applied And Environmental Microbiology, 68: 46～52

Sigrid C J, de Keersmaecker, Braeken K, et al. 2006. Flow cytometric testing of green fluorescent protein-tagged *Lactobaccillus rhamnosum* GG for response defensins. Applied And Environmental Microbiology, 72: 4923～4930

Thompsion K, Collins M A. 1996. Improvement in electroporation efficiency for *Lactobacillus plantarum* by the inclusion of high concentrations of glycine in the growth medium. Journal Microbiogical Methods, 26: 73～79

Walker D C, Aoyama K, Klaenhammer T R. 1996. Electrotransformation of *Lactobacillus acidophilus* group A1. FEMS Microbiology Letter, 138: 233～237

Watanabe K. 1994. High-frequency transformation *Lactobacillus casei* with plasmid pHY300PLK by electroporoate. Current Microbiology, 29: 217～222

Wei M Q, Rush C M, Norman J M, et al. 1995. An improved method for the transformation of *Lactobacillus* strain using electroporation. Journal Microbiogical Methods, 21: 97～109

十九、乳链菌肽启动子的诱导表达

（一）原　　理

nisin 的生物合成涉及 11 个基因（*nisA/ZBTCIPRKFEG*），在其生物合成基因簇中有 3 个启动子，其中 *nisA/Z* 启动子和 *nisF* 启动子可被 nisin 诱导，这种诱导作用与诱导物 nisin 的浓度在一定范围内成正比例，诱导效率可达 1000 倍以上。由于 *nisA/Z* 启动子的这种特性，*nisA/Z* 启动子已被用于构建乳酸菌诱导型表达载体。本实验以 *nisZ* 启动子作为诱导型启动子，以 *gusA* 作为报告基因，研究 *nisZ* 启动子的诱导表达。

（二）材　　料

（1）菌株与质粒，见表 1。

表 1　菌株与质粒

菌株与质粒	遗传性状及表型
E. coli JM109	*recA*, *supE44*, *endA*, Δ(*lac-proA13*) F′
pUC19	Amp^r
L. lactis NZ9800	Tn5276, Δ*nisA*,
pNZ8010	Cm^r, *gusA*
pMG36e	Em^r
pHJ201	pMG36e 含有 *nisZ* 基因

（2）培养基：大肠杆菌用 LB 培养基，使用前根据需要加入 100μg/mL 的 Amp 或 Em。乳酸菌的培养用 GM17 培养基，需要时加入 5μg/mL 的 Em。在筛选表达 β-葡糖醛酸酶（β-Glucuronidase，GUS）的乳酸菌转化子时，加入 5ng/mL 的 nisin 和终浓度为 0.5mmol/L 的 5-bromo-4-chloro-3-indolyl-β-D-glucuronide（X-Gluc）。

（3）PCR 扩增引物

gusA 基因：5′端引物（P1）：5′-TCCCCCATGGTACGTCCTGTAGAAACCCC-3′；

3′端引物（P2）：5′-CGAGAAGCTTTTATCATTGTTTGCCTCCC-3′。

nisZ 启动子片段：5′端引物（P3）：5′-CGCGAATTCGATATAGGTTTATT-GAGT-3′；

3′端引物（P4）：5′-GTACCCATGGTGAGTGCCTCCTTATA-3′。

（4）工具酶和试剂：限制性内切核酸酶、T4 DNA 连接酶、T4 多核苷酸激酶购自 TaKaRa 公司。ATP、MUG、nisin 购自 Sigma 公司。X-Gluc 购自上海生化试剂厂。pfu Taq 酶、DNA 纯化回收 Kit 购自 BioDev 公司。

（5）GUS 活性测定：12 000r/min 离心 1min 收集菌体，用 2mL 的 PBS 缓冲液悬浮菌体，超声波破碎细胞后，离心收集上清，按 Jefferson（1987）方法测定 GUS 活性，测定仪器为 Hoefer 公司 Dyna Quant 200 Fluorometer。GUS 活性单位(U)定义为 37℃条件下，1min 内 1mg 总蛋白产生 1pmol 的 MU。

（三）方法和步骤

（1）含有 *nisZ* 启动子和 *gusA* 结构基因的重组质粒 pYG02 的构建。

1）提取 pNZ8010 质粒 DNA，用 P1 和 P2 引物 PCR 扩增 *gusA* 基因片段。

2）提取 pHJ201 质粒 DNA，用 P3 和 P4 引物 PCR 扩增 *nisZ* 启动子片段。

3）将 *gusA* 的 PCR 产物经 *Nco*Ⅰ和 *Hind*Ⅲ双酶切与经 *Eco*RⅠ和 *Hind*Ⅲ双酶切的 pUC19 载体按摩尔比 3∶1 连接反应 12h 后，再加入经 *Eco*RⅠ和 *Nco*Ⅰ双酶切的 *nisZ* 启动子 PCR 产物，继续连接反应 16h，将连接混合物转化 *E. coli* JM109，得到的重组质粒命名为 pYG01。

4）用 *Eco*RⅠ和 *Hind*Ⅲ双酶切 pYG01，回收含 *nisZ* 启动子和 *gusA* 结构基因的大片段，与经同样双酶切的乳酸菌载体 pMG36e 大片段连接，将连接混合物电击转化 *L. lactis* NZ9800，得到重组质粒 pYG02。

（2）nisZ 启动子的诱导表达。

1）将含重组质粒 pYG02 的 *L. lactis* NZ9800 分别划线于加 nisin 和不加 nisin 的选择培养基上（添加 0.5mmol/L X-Gluc 的 M17G），在含 nisin 的选择培养基上产生蓝色菌落，而不加 nisin 的没有观察到蓝色菌落，说明所构建的重组质粒 pYG02 保存了 *nisZ* 启动子诱导表达功能，从而使 GUS 结构基因获得诱导表达。

2）用 0.02mol/L 的盐酸溶解 nisin，配成浓度为 50μg/mL 的母液作为诱导剂。4-methylumberllifery-β-D-glucuronide（MUG）为 GUS 作用底物。按 1%接种量接种过夜培养物于 4mL M17G 液体培养基中，30℃培养使 OD_{600} 达 0.5，加入终浓度为 5ng/mL、20ng/mL、50ng/mL、100ng/mL、200ng/mL、500ng/mL、1000ng/mL 的 nisin，同时用不加 nisin 的培养物作对照，30℃继续培养 90min。

3）按材料和方法所述，测定不同 nisin 浓度诱导条件下的 GUS 活性，观察 GUS 达到最大表达量时的 nisin 诱导浓度。

（还连栋　钟　瑾）

主要参考文献

陈秀珠，胡海菁，杨巍，等．2001．乳链菌肽前体基因（*nisZ*）在乳酸乳球菌中的克隆和表达．遗传学报，28（3）：285～290

杨巍，陈秀珠，袁静，等．2003．*nisZ* 启动子结构与功能的研究．微生物学报，43（2）：194～199

Jefferson R A. 1987. Assaying chimeric genes in plants: the GUS gene fusion system. *Plant Mol Biol Rep*, 5: 387～405

二十、基因组洗牌分子育种法

基因组洗牌（genome shuffling），也叫 DNA 改组，是基因在分子水平上的有性重组（sexual recombination），属于蛋白质的非合理设计（irrational design）。

（一）DNA 洗牌原理

基因组洗牌是通过改变单个基因（或基因家族）原有的核苷酸序列，产生新的遗传结构，创造新的基因，并赋予表达产物以新的功能。该技术的目的是给亲本群体创造尽可能多的突变组合机会，最终获得优良性状的突变体。自 1994 年 Stemmer 发明这个技术以来，先后做了大的改进，发展成 SS-DNA 洗牌、家族洗牌、基因组洗牌等。本实验是以基因组洗牌法改进乳杆菌对酸的耐受性。

（二）材料和试剂

（1）微生物菌株：两种以上不同性状的乳酸杆菌（*Lactobacillus*）菌株。

（2）培养基

MRS 培养基：见乳杆菌感受态细胞的制备和转化。

YEC 培养基：葡萄糖 100g/L，酵母粉 15g/L，20mmol/L 柠檬酸，用 30%（*V/V*）NH_4OH 和 4mol/L HCl 控制 pH，琼脂 1.0%～1.5%，用于制备梯度平板。

再生培养基（regeneration medium，RM）：MRS 固体培养基加 20mmol/L $MgCl_2$ 2.5%明胶（gelalin），0.5mol/L 蔗糖，10.5%牛血清白蛋白（BSA）。

乳杆菌 LBP 缓冲液：Tris-HCl 10mmol/L pH6.3，$CaCl_2$ 20mmol/L，蔗糖 0.5mol/L。

（3）试剂：除上述培养基中所用的试剂外，还有：甘氨酸、蛋清溶菌酶、变溶菌素（mutanolysin）聚乙二醇-6000（polyethylene-6000）。

（4）pH 梯度平板：配制两种不同 pH 的 YEC 固体培养基各 150mL，pH 分别为 3.0、6.0，先倒 pH3.0 的培养基于较大的矩形培养皿中（为使成斜面，预先使平皿一边提高约 0.5cm），固化后培养基形成斜面的楔子，然后将平板水平放置，再将 pH6.0 的培养基倒入皿中，这样就形成一个斜面互补的两个楔子，放置室温过夜，使 pH 在皿中形成交叉梯度，用 pH 纸测试梯度值。用消毒刀将梯度培养基分成五个条带。

（三）操 作 步 骤

（1）先将不同性状的乳杆菌接于 MRS 固体培养基活化，然后将此菌转接于 5mL MRS 液体培养基，35℃过夜培养。

(2) 把过夜培养的菌接于含 1.2%甘氨酸的 5mL MRS 液体培养基中，使菌的起始浓度的 OD_{600} 为 0.05，35℃培养 12～18h，使终浓度的 OD_{600} 为 5 以上，离心收集菌体。

(3) 将菌体悬浮于含蛋清溶菌酶（约 10mg/mL）或变溶菌素的 0.5mL LBP 缓冲液，处理约 2h 左右，显微镜观察有 90%以上细胞形成球形，则表示原生质体已制备成功。

(4) 将等量的两种原生质体混匀，低速离心，去掉含溶菌酶的上清，再用 100μL LBP 缓冲液悬浮。

(5) 加 9 倍体积 60%的 PEG600 于原生质混悬液中，混匀，室温放置 6min。

(6) 加 LBP 到 5mL，低速离心收集融合体，再用 LBP 洗一次，悬浮在 100μL 的 LBP 中。

(7) 适当稀释，并涂于再生培养上，35℃厌氧培养使细胞再生。

(8) 对照试验除无 PEG 处理外，一切同试验菌一样处理。

(9) 把在再生培养基上长出的菌落收集，并涂布于一端为 pH6.0，一端为 pH3.0 的 pH 梯度的平板条带上。

(10) 收集在 pH3.0 一端上生长的菌落。

(11) 将收集的耐酸菌落再次制成原生质体、融合体、再生细胞，重复 5 次。使基因组经过 5 次洗牌，选择耐酸基因组合的优良菌株。

（四）技术优点

(1) 不需要精确的遗传背景和代谢调控的资料，对促进细胞和代谢工程的发展有大的潜力。

(2) 原生质体技术易操作、时间短、花钱少、见效快，在短时间内每代就可获得多亲本的遗传重组子，每个循环就能获得一个有用的遗传多样性。

(3) 由于反复洗牌，反复汇集基因重排，所以基因重组范围广，能获得大的基因重组。

(4) 与定点突变、易错 PCR（error-prone RCR）等相比，不仅可以加速积累有益突变，还可使多个有益性状集于一体。若有好的选择方法和高通量分析，则是分子育种的重要手段。

(5) 进化是遗传和变异的多次重复表型选择的连续过程，而基因组洗牌能使生物定向、快速的进化。

（郭红霞）

主要参考文献

郭兴华，贾士芳，陈乃用，等. 1992. 芽孢杆菌原生质体作为质粒 DNA 转化的受体. 微生物学报，22（3）：263～268

齐向辉，黄日波. 2004. 微生物酶 DNA shuffling 的改进及应用. 生物技术，14（6）：72

Morelli L，Cocconcelli P S，Bottazzi V，et al. 1987. *Lactobacillus* protoplast transformation. plasmid，17：73～75

Tanak O，Ohmomo S. 2001. Efficient protoplast regeneration for some homofermentative lactobacilli and pediococci. Arch Microbiol, 17: 36～40

Patnaik R, Louie S, Gavrilovic V, et al. 2002. Genome shuffling of Lactobacillus for improved acid tolerance. Nature Biotechnology, 20: 707～712

Stemmer W P. 1994. DNA shuffling by random fragmentation and reassembly: in vitro recombination for moleculor evalution. Proc. Natl Acad. USA, 91 (22): 10 747～10 751

附录　最新乳酸杆菌属和双歧杆菌属的种群变化

由于乳酸杆菌属（*Lactobacillus*，*Lb*）和双歧杆菌属（*Bifidobacterium*）对人和动物健康有多方面的益生作用，所以颇受世人关注，从不同生境分离到的菌株的多样性极其丰富。1994 年之前报道的乳杆菌的种和亚种为 55 个，2006 年 9 月之前报道的为 108 个，2007 年 6 月之前报道的除去基原异名和同种异名之外，至少有 130 余个。双歧杆菌也增添了 5 个种。本文将就马凯等（2007）对 2006 年 9 月公布的乳杆菌所作分群和 2007 年 6 月份德国微生物与细胞培养物保藏中心（DSMZ）公布的乳杆菌属和双歧杆菌属的种和亚种做一些介绍，供参考。

一、乳杆菌属的种群变化

1943 年 Orla-Jensen 把乳杆菌分为三个亚属，1986 年 Kandler 和 Weiss 根据葡萄糖发酵类型划分为三个类群，即专性同型发酵群、兼性异型发酵群和专性异型发酵群。实际上这两种分类是相对应的，鉴别特征如下：

- 从葡萄糖产生 85%以上的乳酸 …………… 专性同型发酵群或兼性异型发酵群
  - * 不发酵戊糖或葡萄糖酸盐 …………………………………… 专性同型发酵群
  - * 发酵戊糖或葡萄糖酸盐 ……………………………………… 兼性异型发酵群
- 从葡萄糖产生等量摩尔的乳酸、CO_2、乙酸和/或乙醇 ……… 专性异型发酵群

1994 年 Collins 等把乳杆菌属 55 个种根据 16SrRNA 基因序列作了系统发育分析，分为 3 个类群。

过去，对乳酸细菌的鉴定多用传统的形态观察和糖发酵生化反应方法，现在看来不能代表菌的所有特征，何况有些鉴定试剂只限于 20 几个种，超过这个范围就无能为力了。现在鉴定多以分子生物学方法为主，目前对乳酸细菌通用的两种方法是：①16S rRNA法，此法简便、可行、廉价和传统方法相结合，能将绝大多数菌定位到种和亚种；②全基组 DNA 脉冲场凝胶电泳法，此法重复性好，对检测生产用菌的遗传稳定性很有用。

马凯等由 GenBank 查找了 2006 年公布的有效种的 16S rRNA 的保守序列，以大肠杆菌 16S rRNA 基因的第一系序列作为参照起始点，用 clustalX 程序进行比对，然后用 Mega3.1 软件构建系统树，再用 Neighbor-Joining 法和 p 距离公式进行系统发育分析。得出了 12 个分支群，再根据群之间 16S rRNA 基因序列的插入/缺失对各群标签序列（signature sequence）进行定义，各群的标签序列都在 5′端，用 *E. coli* 位点做参考。

12 个类群分别为植物乳杆（*Lb. plantarum*）类群、短乳杆菌（*Lb. brevis*）类群、布氏乳杆菌（*Lb. buchneri*）类群、马里乳杆菌（*Lb. mali*）类群、棒状乳杆菌（*Lb. coryniformis*）类群、丘状乳杆菌（*Lb. collinoides*）类群、干酪乳杆菌（*Lb. casei*）类群、寡发酵乳杆菌（*Lb. oligofermentans*）类群、*Lb. siliginis* 类群，路氏乳杆菌（*Lb. reuteri*）类群、德氏乳杆菌-嗜酸乳杆菌（*Lb. delbru eckii-Lb. acidophilus*）类群、链状乳杆菌（*Lb. catenaformis*）类群。其中棒状、丘状、寡发酵、*siliginis* 和链状乳杆菌未发现特异性标签序列。本文对具有特异性标签的 7 个类群的种和亚种分述如下：

表　具有特异性标签的 7 个类群的种和亚种

植物乳杆菌(11 个种和亚种)	短乳杆菌(5 个种)	布氏乳杆菌(11 个种)	马里乳杆菌(16 个种)
Lb. Versmoldensis KU-3^T AJ496791	*Lb. spicheri* LTH5753^T AJ534844	*Lb. malefermentans* CECT5928^T AJ575743	*Lb. mali* DSM20444^T M58824
Lb. nantensis Lp33^T AY690834	*Lb. zymac* LMG22198^T AJ632157	*Lb. hilgardii* NRIC1060^T AB262962	*Lb. satsumensis* NRIC0605^T AB154519
Lb. farciminis DSM 20185^T AJ417499	*Lb. acidifarinae* LMG22200^T AJ632158	*Lb. parabuchneri* JCM12493^T AB205056	*Lb. nagelii* NRIC0599^T AB162131
Lb. mindensis TMW 1.80^T AJ313530	*Lb. brevis* ATCC14869^T M58810	*Lb. kefiri* LMG9480^T AJ621553	*Lb. vini* AY681131
Lb. alimentarius DSM 20249^T M58804	*Lb. parabrevis* LMG11984^T AM158249	*Lb. parakefiri* LMG15133^T AY026750	*Lb. kunkeei* Y11374 YH-15
Lb. paralimentarius TB1^T AB018528		*Lb. buchneri* JCM1115^T AB205055	*Lb. algidus* AB033209 JCM 10491
Lb. kimchii AP1077^T AF183558		*Lb. diolivorans* ACD7^T AY026752	*Lb. agilis* DSM20509 M58803
Lb. paraplantarum DSM10667^T AJ306297		*Lb. fructivorans* DSM20203^T X76330	*Lb. equi* YIT0455 AB048833
Lb. pentosus JCM1558^T D79211		*Lb. homohiochii* DSM20571^T AM113780	*Lb. ruminus* M58828 DSM 20403
Lb. plantarum subsp. *plantarum* JCM1149^T D79210		*Lb. lindneri* DSM 20690^T X95421	*Lb. apoldemi* ASB1 AJ871178
Lb. plantarum subsp. *argentoratensis* DK022^T AJ640078		*Lb. sanfranciscensis* DSM2045^T M588301	*Lb. animalis* DSM20602 M58807
			Lb. murinus LMG14189^T AJ621554
			Lb. salivarius DSM20554 M59054
			Lb. aviarius DSM20655 M58808
			Lb. acidipiscis AB023837
			Lb. saerimneri DSM 16049 AY255802

续表

干酪乳杆菌(9个种和亚种)	路氏乳杆菌(12个种)	德氏嗜酸乳杆菌(25个种和亚种)
Lb. casei ATCC334 D86517	*Lb. vaginalis* ATCC49540 AF243177	*Lb. jensenii* ATCC25258 AF243176
Lb. paracasei subsp. *paracasei* JCM8130 D79212	*Lb. frumenti* TMW 1.666 AJ250074	*Lb. fornicalis* TV1018 Y18654
Lb. paracasei subsp. *tolerans* JCM 1171 D16550	*Lb. pontis* LTH 2587 X76329	*Lb. psittaci* AJ27239
Lb. zeae ATCC15820 D86516	*Lb. panis* X94230 DSM 6035	*Lb. delbrueckii* subsp. *indicus* AY421720
Lb. rhamnosus ATCC7469 M58815	*Lb. oris* DSM4864^T X94229	*Lb. delbrueckii* subsp. *delbrueckii* AY050172
Lb. sakei DSM 20017 M58829	*Lb. antri* DSM16041 AY253659	*Lb. delbrueckii* subsp. *lactis* M58823
Lb. curvatus AM113777 DSM 20019	*Lb. reuteri* DSM20016 X76328	*Lb. delbrueckii* subsp. *bulgaricus* AY050171
Lb. graminis LMG9825^T AJ621551	*Lb. mucosae* DSM 13345 AF126738	Lb. kefiranofaciens DSM10550 AM113782
Lb. fuchuensis JCM 11249 AB063479	*Lb. gastricus* DSM 16045 AY253658	*Lb. sobrius* OTU171-001 AY700063
	Lb. ingluviei G44 AF317704	*Lb. amylovorus* DSM20531 M58805
	Lb. fermentum ATCC14931 M58819	*Lb. kitasatonis* JCM 1039AB107638.
	Lb. coleohominis DSM 14060 AM113776	*Lb.* crispatus DSM 20584 Y17362
		Lb. acidophilus ATCC4356^T M58802
		Lb. ultunensis DSM 16047 AY253660
		Lb. helveticus DSM20075 AM113779
		Lb. gallinarum ATCC3319 AJ242968
		Lb. hamsteri DSM 5661^T AJ306298
		Lb. kalixensis DSM 16043^T AY253657
		Lb. amylolyticus DSM 1664 Y17361
		Lb. intestinalis DSM 6629T AJ306299
		Lb. acetotolerans DSM 20749 M58801
		Lb. iners CCUG 28746 Y16329
		Lb. gasseri DSM20243 M58820
		Lb. johnsonii ATCC 33200 AJ002515
		Lb. amylotrophus LMG 11400 AM236149

用这7个类群与Kandler的3个葡萄糖发酵类型比较，可看出，德氏-嗜酸乳杆菌类群和马里乳杆菌类群大多属于专性同型发酵类型；干酪乳杆菌类群和植物乳杆菌类群大部属于兼性异型发酵类型；布氏乳杆菌类群、短乳杆菌类群和路氏乳杆菌类群大部分属于专性异型发酵类型。

二、乳酸杆菌属和双歧杆菌属的种和亚种

（2007年6月公布的乳杆菌属和双歧杆菌属的种和亚种）

LACTOBACILLUS

Lactobacillus acetotolerans 36 : 544 *

Lactobacillus acidifarinae 55 : 619 *

Lactobacillus acidipiscis 50 : 1481 *

Lactobacillus acidophilus

Lactobacillus agilis 32 : 266

Lactobacillus algidus 50 : 1148 *

Lactobacillus alimentarius 33 : 672

Lactobacillus amylolyticus 49 : 1

Lactobacillus amylophilus 31 : 216

Lactobacillus amylotrophicus 56 : 2526 *

Lactobacillus amylovorus 31 : 61 *

Lactobacillus animalis 33 : 438

Lactobacillus antri 55 : 81 *

Lactobacillus apodemi 56 : 1695 *

Lactobacillus arizonensis⇒ *L. plantarum*

Lactobacillus aviaries 35 : 223

Lactobacillus aviaries subsp. *araffinosus* 36 : 354

Lactobacillus aviaries subsp. *aviarius* 36 : 354

Lactobacillus bavaricus⇒ *L. sakei*

Lactobacillus bifermentans 33 : 896

Lactobacillus brevis

Lactobacillus buchneri

Lactobacillus bulgaricus → *L. delbrueckii* subsp. *bulgaricus*

Lactobacillus carnis⇒ *Carnobacterium piscicola*

Lactobacillus casei

Lactobacillus casei subsp. *alactosus*⇒ *L. paracasei* subsp. *paracasei*

Lactobacillus casei subsp. *casei* 见： *L. casei*

Lactobacillus casei subsp. *pseudoplantarum* ⇒ *L. paracasei* subsp. *paracasei*

Lactobacillus casei subsp. *rhamnosus* → *L. rhamnosus*

Lactobacillus casei subsp. *tolerans* → *L. paracasei* subsp. *tolerans*

Lactobacillus catenaformis

Lactobacillus cellobiosus⇒ *L. fermentum*

Lactobacillus coleohominis 51 : 2084 *

Lactobacillus collinoides

Lactobacillus composti 57 : 872 *

Lactobacillus concavus 55 : 2201 *

Lactobacillus confusus→ *Weissella confuse*

Lactobacillus coryniformis

Lactobacillus coryniformis subsp. *coryniformis*

Lactobacillus coryniformis subsp. *torquens*

Lactobacillus crispatus

Lactobacillus curvatus

Lactobacillus urvatus subsp. *curvatus* 46 : 1162 *

Lactobacillus curvatus subsp. *melibiosus*⇒ *L. sakei* subsp. *carnosus*

Lactobacillus cypricasei⇒ *L. acidipiscis*

Lactobacillus delbrueckii

Lactobacillus delbrueckii subsp. *bulgaricus* 34 : 270

Lactobacillus delbrueckii subsp. *delbrueckii* 34 : 270

Lactobacillus delbrueckii subsp. *indicus* 55 : 403 *

Lactobacillus delbrueckii subsp. *lactis* 34 : 270

Lactobacillus diolivorans 52 : 645 *

Lactobacillus divergensv→ *Carnobacterium*

Lactobacillus durianis⇒ *L. vaccinostercus*

Lactobacillus equi 52 : 214 *

Lactobacillus farciminis 33 : 672

Lactobacillus farraginis 57 : 711 *

Lactobacillus ferintoshensis⇒ *L. parabuchneri*

Lactobacillus fermentum

Lactobacillus fornicalis 50 : 1258 *

Lactobacillus fructivorans

Lactobacillus fructosus→ *Leuconostoc fructosum*

Lactobacillus frumenti 50 : 2132 *

Lactobacillus fuchuensis 52 : 1153 *

Lactobacillus gallinarum 42 : 489 *

Lactobacillus gaseri 30 : 601

Lactobacillus gastricus 55 : 80 *

Lactobacillus graminis 39 : 93

Lactobacillus halotolerans→ *Weissella*

Lactobacillus hammesii 55 : 766 *

Lactobacillus hamsteri 38 : 220

Lactobacillus harbinensis 56：2

Lactobacillus helveticus

Lactobacillus heterohiochii⇒ *L. fructivorans*

Lactobacillus hilgardii

Lactobacillus homohiochii

Lactobacillus iners 49：220*

Lactobacillus ingluviei 53：136*

Lactobacillus intestinalis 40：303*

Lactobacillus jensenii

Lactobacillus johnsonii 42：489*

Lactobacillus kalixensis 55：81*

Lactobacillus kandleri→ *Weissella*

Lactobacillus kefiranofaciens 见：*L. kefiranofaciens* subsp. *kefiranofaciens*

Lactobacillus kefiranofaciens subsp. *kefiranofaciens* 38：12*

Lactobacillus kefiranofaciens subsp. *kefirgranum* 54：555*

Lactobacillus kefirgranum → *L. kefiranofaciens subsp. kefirgranum*

Lactobacillus kefiri (*corrig.*) 33：672

Lactobacillus kimchii 50：1794*

Lactobacillus kitasatonis 53：2058*

Lactobacillus kunkeei 48：1083

Lactobacillus lactis→ *L. delbrueckii* subsp. *lactis*

Lactobacillus leichmannii ⇒ *L. delbrueckii* subsp. *lactis*

Lactobacillus lindneri 47：601

Lactobacillus malefermentans 39：371

Lactobacillus mali

Lactobacillus maltaromicus→ *Carnobacterium maltaromaticum*

Lactobacillus manihotivorans 48：1107*

Lactobacillus mindensis 53：12*

Lactobacillus minor→ *Weissella*

Lactobacillus minutus→ *Atopobium minutum*

Lactobacillus mucosae 50：256*

Lactobacillus murinus 32：384

Lactobacillus nagelii 50：700*

Lactobacillus namurensis 57：226*

Lactobacillus nantensis 56：590*

Lactobacillus oligofermentans 55：2236

Lactobacillus oris 38：116*

Lactobacillus panis 46：452*

Lactobacillus pantheris 52：1747*

Lactobacillus parabrevis 56：1556*

Lactobacillus parabuchneri 39：371

Lactobacillus paracasei 39：107*

Lactobacillus paracasei subsp. *paracasei* 39：107*

Lactobacillus paracasei subsp. *tolerans* 39：108*

Lactobacillus paracollinoides 54：116*

Lactobacillus parafarraginis 57：711*

Lactobacillus parakefiri (*corrig.*) 44：439*

Lactobacillus paralimentarius 49：1455*

Lactobacillus paraplantarum 46：598*

Lactobacillus pentosus 37：339*

Lactobacillus perolens 50：3

Lactobacillus piscicola→ *Carnobacterium*

Lactobacillus plantarum

Lactobacillus plantarum subsp. *argentoratensis* 55：1634*

Lactobacillus plantarum subsp. *plantarum* 55：1633*

Lactobacillus pontis 44：228*

Lactobacillus psittaci 51：969*

Lactobacillus rennini 56：452*

Lactobacillus reuteri 32：266

Lactobacillus rhamnosus 39：108*

Lactobacillus rimae → *Atopobium*

Lactobacillus rogosae

Lactobacillus rossiae (*corrig.*) 55：39*

Lactobacillus ruminis

Lactobacillus saerimneri 54：1367*

Lactobacillus sakei (*corrig.*)

Lactobacillus sakei subsp. *carnosus* (*corrig.*) 46：1162*

Lactobacillus sakei subsp. *sakei* (*corrig.*)

Lactobacillus salivarius

Lactobacillus salivarius → *L. salivarius* subsp. *salivarius*

Lactobacillus salivarius subsp. *salicinius*→ *L. salivarius*

Lactobacillus salivarius subsp. *salivarius*→ *L. salivarius*

Lactobacillus sanfranciscensis (*corrig.*) 34：503

Lactobacillus satsumensis 55：85*

Lactobacillus secaliphilus 57：749*

Lactobacillus sharpeae 32：266

Lactobacillus siliginis 56：2212*

Lactobacillus sobrius 56：31*

Lactobacillus spicheri 54：631

Lactobacillus suebicus 39：495

Lactobacillus suntoryeus⇒ *L. helveticus*

Lactobacillus thermotolerans⇒ *L. ingluviei*

Lactobacillus trichodes⇒ *L. fructivorans*

Lactobacillus uli→ *Olsenella*

Lactobacillus ultunensis 55 : 82 *

Lactobacillus vaccinostercus 33 : 438

Lactobacillus vaginalis 39 : 368 *

Lactobacillus versmoldensis 53 : 516 *

Lactobacillus vini 56 : 516 *

Lactobacillus viridescens→ *Weissella*

Lactobacillus vitulinus

Lactobacillus xylosus ⇒ *Lactococcus laxtis* subsp. *lactis*

Lactobacillus yamanashiensis⇒ *L. mali*

Lactobacillus zeae 46 : 340 *

Lactobacillus zymae 55 : 620 *

BIFIDOBACTERIUM

Bifidobacterium adolescentis

Bifidobacterium angulatum

Bifidobacterium animalis 见： *B. animalis* subsp. *animalis*

Bifidobacterium animalis subsp. *animalis*

Bifidobacterium animalis subsp. *lactis* 54 : 1142 *

Bifidobacterium asteroides

Bifidobacterium bifidum

Bifidobacterium boum

Bifidobacterium breve

Bifidobacterium catenulatum

Bifidobacterium choerinum

Bifidobacterium coryneforme 32 : 368 *

Bifidobacterium cuniculi

Bifidobacterium denticolens→ *Parascardovia*

Bifidobacterium dentium

Bifidobacterium gallicum 40 : 100 *

Bifidobacterium gallinarum 33 : 127 *

Bifidobacterium globosum→ *B. pseudolongum* subsp. *Globosum*

Bifidobacterium indicum

Bifidobacterium infantis⇒ *B. longum*

Bifidobacterium inopinatum→ *Scardovia inopinata*

Bifidobacterium lactis → *Bifidobacterium*, *animalis*-*B. animalis* subsp. *lactis*

Bifidobacterium longum

Bifidobacterium magnum

Bifidobacterium merycicum 41 : 167 *

Bifidobacterium minimum 32 : 368 *

Bifidobacterium pseudocatenulatum

Bifidobacterium pseudolongum 见： *B. pseudolongum* subsp. *pseudolongum*

Bifidobacterium pseudolongum subsp. *globosum* 42 : 656

Bifidobacterium pseudolongum subsp. *pseudolongum* 42 : 656

Bifidobacterium psychraerophilum 54 : 405 *

Bifidobacterium pullorum

Bifidobacterium ruminantium 41 : 165 *

Bifidobacterium saeculare 42 : 191

Bifidobacterium scardovii 52 : 998 *

Bifidobacterium subtile 32 : 368 *

Bifidobacterium suis⇒ *B. longum*

Bifidobacterium thermacidophilum see： *B. thermacidophilum* subsp. *thermacidophilum*

Bifidobacterium thermacidophilum subsp. *porcinum* 53 : 1622 *

Bifidobacterium thermacidophilum subsp. *thermacidophilum* 50 : 124 * ，53 : 1622 *

Bifidobacterium thermophilum

注：* 指来源于 *The Intermational Journal of Systematic Bacteriology/ International Journal of Systematic and Evolutionary Microbiology* 的卷期和页数；

→　指基原异名（basonym）重新分类为——；

⇒　指同物异名（同型主观异名）。

（郭兴华）

主要参考文献

凌代文，东秀珠．1999. 乳酸细菌分类鉴定及实验方法．北京：中国轻工业出版社

马凯，李春玲，程池．2007. *Lactobacillus* 的系统发育分析及分群．食品与发酵工业，33（2）：27～35

张刚 . 2002. 乳酸细菌——基础、技术和应用 . 北京：化学工业出版社
Collin M D, Rodrigus U, Ash C, et al. 1994. phylogenetic analysis of the genus *lactobacillus* and related lactic acid bacteria as detemined by reverse transcriptase sequencing of 16SrRNA (J) . FEMS Microbiology letters, 77: 5
DSMZ (Deutsche Sammlung von Mikroorganismen und Zellkulturen GmbH Braunschweing, Germany) . 2007. Bacterial Nomenclature up-to-date (Approved lists, validation lists), 6